内容简介

本书是一本反映现代食品工业科技进步和食品工厂设计最新要求的教材。本教材编写以工艺设计为中心，主要内容包括：食品工厂基本建设概述，食品工厂厂址选择，食品工厂总平面设计，食品工厂工艺设计，食品工厂辅助部门、公用工程、工业建筑、食品工厂卫生、环境保护与安全生产、企业组织与劳动定员、基本建设概算、技术经济分析、食品工厂设计基本图例与范例等。

本书可作为大专院校食品科学与工程、食品质量与安全专业和相关专业的教材,也可作为有关领域科学研究人员、企业技术与管理人员以及其他希望了解食品工厂设计知识的读者的参考资料。

普通高等教育“十一五”国家级规划教材
全 国 高 等 农 业 院 校 优 秀 教 材

食品工厂设计

李洪军　主编

中 国 农 业 出 版 社

主　编　李洪军（西南大学）
副主编　岳田利（西北农林科技大学）　王如福（山西农业大学）
尚永彪（西南大学）
编　者　李洪军（西南大学）　岳田利（西北农林科技大学）
王如福（山西农业大学）　尚永彪（西南大学）
黄素珍（山西农业大学）　韩舜愈（甘肃农业大学）
夏杨毅（西南大学）　张佰清（沈阳农业大学）
李梦琴（河南农业大学）　邓放明（湖南农业大学）
杨海燕（新疆农业大学）　金　毅（贵州大学）
杜　刚（贵州大学）　刘东红（浙江大学）
秦　文（四川农业大学）　叶劲松（四川农业大学）
刘保华（湖南农业大学）　王云阳（西北农林科技大学）
庞　杰（福建农林大学）
主　审　李元瑞（西北农林科技大学）
副主审　陈宗道（西南大学）

前　　言

本教材为普通高等教育“十一五”国家级规划教材，是食品科学与工程类各专业的主干课程教材。

本书是一本反映现代食品工业科技进步与食品加工厂房设计最新要求的教材。本书凝集了我国食品科学与工程界广大专家及科技工作者的心血，是全体编写人员共同劳动与智慧的结晶。来自全国12所高等院校的19位具有丰富教学科研经验的专家教授承担了本书的编写工作，他们总结了高等院校食品科学与工程类专业及相关专业该门课程20多年的教学科研经验，同时，结合我国加入*WTO*后国际食品市场对食品工业和食品安全更高的要求，提出了新的食品工厂设计与建设理念，编入了新的理论和方法，从而为我国培养食品科学与工程类专业人才提供了新的《食品工厂设计》教材。承担该教材各章编写工作的分别是：绪论，李洪军；第一章，尚永彪、夏杨毅、李洪军；第二章，王如福；第三章，岳田利、王云阳；第四章，叶劲松、尚永彪、夏杨毅、李梦琴；第五章，杨海燕、刘东红；第六章，金毅、杜刚；第七章，邓放明、刘保华；第八章，黄素珍、夏杨毅、庞杰；第九章，秦文；第十章，李梦琴；第十一章，张佰清；第十二章，韩舜愈；第十三章，夏杨毅、李洪军、岳田利、尚永彪。承蒙西北农林科技大学李元瑞教授担任本书主审、西南大学陈宗道教授担任副主审，在此表示衷心感谢。全体编写人员经过两年多的辛勤工作，广泛地收集了国内外的相关资料，最终使本书具有图文并茂、提纲挈领和重点突出的特点，系统地反映了食品科学与工程领域中食品工厂设计的最新科技进展。

在教材的编写过程中，我们得到了全国高等农业院校教学指导委员会食品科学与工程学科组委员们的大力支持和热情指导，同时，也得到全国兄弟院校领导和专家的支持和帮助，特别是西南大学为该教材的编写工作创造了良好的条件，重庆今普食品有限公司、重庆德庄食品集团，重庆钰峰生物制品有限责任公司和重庆瑞洋生物技术有限公司提供了有关资料，在此一并表示衷心感谢！

食品工厂设计是一门应用性极强的综合性学科，学科跨度大、知识更新快，限于编者的水平和视野，本教材难免存在不足之处，恳请广大读者批评指正。

编　者

2006年8月

目　录

绪　论

食品是人类赖以生存的重要物质基础，食品工业是人类的生命产业，也是永恒不衰的工业。食品工业现代化程度是反映人民生活质量高低及国家文明程度的重要标志。食品工业是我国国民经济的重要支柱产业，也是关系国计民生及关联农业、工业、流通等领域的重大产业。随着我国人民生活质量的提高和营养卫生知识的普及，人们对食品营养与安全的要求越来越高，特别是我国加入WTO后，国内外市场竞争日趋激烈，对农产品的品质及食品安全卫生要求更高，食品质量与安全已成为食物与营养发展的首要问题。食品工业作为农产品面向市场的主要后续加工产业，在农产品加工业中占有最大比重，因而对推动农业产业化作用巨大。世界上发达国家都把农业和农产品加工业看成是一辆车子的两个轮子，缺一不可，并且认为，食品加工是农业生产的继续，食品工业是农业的后产业，应大力发展。

随着农业生产的发展，我国农产品总量稳步增加，甚至出现农产品相对过剩的现象。我国谷物、肉类、花生、油菜和水果等产量均居世界第一位，2003年水果产量为6.2×10^{7} t，蔬菜为5×10^{8} t，肉类为6.3×10^{7} t。然而，目前我国食品工业尚不发达，农产品加工比例为30％左右，而发达国家80％以上，美国在90％以上。世界发达国家均将食品工业产值与农业产值之比用来衡量一个国家或地区农业发达程度和水平，发达国家一般为2～4∶1，如英国为3∶1，美国为2∶1，日本为2.5∶1，而我国仅为0.55∶1，与世界发达国家相比差距较大。

民以食为天，古今中外任何国家都把食品问题看成是国家兴衰存亡的头等大事，把发展食品工业作为富国强民的决策。食品工业将是人类社会永恒的产业。因此，推进中国食品加工技术与工厂建设现代化，大力发展食品工业，这是一个十分重要的研究课题。

一、食品工厂设计的意义和作用

食品工厂建设是食品工业的重要内容，也是食品工业健康发展的重要基础和前提条件，它涉及食品加工厂的合理布局、厂址选择、工艺路线、设备选型与布置、食品工程与工业建筑结构、食品卫生和环境保护等，并对食品企业生产管理与经营有着潜在的重大影响，因此，食品工厂设计在食品工厂建设中具有不可替代的重要地位和举足轻重的作用。

科学而良好的食品工厂设计不仅可满足食品加工工艺与设备的要求，而且能保证食品卫生质量，生产出合格产品，有利于创立产品品牌和树立企业形象，同时，可有效地保护环境和美化环境，产生明显的社会效益与经济效益。

二、食品工厂设计的任务和内容

我国有悠久的历史、广阔的消费市场、众多的传统食品资源，因此，发展我国食品工业，尽快实现食品加工现代化势在必行。首先，它能满足国内消费市场及国际市场的需求。随着社会经济的发展，人民生活水平的提高，人们的食品结构正在发生巨大的变化，同时，人们对食物多样化、方便化、优质化需求明显增加，对食物安全卫生要求不断提高，但现有的食品加工厂和市场产品结构难以满足消费需求，食品工厂的设计与建设也相对滞后。因此，推进食品工业的现代化，不仅符合食品工业发展的要求，也是振兴中国食品工业的重要内容。食品工业现代化符合时代的要求。将食品工程、发酵工艺、生物技术、现代包装与加工技术应用于食品工业化生产之中，提高产品卫生质量、包装档次及设备配套，实现规模化工业生产，正是中国食品工业的发展方向。

目前，我国农产品加工整体上处于初加工多、水平低、规模小、综合利用差、耗能高的初级阶段，技术及装备水平低是最主要的原因。先进的加工工艺，必须有先进的技术设施与装备来保障。只有如此，才会生产出高质量、低成本、强竞争力、高附加值的产品。食品消费将进一步由数量型消费转向质量型消费，在食品消费上会有更多的消费者不仅仅满足于数量上的充足，在食品的质量上会有更高的要求。对于食品生产企业而言，不实施食品工业化战略，就很难赢得市场。发达国家日益高筑技术壁垒，中国的食品生产企业要想占领国内乃至国际市场，必须走新型工业化之路。

国际上已公认的食品安全的最佳控制模式是“从农田到餐桌”，“良好农业规范（GAP)”、“良好生产规范（GMP)”和/或“良好卫生规范（GHP)”实施的基础上，推行“危害分析关键控制点（HACCP)”。这些技术可以明显节省食品安全管理中人力和经费开支，又能最大限度地保证食品的卫生安全，而食品工厂则是保障食品安全的最基本的物质基础。食品工厂设计是根据国家法律法规或国际标准与规程对食品生产企业的食品加工厂进行科学设计与规划，使其能满足食品加工技术与食品产品卫生质量的要求。食品工厂设计的主要内容包括食品工厂基本建设的程序、可行性研究的内容与方法、食品工厂设计的主要任务、食品工厂工艺设计、非工艺设计内容与要求和食品工厂设计卫生规范等，其中重点涉及厂址选择、总平面设计、产品方案及班产量的确定、物料计算、设备选型、生产车间布置、生产车间水电计算与管路设计、公用系统及辅助部门设计、基本建设概算及技术经济分析等关键内容。

三、食品工厂设计的特点

食品工厂设计是一门生物、环境、经济、工程技术等多学科交叉与知识融合的应用科学。对于任何食品企业，无论其生产规模、产品结构、工艺技术等差异如何，随着物质文明和精神文明的发展，人们对其要求日趋增高，因而现代化的食品工厂是其发展的必然选择。食品工厂涉及农业、工业、商业、旅游业等相关行业，其原料来源广泛，生产品种繁多，因此，在进行食品工厂设计时，必须结合国情，注重技术先进性和经济合理性，不仅在确定工艺流程、车间布局、设备选型、基础设施和管线布置时必须遵循国家有关法律法规和规范条例，而且还要考虑卫生设施，保障工作人员安全和具有良好的工作条件，减轻劳动强度。同时，应注意防止污染，保护环境，改善和美化环境。为此，要求食品工厂设计工作者应具有扎实的专业理论基础，丰富的实践经验和专业技能，较高的综合素质和责任心。只有发挥集体智慧和多学科交叉优势，才能达到食品工厂设计的高标准。

四、食品工厂设计的学习方法和要求

食品工厂设计是一门实用性极强的交叉型应用科学，它既属于食品科学范畴，又涉及工程技术领域，它同许多学科有联系，同时，它与食品工业、轻工业、建筑业、机械工业和环境工程等有密切关系。因此，要求学习者不仅要具备食品科学与生物科学的基础知识，而且，还要掌握工程技术原理与技能，具备一定的动手能力，勇于实践，敢于实践，实现理工结合，脑体并用。只有勤于思考，掌握新信息，注意知识融会贯通，方可达到设计之境界。

第一章　食品工厂基本建设概述

学习目的与要求：通过本章的学习，了解食品工厂基本建设的程序；掌握可行性研究的原则和方法；掌握项目建议书、可行性研究报告、设计计划任务书的编制方法；明确食品工厂设计的任务和内容。

食品工业是人类的生命工业，食品工业的发展，离不开食品工厂的建设；决定食品加工项目社会效益与生态效益的首要因素也是食品工厂的基本建设。因此，食品工厂的基本建设在社会物质文明与精神文明建设中具有相当重要的地位。

第一节　基本建设的程序

一、基本建设的内容

食品工厂建设属于基本建设。所谓基本建设是指固定资产的建筑、添置和安装。基本建设是一项主要为发展生产奠定物质基础的工作，通过勘察、设计和施工以及其他有关部门的经济活动来实现。工厂、矿井、农场、铁路、水库、商场、酒店等工程的建设，机械设备、车辆、船舶等的添置和安装，机关、学校、医院、居民住宅等的建筑、设备添置和安装等都属于基本建设的范畴。

基本建设按其经济目的可以分为生产性建设与非生产性建设，按照建设的性质可以分为新建、改建扩建、重建、迁建、更新改造等。新建是指项目建设为全新建设；改建扩建是在原来的基础上对项目进行增补；重建是指报废工程的恢复建设，又叫恢复；迁建是指由于项目改变地区而进行的建设；更新改造是对原有项目的更替和内含扩大而进行建设。基本建设的主要内容包括下述几方面。

① 建筑工程，如各种建筑物和构筑物的建筑工程、设备的基础、支柱的建筑工程等。

② 设备（包括需安装的和不需要安装的设备）、工具、器具、办公家具的购置。

③ 设备安装工程，如生产、动力等各种需要安装的机械设备的装配、装置工程。

④ 与固定资产投资相联系的勘察、设计等其他工作。

二、基本建设的程序

基本建设工作涉及面广，内外协作配合环节多，必须有计划、有步骤、有程序地进行，才能达到预期的效果。基本建设的程序指的就是基本建设项目在整个建设过程中各项工作的先后顺序，建设顺序是由基本建设进程的客观规律所决定的。基本建设受地质、水文等自然条件和各种物质、技术条件的制约，要求人们在工作中必须遵循一定的基本建设规律，按照科学的逻辑顺序安排基本建设项目的建设工作。

按照国家发展与改革委员会（原国家计委）和国务院相关主管部门的要求，一个基本建设项目从计划到投产，必须经过 3 个阶段，介绍于下。

1. *第一阶段，前期准备阶段*　第一阶段的工作包括提出项目建议书；进行项目可行性研究；进行项目评估；正式立项、签订投资（或贷款）协议书；进行项目扩初设计等工作。通过这一阶段的准备，使项目的开展建立在科学民主决策的基础上，促进项目顺利进行。

本阶段所提出的项目建议书，是初步确立投资意向。它必须符合当地经济发展规划的要求；符合国家的产业政策和投资政策；符合因地制宜的原则。然后经过项目可行性研究和评估，为决策是否立项提供科学依据。

2. *第二阶段，项目实施阶段*　本阶段严格按项目评估报告及扩初设计的要求实施项目。为保证项目实施的高质量，达到预期的目标，在整个实施过程中重点工作是加强管理：实行科学有效的计划管理、资金管理、物资管理、工程技术管理，建立健全统计、会计核算制度，实行严密的科学监测，保证项目顺利实施。

3. *第三阶段，竣工验收阶段*　本阶段应按项目文件提出的目标检查验收项目完成的内容、数量、质量及效果；评价评估报告的质量，总结项目实施过程的经验教训，并颁发项目竣工验收证书。

在项目建设程序中，项目建议书、可行性研究、编制设计计划任务书的项目建设准备阶段统称为建设前期，勘察、设计、施工、安装、生产准备与试产、验收阶段统称为建设时期，交付生产后生产经营阶段称为生产期。基本建设的工作流程见图 1－1。

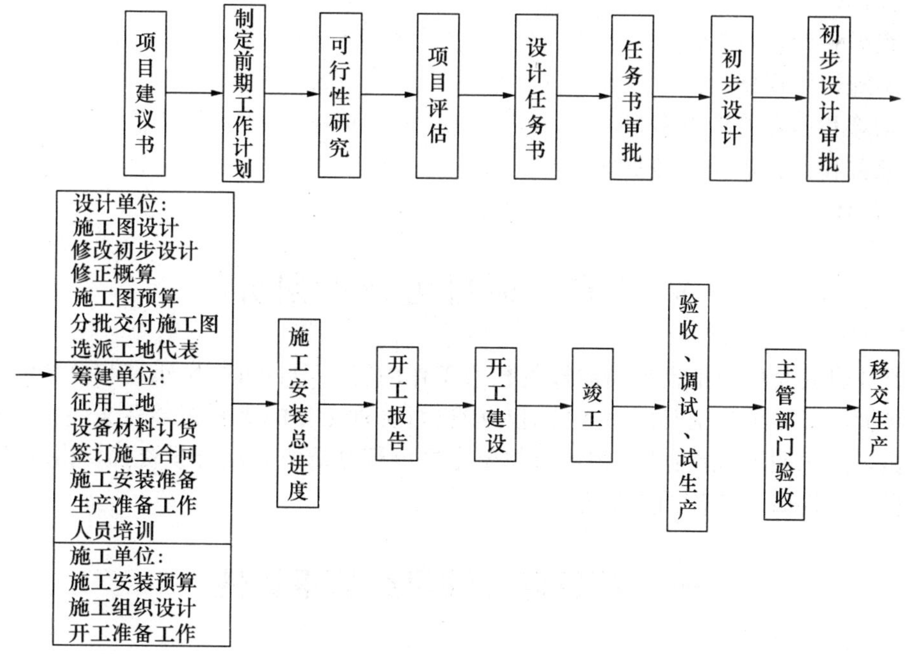

图 1－1　基本建设的工作流程

第二节 项目建议书

食品工厂项目建设前期的第一项工作就是编制项目建议书。项目建议书是项目拟建单位或业主根据国民经济发展规划、行业发展规划和地区社会经济、产业发展规划以及本单位的具体情况，经初步调查研究，提出的基本建设项目立项建议。项目建议书表达的是对建设项目的轮廓设想和投资意愿，项目建议书内容经有关部门批准立项后才能进行下一步的可行性研究。

项目建议书在编制前，首先要向有关部门反映立项的愿望并了解他们的意见，进行基础资料的调查和收集，进行综合分析、确定生产路线、进行厂址踏勘、了解建厂条件、提出总图（assembly drawing）设想、估算投资费用和经济社会生态效益等，然后正式编制项目建议书。项目建议书的编制要求的范围和深度不及可行性研究报告，篇幅也不长，一般来说编写的分工也没有那么细，这就要求编写人员不仅对工艺专业熟悉，对非工艺专业的内容也要熟知，要知识面广、经验丰富、综合能力强。

项目建议书的内容主要包括以下几个方面：

① 项目建设的目的和意义，即项目提出的背景和依据、投资的必要性及经济意义；

② 产品需求初步预测；

③ 产品方案和拟建规模；

④ 工艺技术初步方案，如原料路线、生产方法、技术来源；

⑤ 主要原料、燃料、动力的供应；

⑥ 建厂条件和厂址初步方案；

⑦ 公用工程和辅助工程的初步方案；

⑧ 环境保护；

⑨ 工厂组织和劳动定员；

⑩ 项目实施初步规划；

⑪ 投资估算和资金筹措方案；

⑫ 经济效益和社会效益的初步估算；

⑬ 结论与建议。

第三节 项目可行性研究

项目可行性研究是项目前期准备阶段的核心工作内容。项目可行性研究和评估的结论关系到项目的投资决策，又是项目上马以后实施过程中进行管理工作的重要指导性文件和项目竣工时验收的主要依据。国家明确规定：“各类项目都要做好可行性研究，所有投资都要讲求效益。”这充分表明了项目可行性研究工作的重要性。

一、项目可行性研究的重要性

项目建议书经过审定批准后，对选定的项目就要开始进行认真的准备工作，提出项目可行性研究报告，为项目评估与决策奠定基础。

可行性研究是对拟建项目在工程技术、经济及社会、环境保护等方面的可行性和合理性进行的研究。具体地说，项目可行性研究是对拟议中的若干项目实施备选方案，组织有关专家从市场营销、技术、组织管理、社会及环境影响、财务、经济等方面进行调查研究，分析各方案是否可行，并对它们进行比较，从中选出最优方案的全部分析研究活动。

J. P. 吉廷格在《农业项目的经济分析》一书中认为：项目可行性研究是项目准备和项目评估的第一个步骤，它提供足够的信息以决定某个项目在技术、组织管理、社会、商业、财务、经济等方面是否可行；是否可着手进一步制定计划。可行性研究要把项目的目标明确规定下来，要把为实现同一目标的可选择方案列举出来，并加以比较，排除拙劣的备选方案，明确回答有无更为可取的备选方案，保证所选方案能使项目符合客观自然环境和社会环境，从而为国民经济带来高效益。

原国家计划委员会 1983 年正式颁发了“关于建设项目进行可行性研究的试行管理办法”，该“办法”提出：可行性研究是建设前期工作的重要内容，是基本建设程序中的组成部分。凡编制可行性研究的建设项目，不附可行性研究报告及审批意见的，不得审批设计任务书。可行性研究的任务是根据国民经济长期规划和地区规划、行业规划的要求，对建设项目在技术、工程和经济上是否合理和可行进行全面分析、论证，做多方案比较，提出评价，为编制和审批设计任务书提供可靠的依据。

食品工厂建设项目的可行性研究是一项复杂细致的工作，它需要搜集大量的有关资料进行科学的分析和论证。花费的时间比较长，一般需要半年到一年甚至两年。所需时间长短与项目规模的大小、项目的性质及内容的复杂程度、项目分析人员的经验与能力、项目单位及项目区现有的文化水平及经营管理水平等因素有关。

二、项目可行性研究的工作程序

项目可行性研究的工作程序可按以下步骤进行。

（一）筹划准备

项目建议书批准后，项目单位即可筹划准备进行项目可行性研究。其方式有两种：一种是采用公开的竞争性招标方式，将可行性研究工作委托给有能力的专门咨询设计单位，双方签订合同，由专门咨询设计单位承包可行性研究任务；另一种是由项目单位组织有关专家参加的项目可行性研究工作小组进行此项工作。承担可行性研究的单位或专家组，应获得项目建议书和有关项目背景资料、批示文件，了解项目单位的意图和要求，制订详细的工作计划，以便着手从事项目可行性研究工作。采取哪一种方式，应根据投资方对项目承担单位的要求和有关项目审批部门的要求而定。

（二）收集资料

按照工作计划进行可行性研究工作，首先是收集有关项目的各种资料，如：此类项目建设的有关方针政策，项目地区的历史、文化、风俗习惯、自然资源条件、社会经济状况，国内外市场情况，有关项目技术经济指标和信息。项目直接参与者和受益者心态及对项目的要求，项目开展的周围环境条件等。收集资料的方式要保证以客观实际为基础，注重调查研究，访问项目参加者和受益者，查阅各种统计会计资料、技术档案资料，力求掌握资料详细、全面、客观、准确。

（三）分析研究

在收集资料和各种数据的基础上，应按照项目可行性研究所要求的内容进行科学的分类整理、计算加工、分析研究，结合项目的具体情况，对项目建设涉及的技术方案、产品方案、组织管理、社会条件、市场条件、实施进度、资金测算、财务效益、经济效益、社会生态效益等各方面进行可行性论证。同时，还应设计几套可供选择的方案，进行比较分析，筛选出最优的可行性方案，形成可行性研究的结论性意见。

（四）编写可行性研究报告

承担可行性研究任务的单位或专家组应根据分析研究所得的结论性意见，对项目是否可行编制出规范的可行性研究报告，交委托或组织该项研究的项目单位，由项目单位再上报，以便进一步进行项目评估。

三、项目可行性研究的主要内容

项目可行性研究内容丰富，涉及项目建设的方方面面，但一般地说，主要从市场营销、技术、组织管理、社会与生态环境影响、财务、经济 6 方面是否可行进行分析研究。

（一）市场营销方面

在市场经济条件下，食品工厂项目的产出品能否适销对路，决定着项目建设是否必要。因此，项目产品能否在有利价格条件下通畅地销售出去，在项目准备中要精心进行预测分析。市场营销方面的可行性分析，正是要分析考察商品流通渠道是否通畅，是否能保证项目顺利进行。其分析主要从两方面进行：一方面是项目所需的投入资源能否保质、保量、以合理的价格及时保证供给；另一方面是项目的产品能否及时、足量、以有利的价格通畅地保证销售。

1. 项目所需投入物的供给分析　供给分析要重点解决以下问题：①项目所需投入物的供给渠道和供应能力，能否保证项目所需。有无新的供应渠道，是促进当地生产，增加供应，还是从外地采购。②物资供应方面的资金融通状况，项目要取得这些供应物资采用什么支付手段，有无支付能力，如何解决。③是否能符合项目在质量、数量、价格、送货时间等方面的要求，如何保证项目有效执行。④物资采购的具体安排及方式，公开的竞争性招标投标是否落实。⑤项目建成投产后所需投入的原材料供应有无保证。

2. 项目产品的销售分析　销售分析主要从以下几方面着手：①项目产品需求量的分析，其核心问题是确定在确保有利价格的前提下的有效需求量。分析中应同时考虑项目产品的市场竞争状况以及项目产品替代物的市场状况。②项目产品的销售市场在哪里，市场吸收能力有多大。全部项目产品进入某市场，会不会引起价格变化，变化程度有多大，项目在新价格条件下的赢利能力如何。③项目产品数量和规格、花色、品种、款式、质量等与市场需求是否相符。④项目产品的市场占有率及其发展前景，其左右市场的能力有多大。⑤项目产品的储藏、加工和保鲜问题是否得到合理解决，是否需要另立加工项目。⑥项目产品是供国内消费还是供出口使用，出口渠道是否畅通、落实。⑦政府对产品销售尤其是一些名优土特产品在价格、信贷、税收、补贴等方面有什么样的优惠政策，与 WTO 规则如何对接，对项目会发生什么影响。

(二) 技术方面

任何一个项目都必须有技术设计，要根据项目目标，对于项目的规模、地点、时间安排、技术措施、资源需求等做出计划。它涉及项目的人力、物力、财力、科技等资源的投入和项目的产出，是进行其他方面分析的起点。

1. *应考虑的主要问题* 食品加工项目在技术方面的可行性研究应考虑的主要问题有以下几方面。

(1) 项目规模 最经济合理的规模应该多大，工厂占地面积和原料基地区域有多少等。

(2) 项目具体的地点和布局 这些地点的自然条件（包括地形、地貌、植被、土地土壤、水源、种养习惯、耕作制度等）、资源条件（包括植物、动物、矿产、水、劳力等资源）以及它们与项目的关系。

(3) 地质情况 地质结构、利用情况、开发潜力、水土保持情况、土地坡度及植被等。

(4) 水源情况 天然供水（包括降雨量、地下水及分布）、人工供水（包括自来水工程及排水工程）、水源水质的情况。

(5) 农业生产现状 种植的作物种类、产量，饲养牲畜种类及产量，农林牧副渔生产发展的情况（产量、产值、劳力、成本），发展潜力。

(6) 能源和交通情况 能源、交通运输、通讯等条件。

(7) 技术保障 加工技术来源、技术的可靠性与先进性、技术开发能力、技术保障措施等。

(8) 技术方案 工艺、设备、建筑、交通运输、节能节水、环境保护等技术方案以及是否合理可行。

2. *注意事项* 在进行以上技术方面的分析过程中要注意以下几个方面。

① 目标明确，围绕着项目目标进行。如果从纯技术角度分析某项技术可行，但不利于甚至危害项目目标的实现，从项目角度考虑，该项技术仍然是不可行的。

② 项目采用的关键技术不仅应具先进性，而且要求技术成熟适用，符合投资控制、成本控制的要求，能够保证技术的顺利实施。

③ 要有不同的可供选择的方案进行对比分析。技术上最好的方案不一定经济上最好，技术上费用最少的方案也不一定经济效益最高，只有把达到项目目标的几个可供选择的技术方案的成本效益加以比较后，才能确定哪个方案最佳。

④ 除项目本身技术分析外，同时要注意分析相关技术是否可行，并联系对本项目有效经营所必需的储存、运输、加工、销售等系统的技术问题加以综合考虑。

(三) 组织管理方面

作为一个项目，必须有独立的项目组织管理机构，项目开展结果的好坏，很大程度上取决于负责这些项目的组织管理机构的质量。搞好组织管理方面的分析也是项目准备工作的重要方面。

食品加工行业目前普遍缺乏有经验的管理人员，从事项目管理的人员大多没有受过项目管理的专门训练、服务体系不健全、服务设施落后、工作水平低、数据资料及信息严重不足，所有这些问题，使项目组织管理方面分析显得更为重要。

项目组织管理方面的可行性研究着重分析以下主要内容。

1. *分析项目本身的组织管理机构设置是否适当* 即要充分考虑项目所在地区的社会文化格

局、现有行政管理机构、劳力组织形式、农业生产组织方式、传统生产习惯等诸方面的因素，使项目机构工作起来能最有效。项目的组织管理机构应组织健全、结构合理、工作高效，能最有效地组织和调动各方面参与项目的积极性，保证项目顺利执行。

分析项目本身的组织管理机构是否适当，主要内容包括：①合理的内部机构；②合格的技术人员、管理人员和监督人员；③必要的培训设施；④有效的信息交流、反馈渠道，并能和院校、研究所、设计院等科技单位保持良好的协作关系；⑤项目执行过程中根据实际情况修改计划的应变能力。

2. *分析项目机构与国家或地区有关机构组织的关系是否融通* 项目的独立组织管理机构拥有多大的权力，和当地的其他政府机构或各有关业务部门存在何种联系，能否合作共事，有无利益冲突，项目分析人员应在准备过程中提出建议措施，把这类冲突、摩擦减少到最低程度。

3. *分析组织方案是否有利于项目的管理* 组织方案中各方面的权、责、利是否明确，契约关系是否落实，如何保证项目利益各方有高度的责任心和积极性，最新信息能否以最快的速度送到项目负责人手中，以提高项目管理的水平。

4. *其他* 在关系到农业产业化发展的项目中，组织管理的分析尤其要注意考虑参加项目的农民的文化、技术及管理水平，有无合适的政策有效地组织农民积极参与项目建设，培训农民和农技推广的计划是否落实，培训网络是否可行。

（四）社会与生态环境影响方面

社会可行性考虑的因素极为广泛，包括一个国家的政治体制、政策法令、经济结构、政策法律、宗教信仰、传统习俗、政治上的安定性、收益分配在不同地区不同社会阶层之间的均衡性、积累与消费的比例关系等许多方面。在这许多方面，人们试图用分配权数来定量分析项目投资对社会的影响。这是一个十分复杂的问题。我们的分析着重追求好的经济效益，给农业和农民带来最大的利益，给国家带来国民收入的最大增长，而对社会政治方面的考虑则是结合经济分析来进行，且多半是定性说明。

社会可行性分析应重点考虑的问题有以下几个方面。

1. *是否有利于提高农民的收入水平，缩小贫富之间的差别* 食品加工业与农业有着最紧密的联系，农产品加工是农业产业链中的关键环节，国家大力提倡的农业产业化发展道路就是希望通过加工业的发展带动农业的发展、农民的增收。因此，要具备带动作用是食品加工项目可行性研究必须遵循的一条基本原则。

2. *是否能有效地创造就业机会* 食品工业是劳动密集型行业，在我国从业人数众多，对社会起到了极大的稳定作用。项目在考虑通过技术进步提高劳动生产率的同时，还要尽量考虑提供更多的劳动岗位，创造就业机会，这是一个值得重视的社会问题。

3. *是否能够提高人们的生活质量* 从营养、食品安全与卫生的角度看，是否能够有效提供优质产品的供应；从方便性考虑，是否能减轻家庭劳动负担，是否具有旅游、野外、军备等适用性；从项目建设对改善当地文化保健事业、改善交通运输及通讯网络条件、增加附近农村儿童就学机会、充分发挥妇女的作用和提高妇女地位等方面进行考虑。

4. *是否能改善生态环境，促进经济可持续发展* 食品加工项目的上马，有可能会减少作坊式生产给环境造成的污染及无组织、不规范的农业生产方式给生态带来的破坏。同时，项目也可能污染环境、破坏生态平衡。食品加工项目如不注意保护环境、利用和保护生态平衡，将会影响社会以及项目本身的可持续发展。

（五）财务方面

显然，任何一个项目的开展，投资者首先而且最普遍关心的问题是有没有足够的资金来保证完成项目，并能够保证以后继续经营和保持这个项目；这个项目能给投资者们带来多大的经济利益。在投资者的事业处于起步和发展阶段，经济实力还不够强时，财务问题就显得更为突出和重要。这种从项目投资者的立场出发，围绕着参加者们的利益而进行的项目效益分析，称为财务分析。它是从投资者这一微观环境对项目进行的分析。

在财务分析中，要为所有投资者分别编制财务预算，并判定项目对投资者的投资能否带来合理的收益、对他们有无足够的刺激作用、项目有无足够的周转资金来满足项目业务开展的要求、项目偿还债务的能力如何等等。具体分析应考虑以下几方面。

1. *分析投资估算与资金筹措的方式* 资金的投入，是项目建设的必备条件。分析项目建设与各生产年份需要多少资金，资金的主要用途，资金的筹措方式和可能性。对银行贷款需要做进一步的分析：①贷款的种类：生产设备性贷款、长年生产费用贷款、营运费用的季节性短期贷款等。②贷款数量：业主自有投资占多大比重、贷款占多大比重、金额多少。③贷款优惠条件：宽缓期的规定、利率的高低、偿还办法及期限等。④贷款回收期及还贷能力是否符合贷款银行的要求等。

2. *分析项目对受益者在财务上所产生的影响* 估算项目建设期和生产期的收入和支出、财务赢利能力和项目的经济风险性等。项目的赢利能力应达到行业的标准收益率，如果赢利能力不强、经营风险性大，则项目对投资者来说经济意义就不大。食品加工项目一般都需要进行配套的基地建设，基地建设应当吸引农户的积极参与，在可行性研究中要研究农户的参与方式，同时，在财务分析中也应对模式农户的受益情况进行分析，如果能保证农户与无项目状态相比较有较高的增量净收益，则可以说服农户承担开展项目的风险，吸引农民积极参加项目建设。

3. *分析项目对国家财政的影响* 说明为了开展项目，政府可能给予项目的财政支持及其对今后政府预算会产生何种影响。项目新增加的产出能否给政府带来新的税收或出口外汇收入。如果项目的投资来自国外组织的捐赠或贷款，而营运维修费由国内筹资，这对国家财政会产生何种影响。

总而言之，财务分析是站在项目投资者这个微观经济单位的立场上，分析考虑项目是否能赢利。不能给投资者带来切身利益尤其是经济利益的项目，是没有生命力的。

（六）经济方面

分析项目是否对项目参加者能带来利益固然十分重要，但对于决策部门来说，更重要的还要考虑项目能否对整个国民经济的发展做出重大贡献；它的贡献能否和它必须耗用的资源相称。这种从整个国民经济的角度出发，分析项目是否能给国民经济带来利益的分析，称为国民经济分析，简称经济分析，以与财务分析相对照。它是从国民经济的宏观环境对项目进行的分析。财务分析是从投资者的角度来考虑问题，经济分析则从国民经济整体的角度来考虑问题，它们是互相联系，互相补充的。

1. *经济分析的主要内容* 从整个国民经济利益出发对项目进行经济分析，主要应考虑以下几方面内容。

（1）拟建的项目对国民财富的增加起什么作用　即要分析说明项目究竟给国民经济的发展带来什么好处。对一个食品加工项目来说，要分析它究竟给国家增加了多少优质农产品及加工品的有效供给量。

（2）要分析说明有限的资源是否得到了最有效的利用　任何一个国家所拥有的经济资源相对来说都是有限的、稀少的，尤其在我国，土地资源、水资源、技术、资金资源等更是紧缺。对于整个国家来说，可以有资源利用的多种选择，要看哪一种选择能最有效地利用有限的资源，对促进国民经济发展有重要意义。

2. *财务分析与经济分析的主要分别*　由于经济分析考察项目的角度不同于财务分析，所以这两种分析是有重要区别的。除了上述的目标不同、立场不同之外，还可归纳以下两点。

（1）进行财务分析和经济分析时划分和鉴定成本及效益的标准不同　财务分析是一种以项目投资者自身利益为目标的评价方法，鉴定成本及效益的标准看是否对项目投资者有利。有利于提高投资者收益的事项为效益，降低项目投资者收益的事项为成本。比如项目参加者从国家取得补贴是收益，而向国家交纳税收则是一项成本。经济分析则与此不同，它是以国家整体利益为目标的评价方法，从整个国民经济的角度来考虑问题，其鉴定成本及效益的标准看是否对国民收入增长有利。有利于提高国民收入的事项为效益，降低国民收入的事项则为成本。前者提到的补贴和税收，从国民经济整体考虑，它们只不过是国民收入的一部分从一个集团转移到另一个集团的转移支付事项，它没有造成国民收入的增加或减少，不能作为项目的经济收入或经济成本，所以在进行经济分析时应予以去除。

（2）两者在分析中采用的价格不同　财务分析从项目投资者利益考虑问题，是依据现行市场价格来衡量是得利还是损失。然而在经济生活中，由于多种原因，市场价格只是一种被歪曲了的符号，市场价格常常严重地背离价值，加工原料价格尤其如此。这种价格与价值发生的扭曲现象，使得企业利益的大小不能完全反映企业经营好坏，也不能完全反映项目是否对国民经济有利，这就使得项目的财务效益与经济效益统一不起来。要统一起来，就需要对财务分析采用的现行市场价格做某种调整，在经济分析中采用经济价格（或称影子价格）代替财务分析中的现行市场价格，以正确反映项目给国民经济带来的利益。

以上所述项目投资的可行性研究，是项目准备的核心内容。可行性研究的 6 个方面，市场营销分析是回答项目投资有无必要性，并形成项目的产品方案；技术及其他条件方面的分析，是回答项目投资有无可能性，并形成项目的技术方案；财务分析和经济分析则是在项目技术方案和产品方案的基础上进行预算分析的，回答项目投资有无经济合理性；社会与生态环境影响评价则是对项目投资的社会和环境影响效益做出评价。在做了以上详细周密的分析之后，项目准备人员还要进一步做出项目投资的敏感性分析，并综合以上分析的结果，做出项目投资是否可行的结论，撰写“项目可行性研究报告”。

四、项目可行性研究报告的编制程序和基本要求

（一）编制项目可行性研究报告的工作程序

项目可行性研究报告由承担项目可行性研究的单位或专家组编制，然后由项目委托方组织研

究单位、有关专家、管理部门进行评审，经修改后定稿。一般而言，编制项目可行性研究报告的工作程序包括以下几个步骤。

1. *选定编制人员*　报告编制人员必须从参与项目实地考察准备工作的人员中选定。由于项目可行性研究的涉及面广，因此，需要有若干专家或专业人员协同工作。包括：对口专业工程技术人员（如工艺技术专家、工程技术专家、农业技术专家等）、财务与会计方面的专家、经济管理与政策研究方面专家、市场分析专家、机械工程技术人员及土木工程技术人员等。编制组的大小视项目规模大小和具体要求而定。

2. *确定报告的内容及深度*　不同项目对可行性研究的广度与深度及格式要求不同，比如，一般来说，报国家审批的项目对报告的广度和深度要求较地方项目高，而报国家发改委的项目与国家农业综合开发办公室的项目在格式上有所不同。因此在项目可行性研究及其报告编制中均应体现出不同的特点，满足不同类型的需要。

3. *拟定报告提纲*　根据项目对可行性研究的要求，在项目可行性研究报告的内容及深度确定后，编制人员要拟定报告提纲，统一认识并明确各自的任务分工。

4. *整理分析资料*　项目可行性研究报告是对可行性研究的总结，故报告所有资料均来自可行性研究的调查结果。编制人员应根据报告提纲对与各自承担部分相关的资料进行分析使之合乎报告格式要求。

5. *报告的撰写*　经上述准备，各编制人员即可行文编写报告各部分，形成初稿。经指定人员（负责人）组织讨论、修改，形成报告文本。

（二）撰写项目可行性研究报告的基本要求

1. *项目可行性研究报告要符合规范格式*　所谓格式，就是可行性研究报告有一定的规范、一定的内容及一定的项目，每一个报告的编写必须按照规定的格式进行。一般而言，报告要与项目规模的大小和复杂程度相适应。大的项目报告篇幅可长一些，小的项目报告篇幅可适当减少。但无论大项目还是小项目的报告，一般都应包括项目可行性研究的各项内容，遵循规范的格式。

2. *项目可行性研究报告要符合深度要求*　所谓深度就是应该具有反映客观实际的、可靠的、完备的技术经济分析论证及综合的论证资料，报告内容全面，结构合理，结论科学，符合逻辑。报告的深度应能满足确定项目投资决策的要求。

3. *项目可行性研究报告的编写必须实事求是*　在调查研究的基础上，做多方案比较，按客观实际情况论证和评价，按自然规律、经济规律办事，以保证报告内容的真实性和科学性。

4. *项目可行性研究报告的文字要求*　可行性研究报告要求文字通顺，简洁明了。

5. *项目可行性研究报告责任明确*　应有编制单位的总负责人、经济负责人、技术负责人的签字，以示对其报告的质量负责。报告还应有可行性研究承担单位及其负责人资格审查单位的签字及盖章。

五、项目可行性研究报告的基本内容

项目可行性研究报告一般包括4个部分：文字报告（封面、目录、正文）、附表、附图和附件。

项目可行性研究报告封面内容包括项目名称、项目执行单位、可行性研究承担单位及各自的负责人，以及可行性研究负责人资格审查单位，最后列出项目建议书的批准单位和批准文号。封面参考格式见图 1-2。

项目可行性研究报告的目录一般应列出章、节两级目录，如果报告规模较大，可以列出章、节、点三级目录，以便查找。

正文后面是附录，附录包括附表、附件和附图。

附表有：①基本财务报表，包括现金流量表、损益表、资金来源与运用表、资产负债表、财务外汇平衡表、国民经济费用效益流量表、经济外汇流量表等；②辅助财务报表，包括固定资产投资估算表、流动资金估算表、投资计划与资金筹措表、主要投入物和产出物使用价格依据表、单位产品生产成本估算表、固定资产折旧估算表、无形资产及递延资产摊销估算表、总成本费用估算表、产品销售收入和税金及附加估算表、借款还本付息估算表等。

××省（区、市）××食品加工厂建设项目
可行性研究报告
项目名称：________
项目执行单位名称：________
项目负责人：姓名______职务、职称______
项目性质（新建、改建、扩建）
项目可行性研究承担单位（公章）______
（注：应附资质证明）
可行性研究总负责人______职务、职称______
经济负责人______职务、职称______
技术负责人______职务、职称______
项目建议书批准单位______
项目建议书批准文号______
编制时间： 年 月 日

图 1-2 食品工厂建设项目可行性研究报告封面格式

附件包括：项目建议书批准文件、企业营业执照、银行承贷文件、财政配套承诺文件、水及电供应文件、技术证明（如无公害生产等资源条件证书、专利证书、科技成果鉴定证书等）、咨询机构资质证书、其他必要附件。

附图包括：①项目区位置图；②项目区现状图；③项目规划布局图；④其他。

以下重点介绍项目可行性研究报告的正文。项目可行性研究报告的正文一般包括 14 个方面的内容：①项目概述；②项目的背景与依据；③项目区环境资源条件；④市场研究与产品销售方案；⑤厂址选择与项目规模；⑥项目建设方案与技术评价；⑦招投标制；⑧节能节水；⑨环境保护；⑩项目的组织管理；⑪投资估算和资金筹措；⑫财务评价；⑬项目社会效益和生态效益评价；⑭结论和建议。

（一）项目概述

1. *项目提要* 简要地介绍项目名称、建设单位、建设性质、建设地点、规模、建设期限和内容、项目申报单位及法人代表、投资规模及资金构成、资金筹措计划、主要技术经济指标（表 1-1）、项目辐射范围及带动能力等。

表 1-1 ××食品加工厂建设项目主要技术经济指标

序号	指标名称	单 位	数 量	备 注
1	指标 1			
2	指标 2			
…	…			

主要技术经济指标包括：占地面积、总建筑面积、建筑物占地面积、道路及铺砌占地面积、

绿化面积、建筑系数、绿化系数、总投资、固定资产投资、流动资金、销售收入、销售成本、销售税金、销售利润、投资利润率、投资利税率、投资回收期、贷款偿还期、财务净现值、财务内部收益率、盈亏平衡产量（比例）等。

2. 项目可行性研究报告编制的依据和原则 主要陈述项目可行性研究报告所依据的文件、方法与参数、数据来源以及进行项目可行性研究的指导思想和工作原则。

3. 综合评价和论证结论 主要简述市场分析、技术评价、财务评价、国民经济评价、生态效益和社会效益评价结论。

4. 存在的问题与建议 简述项目建设期与项目生产期可能存在的问题以及解决这些问题的措施建议。

（二）项目的背景与依据

1. 项目背景 提供项目依据所需要的基本情况。

（1）研究项目的宏观背景 主要是研究项目是否符合国家一定时期内的方针、政策、规划等，这是项目是否可行的主要依据。首先是考察项目是否与当前食品工业与农业产业发展的方针、政策相符。分别论述产业发展方针、政策的要点，把项目的动机与这些要点进行比较。其次是考察项目是否与各级政府及有关部门的长远规划相符，考察项目建设与这些规划的关系，项目是否包括在规划内，项目建设在规划中所处的地位和安排的投资时机，论述有关规划和项目的建设内容，以及项目建设对有关规划的影响等。

（2）研究项目的微观背景 主要从项目本身着手，首先考察项目承担单位的技术经济实力如何，看其能否承担项目的实施。主要从承担单位的规模、管理水平、信誉级别、资金能力、技术能力、人才具备等方面进行考察。这些因素是否具备将直接决定项目实施的成败。其次要考察项目投资的理由，通过项目建设能给地方、部门、企业和农户分别带来什么好处。例如，可以更充分地利用资源；可以增加农产品的附加价值，填补本地区的空白；可以增加出口满足市场需要，增加劳动力就业，提高农户收入，利用社会协作条件和优惠政策等。

2. 项目依据 说明为什么需要这样的食品加工项目。简述项目的理论依据和项目的优势条件。

（三）项目区环境资源条件

1. 自然资源条件

（1）地理位置及其条件 包括：①在国家经济区划中的位置；②接近城市地区的情况；③按行政区划或其他标准所规定的准确界限；④相邻地区之间的经济关系。

（2）气候资源。

（3）土地资源 包括：①地质条件；②地形、地貌；③土地利用现状；④原料生产土地资源条件及农业开发潜力分析。

（4）水资源 包括：①水量，指地表水、地下水、水资源供需平衡；②水质。

（5）生物资源 包括：①森林资源；②野生动植物资源；③饲草资源；④各种物种资源。

（6）能源和矿产资源。

（7）旅游资源和其他资源。

2. 社会经济技术条件

（1）人力条件 包括：①该地区人口和劳动力现状及其素质；②该地区劳动力利用情况分

析；③该地区食品工业及相关行业（如农业）等科技力量状况。

（2）物力条件　包括：①原材料供应条件；②燃料、电力等供应条件；③机器设备配备、维修等供应条件；④运输工具配备及其供应条件；⑤各种生产工具、办公设备等供应条件。

（3）基础设施　包括：①交通通讯设施；②农产品储运加工购销设施；③技术推广服务设施；④农业生产基础设施；⑤科教文卫设施等。

（4）原有各业（特别是项目关联产业）发展状况。

（5）人均经济收入　包括：①城市及农村年人均纯收入；②年人均主要农产品占有量。

（6）环境保护状况　包括：①生态环境；②环境污染和治理保护现状。

3. 项目建设的有利因素分析　主要从政策、自然资源、市场开拓、科技开发等几个方面进行阐述。

4. 项目建设主要障碍因素及解决方案　具体分析项目在政策、资金、原材料、土地使用、能源供应、交通通讯等存在哪些需要解决的问题，如何解决这些问题。

（四）市场研究与产品销售方案

1. 市场研究　主要从需求与供给两个方面分析国际市场与国内市场供求状况及发展趋势。

2. 项目主要产品的商品量预测。

3. 产品生产与销售方案　包括：①生产规模（注明主要原材料、燃料动力投入估算及来源，原材料投入估算及来源见表1－2，燃料动力投入估算表与表1－2相似，必要时要附有关文件）；②产品方案（产品方案形成及其说明，阐明为什么要投资发展这些产品）；③市场价格定位（要说明定位的依据，竞争优势）；④销售队伍与营销网络建设等。项目产品方案见表1－3。

表1－2　××食品加工厂建设项目主要原材料投入估算表

项　目	原材料1		原材料2		原材料3	
	单位	数量	单位	数量	单位	数量
需用量						
自给量						
采购量						
来源渠道						
其中：进口						

表1－3　××食品加工厂建设项目产品方案表

产品名称 项　目	产品1	产品2	产品3	产品4	产品5	产品6
年产量（t）						
班产量（t）						
生产周期（d）						
单位成本（元/t）						
单位价格（元/t）						

（五）厂址选择与项目规摸

1. *厂址位置选择*　主要阐述项目位置选择的依据，包括地质、水资源等自然条件，交通运输条件，通讯条件，电力供应条件等。具有高新技术示范功能的子项目还应考虑项目位置的选择对示范效果的影响。

2. *项目规模*　项目规模主要阐述项目正常生产年份农产品产量或年设计生产能力。说明规模确定的依据，主要从市场需求、资源条件、资金、经济效益等方面说明。

（六）项目建设方案与技术评价

1. *项目的建设任务和目标*　介绍项目的构成范围和建设主要内容以及建设的目标。

2. *项目的规划与布局*　介绍项目的发展规划、布局设计及布局特点，说明规划与布局设计的理由。

3. *生产技术方案及工艺流程*　包括：①生产设计方案；②主要产品工艺流程。

4. *项目建设标准与具体建设内容*　包括：①建设标准（根据国家有关对食品加工厂的卫生规范、设计规范、检验规程、无害化处理规程、通用技术条件、操作规程以及环境、建筑设计规范等制定）；②具体建设内容（对各项建设内容的土建工程、主要生产设备设施、主要技术措施进行描述，主要生产设备列表见表 1－4。）

表 1－4　××食品加工厂建设项目主要生产设备表

序　号	设备名称	单　　位	数　　量	规格型号	来源（制造厂商）
1	设备 1				
2	设备 2				
…	…				

5. *项目实施进度安排*　包括：①项目实施工程量估算，列出主要工程量估算表（表 1－5）。②项目实施进度安排。将前期准备、项目实施及竣工验收分为若干个任务，并合理安排这些项目的时间进度。一般需要简述各任务的主要内容，并以表格的形式表达时间进度安排，见表 1－6，每项任务的时间安排用任务与时间列交叉处的粗横线来标示。

表 1－5　××食品加工厂建设项目工程量估算表

项目名称	工　程　量		计划完成期限	备　　注
	单位	计划数		
土建				
道路				
绿化				
设备				
基地建设				
…				

表 1-6 ××食品加工厂建设项目实施进度安排

序号	任 务	20××年		…		负责单位和个人
1	项目建议书					
2	可行性研究					
3	评估与批准					
4	初步设计					
5	物资订货					
6	组织施工					
7	竣工验收					
8	生产准备					
9	正式生产					

6. 建设方案的技术评价

(1) 结构的合理性　要回答下列几个问题：①主导产业、拳头产品的选定是否适当？②是否以此为中心，考虑发展其他产业与部门？③产前、产中、产后服务行业和加工产业配置如何？④各项工程措施、生物措施、农业措施、化学措施、管理措施是否组合得当？

(2) 规模的适度性　包括：①生产单位或企业的规模经济评价；②经营组织的规模经济评价；③生产基地的规模经济评价。

(3) 布局的恰当性　包括：①开发中区域划分的合理性；②各种产业分区部署的合理性；③生产基地配置的合理性；④重点工程和基础设施布局的合理性。

(4) 时序的相宜性　包括：①不同地区开发的时序安排；②生产项目的时序安排；③工程措施、生物措施等的时序安排；④生产要素组合的时序安排。

(5) 技术的先进性及成熟性。

(七) 招投标制

我国自 2000 年 1 月 1 日起施行了《中华人民共和国招标投标法》，根据法律规定，国家项目建设在境内进行下列工程建设项目包括项目的勘察、设计、监理工程建设有关的重要设备、材料等的采购，必须进行招标：①大型基础设施、公用事业等关系社会公共利益、公共安全的项目；②全部或者部分使用国有资金投资或者国家融资的项目；③使用国际组织或者外国政府贷款、援助资金的项目。

如果食品工程建设项目属于上述规定内的项目，在可行性研究报告中应制定项目招投标的原则和具体办法。

(八) 节能节水

项目可行性研究报告中，应包括：①节能措施；②节水措施。

(九) 环境保护

1. 设计依据及执行标准　以国家和地方政府制定的工程建设环境保护法规、办法、条例、工作手册等以及行业排放标准等为依据，根据未来发展趋势，执行标准不低于先行标准。

2. 设计范围　应该包括所有可能对环境有不利影响的工程。

3. 主要污染源、污染物及其治理措施　说明项目的主要污染来源，可能造成的污染程度，污水、废气、废渣、噪声污染的治理方案和措施，项目环保机构的设置、编制与分工等。

4. 环保效果评价　包括：①环保投资情况；②环保治理效果评价。

5. 环保部门意见　将环保部门意见文件作为附件列于附录中。

（十）项目的组织管理

1. 项目的组织方式　包括贷款办理、工程承包、物资供应、民工协调、土地调整、监测评价、竣工验收等。

2. 项目管理机构的设置　包括：①机构设置、职能权力、内部组织、人员数量配备及职称、分工责任、经费预算等；②项目管理机构与项目区政府机构的关系；③项目组织管理结构图。

3. 经营管理模式。

4. 技术培训计划　包括：①人员组织形式；②人员培训数量；③人员培训方式；④人员培训计划；⑤培训费用计划。

5. 劳动保护与安全卫生　包括：①设计依据；②工程设计范围；③生产过程中主要职业危害防治措施（防火防爆、电气安全、防机械伤害、防暑降温等）；④劳动安全卫生机构设置；⑤劳动安全卫生管理机构；⑥劳动安全卫生投资。

6. 消防　包括：①设计依据；②消防给水及设施；③消防制度。

7. 食品卫生。

（十一）投资估算和资金筹措

1. 投资估算

（1）估算依据。

（2）投资估算　包括以下几个方面。

① 基本建设投资估算。

② 无形资产及递延资产估算，包括：a. 引进技术费用；b. 其他。

③ 建设期利息估算。

④ 流动资金估算，包括：a. 原材料；b. 燃料和动力费；c. 包装费；d. 生产费用。

⑤ 预备费估算，包括：a. 基本预备费；b. 价格预备费。

2. 资金筹措方案。

3. 还款计划及措施。

（十二）财务评价

1. 项目销售收入及税金估算　项目销售收入及税金估算分产品类别列表。

2. 产品成本估算。

3. 项目损益分析　主要对损益表进行分析，指标包括：利润总额、税后利润、投资利润率、投资利税率、资本金利润率等。

4. 财务赢利能力分析　主要对财务现金流量表进行分析，分析指标主要包括：财务内部收益率、财务净现值、投资回收期等。

5. 项目清偿能力分析　分析项目财政有偿资金和银行贷款偿还能力，主要分析报表为借款还本付息表、资金来源与运用表、资产负债表，指标为借款还本付息期、资产负债率、流动比率、速动比率。

6. 不确定性分析 运用表格和图示，做盈亏平衡分析，并通常对以下几个最敏感的因素进行敏感性分析：①目标产品产量；②产品销售收入；③固定资产投资额；④经营成本。

（十三）项目社会效益和生态效益评价

1. 项目社会效益 项目社会效益评价主要包括以下几个方面。

（1）产品贡献 ①主要产品总量增长量；②主要产品总量增长率；③主要农产品商品率提高幅度。

（2）就业效果 采用下列计算公式

劳动就业率＝（项目所提供就业人数÷当地有劳动能力应就业的总人数）×100％

单位投资就业机会＝（项目所提供就业人数÷项目的总投资）×100％

（3）劳动条件改进效果 采用下述计算公式

劳动技术装备率＝一定时期机械化设备平均价值÷该时期生产劳动人数

（4）生活条件改善指标 采用下列计算公式

人均主要产品占有量＝全年主要产品生产量÷年平均人口总数

人均可支配收入＝税后分配总额÷参加分配的人口总数

（5）文化水平提高指标 ①教育普及率：大、中、小学生人数与总人口数之比；②科技人才比：科技人员数与总人口数之比。

（6）分配效果 采用下述公式

国家收益比重＝［上交国家的税利÷（税金＋纯收入）］×100％

地方收益比重＝［地方税利÷（税金＋纯收入）］×100％

2. 生态效益 一般食品加工项目以定性分析为主、定量分析为辅。定量分析指标根据具体项目。

（十四）结论和建议

综观各方面效益，集中做出判断。简明扼要地给出对该项目进行可行性研究所得出的基本结论，使相关者（投资者、贷款单位、评估和审批单位）只需花很少时间就能对该项目的基本问题（市场、技术和经济效益）以及可行或不可行有一个清晰的了解。在可能的情况下，提出存在的问题及解决问题的建议。

不同类型的食品加工厂建设项目，其具体内容会略有不同。例如，大型的工程，则需增加一章国民经济评价。一般各主管部门会下达项目可行性研究编写提纲，编制时可根据具体提纲进行编写。

第四节 项目评估

一、项目评估与可行性研究的关系

（一）项目评估的作用

所谓项目评估，是在项目准备完成后，组织有关方面的专家对项目进行实地考察，并着重从国家宏观经济的角度全面系统地检查项目涉及的各个方面，对项目准备提出的可行性研究报告的可靠程度做出评价，它对于项目是否执行有至关重要的作用。

项目评估的作用归纳起来主要有以下几个方面。

1. *有利于减少决策的盲目性，增强决策的科学性*　项目评估是避免决策失误的关键环节。评估由专门机构根据客观实际情况，采用科学的方法，对项目的技术、管理、财务、经济诸方面做出分析和评价。该评价结论比较客观、全面、系统、科学，有助于克服项目决策中存在的一些弊端（如现实中“长官意志项目”、“伸手要钱项目”、“盲目跟风项目”的存在），从根本上保证项目的顺利实施并取得预期的经济效益，从而避免投资的浪费，保证投资的效益。

2. *项目评估是将微观经济效益与宏观经济效益有机联系的纽带*　社会主义经济工作的重要原则之一就是：要正确处理国家、集体、个人三者之间的利益，宏观利益和微观利益要统筹兼顾。这就要求一个项目的建设不但要有微观的经济利益，也能够给宏观利益做出贡献。然而，过去主要是用定性的方法谈宏观利益，在定量方法上没有很好地解决如何分别评价微观利益与宏观利益的问题。而项目投资评估方法采用一套技术方法和科学的经济指标体系，通过指标的分析换算，能对同一项目投资经济行为同时做出财务效益和经济效益的定量分析，从数量上说明项目投资分别给微观效益和宏观效益带来多大的好处，衡量项目的微观效益和宏观效益是否统一。

3. *项目评估是金融机构发放贷款的重要依据*　在我国社会主义现代化建设中，金融机构和金融活动的作用越来越大。金融机构及其活动的范围、内容、方法手段等在一定程度上反映了一个国家经济现代化的程度。以项目贷款的方式参与项目建设的调控是金融工作参与经济活动的有效办法。我国的银行制度明确规定，没有项目投资评估报告的项目不能取得银行的贷款。因此，科学、全面、系统的项目投资评估是金融机构发放贷款的重要依据。在我国经济改革的过程中，项目投资评估对发挥金融机构的参与和监督作用、规避和降低信贷风险具有重要的意义。

4. *项目评估是项目实施、管理实践的重要指导书*　项目评估对项目所在地区的自然、经济、技术、社会等方面进行了详细、周密的调查，对项目的实施及应达到的目标进行了详细、科学的分析，因此，项目评估报告书对项目实施管理实践具有重要的指导意义。在项目实施过程中，管理人员可以将实际情况与评估的预测进行对比分析，及时发现设计施工、项目进度、资金来源及使用、物资供应、各方面关系协调等方面的问题，及时采取措施，纠正偏向，使项目能顺利进行；在项目完成投产后，通过预测和实际情况的对比，总结预测与实际情况存在的偏差和原因，从而指导今后的项目评估工作。金融机构为了保证贷款的按期回收，将严格按照评估报告监督检查项目的执行情况，有利于项目的顺利完成。

当然，项目评估毕竟是一项预测性的工作，具有它本身的局限性。如技术、自然条件、市场需求都在不断地发生变化，敏感性分析方法中需要有若干的假设、评估原则的主观性规定、项目评估中存在的政治因素等，都会影响评估的预测与客观实际情况的吻合程度。但是，项目评估提供了一种进行敏锐判断、减少投资失误的工具，为项目决策提供了经济依据，在经济管理中仍不失为一种重要的科学方法。

（二）项目评估与可行性研究的关系

项目评估与项目可行性研究有着密切的关系。项目可行性研究是项目评估的基础，没有项目的可行性研究，就没有项目评估；不经过项目评估，项目的可行性研究也不能最后成立，二者是紧密相连的。

项目评估与可行性研究的相同点在于下述几个方面。

1. 二者的相同点

(1) 二者的目的相同 都是为了减少项目投资决策的失误，提高有限资源的利用效果，提高投资的效益。

(2) 二者的理论基础、评价分析的内容和要求、使用的基本方法相一致。

(3) 二者的工作性质相同 都是项目投资决策前期的工作，为项目投资决策提供经济依据。

2. 二者的不同点 项目评估和项目可行性研究又是两个不同的概念。它们的不同点在于下述几个方面。

(1) 发生的时间不同 可行性研究作为项目准备的核心内容，发生在先，而项目评估是在可行性研究的基础上进行的。项目评估的对象是项目可行性研究报告，可以说项目评估是项目可行性研究工作的延续。

(2) 内容详简程度不同 项目可行性研究内容全面细致，而项目评估是在项目准备的基础上有所侧重地进行评价，通常要对项目的技术、组织、财务、经济四大方面做重点审查评估。

(3) 需要的时间不同 由于可行性研究内容全面、细致，构成项目准备的核心内容，所费时间较长，一般要花半年到一年的时间，有的甚至花两年时间。而项目评估工作，如果准备工作做得好的话，则可以较快完成，一般 3～4 周进行实地考察，再用及 1～2 个月进行分析并完成项目评估报告。

(4) 从事工作的单位不同 项目可行性研究多数由项目单位委托设计部门或技术部门进行，较多地受项目单位的制约影响。有的项目可行性研究较多地偏重技术及财务效益，这也是由于可行性研究工作者站在各自的立场上从事工作而产生的。项目评估则是由决策机关或向项目提供贷款的金融机构委托有关专家组进行，它较少地受项目单位的影响，而是站在投资方的立场上审查项目的经济效益，对于大型的政府投资项目来说，对国民经济效益的分析将是其中的一个重点。

(5) 决策意义不同 项目评估对项目可行性研究工作的质量和项目可行性研究报告的可靠程度要做出评价，提出修改意见或要求重新进行项目可行性研究，有的评估机构还具有某种决策的权力。可以说，项目评估比项目可行性研究更接近于决策，更具有权威性。

二、项目评估的内容

如前所述，项目评估是在项目可行性研究报告的基础上进行的。因此，项目评估不必像可行性研究那样详尽，而是根据项目的具体情况及评估部门的要求有重点地进行评估。不同的项目，在实际的项目评估工作中评估的重点不一样。项目评估的主要内容介绍于下。

(一) 项目必要性的评估

这是项目评估首先要解决的问题，应认真审查项目可行性研究报告关于项目必要性的论证，并着重调查研究和评估以下内容。

① 项目是否符合国家经济发展的总目标、食品工业发展规划和产业政策，是否有利于增强农村地区经济活力，促进农业可持续发展，项目在这方面起什么样的作用。

② 项目是否有利于合理配置和有效利用资源，并改善生态环境。

③ 项目是否必要的关键所在是项目产品是否适销对路，符合市场的需求，有发展前途。对于食品加工项目建设项目来说，项目产品是否有市场前景，是项目有无建设必要的前提条件。项目产品无市场，项目建设则无必要。否则，劳民伤财，造成社会资源浪费。

④ 项目投资的总体效益如何，尤其要看项目建设能否给解决“三农”问题和整个国民经济带来好的效益和大的贡献，从而判定项目投资建设的必要性。

（二）项目建设条件的评估

任何食品加工项目都是在特定的条件下进行的，它决定了项目实施是否可能。一个理论上分析研究认为很好的项目，如果所要求的条件不具备，项目仍然很难成功。因此，在评估中要重视项目条件的研究评价，主要内容有以下几个。

1. *资源条件评估*　着重评价项目所需资源是否落实，是否适合项目要求，有无利用条件和开发价值。

2. *项目所需投入物供应条件评估*　着重检查评价项目建设所需的原材料、燃料、动力资源等能否有条件保质保量按项目要求及时供应，供应渠道是否通畅，采购方案是否可行。

3. *项目产品销售条件评估*　这是保证项目效益实现的重要内容。要重点评价主要产品生产基地的布局是否合理，产品的销路如何，销售条件（如市场、交通、运输、储藏、加工等各方面的条件）是否适应项目要求。

4. *科学技术条件评估*　重点评价科技基础设施及科技人员力量的条件如何，生产工人和原料基地农民文化程度、接受新技术的能力、能否适应项目所采用的新工艺、新技术、新设备使用方面的要求，有何改善此种条件的措施。

5. *政策环境条件评估*　要着重评价国家对本加工项目内容有什么特殊优惠政策，项目开展有无良好的政策环境条件。

6. *组织管理条件评估*　要着重评估项目组织管理机构是否健全、是否合理高效；项目组织方式是否合适；科技培训及推广措施是否落实；是否能为项目的顺利实施提供良好的组织管理条件。

（三）建设方案的评估

建设方案是一个食品加工项目设计中的主要内容。建设方案涉及项目的规模及布局、产品结构、技术方案、工程设计以及时序安排。主要着重评估以下内容。

1. *项目规模及布局评估*　重点评价项目建设的格局及范围大小，布局的地域范围及合理性，涉及农户数量，项目规模与项目具备的资源条件、技术条件等各种条件是否相适应。

2. *产品结构评估*　重点评价项目的产品结构和生产结构是否合理，是否符合产业政策，是否有利于增强农村经济发展的综合生产能力。

3. *技术方案评估*　科学技术是现代经济开发项目的重要内容。要克服只重视资金物资投入，忽视科学技术、智力开发的错误倾向，实行资金、科学技术、物资、信息和人才的配套投入。因此在评估过程中要重视科学技术的评估，重点评价项目技术方案所采用的工艺、技术、设备是否经济合理，是否符合国家的技术发展政策，是否有利于提高产品质量和生产效率，是否能节约能源、节约消耗并取得好的效益，是否符合当地实际情况。

4. *工程设计评估*　重点是根据项目的要求，审查工程设计的种类、数量、规格标准，进行不同设计方案的比较，做出设计合理性的鉴定。

5. *时序评估* 这是保证项目在规定起止时间内有条不紊地按计划执行的重要措施，是项目建设方案中又一重要内容。重点应评估项目周期各阶段在时序上安排是否合理；项目的资金投入、物资设备采购及投放是否安排就绪，符合项目时间要求；项目实施的时间进度是否科学合理，达到最佳时间安排。

（四）项目投资效益的评估

投资效益评估是项目评估的核心内容，以上的许多评估内容也都是为了保证项目有好的效益，围绕着效益这一核心内容来进行的。项目投资效益评估主要着重以下方面。

1. *基本经济数据的鉴定* 这是效益评估的基本依据，一定要经过鉴定，确定其科学合理程度，如各项投入成本的估算，项目效益的估算，有无项目比较增量净效益的估算，基本经济参数，如贴现率、影子汇率、影子工资等的确定是否科学合理。

2. *财务效益评估* 重点评价项目建设对项目投资者带来的利益大小。项目单位财务投资利润率、贷款偿还期、投资回收期、净现值及财务内部报酬率等，都应进行计算分析，对参加项目的农户收入提高的状况也应进行计算，评估其是否达到要求。

3. *经济效益评估* 重点评价项目建设对整个国民经济带来的利益大小。如有限资源是否得到了合理有效的利用，经济净现值、经济内部报酬率是否达到要求。

4. *社会生态效益评估* 食品加工项目与农业生产紧密相连，既要注意各种农业资源的开发利用，又要特别注意生态效益。因此，必须结合具体项目的目标和内容，选择适当的指标（如就业效果、地区开发程度、森林覆盖率、水土保持等指标）进行分析评价。

5. *不确定性及风险分析评价* 食品加工项目受自然及社会的制约，涉及不确定性因素较多，具有一定的风险性，项目投资的效益不稳定。究竟一个项目可行与否，在评估中应注意项目的敏感性分析。各种不确定性因素发生变化后项目的财务效益和经济效益相应会发生什么变化，变化的程度有多大，项目单位以及涉及的农户有无承受力，都应做出分析判断，尽量选择风险性小的项目。

（五）对有关政策和管理体制的评估

评估中在完成以上分析评价的同时，会涉及有关的政策和体制问题。食品工业是国家的支柱产业，对农业具有很大的带动作用，因此有相应的扶持政策。食品加工项目如何利用这些政策，还应做什么修改和补充，应做出评估并提出建议，以利项目的顺利进行。如物资供应政策，价格政策，产品收购政策，补贴、利率、税收政策，资源开发政策，产业发展政策，管理体制等，都应做出评价和建议。

（六）评估结论

在完成以上评估内容后，要综合各种主要问题做出项目总评估，并提出结论性意见。主要内容有：

① 项目是否必要；

② 项目所需条件是否具备；

③ 项目建设方案是否科学合理；

④ 目投资是否落实，效益是否良好，风险程度有多大；

⑤ 项目开展应有什么政策措施；

⑥ 评估结论性意见：明确表明同意立项；或不同意立项；或可行性研究报告及项目方案需作修改或重新设计；或建议推迟立项，待条件成熟后再重新立项。表明以上4类结论性意见的同时，应简要说明理由，供决策者参考。

项目评估工作结束，应做出《项目评估报告》。报告的格式与内容基本和《项目可行性研究报告》相似，不再赘述。

第五节 编制设计计划任务书

设计计划任务书（简称设计任务书、计划任务书）是根据可行性研究的结论编制出的一个建设计划，它是确定基本建设项目和编制设计文件的主要依据。所有的新建、改扩建项目，都要根据国家发展国民经济的长远规划和建设布局，按照项目的隶属关系，在初步设计进行之前，由主管部门或项目建设单位组织人员或委托设计部门编制设计计划任务书。

一、设计计划任务书的内容

1. *主要内容* 设计计划任务书的内容，因建设项目的不同有差别。大中型食品工业项目一般应包括以下几个方面的内容。

(1) 建设的目的和根据 叙述原料产销关系，产品生产水平和市场需求状况；说明项目建成投产后的经济效益、社会效益和生态效益。

(2) 建设规模 说明年产量、生产范围及生产发展规划。分期建设的项目，应说明每一期的生产能力及项目最终生产能力。

(3) 产品方案或纲领 说明产品品种、规格标准和各种产品的产量以及各种产品生产的时间安排。

(4) 生产方式或工艺原则 提出主要产品的生产方式，说明这种方式的技术先进性、成熟性、技术来源，提出主要设备的订购计划。

(5) 工厂的组成 新建项目包括哪些部门、有哪些车间及辅助车间、仓库，需要哪些交通工具等，利用其他单位生产资源的协作计划，劳动定员与人员来源等。

(6) 资源综合利用和“三废”治理的要求 提出副产物综合利用的要求和方案，根据国家和地方政府的要求提出“三废”治理的标准与方案。

(7) 建设地区或地点以及占用土地的估算。

(8) 防空、抗震、安全生产与食品卫生的要求。

(9) 建设工期。

(10) 投资控制数。

(11) 要求达到的技术水平和经济效益估算。

此外，改扩建的大中型项目计划任务书还应包括原有固定资产的利用程度和现有生产潜力发挥情况。小型项目计划任务书的内容，可以参考上述内容简化。

2. 附件　设计计划任务书还应包括以下附件。

① 经国家或省、市、自治区主管部门批准的矿产资源、水文、地质资料。

② 生产所需主要原材料、协作产品、燃料、水源、电源、运输等协作关系的意见或协议文件。

③ 建设用地要有当地政府同意的意向性协议书。

④ 产品销路、经济效果和社会效益应有经技术负责人、经济负责人签署的调查分析与论证资料。

⑤ 环境保护部门的环境评价报告。

⑥ 采用新技术、新工艺时，要有技术部门签署的技术工艺成熟、可用于工程建设的技术鉴定书。

二、设计计划任务书的审批

大中型项目的设计计划任务书，应按隶属关系，由国务院或省级主管部门提出审查意见，报国家或省、市自治区发展改革委员会批准，具有特殊性的重大项目，由国家发展改革委员会报国务院批准。中小型项目的计划任务书，按隶属关系，由地方主管部门审批。

建设项目的设计计划任务书经批准后，如果在建设规模、产品方案、建设地区、主要协作关系等方面有变动以及突破投产投资控制数时，应经原批准机关同意。

第六节　设计工作

一、工厂设计的任务和要求

（一）任务

根据基本建设程序管理的规定，建设项目在设计计划任务书获得批准后即可开展设计工作。工厂设计的主要任务是通过图纸等技术语言形式更加明确、合理、具体地表达可行性研究提出的建设构想，并达到设计计划任务书的要求。因此，可行性研究和设计计划任务书是工厂设计的主要依据。

设计单位在接受食品工厂设计任务之后，首先要先进行资料收集等准备工作，然后拟订设计方案，在方案通过有关部门评审后，根据项目的大小和重要性可以进行二阶段或三阶段设计。对于一般性的大中型项目，采用二阶段设计，即扩大初步设计（简称扩初设计）和施工图设计。对于重大的复杂项目或对外援助项目，采用三阶段设计，即初步设计、技术设计和施工图设计。目前，国内的食品加工厂设计项目一般只做二阶段设计。

设计单位完成了施工图设计，并没有全部完成设计任务，还要对设计图纸负责，必须向施工单位进行技术交底，介绍设计意图，与施工单位共同研究施工中的技术问题，做必要的设计修改，使施工任务能顺利进行。当安装工程完毕后，设计单位还必须参与试车运行，看设备和生产线运转是否正常，能否达到预期的效果。然后与有关部门、建设单位共同进行验收。项目设计任务完成后，还应做好技术资料的整理和存档工作。

（二）要求

1. 原则　食品工厂设计应该将可行性研究的总体设计思想贯彻到设计当中，同时，在设计中必须遵循以下原则。

① 遵循国家法律、法规，贯彻执行国家经济建设方针政策和基本建设程序。

② 本着技术先进、经济合理的原则，积极采用先进成熟的新工艺、新技术、新设备，努力提高机械化、自动化程度，减轻劳动强度，改善劳动条件，提高生产效率和产品质量，降低生产成本，技术经济指标达到国内先进水平。

③ 按食品工厂设计卫生规范进行设计，充分保证食品生产的安全卫生。

④ 节约建设用地，不占或少占良田；节约能源；积极开展综合利用，搞好“三废”治理，保护生态环境。

⑤ 在经济实用的基础上，提倡美化，反对不切实际的铺张浪费。

2. 约束条件　食品工厂设计是一项富有创造性的工作，同时，设计时要考虑技术、经济、环境和社会因素以及诸因素间的相互作用，这就要求设计者在酝酿设计方案时要根据设计一系列设计约束条件构思各种可能的方案，经过反复比较与优化，选择最合理的设计方案。设计约束条件包括外部约束条件和内部约束条件，设计者首先根据外部约束条件的制约，制定出若干个可能的方案，然后根据内部约束条件制约排除其中一些不符合要求的方案，再经过进一步分析研究和筛选，最终确定设计方案。

（1）外部约束条件　通常包括以下几方面。

① 政府制定的各种法律、规定和要求；

② 各种不可违背的自然规律；

③ 安全要求；

④ 资源情况；

⑤ 各种必须遵循的标准和规范；

⑥ 经济指标要求，如投资限额、投资回收期等。

（2）内部约束条件　通常包括以下几方面。

① 生产技术来源、技术成熟程度、技术使用价格和使用条件；

② 原料、材料、建筑材料、关键设备等供应的可能性与难易程度；

③ 允许和需要的设计时间；

④ 劳动人员的数量和素质；

⑤ 产品规格；

⑥ 建设单位的具体要求；

⑦ 建设地区的具体情况。

二、原始资料的收集

设计人员在接受设计任务后，应认真研究设计内容构思设计对象的轮廓，考虑设计工作都需要哪些数据和资料、如何进行所需资料的收集，为了顺利开展设计工作，资料收集应尽可能完备齐全。

(一) 原始数据与资料收集范围

1. 基础资料　基础资料包括厂址区域的地形、气象、工程地质、水文地质等资料，人文与地理情况，矿产资源、技术经济条件，原材料、燃料动力供应、交通运输、施工条件等情况。

2. 生产方法及工艺流程资料

(1) 各种生产方法及工艺流程　包括原料路线、操作规程、控制指标、主要生产设备、综合利用情况、生产安全可靠性、每个工序的主要技术参数等。

(2) 各种生产方法的技术经济比较　包括产品成本，原材料的使用量及供应可能，水、电、气（汽）的使用量及供应，副产物的利用，“三废”治理，生产自动化水平，基本建设投资，占地面积，主要建筑材料的用量，设备制作的复杂程度等。

掌握了生产方法及工艺流程资料后，应对产品现有的生产方法及尚未实现的方法做全面的分析，通过比较，找出技术上先进、经济上合理、具备实施条件的切实可行的生产方法。生产方法和工艺流程的确定是决定整个设计水平的关键因素，因此资料收集一定要齐全。

3. 工艺资料

(1) 物料衡算　包括各生产步骤所需各种原材料、半成品、成品、副产物的规格、数量、加工率、出品率、物料物理化学性质等。

(2) 热量衡算及设备计算　包括原料、半成品、成品的比热容、生成热、导热系数、传热系数等与传热计算有关的热力学数据；各种温度、压力、流量、液面等生产参数；设备的结构、容积、材质、主要设备图等。

(3) 车间布置　包括平面、立面布置情况，防火、防爆、防震措施；设备的安装与检修要求；控制室和配电室的布置。

4. 其他资料　包括非工艺设计专业如自动控制、土建、电力、采暖与供热、给排水、废水处理等资料；概算资料；原材料供应、总图运输资料；劳动保护、安全卫生资料；“三废”排放及处理方法资料等。

(二) 资料的来源

1. 从建设单位收集资料　包括厂址选择的原始资料、设计的基础资料（如人文、地理、气象、水文、地质等资料）、基本建设决算书、施工技术汇总、试车总结、原始记录等。

2. 收集设计单位的资料　包括可行性研究报告、设计前期工作报告、初步设计说明书、施工图及施工说明书、概（预）算书、标准设计图集、复用设计、标准与规范等。

3. 从科学研究单位收集资料　包括有关小试研究报告、中试研究报告及鉴定报告、中试试验生产工艺操作规程、中试装置设计资料、基础设计资料、有关产品或技术的国内外文献。

4. 从有关生产单位收集资料　包括车间原始记录、各种生产报表、工艺操作规程、设备岗位操作法、设备维护检修规程、劳动保护及安全技术规程、车间化验分析研究资料、工厂中心实验室的试验研究报告、供销部门的产品目录和样本、有关设备的价格、全厂职工的劳动及福利资料等。

5. 从政府有关职能部门收集资料　如地方国民经济发展规划、城市发展规划、环境保护执行标准、基础设施现状与规划资料等。

6. 在设计过程中为工厂建设而进行的试验研究的有关资料。

7. 相关产品、目录、样本、销售价格等资料。

8. 相关文献资料　例如有关设计手册、工具书、期刊等书籍文献、专利、各类加工过程与工艺设备计算书籍、各类生产调查报告、各类生产工艺流程汇总、各类食品工程设计书籍。

在各类资料收集的过程中，涉及技术保密及专利限制的数据和资料，应建议建设单位及相关的研究单位提供。

三、工厂设计的内容

（一）初步设计

初步设计是根据已经批准的可行性研究报告，确定全厂性的设计原则、设计标准、设计方案和重大技术问题，如总工艺流程（process flow）、生产方法、工厂组成、总图布置、水电气（汽）的供应方式和用量、关键设备选型、全厂的储运方案、消防、劳动安全、食品卫生安全、环境保护、综合利用等。初步设计是确定建设项目的投资额、土地征用、组织主要设备与材料采购以及进行施工图设计的依据，也是进行工程招标与发包、争取银行贷款、组织原料生产等的依据。初步设计的成果形式是初步设计文件，初步设计文件包括初步设计说明书、图纸（包括设备表、三大材料估算表）和总概算三部分。初步设计的内容一般包括以下几方面。

1. 总论　说明设计依据、原则、范围；建厂规模；生产方法及产品；主要原材料、辅助材料的供应；综合利用以及“三废”处理；厂址概述；水、电、气（汽）、冷来源；交通运输；工厂组织及工作制度；主要技术经济指标及投资等；成品、半成品主要技术规格与质量标准。

2. 技术经济　包括基础经济数据、经济分析、附表。

3. 总平面布置及运输　包括生产区、厂前区、生活福利区、原材料堆场、库房、运输等。

4. 生产技术　包括生产方法及工艺流程。

5. 设备　包括设备技术特征、主要设备总图。

6. 自动控制　全厂自动化水平、信号及连锁、环境特征及仪表选型、复杂控制系统、动力供应等。

7. 土建　气象、地质、地震等自然条件资料、地方资料、施工安装条件等，建筑设计、结构设计对地区特殊问题的设计考虑，对施工的特殊要求、对建筑物内大型设备的安装要求的说明等。

8. 给排水要求　自然条件资料（气象、水文地质资料等）、水源及输水管道、给水处理、厂区给水、厂区排水、污水处理厂等。

9. 供电　电源状况、负荷等级及供电要求，主要用电设备材料选择，总变电所及高压配电所，照明、接地、接零及防静电、车间配电、防雷等。

10. 电信。

11. 供热。

12. 采暖通风及空气调节。

13. 空压站、氮氧站、冷冻站。

14. 维修　包括机修、仪修、电修、建修。

15. 中心化验室。

16. 仓库（堆场）。

17. 劳动安全与食品卫生　生产中的职业危害因素分析及控制措施、劳动安全及食品卫生设施、预期效果及防范评价、劳动安全与食品卫生专项投资情况。

18. 环境保护及综合利用　设计采用的环保标准、主要污染源及主要污染物、设计中采取的环保措施及简要处理工艺流程、绿化概况、其他环保措施、环境监测体制、环保投资概算、环保管理机构及定员等。

19. 生活福利设施。

20. 总概算。

初步设计的深度必须能够满足对专业设备和通用设备的订货要求，并对需要试制的设备提出委托设计或试制的技术要求；满足对主要建筑材料、安装材料（如钢材、木材、水泥、大型管材、贵重材料、高中压阀门等）的估算和预安排的要求；满足控制基本建设投资、征用土地、确定劳动指标、核定经济效益、设计审查、建设准备、编制施工图设计的要求。初步设计成果能够足以说明拟建工厂的概貌，但还不能用于直接指导施工，在施工之前，还必须进行施工图设计。

（二）施工图设计

施工图设计是把初步设计中确定的设计原则和设计方案，根据建筑施工、设备制造和安装工程的需要进一步具体化，满足建筑工程施工、设备安装、设备制作、自动控制等建设及造价预算的需要。所谓施工图是一种技术语言，它用图纸的形式使施工者了解设计意图、使用什么材料、如何施工等。

施工图的设计依据是初步设计文件，在施工图设计时，允许对已经批准的初步设计中存在的问题做适当的修正和补充，但主要设计内容不能更改。若需要进行更改，必须同初步设计人员、建设单位、主管部门进行商议，经同意或批准后方可修改。

施工图设计阶段设计的主要内容包括：工艺设计专业的带控制点的工艺流程图、公用工程系统图、设备布置图、设备一览表、管道布置图、管架管件图、设备管口方位图、设备和管路保温及防腐设计；非工艺专业的土建施工图、供电、给排水、自控仪表线路安装图、非定型设备制造图、设备安装图等等。

施工图设计中，所有的尺寸都应该标注清楚，便于指导准确施工。对于小型项目或简单设计，一般不需要另外编写施工图设计说明，只需把施工说明简要地注写在有关的施工图上即可。复杂项目设计，除了施工图外还应附有专门的施工说明及部分安装材料表，便于设备订货与制造及安装材料的选购。

四、设计的分工与组织

（一）设计分工

食品工厂设计的内容非常广泛，涉及多方面的专业知识，需要各专业设计人员互相配合，共同承担和完成设计任务。大型工程项目的设计需要的专业有：工艺、管道工程、自动控制、设备、安装、土建、电气、热力、给排水、采暖通风、储运、总图、技术经济等专业。根据专业特点，食品工厂设计可以分为工艺设计和非工艺设计两大组成部分，通常由设计单位的工艺、设备、土建、动力、技术经济等设计室（组）分工合作完成。

1. 工艺设计　所谓工艺设计，就是按生产工艺的要求进行工厂设计。食品工厂工艺设计的内容主要包括：全厂总体工艺布局；产品方案及班产量的确定；主要产品和综合利用产品生产工艺流程的确定；物料计算；设备生产能力的计算、设备选型及设备清单；车间平面布置；劳动力计算及平衡；水、电、气（汽）、冷、暖等用量的估算；管道布置、安装及材料清单；施工说明等。

工艺设计人员除了要完成上述设计内容外，还必须提出工艺对总平面布置中相对位置的要求；对车间建筑、采光、通风、卫生设施的要求；对生产车间的水、电、气、冷、暖能量消耗及负荷进行计算；对给水水质的要求；对排水及废水处理的要求；对各类仓库面积的计算及仓库库温、湿度等的要求等。

2. 非工艺设计　食品工厂非工艺设计包括：总平面、土建、给排水、采暖通风、供电、自控、制冷、动力、环保等设计。非工艺设计以工艺设计为中心，根据工艺设计提出的要求和提供的数据进行设计。

在非工艺设计中，设备设计人员主要承担有关专业设备设计与材料选定工作；土建设计人员承担总平面设计、建筑设计、结构设计以及设备基础图、供排水、制冷采暖、通风设计等工作；动力设计人员根据设备规范配置锅炉、变电所或辅助发电机、电力布置图、生产检测与控制仪表设计；技术经济人员承担工程预算、技术经济指标与概算、生产组织与劳动定员等设计工作。

（二）设计项目的组织

设计单位与项目建设单位签订设计合同后，成立项目组，项目组下设分项专业组，项目管理实行项目负责人制。项目总负责人或设计项目负责人（简称总负责人）由设计单位行政负责人任命，单位计划管理部门同总负责人商定落实各专业技术负责人，专业技术负责人落实本专业组的设计人员。设计单位计划管理部门与总负责人安排阶段设计计划，并下达给各分项设计组。

设计组成立后，要了解建设单位或主管部门的意见，进一步落实设计条件；确定全厂工艺总流程和全厂性设计方案；确定车间设计方案和各专业重大技术方案及设计标准；估算工作量、安排工程进度；编制开工报告；完成阶段设计及文件汇总工作。

对工程设计的质量，设计单位有完整的质量保证体系。工程成品的文件和图纸都需要有设计、校对、审核三级签字，特别重要的文件和图纸还需要审定。各专业之间相关的文件和图纸需会签。项目完成时还需要质量评定卡。我国与工程设计行业执行质量管理体系标准为GB/T19001—2000（对应国际标准化组织质量管理体系标准 ISO 9001:2000）。

五、设计单位与其他部门的协作

设计部门在设计工作中必然与社会许多部门发生联系，设计部门和设计人员只有正确处理好各方面的关系，才能更好地完成设计工作。

（一）设计单位与建设单位的协作

建设单位是建设项目的业主，设计单位接受建设单位的委托，可能从建设单位开始筹划项目时，就参与了建设单位的工作，直到项目完成与评价。期间，设计单位与建设单位一直保持着密切的联系，二者互相联系的主要内容有以下几方面。

1. 投标　按照国家的规定，一定规模的投资项目，都要采取招投标制确定设计及施工单位。设计单位要努力理解建设单位的项目建设指导思想和意图，精心设计方案，并让建设单位了解本设计单位的设计条件与优势，争取中标。

2. 收集工程资料　设计单位在项目的前期准备阶段，需认真听取建设单位对项目从整体规划布局到具体细节的要求；了解建设单位各方面的工程建设条件；组织设计人员到建设单位实地考察，勘察现场，掌握设计的第一手资料。

3. 介绍设计方案　在项目设计进行之前，与建设单位项目筹备组一起研讨设计方案和设计思路，征求建设单位对设计方案的意见，及时发现问题和做必要的修改，避免造成设计失误。

4. 设计能力标定　在项目设计完成后，设计单位把设计成品交给建设单位，同时交代设计思想、设计内容，直到协助建设单位正式投产。有的大型项目，在正常生产后，还需要对建设项目的设计能力和设计指标进行标定。

（二）设计单位与研究单位的协作

技术研究单位在工程项目中称为技术方，技术方与设计方没有直接的合同关系，但业务上有着紧密的联系。设计前，研究单位要通过建设单位向设计单位提供基础设计资料，设计单位要向研究单位详细了解并研究这些资料。在设计工作中，设计单位与技术研究单位要经常讨论、互相交流意见，设计方要在工程上对技术进行把关。施工完成后，设计方要协助技术方试车、调试。

（三）设计单位与管理部门的配合

项目建设前期及建设过程中，计划与管理部门对项目的各种审批与管理工作是必不可少的。这些计划与管理部门包括经济委员会、发展改革委员会、建设委员会和规划局、消防局、环保局、劳动局、标准局、卫生防疫站等，建设单位需向上述单位进行项目报批、设计报审，设计部门应提供相关的设计文件及图纸，并根据需要进行设计汇报，不符合国家有关规定或设计不当之处应遵照这些部门的意见进行修改。

（四）设计单位与施工单位的协作

在设计工作完成后，项目准备进入施工阶段，此时，设计单位需向施工单位进行一次设计思想和设计内容的交底工作。施工单位的专业设置与设计单位基本一致，两单位的对口人员通过交流，能使施工单位更好地实现设计思想。在项目的施工阶段，设计单位需派设计人员到施工现场配合施工。在施工结束后，设计单位与建设单位一起参与对施工质量的验收工作。

（五）设计单位与工程建设监理单位的协作

工程建设监理单位的任务是受业主的委托和授权，根据国家批准的工程建设项目文件、有关工程建设的法律法规、工程建设监理合同以及其他工程建设合同，对项目投资目的的实现进行的微观监督管理。监理活动主要针对项目建设的设计阶段（包括设计准备）、招标阶段、施工阶段以及竣工验收和保养阶段进行。

在勘察及设计阶段，监理工作的主要任务是：编制工程勘察及设计招标文件；协助业主审查和评选工程勘察及设计方案；协助业主选择勘察及设计方案；协助业主签订工程勘察及设计合同书；监督管理勘察及设计合同的实施；核查工程设计概算和施工图预算，验收工程设计文件。设计完成后，工程监理还要对设计文件的规范性、工艺的先进性和科学性、结构的安全性、施工的可行性、标准的适宜性以及设计概算或工程预算的合理性等进行审查。因此，设计单位在努力做好设计工作的同时，还要积极配合监理方的跟踪、审查、监督工作，圆满贯彻业主的建设意图。

第七节　施工、安装、试产、验收及交付使用

建设项目在施工前，必须先做好建设准备工作，这些建设准备工作的主要内容有：落实建设资金、落实工程内容、落实施工图纸、提出物质和设备采购计划、办理征用土地拆迁手续、落实水电及道路等外部施工条件、工程施工招标等。具备项目施工条件后，方可施工。

施工单位要根据设计单位提供的施工图（施工图要附有材料表），编制施工预算（包括材料设备预算）和施工组织设计。施工前要认真做好施工图的会审工作，明确质量要求。施工中要严格按照施工图纸施工，如需变动，应取得设计单位同意。

施工时要按照顺序合理组织施工。地下工程的隐蔽工程，特别是基础和结构的关键部位，一定要经过检验合格，并做好原始记录，才能进行下一道工序。施工过程中，要严格按照设计要求和施工验收规范，确保工程质量。对不符合质量要求的工程，要及时采取措施，不留隐患。不合格的工程不得交工。

施工完成后，建设单位根据建设项目或主要单项工程生产技术的特点，及时组成专门班子或机构，有计划地进行生产准备工作，保证项目或工程建成后能及时投产。生产准备工作的主要内容有：招收和培训管理、技术、生产人员，组织人员参加设备的安装和调试、掌握生产技术和工艺流程；原材料、协作产品、燃料、水、电、气等的来源和其他协作配合条件的准备；组织工装、器具、备品、备件等的制造和订货；组建强有力的生产指挥管理机构，制订必要的管理制度，收集生产技术资料、产品样品；进行负荷运转和生产调试，以期在正常情况下能生产出合格产品并及时组织验收。

大型建设项目，由国家建委组织验收，中小型项目，按隶属关系，由国务院主管部门或地方主管部门负责组织验收。竣工项目验收前，建设单位要组织设计、施工等单位进行初验，向主管部门提出竣工验收报告，并系统整理技术资料，绘制竣工图，分类立卷，在竣工验收时作为技术档案，移交生产单位保存。建设单位要认真清理所有财产和物资，编好工程竣工决算，报上级主管部门审查。

竣工项目经验收交接后，应迅速办理固定资产交付使用的转账手续，加强固定资产的管理。

复习思考题

1. 食品工程建设项目应经过哪些程序？
2. 什么是项目投资可行性研究？包括哪些内容？研究重点是什么？
3. 政策环境对食品工程项目的建设有何重要影响？
4. 什么是项目投资评估？它与项目可行性研究有什么联系和区别？
5. 项目投资的财务分析和经济分析有什么区别？它们各包含什么主要内容？
6. 食品工厂初步设计的主要内容有哪些？

第二章　食品工厂厂址选择

学习目的与要求：通过本章的学习，了解食品工厂厂址选择需要考虑的各种因素；掌握食品工厂厂址选择的原则及常用方法；掌握食品工厂建设条件评价和食品项目环境影响评价的基本内容和基本方法。

食品工厂的建设必须根据拟建设项目的性质对建厂地区及地址的相关条件进行实地考察和论证分析，最后确定食品工厂建设地点。食品工厂的建设条件是保证工厂建设和生产经营顺利进行的必要条件，包括工厂本身的建设施工条件和工厂建成后交付使用的生产经营条件。工厂建设条件既包括工厂本身系统内部的条件，也包括与工厂建设有关的外部协作条件，工厂建设条件的重点是工厂建设的外部条件，包括工厂建设的资源条件、厂址条件和环境条件等。

第一节　厂址选择的原则与方法

一、厂址选择的重要性和基本原则

（一）厂址选择的重要性

厂址选择是指在相当广阔的区域内选择建厂的地区，并在地区、地点范围内从几个可供考虑的厂址方案中选择最优厂址方案的分析评价过程。从某种意义上讲，厂址条件选择是工厂建设条件分析的核心内容。工厂的厂址选择不仅关系到工业布局的落实、投资的地区分配、经济结构、生态平衡等具有全局性、长远性的重要问题，还将直接或间接地决定着工厂投产后的生产经营，可以说，它直接或间接地决定着工厂投产后的经济效益。所以，厂址选择是项目投资决策的重要一环，必须从国民经济和社会发展的全局出发，运用系统观点和科学方法来分析评价建厂的相关条件，正确选择建厂地址，实现资源的合理配置。

（二）厂址选择的原则

厂址选择应遵循的原则有下述几个方面。

① 厂址的地区布局应符合区域经济发展规划、国土开发及管理的有关规定。

② 厂区的自然条件，如气候、水文、地质、地形地貌、水源及能源等条件要符合建设要求。

③ 厂址选择应按照指向原理，根据原料、市场、能源、技术、劳动力等生产要素的相对区位来综合分析确定。

④ 厂址选择要考虑交通运输和通讯设施等条件。

⑤ 厂址选择要便于利用现有的生活福利设施、卫生医疗设施、文化教育和商业网点等设施。

⑥ 厂址选择要注意环境保护和生态平衡，注意保护自然风景区、名胜古迹和历史文物。

二、厂址选择的程序及要求

(一) 厂址选择的程序

不同类型的食品工厂适应不同的建厂环境，因为不同的建厂环境具备不同食品项目所需要的建厂条件。一般来说，食品厂址选择应考虑的建厂条件应包括建厂地区条件选择和建厂地址条件选择。先对建厂地区条件进行分析并选择，然后再对建厂地址条件进行分析并确定建厂地址。

(二) 厂址区域的选择

选择建厂地区要考察的因素既有政治方面的，也有经济方面的；有自然方面的，还有社会方面的。

1. 自然环境　自然环境包括气候条件和生态要求两个方面。

(1) 气候条件　气候在选择建厂地区时是一个重要因素。除了直接影响项目成本以外，对环境方面的影响也很重要。由于食品项目类型不同，气候条件对食品工厂起作用的方式也不同。特别是在有大量运输和建筑工程的项目中，天气是影响项目的主要因素。在厂址选择时，应从气温、湿度、日照时间、风向、降水量、飓风风险等方面说明气候条件。这些方面中的每一项都可以进行更详细的分析，如平均日最高气温和最低气温及日平均气温等。一般情况下，地理勘察问题对选择适当的厂址关系更大。它包括土壤条件、地下水位和一些对厂址的特殊危害，如地震、洪水泛滥等，都可能波及很大的区域。

(2) 生态要求　有些食品工厂可能本身并不对环境产生不利影响，但环境条件则可能严重影响着食品工厂的正常运行。食品工厂多数为农产品加工项目，明显依赖于使用的原材料，这些原材料可能由于其他因素（如被污染的水和土壤）而降低等级。有的食品工厂用水量很大，而且对水质要求也很高，如果附近的工厂将废水排入河中，影响工厂水源的卫生质量，则该食品工厂将受到严重损害。

2. 社会经济因素

(1) 国家政策的作用　政府从城市工业集中所造成的外部不经济性的角度考虑，要求国内工业分散布局。即使公共政策方面并未过分限制某一特定区域（地区）工业的增长，仍有必要了解有关选择建厂地区的政策知识，以适当地考虑可能获得的各种特许及鼓励政策，分析其能否满足建厂要求。

(2) 财政及法律问题　对各种建厂地区方案所涉及的财政、法律条例及程序应加以解释。分析各地区在动力供应、水资源供应、建筑规划、财政问题、安全要求方面可提供的条件。了解项目所适用的税种及税率，同时还应了解新建工业项目所能得到的鼓励和优惠政策。

3. 基础设施条件　食品工厂的正常运行对各种基础设施条件有很强的依赖性。从食品工厂经营的角度来说，可利用的、发达的、多样的经济及社会基础设施是不可或缺的。要根据项目的范围及技术经济特性、工厂的生产能力和所采用的工艺，确定对基础设施的需要量，分析评价基础设施的满足程度。生产规模也可能对建厂地区构成严重的制约。如果规模相对较大，则可能只有少数几个建厂地区能够满足项目在建设和生产期对能源、设备、劳动力、土地等的质量与数量的需要。同时，在生产和销售过程中，需要各种能够利用的运输设施（铁路、公路、空运及水运），运输大量的投入物和产品，应对运输总量及运输费用进行仔细分析，并在各个建厂地区的方案之间进行比较。

（1）水资源及燃料动力　项目所需的用水量可以根据工厂生产能力及工艺确定。首先，必须确定供水的来源能否满足供应以及所要花费的成本的高低。其次，对不同地区的水质，应就其不同用途进行分析和鉴定。

电力供应是工业项目的重要制约因素。电力需要可以根据工厂生产能力确定，应对不同地区的电力供应能力和成本加以分析。

对燃料的数量、质量、热量值以及化学组成（以确定排污量）、来源、与不同厂址的距离、运输设施以及在不同厂址之间的成本进行比较分析。

（2）人力资源　对一个项目来说，能否聘用到管理人员及技术人员是一个极其重要的因素。在考虑各个建厂地区时应把人力资源考虑在内，大多数项目还包括培训规划，或是在工厂建设期间培训，或在工厂内部进行岗位培训。

（3）基础服务设施　对某些项目来说，应考虑到不同地区的可供土建工程、机械安装及工厂设备维修的设施。这在很大程度上取决于承包商及建筑材料的来源和质量。

（4）排放物及废物处理　工业项目产生的废物或排放物可能对环境造成重大影响，这些废物的处理及排放物的净化，对项目的社会经济及财务上的可行性来说，可能会成为一个关键因素。应特别考虑可供选择的建厂地区的排放物的排放范围及可能的处理方法，食品项目须考虑处理费用、泵及管道设施费用以及建设与维护排污场的费用等。

4. 建厂地区的最后选择　建厂地区应选择在原材料和燃料动力的产区（即面向资源）或与企业有关的主要消费中心所在地（即面向市场）。

选择建厂地区最简单的方法是：根据原材料来源地及主要市场的交通情况，提出几个可供选择的厂区方案，并计算其运输、生产成本。以资源为基础的食品工厂，由于运输费用较高，应选择建设在基本原材料产地附近；对易变质食品的工厂则应面向市场，这类项目一般建在主要消费中心附近。但是，许多食品不可能由一个特定的因素就决定其厂址，既可以建在资源地，也可以建在消费中心附近，甚至可以设在中间的某些点上。许多食品工业企业也可建在距原材料和市场远近不等的地区而不会过分地破坏项目的经济合理性。对于不过分面向资源或市场的食品项目，最好的建厂地区能够将下列因素很好的结合起来：距原材料和市场的距离合理，良好的环境条件，劳动力储备丰富，能以合理的价格取得充足的动力和燃料，运输条件良好以及具有废物处理设施等。

（三）厂址选择

在建厂地区基本确定后（按照选择的需要，也可能决定几个可供选择的建厂地区），应在项目可行性研究中，确定工厂厂址。在可能的情况下，尽可能确定几个备选方案，然后从自然条件、基建条件、生产条件、环境保护和成本费用等方面进行综合比较论证，从中选择一个最佳的厂址方案。

厂址条件分析的基本内容与建厂地区分析基本一致。对在选定的区域内的可能的厂址来说，应当分析下列需要和条件：①厂址的生态条件（土壤、场地上的危险因素和气候等）；②环境影响（限制、标准、准则）；③社会经济条件（限制、鼓励、要求）；④厂址所在地的基础设施（现有的工业基础设施、经济和社会基础设施、关键性的项目投入物，如劳动力和燃料动力的来源情况）；⑤战略问题（有关将来可能的发展、供应和销售政策的公司战略）；⑥土地费用。这些因素的重要性，由项目的性质、拟进行的土建工程种类、排污物的种类和工人人数决定。在一个区域内原材料的取得和供应，公用设施、运输方式和通讯条件有着明显的差异。对此，需要进一步分析。

三、厂址选择的基本方法

厂址选择可采用的技术分析方法较多，在此介绍几种常用的方法。

（一）方案比较法

这种方法是通过对项目不同选址方案的投资费用和经营费用的对比，做出选址决定。它是一种偏重于经济效益方面的厂址优选方法。其基本步骤是先在建厂地区内选择几个厂址，列出可比较因素，进行初步分析比较后，从中选出两三个较为合适的厂址方案，再进行详细的调查、勘察。并分别计算出各方案的建设投资和经营费用。其中，建设投资和经营费用均为最低的方案，为可取方案。如果建设投资和经营费用不一致时，可用追加投资回收期的方法来计算，计算公式为

$$T=\frac{K_2-K_1}{C_1-C_2}$$

式中　T——追加投资回收期；

K_1、K_2——甲、乙两方案的投资额；

C_1、C_2——甲、乙两方案的经营费用。

这个公式的实质是用节省的经营费用（C_1-C_2）来补偿多花费的投资费用（K_2-K_1），需要多少年能够抵消完，即增加的投资要多少年才能通过经营费用的节约收回来。

计算出追加投资回收期后，应与行业的标准投资回收期相比，如果小于标准投资回收期，说明增加投资的方案可取，否则不可取。

建设投资与经营费用比较内容，可采用列表形式，根据具体情况设计（表 2－1）。

表 2－1　建设投资与经营费用对比表

序　号	项　目	费　　用		
		方案 1	方案 2	方案 3
1	建设投资	K_1	K_2	K_3
2	经营费用	C_1	C_2	C_3

（二）评分优选法

这种方法可分 3 步进行，首先，在厂址方案比较表中列出主要判断因素；第二步，将主要判断因素按其重要程度给予一定的比重因子和评价值；最后，将各方案所有比重因子与对应的评价值相乘，得出指标评价分，其中评价分最高者为最佳方案。

采用这种方法的关键是确定比重因子和评价值。

例如，某食品厂址选择有两个可供比较选择的方案。厂址选择时，首先确定方案比较的判断因素。接着，根据各方案的实际条件确定比重因子和指标评价值。指标评价值的确定，有的可根据经验判断，有的可根据已知数据计算出其中一个方案的指标值在总评价值中的比重。最后，再根据比重因子求出各方案每项指标的评价分和不同方案的评价分总和。

评价分＝比重因子×评价值

（三）最小运输费用法

如果项目几个选择方案中的其他因素都基本相同，只有运输费用是不同的，则可用最小运输费用法来确定厂址。

最小运输费用法的基本做法是分别计算不同选址方案的运输费用，包括原材料、燃料的运进费用和产品销售的运出费用，选择其中运输费用最小的方案作为选址方案。在计算时，要全面考虑运输距离、运输方式、运输价格等因素。

四、厂址选择报告

根据上述方法对所选厂址进行分析比较，从中选出最适宜者作为定点，而后向有关上级部门呈报厂址选择报告。报告的内容大致如下：

① 厂址的坐落地点，四周环境情况；

② 地质及有关自然条件资料；

③ 厂区范围、征地面积、发展计划、施工时有关的土方工程及拆迁民房情况，并绘制1∶1 000的地形图；

④ 原料供应情况；

⑤ 水、电、燃料、交通运输及职工福利设施的供应和处理方式；

⑥“三废”排放情况；

⑦ 经济分析，对厂区一次性投资估算及生产中经济成本等综合分析；

⑧ 选择意见，通过选择比较，经济分析，认为哪一个厂址是符合条件的。

第二节　建厂条件评价

任何食品项目的建设与实施，均离不开一定的资源、能源和原材料等条件。资源是指项目建设所需要的自然资源，一般是指土地、矿产、水资源、生物资源、海洋资源等天然存在的自然物，主要是农副产品，评价的重点在于考察资源的产量、质量、品位等是否具有开发利用价值，是否具备开发条件。能源是指能产生机械能、热能、光能、化学能及各种形式能量的自然资源和物质资料。原材料是指工业生产中所投入的包括未加工或加工的原料、经过加工的工业材料、制成品（如半成品等）、辅助材料等。食品工厂建设须根据不同项目类型的生产特点和不同生产规模的要求，分析研究各种资源、能源、原材料和其他投入的供应是否能落实，以及物资供应的运输和通讯条件的保证程度和经济性。

一、资源条件评价

资源是项目建设的物质基础，对资源条件的评价是保证项目能够按照设计生产能力正常运转和获取预期投资效益的重要环节。

（一）资源条件评价的原则

资源条件评价应遵循以下原则。

① 项目对资源的开发利用必须注重环境效应，符合政府关于环境保护的有关规定和要求。

② 项目对资源尤其是对稀缺资源的开发利用要体现多目标、多层次、高效益的原则，尽量做到综合利用。

③ 项目对可再生资源的开发利用要注意保护资源的再生性，达到资源持续补偿、持续利用的目的。

④ 对稀缺资源和供应紧张的不可再生资源，在节约使用的同时应注意寻找代用品，以满足项目生产连续性的要求。

⑤ 注重技术进步对资源开发利用的影响，从现有技术成果储备中选择资源利用的最佳方式。

⑥ 注意项目所需资源的供应数量、质量、服务年限、开采方式、利用条件等，使项目设计与资源利用相适宜。

（二）资源条件评价的内容

资源是项目的物质基础，直接决定着项目的取舍。

1. *资源条件评价的一般内容*　应包括以下几个方面。

① 拟建项目所提供的资源报告是否详实可靠，是否经过国家有关部门的批准，是否具有立项的价值。

② 分析和评价拟建项目所需资源的种类和性质，是否属于稀缺资源或供应紧张的资源，是可再生资源还是不可再生资源。

③ 分析和评价拟建项目所需资源的可供数量、服务年限、成分质量、供给方式、成本高低及综合利用的可能性等。

④ 分析和评价技术进步对资源利用的影响，提出关于节约使用土地、水等资源的有效措施。

2. *农副产品资源条件的评价*　农产品资源条件的评价，除包括上述一般内容外，还应特别注重下述内容。

① 分析过去（一般指近 3～5 年）农副产品的年产量及可供工业生产的用量。农业生产因受自然的影响较大，农副产品的年际变动幅度较大，不能以最近年份的产量作为评估的依据。

② 分析农副产品的储藏、运输条件及费用情况。

③ 目前作为加工原料的农副产品的供应情况及生产期的预测数量。

④ 目前作为加工原料的农副产品可供项目使用的质量、供给的期限及保证条件。

⑤ 项目中的农副产品如需进口，还须了解进口国的有关情况，可能进口的种类、数量、价格、供给期限及保证条件。

二、原材料供应条件评价

原材料包括各种原料、主要材料、辅助材料、半成品等。原材料中有的是未经加工的原材料，有的是经过加工的中间产品、辅助材料（如包装材料等）。原材料的供应状况是项目建成后能否正常稳定地发挥设计生产能力的决定性条件。原材料供应条件指投资项目在建设施工和建成投产后生产经营过程中所需的各种原材料的供应数量、质量、加工、供应来源、运输距离、仓储设施等方面的条件。

任何一个投资项目所需要的原材料必然是多种多样的，在实际工作中没有必要面面俱到，只需根据需要对项目关键性的、耗用量大的原材料进行分析评价。原材料供应条件评价应着重做以下工作。

1. *分析评价原材料供应数量能否满足项目生产能力的要求* 工业项目如果没有长期稳定的原材料供应来源，则项目的设计生产能力的发挥将受到极大的影响。在项目评价分析中应根据项目的设计生产能力、选定的工艺技术及设备来估算项目所需的原材料的数量，并分析预测原材料在项目期内供应的稳定性及保证程度。

2. *分析评价原材料的质量是否符合项目生产工艺的要求* 对项目所需主要原材料的名称、品种、规格、理化性状等质量方面的要求进行了解和分析。项目的生产工艺、产品质量及资源的综合利用在很大程度上取决于投入物品的质量和性能。在项目评价分析中，应注意分析原材料的各种加工性能和原材料的营养成分及其在加工过程中的变化等。

3. *分析评价原材料的价格是否合理* 一般情况下，项目主要投入物品的价格是影响项目产品生产成本的关键因素，因而不仅应分析评价投入物品目前的价格，而且应分析投入物品未来时期的价格变化趋势，对未来的价格做出科学的预测，充分估计到原材料供应的弹性和互补性，为原材料的选择和替换提供依据。如果项目需使用进口的原材料，还必须注意人民币汇率、关税税率的现状及未来的变化趋势，人民币汇率和关税税率不但直接影响进口的原材料价格，而且会影响国内同类原材料的价格。

4. *分析评价原材料的运输费用是否合理* 项目所需主要原材料的运输费用的高低，对项目产品生产的连续性、产品成本的高低及产品的质量都有很大的影响。远距离运输不但会提高项目产品的生产成本，而且会造成某些种类原材料质量的变化。运输费用取决于项目所需原材料的运输距离和运输方式。为减少运输费用，降低项目产品成本，项目所需原材料应就地取材、缩短运输距离并选择合理的运输方式。对用量较多的原材料应着重考察能否就近满足供给。

5. *分析评价原材料的存储是否经济合理* 原材料存储要占企业流动资金的一半以上，为了减少存储费用，原材料的存储应适量。原材料的存储数量主要取决于原材料的周转量与周转期，一定时期内原材料的周转期越短，周转次数越多，则周转量就越少，需要的存储量就越小。可通过计算来确定项目原材料的存储定额。

6. *分析评价原材料的来源是否合理* 项目所需原材料应主要从国内市场上获取，尤其是项目所需数量较多的原材料，更应立足国内市场。如果立足国际市场，依靠进口解决，可能会加大项目产品成本，项目将受到国际政治、经济形势的影响，项目的风险较大。

总之，评价原材料的供应条件的目的是选择适合项目要求的、来源稳定可靠的、价格合理的原材料，作为项目的主要投入物，这样可以保证项目生产的连续性和稳定性。

三、水资源及燃料动力供应条件评价

燃料指煤炭、石油及天然气，动力包括水、电、气等带有能量的工作介质。燃料和动力统称为能源。能源是现代化项目建设及生产过程中的主要物质条件，能源的数量、品种及质量对投资项目的建设和能否顺利生产至关重要。燃料及动力供应条件评价一般包括对投资项目所需能源的数量、种类及运输手段等内容，评价能源供应条件是否能够达到项目正常稳定生产的要求。

（一）燃料供应条件评价

分析评价所选燃料对项目生产过程、产品成本、产品质量、环境保护等方面的影响程度，燃料数量能否满足项目生产的需要，燃料的质量是否符合项目生产工艺的要求。分析评价项目建设所使用燃料是否经济合理，燃料选择对项目生产能力和经济效益的影响程度。分析评价项目所选燃料是否能够达到环境保护的要求，燃料供应的稳定性如何，燃料供应方式、运输形式、存储设施是否能够满足项目设计的要求。

（二）供水条件评价

一般项目用水量较大，用水范围广泛，在进行项目评估时首先应根据项目对水源、水质的要求，估算项目的用水量；然后结合项目所在地水资源的具体状况，分析评价水的供应量是否能够满足项目施工、生产需求，水的质量能否达到生产、生活用水标准，耗用水费对项目产品成本的影响等。目前在我国许多地方水资源比较缺乏，供水能力不足，属于相对稀缺资源，因此，必须对项目的供水条件进行认真的评估。供水条件评价从以下几个方面入手。

① 根据国家有关规定，按照各行业及产品的用水定额核定项目的用水量，凡高于用水定额的应采取节水降耗措施，凡低于用水定额的应总结节水降耗的有效方法。

② 拟建项目均应选用节水生产工艺、设备，项目节约用水的工程措施应与项目的主体工程同时设计、同时施工、同时投产。

③ 根据项目的特点选择节水措施，工业项目用水可采取循环用水，争取一水多用，对项目所产生的废水应进行处理并综合利用，提高工业用水利用率。同时减少跑、冒、滴、漏，将管网损失率控制在一定幅度以内。

④ 凡使用地下水的拟建项目，必须按照当地水资源管理机构的要求，有计划地开发利用地下水资源。

⑤ 坚持地表水和地下水结合使用的原则，珍惜水资源。

⑥ 使用城市自来水的项目，应取得项目所在地城市自来水公司的同意，并报请主管部门审核批准，还要在项目的总投资中增列相关的工程建设费用。

⑦ 项目所在地区水源的质量应符合环保及项目工艺的要求。如果水质不符合项目的要求，则需要考虑水处理设备投资。

⑧ 分析评价项目给排水设施投资的落实。根据有关规定，新建项目用水需缴纳：给水工程建设费、排水设施有偿使用费、地下水开采补偿费等。

（三）电力条件评价

电力是工业生产的主要动力。对耗电量大而且要求连续生产的食品工业项目，需要分析估算项目的最大用电量、高峰负荷、备用量、供电来源，还要按照生产工艺的要求计算日耗电量、年耗电量、单位产品耗电量及电费对项目产品成本的影响，应尽可能保证项目电力供应的稳定性。具体来说，应做以下工作。

① 分析评价项目用电的供电方式，用电的时间特点。

② 分析评价项目电力增容的必要性、可能性及所需费用。

③ 分析评价供电的质量、安全性及对项目用电的保证程度。

④ 分析评价供电的合理性及电费对项目经济效益的影响。

四、交通运输和通讯条件评价

交通运输条件直接关系到项目建设、生产和销售各个环节，从而也直接影响生产过程的连续性和经济的合理性。在分析评价时，必须落实交通运输条件，使其有充分的保证。

项目的运输条件分为厂外运输条件和厂内运输条件两个方面。厂外运输条件涉及的因素包括地理环境、物资类型、运输量大小及运输距离等。根据这些因素合理地选择运输方式及运输设备，对铁路、公路和水运做多方案比较。厂内运输条件主要涉及厂区布局、道路设计、载体类型、工艺要求等因素。厂内运输安排得合理适当，可使货物进出通畅，生产流转合理。对交通运输条件的分析和评价，重点应注意运输成本、运输方式的经济合理性、运输中各个环节（装、运、卸、储等）的衔接性及运输能力等方面。

通讯是指电话和电传系统，它是现代生产系统顺利运转的保证条件之一。现代社会已经步入信息社会，企业要在激烈的市场竞争中处于不败之地，就必须掌握大量的经济信息，同时，也要经常与客户、供应商保持密切联系，这就需要先进的通讯设施为其服务。在分析评价时，应考察通讯设施能否满足项目的需要。

五、外部协作配套条件和同步建设评价

外部协作配套条件是指与项目的建设和生产具有密切联系、互相制约的关联行业，如为项目生产提供半成品和包装物的上游企业和为其提供产品的下游企业的建设和运行情况。

同步建设是指项目建设、生产相关交通运输等方面的配套建设，特别是大型项目，应考虑配套项目的同步建设和所需要的相关投资。另外，铁路专用线的铺设、道桥和水运码头的建设等，这些外部条件都是项目建设和生产必不可少的，需要与项目同步建设，才能保证项目投产后正常运行。分析评估的主要内容有：

① 全面了解关联行业的供应能力、运输条件和技术力量，从而分析配套条件的保证程度。

② 分析关联企业的产品质量、价格、运费及对项目产品质量和成本的影响。

③ 分析评价项目的上游企业、下游企业内部配套项目在建设进度上、生产技术上和生产能力上与拟建项目的同步建设问题。

第三节　环境影响评价

环境亦称外部环境。与各种生物的生活密切相关的外界诸因素称为环境。《中华人民共和国环境保护法》中所称环境，“是指影响人类生存和发展的各种天然的和经过人工改造的自然因素的总体，包括大气、水、海洋、土地、矿藏、森林、草原、野生动物、自然遗迹、人文遗迹、自然保护区、风景名胜区、城市和乡村等。”食品项目可行性研究和评价中涉及的环境是指自然环境，自然环境是指环绕在人群的空间中可以直接或间接影响到人类生活、生产的一切自然形成的物质、能量的总体。

食品项目环境影响评价是指对项目在建设和生产过程中对环境所造成的影响进行的分析评判。具体分析在项目建设和生产过程中是否产生污染物、产生何种污染物、治理措施是否恰当、污染消除程度是否符合国家环境保护法的有关要求。

对环境产生有害影响或向环境排放有害物质的场所、设备或装置，总称污染源。污染物分为气态、液态和固态几种形态，即通常所说的废气、废水、废渣，总称为“三废”。环境污染的对象可以是自然环境，也可以是社会环境。通常所说的环境污染是指由于人类的社会经济活动对自然界造成破坏，从而恶化人类生活环境的现象。污染物包括废水、废气、废渣、粉尘、垃圾、放射性物质及噪音等，其中最常见的、对环境危害最大的是“三废”。按其性质可将污染物分为化学性、物理性和生物性3类。常遇到的化学性污染物有汞、镉、铬、砷、铅、氰化物等无机物，以及有机磷、有机氯、多氯联苯、酚、多环芳烃等有机物。常遇到的物理性污染有噪声、震动、核辐射、高温、低温等。常遇到的生物性污染物为有害微生物等。不同的污染物和污染源需要采取不同的治理措施。

环境保护是指采取行政的、法律的、经济的、科学技术等多方面措施，合理地利用自然资源，防止环境污染和破坏，以求保持和发展生态平衡，扩大有用自然资源的再生产，保障人类社会发展。

按照我国环境保护法的规定，在进行新建、改建和扩建工程等项目之前，必须进行严格的项目可行性研究并形成报告，其中必须提出反映项目环境效果的环境影响报告书，经过有关部门审查批准，才能进行项目的设计。项目评估中，必须在审查环境影响报告书和环保部门的审查意见后才能决定项目的取舍。对食品厂的环境影响评价一般有以下几方面。

一、选址地区的环境状况

（一）一般情况

食品厂的一般情况包括建设项目的名称、性质、地点、建设规模、产品方案和主要工艺方法、主要原料、燃料、水的用量和来源，废水、废气、废渣、粉尘、放射性废物的种类、排放量和排放方式，噪声、震动数值，废弃物回收利用、综合利用和污染物处理技术、设施等。

（二）食品厂的环境状况

食品厂的环境状况包括建设项目周围地区的江河湖海、水文、地质、气象、矿藏、森林、草原、水产、野生植物、野生动物、农作物等资源情况，周围地区的自然保护区、风景区、名胜古迹、温泉等文化设施情况，周围地区的工矿企业分布状况，周围地区的居民居住区分布、人口密度、健康状况、地方病等情况，大气、地表水、地下水的环境质量状况，其他社会活动和经济活动污染、破坏环境现状的资料等。

二、主要污染源与污染物

食品厂对周围地区环境的影响包括对周围地区的地质、水文、气象等可能产生的影响，对周围地区的自然保护区、风景区、名胜古迹、温泉等文化设施等可能产生的影响，对周围地区大气、水、土壤和环境质量的影响，以及噪声、电磁波、震动等对周围生活区的影响等等。食品工业项目也有可能成为环境的重要污染源。

危害自然环境的主要污染物一般有废水、废气、废渣、粉尘、垃圾、放射性物质以及噪音等，但食品厂对环境危害最大的是废水、废气和废渣。食品工业项目对自然环境和生态平衡可能造成的破坏，主要来自以下 3 个方面：一是来自生产中投入的物料，例如有害或腐蚀性的投入物，在没有密封和安全设施的情况下，会污染自然环境；二是生产过程中产生的污染，如生产过程中产生的“三废”直接对空气、土壤、水质等自然环境产生污染或加大噪音强度等；三是来自于项目的产出物，有些产出物对周围环境产生有害影响，有些产出物对生态产生不良影响。如某些食品添加剂在使用时若不遵守使用规则，将会对产品和环境产生不良影响。

三、控制污染的方法与措施

我国自 1979 年颁发《环境保护法》（试行）以来，环境保护工作已成为各项工程项目建设中必须考虑的问题。《环境保护法》明确规定：“一切企业、事业单位都必须充分注意防止对环境的污染和破坏。在进行新建、改建和扩建工程时，必须提出对环境影响评价报告书，经环保部门和其他有关部门审查批准后才能进行设计；其中防止污染和其他公害的设施，必须与主体工程同时设计、同时施工、同时投产；各项有害物质的排放必须遵守国家规定的标准。”根据这一规定，所有会造成环境污染的食品工程项目，都必须有相应的环保措施。在分析评价时，应着重分析评价这些环保措施是否能达到环境保护的目的。具体步骤如下：

① 在拟建食品工业项目可行性研究报告的附件中必须有环境影响评价报告书和各级环保部门的审查意见。

② 全面分析项目对环境的影响，并提出治理对策。在分析产生污染的种类、可能污染的范围及程度的基础上，提出治理污染的可行的具体方法。特别是要提出控制生产过程污染的科学方案。

③ 保证、落实投入环保工程的资金。应贯彻环保工程与主体工程同时设计、同时施工、同时投产使用的方针，以达到控制环境污染和恶化的目的。

④ 分析评价治理后能否达到有关标准要求。项目在规划治理措施时，必须保证各种污染物的排放低于国家环保部门规定允许的最大排放量。在分析评价时，以国家颁发的有关标准作为依

据，检测项目的治理是否达到这些标准要求的限度。对于国家尚未颁发标准的一些项目类型，则应根据项目的具体情况，分析其对环境造成的污染程度，并结合国家关于环境质量的一些标准，如大气环境质量标准、城市噪音标准等，来判断该工程项目的污染治理措施是否符合环境保护的要求。只有符合环境保护要求的项目，才能进行建设。

许多工业发达国家，已经明确提出了以预防为主的环保对策。变事后处理为事先排除，以达到从根本上保护和平衡自然环境的目的。我国目前的资源利用率较低，综合利用也较差，这是工业生产污染严重的主要原因。

四、环境影响评价结论

根据我国有关环境保护的规定，在项目可行性研究和项目评估中必须对建设项目的环境保护条件做出分析评价，并将分析评价结论编制成环境影响评价报告书进行报批，作为选址的重要依据。

环境影响评价报告书是指预测评价经济建设和资源开发活动对周围环境可能造成的污染、破坏和其他影响的书面报告。它是食品工程建设计划的重要组成部分，由环境影响评价负责单位组织协作单位完成。包括分组报告和综合报告。分组报告是各自从所负责专业角度出发提出环境影响评价的结论性意见。综合报告是对工程建设从环境角度提出的结论性意见，并提出工程的代替性方案或应采取的补救措施。编制环境影响评价报告书的目的是，在项目的可行性研究阶段，对项目可能给环境造成的近期、远期影响及拟采取的防治措施进行评价和论证，选择技术上可行、经济和布局上合理、对环境有害影响较小的最佳项目建设方案。

食品建设项目的性质、大小和所处的区域不同，对环境的影响也有很大的差异。编制报告书应根据项目的具体情况，略有侧重。环境影响评价报告书一般包括以下基本内容。

1. 建设项目的一般情况　包括下述内容：

① 建设项目名称、建设性质；

② 建设项目地点；

③ 建设项目规模（扩建项目应说明原有规模）；

④ 产品方案和主要工艺方法；

⑤ 主要原料、燃料、水的用量和来源；

⑥ 废水、废气、废渣、粉尘、放射性废物等的种类、排放量和排放方式；

⑦ 废弃物回收利用、综合利用以及污染物处理方案、设施和主要工艺原则等；

⑧ 职工人数和生活区布局；

⑨ 占地面积和土地利用状况；

⑩ 发展规划。

2. 建设项目周围地区的环境状况　包括下述内容：

① 建设项目的地理位置；

② 周边区域地形地貌和地质情况，江河湖海和水文情况，气象情况；

③ 周边区域矿藏、森林、草原、水产和野生植物等自然资源情况；

④ 周边区域的自然保护区、风景游览区、名胜古迹、温泉、疗养区以及重要的政治文化设施情况；

⑤ 周边区域现有工矿企业分布情况；

⑥ 周边区域的生活居住分布情况和人口密度、地方病等情况；

⑦ 周边区域大气、水的环境质量状况。

3. 建设项目对周围地区的影响分析与预测 包括下述内容：

① 对周边区域的地质、水文、气象可能产生的影响，防范和减少这种影响的措施，最终不可避免的影响；

② 对周边区域自然资源可能产生的影响，防范和减少这种影响的措施，最终不可避免的影响；

③ 对周边区域自然保护区等可能产生的影响，防范和减少这种影响的措施，最终不可避免的影响；

④ 各种污染物最终排放量，对周围大气、水、土壤的环境质量的影响范围和程度；

⑤ 噪声、震动等对周围生活居住区的影响范围和程度；

⑥ 绿化措施，包括防护地带的防护林和建设区域的绿化；

⑦ 专项环境保护措施的投资估算。

复习思考题

1. 食品工厂的厂址选择应坚持哪些原则？
2. 厂址选择常用哪几种方法？
3. 建厂地区选择需要考虑的因素有哪几个方面？
4. 如何进行食品工厂厂址的环保措施分析评价？
5. 资源条件评价应包括哪些内容？
6. 原材料供应条件评价应包括哪些内容？
7. 燃料及动力供应条件评价应包括哪些内容？

第三章 食品工厂总平面设计

学习目的与要求：通过本章的学习，学生应了解食品工厂总平面设计的任务和内容；掌握总平面设计的原则及方法；掌握食品工厂总平面布置的形式和步骤；了解总平面布置的技术经济指标及有关参数；掌握总平面布置图绘制的基本方法。

第一节 总平面设计的任务和内容

一、总平面设计的任务

工厂总平面设计是工厂总体布置的平面设计，其任务是根据工厂建筑群的组成内容及使用功能要求，结合厂址条件及有关技术要求，协调研究建筑物、构筑物及各项设施之间空间和平面的相互关系，正确处理建筑物、交通运输、管路管线、绿化区域等的布置问题，充分利用地形，节约场地，使所建工厂形成布局合理、协调一致、生产井然有序，并与四周建筑群相互协调的有机整体。

随着科学技术的进步与经济的发展，企业或工厂作为城市或工业区总体环境的一部分，人们对其总平面设计有了新的要求，设计者的思维方法也随之更新。现代企业在注重经济效益的同时还特别关注企业外观形象所带来的社会效益和环境效益。一个工厂良好的外观形象与优美环境可以诱发人们对企业的爱戴与信赖，可以激发职工对本职工作充满自信与热情。因此，项目总设计师要组织好参与设计工作的各专业技术人员，在统一认识的基础上，密切配合，使完成的总图尽可能做到布置合理、经济适用、美观大方、环境优雅。

工厂总图设计的主体专业在我国各设计院中是总图与运输专业。常规的做法是总图与运输专业的技术人员根据工厂规模、产品方案和工艺专业所提供的工艺流程、车间及工段的配置图，厂内外及车间、工序间的物料流量，运送方式等资料，综合厂址的地理环境、自然环境等条件，设计出符合国家现行有关规程、规范的总平面布置图。这种总平面布置图是用各建构筑物、工程管线、交通运输设施（铁路、道路、港站等）、绿化美化设施等的中心线、轴线或轮廓线正投影作图，并注有定位的平面坐标及标高。这样的总平面布置图以二维的平面坐标为构图关系，设计图能量化的主要考核指标（如厂区占地面积、建筑物与构筑物占地面积、建筑系数、道路铺砌面积、铁路辅轨长度、绿化占地率等）参数成为评价总平面布置图设计质量的基本参数。

一个优秀的工厂总图布置，应该是在满足建设项目生产规模的前提下，具有最简化和便捷的生产流程，能量消耗最少的物料和动力输送，最有效地利用建设场地及其空间，最节省的投资和运行费用，最安全和最满意的生产和工作环境。

工厂总平面设计是在选定厂址后进行的。正确合理的总平面设计，不仅使基建工程既省又快的完成，而且对投产后生产经营也提供了重要基础。所以有“一张蓝图值千金”的说法。通常在设计院为此专设总图设计岗位，并将工艺专业所提供的工艺技术条件、要求及厂址选择时的厂址总平面布置方案图，一并成为工厂总平面图设计的依据。

二、总平面设计的内容

现代化的食品工厂，不论其生产规模、产品结构、工艺技术等差异如何，总平面设计一般包括以下 5 项内容。

1. 平面布置设计　平面布置就是在用地范围以内对规划的建筑物、构筑物及其他工程设施就其水平方向的相对位置和相互关系进行合理的布置。先进行厂区划分，后合理确定全厂建筑厂房、构筑物、道路、堆场、管路管线、绿化美化设施等在厂区平面上的相互位置，使其适应生产工艺流程的要求，以及方便生产管理的需要。

2. 竖向布置设计　平面布置设计不能反映厂区范围内各建筑物、构筑物之间在地形标高上配置的关系和状态。因此，还需要竖向布置设计。虽然对于厂区地形平坦、标高基本一致的厂址总平面设计是否进行竖向布置设计并不重要，但是对于厂区内地形变化较大，标高有显著差异的场合，仅有平面布置是不够的，还需要进行竖向布置设计并对布置方案进行较直观的铅直方向显示。竖向布置设计就是要确定厂区建筑物、构筑物、道路、沟渠、管网的设计标高，使之相互协调并充分利用厂区自然地势地形，减少土石方挖填量，使运输方便和地面排水顺利。此项设计中须有土方工程图方为完整。

3. 运输设计　食品工厂运输设计，首先要确定厂内外货物周转量，据此制定运输方案，选择适当的运输方式和货物的最佳搬运方法，统计出各种运输方式的运输量，计算出运输设备数量，选定和配备装卸机具，相应地确定为运输装卸机具服务的保养修理设施和建筑物、构筑物（如库房）等。对于同时有铁路、水路运输的工厂，还应分别按铁路、公路、水运等的不同系统，制定运输组织调度系统，确定所需运输装卸人员，制定运输线路的平面布置和规划。分析厂内外输送量及厂内人流、物流组织管理问题，据此进行厂内输送系统的设计。

4. 管线综合设计　管线综合设计的任务，是根据工艺、水、气、电等各类工程线的专业特点，综合规定其地上或地下敷设的位置、占地宽度、标高及间距，使厂区管线之间，以及管线与建筑物、构筑物、铁路、道路及绿化设施之间，在平面和竖向上相互协调，既要满足施工、检修、安全等要求，又要贯彻经济和节约用地的原则。

5. 绿化布置和环保设计　绿化布置对食品厂来说，可以美化厂区、净化空气、调节气温、阻挡风沙、降低噪音、保护环境等，从而改善工人的劳动卫生条件。但绿化面积增大会增加建厂投资，所以绿化面积应该适当。绿化布置主要是绿化方式（包括美化）选择、绿化区布置等。食品工厂的四周，特别是在靠道路的一侧，应有一定宽度的树木组成防护林带，起阻挡风沙、净化空气、降低噪音的作用。种植的绿化树木、花草，要经过严格选择，厂内不栽产生花絮、散发种子和特殊异味的树木、花草，以免影响产品质量。一般来说，选用常绿树较为适宜。环境保护是关系到国计民生的大事。工业“三废”和噪音，会使环境受到污染，直接危害到人民的身体健康，所以，在食品工厂总平面设计时，在布局上要充分考虑环境保护的问题。

第二节　总平面设计的基本原则

总平面设计是一项政策性、系统性、综合性很强的设计工作。涉及的知识范围很广，遇到的矛盾也错综复杂。因此，总图设计人员在进行总平面设计时，必须从全局出发，结合实际情况，进行系统的综合分析，经多方案的技术经济比较，选取最优方案，以便创造良好的工作和生产环境，提高建设投资的经济效益和降低生产能耗。

由于总平面设计涉及的范围很广，所以影响总平面布置的因素甚多，见表 3－1。各类型食品工厂的总平面设计，不管原料种类、产品性质、规模大小以及建设条件的差异有多大，它们都是按照设计的基本原则结合具体实际情况进行设计的。食品工厂总平面设计的基本原则有下列几点。

表 3－1　影响企业总平面布置的因素

方针政策	企业生产及使用功能	建设场地条件
1. 节约用地	1. 生产工艺流程和使用功能要求	1. 地形、地质、水文、气象等自然条件
2. 环境保护	2. 企业预留发展和扩建要求	2. 交通运输条件
3. 降低能耗	3. 生产管理和生活方便要求	3. 动力供应和给排水条件
4. 综合利用	4. 安全、卫生要求	4. 施工建设条件
	5. 建筑艺术要求	5. 厂际协作条件
	6. 环境质量要求	6. 城镇或工业区、居住区规划条件

1. 总平面设计要符合厂址所在地区的总体规划　应该了解厂址所在地区的总体规划，特别是用地规划、工业区规划、居住规划、交通运输规划、电力系统规划、给排水工程规划等，以便了解拟建企业的环境情况和外部条件，使工厂的总平面布置与其适应，使厂区、厂前区、生活居住区与城镇构成一个有机的整体。食品工厂总平面设计应按任务书要求进行，布置必须紧凑合理，做到节约用地。分期建设的工程，应一次布置，分期建设，还必须为远期发展留有余地。

2. 总平面设计必须符合工厂生产工艺的要求　包括以下各方面。

① 主车间、仓库等应按生产流程布置，并尽量缩短距离，避免物料往返运输。

② 全厂的货流、人流、原料、管道等的运输应有各自路线，力求避免交叉，合理加以组织安排。

③ 动力设施应接近负荷中心。如变电所应靠近高压线网输入本厂的一边，同时，变电所又应靠近耗电量大的车间；又如制冷机房应接近变电所，并紧靠冷库。罐头食品工厂肉类车间的解冻间亦应接近冷库，而杀菌工段，番茄酱车间等用汽量大的工段应靠近锅炉房。

3. 食品工厂总平面设计必须满足食品工厂卫生要求　具体包括以下各方面。

① 生产区（各种车间和仓库等）和生活区（宿舍、托儿所、食堂、浴室、商店、学校等）、厂前区（传达室、医务室、化验室、办公室、俱乐部、汽车房等）和生产区分开。为了使食品工厂的主车间有较好的卫生条件，在厂区内尽量不建饲养场和屠宰场。如一定要建，应远离主车间。

② 生产车间应注意朝向，我国大部分地区车间最佳朝向为南偏东或西 30°角的范围内，生产车间朝向应保证阳光充足，通风良好。相互间有影响的车间，尽量不要放在同一建筑物里，但相似车间应尽量放在一起，提高场地利用率。

③ 生产车间与城市公路有一定的防护区，一般为 30～50 m，中间最好有绿化地带阻挡，防止尘埃污染食品。

④ 根据生产性质不同，动力供应、货运周转、卫生防火等应分区布置。同时，主车间应与食品卫生有影响的综合车间、废品仓库、煤堆及有大量烟尘或有害气体排出的车间间隔一定距离。主车间应设在锅炉房的上风向。

⑤ 总平面中要有一定的绿化面积，但又不宜过大。

⑥ 公用厕所要与主车间、食品原料仓库或堆场及成品库保持一定距离，并采用水冲式厕所，以保持厕所的清洁卫生。

4. 厂区布置要符合规划要求，同时合理利用地质、地形和水文等的自然条件　具体要求如下。

① 厂区道路应按运输量及运输工具的情况决定其宽度，一般厂区道路应采用水泥或沥青路面，以保持清洁。运输货物道路应与车间间隔，特别是运煤和煤渣，容易产生污染。一般道路应为环形道路，以免在倒车时造成堵塞现象。

② 厂区道路之外，应从实际出发考虑是否需有铁路专用线和码头等设施。

③ 厂区建筑物间距（指两幢建筑物外墙面相距的距离）应按有关规范设计。从防火、卫生、防震、防尘、噪音、日照、通风等方面来考虑，在符合有关规范的前提下，使建筑物间的距离最小。例如：建筑间距与日照关系（图 3-1），冬季需要日照的地区，可根据冬至日太阳方位角和建筑物高度求得前幢建筑的投影长度，作为建筑日照间距的依据。不同朝向的日照间距 D 约为 1.1～1.5 H（D 为两建筑物外墙面的距离，H 为布置在前面的建筑遮挡阳光的高度）。

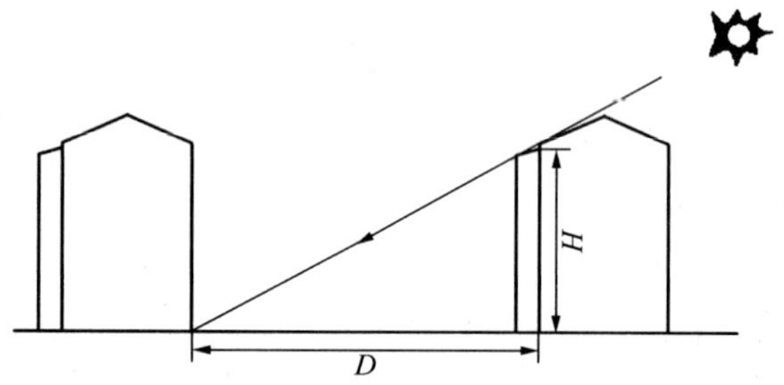

图 3-1　建筑间距与日照关系示意图

建筑间距与通风关系：当风向正对建筑物时（即入射角为 0°时），希望前面的建筑不遮挡后面建筑的自然通风，那就要求建筑间距 D 在 4～5 H 或以上。当风向的入射角为 30°时，间距 D 可采用 1.3H。当入射角为 60°时，间距 D 采用 1.0H。一般建筑选用较大风向入射角时，用 1.3H 或 1.5H 就可达到通风要求，在地震区 D 采用 1.6～2.0H。

④ 合理确定建筑物、道路的标高，既保证不受洪水的影响，使排水畅通，同时又节约土方工程。在坡地、山地建设工厂，可采用不同标高安排道路及建筑物，即进行合理的竖向布置。但

必须注意设置护坡及防洪渠，以防山洪影响。

5. *总平面设计必须符合国家有关规范和规定*　如符合《工业企业总平面设计规范》、《工业企业设计卫生标准》、《建筑设计防火规范》、《厂矿道路设计规范》、《工业企业采暖通风和空气调节设计规范》、《工业锅炉房设计规范》、《工业"三废"排放试行标准规定》、《工业与民用通用设备电力装备设计规范》、《中国出口食品厂、库卫生要求》、《中国保健食品良好生产规范》（GB 17405—1998）、《洁净厂房设计规范》（GB 50073—2001）、食品 GMP 规范等，以及符合厂址所在地区的发展规划，保证工业企业协作条件。

第三节　食品工厂总平面布局

一、单位工程在总平面中的相互关系

食品工厂的主要建筑物、构筑物根据它的使用功能可分为下述类型。

1. *生产车间*　如实罐车间、空罐车间、糖果车间、饼干车间、面包车间、奶粉车间、炼乳车间、消毒奶车间、种子车间、发酵车间、浓缩汁车间、脱水菜车间、综合利用车间等。

2. *辅助车间*　包括机修车间、中心试验室、化验室等。

3. *仓库*　包括原料库、冷库、包装材料库、保温库、成品库、危险品库、五金库、各种堆场、废品库、车库等。

4. *动力设施*　包括发电间、变电站、锅炉房、制冷机房、空压机和真空泵房等。

5. *供水设施*　包括水泵房、水处理设施、水井、水塔、水池等。

6. *排水系统*　包括废水处理设施。

7. *全厂性设施*　包括办公室、食堂、医务室、哺乳室、托儿所、浴室、厕所、传达室、汽车房、自行车棚、停车场、围墙、厂大门、厂办学校、工人俱乐部、图书馆、工人宿舍等。

食品工厂是由上述这些功能的建筑物、构筑物所组成，而它们在总平面上的排布又必须根据食品工厂的生产工艺和上一节介绍的设计原则来设计。

食品工厂生产区各主要使用功能的建筑物、构筑物在总平面布置中的关系如图 3-2 所示。

由图 3-2 可知，食品工厂总平面设计应围绕生产车间进行排布，也就是生产车间（即主车间）应在工厂的中心，其他车间、部门以及公共设施均需围绕主车间进行排布。不过，以上仅是一个理想的情形，实际上不同食品工厂厂址的地形地貌、周围环境、车间组成及数量等均差别很大，总平面布置亦是随这些情况的变化而变化。

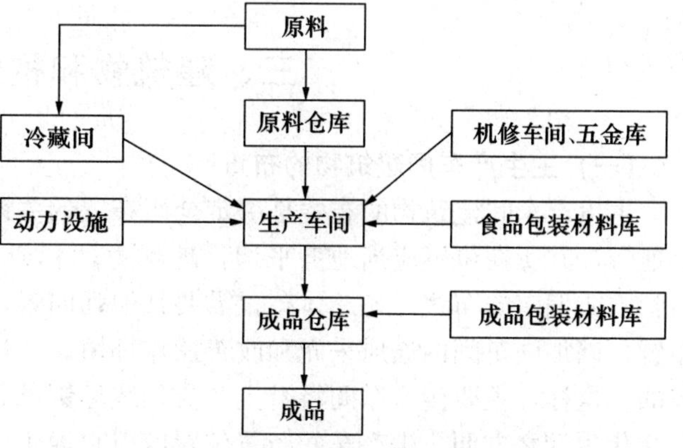

图 3-2　主要使用功能的建筑物、构筑物在总平面布置中的关系示意图

二、厂区划分

一个工厂从工艺生产需要出发，通常由上述生产车间、辅助车间、仓库、动力设施、供水设施、排水系统和全厂性设施7个部门组成。这些部门也要求不同的建筑形式及其相适应的地势、地质、水文、气象等自然条件，以期达到较高的技术经济性。工程设计师，尤其总图设计师，在明确总平面设计内容后，须先考虑总体布置中有关问题，如建筑物和构筑物的位置、平面图形式、总体布置的技术经济要求等问题。为此，往往先把厂区进行建筑划分。

厂区划分就是根据生产、管理和生活的需要，结合安全、卫生、管线、运输和绿化的特点，把全厂的建筑物和构筑物群划分为若干联系紧密而性质相近的单元。这样，既有利于全厂性生产流水作业畅通（可谓纵向联系），又利于邻近各厂房建筑物和构筑物设施之间保持协调、互助的关系（可谓横向联系）。

通常将全厂场地划分为厂前区、生产区、厂后区及左右两侧区，如图3－3所示。如此划分，体现出各区功能分明、运输联系方便、建筑井然有序。厂前区的建筑，基本上属于行政管理及后勤职能部门等有关设施（食堂、医务室、车库、俱乐部、大门、传达室、商店等）；生产区包括主要车间厂房及其联系紧密的辅助车间厂房和少量动力车间厂房（水泵房、水塔、冷冻站等）。生产区应处在厂址场地的中部，也是地势地质最好的地带。厂后区主要是原料仓库、露天堆场、污水处理站等。根据厂区的地形和生产车间的特殊要求，可将机修、给排水系统、变电站及其有关仓库等，分布在左右两侧区而尽量靠近主要车间，以便为其服务。

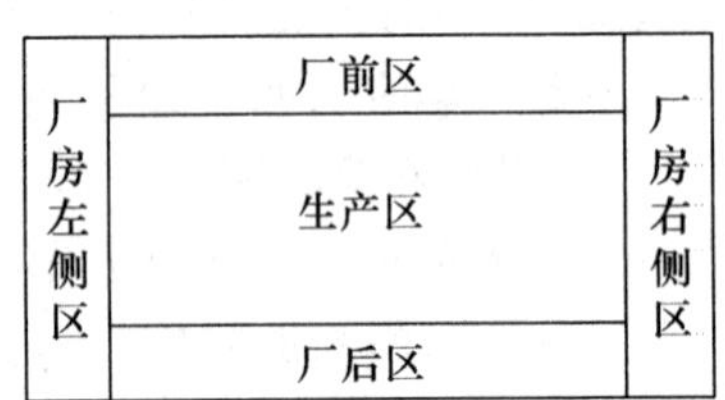

图3－3 厂区划分图

全厂运输道路设置在各区片之间，主干道应与厂大门直通。根据城市卫生规范，厂前区、主干道两侧应设置绿化设施并注意美化环境。必要时，要根据地区主风向，在左右两侧区域或厂后区设置卫生防护地带，以免污染厂外环境并降低噪音的影响。

三、建筑物和构筑物的布置

（一）主生产车间建筑物的布置

主生产车间建筑物的布置是决定全厂布置的关键。主生产车间应首先考虑布置在生产区的中心地带，其所在位置应当地势平坦，地耐力达到或超过（1.5～2）$\times 10^5$ N/m^2；其朝向应当正面朝阳或偏南向布置。如总体布置需要其他朝向者，也最好能与地区主风向成60°～90°的方位角布置，以加强车间内通风采光和改善操作环境。厂房的平面外形多是长条形，外表面应是平直整齐的。这样，主要生产车间将沿生产流程线呈链条状布置。另外，生产区占地面积较大，考虑工人文化生活之方便，生产车间布置位置应以直通生活区和厂大门为宜。当然，由于厂址地形和四周情况的限制，为达到美化环境与城市建设规划的要求，常将主要生产车间设计成高层建筑或沿街道直线布置。这样，生产集中，便于管理，但通风采光欠佳。

（二）辅助车间建筑物等的布置

辅助车间建筑物等的位置应靠近其服务的主车间厂房或其服务对象的等距离处。如啤酒厂内，瓶、箱堆场因其储量较大而占地面积较大，应布置在厂后区，但又紧靠啤酒包装车间的部位，这样可减少输送距离。而给水设施（水泵房、水池或水塔等）应靠近啤酒车间的糖化麦汁冷却间、麦芽车间的浸麦间及冷冻站的冷凝器部位，最好布置在等距的位置上，即布置在厂后区，从而减少输水管线。又如酒精厂的酒糟处理厂房应靠近蒸馏间；二氧化碳回收厂房应靠近发酵间，并且两者还应同居于下风向，这样既减少酒糟液、二氧化碳输送中的障碍，又可保证厂区的环境卫生。依据上述要求，可布置在厂区左侧或右侧处。

（三）动力车间建筑物的布置

动力车间（包括锅炉房、冷冻站、空压站、变电站等）应尽量靠近其服务的具体部门，可以大部集中布置在厂区左侧或右侧。少数也有布置在生产区内的。这样，可最大限度地减少管路管线的铺设以及输送蒸汽、冷、气、电的管线损耗。除此之外，动力车间还应布置在厂区的下风向，以免烟尘污染厂区和易引起火灾。例如，罐头厂的锅炉房应靠近杀菌间，并且处在地势较低处和厂区的下风向。这样，可减少供汽的热量与压力损失，有利于凝结水的回收及环境卫生。又例如，速冻果蔬厂的冷冻站应尽量靠近冷却速冻间，以最大限度地减少管路和冷耗损失。而变电站则应靠近冷冻站，因冷冻站的电量负荷占全厂用电的45%以上，节省电线铺设和降低线路的电能浪费。

（四）行政管理和后勤部门建筑设施的总体布置

行政管理和后勤部门建筑设施应集中在厂前区。因为其职能性质规定，对厂内要方便于全厂性的行政业务和生产技术管理及后勤服务；对外在建筑上要适应城市规划、市容整齐的要求，所以多设置在工厂的大门附近及两侧。首先，办公大楼要正对着入口并且附以大型花池绿化及侧旁美化，有体现厂址方位朝向的作用。此建筑物内包括行政、技术管理部门及中心试验室，并且通风采光充分。其他公共设施可布置在办公大楼的两侧。如食堂与俱乐部可同在一个建筑楼内，车库、消防车、医务室、护卫室等可同在一建筑楼内。

（五）确定厂区建筑物与构筑物之间的距离

厂区建筑物与构筑物的位置在总平面图上的确定，还必须考虑相邻建筑物与构筑物之间的距离。当厂址方位朝向在地形图上确定之后，就应该划分建筑物与构筑物群，依次确定其方位朝向，然后分析、比较并确定它们之间的距离，计算出全厂利用面积与建筑面积。

四、厂内运输

厂内运输是联系各生产环节的纽带。从原料到成品的各个加工、中转、储存等环节无不通过运输联系得以实现。也就是说，各个生产加工环节只有通过各种运输线路的连接才能构成一个有机的能够顺利完成生产任务的统一整体。所以，厂内运输是企业生产的重要组成部分。厂内运输系统又是厂区总平面布置的骨架和大动脉，没有合理的厂内运输系统，就谈不上总平面布置的合理性。同时，厂内运输方式的选择及其线路布置对厂区总平面又有较强的制约性。

厂内运输是工厂总平面设计的一个重要内容。完善合理的运输不仅保证生产中原料、材料及成品及时进出，而且对节约基建投资及投产后提高劳动生产率、降低成本、减轻劳动强度等有着重大意义。同时，运输的方式选择、道路的布置形式等对厂区划分、车间关系、仓库堆场的位置都是决定因素之一。所以，厂内运输是工厂总平面设计的重要组成部分。

（一）厂内运输的任务

厂内运输的任务是通过各种运输机械工具，完成厂内仓库与车间、堆场与车间、车间与车间之间的货物分流。也就是通过运输组织以保证生产中原材料、燃料等陆续供应，生产的产品和副产品源源不断地运出。厂内运输是联系各生产环节的纽带。

厂内运输设计就是根据原材料、燃料、产品、副产品的种类、运输量，结合厂区运输条件，选择运输工具和运输方式，并进行合理布置。

（二）厂内运输方式的选择

由于现代工业生产技术的发展，自动控制理论及电子技术的大量应用，带来了生产过程的连续化和自动化。因而，厂内运输方式也日趋增多。目前厂内较为广泛采用的运输方式有铁路运输、道路运输、带式运输、管道运输、辊道运输等。不同的运输方式有不同的特点和适用性。例如铁路运输，运输能力大，运输成本低，爬坡能力小，适用于运输量大、运输距离远、场地平坦的情况；道路运输则机动灵活，适用于运输货物品种多、用户较分散的情况；而带式运输、管道运输及辊道运输均为连续运输，对场地适应性强，且便于和生产环节直接衔接，所以适用于连续性的生产等。厂内常用的几种运输方式比较见表 3－2。各种运输方式的特点和适用性，是选择厂内运输方式的基本依据。运输为了生产，生产必须运输，二者是不可分割的整体，这一点在企业中更为明显。所以，选择厂内运输方式时除了考虑各运输方式本身的特点外，还必须考虑生产，如生产的性质、生产对运输的要求等。选择运输方式时，还应考虑运输货物的属性（固体、液体、气体、热料、冷料）、运输的环境条件等。

表 3－2　厂内常用的几种运输方式比较

比较情况 / 运输方式 / 比较内容	铁路运输	道路运输	带式运输	管道运输	辊道运输
输送物料的属性	固体、液体	固体、液体	散状料	液体、粉料	固体
与生产环节的衔接性	差	差	好	好	好
运输的连续性	间断运输	间断运输	连续运输	连续运输	连续运输
运输的灵活性	差	好	差	差	差
对场地的适应性	差	较好	好	好	好
建设投资	大	小	大	大	大
运营成本	低	较高			
对环境污染	大	大	小	小	小

（三）道路布置的形式

厂内道路布置形式有环状式、尽头式和混合式 3 种（图 3－4）。

1. *环状式道路布置*　环状式道路围绕着各车间布置，而且多平行于主要建筑物、构筑物而组成纵横贯通的道路网，如图 3－4a 所示。这种布置形式使厂区内各组成部分联系方便，有利于交通

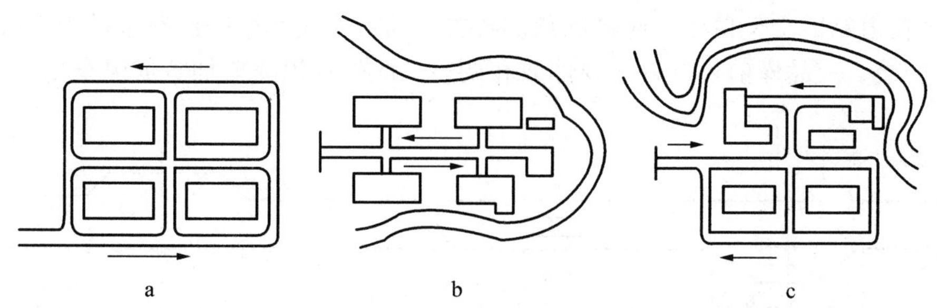

图 3－4　厂内道路布置形式示意图

a. 环状式　b. 尽头式　c. 混合式

运输、工程管网铺设、消防车通行等。但厂区道路长、占地多，又由于道路是环状系统，所以对场地坡度要求较为平坦一些。这种形式适用于交通运输频繁、场地条件较为平坦的大、中型工厂。

2. *尽头式道路布置*　尽头式道路不纵横贯通，根据交通运输的需要而终止于某处，如图 3－4b 所示。这种布置形式厂区道路短，对场地坡度适应性较大。但运输的灵活性较差，而且尽头处一般需要设置回车场。回车场是用于汽车调头、转向的设施。根据总平面布置形式及场地条件，回车场的布置形式有圆形、三角形与 T 形等，如图 3－5 所示。总平面布置时应避免回车场在坡道或曲线上而应设于平直道上；同时为了汽车行驶的安全，竖曲线应设置在回道路起点 10 m 以外。

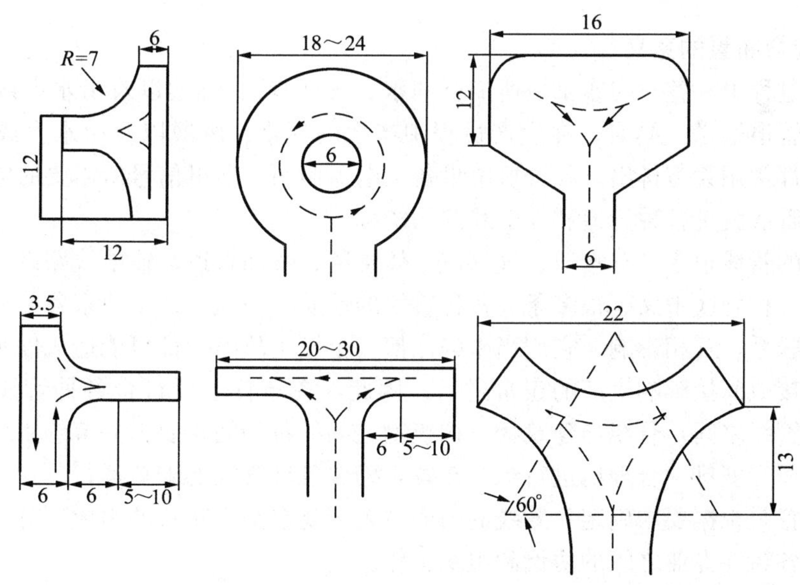

图 3－5　尽头式车场（单位：m）

3. *混合式道路布置*　这种形式为以上两种形式的组合，即在厂内有环状式道路布置也有尽头式道路布置，如图 3－4c 所示。此种形式具有环状式和尽头式布置的特点，能够很好地结合交通运输需要、建设场地条件及总平面布置情况进行厂内道路布置。这是一种较为灵活的布置形式，在工业企业中广泛采用。

上述道路布置形式还有些辅助布置形式：①在线路长的单车道路上应补上会让车道，如图

3－6所示。②在道路的交叉口处，应做圆角形布置。其最小曲率半径：双车道为7 m，单车道为9 m。③在办公楼、成品库前，车辆需要停放和调转，此处的道路要加宽成停车场。

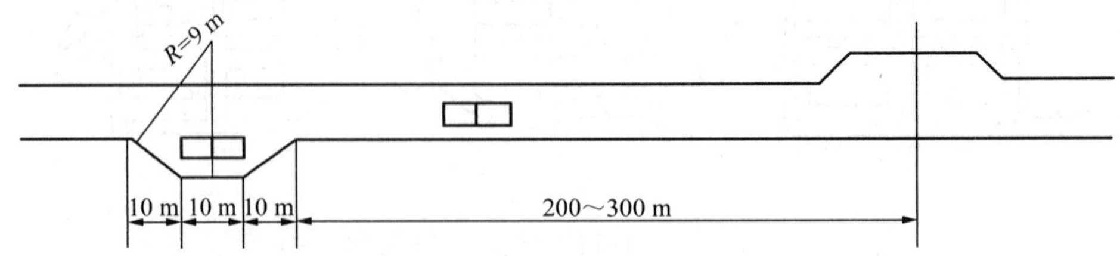

图3－6　会让车道示意

（四）道路的规格

道路的规格包括宽度、路面质量等，根据城市建筑规定、工厂生产规模等而定。通常以城市型道路标准施工。路面采用砂石沥青浇注铺设，道路一侧或两侧设有路缘石，并采用暗管排除雨水，保持环境卫生。道路纵横贯通，其宽度依主干道、次干道、人行道和消防车道而异。主干道宽至6～9 m，其他支干道宽为4～6 m。

五、管线综合布置

（一）管线综合布置的意义

在工业生产过程中，各车间或工段所需要的水、气（汽）、燃油以及由水力或风力运输的物料，一般均采用管道输送。同时，在生产过程中产生的污水、废液以及由水力或风力运输的废渣，再加上雨水都常用管道排出。各种机电设备、电器照明、通讯信号所需要的电能，都用输电线路输送。所谓管线就是各种管道和输电线路的统称。

工业企业内的管线很多，有水道、气（汽）体管道、燃油管道、输电线路以及运输物料和废渣的管渠等，同一种管线中又有很多条。各种管线的性质、用途、技术要求各不相同，又往往交织在一起，互相联系，互相影响。它们当中的任何一个发生故障，都可能造成停水、停电、断气（汽）、断料，直接或间接影响生产的正常进行。因此，在布置上要符合各种管线本身的技术条件，满足管线与管线之间，管线与建筑物、构筑物之间的各种间距要求并节约用地。要从全局出发，统筹兼顾，适当安排，合理地进行综合布置，确保各种管线的安全运行。

管线综合布置是根据要求确定各管线的平面位置，是总平面布置的组成部分。在某种意义上也是总图设计对各管线专业之间的协调和组织工作。

（二）管线布置的一般规定

（1）管线综合布置应与食品工厂总平面布置、竖向设计和绿化布置统一进行。应使管线之间、管线与建筑物和构筑物之间在平面及竖向上相互协调、紧凑合理、厂容美观。

（2）管线敷设方式的确定，应根据管线内介质的性质、厂区地形、生产安全、交通运输、施工检修等因素，经技术经济比较后择优确定。

（3）管线综合布置，必须在满足生产、安全、检修的条件下节约用地。当技术经济比较合理时，应共架、共沟布置。

(4) 管线带的布置应与道路或建筑红线相平行。

(5) 管线综合布置时，应减少管线与铁路、道路及其他干管的交叉。当管线与铁路或道路交叉时应为正交。在困难情况下，其交叉角不宜小于45°。

(6) 山区建厂，管线敷设应充分利用地形。并应避免山洪、泥石流及其他不良地质的危害。

(7) 管道内的介质具有毒性、可燃、易燃、易爆性质时，严禁穿越与其无关的建筑物、构筑物、生产装置、储罐区等。

(8) 当食品工厂分期建设时，管线布置应全面规划，近期集中，近远期结合。近期管线穿越远期用地时，不得影响远期用地的使用。

(9) 管线综合布置时，干管应布置在用户较多的一侧或将管线分类布置在道路两侧。管线综合布置宜按下列顺序，自建筑红线向道路方向布置：①电信电缆；②电力电缆；③热力管道；④压缩空气、氧气、氮气、乙炔气、煤气及各种工艺管道或管廊；⑤生产及生活给水管道；⑥工业废水（生产废水及生产污水）管道；⑦生活污水管道；⑧消防水管道；⑨雨水排水管道；⑩照明及电信杆柱。

(10) 综合布置地下管线产生矛盾时，应按下列原则处理：①压力管让自流管；②管径小的让管径大的；③易弯曲的让不易弯曲的；④临时性的让永久性的；⑤工程量小的让工程量大的；⑥新建的让现有的；⑦检修次数少的、方便的，让检修次数多的、不方便的。

(11) 改建、扩建工程中的管线综合布置，不应妨碍现有管线的正常使用。当管线间距不能满足表3-3和表3-4的规定时，在采取有效措施后，可适当减小。

(12) 矿区管线的布置，应在开采陷落（错动）界限以外，并留有必要的安全距离；直接进入采矿场的管线，应避开正面爆破方向。

（三）地下管线布置原则

(1) 地下管线、管沟，不得布置在建筑物、构筑物的基础压力影响范围内，不得平行敷设在铁路下面，也不宜平行敷设在道路下面。直埋式的地下管线，不应平行重叠敷设。

(2) 地下管线交叉布置时，应符合下列要求：①给水管道，应在排水管道上面；②可燃气体管道，应在其他管道上面（热力管道除外）；③电力电缆，应在热力管道下面、其他管道上面；④氧气管道，应在可燃气体管道下面、其他管道上面；⑤腐蚀性的介质管道及碱性、酸性排水管道，应在其他管线下面；⑥热力管道，应在可燃气体管道及给水管道上面。

(3) 地下管线的管顶覆土厚度，应根据外部荷载、管材强度及土壤冻结深度等条件确定。

(4) 地下管线（或管沟）穿越铁路、道路时，应符合下列要求：①管顶至铁路轨底的垂直净距不应小于1.2 m；②管顶至道路路面结构层底的垂直净距不应小于0.5 m。

穿越铁路、道路的管线当不能满足上述要求时，应加防护套管（或管沟）。其两端应伸出铁路路肩或路堤坡脚、城市型道路路面、公路型道路路肩或路堤坡脚以外，且不得小于1 m。当铁路路基或道路路边有排水沟时，其套管应延伸出排水沟沟边1 m。

(5) 地下管线，不应敷设在腐蚀性物料的包装、堆存及装卸场地的下面。距上述场地的边界水平间距不应小于2 m。

(6) 地下管线之间的最小水平间距不应小于表3-3的规定。

表 3-3 地下管线之间的最小水平间距

名称	规格	给水管(mm)				排水管(mm)						热力沟(管)	煤气管压力 p(MPa)					压缩空气管	乙炔管	氧气管	电力电缆(kV)			电缆沟	通信电缆	
						生产废水管与雨水管			生产与生活污水管																	
	间距(m)	<75	75~150	200~400	>400	<800	800~1 500	>1 500	<300	400~600	>600		$p<0.005$	$0.005<p<0.2$	$0.2<p<0.4$	$0.4<p<0.8$	$0.8<p<1.6$				<1	1~10	<35		直埋电缆	电缆管道
给水管(mm)	<75	—	—	—	—	0.7	0.8	1.0	0.7	0.8	1.0	0.8	0.8	0.8	0.8	1.0	1.2	0.8	0.8	0.8	0.6	0.8	1.0	0.8	0.5	0.5
	75~150	—	—	—	—	0.8	1.0	1.2	0.8	1.0	1.2	1.0	0.8	1.0	1.0	1.2	1.2	1.0	1.0	1.0	0.6	0.8	1.0	1.0	0.5	0.5
	200~400	—	—	—	—	1.0	1.2	1.5	1.0	1.2	1.5	1.2	0.8	1.0	1.2	1.2	1.5	1.2	1.2	1.2	0.8	1.0	1.0	1.2	1.0	1.0
	>400	—	—	—	—	1.0	1.2	1.5	1.2	1.5	2.0	1.5	1.0	1.2	1.2	1.5	2.0	1.5	1.5	1.5	0.8	1.0	1.0	1.5	1.2	1.2
排水管(mm) 生产废水管与雨水管	<800	0.7	0.8	1.0	1.0	—	—	—	—	—	—	1.0	0.8	0.8	0.8	1.0	1.2	0.8	0.8	0.8	0.6	0.8	1.0	1.0	0.8	0.8
	800~1 500	0.8	1.0	1.2	1.2	—	—	—	—	—	—	1.2	0.8	1.0	1.0	1.2	1.5	1.0	1.0	1.0	0.8	1.0	1.0	1.2	1.0	1.0
	>1 500	1.0	1.2	1.5	1.5	—	—	—	—	—	—	1.5	1.0	1.2	1.2	1.5	2.0	1.2	1.2	1.2	1.0	1.0	1.0	1.5	1.0	1.0
排水管(mm) 生产与生活污水管	<300	0.7	0.8	1.0	1.2	—	—	—	—	—	—	1.0	0.8	0.8	0.8	1.0	1.2	0.8	0.8	0.8	0.6	0.8	1.0	1.0	0.8	0.8
	400~600	0.8	1.0	1.2	1.5	—	—	—	—	—	—	1.2	0.8	1.0	1.0	1.2	1.5	1.0	1.0	1.0	0.8	1.0	1.0	1.2	1.0	1.0
	>600	1.0	1.2	1.5	2.0	—	—	—	—	—	—	1.5	1.0	1.2	1.2	1.5	2.0	1.2	1.2	1.2	1.0	1.0	1.0	1.5	1.0	1.0
热力沟(管)		0.8	1.0	1.2	1.5	1.0	1.2	1.5	1.0	1.2	1.5	—	1.0	1.2	1.2	1.5	2.0	1.0	1.5	1.5	1.0	1.0	1.0	2.0	0.8	0.6
煤气管压力 p(MPa)	$p<0.005$	0.8	0.8	0.8	1.0	0.8	0.8	1.0	0.8	0.8	1.0	1.0	—	—	—	—	—	1.0	1.0	1.0	0.8	1.0	1.2	1.2	0.8	1.0
	$0.005<p<0.2$	0.8	1.0	1.0	1.2	0.8	1.0	1.2	0.8	1.0	1.2	1.2	—	—	—	—	—	1.0	1.0	1.2	0.8	1.0	1.2	1.2	0.8	1.0
	$0.2<p<0.4$	0.8	1.0	1.2	1.2	0.8	1.0	1.2	0.8	1.0	1.2	1.2	—	—	—	—	—	1.0	1.0	1.5	0.8	1.0	1.2	1.5	0.8	1.0
	$0.4<p<0.8$	1.0	1.2	1.2	1.5	1.0	1.2	1.5	1.0	1.2	1.5	1.5	—	—	—	—	—	1.2	1.2	2.0	0.8	1.0	1.2	1.5	0.8	1.0
	$0.8<p<1.6$	1.2	1.2	1.5	2.0	1.2	1.5	2.0	1.2	1.5	2.0	2.0	—	—	—	—	—	1.5	2.0	2.5	1.0	1.2	1.5	2.0	1.2	1.5
压缩空气管		0.8	1.0	1.2	1.5	0.8	1.0	1.2	0.8	1.0	1.2	1.0	1.0	1.0	1.0	1.2	1.5	—	1.5	1.5	0.8	0.8	1.0	1.0	0.8	1.0
乙炔管		0.8	1.0	1.2	1.5	0.8	1.0	1.2	0.8	1.0	1.2	1.5	1.0	1.0	1.0	1.2	2.0	1.5	—	1.5	0.8	0.8	1.0	1.5	0.8	1.0
氧气管		0.8	1.0	1.2	1.5	0.8	1.0	1.2	0.8	1.0	1.2	1.5	1.0	1.2	1.5	2.0	2.5	1.5	1.5	—	0.8	0.8	1.0	1.5	0.8	1.0
电力电缆(kV)	<1	0.6	0.6	0.8	0.8	0.6	0.8	1.0	0.6	0.8	1.0	1.0	0.8	0.8	0.8	0.8	1.0	0.8	0.8	0.8	—	—	—	0.5	0.5	0.5
	1~10	0.8	0.8	1.0	1.0	0.8	1.0	1.0	0.8	1.0	1.0	1.0	1.0	1.0	1.0	1.0	1.2	0.8	0.8	0.8	—	—	—	0.5	0.5	0.5
	<35	1.0	1.0	1.0	1.0	1.0	1.0	1.0	1.0	1.0	1.0	1.0	1.2	1.2	1.2	1.2	1.5	1.0	1.0	1.0	—	—	—	0.5	0.5	0.5
电缆沟		0.8	1.0	1.2	1.5	1.0	1.2	1.5	1.0	1.2	1.5	2.0	1.2	1.2	1.5	1.5	2.0	1.0	1.5	1.5	0.5	0.5	0.5	—	0.5	0.5
通信电缆	直埋电缆	0.5	0.5	1.0	1.2	0.8	1.0	1.0	0.8	1.0	1.0	0.8	0.8	0.8	0.8	0.8	1.2	0.8	0.8	0.8	0.5	0.5	0.5	0.5	—	—
	电缆管道	0.5	0.5	1.0	1.2	0.8	1.0	1.0	0.8	1.0	1.0	0.6	1.0	1.0	1.0	1.0	1.5	1.0	1.0	1.0	0.5	0.5	0.5	0.5	—	—

注：①表列间距均自管壁、沟壁或防护设施的外缘或最外一根电缆算起；②当热力沟(管)与电力电缆间距不能满足本表规定时，应采取隔热措施，以防电缆过热；③局部地段电力电缆穿管保护或加隔板后与给水管道、排水管道、压缩空气管道的间距可减少到 0.5 m，与穿管道通信电缆的间距可减少到 0.1 m；④表列数据系按给水管在污水管上方制定的，生活饮用水给水管与污水管之间间距应按本表数据增加 50%；生产废水管与雨水沟(渠)和给水管之间的间距可减少 20%，和通信电缆、电力电缆之间的间距可减少 20%，但不得小于 0.5 m；⑤当给水管与排水管共同埋设的土壤为沙土类，且给水管的材质为非金属或非合成塑料时，给水管与排水管间距不应小于 1.5 m；⑥仅供采暖用的热力沟与电力电缆、通信电缆及电缆沟之间的间距可减少 20%，但不得小于 0.5 m；⑦110 kV 级的电力电缆与本表中各类管线的间距，可按 35kV 数值增加 50%；电力电缆排管(即电力电缆管道)间距要求与电缆沟同；⑧氧气管与同一使用目的的乙炔管道同一水平敷设时，其间距可减至 0.25 m，但管道上部 0.3 m 高度范围内，应用沙类土、松散土填实后再回填土；⑨煤气管与生产废水管及雨水管的间距系指非满流管；当满流管时，可减少 10%；与盖板式排水沟(渠)的间距宜增加 10%；⑩天然气管与本表各类管线的间距同煤气管间距；⑪管径指公称径；⑫表中“—”表示间距未做规定，可根据具体情况确定。

表 3-4　地下管线与建筑物、构筑物之间的最小水平间距

名称 / 规格 / 间距（m） / 名称	给水管(mm)				排水管(mm)						热力沟(管)	煤气管压力 p(MPa)					压缩空气管	乙炔管 氧气管	电力电缆(kV)		电缆沟	通信电缆
					生产废水管与雨水管			生产与生活污水管														
	<75	75～150	200～400	>400	<800	800～1 500	>1 500	<300	400～600	>600		p<0.005	0.005<p<0.2	0.2<p<0.4	0.4<p<0.8	0.8<p<1.6			<1	10～35		
建筑物、构筑物基础外缘	2.0	2.0	2.5	3.0	1.5	2.0	2.5	1.5	2.0	2.5	1.5	1.0	1.4	1.5	4.0	6.0	1.5	④⑤	0.5	0.6	1.5	0.5
铁路(中心线)	3.3	3.3	3.8	3.8	3.8	4.3	4.8	3.8	4.3	4.8	3.8	4.0	4.0	5.0	5.0	6.0	2.5	2.5	2.5	3.0	2.5	2.5
道路	0.8	0.8	1.0	1.0	0.8	1.0	1.0	0.8	0.8	1.0	0.8	0.6	0.6	0.6	1.0	1.0	0.8	0.8	0.8	1.0	0.8	0.8
管架基础外缘	0.8	0.8	1.0	1.0	0.8	0.8	1.2	0.8	1.0	1.2	0.8	0.8	1.0	1.0	1.0	2.0	0.8	0.8	0.5	0.5	0.8	0.5
照明及通信杆柱(中心)	0.8	0.8	1.0	1.0	0.8	1.0	1.2	0.8	1.0	1.2	0.8	0.6	0.6	0.6	1.0	1.5	0.8	0.8	0.5	0.5	0.8	0.5
围墙基础外缘	1.0	1.0	1.0	1.0	1.0	1.0	1.0	1.0	1.0	1.0	1.0	0.6	0.6	0.6	1.0	1.0	1.0	1.0	0.5	0.5	1.0	0.5
排水沟外缘	0.8	0.8	0.8	1.0	0.8	0.8	1.0	0.8	0.8	1.0	0.8	0.6	0.6	0.6	1.0	1.0	0.8	0.8	0.8	1.0	1.0	0.8

注:①表列间距除注明者外,管线均自壁、沟壁或防护设施的外缘或最外一根电缆算起;道路为城市型时,自路面边缘算起,为公路型时,自路府边缘算起;②当排水管道为压力管时,与建筑物、构筑物基础外缘的间距,应按表列数值增加一倍;③给水管道至铁路路堤坡脚的间距,不宜小于路堤高度,并不得小于 5.0 m;至铁路路堑坡顶的间距,不宜小于路堑高度,并不得小于 10 m;排水管道至铁路路堤坡脚或路堑坡顶的间距,不宜小于路堤或路堑高度,并不得小于 5.0 m;④乙炔管道,距有地下室及生产火灾危险性为甲类的建筑物、构筑物的基础外缘和通行沟道的外缘的间距为 3.0 m;距无地下室的建筑物基础外缘的间距为 2.0 m;⑤氧气管道距有地下室的建筑物基础外缘和通行沟道的外缘的水平间距为:氧气压力≤1.6 MPa 时,采用 3.0 m;氧气压力>1.6 MPa 时,采用 5.0 m;距无地下室的建筑物基础外缘净距为:氧气压力≤1.6 MPa时,采用 1.5 m;氧气压力>1.6 MPa 时,采用 2.5 m;⑥通信电缆管道距建筑物、构筑物基础外缘的间距,应为 1.2 m;电力电缆排管(即电力电缆管道)间距要求与电缆沟同;⑦表列埋地管道与建筑物、构筑物基础的间距,均是指埋地管道与建筑物、构筑物的基础在同一标高或其以上时,当埋地管道深度大于建筑物、构筑物基础深度时,应按土壤性质计算确定,但不得小于表列数值;⑧高压电力杆柱或铁塔(基础外边缘)距本表中各类管线间距,应按表列照明及通信杆柱间距增加 50%;⑨当为双柱式管架分别设基础时,在满足本表要求时,可在管架基础之间敷设管线;⑩管径系指公称径。

（7）地下管线与建筑物、构筑物之间的最小水平间距，不宜小于表 3－4 的规定。

（8）管线共沟敷设，应符合下列规定：①热力管道，不应与电力、通信电缆和物料压力管道共沟；②排水管道，应布置在沟底。当沟内有腐蚀性介质管道时，排水管道应位于其上面；③腐蚀性介质管道的标高，应低于沟内其他管线；④火灾危险性属于甲、乙、丙类的液体、液化石油气、可燃气体、毒性气体和液体以及腐蚀性介质管道，不应共沟敷设，并严禁与消防水管共沟敷设；⑤凡有可能产生相互影响的管线，不应共沟敷设。

（四）地上管道和电力、通信线路布置原则

（1）地上管道的敷设，可采用管架式、低架式、地面式及建筑物支撑式。地上管道的敷设方式，应根据安全、物料性质、生产操作 、经营管理、运输和厂容等因素经综合技术经济比较确定。

（2）管架的布置，应符合下列要求：①管架的净空高度及基础位置，不得影响交通运输、消防及检修；②不应妨碍建筑物自然采光与通风；③应有利于厂容；④敷设有火灾危险性属于甲、乙、丙类的液体、液化石油气和可燃气体等管道的管架，与火灾危险性大和腐蚀性强的生产、储存、装卸设施以及有明火作业的设施，应保持一定的安全距离，并减少与铁路交叉。

（3）火灾危险性属于甲、乙、丙类的液体管道、液化石油气、腐蚀性介质的管道，以及密度较大的可燃气体、有毒气体的管道等，均宜采用管架敷设。

（4）架空电力线路的敷设，不应跨越用可燃材料建造的屋顶及生产火灾危险性属于甲、乙类的建筑物、构筑物以及甲、乙、丙类液体和液化石油气及可燃气体储罐区，其布置尚应符合现行国家标准《工业与民用 35 千伏及以下架空电力线路设计规范》的规定。

（5）通信架空线的布置，应符合现行国家标准《工业企业通信设计规范》的规定。

（6）引入厂区内的 35 kV 以上的高压线，应经技术经济比较后确定架设方式。如采用高架架空形式时，应减少高压线在厂区内的长度，并应沿厂区边缘布置。

（7）有火灾危险、腐蚀及有毒介质的管道，除使用该管线的建筑物外，均不得采用建筑物支撑式。

（8）管架与建筑物、构筑物之间的最小水平间距，应符合表 3－5 的规定。

表 3－5 管架与建筑物、构筑物之间的最小水平间距（m）

建筑物、构筑物名称	最小水平间距
建筑物有门窗的墙壁外缘或突出部分外缘	3.0
建筑物无门窗的墙壁外缘或突出部分外缘	1.5
铁路（中心线）	3.75
道　路	1.0
人行道外缘	0.5
厂区围墙（中心线）	1.0
照明及通信杆柱（中心）	1.0

注：①表中间距除注明者外，管架从最外边线算起；道路为城市型时自路面边缘算起，为公路型时自路肩边缘算起；②本表不适用于低架式、地面式及建筑物支撑式；③火灾危险性属于甲、乙、丙类的液体、可燃气体与液化石油气介质管道的管架与建筑物、构筑物之间最小水平间距应符合有关规范的规定。

（9）架空管线或管架跨越铁路、道路的最小垂直间距，应符合表 3－6 的规定。

表 3－6　架空管线、管架跨越铁路、道路的最小垂直间距（m）

名　　称	最小垂直间距
铁路（从轨顶算起）：	
火灾危险性属于甲、乙、丙类的液体、可燃气体与液化石油气管道	6.0
基他一般管线	5.5
道路（从路拱算起）	5.0
人行道（从路面算起）	2.2/2.5

注：①表中间距除注明者外，管线自防护设施的外缘算起，管架自最低部分算起；②架空管线、管架跨越电气化铁路的最小垂直间距，应符合有关规范规定；③有大件运输要求或在检修期间有大型起吊设备通过的道路，应根据需要确定；困难时，在保证安全的前提下可减至 4.5 m；④街区内人行道为 2.2 m，街区外人行道为 2.5 m。

六、绿化与美化设计

随着物质文明和精神文明的发展，人们对环境的要求日趋增高。因而保护、改善和美化环境越来越为人们所重视。厂区绿化和美化就是保护、改善和美化环境的重要措施之一。所以，在厂区总平面布置时应把厂区绿化和美化作为一项设计任务统一考虑，以使绿化和美化与厂区总平面布置相协调，并真正起到绿化和美化应起的作用，达到保护、改善和美化环境的目的。

（一）绿化的功能

绿化有调节空气、美化环境的作用。世界上所有的绿色植物及其构成的群体以其非凡的功能保护大自然的生态平衡。

1. *吸收和滞留有害气体，补充新鲜空气*　绿色植物均有吸收有害气体，释放新鲜氧气的功能。植物在阳光的照耀下，进行光合作用时，吸入二氧化碳，放出氧气。通常情况下，1 hm^2 阔叶林在生长季节，一天可以吸收 1 t 二氧化碳放出 0.7 t 氧气。人们所需要的氧气，只要保证每人平均有 10 m^2 森林面积或者 50 m^2 草坪的面积就足够了。

植物的叶片吸收二氧化硫的能力极强，吸收能力为其所占土地吸收能力的 8 倍以上。1 hm^2 柳杉林，每年就可以吸收 720 kg 的二氧化硫。

氟、氯、氨气和臭氧，都是工业生产过程中产生的有害气体，而绿色植物中的泡桐、梧桐、大叶黄杨、女贞等都是吸氟极强的树木；刺槐、银桦、蓝桉、华山松、皂荚、构树、柽柳和垂柳吸氟量相当强；大多数植物都能吸收臭氧；几乎所有的绿色植物都有吸收氨气的功能，绿色植物能直接吸收空气中的氨，以满足自身所需要的总氨量的 10%～20%。梓树、银杏、雪松、石榴、女贞都是吸收低浓度氨气和抗性强的乔木、灌木。

2. *吸收和滞留粉尘*　粉尘（含烟尘）是工业生产中产生的另一种废物。我国是以煤为主要工业燃料的国家，粉尘治理不好，影响人民的身体健康。

植物、特别是树木，对粉尘有明显的阻挡、过滤和吸附作用。树的枝冠茂密，具有强大的降低风速的作用，随着风速的减低，气流中携带的大粒粉尘下降。另一方面，树木叶面不平，且多绒毛，有的还分泌黏性油脂或汁液，能吸附空气中大量灰尘及飘尘。蒙尘的树木经过雨水冲洗后，又能恢复其滞尘功能。据估计，森林吸附滞尘量要比同样面积的裸露地面大 75 倍。一条 36 m 宽的落叶混交林，在背风面10倍树高以内几乎没有飞尘。草地减尘功能也是十分显著的，草坪的场地吸附粉尘比裸露地面大70倍。北京市环境保护科学研究所调查结果表明，林地四季都有减尘作用，其中夏季最高减尘率可达60%左右，一般为30%左右，即使在冬季落叶期间也可达20%左右。

3. *减弱噪声* 绿色植物被人们称为绿色的“隔音墙”和“消声器”。这是因为绿色植物、特别是树木对声波有散射作用。当声波通过时，枝叶摆动，声波减弱而逐渐消失，同时，树叶表面的气孔和粗糙的茸毛，吸音功能强。实验表明，爆炸3 kg的硝基甲苯炸药时，声音在空气中可传播4 km，而在森林中只能传到400 m。草坪、花圃都有减少噪声的作用。生长茂盛的枝叶形成松软而富有弹性的表面，像海绵一样吸收声能，减缓噪声危害。

4. *防火和防震* 许多树木含树脂少，含水分多，有的树木即使着火也不会产生火焰或火焰比较小，起到了阻挡火势蔓延、隔离火花飞散的作用。优良的防火树种，常绿树有珊瑚树、山茶、罗汉松等，尤其是珊瑚树的防火功能最为显著，即使它的叶片全部烧焦也不会发生火焰。银杏的防火能力很突出，夏季即使将它的叶片全部烧尽，仍能萌芽再生；冬季即使树干烧毁大半，也能继续存活。

5. *稳定土基* 绿色植物有盘根错节的根系，有固沙保土、护坡蓄水的功能。大力发展绿色植物稳定土基，防止地表冲刷是非常有效的。据有关资料记载：20 cm厚的表土层，被雨水冲刷尽所要的时间，草坪是8.2万年，裸露土地只需要18年。总降雨量340 mm时，草地年冲刷量是93 kg/hm^2，农耕地是4 800 kg/hm^2，农闲地是6 750 kg/hm^2，草地的冲刷量仅相当于农耕地的1.9%。

6. *杀菌* 绿化可以减少空气中的细菌数量，有净化空气的特殊功能。如桦、柞栎、稠李、椴树、橙、柏、樟树都有较强的灭菌功能。每公顷柏树林每天能分泌出30 kg杀菌素，地榆根的水浸液能在1 min内杀死伤寒、副伤寒病原痢杆菌的各菌系，0.1 g磨碎的稠李的冬芽甚至能在1 s内杀死苍蝇。据测定，某市百货大楼、市区街道、绿地处和森林内，1 m^3 空气中含菌量分别是40万个、3万～4万个、300～400个和50个。

7. *调节和改善小气候* 从炎热空旷的环境步入绿树成阴的环境时，人们会觉得空气新鲜、清爽宜人。其原因在于树木具有吸热等改善小气候的功能。

树木有茂密的树冠，太阳辐射到树冠时，有20%～25%的热量反射回天空，35%被树冠吸收，加之树木蒸腾作用所消耗的热量，可降低空气温度。各地区测定结果表示，高温季节，绿地内气温较非绿地低1～5 ℃；低温季节时，特别是严冬季节，冷气流较强的情况下，绿地里的树木能降低风速，提高最低温度，从而使林内温度较没有树木的空旷地提高1 ℃ 左右。

绿化的好处不仅给人们带来适宜的气温，而且可以提高空气的相对湿度，缓解湿度的变化幅度。冬天绿化地区风速小，空气交换较弱、土壤和树木蒸发的水分不易扩散，因此绿地里的绝对湿度大，相对湿度比未绿化地区高10%～20%；夏季是树木、花草茁壮生长期，它们的根系大量地吸收土壤里的水分，以满足自身的生长和枝、叶的蒸腾，蒸腾时水汽增多，湿度容易接近饱和，因此绿地内的湿度比非绿地高10%～20%。无疑会给人们带来一个比较凉爽、舒适的气候环境。

（二）绿化的一般规定

（1）食品工厂的绿化布置，应符合食品工厂的总体规划要求，与总平面布置统一进行，并应合理安排绿化用地。

食品工厂绿地应根据企业性质、环境保护及厂容、景观的要求，结合当地自然条件、植物生态习性、抗污性能和苗木来源，因地制宜进行设计。

(2) 绿化设计，应符合下列要求：①充分利用厂区非建筑地段及零星空地进行绿化；②利用管架、栈桥、架空线路等设施的下面及地下管线带上面场地布置绿化；③满足生产、检修、运输、安全、卫生及防火要求，避免与建筑物、构筑物、地下设施的布置相互影响。

(3) 食品工厂的绿化设计，应根据不同类型的企业及其生产特点、污染性质和程度，以及所要达到的绿化效果，合理地确定植物种类及其比例与配置方式。

(三) 绿化设计原则

(1) 绿化设计，应以下列地段为重点：①进厂主干道及主要出入口；②生产管理区；③洁净度要求高的生产车间、装置及建筑物；④散发有害气体、粉尘及产生高噪声的生产车间、装置及堆场；⑤受西晒的生产车间及建筑物；⑥受雨水冲刷的地段；⑦厂区生活服务设施周围；⑧居住区。

(2) 受风沙侵袭的食品工厂，应在厂区受风沙侵袭季节盛行风向的上风侧，设置半通透结构的防风林带。对环境构成污染的工厂、灰渣场、尾矿坝、排土场和大型原、燃料堆场，应视全年盛行风向和对环境的污染情况设置紧密结构的防护林带。

(3) 具有易燃、易爆的生产、储存及装卸设施附近，宜布置能减弱爆炸气浪和阻挡火势向外蔓延、枝叶茂密、含水分大、防爆及防火效果好的大乔木及灌木。但不得种植含油脂较多的树种。

(4) 散发液化石油气及相对密度大于 0.7 的可燃气体和可燃蒸气的生产、储存及装卸设施附近，绿化布置应注意通风，不宜布置不利于重气体扩散的绿篱及茂密的灌木。

(5) 热加工车间附近的绿化，宜具有遮阳效果。

(6) 对空气洁净度要求高的生产车间、装置及建筑物附近的绿化，不应种植散发花絮、纤维质及带绒毛果实的树种。

(7) 生产管理区和主要出入口的绿化布置，应具有较好的观赏及美化效果。

(8) 地上管架、地下管线带、输电线路、屋外高压配电装置附近的绿化布置，应满足安全生产及检修要求。

(9) 道路两侧应布置行道树。主干道两侧可由各类树木、花卉组成多层次的行道绿化带。

(10) 道路弯道及交叉口、铁路与道路平交道口附近的绿化布置，应符合行车视距的有关规定。

(11) 在有条件的生产车间或建筑物墙面、挡土墙顶及护坡等地段，宜布置垂直绿化。

(12) 树木与建筑物、构筑物及地下管线的最小间距，应符合表 3-7 的规定。

表 3-7 树木与建筑物、构筑物及地下管线的最小间距 (m)

建筑物、构筑物及地下管线名称	最小间距	
	至乔木中心	至灌木中心
建筑物外墙：有窗	3.0～5.0	1.5
无窗	2.0	1.5

（续）

建筑物、构筑物及地下管线名称	最小间距	
	至乔木中心	至灌木中心
挡土墙顶或墙脚	2.0	0.5
高 2 m 及 2 m 以上的围墙	2.0	1.0
标准轨距铁路中心线	5.0	3.5
窄轨铁路中心线	3.0	2.0
道路边缘	1.0	0.5
人行道边缘	0.5	0.5
排水明沟边缘	1.0	0.5
给水管	1.5	不限
排水管	1.5	不限
热力管	2.0	2.0
煤气管	1.5	1.5
氧气管、乙炔管、压缩空气管	1.5	1.0
电缆	2.0	0.5

注：①表中间距除注明者外，建筑物、构筑物自最外边轴线算起；城市型道路自路面边缘算起，公路型道路自路肩边缘算起；管线自管壁或防护设施外缘算起；电缆按最外一根算起；② 树木至建筑物外墙（有窗时）的距离，当树冠直径小于 5 m 时采用 3 m，大于 5 m 时采用 5 m；③ 树木至铁路、道路弯道内侧的间距应满足视距要求；④ 建筑物、构筑物至灌木中心系指灌木丛最外边的一株灌木中心。

（四）厂区美化

在进行厂区总平面布置时，不仅应考虑总平面布置的各项原则，满足生产、使用功能等方面的要求，而且还应考虑厂区环境美化问题，以创造优美、舒适的工作环境。

1. *在确定建筑物和构筑物平面位置时应充分地应用建筑红线*　在厂区总平面布置时，建筑物和构筑物多沿建筑红线排列，这样群体建筑整齐、规则，同时也便于工程管线的敷设，又节约了厂区占地。但这一般仅适用于通道不太长的情况。若通道较长，在沿一条较长通道的两侧建筑物全部采用这种布置，就显得单调、平直、呆板。从美化厂区的角度出发，在成排的建筑群中，宜根据有些建筑物的使用功能和体量大小，采取建筑物后退的布置手法，以形成前后参差、左右错落的布置形式。在建筑物后退处的较宽敞部位设置绿地、花坛、喷泉、假山、雕塑等设施。这样可使空间起伏变化，因而丰富了空间层次；同时，也使局部空间产生了收、扩的艺术效果，再加之上述建筑小品的点缀，达到了美化厂区的感受效益。

2. *架设工程管线的布置要和厂区美化统一考虑*　厂区内架设的工程管线繁多，特别是生化工厂等。如果这些工程管线架设不当，不仅影响其使用功能，而且大大有损于厂区的美化。所以，布置架设的工程管线时，不仅在满足使用功能的条件下应经济合理，而同时亦应考虑厂区美化，增强艺术感受效益。为此，布置架设的工程管线时，从架设管线的位置、走向、各种管线的组合、数量及色彩搭配等都要与周围的建筑、绿化、道路及通道等相协调。在布置地表工程管线、沟渠，特别是交通运输线路时，也要考虑厂区美化问题。

3. 建筑小品的合理应用　建筑小品指水池、假山、雕塑、花架、喷泉、曲桥、画廊、灯柱、景洞等。建筑小品具有画龙点睛、提神醒目的作用。布置时运用得当，即可收到美化厂区的良好效果。如在厂前广场设置假山（或喷泉），再配以秀枝（或金鱼），颇有工厂公园化的特色和美感。

第四节　总平面设计方法

一、总平面布置的形式

厂区总平面图是一个结合厂址自然条件和技术经济要求，进行规划布置的图纸。为了获得理想的总体效果，相继出现了许多工厂平面的布置形式。关于布置形式的分类法，在工厂设计理论中尚未完全统一。下面仅就形式分类问题，做些研究并举实例予以说明。

（一）总平面水平向布置形式

总平面水平布置就是合理地、科学地对用地范围内的建筑物、构筑物及其他工程设施水平方向相互间的位置关系进行设计。总平面水平布置因工厂规模、生产品种不同而各有不同，对厂区的布置形式有整体式、区带式、组合式，周边式等，各具特色，可因厂而异。

1. 区带式布置形式　在厂区划分的前提下，保证区域功能分明的特点，以主要生产车间的定位布置，带起辅助车间和动力车间的逐一布置，称为区带式布置。这种布置形式的特点是突出了主要生产车间的中心地带位置，全厂各区布置得比较协调合理，道路网布置井然有序，绿化区面积得以保证，是食品工厂目前最常用的布置形式。但对于厂址地形复杂、水源位置偏斜的情况难以全都满足。

图 3－7 是总平面水平向区带式布置形式的典型实例。这是一座玉米综合加工厂，年消化加工 5×10^4 t 玉米，主要产品有玉米淀粉、玉米油、玉米饼、赖氨酸、柠檬酸等。其厂址是正东正西向的长方形厂区，东西向长为 392 m，南北向宽为 340 m，占地面积是 133 280 m^2。地势平坦，场地等高线为 202.1～203.5 m，全年主风向为南风。主要生产车间布置在全厂南北纵向上的中心地带，形成生产区；由它带起的辅助车间及仓库（包括原料库、玉米储仓、机修间等）和动力设施及供水设施（锅炉房、空压站、水塔、变电所等）分别布置在右侧、左侧和后侧（即东边、西边和北边）；行管部门在厂前区，生产车间与其通联直至大门，十分方便；后勤生活区在厂区右侧前部，与厂区用墙隔开，便于生产与生活管理，符合生产卫生设计要求。污水处理站置于厂后区，靠近一条大河，与市政排水系统毗邻，从而保证了环境卫生。厂内交通通畅，主干道呈南北向，与生产流程线一致，运送原料、燃料、材料等，十分方便。从长远发展的角度出发，在厂区右上角设计了发展预留地。总的看来，该厂区带布置协调合理，生产车间主厂房坐北朝南，正好与主风向成 90°，因而有利于车间内通风采光；厂前到厂后道路有序，为绿化区提供了充足面积。动力区（热、电）在下风向，有利于防火即保证卫生要求。

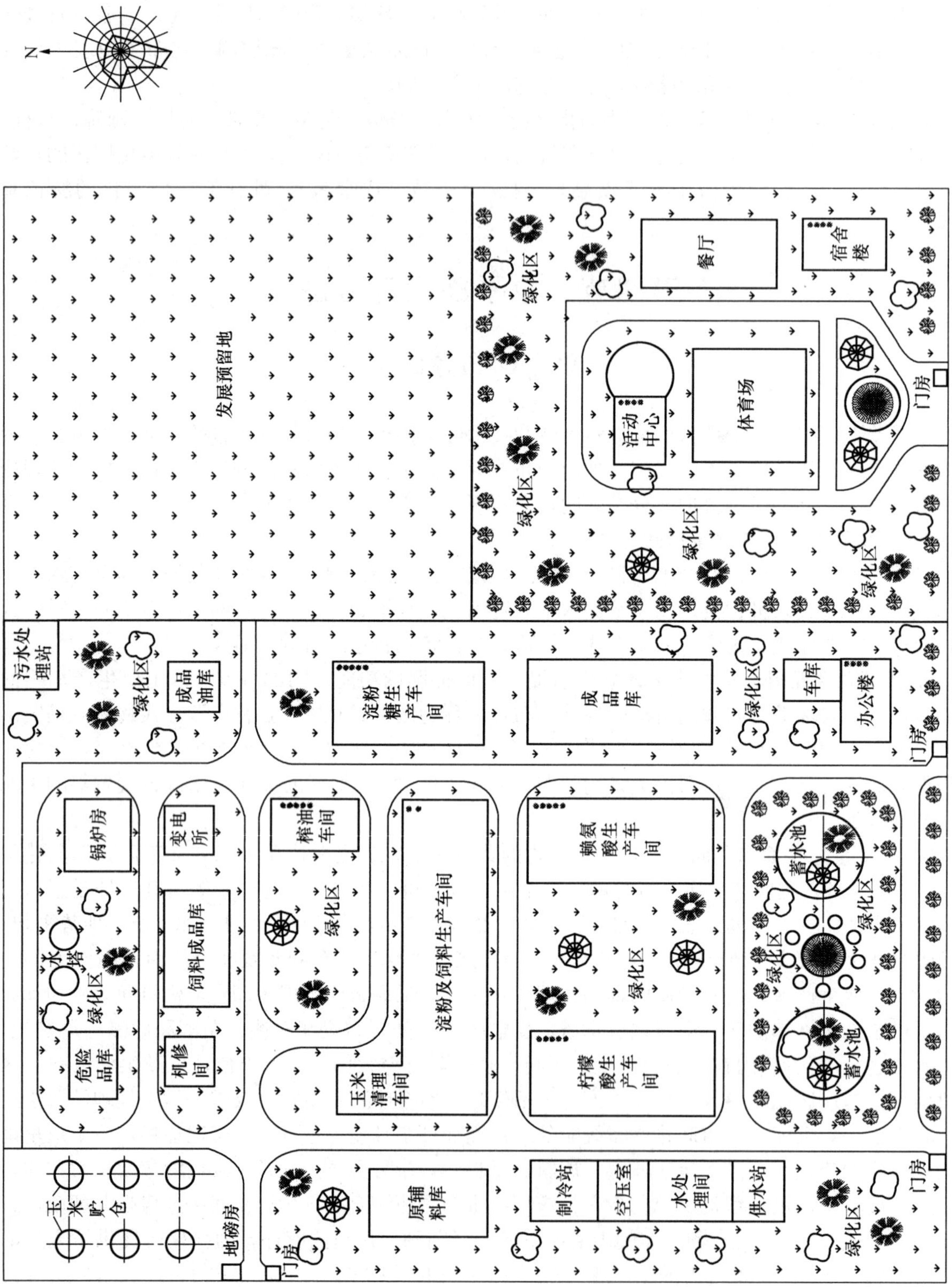

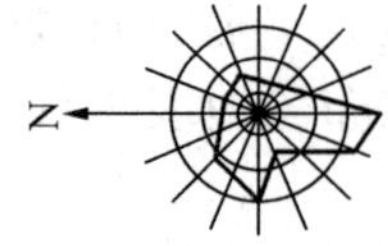

图3-7　某玉米淀粉及淀粉衍生物生产厂总平面图（1∶1000）

2. 周边式布置形式　往往由于厂址四周情况与城市规划的需要，将生产车间环绕厂区周边，首先从厂大门处开始布置，逐一带起辅助部门与动力部门，相随着布置，此称为周边式布置。其特点是厂房建筑沿周边布置，厂区无严格划分，生产集中，有利于车间管理联系；厂大门临大街处，厂房沿街道直线布置，比较整齐美观；但厂房方位很难与主风向成60°～90°的合适角度，因而通风不利，环境卫生须注意改善。

图3－8是总平面水平向周边式布置形式的典型实例。这是年产量20 000 t的啤酒厂，其厂址三面邻街道，一面与另一厂毗连。场地呈近似等腰梯形，占地面积约为60 000 m^2。厂区地势平坦，方位与地形坐标成35°偏北向。全年风玫瑰图上主风向为东南风。主要生产车间（指糖化间、发酵间、包装间）沿厂周边线布置，并依次带起锅炉房、制冷站、成品库等，以及办公楼、机修间、瓶堆场等。此种布置形式的主要特点是车间厂房沿街道布置，建筑物外形壮观，使市容整齐。厂区内生产车间靠拢，生产集中，便于联系管理。但采光与卫生要求须妥善处理。厂内绿化难以保证足够的面积，也须特殊考虑。总之，周边式布置形式较为紧凑、技术管理集中方便，但发展余地较少。

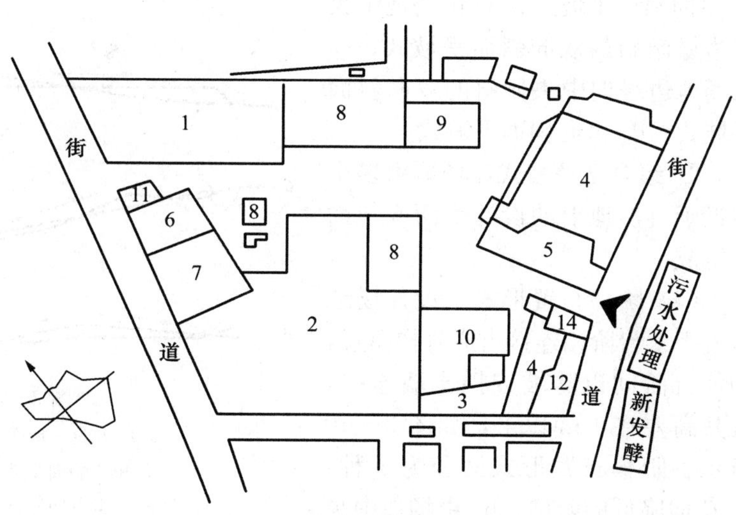

图3－8　某啤酒厂总平面布置图

1. 糖化间　2. 发酵间　3. 灌装间　4. 包装间　5. 瓶堆场　6. 锅炉房　7. 制冷站　8. 机修间　9. 办公楼　10. 食堂　11. 变电所　12. 成品库　13. 大门　14. 传达室

3. 整体式　整体式是将厂区内的主要车间、仓库、动力等布置在一个整体厂房内，这样，可节约用地、节省管线和线路，缩短运输距离。

4. 组合式　组合式是由整体式和区带式组合而成，主车间采用整体式布置，动力等采用区带式布置。

（二）总平面竖向布置形式

厂区竖向布置的任务，主要是根据工厂的生产工艺要求、运输装卸的要求、场地排水的要求及厂区地形、工程地质、水文地质等条件，选择竖向设计的系统和方式；确定全部建筑物、构筑物、铁路、道路、广场、绿地及排水构筑物的标高等；保证工厂在生产物料、人流上有良好的运输和通行条件；使土方工程量尽量减少，并使厂区填挖土方量平衡或接近平衡。同时，要防止因开挖引起的滑坡和地下水外露等现象发生；合理确定排水系统，配置必要的排水构筑物，尽快地排除厂区内的雨水；尽量减少建筑物基础与排水工程的投资；解决厂区防洪工程问题。

1. 竖向布置形式分类　根据设计整平面之间连接方法的不同，竖向布置形式分为平坡布置形式、阶梯布置形式和混合布置形式。

（1）平坡布置形式　平坡布置形式又可分成水平型、斜面型和组合型。

① 水平型平坡式，场地整平面无坡度。

② 斜面型平坡式，如图 3－9 所示。斜面型平坡式又分为 4 种：a. 单向斜面平坡式；b. 由场地中央向边缘倾斜的双向斜面平坡式；c. 由场地边缘向中央倾斜的双向斜面平坡式；d. 多向斜面平坡式。

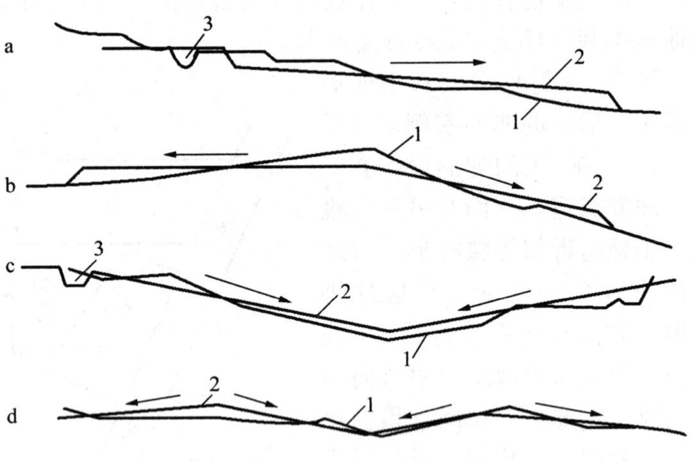

图 3－9　斜面型平坡式

1. 原自然地面　2. 整平地面　3. 排洪沟

a. 单向斜面平坡式　b. 中高双向斜面平坡式

c. 中低双向斜面平坡式　d. 多向斜面平坡式

③ 组合型平坡式，场地由多个接近于自然地形的设计平面或斜面所组成。

（2）阶梯布置形式　设计场地由若干个台阶相连接组成阶梯布置，相邻台阶间以陡坡或挡土墙连接，且其高差在 1 m 以上，如图 3－10 所示。阶梯布置形式又分为 3 种：a. 单向降低的阶梯；b. 由场地中央向边缘降低的阶梯；c. 由场地边缘向中央降低的阶梯。

（3）混合布置形式　设计地面由若干个平坡和台阶混合组成。

2. 竖向布置形式比较　水平型平坡式能为铁路、道路创造良好的技术条件、但平整场地的土方最大，排水条件较差。斜面型平坡式和组合型平坡式能利用地形、便于排水，减少平整场地的土方量。一般平坡式布置在地形比较平坦，场地面积不大，暗管排水，场地为渗透性土壤的条件下采用。

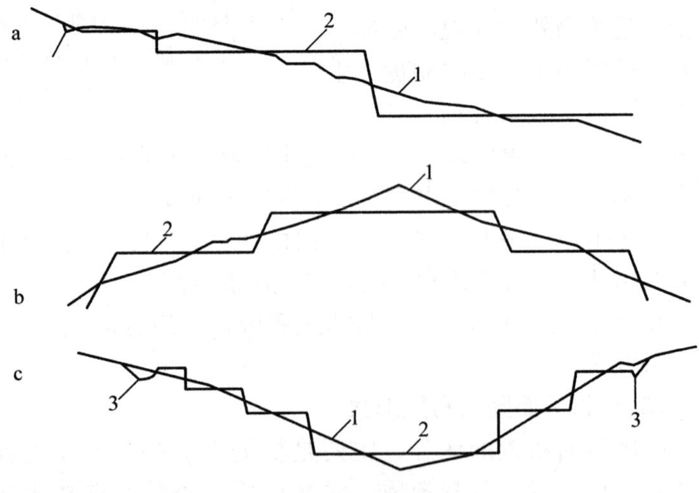

图 3－10　阶梯布置形式

1. 原自然地面　2. 整平地面　3. 排洪沟

a. 单向降低的阶梯　b. 由中间向边缘降低的阶梯　c. 由边缘向中央降低的阶梯

阶梯式布置能充分利用地形，节约场地平整的土方量和建筑物、构筑物的基础工程量，排水条件比较好，但铁路、道路连接困难，防排洪沟、跌水、急流槽、护坡、挡土墙等工程增加。一般阶梯式布置在地形复杂、高差大，特别是山区建厂的条件下采用。竖向布置形式比较见表 3－8。

表 3-8 竖向布置形式比较

比较项目		平坡式	阶梯式
铁路、道路及管线敷设的技术条件		良好	较差
土方和基础工程量	地形平坦	较小	较大
	地形起伏较大	往往出现大填、大挖和大量的深基础	工程量有显著降低，往往仅局部需设深基础，有时需设挡土墙、护坡等
土方平衡情况		多为全厂平衡，运距较远	易就地平衡，运距较短
排水条件		排水条件较差，往往需要结合排水管网	排水条件较好，但需要的防洪、排水沟、跌水、急流槽较多
适用范围		地形平坦时采用较多	山区和丘陵地区采用较多

3. 竖向布置形式选择 竖向布置形式应根据自然地形坡度、厂区宽度、构筑物基础埋设深度、运输方式和运输技术条件等因素进行选择。

（1）按自然地形坡度和厂区宽度选择

① 在自然地形坡度小于3%，厂区宽度不大时，宜采用平坡式布置。

② 当自然地形坡度大于3%，或自然地形坡度虽小于3%，但厂区宽度较大时，用阶梯式布置。

③ 当自然地形坡度有缓有陡时，可考虑平坡与台阶混合式布置。

（2）按综合因素选择 按自然地形坡度、厂区宽度和建筑物、构筑物基础埋设深度的概略关系式选择。

二、总平面设计的步骤

（一）设计准备

总平面设计工作开始前，一般应具备下列条件。

（1）已经审批的设计任务书。

（2）已确定的厂址，厂地面积、地形、水文、地质、气象等资料。

（3）有关的城市规划或区域规划。

（4）厂区总体规划。

（5）对同类食品工厂调研所取得的资料。

（6）厂区区域地形图 比例：1∶500、1∶1 000、1∶2 000 等。

（7）专业资料 各有关专业（包括参加该整个工程设计项目的全部设计单位）提出的工厂车间组成、主要设备、工艺联系和运输方式、运量情况以及建筑、构筑物平面图（或外形尺寸）的资料。

（8）风玫瑰图 它属于建厂地区气象资料，其作用主要是可用来确定当地的主导风向。风玫瑰图有风向玫瑰图与风速玫瑰图两种。常用的是风向玫瑰图又称风频玫瑰图，它是在直角坐标上绘制的。坐标原点表示厂址地点，坐标分成8个方位，表示有东、西、南、北、东南、东北、西南和西北的风吹向厂点；也可分成16个方位，即表示再有8个方位的风吹向厂址（图3-11）。

如果将常年每个方向吹向厂址的风之次数占全年总次数的百分率称为该风向的频率，则将各方向风频率按一定的比例，在方位坐标上描点，可连成一条多边形的封闭曲线，称之为风向频率图。由于多边形的图像很像一朵玫瑰花，故又称为风向玫瑰图，如图 3－12 所示。由图 3－12 可见，全年风向次数最多的方位集中在东北向，故称之为主风向。图中虚线表示夏季的风向频率图。很明显各方位的风向频率不同，但其总和为 100％。

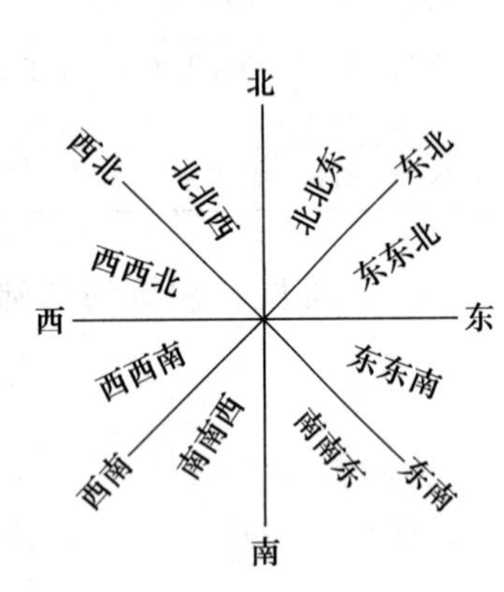

图 3－11　方位线图

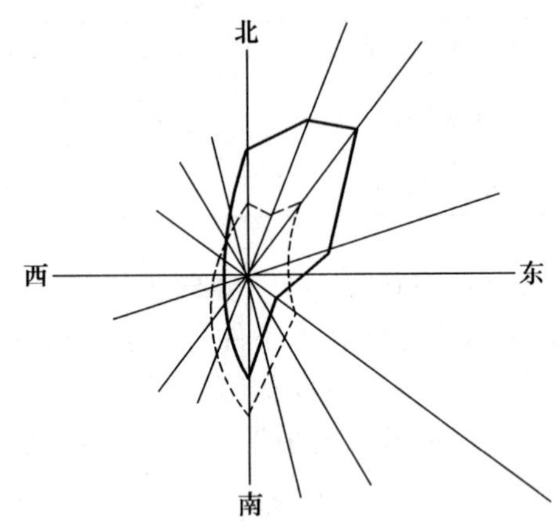

图 3－12　16 个方位绘制的风向频率图（风向玫瑰图）

另一种风速玫瑰图是表示各方向平均风速大小的玫瑰图形。其画法与风向玫瑰图大致相同。要注意，主导风向和主导风速两者往往并不在同一个方向上，因此为了综合判断它们二者对环境的影响，就提出了一个污染系数的概念，它的表示式如下

$$污染系数=\frac{风向频率}{平均风速}$$

污染系数的提出既可以使主导风向与主导风速方向不一致的矛盾得以解决，同时用它也可以判断在任何一个方向上风力的可能污染性大小。而单纯凭借一个主导风向或一个主导风速就较难准确加以判断。

上式表明：污染系数愈大，其下风向可能受污染程度就愈大。换言之，其方向刮风次数越多，其平均风速越小，在其下风向受污染的程度就越严重。

（二）设计阶段

食品工厂总平面设计，亦如其他设计一样应按初步设计和施工图设计两个阶段进行。有些简单的小型项目，可根据具体情况，简化初步设计的内容。

进行总平面设计，应先从确定方案开始，其次才是运用一定的绘图方式将设计方案表达在图纸上。方案构思和确定是做好总平面设计中一项很重要的工作，是总平面设计好坏的关键。为此，要进行不同方案的制定和比较工作，最后定出一个比较理想的方案来。

1. 方案确定

（1）确定方案的主要工作

① 厂区方位，建筑物、构筑物的相对位置。

② 厂内交通运输路线以及与厂外连接关系。

③ 给排水、供电及蒸汽等管线布置的确定。

(2) 确定方案的步骤

在总平面方案确定时，通常做法是把厂区及主要建筑物、构筑物的平面轮廓按一定比例缩小后剪成同样形状的纸片，在地形图上试排几种认为可行的方案，再用草图纸描下来，然后分析比较，从中选出较为理想的方案。

排布方案中的各种建筑物、构筑物的顺序大致如下。

① 在生产区内，根据生产工艺流程先布置主要车间的位置，一般放在中心位置，坐北朝南。

② 根据厂区建设物、构筑物的功能关系放置辅助车间。

③ 根据风玫瑰图放置锅炉房的位置。一般放在主车间的下风向区，但要靠近负荷中心。

④ 确定原料库、成品库及其他库的位置，使各种库放在与生产联系距离最短的地方，但又不致交叉污染。

⑤ 确定厂区道路，使物流、人流、货流应有各自的路线及宽度。

⑥ 确定给水、排水，供电的方向及位置。

⑦ 布置厂前区的各种设施，同时考虑绿化位置及面积大小。

⑧ 布置厂大门以及其辅助建筑设施的位置。

2. *初步设计*　在方案确定以后，就进入到初步设计，实际上就是对方案的具体化，即在方案确定的基础上按规定画法绘制出初步设计正式图纸，然后编写出初步设计说明书，供有关主管部门审批。

(1) 图纸内容　一般仅有一张总平面布置图，图纸比例为 1∶500、1∶1 000 等，图内应有地形等高线，原有建筑物与构筑物和将来拟建的建筑物与构筑物的位置和层数、地坪标高、绿化位置、道路、管线、排水方向等。在图的一角或适当位置还应绘制风向玫瑰图和区域位置图。区域位置图按 1∶2 000 到 1∶5 000 绘制，它可以展示和表明厂区附近的环境条件及自然情况，它对审查和评判设计方案的优劣也有着一定的辅助作用。

(2) 设计说明书　在总平面的初步设计阶段应当附有关于各平面设计方案的设计说明书。在说明书中需要阐明：设计依据、布置特点、主要技术经济指标、概算等情况。其文字要简明扼要，要让决策部门和上级领导能借助于它对总平面设计方案做出准确的判断和抉择。

3. *施工图设计*　在初步设计审批以后，就可以进行施工图设计。施工图是现场施工的依据和准则，进行施工图设计实际上是深化和完善初步设计，落实设计意图和技术细节，图纸用于指导施工和表达设计者的要求。图纸要做到齐全、正确、简明、清晰、交待清楚、没有差错，保证施工单位能看清看懂。

施工图一般不用出说明书，至于一些技术要求和施工注意事项只要用文字说明的形式附在总平面施工图的一角上予以注明即可。

施工图的内容如下。

(1) 总平面布置施工图　比例 1∶500、1∶1 000 等，图内有等高线，红墨水细实线表示原有建筑物和构筑物，黑墨水粗实线表示新设计的建筑物和构筑物。图按最新的《总图制图标准》绘制，而且要明确标出各建筑物和构筑物的定位、尺寸，道路、管线、绿化等位置，作好竖向布置，确定排水方向等。

为使上述总平面布置资料图为现场施工服务，还必须有明确的尺寸标注。即标注各个建筑物、构筑物、道路等的准确位置和标高。为此，采用测量坐标网①与建筑施工坐标网②（也称设计坐标网）的关系数字，给予定位。这样，在上述两种坐标方格网的图纸上绘制的工厂总平面布置图，即是总平面布置施工图。此图能正确、简明、清晰、周全地标注尺寸及给出现场施工的要求。

总平面图是表明场区范围内自然状况和规划设计的图纸。要说明的皆是总体性的问题，所以要表达的内容很多，主要包括以下内容：①表明厂址原有地形的等高线；②表明测量坐标网及建筑施工坐标网；③表明全年（或夏季）风向频率的风玫瑰图；④表明全厂建筑物、露天作业场等平面位置坐标、地坪标高及厂区转角（方位角 θ）；⑤道路、铁路的平面布置、标高及坡度；⑥竖向设计、排水设施；⑦厂区围护设施及绿化规划等。

（2）竖向布置图　竖向布置是否单独出图，视工程项目的多少和地形的复杂情况确定。一般来说对于工程项目不多、地形变化不大的场地，竖向布置可放在总平面布置施工图内（注明建筑物和构筑物的面积、层数、室内地坪标高、道路转折点标高、坡向、距离、纵坡等）。

（3）管线综合平面图　一般简单的工厂总平面设计，管线种类较少，布置简单，常常只有给水、排水和照明管线，有时就附在总平面施工图内。但管线较复杂时，常由各设计专业工种出各类管线布置图。总平面设计人员往往出一张管线综合平面布置图，图内应表明管线间距、纵坡、转折点标高、各种阀门、检查井位置以及各类管线、检查井、窨井等的图例符号说明。图纸与总平面布置施工图的比例尺寸相一致。

（4）道路设计图　它也是仅对于地形较复杂的情况下才出图。一般在总平面施工图上表示。

（5）有关详图　如围墙、大门等图纸。

（6）总平面布置施工图说明书　一般不单独出说明书，通常用文字说明的内容附在总平面布置施工图的一角上。主要说明设计意图、施工时应注意的问题、各种技术经济指标（同扩初设计）和工程量等。有时，还将总平面图内建筑物、构筑物的编号列表说明。

为了保证设计质量，施工图必须经过设计、校对、审核、审定会签后，才能交给施工单位按图施工。

第五节　总平面设计的技术经济指标

总平面设计的内容丰富，最直观的表达形式是总平面布置图及竖向平面布置图。但是，还须有技术经济指标加以说明，总平面设计的技术经济指标，系用于多方案比较或与国内、外同类先进工厂的指标对比，以及进行企业改、扩建时与现有企业指标对比，可以衡量所做设计的经济性、合理性和技术水平。

一、总平面设计的技术经济指标项目

总平面设计的技术经济指标是在总平面设计时估算的，它作为设计阶段的控制指标，用于指导总平面施工图阶段的设计，在一定程度上，反映出总平面设计的正确性和合理性。对于食品工

厂总平面设计，至关重要的技术经济指标有 12 项之多，如表 3-9 所示。

表 3-9　总平面设计技术经济指标表

序号	项　目　名　称	符号	单位	数　量
1	厂区占地面积	A	m^2	
2	建筑物与构筑物占地面积	A_1	m^2	
3	堆场与作业场占地面积	A_2	m^2	
4	道路、散水坡、管线占地面积	A_3	m^2	
5	可绿化地占地面积	A_4	m^2	
6	道路总长度	L_B	m	
7	围墙总长度	L_W	m	
8	建筑系数：$K_1=\frac{A_1+A_2}{A}\times 100\%$	K_1	%	
9	场地利用系数：$K_2=\frac{A_1+A_2+A_3}{A}\times 100\%$	K_2	%	
10	绿地率：$K_4=\frac{A_4}{A}\times 100\%$	K_4	%	
11	土方工程量	V	m^3	挖：　填：
12	其　他			

注：作业场地指有固定机械作业的构筑物场地。

二、总平面设计的技术经济指标意义分析

（一）厂区占地面积

厂区占地面积 A 是指一定生产规模前提下，采取一定的工艺技术方法，需要的场地面积（包括生产区、厂前区、厂后区和两侧区）。此值越大，说明土地征用费和基本建筑费用越高，反之，说明节省用地又节约基建投资费用。将生产规模（指年产量）G（t/a）与占地面积 A（m^2）相比较即得工厂生产强度 q [t/（m^2・a）]，由工厂生产强度更容易分析出其技术经济效果来。工厂生产强度的计算公式为

$$q=\frac{G}{A}$$

（二）建筑物与构筑物占地面积

建筑物与构筑物占地面积 A_1 是指建筑物与构筑物底层轴线所包围的面积。此值（A_1）高低，说明建筑物与构筑物数量多少及建筑结构的复杂程度，从而说明建筑费用高低。现代化的食品工厂，往往都要设计高层工业厂房，以适应高新工艺技术需要。虽然节省用地面积，但建筑费用有可能增加。在总平面设计中权衡建筑费用单价，即单位建筑物占地面积所投入的建筑费用，是十分重要的。

（三）堆场与作业场占地面积

堆场、作业场占地面积 A_2 是原材料、燃料及成品储存作业所需要的场所面积。其值高低与原材料、燃料等的进厂方式及储存周期长短有密切关系。全年内集中进料、储存周期长，势必需要较为充足的占地面积。分散进料或就地取材即可节约占地。采用立仓的露天作业场将比平仓明

显节约占地，但是建筑费用却较高。这方面还反映了原材料的供需协作关系，协作关系好，原材料等储存周期短，从而节省了占地面积。应当指出，堆场、作业场等作为辅助车间，其能力应与主要生产能力相平衡，否则在技术上失去了可靠性。但是，也不能为能力平衡贪求占地面积过大，而应提高其固有设备的机械化作业水平。

（四）道路、散水坡、管线占地面积

道路、散水坡、管线占地面积A_3是指工厂建筑物、构筑物群之间纵横通达的空场面积，其大小固然取决于建筑物、构筑物占地面积A_1的大小及其形状，同时还与这三种面积特性有关。

道路面积是全厂道路网的总占地面积$\sum_{1}^{n} L_i B_i$。其中，道路长度（L_i）取决于全厂建筑物、构筑物占地面积及其外缘形状，而道路宽度（B_i）却取决于工厂规模及其规定的运输量（包括运入量与运出量）。如果厂房建筑物间距较大或者厂区划分过细或者主次干道规格不加区别地布置设计，都将导致道路占地面积过多。

散水坡占地面积是建筑物、构筑物底层外缘至道路边明沟，用于排放雨水的地带面积。它的长度取决于所沿依的道路明沟之长度，宽度由总平面竖向布置确定。要求坡度在2%～5%之间比较合适，否则雨水排放不顺利。还要求其宽度须超过建筑物与道路间的最小间距，以保证防火、卫生的要求。

管线占地面积是各种技术管线由总平面图综合布置建筑物与道路之间直埋地下或敷设地上的地带面积，其大小主要取决于总平面布置的形式。同等生产规模条件下，集中式布置要比分散式布置节省管线面积。对于食品工厂来说，有工艺料管、给排水管、汽管、风管、冷媒管、冷凝回水管等30余种。如果综合敷设时，没遵守管路互让布置原则，也可能造成管线占地面积过多。管线占地面积过大，管材费及安装费较高，而且也将增加输送动力消耗费；反之，管线占地面积过小，对安全防火、现场维修不利。管线占地面积的技术经济性是否适宜，首先要求总平面紧凑布置，以控制管线长度，其次要求采取互利原则去布置综合管线。

（五）建筑系数

建筑系数K_1是建筑物、构筑物与堆场、作业场占地面积之和占全厂占地面积的百分率，即：

$$K_1 = \frac{A_1 + A_2}{A} \times 100\% \qquad (3-1)$$

K_1值的高低说明厂内建筑物、构筑物的密集程度。K_1值高说明厂内建筑密度高，相应的建筑费用就高，可能对防火、卫生与通风、采光不利；但是，车间之间联系方便，有利于生产技术管理，管线长度缩短，管材费和安装费及管线输送费较低。反之K_1值低说明厂内密度低，相应的建筑费就低，对防火、卫生、通风、采光有利；但是对车间联系、技术管理不利，管线变长，导致管材费、安装费及管线输送费的增加。如此看来，建筑系数K_1值是权衡建筑投资费与操作管理费矛盾关系的技术经济性指标，在一定程度上，较好地反映出工厂总平面设计的合理性。不过，由于建筑投资费是投产前一次性的，而操作管理费则是投产后常年性的，所以，对新建工厂的总平面设计往往追求较高的建筑系数。K_1通常控制在35%～50%之间。

（六）场地利用系数

场地利用系数K_2是包括全厂建筑物、构筑物与土建设施在内的占地面积同全厂占地面积比

值的百分率，即

$$K_2 = \frac{A_1 + A_2 + A_3}{A} \times 100\% \tag{3-2}$$

将道路、散水坡及管线占地面积除以全厂占地面积得土建设施系数 K_3，即

$$K_3 = \frac{A_3}{A} \times 100\% \tag{3-3}$$

土建设施系数表示道路、散水坡、管线等土建设施占用面积 A_3 在全厂总面积中占有的份数。

将式（3-1）与式（3-3）代入式（3-2），可知

$$K_2 = K_1 + K_3 \tag{3-4}$$

上式说明，场地利用系数 K_2 是建筑系数 K_1 与土建设施系数 K_3 之和。K_2 值高低表示厂区面积被建筑物、构筑物及土建设施有效利用的程度。若 K_2 值高，说明此有效利用率高；反之，未被利用或尚未利用的厂区面积大。利用系数低，有可能是总平面布置中留有扩建余地，以图后期发展；也有可能是技术上不先进、经济上不合理。然而，随着食品工业发展与技术水平的提高，在总平面图布置设计中，多是追求技术经济性，使 K_2 值逐渐提高。目前，在我国，K_2 在 50%～70%范围内。如使 K_2 值再提高，势必要提高建筑系数 K_1 和土建设施系数 K_3，这不仅增加建筑费用，而且余下的不需要建筑物、构筑物的面积就越来越小，比如，绿化面积 A_4 就成问题了。

（七）绿地率

绿地率 K_4 是指全厂可绿化地面积 A_4 占全厂占地面积的百分率，即

$$K_4 = \frac{A_4}{A} \times 100\% \tag{3-5}$$

式中，A_4 是指厂前区办公大楼与大门之间、厂内车间厂房底层外缘与道路网之间及厂围墙以内空地等面积。保证一定的绿地率 K_4 是现代化食品工厂总平面设计不可少的技术经济指标之一。否则工厂环境卫生、净化和美化将无法保证。随着食品工业的发展，绿化工程设计逐渐被重视。目前，绿地率控制在 10%～15%为宜。

（八）土方工程量

土方工程量 V 是指由于厂址地形凸凹不平或自然坡度太大，平整场地需要挖填的土方工程量。V 越大，施工费用愈高。为此，要现场测量挖土填石的工程量，最好能做到挖填土石方量平衡，这样，可尽量减少土石方的运出量或运入量，从而加快施工进程。食品工厂厂址大都在城市或郊区，为节省平地、良田，土方工程量虽多些，但却利用坡地、劣区建厂，总体看来是经济可行的。

第六节　总平面设计和运输设计的有关参数

一、总平面设计的有关参数

1. 建筑物间距 X　建筑物间距如图 3-13 所示。在总图布置时，从建筑物防火安全出发，相邻建筑物间距必须超过最小间距 X_{min}。计算方法如下：

当 $a<3$ m 时，则要求

$$X \geqslant X_{\min} = \frac{H_1 + h}{2} \quad (3-6)$$

当 $a>3$ m 时，则要求

$$X \leqslant X_{\min} = \frac{H_1 + h}{2} \quad (3-7)$$

式中，H、H_1、a 分别为甲建筑物的肩高、顶高、肩宽；h 为乙建筑物的肩高。

例如，甲厂房顶高 27 m，乙厂房顶高 24 m。由于是平顶厂房，肩宽 $a=0$，故由式（3-6）计算甲、乙两厂房间距应为：$X \geqslant \frac{27+24}{2} = 25.5(\text{m})$

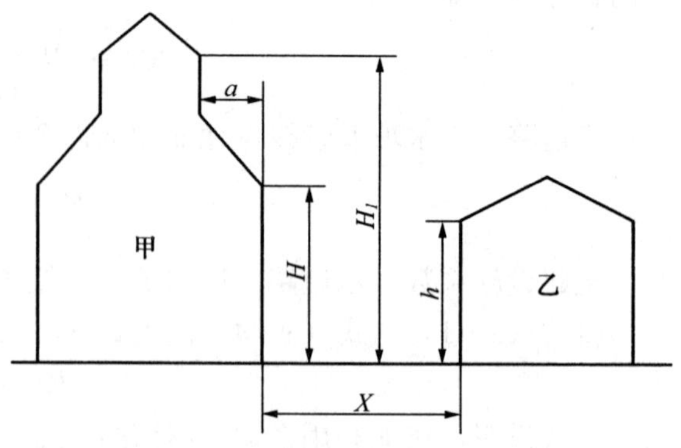

图 3-13　建筑物间距示意

式（3-6）与式（3-7）适用于同类建筑物、构筑物间最小间距计算。如果相邻建筑物、构筑物间有道路，其两侧地上或地下架设综合管线者，则上述间距 X 值加大：主干道路者 X 为 30～40 m；次主干道路者 X 为 20～30 m；而其他支道路者 X 为 12～15 m。

如果是露天堆栈与建筑物、构筑物的防火间距 X，也不能用式（3-6）与式（3-7）计算，可由表 3-10 规定给出。

表 3-10　露天堆栈与建筑物、构筑物的防火间距（m）

堆储物质		堆储容量	由堆储处至各种耐火等级的建筑物、构筑物之间距离		
			Ⅰ及Ⅱ	Ⅲ	Ⅳ及Ⅴ
煤块		5 000～100 000 t	12	14	16
		500～5 000 t	8	10	14
		500 t 以下	6	8	12
泥煤	块状	1 000～100 000 t	24	30	36
		1 000 t 以下	20	24	30
	散 状	1 000～5 000 t	36	40	50
		1 000 t 以下	30	36	40
木　材		1 000～10 000 m^3	18	24	30
		1 000 m^3 以下	12	16	20
易燃材料等（锯末、刨花等）		1 000～5 000 m^3	30	36	40
		1 000 m^3以下	24	30	36
易燃液体堆栈		500～1 000 m^3	30	40	50
		250～500 m^3	24	30	40
		10～250 m^3	20	24	30
		10 m^3以下	16	20	24

对于大型食品工厂，由于综合管线地上地下敷设较多，交通运输量较大，道路两侧相邻建筑物、构筑物的底线间距要宽些。

2. *厂房建筑物正面与全年（或夏季）主风向的夹角 θ*　θ 以 60°～90°为宜，其迎风位置布置如图 3-14 所示，以改善通风条件。

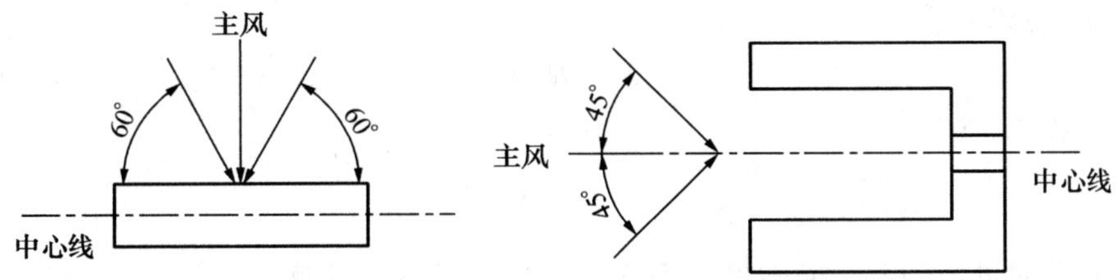

图 3-14　厂房位置与主风向关系图

3. 建筑系数 K_1 与场地利用系数 K_2　由式（3-1）与式（3-2）分别计算 K_1 与 K_2。其值与总平面布置形式有关，见表 3-11。

表 3-11　建筑系数 K_1 与场地利用系数 K_2 经验值

形　式	区带式	周边式	分离式	连续式	联合式
$K_1=\frac{A_1+A_2}{A}\times 100\%$	40～45	45～55	25～35	45～55	40～50
$K_2=\frac{A_1+A_2+A_3}{A}100\%$	50～65	60～75	40～50	60～75	60～75

表 3-11 中的 A_1、A_2、A_3 为建筑物、构筑物占地面积，堆场、作业场地占地面积；道路、散水坡、管线的占地面积。即皆表示总平面水向布置时场地利用的性状，并不表示竖向平面布置时的特性。例如，多层厂房建筑的建筑面积是层数的函数，即整体建筑物的建筑面积（A_0）是各层面积之和，或者是占地面积 A_1 与层数 N 的乘积，即

$$A_0 = \sum_{1}^{n} A_i = N \cdot A_1 \tag{3-8}$$

如果将建筑物的建筑面积 A_0 与全厂占地面积 A 相除，可得竖向平面布置建筑系数 K_0，即

$$K_0 = \frac{A_0}{A} \times 100\% \tag{3-9}$$

如将式（3-8）代入式（3-9）可得

$$K_0 = N \cdot K_1 \tag{3-10}$$

式（3-10）说明竖向平面布置建筑系数 K_0 是水平向布置建筑系数 K_1 的 N 倍。说明高层建筑厂房提高了场地的空间利用程度。K_0 值是 K_1 值的 N 倍，而层数 N 不固定，故 K_0 的经验值不宜给出。

4. 堆场面积（A_5）　食品工厂对原料、材料及燃料的消耗量很大，往往需要堆场储放才能保证正常生产的进行。根据储存物类别、堆垛方式与储存时间，可计算相应的堆场面积。

（1）原料堆场面积　工厂生产所需要的储存原料量 Q（t）计算如下

$$Q = P(1-\Phi_0)\tau \tag{3-11}$$

式中　P——工厂生产所需要的原料量（t/a）；

Φ_0——未储存的物料量占总原料量的百分率（%）；

τ——原料所需要的储存时间（月）。

确立堆垛的剖面和类型、垛底宽度 b、高度 h、长度 l 及物料的堆放容重 γ，即可知道每堆所

容纳的物料量 q（t/堆）

$$q = bhl\gamma \tag{3-12}$$

由此，总堆数 N 应为

$$N = \frac{Q}{q} \tag{3-13}$$

假设堆场上纵向堆数为 Y，横向堆数为 X，并且通过下式计算

$$X = \sqrt{\frac{(b + p_1)p}{(l + p)p_1}N} \tag{3-14}$$

式中 b——堆的宽度（m）（一般取 2～4 m）；

l——堆的长度（m）；

p——纵向方向堆与堆之间及场地边界的距离（m）（一般取 5～6 m，以方便走装卸车）

p_1——横向方向堆与堆之间及场地边界的距离（m）（一般取 4 m）。

由此，可计算得纵向堆数

$$Y = \frac{N}{X} \tag{3-15}$$

则堆场的长度 L（m）为

$$L = lY + (Y-1)p + 2p \tag{3-16}$$

堆场的宽度 B（m）为

$$B = bX + (X-1)p_1 + 2p_1 \tag{3-17}$$

故堆场面积 A（m^2）为

$$A = LB \tag{3-18}$$

（2）瓶箱堆场面积

① 新瓶箱堆场面积 A_1：新瓶储存是外销市场的需要，并且皆是一次性进厂储存。所需新瓶数量 N_1 可由下式计算

$$N_1 = Pm\Phi_1\Phi_2 \tag{3-19}$$

式中 P——产品年产量（t/a）；

m——每吨酒灌装的瓶量（个/t）；

Φ_1——在年产量中瓶装酒所占有的百分率（%）；

Φ_2——计划外销新瓶占有的百分率（%）。

堆垛先垫底层，后垛到某一高度（即人工或机械方法垛堆高度），令单位面积堆垛的瓶子数量为 m_A（个/m^2），则所需净堆场面积 A_0 为

$$A_0 = \frac{N_1}{m_A} \tag{3-20}$$

考虑堆垛纵横向皆须留出通道，故上述净面积将增加。即：

$$A_1 = A_0(1 + \Phi_3) \tag{3-21}$$

式中 Φ_3——通道占堆场的裕量系数（%）。

② 旧瓶箱堆场面积 A_2：旧瓶周转是近销市场的需要。这就要有箱的周转，并且多用塑料制

品箱，以免周转中损坏。与此同时，厂内必须有旧瓶箱的储存量。

满足近销市场需求的最大旧瓶数 N_2 由下式计算

$$N_2 = P\Phi_1 m\Phi_2 \tag{3-22}$$

式中 Φ_1——旺季近销酒占年产量的百分率（%）；

Φ_2——近销酒中瓶装酒占有的百分率（%）；

P——年产量（t/a）；

m——吨酒装瓶数（个/t）。

相应地需要储存的瓶箱数，可由下式确定

$$N_3 = \frac{N_2}{24 \times 90}\tau \tag{3-23}$$

式中 24——指每箱装 24 瓶酒；

90——近销酒的旺季天数（30×3=90d）；

τ——瓶箱的储存期（d）。

根据瓶箱堆垛层数 Z 与每个瓶箱占地面积 f，可初步计算其所需要的净堆场面积 A_0：

$$A_0 = \frac{N_3}{Z} \times f \tag{3-24}$$

考虑堆垛间留有纵横通道的需要，则瓶箱堆场面积 A_2 应为

$$A_2 = A_0(1 + \Phi_3) \tag{3-25}$$

式中 Φ_3——堆垛通道占堆场的裕量系数（%）

【例】 某新建 100 000（t/年）啤酒厂，瓶装占 50%，其中 30%用于新瓶装外销；而近销旺季产量占全年的 20%，其中 75%为旧瓶装。试确定瓶、箱所需的堆场面积。

解：(1) 新瓶堆场面积 A_1 由式（3-19）可计算外销新瓶数

$$N_1 = 100\,000 \times 1\,580 \times 50\% \times 30\% = 23\,700\,000(\text{个})$$

（其中，1 580 指每吨酒装 1 580 瓶）

新瓶堆垛方式为露天横卧叠放，堆垛高度按 25 层计算，则单位面积堆放瓶子数为

$$m_A = 13 \times 2 \times 2 \times 25 = 1\,300(\text{个}/\text{m}^2)$$

根据式（3-20）计算新瓶的净堆场面积：

$$A_0 = \frac{23\,700\,000}{1\,300} = 18\,230.8(\text{m}^2)$$

考虑堆垛间的通道，取裕量系数 Φ_3=30%，由式（3-21）计算可得新瓶需要的堆场面积

$$A_1 = 18\,230.8(1 + 30\%) = 23\,700(\text{m}^2)$$

(2) 旧瓶箱堆场面积 A_2 近销市场需要的瓶数可由式（3-22）计算

$$N_2 = 100\,000 \times 20\% \times 1\,580 \times 75\% = 23\,700\,000(\text{个})$$

设旧瓶储存期为 60 d，代入式（3-23）可计算旧瓶箱数：

$$N_3 = \frac{23\,700\,000}{24 \times 90} \times 60 = 658\,333(\text{箱})$$

因为塑料制品瓶箱规格是：长 l=530 mm，宽 b=370 mm，所以每个瓶箱占地面积 $f=l\times b=0.53\times0.37=0.2$（m²），取堆垛层数为 5 层，代入式（3-24）可得净堆场面积 A_0：

$$A_0 = \frac{658\ 333}{5} \times 0.2 = 26\ 333.3(\text{m}^2)$$

同样，考虑堆垛瓶箱间有通道，取裕量系数 $\Phi_3 = 30\%$，则旧瓶箱堆场面积为：

$$A_2 = 26\ 333.3(1 + 30\%) = 34\ 233(\text{m}^2)$$

将以上新瓶和旧瓶箱所需的堆场面积加起来，即为瓶箱堆场总面积

$$A = A_1 + A_2 = 23\ 700 + 34\ 233 = 57\ 933(\text{m}^2)$$

5. 坐标网　为了标定建筑物、构筑物等的准确位置，在总平面设计图上，常常采用地理测量坐标网与建筑施工坐标网两种坐标系统。

(1) 地理测量坐标网——$X-Y$ 坐标系　此坐标规定南北向以横坐标 X 表示，东西向以 Y 表示。在 $X-Y$ 坐标轴上作间距为 50 m 或 100 m 的方格网上，标定厂址和厂房建筑物的地理位置。这是国家地理测量局规定的坐标系，全国各地都必须执行。

(2) 建筑施工坐标网——$A-B$ 坐标系　由于厂区和厂房的方位不一定都是正南正北向，即与地理测量坐标网不是平行的（即有一个方位角 θ）。为了施工现场放线的方便和减少每一点地形位置标记坐标时的繁琐计算，总平面设计时，常常采用厂区、厂房之间方位一致的建筑施工坐标网。规定横坐标以 A 表示，纵坐标以 B 表示。也作间距 50 m或 100 m 的方格网，用来标定厂区、厂房的建筑施工位置。很明显，$A-B$ 坐标系在施工现场上使用十分方便，但 $A-B$ 坐标轴与原来的 $X-Y$ 坐标轴成一夹角（即方位角 θ），并且坐标原点 O 与 $X-Y$ 坐标原点 O 也不重合，如图 3-15 所示。

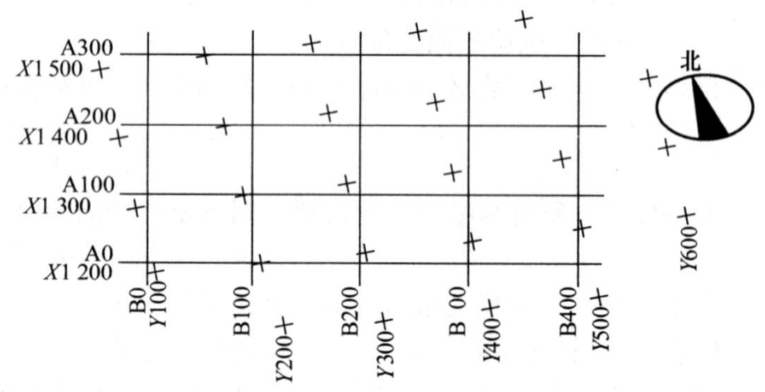

图 3-15　坐标网络

（图中 X 为南北方向轴线，X 的增量在 X 轴线上；Y 为南北方向轴线，Y 的增量在 X 轴线上。A 轴相当于测量坐标中的 X 轴，B 轴相当于测量坐标中的 Y 轴）

6. 几项竖向布置参数

① 建筑物、构筑物的标高应高于最高洪水水位 0.5 m 以上，保证企业建成后不受洪水威胁。例如，锅炉房应位于全厂最低处，以利于回收凝结水，但也应至少高出最高洪水位 0.5 m 以上。

② 综合管线埋设深度一般要超过冻土层深度以下，以免遇到极冷时刻被冻裂。

③ 散水坡的坡度应大于 3%，保证雨水顺利排除，但是也不能大于 6%，以免产生冲刷现象。

④ 厂区自然地形坡度大于 4%，车间之间高差达 1.5～4.0 m，多采用阶梯竖向布置。这样，有利于利用地形，节省基建投资。

二、运输设计的有关参数

1. 厂区道路主要技术指标　厂区道路主要技术指标见表 3-12。

表 3－12　厂区道路主要技术指标

序号	指标名称			汽车道	电瓶车道
1	路面宽度（m）	城市型	单车道	3.5	2.0
			双车道	6.0～6.5	3.5
		公路型	单车道	3～3.5	2.0
			双车道	5.5～6.0	3.5
2	路肩宽度（m）			1.0～1.5	
3	车间引道宽度（m）			3.0～4.0	2.0～3.5
4	平曲线最小半径（m）			15.0	6.0
5	交叉口转弯半径（m）	单车		9.0	5.0
		带一辆拖车		12.0	7.0
6	最大纵坡（%）			8.0	3～4
7	最小纵坡（%）			0.4	
8	车间引道最小半径（m）			8.0	4.0
9	纵向坡度最小宽度（m）			50	50

2. 运输设备的主要参数

（1）运输能力 G　一台运输机械的年运输能力 G（t/a）由下式计算

$$G = K_1 K_2 W \frac{T_d}{t_1 + t_2}(\mathrm{t/a}) \tag{3-26}$$

式中　W—— 一台运输机械的定额运货量（t/台）；

K_1——运输机械的装载系数（谷物为 0.9；垃圾为 0.9；煤块为 0.9；件材、成材为 0.7）；

K_2——运输机械在夜间或风雨天的输送状况系数（一般为 0.6～0.7）；

t_1——运输机械在往返程中的行驶时间；

T_d——年运输时间（330 d×24 h/d=7 920 h）

t_2——运输机械停歇、调车等辅助时间（h）

运输机械在往返程中的行驶时间 t_1 可由下式计算

$$t_1 = \frac{L}{v}(\mathrm{h}) \tag{3-27}$$

式中　L——往返路程（km）；

v——车速（km/h）。

（2）运输机械所需要的台数 N　运输机械的年需要台数由下式计算

$$N = \sum_1^n N_i = \sum_1^n \frac{Q_i - Q_i'}{G_i} \cdot \frac{K_2}{K_1}(\text{台}/\mathrm{a}) \tag{3-28}$$

式中　Q_i——第 i 型运输机械的年运输量（t/a）；

Q_i'——第 i 型运输机械的委托外运量（t/a）；

K_1——运输不平衡系数（主要由维修、停歇等引起，火车为 0.85；汽车为 0.6～0.8；马车为 0.5）；

K_2——不可预计因素的运输系数（取 1.05～1.3）。

第七节 总平面设计图绘制

一、总 则

① 为了统一总图制图规则，保证制图质量，提高制图效率，做到图面清晰、简明，符合设计、施工、存档的要求，适应工程建设的需要，制定本标准。

② 本标准适用于下列制图方式绘制的图样：a. 手工制图；b. 计算机制图。

③ 本标准适用于总图专业的下列工程制图：

a. 新建、改建、扩建工程各阶段的总图制图；

b. 原有工程的总平面实测图；

c. 总图的通用图、标准图。

④ 总图制图，除应符合本标准外，还应符合《房屋建筑制图统一标准》（GB/T 50001—2001）以及国家现行的有关强制性标准的规定。

二、一般规定

（一）图线

① 图线的宽度 b，应根据图样的复杂程度和比例，按《房屋建筑制图统一标准》（GB/T 50001—2001）中图线的有关规定选用。

② 总图制图，应根据图纸功能，按表 3-13 规定的线型选用。

表 3-13 图 线

名称		线型	线宽	用途
实线	粗		b	1. 新建建筑物±0.00 高度的可见轮廓线 2. 新建的铁路、管线
	中		$0.5b$	1. 新建构筑物、道路、桥涵、边坡、围墙、露天堆场、运输设施、挡土墙可见轮廓线 2. 场地、区域分界线、用地红线、建筑红线、尺寸起止符号、河道蓝线 3. 新建建筑物±0.00 高度以外的可见轮廓线
	细		$0.25b$	1. 新建道路路肩、人行道、排水沟、树丛、草地、花坛的可见轮廓线 2. 原有（包括保留和拟拆除的）建筑物、构筑物、铁路、道路、桥涵等的可见轮廓线 3. 坐标网线、图例线、尺寸线、尺寸界线、引曲线、索引符号等
虚线	粗		b	新建建筑物、构筑物的小可见轮廓线
	中		$0.5b$	1. 计划扩建建筑物、构筑物、预留地、铁路、道路、桥涵、围墙、运输设施、管线的轮廓线 2. 洪水淹没线
	细		$0.25b$	原有建筑物、构筑物、铁路、道路、桥涵、围墙的不可见轮廓线

（续）

名称		线型	线宽	用途
单点长画线	粗		b	露天矿开采边界线
	中		$0.5b$	上方填挖区的零点线
	细		$0.25b$	分水线、中心线、对称线、定位轴线
粗双点长画线			b	地下开采区塌落界线
折断线			$0.5b$	断开界线
波浪线			$0.5b$	

注：应根据图样中所表示的不同重点，确定不同的粗细线型。例如，绘制总平面图时，新建建筑物采用粗实线，其他部分采用中线和细线；绘制管线综合图或铁路图时，管线、铁路采用粗实线。

（二）比例

① 总图制图采用的比例，宜符合表 3－14 的规定。

表 3－14　比　例

图名	比例
地理、交通位置图	1∶25 000～1∶200 000
总体规划、总体布置、区域位置图	1∶2 000、1∶5 000、1∶10 000、1∶23 000、1∶50 000
总平面图、竖向布置图、管线综合图、土方图、排水图、铁路、道路平面图、绿化平面图	1∶500、1∶1 000、1∶2 000
铁路、道路纵断面图	垂直：1∶100、1∶200、1∶500 水平：1∶1 000、1∶2 000、1∶5 000
铁路、道路横断面图	1∶50、1∶100、1∶200
场地断面图	1∶100、1∶200、1∶500、1∶1 000
详图	1∶1、1∶2、1∶5、1∶10、1∶20、1∶50、1∶100、1∶200

② 一个图样宜选用一种比例，铁路、道路、土方等的纵断面图，可在水平方向和垂直方向选用不同比例。

（三）计量单位

① 总图中的坐标、标高、距离宜以米为单位，并应至少取至小数点后两位，不足时以“0”补齐。详图宜以毫米为单位，如不以毫米为单位，应另加说明。

② 建筑物、构筑物、铁路、道路方位角（或方向角）和铁路、道路转向角的度数，宜注写到“秒”，特殊情况，应另加说明。

③ 铁路纵坡度宜以千分计，道路纵坡度、场地平整坡度、排水沟沟底纵坡度宜以百分计，并应取至小数点后一位，不足时以“0”补齐。

（四）坐标注法

① 总图应按上北下南方向绘制，根据场地形状或布局，可向左或右偏转，但不宜超过 45°。总图中应绘制指北针或风玫瑰图。

② 坐标网格应以细实线表示。测量坐标网应成交叉十字线，坐标代号宜用“X、Y”表示，建筑坐标网应画成网格通线，坐标代号宜用“A、B”表示。坐标值为负数时，应注“－”号；为正数时，“＋”号可省略。

③ 总平面图上有测量和建筑两种坐标系统时，应在附注中注明两种坐标系统的换算公式。

④ 表示建筑物、构筑物位置的坐标，宜注其三个角的坐标，如建筑物、构筑物与坐标轴线平行，可注其对角坐标。

⑤ 在一张图上，主要建筑物、构筑物用坐标定位时，较小的建筑物、构筑物也可用相对尺寸定位。

⑥ 建筑物、构筑物、铁路、道路、管线等应标注下列部位的坐标或定位尺寸：

a. 建筑物、构筑物的定位轴线（或外墙面）或其交点；

b. 圆形建筑物、构筑物的中心；

c. 皮带的中线或其交点；

d. 铁路道岔的理论中心，铁路、道路的中线或转折点；

e. 管线（包括管沟、管架或管桥）的中线或其交点；

f. 挡土墙墙顶外边缘线或转折点。

⑦ 坐标宜直接标注在图上，如图面无足够位置，也可列表标注。

⑧ 在一张图上，如坐标数字的位数太多时，可将前面相同的位数省略，其省略位数应在附注中加以说明。

（五）标高注法

① 应以含有±0.00 标高的平面作为总图平面。

② 总图中标注的标高应为绝对标高，如标注相对标高，则应注明相对标高与绝对标高的换算关系。

③ 建筑物、构筑物、铁路、道路、管沟等应按以下规定标注有关部位的标高：

a. 建筑物室内地坪，标注建筑图中±0.00 处的标高，对不同高度的地坪，分别标注其标高（图 3－16a）。

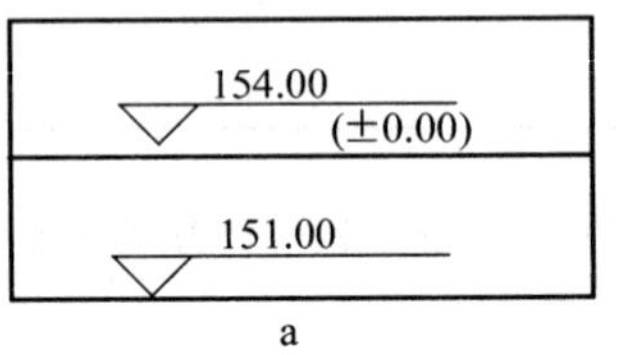

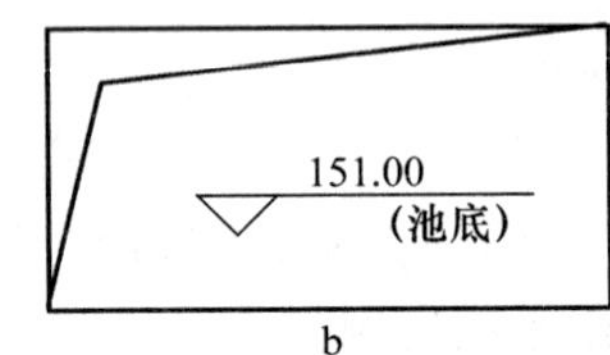

图 3－16 标高注法

b. 建筑物室外散水，标注建筑物四周转角或两对角的散水坡脚处的标高。

c. 构筑物标注其有代表性的标高，并用文字注明标高所指的位置（图 3－16b）。

d. 铁路标注轨顶标高。

e. 道路标注路面中心交点及变坡点的标高。

f. 挡土墙标注墙顶和墙趾标高，路堤、边坡标注坡顶和坡脚标高，排水沟标注沟顶和沟底标高。

g. 场地平整标注其控制位置标高，铺砌场地标注其铺砌面标高。

④ 标高符号应按《房屋建筑制图统一标准》（GB/T 50001—2001）中“标高”一节中有关

规定标准。

（六）名称和编号

① 总图上的建筑物、构筑物应注写名称，名称宜直接标注在图上。当图样比例小或图面无足够位置时，也可编号列表编注在图内。当图形过小时，可标注在图形外侧附近处。

② 总图上的铁路线路、铁路道岔、铁路及道路曲线转折点等，均应进行编号。

③ 铁路线路编号应符合下列规定：

a. 车站站线由站房向外顺序编号，站线用阿拉伯数字表示。

b. 厂内铁路按图面布置有次序地排列，用阿拉伯数字编号。

c. 露天采矿场铁路按开采顺序编号，干线用罗马字表示，支线用阿拉伯数字表示。

④ 铁路道岔编号应符合下列规定：

a. 道岔用阿拉伯数字编号；

b. 车站道岔由站外向站内顺序编号，一端为奇数，另一端为偶数。当编里程时，里程来向端为奇数，里程去向端为偶数。不编里程时，左端为奇数，右端为偶数。

⑤ 道路编号应符合下列规定：

a. 厂矿道路用阿拉伯数字，外加圆圈（如①、②……）顺序编号。

b. 引道用上述数字后加 1、－2（如①－1、②－2……）编号。

⑥ 厂矿铁路、道路的曲线转折点，应用代号 JD 后加阿拉伯数字（如 JD1、JD2……）顺序编号。

⑦ 一个工程中，整套总图图纸所注写的场地、建筑物、构筑物、铁路、道路等的名称应统一，各设计阶段的上述名称和编号应一致。

复习思考题

1. 食品工厂总平面设计的任务和内容有哪些？
2. 食品工厂总平面设计的基本原则有哪些？
3. 食品工厂中包含哪些单位工程？他们在总平面中的相互关系是什么？
4. 如何进行厂区内运输设计？
5. 管线综合布置的意义和目的是什么？
6. 绿化与美化设计在食品工厂中的功能是什么？
7. 食品工厂水平向布置形式有哪些？
8. 风玫瑰图的定义是什么？
9. 如何进行总平面竖向布置设计？
10. 总平面设计的步骤有哪些？
11. 总平面设计中的技术经济指标有哪些？
12. 如何绘制总平面布置图？

第四章 食品工厂工艺设计

学习目的与要求：了解食品工厂工艺设计的内容及其作用，熟悉工艺设计的方法和步骤；掌握产品方案、物料计算、设备选型、车间平面布置等工艺设计内容；熟悉工艺设计对非工艺设计和其他有关方面的要求。

第一节 概 述

食品工厂工艺设计是整个设计的主体和中心，决定全厂生产和技术的先进性和合理性，并对建厂的费用和生产的产品质量、产品成本、劳动强度有着重要的影响，同时又是非工艺设计的依据。因此，食品工厂工艺设计具有重要的地位和作用。

一、食品工厂工艺设计的内容

食品工厂工艺设计包括生产工艺设计、车间工艺设计、设备选择和管路设计等内容。生产工艺设计和车间工艺设计是工艺设计的两个重要内容。它们决定工厂的工艺计算、车间组成和生产设备选择，并进行物料衡算和热量衡算。

生产工艺设计主要是在前期可行性调查研究的基础上，对生产的产品方案、生产过程和工艺流程进行设计。其重要目的是选择经济上合理，技术上先进可行的加工技术，同时满足食品工厂生产过程中达到高产、优质、低耗等要求。

车间工艺设计是在符号工艺要求条件下，进行合理布局，以取得利用车间的最佳方案。它将直接影响到食品工厂建设投资的大小、物流和人流的合理性、建成后的工厂能否运转正常和生产安全等。

二、食品工厂工艺设计的步骤

食品工厂工艺设计重点是在由原料到各个生产过程中，设计物质变化及流向，包括所需设备的运用。具体步骤如下：

① 根据前期可行性调查研究，确定产品方案及生产规模。

② 根据当前的技术和经济水平选择生产方法。

③ 生产工艺流程设计。
④ 物料衡算。
⑤ 能量衡算（包括热量、耗冷量、供电量、给水量计算）。
⑥ 选择设备。
⑦ 车间工艺设计。
⑧ 管路设计。
⑨ 其他工艺设计。
⑩ 编制工艺流程图、管道设计图及说明书等。

第二节　产品方案及班产量的确定

一、产品方案

产品方案即生产纲领，指食品工厂全年生产的品种、数量、生产周期、生产班次的计划安排。产品方案的影响因素是多方面的，主要有：产品的市场销售、人们的生活习惯、地区的气候和不同季节的影响。在制定产品方案时，首先要根据调查研究分析得到的资料，确定重要产品的品种、规格、产量和生产班次。其次是调节产品，用以调节生产忙闲不均的现象。最后尽可能对原料综合利用及加工半成品储存，以合理调剂生产中的淡、旺季节。

总之，在安排产品方案时，应尽量做到“四个满足”和“四个平衡”。

1. 产品方案的“四个满足”

①满足主要产品产量的要求；
②满足经济效益的要求；
③满足淡旺季平衡生产的要求；
④满足原料综合利用的要求。

2. 产品方案的“四个平衡”

①产品产量与原料供应量平衡；
②生产班次要平衡；
③产品生产量与设备生产能力要平衡；
④水、电、气负荷要平衡。

二、班产量（年产量）的确定

班产量是工艺设计的最主要经济基础，直接影响到车间布置、设备配套、占地面积、劳动定员和产品经济效益。影响班产量大小的因素有：原料供应、设备生产能力和市场销售状况等。一般情况下，食品工厂班产量越大，单位产品成本越低，效益越好。由于投资局限及其他方面制约，班产量有一定的限制，但是必须达到或超过经济规模的班产量。最适宜的班产量实质就是经济效益最好的规模。

年生产能力按如下公式估算

$$Q = Q_1 + Q_2 - Q_3 - Q_4$$

式中 Q——新建厂某类食品年产量（t）；

Q_1——本地区该类食品消费量（t）；

Q_2——本地区该类食品年调出量（t）；

Q_3——本地区该类食品年调入量（t）；

Q_4——本地区该类食品原有厂家的年产量（t）。

对于淡、旺季明显的产品，如，饮料、啤酒、月饼等按如下式估算：

$$Q = Q_{旺} + Q_{淡} + Q_{中}$$

式中 $Q_{旺}$——旺季产量（t）；

$Q_{淡}$——淡季产量（t）；

$Q_{中}$——中季产量（t）。

班产量受各种因素影响，每个工作日的实际产量并不完全相同。班产量 $Q_{班}$ 可用如下公式计算

$$Q_{班} = \frac{Q}{k(3t_{旺} + 2t_{中} + t_{淡})}$$

式中 k——设备不均匀系数；

$t_{旺}$——旺季天数（d）；

$t_{中}$——中季天数（d）；

$t_{淡}$——淡季天数（d）。

在实际生产过程中，全年实际生产日数为 250～300 d，每天的生产班次为 1～2 班，旺季为 3 班。

三、产品方案的编制

在编制产品方案时，班产量是最重要的依据，同时还需要产品生产品种、规格、包装方式等方面的依据，如饮料厂产品方案、罐头厂产品方案。

四、产品方案分析

为了保证方案合理，寻求最佳方案，设计人员制定出 2 种以上的产品方案，进行分析比较，做出决定，选择一个最佳方案作为设计依据。

对产品方案进行分析，主要是以生产可行性和技术先进性入手，比较方案的设备、工艺及其他方面的优势，从中选择具有比较优势的可行性产品方案。常用表 4－1 进行比较。

表 4-1　产品方案分析

项 目 方 案	方案一	方案二	方案三
产品年产值			
劳动生产率［吨/（人·年）］			
平均每人年产值［元/（人·年）］			
基建投资（元）			
经济效益（利税元/年）			
水、电、汽耗量（元）			
员工人数（人）			
全年空员工人数差值（人）			
原料损耗率			

第三节　生产方法的选择和工艺流程的确定

一、生产方法的选择

食品工厂的类型很多，其生产方法各式各样，而且在同一类型的食品厂里生产的产品和加工工艺也各不相同。如罐头食品厂、乳品加工厂、饮料加工厂等，乳品加工厂生产有乳粉、发酵乳等多种产品，当然工艺流程各不相同。

选择生产方法就是选择工艺路线，它是食品工厂设计的关键步骤。为了保证食品的质量，需要对工厂生产进行分析比较，设计出一个合理、先进、低耗、高产的工艺流程。在生产方法的确定时，注意遵循下列原则：

1. *原料匹配性*　根据原料性质、种类和来源确定工艺流程。主要原料供应尽可能立足国内和建厂地区，以减少运输费用，降低生产成本。

2. *符合产品的质量和规格*　工艺流程选择必须满足产品的国家标准或其他有关标准组织制定的质量和规格。

3. *技术水平先进、合理*　生产方法的选择要考虑技术水平，工艺流程既要做到技术上先进，又要求生产过程中切实可行。结合具体条件，尽可能采用先进工艺、先进设备和良好的管理。

4. *经济合理性*　尽量选择投资少、能耗低、成本低、产品得率高的生产工艺。经济效益是评价生产工艺方法优劣的一个重要方面。

5. *慎重对待传统生产工艺*　对我国传统名优产品不得随意更改生产工艺，需要改动时，要经过反复试验，报上级部门批准，方可作为新技术用到设计中去。

6. *结合我国国情*　在进行产品工艺设计时，必须以我国具体情况出发，在市场消费水平、相关机械设备及电气仪表制造能力、劳动就业与生产自动化水平关系等方面做出恰当的衡量，综合考虑。

二、工艺流程设计的原则

工艺流程设计工作是一项涉及范围大的复杂工作，直接影响建厂的效益，因此必须考虑以下原则。

①设计流程所生产的产品必须符合国家质量标准，外销产品必须满足销售地区的质量要求。

②尽可能采用成熟、先进的技术和设备。在引进国外先进技术和设备时，要考虑是否适合我国生产实际，并注意消化吸收，以缩短与发达国家的水平差距。

③“三废”处理效果要好，在工艺流程选择时，尽量减少“三废”处理量。有利于实行“三同时”原则，对“三废”的治理要求符合国家相关标准。

④确保安全生产，以保证人身和设备安全。

生产过程尽量机械化、自动化，并尽量配置自动生产线在线检测装置，以实现稳产、高产。

三、生产工艺流程设计

生产方法确定以后，就开始工艺流程的设计，有如下内容：确定生产线数目、确定生产线自动化程度和工艺流程图的设计。

（一）确定生产线数目

根据产品方案及生产规模，视生产实际情况，结合投资大小，确定生产线及生产线数目。如果产量大，可采用几条生产线，以便生产调剂，设备护理等。

（二）确定生产线自动化程度

生产线有间歇和连续两种。在确定生产线自动化程度时，根据生产特点和技术成熟性，结合生产规模，采用先进、经济、合理的自动化生产线，高品质产品生产配以自动化在线检测，以保证产品质量。

（三）工艺流程图的设计

工艺流程图的设计主要包括生产工艺流程示意图、生产工艺流程草图和生产工艺流程图 3 个阶段。

1. 生产工艺流程示意图设计　生产工艺流程示意图又称方框流程图，在物料衡算前进行，其主要是定性表述由原料转变为半成品的过程及应用的相关设备。它只是定性的生产工艺表述，不要求正确的比例绘制。主要包括生产过程中需要经过哪些单位操作、各单位操作中的流程方案及所需型式的表述。可用流程草图又叫物料流程图，在完成平衡计算，求出原料、半成品、产品、副产品、废水、废料的量后，进行设备选型及计算的基础上进行的，以图形表格相结合的形式反映设计计算某些结果的图样，既可用作提供审查的资料，又可作为进一步设计的依据，还可供今后生产操作时参考。主要包括如下内容。

① 图形　设备的示意图和流程图。

② 标准　设备的型号、名称及特性数据。

③ 标题栏　图名、图号、设计阶段等。

2. 生产工艺流程草图设计　工艺流程草图由 4 个部分组成：生产工艺流程图、图例、设备一览表和必须的文字证明。

（1）绘制生产工艺流程草图的要求　绘制工艺流程草图时要求如下。

① 表示出厂房各层楼面的标高。

② 用细实线画出设备示意图，并标明其流程号。

③ 用粗实线画出物料流程管理，并画出流向箭头。用细实线画水、汽、空气等动力管线，并画出流向箭头。

④ 绘制设备和管道上主要阀门、控制仪表及管路附件。

⑤ 对必要的部分，而又不能用图线表达时，用文字注释。如“三废”、副产物的去向等。

⑥ 附注图例，并按图标绘出。常采用1∶50、1∶100、1∶200等比例。

(2) 绘制生产工艺流程草图的步骤　具体绘制工艺流程草图的步骤如下。

① 用双细线绘出各楼层地面线，并注上标高。

② 根据设备所处的高度，从左至右画出设备外形。

③ 用粗实线表达物料，细实线表达其他辅助物料，用箭头表示流向。

④ 画设备流程图。

⑤ 标注设备流程图。

⑥ 必要的文字说明。

3. 生产工艺流程图　生产工艺流程图又称为带控制点的工艺流程图，是初步设计的重要内容。它是在经过多次反复比较、修改，确认设计合理无误后绘制正式设计结果，它更加全面、完整、合理，是设备布置和管道设计的依据，并可供施工安装、生产操时参考。

四、生产工艺流程图的绘制

(一) 生产工艺流程图的类型

生产工艺流程图是表示工艺生产过程的图样，有以下几种类型。

1. 全厂总工艺流程图或物料平衡图　绘制时用细实线画成长方框来示意各车间流程线，流程方向用箭头画在流程图上。图上注明车间名称，各车间原料、半成品的名称，平衡数据和来源去向等。

2. 物料流程图　它是在全厂工艺流程图基础上，着重表达各车间内部工艺物料流程的图样。制图时按工艺从左至右画出一系列设备和图形，在流程图上标注物料的组成、流量以及设备特性数据等。

3. 带控制点的工艺流程图　它是表示生产工艺过程的重要图纸，以物料流程图为基础，内容较详细的一种工艺流程图。制图时，在物料流程图基础上画出管线和设备上配置的阀门、管件、自控仪表等。

(二) 生产工艺流程图绘制的重点内容

生产工艺流程图的绘制主要有以下重点内容。

1. 图样主要内容

① 图形主要用于表示各设备按工艺流程次序展开在同一平面上，并辅助表示主辅管线及管件、阀门、仪表控制点等。

② 标准设备型号、名称、管线编号、控制点代号、必要的尺寸数据等。

③ 图例代号（符号）及其他标注的说明。

④ 标题栏注明图名、图号等。

2. *表示方法* 用细线画出设备的轮廓，用虚线绘制有工艺特征的内件结构，用示意图画法绘制设备的传动装置。在图样上应标注设备位号及名称。

第四节 食品工厂工艺衡算

一、物料衡算

物料衡算包括该产品的原料、辅料和包装材料的计算。通过物料衡算，可以确定各种主要物料的采购、运输和仓库储存量，并对生产过程中所需的设备和劳动力定员提供计算依据。计算物料时，必须使原料和辅料的质量与经过加工处理后所得成品和损耗量相平衡。加工过程中投入的辅助料按正值计算，加工过程中的物料损失，以负值计入。这样，可以计算出原料和辅料的消耗定额，绘制出原料和辅料耗用量表和物料平衡图。并为下一步设备计算、热量计算、管路设计等提供依据和条件。还为劳动定员、生产班次、成本核算提供计算依据。因此，物料衡算在工艺设计中是一项既细致又重要的工作。

物料衡算的基本资料是技术经济定额指标。

在物料衡算时，计算对象可以是全厂、全车间、某一生产线、某一产品，在一年或一月或一日或一个班次，也可以是单位批次的物料数量。

一般新建食品工厂的工艺设计都是以班产量为基准。例如：

每班耗用原料量（kg/班）＝单位产品耗用原料量（kg/t）×班产量（t/班）

每班耗用各种辅料量（kg/班）＝单位产品耗用各种辅料量（kg/t）×班产量（t/班）

每班耗用包装容器量（只/班）＝单位产品耗用包装容器量（只/t）×班产量（t/班）×（1＋0.1%损耗）。

单位产品耗用的各种包装材料、包装容器也可仿照上述方法计算。若一种原料生产两种以上产品，则需分别求出各产品的用量，再汇总求得。

在物料衡算时，用技术经济定额指标作为基本资料进行计算，而技术经济定额指标又是各工厂在生产实践中积累起来的经验数据。这些数据因具体条件而异，往往因地区差别、机械化程度、原料品种、成熟度、新鲜度、操作条件等不同，而有一定的变化幅度。选用时要根据具体情况而定。一般老厂改造就按该厂原有的技术经济定额为计算依据；新建厂则参考相同类型、相近条件工厂的有关技术经济定额指标，再以新建厂的实际情况做修正。表 4－2 到表 4－8 列出了食品物料计算及原料利用率表，供相关的食品工厂在确定物料计算定额时参考。

表 4－2 班产 10 t 午餐肉的物料计算

项 目	指 标	每班实际量
成品		
其中		10.04 t
340 g 装 50%	成品率 99.7%	5.02 t
397 g 装 50%		5.02 t

（续）

项　　目	指　　标	每班实际量
猪肉消耗量		
净肉	854 kg/t 成品	8.48 t
或冻片肉	出肉率 60%	14.0 t
辅料消耗量（按成品计）		
淀粉	62 kg/t	623 kg
混合盐	20 kg/t	201 kg
冰屑	105 kg/t	1 054 kg
空罐耗用量	损耗率 1%	
304 号	3001 罐/t	15 064 套
962 号	2607 罐/t	13 087 套
纸箱耗用量		
304 号	48 罐/箱	308 只
962 号	48 罐/箱	264 只
劳动工日消耗	18～23　工日/t	180～230 人

表 4-3　鲜猪肉原料消耗量

出肉率（%）	每吨鲜肉耗用毛猪（t）	冷冻干耗（%）	每吨冻肉耗用毛猪（t）
65	1.538	2.9	1.584
67	1.493	2.9	1.536
70	1.429	2.9	1.471

表 4-4　几种主要乳制品的物料计算

产品名称		全脂奶粉	全脂甜奶粉	甜炼乳	消毒奶	麦乳精（配 500 kg 料）	冰激凌（配 1 t 料）	奶油
原乳量（kg）		1 000	1 000	1 000	1 000			1 000
提取 40%稀奶油量（kg）		25.2	25.2	25.2	25.2			25.2
标准乳量（kg）		974.8	974.8	974.8	974.8			
辅助材料量（kg）	砂糖		27.93	154		101.55	160	
	精盐							0.32
	乳糖			0.1				
	全脂奶粉					22.07	43.26	
	全蛋粉					3.30	20	
	葡萄糖粉					14.25		
	麦精					92.50		
	稀奶油					21.63	108.46	
	可可粉					36.5		
	明胶						5	
	甜炼乳					217.5		
浓缩量（kg）	进浓缩锅 65%糖液量		43	243				
	进浓缩锅总量	974.8	1 017.8	1 208.8				
	浓奶量	259	274	357				
	水蒸发量	715.8	748.8	851.8				
干燥量	干制品量	111	139.79			407		
	水分蒸发量	148	134			93		
结晶凝冻量（kg）				357			1 000	
成品（kg）		109	139	351	955	403	980	12

表 4-5　日产 12 t 番茄酱罐头物料计算

项　　目	指　　标	每日实际量
成品		12.026 t
其中：70 g 装 20%	成品率 99.7%	2.405 t
198 g 装 30%		3.608 t
3 000 g 装 50%		6.013 t
番茄消耗量（按成品计）		
70 g 装	7.2 t/t	17.32 t
198 g 装	7.1 t/t	25.62t
3000 g 装	7.0 t/t	42.09t
合计		85.03 t
番茄投料量	不合格率 2%	86.73 t
空罐耗用量	损耗率 1%	
539 号	14 429 罐/t	34 702 只
668 号	5 102 罐/t	18 408 只
15 173 号	337 罐/t	2 026 只
纸箱耗用量		
539 号	200 罐/箱	172 只
668 号	96 罐/箱	190 只
15 173 号	6 罐/箱	335 只
劳动工日消耗		
70 g 装	26～30 工日/t	
198 g 装	18～24 工日/t	3×（60～75）人
3 000 g 装	8～12 工日/t	
需工人数		

表 4-6　班产 20 t 蘑菇物料计算

项　　目	指　　标	每班实际量
成品		20.06 t
其中 850 g 装 30%		6.018 t
整菇 60%		3.611 t
片菇 40%		2.407 t
425 g 装 50%	成品率 99.7%	10.03 t
整菇 60%		6.018 t
片菇 40%		4.012 t
284 g 装 20%		4.012 t
整菇 60%		2.407 t
片菇 40%		1.605 t
蘑菇消耗量（按成品计）		
850 g 整菇	0.87 t/t	3.14 t
850 g 片菇	0.88 t/t	2.12 t
425 g 整菇	0.90 t/t	5.42 t
425 g 片菇	0.90 t/t	3.61 t
284 g 整菇	0.91 t/t	2.20 t
284 g 片菇	0.92 t/t	1.48 t
合计		17.97 t
食盐消耗量	22 kg/t	445 kg
空罐耗用量	损耗率 1%	
9124 号	1 189 罐/t	7 155 只
7114 号	2 377 罐/t	23 841 只
6101 号	3 556 罐/t	14 267 只

（续）

项目	指标	每班实际量
纸箱耗用量 9124 号 7114 号 6101 号	 24 罐/箱 24 罐/箱 48 罐/箱	 296 只 984 只 295 只
劳动工日消耗	15～18 工日/t	300～360（人）

表 4-7 班产 20 t 青刀豆物料计算

项目	指标	每班实际量
成品 其中 850 g 装 45% 567g 装 30% 425g 装 25%	成品率 99.7%	20.06 t 9.03 t 6.02 t 5.01 t
青刀豆消耗量（按成品计） 850 g 装 567 g 装 425 g 装 合计	0.74 t/t 0.70 t/t 0.75 t/t	6.68 t 4.22 t 3.76 t 14.66t
青刀豆投料量	不合格率 4%	15.27 t
食盐消耗量	25 kg/t	505 kg
空罐消耗量 9 124 号 8 117 号 7 114 号	损耗率 1% 1 189 罐/t 1 782 罐/t 2 377 罐/t	10 737 只 10 728 只 11 909 只
纸箱耗用量 9 124 号 8 117 号 7 114 号	 24 罐/箱 24 罐/箱 24 罐/箱	 443 只 443 只 491 只
劳动工日消耗	25～30 工日/t	500～600 人

表 4-8 部分原料利用率表

序号	原料名称	工艺损耗率	原料利用率
1	芦柑	橘皮 24.74%，橘核 4.38%，碎块 1.97%，坏橘 6.21%，损耗 6.66%	56.04%
2	蕉柑	橘皮 29.43%，橘核 2.82%，碎块 1.84%，坏橘 2.6%，损耗 3.53%	59.78%
3	菠萝	皮 28%，根、头 13.06%，蕊 5.52%，碎块 5.53%，修整肉 4.38%，坏肉 1.68%，损耗 8.10%	33.73%
4	苹果	果皮 12%，干核 10%，坏肉 2.6%，碎块 2.85%，果蒂梗 3.65%，损耗 4.9%	6.4%
5	枇杷	草种：果梗 4.01%，皮、核 42.33%，果萼 3%，损耗 4.66%	46.0%
		红种：果梗 4%，皮、核 41.67%，果萼 2.5%，损耗 3.05%	48.78%
6	桃果	皮 22%，核 11%，不合格 10%，碎块 5%，损耗 1.5%	50.5%
7	生梨	皮 14%，核 10%，果梗、蒂 4%，碎块 2%，损耗 3.5%	66.5%
8	李子	皮 22%，核 10%，果蒂 1%，不合格 5%，损耗 2%	60%
9	杏果	皮 20%，核 10%，修正 2%，不合格 4%，损耗 2.5%	61.5%
10	樱桃	皮 2%，核 10%，坏肉 4%，不合格 10%，损耗 2.5%	71.5%
11	青豆	豆 53.52%，废豆 4.92%，损耗 1.27%	40.29%
12	番茄（干物质 28%～30%）	皮渣 6.47%，蒂 5.20%，脱水 72%，损耗 2.13%	14.2%
13	猪肉	出肉率 66%（带皮带骨），损耗 8.39%，副产品占 25.61%，其中：头 5.17%，心 0.3%，肺 0.59%，肝 1.72%，腰 0.33%，肚 0.9%，大肠 2.16%，小肠 1.31%，舌 0.32%，脚 1.72%，血 2.59%，花油 2.59%，板油 3.88%，其他 2.03%	

（续）

序号	原料名称	工艺损耗率	原料利用率
14	羊肉	出肉率40%，损耗20.63%，副产品占39.37%，其中：羊皮8.42%，羊毛3.95%；肝2.69%，肚3.60%，肺1.31%，心0.66%，头6.9%，肠1.31%，油2.7%，脚2.63%，血4.47%，其他0.73%	
15	牛肉	出肉率38.33%（带骨出肉率75%），损耗12.5%，副产品占49.17%，其中：骨14.67%，皮9%，肝1.37%，肺1.17%，肚2.4%，腰0.22%，肠1.5%，舌0.39%，头肉2.27%，血4.62%，油3.28%，心0.52%，脚筋0.31%，牛尾0.33%，其他7.12%	
16	家禽（鸡）	出肉率81%～82%（半净膛），66%（全净膛），肉净重占36%，骨净重占18%，羽毛净重占12%，油净重占6%，血1.3%，头脚6.4%，内脏18.8%，损耗1.5%	
17	青鱼	出肉率48.25%，损耗1.5%，副产品50.25%，其中：鱼皮4%，鱼鳞2.5%，内脏9.75%，头、尾、骨34%	

物料计算结果通常用物料平衡图或物料平衡表来表示。

（一）物料平衡图

物料平衡图是根据任何一种物料的重量与经过加工处理后所得的成品及少量损耗之和在数值上是相等的原理来绘制的，平衡图的内容包括：物料名称、质量、成品质量、物料的流向、投料顺序等项。绘制物料平衡图时，实线箭头表示物料主流向，必要时用细实线表示物料支流向，见图4-1和图4-2。

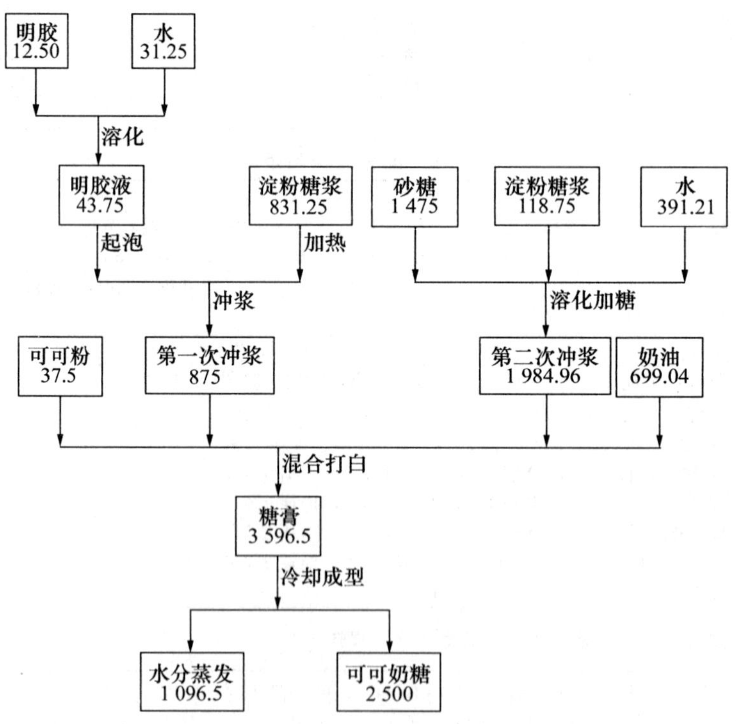

图4-1 班产2 500 kg可可奶糖物料平衡图（单位：kg）

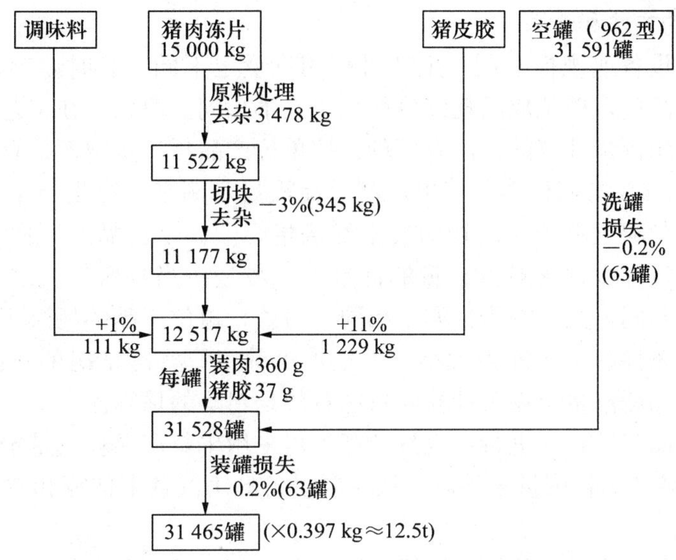

图4－2　班产12.5 t原汁猪肉物料平衡图

（二）物料平衡表

物料平衡表是物料平衡计算的另一种表示形式，其内容与平衡图相同，其格式见表4－9。

表4－9　物料平衡表

名称 / 计算单位		主料、辅原料								产品		
										食品	正常损失	非正常损失
批次	质量											
	百分比											
班次	质量											
	百分比											

二、热量衡算

（一）热量衡算的意义

在食品工厂的生产操作中，热量的需求是必须满足的，而热量常常是以蒸汽的形式提供的。如罐头厂、乳品厂的主要以蒸汽作为热源的工序有：热烫、配汤、浓缩、干燥、杀菌、保温、设备和管道的消毒、车间的清洁卫生等。热量衡算就是要通过对生产中热量需求量的计算，确定生产用汽量，并通过计算，定量研究生产过程，为过程设计和操作提供最佳化依据；计算生产过程能耗定额指标；应用蒸汽等热量消耗指标，对工艺设计的多种方案进行比较，以选定先进的生产工艺，或对已投产的生产系统提出改造或革新，分析生产过程的经济合理性、过程先进性，并找出生产上存在的问题。热量衡算的数据是设备类型的选择及确定其尺寸、台数的依据，也是组织和管理、生产、经济核算和最优化的基础。用汽量计算的结果分析有助于工艺流程和设备的改进，达到节约能源、降低生产成本的目的。

（二）热量衡算的方法和步骤

食品生产工艺、设备或规模不同，生产过程用汽量也不同，有时差异很大。即便是同一规模、工艺也相同的食品厂，单位成品耗汽量往往也大不相同。所以，在工艺流程设计时，必须妥善安排，合理用汽。用汽量计算的方法有两种：按单位产品耗汽量定额估算和计算。

1. *按单位产品耗汽量定额估算* 用单位产品耗汽量定额来估算生产车间的用汽量，其方法简便，但目前在我国尚缺乏具体和确切的技术经济指标。一个食品工厂往往同时要生产几种产品，而各产品在生产过程中缺乏对汽耗量的计量，一般是按当月所耗汽之总量分摊到各产品中去。各厂的摊派方式不同，其定额指标亦不相同。另外，单位产品的耗汽额还因地区不同、原料品种的差异以及设备条件、生产能力大小、管理水平等工厂实际情况的不同而有较大幅度的变化。所以，用单位产品耗汽量定额来计算就只能看成是粗略的估算。

对于规模小的食品工厂，在进行用汽量计算时可采用单位产品耗汽量定额估算法，又可分为3种方法：即按单位吨产品耗汽量来估算、按主要设备的用汽量来估算和按食品工厂规模来拟定给汽能力。

（1）按单位吨产品耗汽量来估算 根据我国部分罐头食品厂和乳品厂的调查统计，其单位产品耗汽量大致如表4－10所示。

表4－10 部分乳制品平均每吨成品耗汽量表

产品名称	耗汽量（t/t）	耗水量（t/t）	产品名称	耗汽量（t/t）	耗水量（t/t）
消毒奶	0.28～0.4	8～10	奶油	1.0～2.0	28～49
全脂奶粉	10～15	130～150	干酪素	40～55	380～400
全脂甜奶粉	9～12	100～120	乳粉	40～45	40～50
甜炼乳	3.5～4.6	45～60			

注：①以上指生产用汽，不包括生活用汽；②北方气候寒冷，应取较大值。

（2）按主要设备的用汽量来估算 有些设备的用汽量较大，在安排管路系统时，要考虑到它们在生产车间的分布情况。对蒸汽压力要求较高，用汽量大而集中的地方，应单独接入主干管路。表4－11列出一些设备的用汽量。

表4－11 部分罐头和乳品用汽设备的用汽量表

设备名称	设备能力	用汽量（kg/h）	进汽管径（D_g）	用汽性质
可倾式夹层锅	300 L	120～150	25	间隙
五链排水箱	10124号罐235罐	150～200	32	连续
立式杀菌锅	8113号罐552罐	200～250	32	间隙
卧式杀菌锅	8113号罐2300罐	450～500	40	间隙
常压连续杀菌机	8113号罐608罐	250～300	32	连续
茄酱预热器	5 t/h	300～350	32	连续
双效浓缩锅	蒸发量1 000 kg/h	400～500	100	连续
双效浓缩锅	蒸发量400 kg/h	200～250	50	连续
蘑菇预煮机	3～4 t/h	300～400	500	连续
青刀豆预煮机	2～2.5 t/h	200～250	40	连续
擦罐机	6 000罐/h	60～80	25	连续

（续）

设备名称	设备能力	用汽量（kg/h）	进汽管径（D_g）	用汽性质
KDK 保温缸	100 L	340	50	间隙
片式热交换器	3 t/h	139	25	连续
洗瓶机	20 000 瓶/h	600	50	连续
洗桶机	180 个/h	200	32	连续
真空浓缩锅	300 L/h	350	50	间隙或连续
真空浓缩锅	700 L/h	800	70	间隙或连续
真空浓缩锅	1 000 L/h	1 130	80	间隙或连续
双效真空浓缩锅	1 200 L/h	500～720	50	连续
三效真空浓缩锅	3 000 L/h	800	70	连续
喷雾干燥塔	75 kg/h	300	50	连续
喷雾干燥塔	150 kg/h	570	50	连续
喷雾干燥塔	250 kg/h	875	70	连续
喷雾干燥塔	350 kg/h	1 050	80	连续
喷雾干燥塔	700 kg/h	1 960	100	连续

（3）按食品工厂规模来拟定给汽能力　下面列举部分乳制品按一定的生产规模建议设置的供汽能力大小（表 4－12）。

表 4－12　部分乳制品按生产规模供汽能力表

成品类别	班产量（t/班）	建议用汽量（t/h）
乳粉、甜炼乳、奶油	5 10 20	1.5～2.2 1.8～3.5 5～6
消毒奶、酸奶、冰激凌	20 40	1.2～1.5 2.2～3.0
奶油、干酪素、乳糖	5 10 50	0.8～1.0 1.5～1.8 7.5～8.0

注：① 以上指生产用汽，不包括采暖和生活用汽；②北方寒冷，宜选用较大值。

2. 计算法　对于规模较大的食品工厂设计时，在进行用汽量计算时必须采用计算的方法，保证用汽量的准确性。用汽量计算可以做全过程的或单元设备的用汽量计算。现以单元设备的用汽量计算为例加以说明，具体的方法和步骤介绍于下。

（1）画出单元设备的物料流向及变化的示意图。

（2）分析物料流向及变化，写出热量计算式。

$$\sum Q_{入} = \sum Q_{出} + \sum Q_{损}$$

式中　$\sum Q_{入}$——输入的热量总和（kJ）；

$\sum Q_{出}$——输出的热量总和（kJ）；

$\sum Q_{损}$——损失的热量总和（kJ）。

通常　$\sum Q_{入} = Q_1 + Q_2 + Q_3$

$$\sum Q_{出} = Q_4 + Q_5 + Q_6 + Q_7$$

$$\sum Q_{损} = Q_8$$

式中　Q_1——物料带入的热量（kJ）；

Q_2——由加热剂（或冷却剂）传给设备和所处理的物料的热量（kJ）；

Q_3——过程的热效应（包括生物反应热、搅拌热等）（kJ）；

Q_4——物料带出的热量（kJ）；

Q_5——加热设备需要的热量（kJ）；

Q_6——加热物料需要的热量（kJ）；

Q_7——气体或蒸汽带出的热量（kJ）。

值得注意的是，对具体的单元设备，上述的 $Q_1 \sim Q_8$ 各项热量不一定都存在，故进行热量计算时，必须根据具体情况进行具体分析。

（3）收集数据　为了使热量计算顺利进行，计算结果无误和节约时间，首先要收集数据，如物料量、工艺条件以及必需的物性数据等。这些有用的数据可以从专门手册中查到，或取自工厂实际生产数据，或根据试验研究结果选定。

（4）确定合适的计算基准　在热量计算中，取不同的基准温度，按照热量计算式所得的结果就不同。所以必须选准一个设计温度，且每一物料的进出口基准温度必须一致。通常，取 0 ℃为基准温度可简化计算。此外，为使计算方便、准确，可灵活选取适当的基准，如按 100 kg 原料或成品、每小时或每批次处理量等做基准进行计算。

（5）进行具体的热量计算

①物料带入的热量 Q_1 和带出热量 Q_4：可按下式计算

$$Q = \sum m_1 c_1 t$$

式中　m_1——物料质量（kg）；

c_1——物料比热容［kJ/（kg·℃）］；

t——物料进入或离开设备的温度（℃）。

②过程热效应 Q_3：主要有合成热 Q_B、搅拌热 Q_S 和状态热（例如汽化热、溶解热、结晶热等），计算公式是

$$Q_3 = Q_B + Q_S$$

式中　Q_B——发酵热（呼吸热）（kJ）（视不同条件、环境进行计算）；

Q_S——搅拌热。

搅拌热 Q_S 可采用下述公式计算

$$Q_S = 3\,600 P \eta$$

式中　P——搅拌功率（kW）；

η——搅拌过程功热转化率（通常取 92%）。

③加热设备耗热量 Q_5：为了简化计算，忽略设备不同部分的温度差异，采用下式计算加热设备耗热量 Q_5

$$Q_5 = m_2 c_2 (t_2 - t_1)$$

式中 m_2——设备总质量（kg）；

c_2——设备材料比热容［kJ/（kg·℃）］；

t_2、t_1——设备加热前后的平均温度（℃）。

④气体或蒸汽带出热量 Q_7：采用下式计算

$$Q_7 = \sum m_3(c_3 t + r)$$

式中 m_3——离开设备的气体物料（如空气、CO_2等）量（kg）；

c_3——液态物料由0℃升温至蒸发温度的平均比热容［kJ/（kg·℃）］；

t——气态物料温度（℃）；

r——蒸发潜热（kJ/kg）。

⑤设备向环境散热 Q_8：为了简化计算，假定设备壁面的温度是相同的，则有下述计算公式

$$Q_8 = A\lambda_T(t_w - t_a)\tau$$

式中 A——设备总表面（m^2）；

λ_T——壁面对空气的联合热导率［W/（m^2·℃）］；

t_w——壁面温度（℃）；

t_a——环境空气温度（℃）；

τ——操作过程时间（s）。

λ_T的计算，采用下述计算公式

a. 空气作自然对流时 $\lambda_T = 8 + 0.05t_w$

b. 强制对流，而空气流速 $v \leqslant 5$ m/s 时 $\lambda_T = 5.3 + 3.6v$

强制对流，而空气流速 $v > 5$ m/s 时 $\lambda_T = 6.7v^{0.78}$

⑥加热物料需要的热量 Q_6：采用下述计量公式

$$Q_6 = m_1 c(t_2 - t_1)$$

式中 m_1——物料质量（kg）；

c——物料比热容［kJ/(kg·℃)］；

t_2、t_1——物料加热前后的温度（℃）。

⑦加热（或冷却）介质传入（或带出）的热量 Q_2：对于热量计算的设计任务，Q_2是待求量，也称为有效热负荷。若计算出的 Q_2，为正值，则过程需加热；若 Q_2 为负值，则过程需从操作系统移出热量，即需冷却。

最后，根据 Q_2来确定加热（或冷却）介质及其用量。

3. 在进行热量衡算时值得注意的几个问题

①应包括热量计算系统所涉及的所有热量和可能转化成热量的其他能量，不要遗漏。但对计算影响很小的项目可以忽略不计，以简化计算。

②确定物料衡算的基准、热量衡算的基准温度和其他能量基准，有相变时，必须确定相态基准，不要忽略相变热。

③正确选择与计算热力学数据。

④在有相关条件约束，物料量和能量参数（如温度）有直接影响时，宜将物料衡算和热量衡

算联合进行，这样才能获得准确结果。

三、供水衡算

（一）供水衡算的意义

食品生产中，水是必不可少的物料。因为食品生产过程涉及的物理方法和生化反应，都必须有水的存在，原料的预处理、加热、杀菌、冷却、培养基的制备、设备和食品生产车间的清洗等都需要大量的水。可以说，没有水食品生产就无法进行。罐头厂、乳品厂的主要用水部分有：原料的预处理、半成品的漂洗、浓缩锅蒸汽的冷凝、杀菌后产品的冷却、包装容器的洗涤消毒、车间的清洁卫生、产品在生产过程中本身所需之水等。

食品生产车间用水量的多少，随产品种类而异。如每生产 1 t 肉类罐头，用水量在 35 t 以上；每生产 1 t 啤酒，用水量在 10 t 以上（不包括麦芽生产）；每生产 1 t 软饮料，用水量在 7 t 以上；每生产 1 t 全脂奶粉，用水量在 130 t 以上。

在食品加工中，原料的预处理、蒸煮、糖化等过程，都有原料的最佳配比、物料浓度范围，故加水量必须严格控制。例如，在啤酒生产中，麦芽或大米等糊化及糖化过程中的料水比都有较严格的定量关系。所以，对于食品生产来说，供水衡算，即根据不同食品生产中对水的不同需求，进行用水量的计算，是十分重要的，并且与物料衡算、热量衡算等工艺计算以及设备的计算和选型、产品成本、技术经济等均有密切关系。

（二）供水衡算的方法和步骤

食品生产工艺、设备或规模不同，生产过程用水量也不同，有时差异很大。即便是同一规模、工艺也相同的食品生产，单位成品耗水量往往也大不相同。所以在工艺流程设计时，必须妥善安排，合理用水，尽量做到一水多用。

供水衡算的方法有两种：按单位产品耗水量定额来估算和计算法。

1. *按单位产品耗水量定额来估算*　与热量衡算类似，用单位产品耗水量定额来估算生产车间的用水量，其方法简便，但目前在我国尚缺乏具体和确切的技术经济指标。一个食品工厂往往同时要生产几种产品，而各产品在生产过程中缺乏对耗水量的计量，一般是按当月所耗水之总量分摊到各产品中去。各厂的摊派方式不同，其定额指标亦不相同。另外，单位产品的耗水额还因地区不同、原料品种的差异以及设备条件、生产能力大小、管理水平等工厂实际情况的不同而有较大幅度的变化。所以，用单位产品耗水量定额来计算就只能看成是粗略的估算。

同样，对于规模小的食品工厂在进行供水衡算时可采用单位产品耗水量定额估算法，可分为 3 种方法：按单位吨产品耗水量来估算、按主要设备的用水量来估算和按食品工厂生产规模来拟定给水能力。

（1）按单位吨产品耗水量来估算　根据我国部分罐头食品厂和乳品厂的调查统计，其单位耗水量大致如表 4－10 所示。

（2）按主要设备的用水量来估算　有些设备的用水量较大，在安排管路系统时，要考虑到它们在生产车间的分布情况。对用水压力要求较高，用水量大而集中的地方，应单独接入主干管路。表 4－13 列出一些设备的用水量。

表 4-13 部分设备的用水情况表

设备名称	设备能力	用水目的	用水量（t/h）	进水管径（D_g）
番茄浮选机	3 t/h	果实清洗	25～30	80
连续预煮机	3～4 t/h	预煮后冷却	15～20	70
青刀豆预煮机	2～2.5 t/h	预煮后冷却	10～15	50
真空浓缩锅	300 kg/h	二次蒸汽冷却	11.6	50
真空浓缩锅	500 kg/h	二次蒸汽冷却	25	70
真空浓缩锅	700 kg/h	二次蒸汽冷却	30～35	80
真空浓缩锅	1 000 kg/h	二次蒸汽冷却	39	80
双效浓缩锅	1 000 kg/h	二次蒸汽冷却	35～40	80
双效浓缩锅	4 000 kg/h	二次蒸汽冷却	125～140	150
卧式杀菌锅		杀菌后冷却	15～20	50
常压连续杀菌锅		杀菌后冷却	15～20	50
消毒奶洗瓶机	20 000 瓶/h	洗净容器	12～15	50
洗桶机（洗奶桶）	180 桶/h	洗净容器	2	20
600 L 冷热缸		杀菌冷却	5	20
1 000 L 冷热缸		杀菌冷却	9	25

注：①浓缩锅冷却水量按进水温度 20 ℃，出水温度 40 ℃计；②番茄浮选机用水可以部分循环。

（3）按食品工厂规模来拟定供水能力 一个食品工厂要设置多大的给水能力，主要是根据生产规模，特别是班产量的大小而定。用水量与产量有一定的比例关系，但不一定成正比。班产量越大，单位产品耗水量越低，给水能力因而可相应降低。表 4-14 列举了部分罐头和乳制品按一定的生产规模建议设置的供水能力大小。

表 4-14 部分罐头食品和乳制品的给水能力表

成品类别	班产量（t/班）	建议给水能力（t/h）	备 注
肉禽水产类罐头	4～6 8～10 15～20	40～50 70～90 120～150	不包括速冻冷藏
果蔬类	4～6 10～15 25～40	50～70 120～150 200～250	番茄酱例外
奶粉、甜炼乳、奶油	5 10 15	15～20 28～30 57～60	
消毒奶、酸奶、冰激凌、奶油、干酪素、乳糖	5 10 50	10～15 18～25 70～90	

注：①以上数据指生产用水，不包括生活用水；②南方地区气温高，冷却水量较大，应取较大值。

2. 计算法 对于规模较大的食品工厂，在进行水用量计算时必须采用计算法，保证用水量的准确性。方法和步骤如下。

（1）充分了解用水量计算的目的要求，从而采用适当的计算方法 例如，要做一个生产过程设计，当然就要对整个过程和其中的每个设备做详细的用水量计算，计算项目要全面、细致，以便为后一步设备计算提供可靠依据。

（2）绘出用水量计算流程示意图　为了使研究的问题形象化和具体化，使计算的目的正确、明了，通常使用框图显示所研究的系统。图形表达的内容应准确、详细。

（3）收集设计基础数据　需收集的数据资料一般应包括：生产规模，年生产天数，原料、辅料和产品的规格、组成及质量等。

（4）确定工艺指标及消耗定额等　设计所需的工艺指标、原材料消耗定额及其他经验数据，根据所用的生产方法、工艺流程和设备，对照同类生产工厂的实际水平来确定，这必须是先进而又可行的。

（5）选定计算基准　计算基准是工艺计算的出发点，选择正确，能使计算结果正确，而且可使计算结果大为简化。因此，应该根据生产过程特点，选定统一的基准。在工业上，常有的基准有下述几个。

①以单位时间产品或单位时间原料作为计算基准。

②以单位重量、单位体积或单位摩尔产品或原料为计算基准。如肉制品生产用水量计算，可以以 100 kg 原料来计算。

③以加入设备的一批物料量为计算基准，如啤酒生产就可以用投入糖化锅、发酵罐的每批次用水量为计算基准。

（6）计算　由已知数据，根据质量守恒定律列出相关数学关联式，并求解。此计算既适用于整个生产过程，也适用于某一个工序和设备。

（7）校核与整理计算结果，列出用水量计算表　在整个用水量计算过程中，对主要计算结果都必须认真校核，以保证计算结果准确无误。一旦发现差错，必须及时重算更正，否则将耽误设计进度。最后，把整理好的计算结果列成供水衡算表。

（三）供水衡算实例

以年产量为 5 000 t 的啤酒厂为计算基准，混合原料量为 1 421 kg。

（1）耗水量计算　100 kg 混合原料大约需用水量 400 kg，则有

糖化用水量＝1 421×400/100＝5 684（kg）

糖化用水时间设为 0.5 h，故

每小时最大用水量＝5 684/0.5＝11 368（kg/h）

（2）洗槽用水　100 kg 原料洗槽用水约 450 kg，则

洗槽用水量＝1 421×450/100＝6 394.5（kg）

用水时间为 1.5 h，则

洗槽最大用水量＝6 394.5/1.5＝4 263（kg/h）

（3）糖化锅洗刷用水　有效体积为 20 m^3 的糖化锅及其设备洗刷用水每糖化一次，用水约 6 t，用水时间为 2 h，故

糖化锅洗刷最大用水量＝6/2＝3（t/h）

（4）沉淀槽冷却用水 G　采用以下计算公式

$$G=\frac{Q}{c(t_2-t_1)}$$

式中，热麦汁放出热量 $Q=G_P \cdot c_P\ (t_1'-t_2')$；热麦汁相对密度 $\rho_{麦汁}=1.043$；热麦汁量 $G_P=$ 8 525×1.043=8 892（kg/h）；热麦汁比热容 $c_P=4.1$ [kJ/（kg·℃）]；热麦汁温度 $t_1'=100$ ℃，$t_2'=55$ ℃；冷却水温度 $t_1=18$ ℃，$t_2=45$ ℃；冷却水比热容 $c=4.18$ [kJ/（kg·℃）]。所以，有

$$Q=8\,892\times4.1(100-55)=1\,640\,574(\text{kJ/h})$$

$$G=\frac{1\,640\,574}{4.18(45-18)}=14\,536(\text{kg/h})$$

（5）沉淀槽洗刷用水　每次洗刷用水 3.5 t，冲洗时间设为 0.5 h，则沉淀槽洗刷最大用水量=3.5÷0.5=7（t/h）

（6）麦汁冷却器冷却用水　麦汁冷却时间设为 1 h，麦汁冷却温度为 55 ℃→6 ℃，分两段冷却，第一段：麦汁温度 55 ℃→25 ℃，冷水温度 18 ℃→30 ℃，冷却用水量 G 和麦汁放出热量 Q 用下列公式计算

$$G=\frac{Q}{c(t_2-t_1)}$$

$$Q=\frac{G_P c_P(t'_1-t'_2)}{\tau}$$

式中，麦汁量 $G_P=8\,892$ kg；麦汁比热容 $c_P=4.1$ [kJ/（kg·℃）]；麦汁温度 $t'_1=55$ ℃，$t'_2=25$ ℃；水的比热容 $c=4.18$ [kJ/（kg·℃）]；冷却水温度 $t_1=18$ ℃，$t_2=30$ ℃；麦汁冷却时间 $\tau=1$ h。所以，有

$$Q=\frac{8\,892\times4.1(55-25)}{1}=1\,093\,716(\text{kJ/h})$$

$$G=\frac{1\,093\,716}{4.18(30-18)}=21\,804(\text{kg/h})$$

（7）麦汁冷却器冲刷用水　设冲刷一次，用水 1 t，用水时间为 0.5 h，则

麦汁冷却器冲刷最大用水量=4÷0.5=8（t/h）

（8）酵母洗涤用水（无菌水）　每天酵母泥最大产量约 300 L，酵母储存期每天换水一次，新收酵母洗涤 4 次，每次用水量为酵母的 2 倍，则

酵母洗涤连续生产每天用水量=（4+1）×300×2=3 000（L）

设用水时间为 1 h，故

酵母洗涤最大用水量=3（t/h）

（9）发酵罐洗刷用水　每天冲刷体积为 10 m^3 的发酵罐 2 个，每个用水 2 t，冲刷地面共用水 2 t，则

发酵罐洗刷每天用水量=2×2+2=6（t）

用水时间设为 1.5 h，则

发酵罐洗刷最大用水量=6÷1.5=4（t/h）

（10）储酒罐冲刷用水　每天冲刷体积为 10 m^3 的储酒罐一个，用水为 2 t，管路及地面冲刷用水 1 t，冲刷时间为 1 h，则

储酒罐冲刷最大用水量=2+1=3（t/h）

（11）清酒罐冲刷　每天使用体积为 2.5 m^3 的清酒罐 4 个，冲洗一次，共用水 4 t，冲刷时

间为 40 min，则

清酒罐冲刷最大用水量＝4×60÷40＝6（t/h）

（12）过滤机用水　过滤机 2 台，每台冲刷一次，用水 3t（包括顶酒用水），使用时间为 1.5 h,则

过滤机最大用水量＝2×3÷1.5＝4（t/h）

（13）洗瓶机用水

①洗瓶机放水量 m_1：洗瓶机体积为 5.3 m^3，滤饼直径为 0.525 m，每组滤饼有 20 片，洗瓶机中含两组滤饼，采用下式计算

m_1 ＝洗瓶机体积－滤饼体积

$=5.3-[\pi\div4\times(0.525)^2\times0.05\times40]$

$=5.3-0.433$

$=4.867$（m^3）≈4.867（t）

②洗棉过程中换水量 m_2：取换水量为放水量的 3 倍，即

$$m_2=3m_1=3\times4.867=14.6(t)$$

③洗棉机洗刷用水 m_3：每次洗刷用水 m_3 为 1.5（t）。

④洗棉机每日用水量 m：淡季洗棉机开一班，旺季开两班，则用水量

$m=2(m_1+m_2+m_3)$

$=2(4.867+14.6+1.5)$

$=41.93$（t）

在洗棉过程中，以换水洗涤时的耗水量最大，设换水时间为 2 h，则

洗棉机最大用水量＝14.6÷2＝7.3（t/h）

（14）鲜啤酒桶洗刷用水　旺季每天最大产啤酒量 22.5 t（三锅量），其中鲜啤酒占 50%（设桶装占 70%），则

桶装啤酒量＝22.5×50%×70%＝7.875（t）＝7 875（L）

鲜啤酒桶体积为 20 L/桶，则

所需桶数＝7 875/20＝393.8（桶/d）

冲桶水量为桶体积 1.5 倍，则

冲桶每日用水量＝393.8×0.02×1.5＝11.81（t）

冲桶器每次同时冲洗 2 桶，冲洗时间为 1.5 min，故

冲桶每小时用水量＝0.02×1.5×60÷1.5＝1.2（t/h）

（15）洗瓶机用水　按设备规范表，洗瓶机最大生产能力为 3 000 瓶/h（最高线速），冲洗每个瓶约需水 1.5 L，则

冲桶机用水量＝3 000×1.5＝4 500（L/h）

以每班生产 7 h 计，则

冲桶机每班总耗水量 4500×7＝31 500（L）

（16）装酒机用水　每冲洗一次，用水 2.5 t，每班冲洗一次，每次 0.5 h，则

装酒机最大用水量＝2.5÷0.5＝5（t/h）

(17) 杀菌机用水　杀菌机每个瓶耗水量以 1L 计算，每小时杀菌 3 000 个瓶，则

杀菌机用水量=3 000×1=3 000 (L/h)

每班杀菌 7 h，则

杀菌机每班用水量=3 000×7=21 000 (L)

(18) 其他用水　包括冲洗地面、管道冲刷、洗滤布，每班需用水 10 t，设用水时间为 2 h，则

其他用水量=10÷2=5 (t/h)

把上述计算结果整理成供水衡算表，如表 4-15 所示。

表 4-15　年产 5 000 t 啤酒厂啤酒车间供水衡算表

名　称	规　格	吨产品消耗额 (t/t)	每小时用量 (kg/h)	每天用量 (t/d)	年耗量 (t/年)
冷　水	自来水	117	155 379	2 331	582 750
无菌水		0.15	3 000	3	750

第五节　设备生产能力计算及选型

物料衡算是设备选型的根据，而设备选型则要符合工艺的要求。设备选型是保证产品质量的关键和体现生产水平的标准，又是工艺设计的基础，并且为动力配电，水、汽用量计算提供依据。设备选型应根据每一个品种、单位时间（小时或分）产量的物料平衡情况和设备生产能力确定所需设备的台数。若有几种产品都需要共同的设备，在不同时间使用时，应按处理量最大的品种所需要的台数来确定。对生产中的关键设备，除按实际生产能力所需的台数配备外，还应考虑有备用设备。一般后道工序设备的生产能力要略大于前道工序，以防物料积压。

一、设备选型及设备设计的原则

食品工厂生产设备大体可分 4 个类型：计量和储存设备、定型专用设备、通用机械设备和非标准专业设备。在选择设备时，要按照下列原则进行。

① 满足工艺要求，保证产品的质量和产量。

② 一般大型食品工厂应选用较先进的、机械化程度高的设备；中型厂则看具体条件，一些主要产品可选用机械化、连续化程度较高的设备；小型厂则选用较简单的设备。

③ 所选设备能充分利用原料，能耗少，效率高，体积小，维修方便，劳动强度低，并能一机多用。

④ 所选设备应符合食品卫生要求，易清洗装拆，与食品接触的材料要抗腐蚀，不致对食品造成污染。

⑤ 设备结构合理，材料性能可适应各种工作条件（如温度、湿度、压力、酸碱度等）。

⑥ 在温度、压力、真空度、浓度、时间、速度、流量、液位、计数和程序等方面有合理的控制系统，并尽量采用自动控制方式。

二、设备生产能力的计算

食品工厂所用设备的生产能力，有些一看铭牌就可知道，但有些设备的生产能力随物料、产品品种、生产工艺条件等而改变，例如流槽、输送带、杀菌锅等等。现将一些设备生产能力的计算公式介绍于下。

（一）流送槽

流送槽生产能力的计算公式为

$$Q=\frac{Fv\rho}{m+1}$$

式中 Q——原料流量（kg/s）；

F——通过流送槽的有效截面面积（水浸部分的截面积）（m^2）；

v——流送槽的流送速度（一般取 0.5～1.0 m/s）；

ρ——混合物密度（计算时可近似取 1 000 kg/m^2）；

m——水对物料的倍数（对于蔬菜类取 3～6，鱼类取 6～8）。

（二）斗式升送机

斗式升送机生产能力的计算公式为

$$G=3\,600\,\frac{i}{a}v\rho\varphi$$

式中 G——斗式升送机生产能力（t/h）；

i——料斗容积（m^3）；

a——两个料斗中心距（m）（对于疏斗，可取斗深的 2.3～2.4 倍；对于连续布置的斗，可取斗深的 1 倍）；

φ——料斗的充填系数（决定于物料种类及充填方法，对于粉状及细粒干燥物料取 0.75～0.95，谷物取 0.70～0.90，水果取 0.50～0.70）；

v——牵引件（带子或链条）速度（m/s）；

ρ——物料的堆积密度（t/m^3）。

（三）带式输送机

1. 水平带式输送机　其生产能力的计算公式为

$$G=3\,600\,Bh\rho v\varphi$$

式中 G——水平带式输送机生产能力（t/h）；

B——带宽（m）；

ρ——装载密度（t/m^3）；

φ——装填系数（取 0.6～0.8，一般取 0.75）；

h——堆放一层物料的平均高度（m）；

v——带速（m/s）(用作检查性的一般取 0.05～0.1 m/s，用做运输时一般取 0.8～2.5 m/s)。

2. 倾斜带式输送机　其生产能力的计算公式为

$$G_0 = \frac{G}{\varphi_0}$$

式中　G_0——倾斜带式输送机生产能力（t/h）；

G——水平带式输送机生产能力（t/h）；

φ_0——倾斜系数（其值决定于倾斜角度，参阅表 4－16）。

表 4－16　倾斜系数

倾斜角度	0～10°	11°～15°	16°～18°	19°～20°
φ_0	1.00	1.05	1.10	1.15

凡是用带式输送机原理设计的其他设备，如预煮售干燥等设备，均可用此公式计算

（四）杀菌锅

1. 每台杀菌锅操作周期所需的时间 T（min）　其计算公式为

$$T = \tau_1 + \tau_2 + \tau_3 + \tau_4 + \tau_5$$

式中　τ_1——装锅时间（一般取 5min）；

τ_2——升温时间（min）；

τ_3——恒温时间（min）；

τ_4——降温时间（min）；

τ_5——出锅时间（一般取 5min）。

2. 每台杀菌锅内装罐头的数量 n（罐）　其计算公式为

$$n = Kaz\frac{d_1^2}{d_2^2}$$

式中　K——装载系数（随罐头的罐型不同而不同，常用罐型的 K 值可取 0.55～0.60）；

a——杀菌篮高度与罐头高度之比值；

z——杀菌锅内杀菌篮数目；

d_1——杀菌篮内径（m）；

d_2——罐头外径（m）。

3. 每台杀菌锅的生产能力 G（罐/h）　其计算公式为

$$G = \frac{60\,n}{T}$$

4. 1h 内杀菌 X 罐所需的杀菌锅数目 N（台）　依下式计算

$$N = \frac{X}{G}$$

5. 制作杀菌工段操作图表　先计算装完一锅罐头所需时间 t（min），依下式计算

$$t = \frac{60\,n}{X}$$

然后计算一个杀菌的操作周期时间 T 和杀菌锅所需的数目 N，则可制订杀菌工段的操作图表。

【例】　设第一个锅 8：00 开始装锅，则第二锅是 8：00＋t 后装锅，第三锅是 8：00＋2t 后装锅，以下类推，直至 N 锅。

第一个锅杀菌后出锅完毕的时间是8：00＋T，第二个锅出锅完毕是8：00＋（$T+t$），第三个锅出锅完毕是8：00＋（$T+t+t$），以此类推，直至第n个锅。这样即可制订出杀菌工段的操作图表。

如果根据计算需要6个杀菌锅，t＋26 min，杀菌式为$\frac{25-90-25}{116\ ℃}$，第一个杀菌锅在8：00开始装锅，则其操作图表如表4－17所示。

表4－17　杀菌工段的操作图表

过　程	杀　菌　锅　号　数						
	1	2	3	4	5	6	7（1）
装锅开始	8：00	8：26	8：52	9：18	9：44	10：10	10：36
装锅结束	8：05	8：31	8：57	9：23	9：49	10：15	10：41
升温结束	8：30	8：56	9：22	9：48	10：14	10：40	11：06
杀菌结束	10：00	10：26	10：52	11：18	11：44	12：10	12：36
降温冷却结束	10：25	10：51	11：17	11：43	12：09	12：35	13：01
出锅结束	10：30	10：56	11：22	11：48	12：14	12：40	13：06

从操作图表中可知，第一号杀菌锅于8：00开始装锅到杀菌全过程结束时是10：30，操作周期时间为150 min。第二个周期开始是10：36，周期间隔时间为6 min。第六号锅装锅结束时间是10：15，而第一号锅出锅开始时间是10：25，即装锅和出锅时间最少相差有10 min，进出锅时间不会冲突，工人可以顺利操作，否则就需要增加杀菌操作工人。

排气箱、二重锅生产能力G（罐/h或kg/h）亦按杀菌锅生产能力计算，即

$$G=\frac{60\,n}{T}$$

式中　n——排气箱容量或二重锅每次加料量（罐或kg）；

T——排气时间或二重锅预煮循环一次周期时间（min）。

（五）空气压缩机

1. 杀菌锅反压冷却时所需空气压缩机容量　依下式计算

$$V_2=V_1\frac{p_2}{p_1}$$

式中　V_1——杀菌锅容积（m^3）；

p_1——大气压力（kPa）；

V_2——杀菌锅内反压为p_2时所需的空气量（m^3）；

p_2——反压冷却时的绝对压力（kPa）。

2. 每只杀菌锅在反压时所需储气桶容量Q　依下式计算

$$Q=\frac{V_2}{V_3}$$

式中　V_2——杀菌锅内反压为p_2时所需的空气量（m^3）；

V_3——在储气桶的压力p下每立方米空气所提供的常压空气量（m^3/m^3，参见表4－18）。

表 4-18　在不同压力下，储气桶内每立方米容积能提供的常压空气量（m^3）

冷却时反压(绝对压力)(kPa)	储气桶的绝对压力（kPa）									
	500	565	625	696	765	834	902	961	1 069	1 098
164.75	3.4	4.1	4.75	5.45	6.10	6.80	7.50	8.20	8.85	9.55
181.42	3.20	3.90	4.60	5.20	5.95	6.65	7.30	8.00	8.70	9.35
198.09	3.05	3.75	4.40	5.1	5.80	6.45	7.15	7.85	8.50	9.20
217.71	2.85	3.55	4.20	4.90	5.55	6.25	6.95	7.65	8.30	9.00
238.30	2.65	3.35	4.00	4.70	5.35	6.05	6.75	7.45	8.10	8.80

注：本表中 1 大气压按 98.066 5 kPa 计。

3. 空气压缩机每分钟的空气供应量 V（m^3/min）　依下式计算

$$V = \frac{V_2}{\tau} n$$

式中　V_2——杀菌锅内反压为 p_2 时所需的空气量（m^3/min）；

τ——冷却过程所需时间（min）；

n——杀菌锅数目。

（六）泵的流量

1. 离心奶泵的流量 Q（m^3/s）　依下式计算

$$Q = \frac{102N\eta}{\rho H}$$

式中　H——扬程（m）；

ρ——液体密度（kg/m^3）；

η——泵之总效率（η 取 0.4～0.6。$\eta=\eta_1\eta_2\eta_3$，η_1 为容积效率，η_1＝实际流量 Q/通过叶轮的流量 Q'；η_2 为水力效率，η_2＝实际扬程 H/理论扬程 H'；η_3 为机械效率（考虑轴承密封装置摩擦等因素）；

N——轴功率（kW）[$N=N_p\eta_a/(1+a)$，其中 N_p 为电动机功率，kW；η_a 为传动效率，皮带传动取 0.9～0.95，齿轮转动取 0.92～0.98；a 为保留系数，取 0.1～0.2]。

2. 螺杆泵的流量 Q

（1）螺杆泵螺杆每转一圈时的流体流量 Q_1（m^3/r）的计算公式

$$Q_1 = \frac{\left(4eD + \frac{\pi D^2}{4} - \frac{\pi D^2}{4}\right)T}{100^3} = \frac{4eDT}{100^3}$$

（2）螺杆 n r/min 时的总流量 Q（m^3/h）的计算公式

$$Q = 60Q_1 n\eta_1 = \frac{neDT\eta_1}{4\ 167}$$

式中　η_1——螺杆泵的容积效率（一般为 0.7～0.8）；

T——螺腔的螺距（$T=2t$，cm）；

t——螺杆的螺距（cm）；

e——偏心距（cm）；

n——螺杆的转速（r/min）；

D——螺杆直径（cm）。

某小型螺杆泵的技术特性：螺杆直径 $D=35\text{mm}$；螺杆偏心距 $e=3\text{mm}$；螺杆螺距 $t=50\text{ mm}$；螺腔螺距 100 mm，长度=200 mm，头数 2；电动机 $JO_3-21-6D_2$ 1.5kW，940 r/min；压头 294 kPa（30 m H_2O）；流量 1.5 m^3/h。

在一些设备的生产能力计算时，要用到物料容重，表 4－19 列出了部分物料容重以供参考。

表 4－19 部分物料容重表

原料名称	容重（kg/m^3）	原料名称	容重（kg/m^3）	原料名称	容重（kg/m^3）
辣椒	200～300	花生米	500～630	肥度中等的牛肉	980
茄子	330～430	大　豆	700～770	肥猪肉	950
番茄	580～630	豌豆粒	770	瘦牛肉	1 070
洋葱	490～520	马铃薯	650～750	肥度中等的猪肉	1 000
胡萝卜	560～590	甘　薯	640	瘦猪肉	1 050
桃果	590～690	甜菜块根	600～770	鱼类	980～1 050
蘑菇	450～500	面　粉	700	脂肪	950～970
刀豆	640～650	肥牛肉	970	骨骼	1 130～1 300
玉米粒	680～770	蚕豆粒	670～800		

（七）高压均质设备

柱塞高压均质泵的生产能力 Q 的计算公式如下

$$Q=\frac{\pi d^2}{4}snz\varphi\times 60=47\,d^2 snz\varphi$$

式中 Q——单作用多缸往复泵生产能力（m^3/h）；

d——柱塞直径（m）；

s——柱塞行程（m）；

n——柱塞每分钟来回数（即主轴转数，r/min）；

z——柱塞数（即缸数）；

φ——泵的体积系数（一般为 0.7～0.9）。

（八）摆动筛

1. 生产能力 G（t/h） 其计算公式为

$$G=3\,600\,B_0\,h\,v_{cp}\,\mu\rho$$

式中 B_0——筛面有效宽度（m，$B_0=0.95\,B$）；

B——设计筛面宽度（m）；

h——筛面的物料厚度（m，$h=(1\sim2)\,D$）；

D——物料最大直径（m）；

v_{cp}——物料沿筛面运动的平均速度（m/s，常为 0.5 m/s 以下）；

μ——物料松散系数（取 0.36～0.64）；

ρ——物料密度（t/m^3）。

2. 功率计算 P（W）　其计算公式为

$$P=\frac{En}{60\eta_a}=\frac{G(\pi n\lambda)^2 n}{60\times 900\eta_a}$$

式中　G——筛体满负荷时的重力（N）；

E——筛子轴每回转一周时筛子动能；

λ——振幅（取 4～6 mm）；

n——偏心轮转数；

η_a——传动效率（取 0.5）。

（九）绞肉机

1. 切割能力 F（cm^2/h）　其计算公式为

$$F=60\frac{\pi D^2}{4}\times\varphi\times Z\times n$$

式中　F——切刀的切割能力（cm^2/h）；

n——切刀转速（r/min）；

D——格板直径（cm）；

φ——孔眼总面积与格板面积之比值（平均为 0.3～0.4）；

Z——切刀总数（十字刀为 4）。

2. 生产能力 G（kg/h）　依下式计算

$$G=\frac{F}{A_1}\times\alpha$$

式中　A_1——被切割每千克物料的面积（cm^2/kg）；

α——切刀切割能力利用系数（0.7～0.8）

注：当孔眼直径为 2 mm 时，A_1＝11 000～12 000 cm^2/kg；

当孔眼直径为 3 mm 时，A_1＝6 000～7 000 cm^2/kg；

当孔眼直径为 2 mm 时，A_1＝700～1 000 cm^2/kg。

3. 功率 P（kW）　依下式计算

$$P=\frac{GW}{\eta}$$

式中　W——切割每千克物料的能量消耗比率（kW/kg，取值范围参见表 4－20）；

η——功效率。

表 4－20　*W* 值的取值范围

孔眼直径 \ 原料肉	鲜　肉	冻　肉
2 mm	0.004～0.005	0.019
3mm	0.002 5～0.003 0	0.010
25 mm	0.000 4	

三、食品工厂主要设备的选择

（一）罐头工厂主要设备

1. 输送设备　罐头工厂主要输送设备一般分为固体输送设备和液体输送设备两大类。

（1）固体输送设备　固体输送设备由于其用途和功能不同，又可分为带式输送机、斗式输送机、螺旋输送机等。

①带式输送机：带式输送机是食品厂中应用最广的一种连续输送机械，它常用于块状、颗粒状等物料及整件物料进行水平方向或倾斜方向运送。同时，还可用做拣选工作台、清洗、预处理操作台等。在罐头厂，该机械常用在原料预处理、拣选、装填各工段以及成品包装仓库等处。

②斗式升送机：在食品厂连续化生产中，斗式升送机用于需要在不同高度来装运物料，使物料由一台机械运送到另一台机械上，或由地面运送到楼上等。

③螺旋输送机：螺旋输送机适用于需要密闭运输的物料，如粒状和颗粒状物料。

（2）液体输送设备　在液体输送设备中，常用的有流送槽、真空吸料装置、泵等。

①流送槽：流送槽是属于水力输送物料的装置，用于把原料从堆放场送到清洗机或预煮机中，适用于番茄、蘑菇、菠萝和其他块茎类原料的输送。

②真空吸料装置：这是一种简易的流体输送方法。厂内的真空系统，除了可以对流体进行短距离输送及提升一定的高度之外，如果原有输送装置是密闭的，还可以直接利用这些设备进行真空吸料，不需增添其他设备。对于果酱、番茄酱等或带有固体块料的物料（如橘囊等），尤为适宜。真空吸料系统的缺点是输送距离或提升高度不大，效率低。

③泵：在食品厂常用的泵有离心奶泵、螺杆泵、齿轮泵等。

A. 离心奶泵在食品厂用于液体的输送，在乳品厂应用尤为广泛，其工作原理与一般离心泵相同，其不同之处是凡与液体接触部分，均由不锈钢制造，确保食品卫生，故又称卫生泵。

B. 螺杆泵是一种回转容积式泵，是利用一根或数根螺杆的相互啮合使空间容积发生变化来输送液体。目前，食品厂中大多是单螺杆卧式泵，用于黏稠液体及带有固体物料的酱体的输送。如在番茄酱连续生产流水线上常采用此泵。

C. 齿轮泵亦属于回转容积式泵，在食品厂中主要用来输送黏稠液体，如油类、糖浆等。

2. 清洗和原料预处理设备　食品原料在其生长、成熟、运输及储藏过程中，会受到尘埃、砂土、微生物及其他污物的污染。因此，在加工前必须进行清洗。此外，为保证食品容器清洁和防止肉类罐头产生油商标等质量事故，都必须有相应的清洗机械与设备。

常用的清洗设备有鼓风式清洗机、空罐清洗机、全自动洗瓶机、实罐清洗机等，常用的原料预处理设备有分级机（又分滚筒式分级机、摆动筛、三滚筒式分级机、花生米色选机等）、切片机（蘑菇定向切片机、菠萝切片机、青刀豆切端机等）、绞肉机、打浆机、榨汁机、果蔬去皮机、分离机（橘油分离、奶油分离机等）、搅拌机、真空搅拌机等。

鼓风式清洗机，是利用空气进行搅拌，既可加速污物从原料上洗去，又可使原料在强烈翻动时其完整性不被破坏，因而最适合于果蔬原料的清洗；全自动洗瓶机，可用于果汁、汽水、牛奶、啤酒等玻璃瓶的清洗，对新瓶和回收瓶均可使用；滚筒式分级机，分级效率高，目前广泛用于蘑菇和青豆等的分级；三滚筒式分级机适用于球形或近似球形体的果蔬原料，如苹果、柑橘、番茄、桃、菠萝等按直径大小不同进行分级；斩拌机和真空搅拌机是午餐肉的专用设备。

3. 热处理设备　食品工厂热处理设备主要用于原料脱水、抑制或杀灭微生物、排除食品组织中的空气、破坏酶活力、保持产品的颜色和方便其他工序的操作等。热处理设备包括预煮、预热、蒸发浓缩、干燥、排气、杀菌等的设备。常用的热处理设备有列管式热交换器、板式热交换器、滚筒式杀菌器、夹层锅、连续预煮机（链带式和螺旋式）、真空浓缩设备（按加热器结构分为：盘管式、中央循环式、升膜式、降膜式、片式、刮板式、外加热式等）、排气设备、杀菌设备（立式、卧式、常压连续式、回转式等）等。

（1）热交换器　热交换器中，列管式热交换器广泛应用在番茄汁、果汁、乳品等液体食品的生产过程中，大多用做高温短时或超高温短时杀菌和杀菌后的及时冷却；滚筒式杀菌器一般用于鲜奶及稀奶油的消毒，适于中小型乳品厂使用；夹层锅（又叫二重锅、双重釜等），常用于物料的热烫、预煮，调味液的配制及熬煮一些浓缩产品；连续预煮机广泛用于蘑菇、刀豆、青豆、蚕豆等各种原料的预煮。

（2）真空浓缩设备　真空浓缩设备的加热器结构种类很多，在选择不同结构的真空浓缩设备时，应根据以下食品溶液的性质来确定。

①结垢性：有些溶液在加热浓缩时，会在加热面上生成垢层，从而增加热阻，降低传热系数，严重时使设备生产能力下降，甚至停产。对易发生垢层的料液，最好选择流速较大的强制循环型或升膜式浓缩设备。

②结晶性：有些溶液在浓度增加时，会有晶粒析出，而且沉积于传热面上，从而影响传热效果，严重时会堵塞加热管。对于这类食品溶液，常采用带有搅拌器的夹套式浓缩设备或带有强制循环的浓缩器。

③黏滞性：有些食品溶液的黏度随浓度的增加而增加，使流速降低，传热系数变小，生产能力下降。对于黏度较高的食品溶液，一般选用强制循环式、刮板式或降膜式浓缩设备。

④热敏性：在食品工业的生产过程中，各种不同原料对热的敏感性不同，有些产品在加工温度过高时，会影响色泽，使产品质量下降。所以，对这类产品应选用停留时间短、蒸发温度低的真空浓缩设备，一般选用各种薄膜式或真空度较高的浓缩设备。

⑤发泡性：有些食品溶液在浓缩过程会产生大量气泡，这样，泡沫易被二次蒸汽带走，增加产品损耗，严重时无法操作，造成停产。因此，在浓缩器的结构上，要考虑消除发泡的可能，同时要设法分离回收泡沫，一般采用强制循环型和长管薄膜浓缩器，以提高料液在管内的流速。

真空浓缩装置中除真空浓缩设备外，还有附属设备，主要包括捕沫器、冷凝器及真空装置等。

捕沫器分惯性型捕沫器、离心型捕沫器，表面型捕沫器等，一般安装在浓缩设备的蒸发分离室顶部或侧部。其主要作用是防止蒸发过程中所形成的微细液滴被二次蒸汽夹带逸出。从而可减少料液损失，防止污染管道及其他浓缩器的加热表面。

冷凝器一般有大气式冷凝器、表面式冷凝器、低位冷凝器、喷射式冷凝器等，其主要作用是将真空浓缩所产生的二次蒸汽进行冷凝，并将其中的不凝结气体分离，以减少真空装置的容积负荷，同时保证达到所需要的真空度。

真空装置一般有机械泵和喷射泵两大类。常用的机械泵有往复式真空泵和水环式真空泵。常用的喷射泵有蒸汽喷射泵和水力喷射泵等。真空泵的主要作用是抽取不凝结气体，降低浓缩锅内压力，从而降低料液的沸腾温度，有利于提高食品的质量。

（3）杀菌设备　罐头厂的杀菌设备种类很多，按其杀菌压力不同，可分为常压杀菌和加压杀菌。按其操作方法分，有间歇杀菌和连续杀菌。罐头厂常用的间歇式杀菌设备有：立式杀菌器、卧式杀菌器。卧式杀菌器中又有静止式和回转式两种。连续式杀菌设备有常压连续杀菌器、静水压连续杀菌器、水封式连续高压杀菌器、火焰杀菌器、真空杀菌器、微波杀菌器等。在我国各罐头厂中主要是立式杀菌器、卧式杀菌器及常压连续杀菌器。

4. 封罐设备　由于罐头的品种繁多，容器形状亦多种多样，容器的材料也有多种，所以，封罐机的型式亦多种多样，一般来说，镀锡薄钢板容器的封罐机有手扳式封罐机、半自动封罐机和自动封罐机。自动封罐机又有单机头自动真空封罐机和多机头自动封罐机。玻璃瓶封口机亦分手扳式封罐机、半自动封罐机和自动封罐机。封罐机的生产能力是按每分钟封多少罐计，而不是按班产量计。

5. 成品包装机械设备　常用的成品包装机械包括贴标机、装箱机、封箱机、捆扎机等。

6. 空罐设备　常用的空罐罐身设备，按焊接方法分为焊锡罐设备和电阻焊设备。

焊锡罐的焊锡中含有重金属铅，铅对人体有害，再加上锡在国际上属于稀有金属，价格昂贵，成本高，故在淘汰之列。

电阻焊接罐是根据被焊金属物体一般是不变导体，因此，具有高电阻率，通电后大量吸收电流的热量，特别是峰值电流时（每半周期）被焊接部位的金属受热变成软融状态，在上辊头压力的作用下，将两片金属、物连接在一起，冷却后即成为均匀的焊缝结构。电阻焊接不仅可以焊镀锡薄钢板，而且亦可焊镀铬薄钢板，焊缝的抗拉强度亦比焊锡罐大。

焊锡罐的罐身生产设备有单机和自动焊锡机。

常用的空罐罐盖设备有波形切板机、冲床、圆盖机、灌胶机、烘胶机、球磨机等。

（二）乳制品设备

常用的乳制品设备除了前面讲过的夹层锅、奶油分离机、洗瓶机、热交换器、真空浓缩锅等外，还有均质机、摔油机、干燥机械及设备、凝冻机、冰激凌装杯机等。

1. 均质机　均质机是一种特殊的高压泵，它利用高压作用，使料液中的脂肪球碎裂至直径小于 2 μm。在生产淡炼乳时，均质机可减少脂肪上浮现象，均质能促进人体对脂肪的消化吸收。在果汁生产中，通过均质能使物料中残存的果渣小微粒破碎，制成液相均匀的混合物，减少成品沉淀的产生。在冰激凌生产中，均质机则能使料液中牛乳的表面张力降低，增加黏度，得到均匀一致的胶黏混合物，提高产品质量。

均质机按构造分，有高压均质机、离心均质机、超声波均质机 3 种。我国目前最常用的是高压均质机。

2. 摔油机　摔油机是黄油生产过程中的主要设备，其目的是使脂肪球互相聚合而形成奶油粒，同时分离出酪乳。

3. 干燥设备　干燥设备一般有喷雾干燥设备、微波干燥设备、红外辐射干燥设备、真空干燥设备、升华干燥设备、沸腾干燥设备等。

喷雾干燥设备又分为压力喷雾、离心喷雾和气流喷雾 3 种。乳品厂所用的干燥设备主要为压力喷雾干燥设备和离心喷雾干燥设备，它们主要用于奶粉生产中；其次是真空干燥设备，它用于麦乳精生产中。

（三）碳酸饮料生产设备

碳酸饮料生产过程中常用的设备大致分3类：水处理设备、配料设备及灌装设备，另外还有卸箱机、洗箱机、洗瓶机、装箱机等。

（四）其他食品生产设备

除上面介绍的设备外，还有饼干、面包等焙烤设备、各种糖果生产设备、巧克力生产设备等等，这里不一一叙述，如有需要可查阅各相关文献。

食品厂生产的产品，具有品种多、季节性强的特点。因此，对每一种产品都要按最大班产量进行设备计算和选型，然后将各品种所需的设备归纳起来，相同设备按最大需要量计。列出满足生产车间全年所需生产设备清单，如表4-21所示。

表4-21　××食品厂××车间设备清单

序号	设备名称	规格型号	生产能力	需加工量	平衡计算简述	数量	单位	金额
1								
2								
3								
…								

四、食品在线检测

以上介绍的是食品生产企业完成食品加工所需的主要设备，而在社会对食品质量与安全要求日益提高的今天，食品生产过程中的质量保证体系，及该体系中直接在生产现场控制产品工序质量和工艺过程运行的检测系统已占有重要地位。所以在线检测设备也越来越受到各食品生产企业的重视。

所谓在线检测设备，是指位于生产现场、工序间，用于监测零部件某些关键参数的专用设备。在食品生产中，此类设备种类较多，并向系统化、智能化、精确化方向发展，常有以多种设备组成一套高灵敏度、智能化的检测体系。如对食品生产中异物的检测，可采用金属探测仪、观测系统、X射线扫描仪等构成在线异物检测系统；食品中的金属微粒可采用传感器、信号放大器、实时控制器等组成的检测系统；而计算机自动图像采集及检测处理系统，则可对火腿肠的形态进行在线检测。

第六节　生产车间工艺设计

食品工厂生产车间设计是工艺设计的重要部分，不仅对建成投产后的生产实践有很大关系，而且影响到工厂整体。车间布置一经施工就不易改变，所以，在设计过程中必须全面考虑。工艺设计必须与土建、给排水、供电、供汽、通风采暖、制冷、安全卫生等方面取得统一和协调。

生产车间平面设计，主要是把车间的全部设备（包括工作台等），在一定的建筑面积内做出合理安排。平面布置图，就是生产车间内，设备布置的俯视图。在平面图中，必须表示清楚各种设备的安装位置，下水道、门窗、各工序及车间生活设施的位置，进出口及防蝇、防虫措施等。除平面布置图外，有时还必须画出生产车间剖面图。剖面图又叫立剖面图，它是解决平面图中不能反映的重要设备和建筑物立面之间的关系，以及画出设备高度、门窗高度等在平面图中无法反映的尺寸（在管路设计中另有管路平面图、管路立面图和管路透视，将在下一节中介绍）。

生产车间的工艺设计与建筑设计之间关系比较密切。因此，工艺设计对建筑物结构的要求在本节中叙述。

一、生产车间工艺设计的原则

在进行车间工艺设计时，应根据下列原则进行。

1. *要有总体设计的全局观念* 首先满足生产的要求，同时，还必须从本车间在总平面图上的位置、与其他车间或部门间的关系以及发展前景等方面，满足总体设计的要求。

2. *设备布置要尽量按工艺流水线安排* 设备布置要尽量按工艺流水线安排，但有些特殊设备可按相同类型适当集中，务必使生产过程占地最少、生产周期最短、操作最方便。如果一车间系多层建筑，要设有垂直运输装置，一般重型设备最好设在底层。原料收发间应设有地磅。

3. *应考虑到进行多品种生产的可能* 在进行生产车间设备布置时，应考虑到进行多品种生产的可能，以便灵活调动设备；并留有适当的余地，以便更换设备。同时，还应注意设备相互间的间距和设备与建筑物的安全维修距离。既要保证操作方便，又要保证维修、装拆和清洁卫生的方便。

4. *生产车间与其他车间的各工序要相互配合* 为保证各物料运输通畅，避免重复往返，生产车间与其他车间的各工序要相互配合。必须注意：要尽可能利用生产车间的空间进行运输；合理安排生产车间各种废料排出；人员进出口要和物料进出口分开。

5. *必须考虑生产卫生和劳动保护* 如卫生消毒、防蝇防虫、车间排水、电器防潮及安全防火等措施。

6. *应注意车间的采光、通风、采暖、降温等设施* 对散发热量、气味及有腐蚀性的介质，要单独集中布置。对空压机房、空调机房、真空泵房等既要分隔，又要尽可能接近使用地点，以减少输送管路及管路损失。

7. *可以设在室外的设备，尽可能设在室外，上面可加盖简易棚。*

二、生产车间工艺设计的步骤与方法

食品工厂生产车间平面设计一般有两种情况，一种是新设计车间平面布置；另一种是对原有厂房进行平面布置设计。后一种比前一种更困难些，因为有很多限制条件，但设计方法相同，现将生产车间平面布置设计步骤叙述于下。

（1）整理好设备清单和生活室等各部分的面积要求 设备清单格式如表 4 - 22 所示。

表 4 - 22 ××食品厂××车间设备清单

序　号	设备名称	规格型号	安装尺寸	生产能力	台数	备注
1						
2						
3						
…						

清单中分出固定的、移动的、公共的、专用的以及重量等说明。其中笨重的、固定、专用的设备应尽量排在车间四周，轻的、可移动、简单的设备可排在车间中央，方便更换设备。

(2) 确定厂房的建筑结构、形式、朝向、跨度，绘出宽度和承重柱、墙的位置 一般车间50～60 m长为宜（不宜超过100 m）。在计算纸上画出车间长度、宽度和柱子。

(3) 按照总平面图，确定生产流水线方向。

(4) 用硬纸板剪成小方块（按比例）在草图上布置或用计算机进行布置，排出多种方案分析比较，以求最佳方案。

(5) 讨论、修改、画草图，对不同方案可以从以下几个方面进行比较。

① 建筑结构造价；

② 管道安装（包括工艺、水、冷、汽等）；

③ 车间运输；

④ 生产卫生条件、操作条件；

⑤ 通风采光。

(6) 摆进生活室、车间办公室。

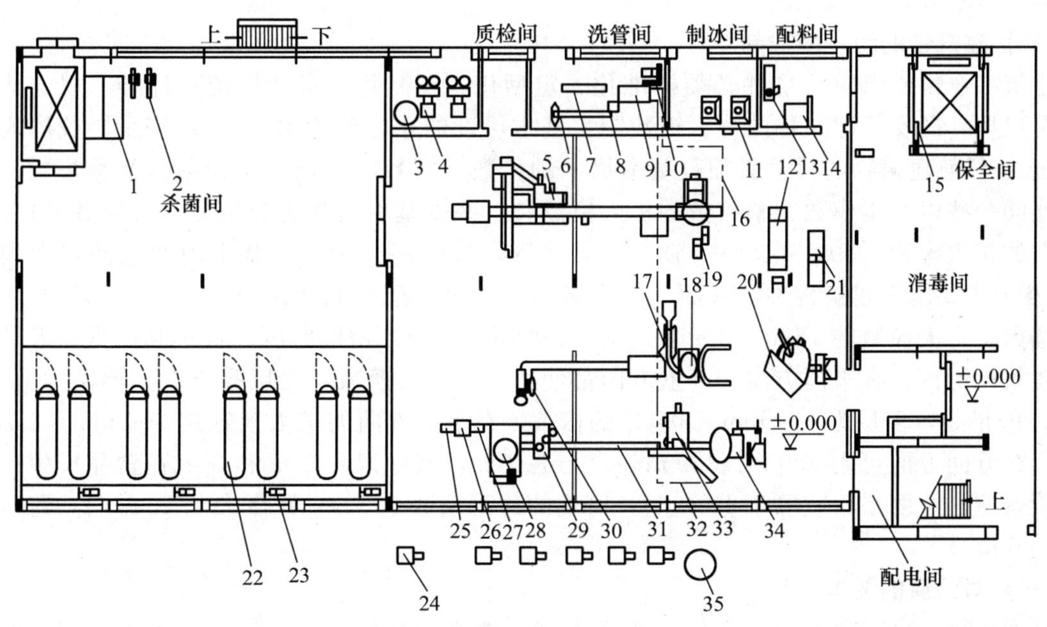

图 4-3 某罐头食品厂午餐肉车间底层工艺平面布置图

1. 水箱（2只） 2. 水泵（2只） 3. 储气罐（1只） 4. 空气压缩机（2台） 5. 封罐机（1台） 6. 空罐提升机（1台） 7. 空罐提升机（1台） 8. 水箱（1只） 9. 洗罐机（1台） 10. 罐盖打印机（1台） 11. 制冰机（2台） 12. 搅拌机（1台） 13. 淀粉振动筛（1台） 14. 工作台（3张） 15. 风幕（14只） 16. 装罐机（1台） 17. 送料机（1台） 18. 灌装机（1台） 19. 斩拌机（1台） 20. 升降机（2台） 21. 杀菌锅（8台） 22. 水泵（4台） 23. 装笼台（2张） 24. 洗罐机（2台） 25. 检查台（2张） 26. 封罐机（1台） 27. 预封机（1台） 28. 封罐机（1台） 29. 输送带（3条） 30. 定量装罐机（1台） 31. 送料机（1台） 32. 圆罐空罐输送带（1条） 33. 方罐空罐输送带（1条） 34. 真空泵（6台） 35. 真空桶（1只）

（7）画出车间主要剖面图（包括门窗）。

（8）审查修改。

（9）画出正式图。

生产车间工艺布置实例见图 4－3。

三、生产车间工艺设计对非工艺设计的要求

车间工艺设计与建筑设计密切相关，在工艺设计过程中应对建筑结构、外形、长度、宽度及有关问题提出要求。

（一）对建筑外形的要求

车间建筑的外形有长方形、L 形、T 形、U 形等。一般为长方形，其长度取决于生产流水作业线的形式和生产规模，一般 60 m 左右为宜；车间层高按房屋的跨度（食品工厂生产车间的跨度有：9 m、12 m、15 m、18 m、24 m）和生产工艺要求而定，层高一般以 6 m 为宜。单层厂房可酌量提高，车间内立柱越少越好。

国外生产车间柱网一般 6～10 m，车间为 10～15 m 连跨，一般高度 7～8 m（吊平顶 4 m），也有车间高度达 12 m 以上的。

（二）建筑物的统一模数制

建筑工业化要求建筑物件必须标准化、定型化、预制化。尺寸按统一标准，规定建筑物的基本尺度，即实行建筑物的统一模数制。基本尺度的单位叫模数，用 m_0 表示。我国规定为 100 mm。任何建筑物的尺寸必须是基本尺寸的倍数。模数制是以基本模数（又称模数）为标准，连同一些以基本模数为整倍数的扩大模数和一些以基本模数为分倍数的分模数共同组成。模数中的扩大模数有 $3m_0$（300 mm）、$6m_0$、$15m_0$、30 m_0、$60m_0$。基本模数连同扩大模数的 $3m_0$、$6m_0$ 主要用于建筑构件的截面、门窗洞口、建筑构配件和建筑物的进深、开间与层高的尺寸基数。扩大模数的 $15m_0$、$30m_0$、$60m_0$ 主要用于工业厂房的跨度、柱距和高度以及这些建筑的建筑构配件。在平面方向和高度方向都使用一个扩大模数，在层高方向，单层为 200 mm（$2m_0$）的倍数，多层为 600 mm（$6m_0$）的倍数。在平面方向的扩大模数用 300 mm（$3m_0$）的倍数。在开间方面可用 3.6 m、3.9 m、4.2 m、6 m，其中以 4.2 m 和 6 m 在食品厂生产车间用得较普遍。跨度小于或等于 18 m 时，跨度的建筑模数是 3 m；跨度大于 18 m 时，跨度建筑模数是 6 m。

（三）对门窗的要求

每个车间必须有两道以上的门。作为人流、货流和设备的出入口，门的规格应比设备高 0.6～1.0 m，比设备宽 0.2～0.5 m。为满足货物或交通工具进出，门的规格应比装货物后的车辆高出 0.4 m 以上，宽出 0.3 m 以上。

生产车间的门应按生产工艺的要求进行设计，一般要求设置防蝇、防虫装置，如水幕、风幕、暗道或飞虫控制器，车间的门常用的有空洞门、单扇门、双扇门、单扇推拉门、双扇推拉门、单扇双面弹簧门、双扇双面弹簧门、单扇内外开双层门、双扇内外开双层门等。我国最常用的，效果较好的是双层门（一层纱门和一层开关门，门的代号为 M）。在车间内部各工段间要求

差距不太大，为便于各工段间往来运输及人员流动一般均采用空洞门。国外食品工厂生产车间很少使用暗道及水幕，亦不单用风幕，为保证有良好的防虫效果，一般用双道门，头道是塑料幕帘，二道门装有风幕（风口宽 100 mm）。

对排出大量水蒸气或油蒸气的车间，应特别注意排气问题。一般对产生水蒸气或油气的设备需进行机械通风，可在设备附近的墙上或设备上部的屋顶开孔，用轴流风机在屋顶或墙上直接进行排气。国外亦如此，如美国在杀菌锅上部和油锅上部，均在屋顶开孔，用气罩并装排气风机进行排气。

食品工厂生产车间，对于局部排出大量蒸汽的设备，在平面布置时，应尽量靠墙并设置在当地夏季主导风向的下风向位置，同时，将顶棚做成倾斜式，顶板可用铝合金板，这样，可使大量蒸汽排至室外。

（四）对采光的要求

我国目前各食品工厂生产车间基本上是天然采光，车间的采光系数一般要求为 1/4～1/6。采光系数是指采光面积和房间地坪面积的比值。采光面积不等于窗洞面积。采光面积占窗洞面积的百分比与窗的材料、形式和大小有关，一般木窗的玻璃有效面积占窗洞的 46%～64%，钢窗的玻璃有效面积占窗洞的 74%～79%。

窗是车间主要透光的部分，窗有侧窗和天窗之分。车间内来自窗的采光主要靠侧窗，它开在四周墙上，工人坐着工作时窗台高 H 可取 0.8～0.9 m；站着工作时，窗台高度取 1～1.2 m。窗的种类很多，常用的是双层内、外开窗（纱窗和普通玻璃窗）。窗的代号为 C。若房屋跨度过大或层高过低，侧窗采光面积小，采光系数达不到要求，还需在屋顶上开天窗增加采光面积，也可多设日光灯照明，灯离地 2.8 m，每隔 2 m 安一组。

（五）对地坪的要求

食品工厂的生产车间经常受水、酸、碱、油等腐蚀性介质侵蚀及运输车轮冲击，故地坪须用标号较高的水泥铺盖。生产车间设计陶土砖或设计为水磨石地面。工艺设计中尽量将有腐蚀性介质排出的设备集中布置，做到局部设防，缩小腐蚀范围。

地坪应有 1.5%～2.0%的坡度，并设有明沟或地漏排水。大跨度厂房内排水明沟间距应小于10m。设计时车间应考虑采用运输带和胶轮车，以减少对地坪的冲击。国内食品工厂生产车间常用的地坪有地面砖、石板地面、高标号混凝土地面、红砖地面、塑料地面。国外亦多用红砖地坪和水泥地坪，也有水泥地层上敷有环氧树脂涂层（加厚 120～150 mm）。

（六）对内墙面的要求

食品工厂对车间内墙面要求很高，要防霉、防湿、防腐、有利于卫生。转角处理最好设计为圆弧形，具体要求如下。

1. *墙裙* 一般有 1.5～2.0 m 的墙裙（护墙），可用白瓷砖。墙裙可保证墙面少受污染，并易于洗净。

2. *内墙粉刷* 一般用白水泥砂浆粉刷，还要涂上耐化学腐蚀的过氯乙烯油漆或六偏水性内墙防霉涂料。也可用仿瓷涂料代替瓷砖，可防水、防霉，这种涂料对食品工厂车间内墙面很适宜。

（七）对温控的要求

生产车间最好有空调装置。在没有空调装置的情况下，门窗应设纱门纱窗。在我国南方地区，在没有空调装置的情况下，除设纱门纱窗外，其车间的层高一般不宜低于 6 m，以确保有较好的通风。密闭车间应有机械送风，空气经过过滤后送入车间，屋顶布有通风器，风管一般可用铝板或塑料。产品有特别要求者，局部地区可使用正压系统和采取降温措施。如美国的Echrich肉类包装中心加工车间温度要求控制在 50～60 ℉（10～15 ℃），车间除一般送风外，另有吊顶式冷风机降温。该冷风机之风往车间顶部吹，以防天花板上积聚凝结水。再如皇冠可乐饮料厂的糖浆混合室，要求洁净，不混杂脏空气，就用过滤的空气送入该室，使房间呈正压系统（即室内的压力稍高于室外），不让外界空气进入该室。

（八）对楼盖的要求

楼盖是由承重结构、铺面、天花、填充物等组成。承重结构是梁和板，铺面是楼板层表面层，它可保护承重结构，并承受地面上的一切作用力。填充物起隔音、隔热作用。天花起隔音、隔热和美观作用。顶棚必须平整，防止积尘。为防渗水，楼盖最好选用现浇整体式结构，并保持1.5%～2.0%的坡度，以利排水，保证楼盖不渗水、不积水。

（九）对建筑结构的要求

食品工厂生产车间的建筑结构大体上可分砖木结构、混合结构、钢筋混凝土结构、钢结构等。

建筑物屋顶支承构件采用木制屋架，建筑物的所有重量由木柱或砖墙传递到基础和地基上的结构为砖木结构，这样的墙叫承重墙。这种结构因受木材长度和强度的限制，建筑物的跨度一般小于 15 m，往往在 10～20 m。由于食品厂生产车间一般散发的热量和水分较高，木材容易腐烂而影响食品卫生，所以，食品厂生产车间一般不宜选用砖木结构。

混合结构的屋架用钢筋混凝土，由承重墙来支持。砖柱大小根据建筑物的重量和楼盖的载荷决定，一般不小于二砖（一砖为 24 cm，二砖为 49 cm，其中包括二砖中的砂浆 1 cm）。混合结构一般只用于平房，跨度在 9～18 m，层高可达 5～6 m，柱距不超过 4 m。混合结构可用于食品工厂生产车间的单层建筑。

钢筋混凝土结构为食品工厂生产车间和仓库等最常用的结构。在建筑的跨度、高度上可按生产要求加以放大，而不受材料的影响。所谓钢筋混凝土结构，其主要构件梁、柱、屋架、基础均采用钢筋混凝土，而墙只作为防护设施，所以叫钢筋混凝土结构，也叫框架结构。该结构的跨度一般为 9～24 m，层高可达 5～10 m 或以上，柱距可按需要，一般为 5～6 m。这种结构可以是单层，也可以是多层，并可将不同层高，不同跨度的建筑物组合起来。因为这种结构强度高，耐久性好，所以是食品工厂生产车间常用的结构。

钢结构的主要构件采用钢材，由于造价高，且需经常维修，故对温、湿度较高的食品厂生产车间，不适宜采用。

总之，食品工厂生产车间的一般单层或多层建筑，基本上选用钢筋混凝土结构，而单层建筑亦可选用混合结构。食品工厂生产车间一般不宜采用砖木结构和钢结构。

第七节 管路计算与设计

管路系统是食品工厂生产过程中必不可少的部分，各种物料、蒸汽、水及气体都要用管路来输送，设备与设备间的相互连接也要依靠管路。管路对于食品工厂，犹如血管对于人体生命一样重要。可见，管路设计是食品工厂设计中的一个重要组成部分。管路设计是否合理，不仅直接关系到建设指标是否先进合理，而且也关系到生产操作能否正常进行以及厂房各车间布置是否整齐美观和通风采光是否良好等。因此，对于乳品厂、饮料厂、啤酒厂等成套设备，在进行食品工厂的工艺设计时，特别是在施工图设计阶段，工作量最大、花时间最多的是管路的设计。所以，搞好管路计算和管道安装具有十分重要的意义。

一、管路设计的标准化与管材选择

（一）管路设计的标准化

在管路的设计操作和生产实践中，为了便于设计选用，有利于成批生产，降低生产成本和便于互换，国家有关部门制定了管子、法兰和阀门等管道用零部件标准。对于管子、法兰和阀门等标准化的最基本参数就是公称直径和公称压力。

1. 公称直径　公称直径又称通称直径、公称通径。所谓管子、法兰和阀门等的公称直径，就是为了使管子、法兰和阀门等的连接尺寸统一，将管子和管道用的零部件的直径加以标准化以后的标准直径。公称直径以 D_g 表示，其后附加公称直径的尺寸。例如：公称直径为 100 mm，用 D_g100 表示。

管子的公称直径是指管子的名义直径，既不是管子内径，也不是它的外径，而是与管子的外径相近又小于外径的一个数值。只要管子的公称直径一定，管子的外径也就确定了，而管子的内径则根据壁厚不同而不同。如 D_g150 的无缝钢管，其外径都是 159 mm，但常用壁厚有 4.5 mm 和 6.0 mm，则内径分别为 150 mm 和 147 mm。

设计管路时应将初步计算的管子直径调整到相近的标准管子直径，以便按标准管选择。

在铸铁管和一般钢管中，由于壁厚变化不大，D_g 的数值较简单，用起来也方便，所以采用 D_g 叫法。但对于管壁变化幅度较大的管道，一般就不采用 D_g 的叫法。无缝钢管就是一个例子，同一外径的无缝钢管，它的壁厚有好几种规格（查相关的设计资料），这样就没有一个合适的尺寸可以代表内径。所以，一般用“外径×壁厚”表示。如：外径为 57 mm、壁厚为 4 mm 的无缝钢管，可采用“$D57\times4$”表示。

对于法兰或阀门来说，它们的公称直径是指与它们相配的管子的公称直径。例如公称直径为 200 mm 的管法兰，或公称直径为 200 mm 的阀门，指的是连接公称直径为 200 mm 的管子用的管法兰或阀门。管路的各种附件和阀门的公称直径，一般都等于管件和阀门的实际内径。

目前管子直径的单位除用 mm 外，在工厂有用英制称呼，其单位为 in。例如 1in 管就是 D_g26。

2. 公称压力　公称压力就是通称压力，一般应大于或等于实际工作的最大压力。在制定管道及管道用零部件标准时，只有公称直径这样一个参数是不够的，公称直径相同的管道、法兰或阀门，它们能承受的工作压力是不同的，它们的连接尺寸也不一样。所以要把管道及所用法兰、阀门等零部件所承受的压力，也分成若干个规定的压力等级，这种规定的标准压力等级就是公称压力，以 p_g 表示，其后附加公称压力的数值。例如：公称压力为 25×10^5 Pa 用 p_g25 表示。公称压力的数值，一般指的是管内工作介质温度在 0～120 ℃范围内的最高允许工作压力。一旦介质温度超出上述范围，则由于材料的机械强度要随温度的升高而下降，因而在相同的公称压力下，其允许的最大工作压力应适当降低。

在选择管道及管道用的法兰或阀门时，应把管道的工作压力调整到与其接近的标准公称压力等级，然后根据 D_g 和 p_g 就可以选择标准管道及法兰或阀门等管件，同时，可以选择合适的密封结构和密封材料等。

按照现行规定，低压管道的公称压力分为 2.5×10^5 Pa、6×10^5 Pa、10×10^5 Pa、16×10^5 Pa 4 个压力等级；中压管道的公称压力分为 25×10^5 Pa、40×10^5 Pa、64×10^5 Pa、100×10^5 Pa 4 个压力等级；高压管道的公称压力分为 160×10^5 Pa、200×10^5 Pa、250×10^5 Pa、300×10^5 Pa 4 个压力等级。

（二）管道材料的选择

根据输送介质的温度、压力以及腐蚀情况等选择所用管道材料。常用管道材料有普通碳钢、合金钢、不锈钢、铜、铝、铸铁以及非金属材料。食品工厂常用的管道材料有以下几种（表 4－23）。

表 4－23 常用管材

介质名称	介质参数	适 用 管 材	备 注
蒸汽	$p<784.8$ kPa	焊接钢管	
蒸汽	$p=883\sim1\,275.3$ kPa	无缝钢管	
热水、凝结水	$p<784.8$ kPa	焊接钢管	
压缩空气		紫铜管、塑料管	
压缩空气	$p\leqslant784.8$ kPa	焊接管	D_g80 以上
压缩空气	$p>784.8$ kPa	无缝钢管	
给水、煤气		镀锌焊接钢管	D_g150 以上
给水、煤气	埋地	铸铁管	
排水		铸铁管、石棉水泥管	
排水	埋地	铸铁管、陶瓷管、钢筋混凝土管	
真空		焊接钢管	
果汁、糖液、奶油		不锈钢管、聚氯乙烯管	
盐溶液		不锈钢管	
氨液		无缝钢管	
酸、碱液			

1. 钢管

（1）无缝钢管　无缝钢管材料为碳钢，用于输送有压力的物料、蒸汽、压缩空气等，如果温度超过 435 ℃，则须用合金钢管，按照压力的不同可选用不同壁厚的钢管。无缝钢管分热轧和冷拉两种。热轧无缝钢管的外径为 32～600 mm，壁厚 25～50 mm。冷拉钢管外径为 4～150 mm，壁厚为 1～12 mm。标注方法是“外径×壁厚”。例如 $\Phi45\times3.5$ 表示钢管外径为 45 mm，壁厚为 3.5 mm。

（2）电焊钢管

① 螺旋电焊钢管：材料是用碳钢板条卷制，连续螺旋焊接，壁厚 6～8 mm。用于大口径

（大于 Φ 200 mm）低温低压的管道道，按公称直径标注。

② 钢板卷管：材料为碳钢板卷制，直缝焊接，壁厚 8～12 mm，用于大口径（大于 Φ 600 mm）低温低压管道，按公称直径标注，一般由安装单位在现场制作。

（3）水煤气钢管　水煤气钢管的材料是碳钢，有普通和加厚两种。根据镀锌与否，分镀锌和不镀锌两种（白铁管和黑铁管），用于低温低压的水管。普通管壁厚为 2.75～4.5 mm，加厚的壁厚为 3.25～5.5 mm。可按普通或加厚管壁厚和公称直径标注。

（4）不锈钢管　对于输送有腐蚀性介质、酸、碱等，且有温压的或食品卫生要求高的管道，可用不锈钢管（含镍、铬、钼，可耐 800～950℃）高温。例如酸法糖化管道、啤酒大罐发酵的管道等。对于有腐蚀性、但压力不太高的，也可用衬橡胶的钢管和铸铁管。

2. 铸铁管　铸铁管用于室外给水和室内排水管线，也可用来输送碱液或浓硫酸，埋于地下或管沟。用砂型离心浇铸的普压管，工作压力高于 735 kPa（7.5 kgf/cm^2）；高压管工作压力高于 980 kPa（10 kgf/cm^2）。

接口为承插式的内径 Φ75～500 mm，壁厚 7.5～200 mm。用砂型立式浇铸的铸铁管也有低压［工作压力低于 441 kPa（4.5 kg/cm^2）］、普压和高压 3 种。壁厚 9.0～30.0 mm，用公称直径标注。

高硅铸铁管、衬铅铸铁管系输送腐蚀介质用管道，公称通径 D_g10～400 mm。

3. 有色金属管

（1）铜管与黄铜管　铜管与黄铜管多用于制造换热设备，也用于低温管道、仪表的测压管线或传送有压力的流体（如油压系统、润滑系统）。当温度大于 250℃时不宜在压力下使用。

（2）铝管　铝管系拉制而成的无缝管，常用于输送浓硝酸、醋酸等物料，或用做换热器，但铝管不能抗碱。在温度大于 160 ℃时不宜在压力下操作，极限工作温度为 200 ℃。

铜管、黄铜管和铝管的规格均为“外径×壁厚”。

4. 非金属管　非金属材料的管道种类很多，常见的材料有塑料、硅酸盐材料、石墨、工业橡胶、其他非金属衬里材料等。

（1）硅酸盐材料管　硅酸盐材料管有陶瓷管、玻璃管等，它们耐腐蚀性能强，缺点是耐压低，性脆易碎。

钢筋混凝土管、石棉水泥管用于室外排水管道，管内试验压力：混凝土管 0.3×10^5 Pa（0.5 kgf/cm^2）；重型钢筋混凝土管 1×10^5 Pa（1.0 kgf/cm^2）。公称内径：混凝土管 Φ75～450 mm，厚度 25～67 mm；轻型钢筋混凝土管 Φ100～1 800 mm，厚度 25～140 mm；重型钢筋混凝土管 Φ300～1 550 mm，厚度 58～157 mm，按公称内径标注。近年来，给水管道用内径 500～1 000 mm 的预应力钢筋混凝土管日益增多，工作压力可达 6×10^5 Pa（6 kgf/cm^2）。

（2）塑料管　输送温度在 60 ℃以下的腐蚀性介质可用硬聚氯乙烯管、聚氯乙烯管或聚氯乙烯卷管（用板料卷制焊接）。市购硬聚氯乙烯管的公称通径 D_g6～400 mm，壁厚为 6～12 mm，按照“外径×壁厚”标注。常温下轻型管材的工作压力不超过 2.5×10^5 Pa，重型管材（管壁较厚）工作压力不超过 6×10^5 Pa。

除硬聚氯乙烯管以外，塑料管还有用软聚氯乙烯塑料、酚醛塑料、尼龙 1010 管、聚四氟乙烯管等制成的管材。

（3）橡胶管　能耐酸碱，抗蚀性好，且有弹性可任意弯曲。橡胶管一般用作临时管道及某些管道的挠性件，不作为永久管道。

二、给水管道的计算及水泵选择

（一）给水管道的计算

1. 确定管径 D

（1）计算法　有下列计算公式

$$Q = Fv = \frac{\pi}{4}D^2 v$$

$$D = \sqrt{\frac{Q}{\pi/4 \times v}} \approx 1.128\sqrt{\frac{Q}{v}}$$

式中　D——管道设计断面处的计算内径（m）；

Q——通过管道设计断面的水流量（m^2/s）；

F——管道设计断面的面积（m^2）；

v——管道设计断面处的水流平均速度（m/s）。

对于<D_g300 的钢管和铸铁管，考虑新管用旧后的锈蚀、沉垢等情况，应加 1 mm 作为管内径，而后再查管子的规格，选用最相近的管子。

在设计时，选用的流速 v 过小，则需较大的管径，管材用量多，投资费用大；若设计时选用的流速 v 较大，则管道的压头损失太大，动力消耗大，能源浪费。因此，在确定管径时，应选取适当的流速。根据长期工业实践的经验，找到了不同介质较为合适的常用流速，如表 4-24所示。

表 4-24　管道输送常用流速

介质名称	管　径	流速（m/s）	介质名称	管　径	流速（m/s）
给水、冷冻水	D_g15～50	0.5～1.0	饱和蒸汽	D_g15～20	10～15
	D_g50 以上	0.8～2.0		D_g25～32	15～20
	蛇盘管	<0.1		D_g40	20～25
自流凝结水	D_g15～18	0.1～0.3		D_g50～80	20～30
				D_g100～150	25～30
压缩空气	小于 D_g50	10～15	真空	D_g15～40	<8.0
煤气	D_g25～50	≤4.0		D_g50～100	<10
	D_g70～100	≤6.0			
余压冷凝水	D_g15～20	≤0.5	车间风管	干管	8～12
	D_g25～32	≤0.7		支管	2～8
	D_g40～50	≤1.0	车间排水	暗沟	0.6～4.0
	D_g70～80	≤1.6		明沟	0.4～2.0

注：排水管的流量计算，其充满度为 0.4～0.6。

（2）查表法　根据给水钢管（水、煤气管）水力计算表（表 4-25），其中有 Q（q_V）、D_g、v、i 4 个参数，只要知道其中任意 3 个数值，就可从表中查到剩下的另两个需求的参数。该表是按清水、水温为 10 ℃，并且考虑了垢层厚度为 0.5 mm 的情况算得。水的黏滞性与水的温度有负相关的关系，故 i 与水温也为负相关。但因自来水温与 10 ℃相差不大，故一般均可不考虑这项微小的影响。

表 4-25 给水钢管（水、煤气管）水力计算表

q_V	D_g15		D_g20		D_g25		D_g32		D_g40		D_g50		D_g70		D_g80		D_g100	
	v	i	v	i	v	i	v	i	v	i	v	i	v	i	v	i	v	i
0.05	0.29	28.4																
0.07	0.41	51.8	0.22	11.1														
0.10	0.58	98.5	0.31	20.8														
0.12	0.70	137	0.37	28.8	0.23	8.59												
0.14	0.82	182	0.43	38	0.26	11.3												
0.16	0.94	234	0.50	48.5	0.30	14.3												
0.18	1.05	291	0.56	60.1	0.34	17.6												
0.20	1.17	354	0.62	72.7	0.38	21.3	0.21	5.22										
0.25	1.46	551	0.78	109	0.47	31.8	0.26	7.70	0.20	3.92								
0.30	1.76	793	0.93	153	0.56	44.2	0.32	10.7	0.24	5.42								
0.35			1.09	204	0.66	58.6	0.37	14.1	0.28	7.08								
0.40			1.24	263	0.75	74.8	0.42	17.9	0.32	8.98								
0.45			1.40	333	0.85	93.2	0.47	22.1	0.36	11.1	0.21	3.12						
0.50			1.55	411	0.94	113	0.53	26.7	0.40	13.4	0.23	3.74						
0.55			1.71	497	1.04	135	0.58	31.8	0.44	15.9	0.26	4.44						
0.60			1.86	591	1.13	159	0.63	37.3	0.48	18.4	0.28	5.16						
0.65			2.02	694	1.22	185	0.68	43.1	0.52	21.5	0.31	5.97						
0.70					1.32	214	0.74	49.5	0.56	24.6	0.33	6.83	0.20	1.99				
0.75					1.41	246	0.79	56.2	0.60	28.3	0.35	7.70	0.21	2.26				
0.80					1.51	279	0.84	63.2	0.64	31.4	0.38	8.52	0.23	2.53				
0.85					1.60	316	0.90	70.7	0.68	35.1	0.40	9.63	0.24	2.81				
0.90					1.69	354	0.95	78.7	0.72	39.0	0.42	10.7	0.25	3.11				
0.95					1.79	394	1.00	86.9	0.76	43.1	0.45	11.8	0.27	3.42				
1.00					1.88	437	1.05	95.7	0.80	47.3	0.47	12.9	0.28	3.76	0.20	1.64		
1.10					2.07	528	1.16	114	0.87	56.4	0.52	15.3	0.31	4.44	0.22	1.95		
1.20							1.27	135	0.95	66.3	0.56	18	0.34	5.13	0.24	2.27		
1.30							1.37	159	1.03	76.9	0.61	20.8	0.37	5.99	0.26	2.61		
1.40							1.48	184	1.11	88.4	0.66	23.7	0.40	6.83	0.28	2.97		
1.50							1.58	211	1.19	101	0.71	27	0.42	7.72	0.30	3.36		
1.60							1.69	240	1.27	114	0.75	30.4	0.45	8.70	0.32	3.76		
1.70							1.79	271	1.35	129	0.80	34.0	0.48	9.69	0.34	4.19		
1.80							1.90	304	1.43	144	0.85	37.8	0.51	10.7	0.36	4.66		
1.90							2.00	339	1.51	161	0.89	41.8	0.54	11.9	0.38	5.13		
2.0									1.59	178	0.94	46.0	0.57	13	0.40	5.62	0.23	1.47
2.2									1.75	216	1.04	54.9	0.62	15.5	0.44	6.66	0.25	1.72
2.4									1.91	256	1.13	64.5	0.68	18.2	0.48	7.79	0.28	2.0

（续）

q_V	D_g15		D_g20		D_g25		D_g32		D_g40		D_g50		D_g70		D_g80		D_g100	
	v	i	v	i	v	i	v	i	v	i	v	i	v	i	v	i	v	i
2.6									2.07	301	1.22	74.9	0.74	21	0.52	9.03	0.30	2.31
2.8											1.32	86.9	0.79	24.1	0.56	10.3	0.32	2.63
3.0											1.41	99.8	0.80	27.4	0.60	11.7	0.35	2.98
3.5											1.65	136	0.99	36.5	0.70	15.5	0.40	3.93
4.0											1.88	177	1.13	46.8	0.81	19.8	0.46	5.01
4.5											2.12	224	1.28	58.6	0.91	24.6	0.52	6.20
5.0											2.35	277	1.42	72.3	1.01	30	0.58	7.49
5.5											2.59	335	1.56	87.5	0.11	35.8	0.63	8.92
6.0													1.70	104	1.21	42.1	0.69	10.5
6.5													1.84	122	1.31	49.4	0.75	12.1
7.0													1.99	142	1.41	57.3	0.81	13.9
7.5													2.13	163	1.51	65.7	0.87	15.8
8.0													2.27	185	1.61	74.8	0.92	17.8
8.5													2.41	209	1.71	84.4	0.98	19.9
9.0													5.55	234	1.81	94.6	1.04	22.1
9.5															1.91	105	1.10	24.5
10.0															2.01	117	1.15	26.9
10.5															2.11	129	1.21	29.5
11.0															2.21	141	1.27	32.4
11.5															2.32	155	1.33	35.4
12.0															2.42	168	1.39	38.5
12.5															2.52	183	1.44	41.8
13.0																	1.50	45.2
14.0																	1.62	52.4
15.0																	1.73	60.2
16.0																	1.85	68.5
17.0																	1.96	77.3
20.0																	2.31	107

注：表中单位：流量 q_V 为 L/s，流速 v 为 m/s，单位管长水头损失 i 为 mm/m。

2. 阻力计算

（1）沿程水头损失 h_1　水在沿着管子计算内径 D 和单位长度水头损失 i（又叫水力坡度）不变的匀直管段全程流动时，为克服阻力而损失的水头，叫沿程水头损失 h_1（m）。

当 $v \geqslant 1.2$m/s 时

$$h_1 = iL = \left(0.001\,07\,\frac{v^2}{D^{1.3}}\right)L$$

或

$$h_1 = \left(0.001\,736\,\frac{Q^2}{D^{5.3}}\right)L$$

式中　i——单位管长的水头损失（mm/m）；

Q——流量（m^3/s）；

L——管长（m）；

v——流速（m/s）；

D——管子的计算内径（m）。

当 $v<1.2$ m/s 时

$$h_1 = iL = \left[0.000\,912\left(1+\frac{0.867}{v}\right)^{0.3}\frac{v^2}{D^{1.3}}\right]L$$

或

$$h_1 = K\left[0.001\,756\,\frac{Q^2}{D^{5.3}}\right]L$$

式中，Q、i、L、v、D 含义同上式，K 为修正系数（参见表 4－26）。

表 4－26　当 $v<1.2$ m/s 时的修正系数 K 值

v（m/s）	0.20	0.25	0.30	0.35	0.40	0.45	0.50	0.55	0.60
K	1.41	1.33	1.28	1.24	1.20	1.175	1.15	1.13	1.115
v（m/s）	0.65	0.70	0.75	0.80	0.85	0.90	1.0	1.1	≥1.20
K	1.10	1.085	1.07	1.06	1.05	1.04	1.03	1.015	1.00

（2）局部水头损失 h_2　水流经过断面面积或方向发生改变从而引起速度发生突变的地方（如阀门、缩节、弯头等）时，所损失的水头，叫局部水头损失 h_2（m）。它可用局部阻力系数 ξ 来计算，这叫精确计算法，亦可用沿程水头损失乘上一个经验系数的方法，这叫概略算法。概略算法较简便，在工程计算中用得较多。

① 精确算法：计算公式为

$$h_2 = \sum \xi \frac{v^2}{2g}$$

式中　ξ——局部阻力系数（参见表 4－27）；

v——流速（m/s）；

g——重力加速度（9.81 m/s²）。

表 4－27　局部阻力系数

接头配件、附件名称	图　例	阻力系数
三　通		2.0
合流三通		3.0
分流三通		1.5
顺流三通		0.05～0.1

（续）

接头配件、附件名称	图　例	阻力系数
带镶边的管子入口	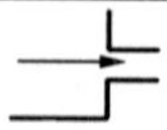	0.5
带固甲边的管子入口	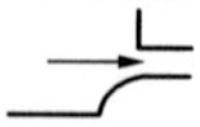	0.25
入水箱的管子出口	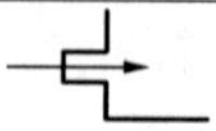	1.0
扩张大小头	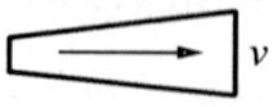 v	0.073～0.91（v 按大管计）
收缩大小头	 v	0.24（v 按小管计）
90°普通弯头	 $R/d=1$ $R/d=2$ R　d	0.08 0.48
闸　　门	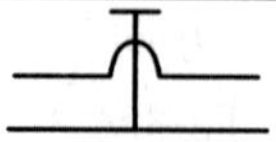	d：50　70　100　150 ξ：0.47　0.27　0.18　0.08
普通球阀	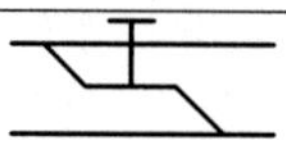	3.9
开肩式旋转龙头		1.0
逆止器	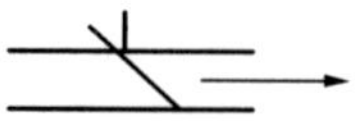	1.3～1.7
突然扩大	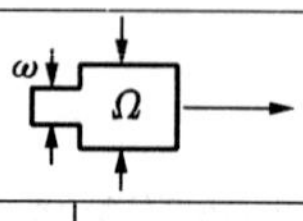 ω　Ω	$\xi=\left(\frac{\Omega}{\omega}-1\right)^2$，0～81
突然收缩	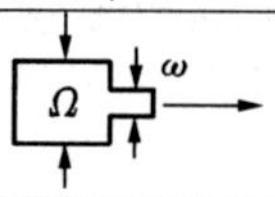 Ω　ω	0～0.5

② 概略算法（常用）：其计算公式为

生活给水管网

$$h_2 = (20\% \sim 30\%)\ h_1$$

式中　h_1——沿程水头损失（m）。

生产给水管网

$$h_2 = 20\% h_1$$

消防给水管网

$$h_2 = 10\% h_1$$

生活、生产、消防合用管网

$$h_2 = 20\% h_1$$

（3）总水头损失 H_2（m）　水在流动过程中，用于克服阻力而损耗的（机械）能，叫总水头损失。

①精确算法：公式为

$$H_2 = h_1 + h_2 = iL + \sum \xi \frac{v^2}{2g}$$

②概略算法：公式为

$$H_2 = h_1 + h_2 = h_1 + (0.1 \sim 0.3)h_1 = (1.1 \sim 1.3)h_1$$

（二）水泵的选择

水泵的选择是根据流量 Q 和扬程 H 两个参数进行的。

1. 定 Q 值

①无水箱时，设计采用秒流量 Q。

②有水箱时，采用最大小时流量计算。

2. 定扬程 H　计算公式为

$$H = H_1 + H_2 + H_3 + H_4$$

式中　H_1——几何扬程（从吸水池最低水位至输水终点的净几何高差）；

H_2——阻力扬程（为克服全部吸水、压水、输水管道和配件之总阻力所耗的水头）；

H_3——设备扬程（即输水终点必需的流出水头）；

H_4——扬程余量（一般采用 2～3 m）。

三、蒸汽管管道的计算与选择

水和蒸汽的最大差别是：1 m^3水在任何压力下，只要在 4 ℃时其重量基本上是 1 t；而 1 m^3蒸汽的重量，则随蒸汽的压力大小而变化，所以，同一管道，同一流速，但在不同蒸汽压力下，每小时流过的蒸汽重量亦不同。

表 4-27 中只列出 6 种压力下的流量和阻力，其流速范围为 20～40 m/s。在表 4-27 中可以看出：在不同蒸汽压下，虽然管道和流速相同，但流量和阻力都不同。例如在 588 kPa（6 kgf/cm^2）压力下的 32×3.5 管道，在流速为 20 m/s 时，流量为 0.13 t/h；当在 883 kPa（9 kgf/cm）下，流速仍为 20 m/s 时，流量却为 0.18 t/h。两种压力下的阻力分别为 97mmH_2O/m 及 135 mmH_2O/m（1mmH_2O=9.8Pa）。

1. 有关蒸汽管阻力计算的几个公式

（1）在相同压力下，流速与流量及阻力的关系（与水相同）　计算公式是

$$Q_1 = \frac{v_1}{v_2} Q_2$$

$$i_1 = \left(\frac{v_1}{v_2}\right)^2 i_2$$

【例】 89×4 的蒸汽管道，在 588 kPa 表压下，当流速为 20 m/s 时的流量为 1.34 t/h，阻

力为 22 mmH$_2$O/m。试问流速在 40 m/s 时的流量和阻力各为多少？

解：

$$Q_1 = \frac{40}{20} \times 1.34 = 2.68(t/h)$$

$$i_1 = \left(\frac{40}{20}\right)^2 \times 22 = 88(mmH_2O/m)$$

答：流速在 40 m/s 时的流量和阻力分别为 2.68 t/h 和 88 mmH$_2$O/m。

（2）在管径不同，流速相等时，流量与管道半径的关系　其流量的变化与管道半径的平方成正比，即

$$Q_1 = \left(\frac{d_1}{d_2}\right)^2 Q_2$$

式中　d_1，d_2——两根不等径管道的直径（m 或 mm）；

Q_1，Q_2——两根不等径管道中流体的流量（m^3/h 或 t/h）。

（3）管径、流速相同，在不同的压力下，其流量和阻力变化的计算　用以下计算公式

$$Q_1 = \frac{p_1 + 98}{p_2 + 98} Q_2$$

式中　p_1，p_2——两根等径管道中的蒸汽表压（kPa）；

Q_1，Q_2——两根等径管道中的蒸汽流量（m^3/h 或 t/h）。

$$i_1 = \frac{p_1 + 98}{p_2 + 98} i_2$$

【例】　32×35 蒸汽管道，在表压 588 kPa，流速 20 m/s 时，流量为 0.13 t/h，阻力为 97 mm H$_2$O/m。试问蒸汽表压在 883 kPa，流速为 20 m/s 时的流量和阻力各为多少？

解：

表压为 883 kPa 时的流量 Q_1 为

$$Q_1 = \frac{883 + 98}{588 + 98} \times 0.13 = 0.188(t/h)$$

表压为 883 kPa 时的阻力 i_1 为：

$$i_1 = \frac{883 + 98}{588 + 98} \times 97 = 138.6(mmH_2O/m)$$

2. 利用表 4-28 来选择管径　以下举例说明选择过程。

【例】　现需要选一条蒸汽管道，其通过的蒸汽表压力为 588 kPa，流量为 2 t/h，输送路程为 50 m，允许降低压力 49 kPa，试问管径应选多大？

解：假定局部阻力占沿程阻力的 100%，则可按 50 m 的 1 倍（即 100 m）管长来计算每米允许的压力降（即每米管子所允许的阻力大小）。由题中可知，输送路程的允许压力降为 49 kPa，即允许压力降为 5 mH$_2$O=5 000 mmH$_2$O。由此可得管道每米允许阻力为$\frac{5\,000}{100}$=50（mmH$_2$O/m）。

查表 4-27，在蒸汽压为 588 kPa 的一组里查满足流量为 2 t/h、阻力在 50 mmH$_2$O/m 左右的管径。在表 4-27 中查得 89×4 管道在流速 32 m/s 时，其流量为 2.14 t/h，阻力为 56 mm H$_2$O/m，这与本题要求很接近，所以选用 89×4 的无缝钢管。

表 4-28　饱和水蒸汽管阻力计算表

无缝钢管外径×壁厚(mm)	流量(t/h)阻力(mm H_2O/m)	69 kPa(0.7kgf/cm²)时流速(m/s)						147 kPa(1.5kgf/cm²)时流速(m/s)						294 kPa(3kgf/cm²)时流速(m/s)					
		20	24	28	32	36	40	20	24	28	32	36	40	20	24	28	32	36	40
32×3.5	蒸汽流量 *Q*	0.03						0.05						0.08					
	阻力 *i*	2.5						37						57					
38×3.5	蒸汽流量 *Q*	0.05						0.07						0.12					
	阻力 *i*	20						28						44					
45×3.5	蒸汽流量 *Q*	0.08	0.09	0.11				0.11	0.13	0.16				0.17	0.21	0.24			
	阻力 *i*	11	16	22				22	32	44				35	50	68			
57×3.5	蒸汽流量 *Q*	0.13	0.16	0.19				0.19	0.23	0.27				0.30	0.36	0.42			
	阻力 *i*	10	15	21				15	22	30				20	34	46			
73×4	蒸汽流量 *Q*	0.23	0.27	0.32	0.36	0.41	0.45	0.33	0.39	0.46	0.52	0.59	0.66	0.51	0.61	0.71	0.81	0.91	1.02
	阻力 *i*	8	11	15	19	24	30	11	15	21	27	35	43	17	24	33	43	54	67
89×4	蒸汽流量 *Q*	0.35	0.42	0.50	0.57	0.64	0.71	0.51	0.61	0.71	0.82	0.92	1.02	0.79	0.95	1.10	1.26	1.42	1.57
	阻力 *i*	6	8	11	15	19	23	8	12	16	21	27	33	13	18	25	33	41	51
108×4	蒸汽流量 *Q*	0.54	0.65	0.75	0.86	0.97	1.08	0.78	0.93	1.09	1.24	1.49	1.55	1.20	1.44	1.68	1.93	2.16	2.40
	阻力 *i*	4	6	8	11	14	17	6	9	12	16	20	25	10	14	19	25	31	39
133×4	蒸汽流量 *Q*	0.84	1.01	1.18	1.34	1.50	1.68	1.21	1.45	1.69	1.94	2.19	2.42	1.87	2.24	2.62	3.00	3.37	3.74
	阻力 *i*	3	5	7	9	11	13	5	7	9	12	15	19	7	11	14	19	24	30
159×3.5	蒸汽流量 *Q*	1.21	1.45	1.69	1.94	2.18	2.42	1.75	2.10	2.44	2.79	3.14	3.50	2.70	3.24	3.78	4.32	4.85	5.4
	阻力 *i*	3	4	5	7	9	11	4	6	8	10	12	16	6	9	12	15	19	24
219×6	蒸汽流量 *Q*													5.14	6.16	7.20	8.22	9.25	10.28
	阻力 *i*													4	6	8	10	13	16
273×8	蒸汽流量 *Q*													7.92	9.51	11.1	12.66	14.23	15.82
	阻力 *i*													3	4	6	8	10	12

无缝钢管外径×壁厚(mm)	流量(t/h)阻力(mm H_2O/m)	588kPa(6kgf/cm²)时流速(m/s)						883 kPa(9 kgf/cm²)时流速(m/s)						1 177 kPa(12 kgf/cm²)时流速(m/s)					
		20	24	28	32	36	40	20	24	28	32	36	40	20	24	28	32	36	40
32×3.5	蒸汽流量 *Q*	0.13						0.18						0.23					
	阻力 *i*	97						135						174					
38×3.5	蒸汽流量 *Q*	0.20						0.27						0.35					
	阻力 *i*	75						105						134					
45×3.5	蒸汽流量 *Q*	0.29	0.35	0.41				0.41	0.49	0.58				0.53	0.67	0.74			
	阻力 *i*	58	84	115				82	117	160				106	152	207			
57×3.5	蒸汽流量 *Q*	0.51	0.61	0.71				0.71	0.86	1.00				0.92	1.10	1.29			
	阻力 *i*	39	57	77				56	80	109				72	103	141			
73×4	蒸汽流量 *Q*	0.86	1.04	1.21	1.38	1.55	1.72	1.21	1.45	1.69	1.93	2.18	2.42	1.55	1.86	2.18	2.48	2.80	3.30
	阻力 *i*	28	41	56	73	92	114	40	57	78	102	129	159	51	73	100	130	165	204
89×4	蒸汽流量 *Q*	1.34	1.61	1.88	2.14	2.41	2.68	1.88	2.26	2.46	3.01	3.38	3.76	2.42	2.91	3.39	3.87	4.36	4.48
	阻力 *i*	22	31	43	56	71	87	30	44	60	78	99	122	39	57	77	100	127	157
108×4	蒸汽流量 *Q*	2.04	2.45	2.86	3.26	3.68	4.08	2.86	3.44	4.00	4.57	5.15	5.72	3.68	4.42	5.16	5.88	6.27	7.36
	阻力 *i*	16	24	32	42	53	66	23	33	45	59	75	92	30	43	58	76	96	119
133×4	蒸汽流量 *Q*	3.18	3.82	4.46	5.08	5.73	6.36	4.46	5.36	6.25	7.14	8.04	8.72	5.72	6.86	8.01	9.15	10.3	11.44
	阻力 *i*	13	18	25	32	41	50	18	25	34	45	57	70	22	32	44	58	73	90
159×3.5	蒸汽流量 *Q*	4.58	5.5	6.41	7.33	8.25	9.16	6.44	7.44	9.02	10.3	11.6	12.68	8.28	9.94	11.60	13.24	14.90	16.56
	阻力 *i*	10	14	20	26	32	40	14	20	28	36	46	57	18	26	36	47	59	73
219×6	蒸汽流量 *Q*	8.71	10.45	12.2	13.92	15.7	17.41	12.24	14.7	17.14	19.60	22.02	24.48	15.72	18.88	22	25.09	28.3	31.44
	阻力 *i*	7	9	13	17	21	26	9	13	18	24	30	37	12	17	23	30	38	47
273×8	蒸汽流量 *Q*	13.48	16.18	18.88	21.59	24.21	26.98	18.9	22.66	26.45	30.22	34.02	37.80	24.4	29.3	33.42	39.1	43.9	48.8
	阻力 *i*	5	7	10	13	17	20	7	10	14	18	23	29	9	13	18	24	30	37

四、制冷系统管道的计算及泵的选择

冷库制冷系统管道是整个密闭系统的组成部分。它把制冷机器与设备连接起来，使液体和蒸汽制冷剂在系统内循环流动。管子要具有一定的抗拉、抗压、抗弯的强度，并能耐腐蚀。

（一）制冷系统对管道的总阻力要求

制冷系统管道的液体和气体制冷剂是在一定的压力下流动的。随着流动速度的加快，它在管道内的摩擦阻力就会增加。对于液体制冷剂来说，在流动过程中会引起蒸发；对气体制冷剂来说，则引起气体过热。这都会直接降低有效的制冷量，或者增加制冷循环的功率消耗。所以，在系统管道设计中，视管内制冷剂的温度不同，规定了允许的压力损失总和，即总阻力 $\Sigma\Delta p$。

（1）吸入管道允许的总阻力 $\Sigma\Delta p$，不应超过下列数值：

① 蒸发温度－40 ℃时，3 900 Pa；

② 蒸发温度－33 ℃时，4 900 Pa；

③ 蒸发温度－28 ℃时，5 900 Pa；

④ 蒸发温度－15 ℃时，12 000 Pa。

（2）排汽管道允许的总阻力 $\Sigma\Delta p$ 不超过 14 700 Pa。

（3）冷凝器与储液桶之间的液体管道总阻力 $\Sigma\Delta p$ 不超过 1 170 Pa。

（4）储液桶与调节站之间的液体管道总阻力 $\Sigma\Delta p$ 不超过 24 000 Pa。

（5）盐水管道允许的总阻力 $\Sigma\Delta p$ 不超过 49 000 Pa。

（二）管道的选择

管道系统的管径由制冷剂的流量（或热负荷）、摩擦阻力（压力降）和流体流速决定。在管道系统中，制冷剂的流动速度参阅表 4－29 和表 4－30。

表 4－29 氨制冷剂在管道内的允许流动速度（m/s）

管道名称	允许流速	管道名称	允许流速
回气管、吸入管	10～16	冷凝器至高压储液桶的液体管	<0.6
排气管	12～25	冷凝器至膨胀阀的液体管	1.2～2.0
氨泵供液的进液管	0.1～1.0	高压供液管	1.0～1.5
氨泵的回液管	0.25	低压供液管	0.8～1.4
重力供液、氨液分离器至液体分配站的供液管	0.2～0.25	自膨胀阀至蒸发器的液体管	0.8～1.4

表 4－30 F－12、F－22 制冷剂在管道内的流动速度

制冷剂	吸入管 5℃饱和	排气管	液管	
			冷凝器到储液桶	储液桶到蒸发器
F－12、F－22	5.8～20	10～16	0.5	0.5～1.25
氯甲烷	5.8～20	10～20	0.5	0.5～1.25

可以根据管长（包括局部阻力在内的管子当量长度）和每小时的耗冷量，从有关图表中查出制冷系统中各部分的管径。

1. 氨系统管道

(1) 排气管　氨气在排气管中的压力损失对能量的影响较小，但对制冷压缩机需用功率有较大的影响。由于排气比容较小，故所用的管径也小。氨气在排气管中的压力损失相当于增加用电量1%。图4-4为氨排气管的管径计算图。

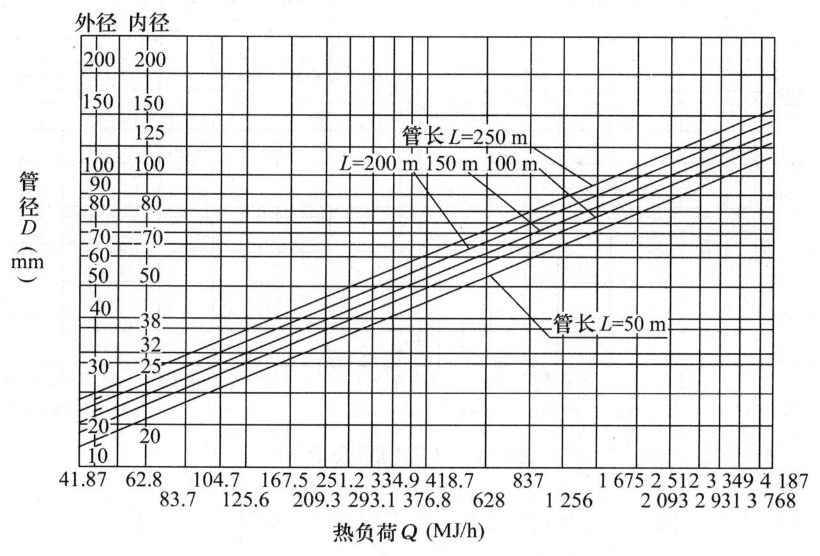

图4-4　氨排气管的管径计算图

【例】 设一排气管负荷为837 MJ/h，管长包括局部阻力在内的当量长度为100 m，试确定排气管直径。

解：从图4-4中的横坐标找出Q=837 MJ/h的点，同时在五根斜线中找出管长100 m的斜线，从横坐标已找出的点向上作垂直线交于斜线的A点，即为排出管的直径。这个直径等于62 mm，近似公称直径D_g70。

(2) 吸入管　吸入管中的压力损失，直接影响制冷压缩机的能量。蒸发温度越低，允许的压力损失越小。这个压力损失的数值，相当于饱和蒸发温度差1 ℃及制冷压缩机制冷量降低4%的能量。图4-5至图4-8为几种蒸发温度时吸入管管径计算图。

当管长小于100 m时，仍可用图4-4至图4-8查找排气管及吸入管的管径。管长小于30 m时，可参照图4-9查找。

(3) 供液管　供液管可分为两个管段：自冷凝器至膨胀阀之间的供液管段是高压供液管；自膨胀阀至冷却设备之间的供液管段是低压供液管。

①高压供液管：氨液在管内流速为1～1.5 m/s。这部分管道的直径一般选用D20～D38 mm。图4-10为高压储液桶与调节站之间的氨液管管径计算图。

自冷凝器至高压储液桶的管段，氨液在管内的流速小于0.6 m/s。这部分管道直径一般选用D32～D57 mm。图4-11为冷凝器与高压储液桶之间的氨液管管径计算图。冷凝器与高压储液桶的均压管道，一般选用D18～D25 mm。

②低压供液管：氨通过膨胀阀降低压力后向冷却设备供液的管段，都属于低压供液管。

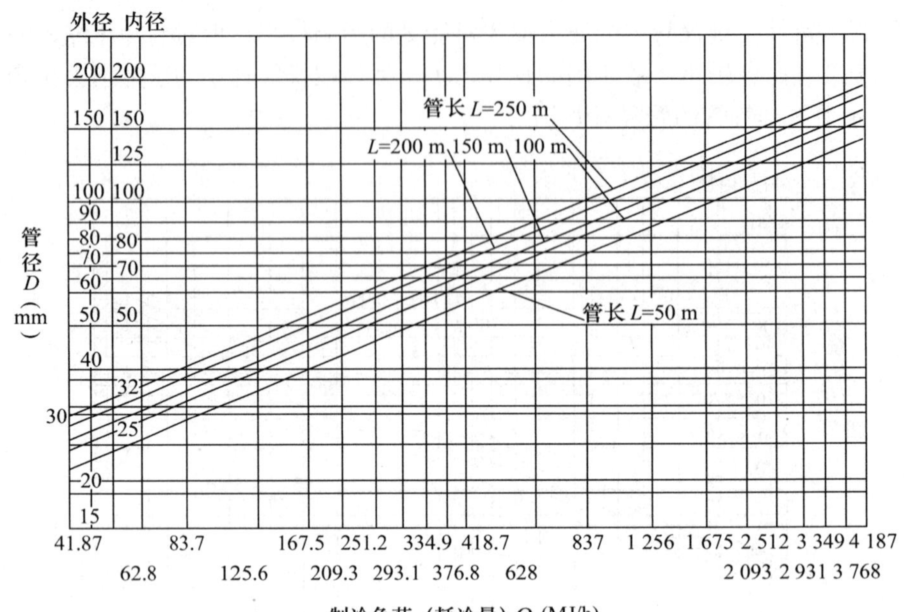

图 4-5 蒸发温度为-15 ℃时氨吸入管管径计算图

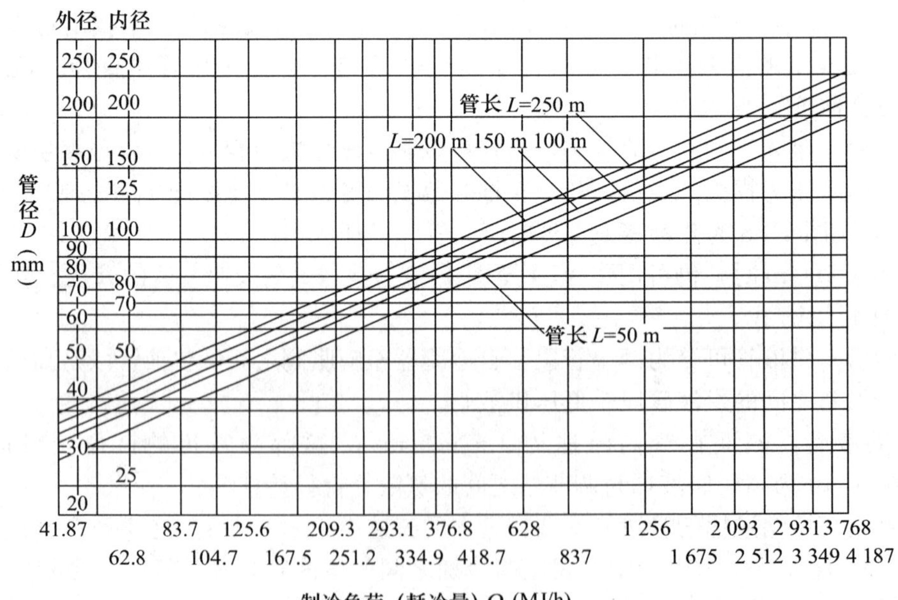

图 4-6 蒸发温度为-28 ℃时氨吸入管管径计算图

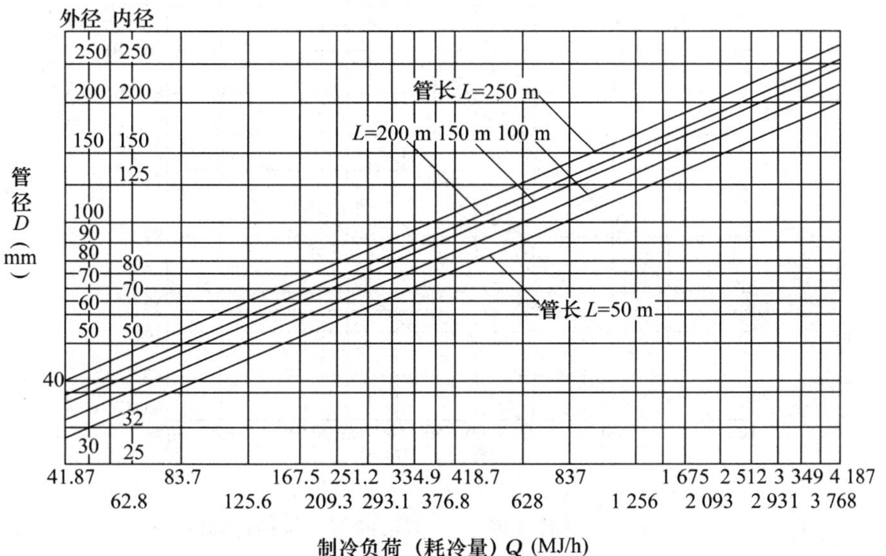

图 4-7　蒸发温度为-33 ℃时氨吸入管管径计算图

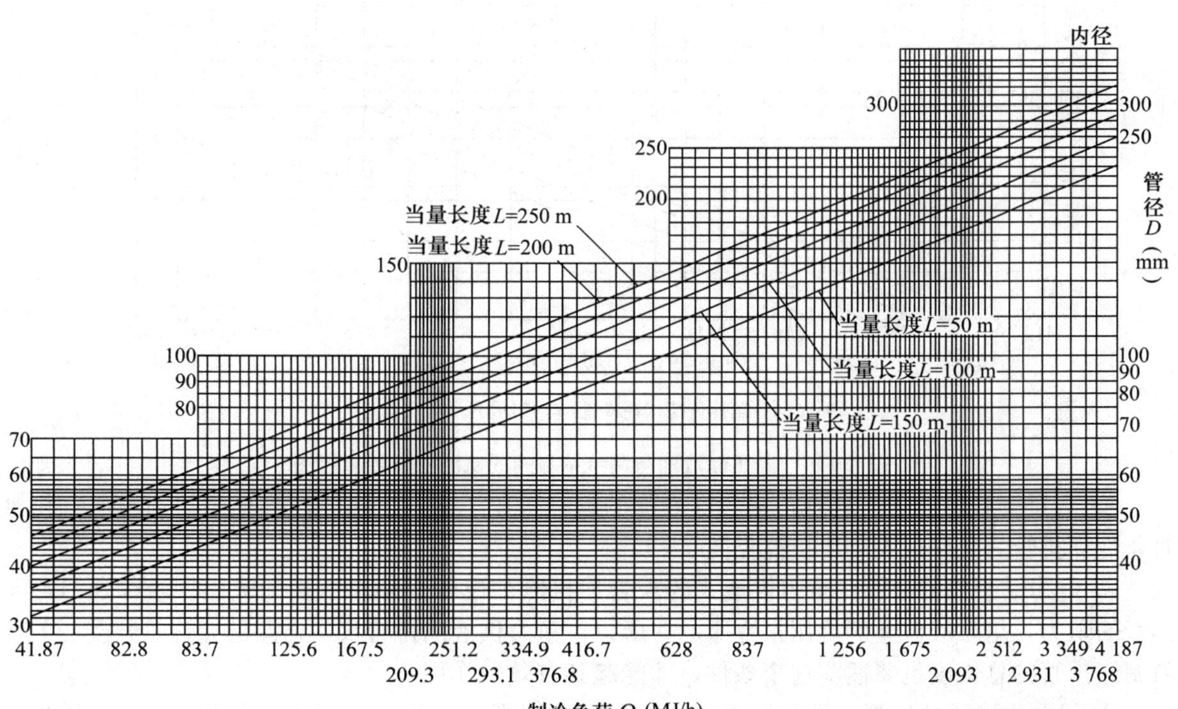

图 4-8　蒸发温度为-33 ℃时氨吸入管管径计算图

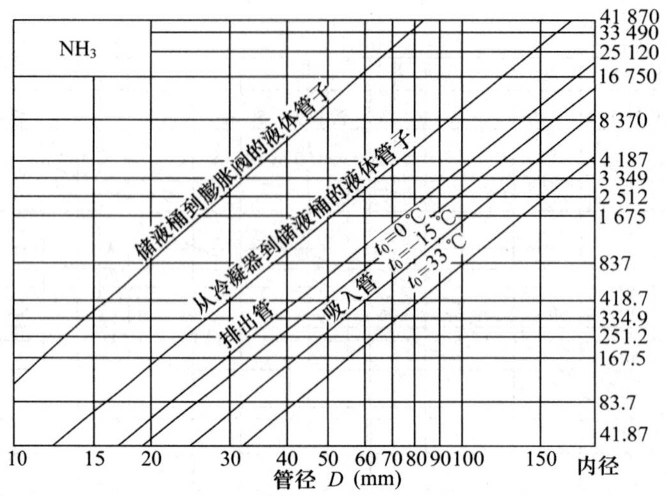

图 4-9　总管长度小于 30 m 时氨管管径计算图

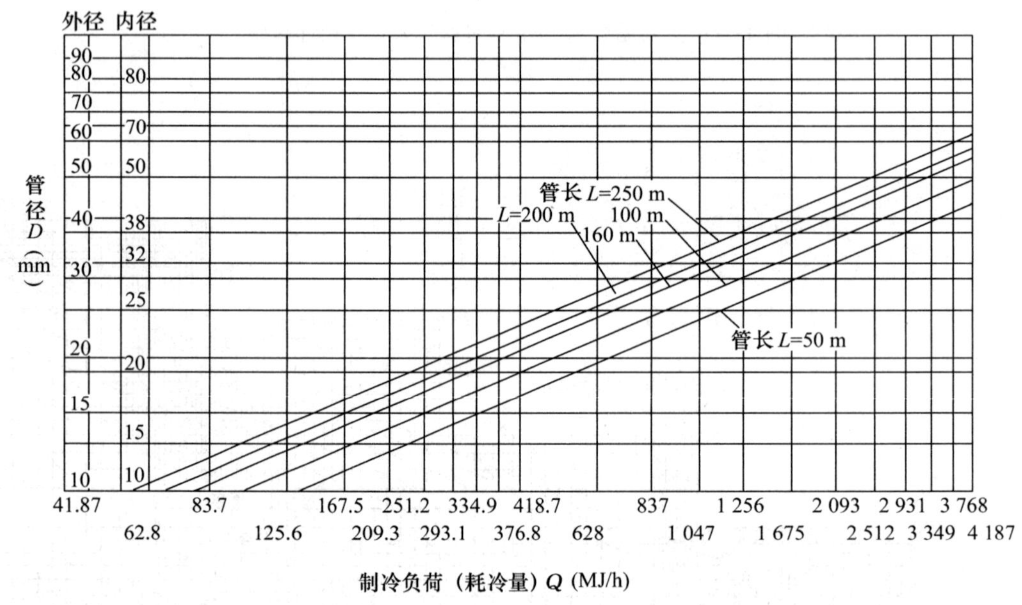

图 4-10　高压储液桶与调节站之间的氨液管管径计算图

A. 直接膨胀供液式的液管：一般供液管的管径采用 D20～30 mm，当采用热力膨胀阀供液时，冷却排管的允许最大制冷负荷见图 4-12。

B. 重力供液式的液管：重力供液式的液管连接冷却设备必须自下而上流出。液体通过冷却排管的阻力，是靠液位差的静压来克服的。所以，重力供液的排管每一通路的允许管长受压差所限制。排管的总长度也要适应这个条件，才能起到有效的作用。

C. 氨泵供液式的液管：氨泵供液式的液管有进液管和出液管，直径的大小要与氨泵进出口直径相适应。

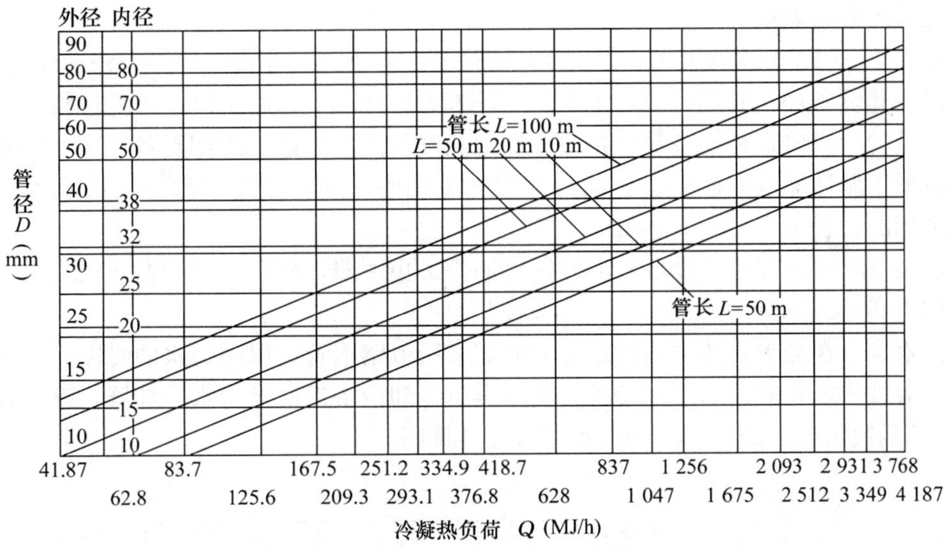

图 4-11　冷凝器与高压储液桶之间的氨液管管径计算图

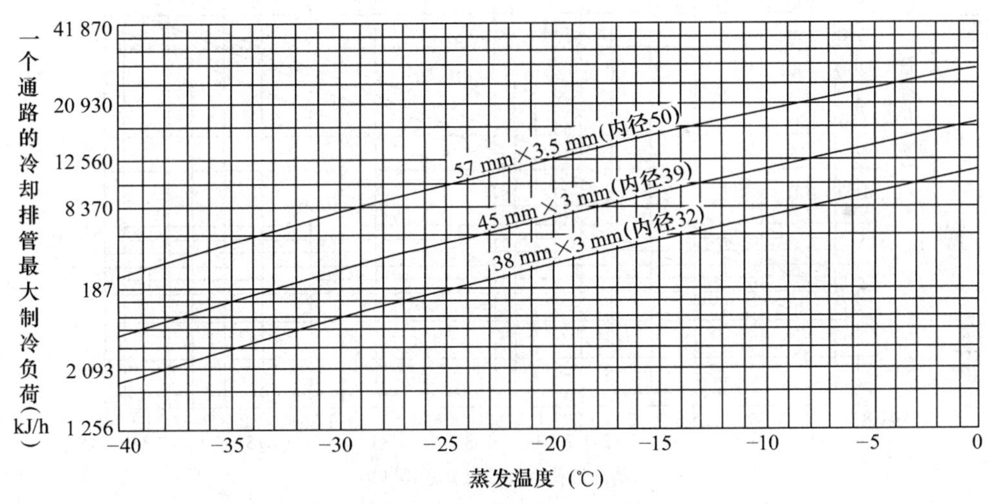

图 4-12　氨热力膨胀阀供液的冷却排管最大制冷负荷

氨泵的进液管从低压循环储液桶接出时，应尽可能为直管，要求液体进泵时流速为 0.5～0.75 m/s，以减少氨液由于摩擦引起汽化，影响泵的正常工作。

氨泵的出液管是供给冷却设备氨液的液管，有从泵直接向冷却设备供液者，也有将出液管接至液体分调节站，然后由分调节站向各冷却设备供液者。在冷库制冷系统中，大都使用后者。氨泵出液管至分调节站的管段，其管径一般采用 D45～57 mm 的管子，而自分调节站至冷却设备的管段采用 D32～38 mm 的管子。每个通路管子长度一般不超过 350 m。

（4）热氨管　热氨管专门供给冷却设备冲霜和低压设备加压用的高压氨气。为避免将润滑油带进冷却系统，高压氨气先通过油氨分离器，将油蒸气分离后，再供给冷却设备。因此，热氨管有的从油分离器与冷凝器之间的管道中接出。如需设热氨站，可在高压排出管加接油分离器，使油分离，之后再去热氨站。

热氨管管径，用于冲霜的采用 D38～57 mm 管子，用于加压的采用 D25～38 mm 的管子。

一般供冷却设备冲霜的热氨管，为了避免进入设备前热氨温度下降，都要包敷石棉隔热层。

（5）排液管　排液管是把冷却设备中存在的氨液与热氨气进入冷却设备后冷凝的液体一起排至排液桶或低压循环储液桶的管道。在冷库制冷系统中，这种液管大部分是从液体分调节站接出，通常采用的管径为 D32～38 mm。

（6）放油管　放油管是供设备放油时，将油排进集油器，然后从集油器放出之用。放油管直径一般采用 D25～32 mm。

（7）盐水管　在盐水系统中，盐水管道大部采用镀铬钢管，以防盐水的腐蚀。盐水从盐水冷却器输出，通过盐水泵输送到冷却设备，然后再由冷却设备返回至盐水冷却器，整段管道一般采用 D_g40～50 的镀锌管。图 4－13 为盐水管管径计算图。

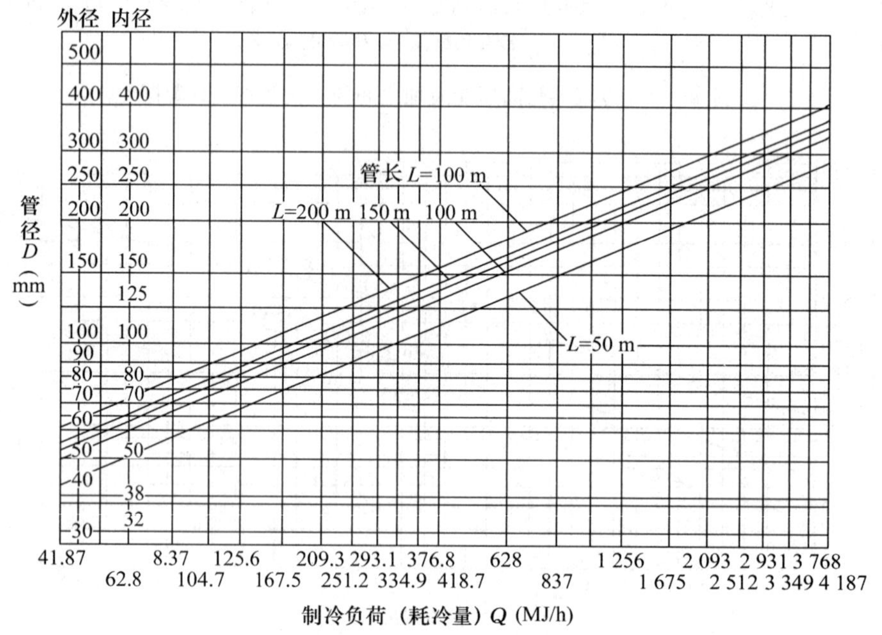

图 4－13　盐水管管径计算图

（8）冷却水管和冲霜管　制冷压缩机用的冷却水管管径为 D_g15～25，冷凝器用的冷却水管的管径为 D_g50～150。

冲霜水管一般管径为 D57～108 mm（或公称直径 D_g50～100）的管子。

（9）其他管道

①安全管：一般采用 D25～28 mm 管子。

②均压管：一般采用 D25 mm 管子。

③冷凝器的放空气管：一般采用 D25～32 mm 管子。

④降压管：放空气器、集油器、排液桶上的降压管，一般使用 D25～57 mm 的管子。

⑤抽气管：连接在氨泵供液管段上的抽汽管，一般采用 D25 mm 的管子。

2. 氟利昂系统管道

(1) 排气管　氟利昂排气管管径的选择原则与氨一样，要把排气管中压力损失控制在相当于饱和冷凝温度差为 0.5 ℃这样的压力损失，即 F-12 的压力损失为 11.768×10^3 Pa，F-22 的压力损失为 19.6133×10^3 Pa。F-12、F-22 排气管管径计算见图 4-14 与图 4-15。

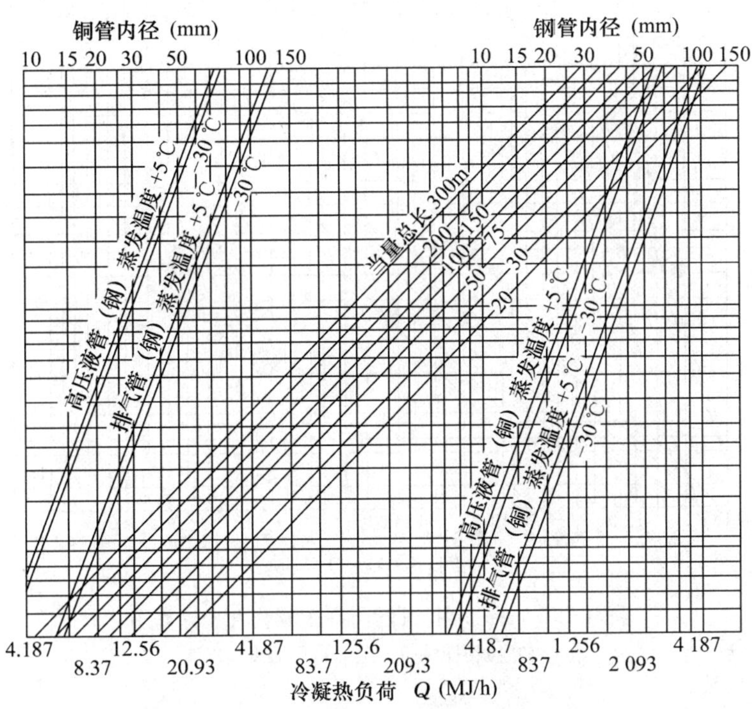

图 4-14　F-12 排气管与高压液管管径计算图

（饱和冷凝温度差 0.5℃，冷凝温度 40℃）

(2) 吸入管　吸入管中的压力损失直接影响制冷压缩机的能量。一般认为吸入管中的压力损失控制在相当于饱和蒸发温度差 1 ℃较为合适。吸入管压力损失见表 4-31，管径计算见图 4-16 和图 4-17。

表 4-31　相当于饱和蒸发温度差 1 ℃的氟利昂压力损失

饱和蒸发温度（℃）	相当于饱和蒸发温度差 1 ℃的压力损失（Pa）	
	F-12	F-22
−40	2.942×10^3	4.903×10^3
−30	4.413×10^3	6.865×10^3
−20	5.884×10^3	9.807×10^3
−10	7.845×10^3	12.749×10^3
0	9.807×10^3	16.671×10^3
10	12.749×10^3	20.594×10^3

(3) 供液管

① 高压供液管：一般认为高压供液管中的压力损失控制在相当于饱和温度差 0.5 ℃比较适

当。F-12 和 F-22 的高压供液管管径计算图见图 4-14 与图 4-15。液温采用 40 ℃。

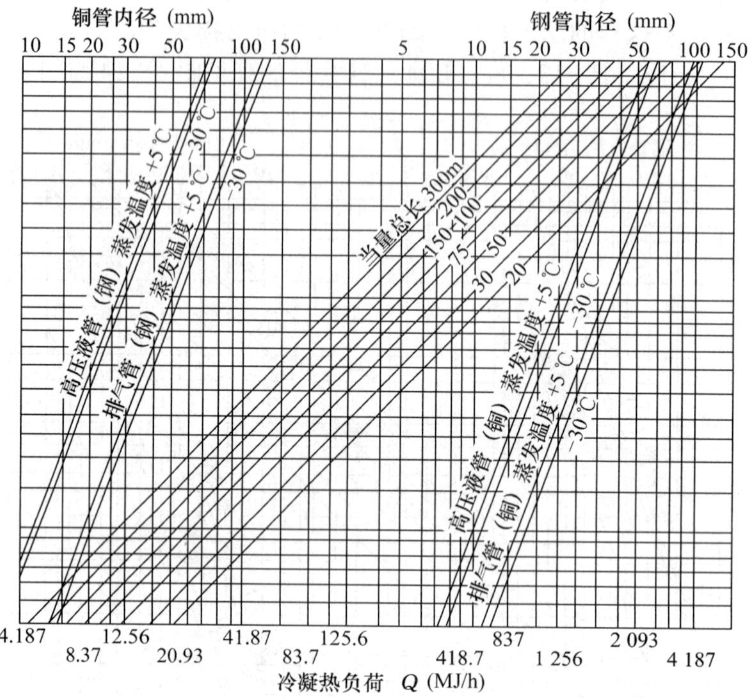

图 4-15 F-22 排气管与高压液管管径计算图

（饱和冷凝温度差 0.5℃，冷凝温度 40℃）

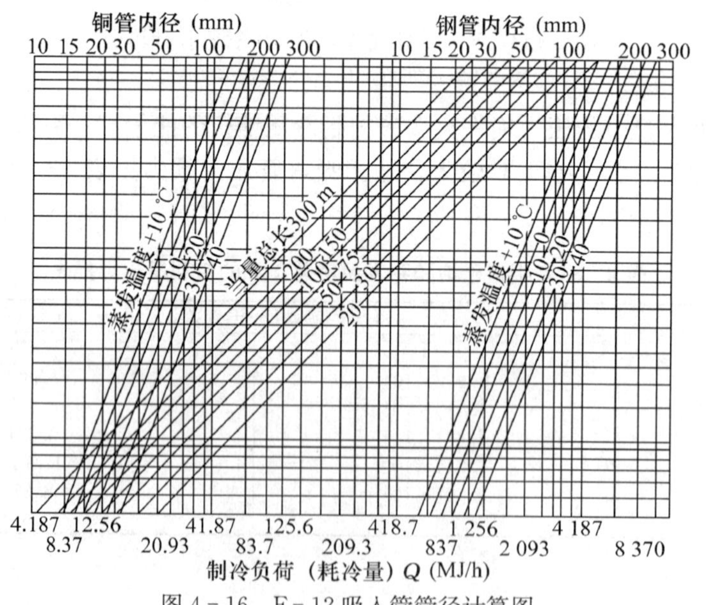

图 4-16 F-12 吸入管管径计算图

（饱和蒸发温度差 1℃，膨胀阀前的液温 40℃）

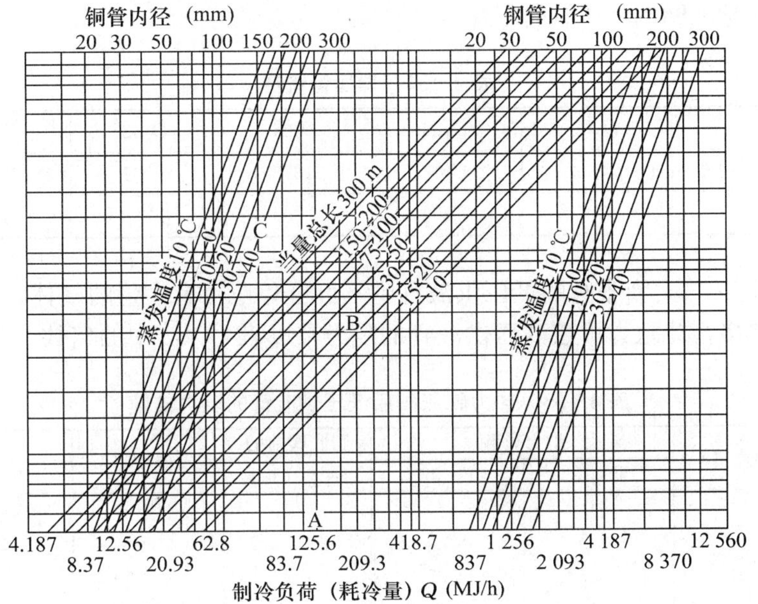

图 4-17　F-22 吸入管管径计算图

（饱和蒸发温度差 1℃，膨胀阀前的液温 40℃）

从冷凝器到储液桶的出液管一般将流速限制在 0.5 m/s，管径的计算见图 4-18。

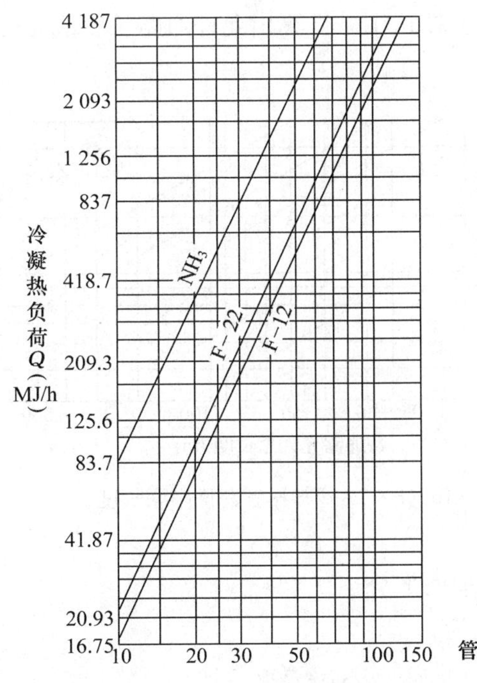

图 4-18　冷凝器至储液桶出液管

管径计算图

冷凝器与储液桶之间的均压管管径见表 4-32。

表 4-32 均压管管径

管 径		D_g15	D_g20	D_g25	D_g32	D_g40	D_g50
最大能量（MJ/h）	F-12	502.4	1 005	1 675	2 931	3 977	6 699
	F-22	628	1 256	2 093	3 768	5 024	8 374

② 低压供液管：热力膨胀阀的低压供液管中不可避免地带有大量的气体，故属于两相流动，阻力比纯液体大得多，此阻力可按高压供液管的阻力乘以表 4-33 中的倍数。

表 4-33 热力膨胀阀后低压供液管的阻力倍数

膨胀阀前的液温（℃）	蒸发温度（℃）	阻力倍数		膨胀阀前的液温（℃）	蒸发温度（℃）	阻力倍数	
		F-12	F-22			F-12	F-22
30	10	24	12	40	10	19	17
	0	21.5	18.5		0	29	24.5
	−10	33.5	28.5		−10	43	35.5
	−20	52	43.5		−20	61	51
	−30	76.5	64		−30	93	77

低压供液管管径的大小，可按供液的通路长度和每个通路负荷来决定。氟利昂系统的每个通路允许长度取决于允许压力损失，对 F-12 一般宜控制在饱和蒸发温度降 2 ℃以内；F-22 一般宜控制在饱和蒸发温度降 1 ℃以内。按这个条件算出允许通路长度或允许负荷，见图 4-19 至图 4-22。

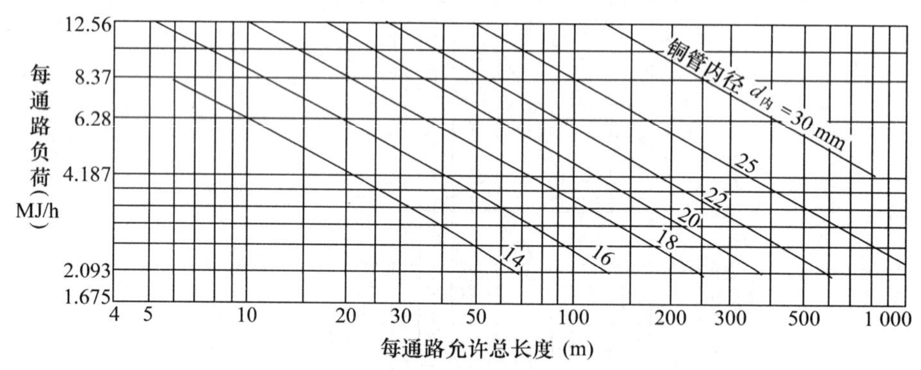

图 4-19 F-12 冷却排管允许串联长度

（三）氨泵的选择计算

氨泵的选择计算包括流量和扬程两部分。

1. 氨泵的流量计算 计算公式为

$$Q=\frac{nGv}{\gamma}$$

式中 Q——氨泵的流量（m^3/h）；

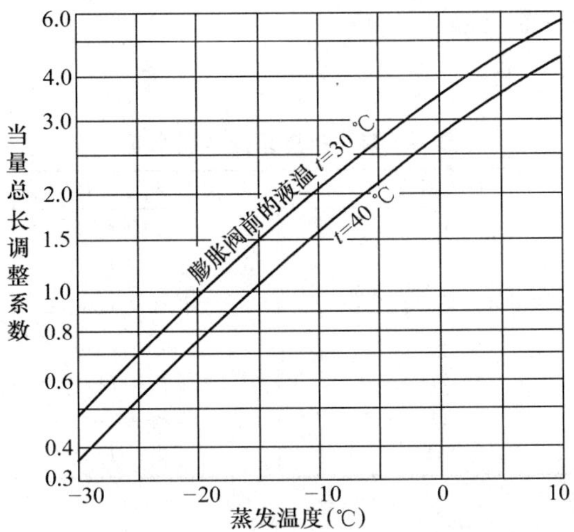

图 4-20 图 4-19 的调整系数

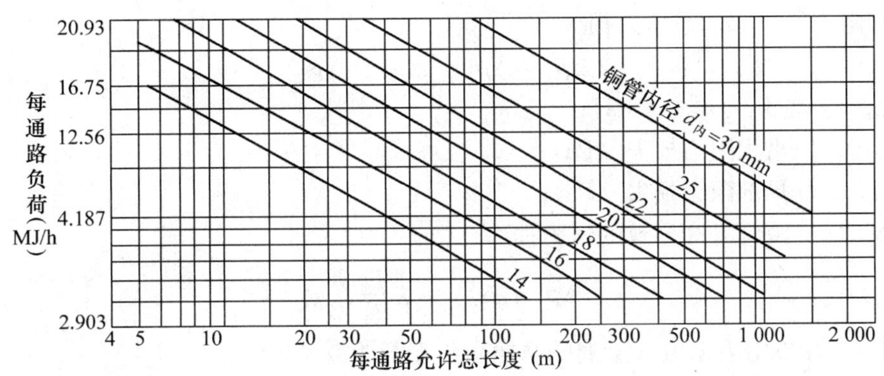

图 4-21 F-21 冷却排管允许串联长度

n——氨循环倍数（取 5～6）；

G——系统所需的制冷量（J/h）；

υ——氨液比容（m^3/kg）；

γ——氨液的汽化潜热（J/kg）。

2. 氨泵扬程的计算　氨泵的排出压力应能克服管件、管道和高度上的各项阻力。有的设计单位为了保证氨泵能稳定输液，考虑增加一些余量，一般为 74～98 kPa。

（1）管子和管件的阻力损失　先计算出管子长度和管件的当量长度，然后计算阻力损失。管件换算成管子的当量长度，计算公式为

$$l = nAd_1$$

式中　l——管件的当量长度（m）；

n——该管件的个数；

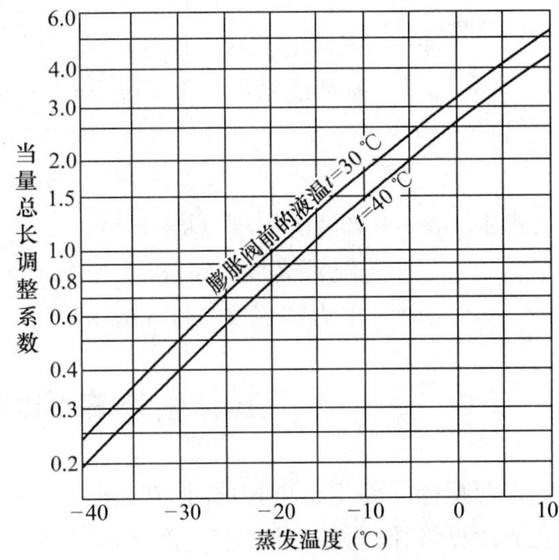

图 4-22 图 4-21 的调整系数

A——折算系数（参见表 4-34）；

d_1——管子内径（m）。

表 4-34　折算系数 A 的数值

管　件	折算系数	管　件	折算系数
45°弯头	15	角阀全开	170
90°弯头	32	扩径 $d/D=1/4$	30
180°小弯头	75	扩径 $d/D=1/2$	20
180°小型弯头	50	扩径 $d/D=3/4$	17
三通 ├→	60	缩径 $d/D=1/4$	15
三通 ┬↓	90	缩径 $d/D=1/2$	12
球阀全开	300	缩径 $d/D=3/4$	7

注：表中，d 为小管子外径（m）；

D 为大管子外径（m）。

（2）各项阻力所引起的总压力损失

$$\Delta p = \Delta p_1 + \Delta p_2 + \Delta p_3$$

式中　Δp——总压力损失（Pa）；

Δp_1——沿程阻力损失（Pa）；

Δp_2——局部阻力损失（Pa）；

Δp_3——液位升高导致的压力损失（Pa）。

$$\Delta p_1 + \Delta p_2 = \lambda \frac{L}{d_1} \frac{\omega^2}{2} \rho$$

式中　λ——摩擦阻力系数（氨液的摩擦阻力系数为 0.035）；

L——管子长度（包括局部阻力的当量长度在内）（m）；

d_1——管子内径（m）；

ω——氨液的流速（m/s）；

ρ——氨液的密度（680 kg/m^3）。

$$\Delta p_3 = \rho + H + g$$

式中　ρ——氨液的密度（kg/m^3）；

H——输液高度（m）；

g——重力加速度（9.8 m/s^2）。

五、生产车间水、汽等总管的确定

总管管径的确定也可按两种方法进行：一种是根据生产车间耗水（或耗汽等）高峰期时的消耗量来计算管径；另一种是按生产车间耗水（或耗汽等）高峰时同时使用的设备及各工种的管径截面积之和来计算。目前一般采用后一种方法，其优点是计算简单方便，余量较大，比较适合工厂的生产实际情况。

其具体做法是，根据产品的方案，将各产品在生产过程中分别作出用水（或用汽等）的操作图表，看哪一个产品在哪一个时候用水（或用汽等）的设备最多，耗量最大。而设备上的进水管管径是固定的。所以，进入生产车间的水管或蒸汽管的总管内径，其平方值应等于高峰期各同时用水或用汽之管道内径的平方和。根据算出的内径再查标准管型即可。厂区总管亦可按此法进行计算。

六、管道附件、管道连接及管道补偿

（一）管道附件

管路中除管子以外，为满足工艺生产和安装检修的需要，管路中还有许多其他构件，如短管、弯头、三通、异径管、法兰、盲板、阀门等，我们通常称这些构件为管路附件，简称管件和阀件。它是组成管路不可缺少的部分。有了管路附件，管路的安装和检修则方便得多，可以使管路改换方向、变化口径、连通和分流，以及调节和切换管路中的流体等等。下面介绍几种管路附件。

1. *弯头*　弯头的作用主要是用来改变管路的走向。常用的弯头根据其弯头程度的不同，有90°、45°、180°弯头。180°弯头又称U形弯管，在冷库冷排中用得较多。其他还有根据工艺配管需要的特定角度的弯头。

2. *三通*　当一条管路与另一条管路相连通时，或管路需要有旁路分流时，其接头处的管件称为三通。根据接入管的角度不同，有垂直接入的正接三通，有斜度的斜接三通。此外，还可按入口的口径大小差异分，如等径三通、异径三通等。除常见的三通管件外，根据管路工艺需要，还有更多接口的管件，如四通、五通、异径斜接五通等。

3. *短接管和异径管*　当管路装配中短缺一小段，或因检修需要在管路中设置一小段可拆的管段阀，经常采用短接管。它是一短段直管，有的带连接头（如法兰、丝扣等）。

将两个不等管径和管口连通起来的管件称为异径管，通常叫大小头，用于连接不同管径的管子。

4. *法兰、活络管接头和盲板*　为便于安装和检修，管路中采用可拆连接，法兰、活络管接头是常用的连接零件。活络管接头大多用于管径不大（Φ100 mm）的水煤气钢管。绝大多数钢管管道采用法兰连接。

在有的管路上，为清理和检修需要设置手孔盲板，也有的直接在管端装盲板，或在管道中的某一段中断管道与系统联系。

5. *阀门*　阀门在管道中用来调节流量，切断或切换管道，或对管道起安全、控制作用。阀门的选择是根据工作压力、介质温度、介质性质（是否含有固体颗粒、黏度大小、腐蚀性）和操作要求（启闭或调节等）进行的。食品工厂常用的阀门有下述种类。

（1）旋塞　旋塞具有结构简单，外形尺寸小，启闭迅速，操作方便，管路阻力损失小的特点。但不适于控制流量，不宜使用在压力较高、温度较高的流体管道和蒸汽管道中；可用于压力和温度较低的流体管道中，也适用于介质中含有晶体和悬浮物的流体管道中。使用介质：水、煤气、油品、黏度低的介质。

（2）截止阀　截止阀具有操作可靠，容易密封，容易调节流量和压力，耐最高温达 300 ℃的特点。缺点是阻力大，杀菌蒸汽不易排掉，灭菌不完全，不得用于输送含晶体和悬浮物的管道中。常用于水、蒸汽、压缩空气、真空、油品介质。

（3）闸阀　闸阀阻力小，没有方向性，不易堵塞，适用于不沉淀物料管路。一般用于大管道中作启闭阀。使用介质：水、蒸汽、压缩空气等。

（4）隔膜阀　隔膜阀结构简单，密封可靠，便于检修，流体阻力小，适用于输送酸性介质和带悬浮物质流体的管路，特别适用于发酵食品，但所采用的橡皮隔膜应耐高温。

（5）球阀　球阀结构简单，体积小，开关迅速，阻力小，常用于食品生产中罐的配管中。

（6）针形阀　针形阀能精确地控制流体流量，在食品工厂中主要用于取样管道上。

（7）止回阀　止回阀靠流体自身的力量开闭，不需要人工操作，其作用是阻止流体倒流。止回阀也称单向阀。

（8）安全阀　在锅炉、管路和各种压力容器中，为了控制压力不超过允许数值，需要安装安全阀。安全阀能根据介质工作压力自动启闭。

（9）减压阀　减压阀的作用是自动地把外来较高压力的介质降低到需要压力。减压阀适用于蒸汽、水、空气等非腐蚀性流体介质，在蒸汽管道中应用最广。

（10）疏水器　疏水器的作用是排除加热设备或蒸汽管路中的蒸汽凝结水，同时能阻止蒸汽的泄漏。

（11）碟阀　碟阀又称翻板阀，其结构简单，外形尺寸小，是用一个可以在管内转动的圆盘（或椭圆盘）来控制管道启闭的。由于碟阀不易和管壁严密配合，密封性差，仅适用于调节管路流量。在输送水、空气和煤气等介质的管道中较常见，用于调节流量。

（二）管道的连接

管路的连接包括管道与管道的连接、管道与各种管件、阀件及设备接口等处的连接。目前比较普遍采用的有：法兰连接、螺纹连接、焊接及填料涵式连接。

1. *法兰连接*　这是一种可拆式的连接。法兰连接通常也叫法兰盘连接或管接盘连接。它由法兰盘、垫片、螺栓和螺母等零件组成。法兰盘与管道是固定在一起的。法兰与管道的固定方法很多，常见的有以下几种。

（1）整体式法兰　整体式法兰的管道与法兰盘是连成一体的，常用于铸造管路中（如铸铁管等）以及铸造的机器、设备接口和阀门等。在腐蚀性强的介质中可采用铸造不锈钢或其他铸造合金及有色金属铸造整体法兰。

（2）搭焊式法兰　搭焊式法兰的管道与法兰盘的固定是采用搭接焊接的，习惯又叫平焊法兰。

（3）对焊法兰　对焊法兰通常又叫高颈法兰，它的根部有一较厚的过渡区，这对法兰的强度和刚度有很大的好处，改善了法兰的受力情况。

（4）松套法兰　松套法兰又称活套法兰，其法兰盘与管道不直接固定。在钢管道上，是在管端焊一个钢环，法兰压紧钢环使之固定。

（5）螺纹法兰　这种法兰与管道的固定是可拆的结构。法兰盘的内孔有内螺纹，而在管端车制相同的外螺纹，它们是利用螺纹的配合来固定的。

法兰连接主要依靠两个法兰盘压紧密封材料以达到密封效果。法兰的压紧力则靠法兰连接的螺栓来达到。常用法兰连接的密封垫圈材料见表 4-35。

表 4-35　法兰连接的垫圈材料

介　　质	最大工作压力（kPa）	最高工作温度（℃）	垫圈材料
水、中性盐溶液	196.133	120	浸渍纸板
	588.399	60	软橡胶
	980.665	150	软橡胶
	4 903.325	300	石棉橡胶
水蒸气	147.1	110	石棉纸
	196.133	120	纤维纸垫片
	1 471	200	浸渍石棉纸板
	3 922.66	300	石棉橡胶
空气	588.399	60	中硬度弹性橡胶
	980.665	150	耐热橡胶

2. *螺纹连接*　管路中螺纹连接大多用于自来水管路、一般生活用水管路和机器润滑油管路中。管路的这种连接方法可以拆卸、但没有法兰连接那样方便，密封可靠性也较低。因此，使用压力和使用温度不宜过高。螺纹连接的管材大多用于水、煤气管。

3. *焊接连接*　这是一种不可拆的连接结构，它用焊接的方法将管道和各管件、阀门直接连成一体。这种连接密封非常可靠，结构简单，便于安装，但给清洗检修工作带来不便。焊缝焊接质量的好坏，将直接影响连接强度和密封质量。可用 X 光拍片和试压方法检查。

4. *其他连接*　除上述常见的 3 种连接外，还有承插式连接、填料涵式连接、简便快接式连接等。

（三）管道的补偿

管路在输送热介质液体时（如蒸汽、冷凝水、过热水等）会受热膨胀，对此应考虑管路的热伸长量的补偿问题。管路受热伸长量可按下式计算：

$$\Delta L = aL(t_1 - t_2)$$

式中　a——材料线膨胀系数（参见表 4-36）；

ΔL——热伸长量（m）；

L——管路长度（m）；

t_1——输送介质的温度（K）；

t_2——管路安装时空气的温度（K）。

表 4-36　各种材料的线膨胀系数表

管子材料	a 值 [m/(m·K)]	管子材料	a 值 [m/(m·K)]
镍　钢	13.1×10^{-6}	铁	12.35×10^{-6}
镍铬钢	11.7×10^{-6}	铜	15.96×10^{-6}
碳素钢	11.7×10^{-6}	铸　铁	11.0×10^{-6}
不锈钢	10.3×10^{-6}	青　铜	18×10^{-6}
铝	8.4×10^{-6}	聚氯乙烯	7×10^{-6}

从计算公式可以看出，管路的热伸长量 ΔL 与管长、温度差的大小成正比。在直管中的弯管处可以自行补偿一部分伸长的变形，但对较长的管路往往是不够的，所以，须设置补偿器来进行

补偿。如果达不到合理的补偿，则管路的热伸长量会产生很大的内应力，甚至使管架或管路变形损坏。常见的补偿器有n型、Ω型、波型、填料式几种（图4-23）。其中，波型补偿器使用在管径较大的管路中，n型和Ω型补偿器制作比较方便，在蒸汽管路中采用较为普遍，而填料式多用于铸铁管路和其他脆性材料的管路。

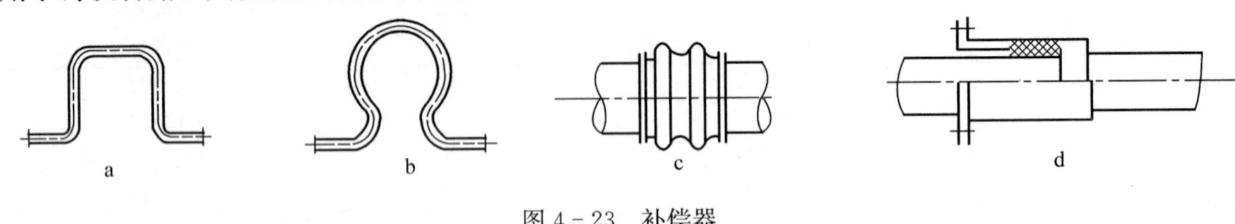

图4-23 补偿器
a. n型 b. Ω型 c. 波型 d. 填料式

七、管道保温与标志

（一）管道保温

管路保温的目的是使管内介质在输送过程中，不冷却、不升温，亦就是不受外界温度的影响而改变介质的状态。管路保温采用保温材料包裹管外壁的方法。保温材料常采用导热性差的材料，常用的有毛毡、石棉、玻璃棉、矿渣棉、珠光砂、其他石棉水泥制品等。管路保温层的厚度要根据管路介质热损失的允许值（蒸汽管道每米热损失许用范围见表4-37）和保温材料的导热性能通过计算来确定（表4-38和表4-39）。

表4-37 蒸汽管道每米热损失允许范围 [J/(m·s·K)]

公称直径	管内介质与周围介质之温度差（K）				
	45	75	125	175	225
D_g25	0.570	0.488	0.473	0.465	0.459
D_g32	0.671	0.558	0.521	0.505	0.497
D_g40	0.750	0.621	0.568	0.544	0.528
D_g50	0.775	0.698	0.605	0.565	0.543
D_g70	0.916	0.775	0.651	0.633	0.594
D_g100	1.163	0.930	0.791	0.733	0.698
D_g125	1.291	1.008	0.861	0.798	0.750
D_g150	1.419	1.163	0.930	0.864	0.827

表4-38 部分保温材料的导热系数

名　称	导热系数 [J/(m·s·K)]	名　称	导热系数 [J/(m·s·K)]
聚氯乙烯	0.163	软木	0.041～0.064
聚苯乙烯	0.081	锅炉煤渣	0.188～0.302
低压聚乙烯	0.297	石棉板	0.116
高压聚乙烯	0.254	石棉水泥	0.349
松木	0.070～0.105		

表 4－39　管道保温厚度之选择（mm）

保温材料的导热系数 [J/(m·s·K)]	蒸汽温度 (K)	管道直径（D_g）			
		～50	70～100	125～200	250～300
0.087	373	40	50	60	70
0.093	473	50	60	70	80
0.105	573	60	70	80	90

注：在 263～283 K 范围内一般管径的冷冻水（盐水）管保温采用 50 mm 厚聚乙烯泡沫塑料双合管。

在保温层的施工中，必须使被保温的管路周围充分填满，保温层要均匀、完整、牢固。保温层的外面还应采用石棉水泥抹面，防止保温层开裂。在有些要求较高的管路中，保温层外面还需缠绕玻璃布或加铁皮外壳，以免保温层受雨水侵蚀而影响保温效果。

（二）管路的标志

食品工厂生产车间需要的管道较多，一般有水、蒸汽、真空、压缩气和各种流体物料等管道。为了区分各种管道，往往在管道外壁或保温层外面涂有各种不同颜色的油漆。油漆既可以保护管路外壁不受环境大气影响而腐蚀，同时也用来区别管路的类别，使我们醒目地知道管路输送的是什么介质，这就是管路的标志。这样，既有利于生产中的工艺检查，又可避免管路检修中的错乱和混淆。现将管路涂色标志列于表 4－40 中。

表 4－40　管路涂色标志

序　号	介质名称	涂色	管道注字名称	注字颜色
1	工业水	绿	上水	白
2	井水	绿	井水	白
3	生活水	绿	生活水	白
4	过滤水	绿	过滤水	白
5	循环上水	绿	循环上水	白
6	循环下水	绿	循环回水	白
7	软化水	绿	软化水	白
8	清净下水	绿	净下水	白
9	热循环水（上）	暗红	热水（上）	白
10	热循环回水	暗红	热水（回）	白
11	消防水	绿	消防水	红
12	消防泡沫	红	消防泡沫	白
13	冷冻水（上）	淡绿	冷冻水	红
14	冷冻回水	淡绿	冷冻回水	红
15	冷冻盐水（上）	淡绿	冷冻盐水（上）	红
16	冷冻盐水（回）	淡绿	冷冻盐水（回）	红
17	低压蒸汽（<13 绝对压力）	红	低压蒸汽	白
18	中压蒸汽（13～40 绝对压力）	红	中压蒸汽	白
19	高压蒸汽（40～120 绝对压力）	红	高压蒸汽	白

（续）

序　号	介质名称	涂色	管道注字名称	注字颜色
20	过热蒸汽	暗红	过热蒸汽	白
21	蒸汽回水冷凝液	暗红	蒸汽冷凝液（回）	绿
22	废弃的蒸汽冷凝液	暗红	蒸汽冷凝液（废）	黑
23	空气（工艺用压缩空气）	深蓝	压缩空气	白
24	仪表用空气	深蓝	仪表空气	白
25	真空	白	真空	天蓝
26	氨气	黄	氨	黑
27	液氨	黄	液氨	黑
28	煤气等可燃气体	紫	煤气（可燃气体）	白
29	可燃液体（油类）	银白	油类（可燃气体）	黑
30	物料管道	红	按管道介质注字	黄

八、管路设计

（一）管路设计资料

在进行管路设计时，应具有下列资料：

①工艺流程图。

②车间平面布置图和立面布置图。

③重点设备总图，并标明流体进出口位置及管径。

④物料计算和热量计算（包括管路计算）资料。

⑤工厂所在地地质资料（主要是地下水和冻结深度等）。

⑥地区气候条件。

⑦厂房建筑结构。

⑧其他（如水源、锅炉房蒸汽压力、水压力等）。

（二）道路说明书

管路设计应完成下列图纸和说明书：

①管路配置图：包括管路平面图和重点设备管路立面图、管路透视图。

②管路支架及特殊管件制造图。

③施工说明，其内容为施工中应注意的问题，各种管路的坡度，保温的要求，安装时不同管架的说明等。

（三）管路布置图

管路布置图又叫管路配置图，是表示车间内外设备、机器间管道的连接和阀件、管件、控制仪表等安装情况的图样。施工单位根据管道布置图进行管道、管道附件及控制仪表等的安装。

管路布置图根据车间平面布置图及设备图来进行设计绘制，它包括管路平面图、管路立面图和管路透视图。在食品工厂设计中一般只绘制管路平面图和透视图。管路布置图的设计程序是根据车间平面布置图，先绘制管路平面图，而后再绘制管路透视图。厂房如系多层建筑，须按层次（如一楼、二楼、三楼等）或按不同标高分别绘制平面图和透视图，必要时再绘制立面图，有时立面图还需分若干个剖视图来表示。剖切位置在平面图上用罗马数字明显地表示出来。而后用Ⅰ-Ⅰ剖面、Ⅱ-Ⅱ剖面等绘制立面图。图样比例可用1∶20、1∶25、1∶50、1∶100、1∶200等。设备和建筑物用细实线画出简单的外形或结构，而管线不管粗细，均用粗实线的单线绘制；也有将较大直径的管道用双线表示，其线型的粗细与设备轮廓线相同。管线中管道配件及控制仪表，应用规定符号表示。管路平面图上的设备编号，应与车间平面布置图相一致。在图上还应标明建筑物地面或楼面的标高、建筑物的跨度和总长、柱的中心距、管道内的介质及介质压力、管道规格、管道标高、管道与建筑物之间在水平方向的尺寸、管道间的中心距、管件和计量仪器的具体安装位置等主要尺寸。有些尺寸亦可在施工说明书上加以说明。尺寸标注方式是：水平方向的尺寸引注尺寸线，单位为mm，高度尺寸可用标高符号或引出线标注，单位为m。

1. 管道布置图的基本画法

（1）不相重合的平行管线　其画法见图4-24。

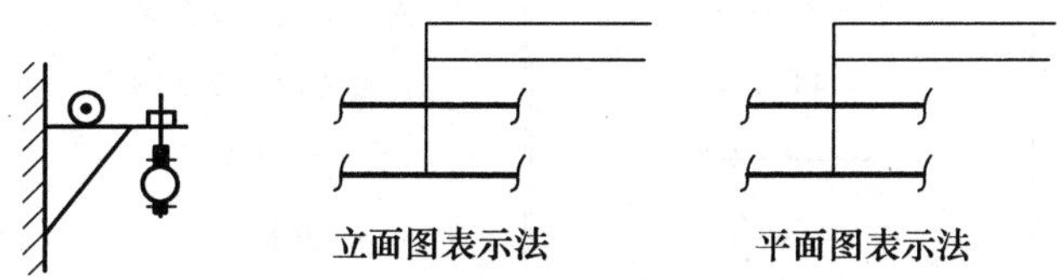

图4-24　不相重合的平行管线画法

（2）重叠管路的画法　上下重合（或前后重合）的平行管线，在投影重合的情况下一般有两种表示方法：一种方法是在管线中间断出一部分，中间这一段表示下面看不见的管子，而两边长的代表上面的管子，这种表示方法已很少使用，因为假设有4～5根甚至更多的管子重合在一起，则不容易清楚地表示；另一种表示方法是重合部分只画一根管线，而用引出线自上而下或由近而远地将各重合管线标注出来。后一种表示方法较为方便明确，故在食品工厂设计中用得较多（图4-25）。

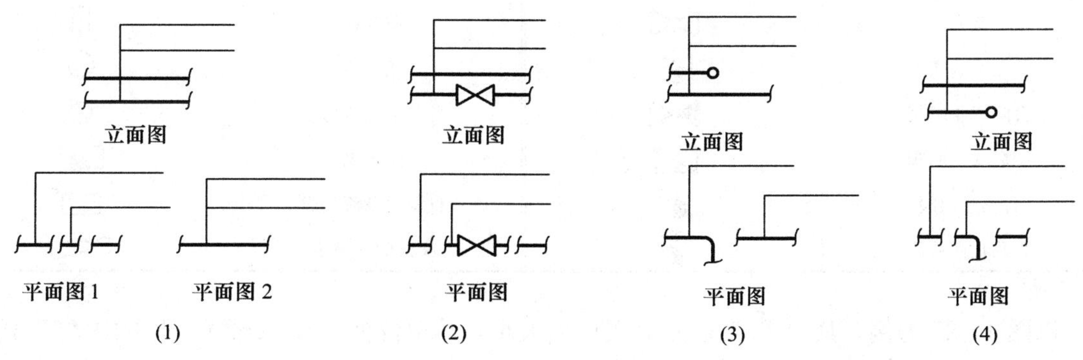

图4-25　重叠管路的表示方法

（3）立体相交的管路画法　离视线近的能全部看见的画成实线，而离视线远的则在相交部位断开（图 4－26）。

（4）管件的画法　90°弯头向上、弯头向下；三通向上、三通向下等的画法见表 4－41。

2. 管路图的标注方法及含义　在管路图中的各条管道都应标注出管道中的介质及其压力、管道的规格和标高，这样便于管路施工。

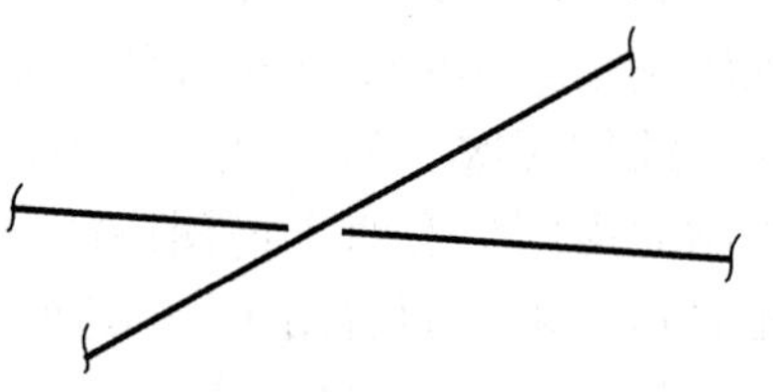

图 4－26　立体相交管路的画法

表 4－41　管件符号（摘自 GB141—59）

管件名称	符　号	管件名称	符　号
90°弯头		自动截门	
40°弯头		减压阀	
正三通		压力调节阀	
异径接头		密闭式弹簧安全阀	
内外螺纹接头		开放式弹簧安全阀	
连接螺母		密闭式重锤安全阀	
活接头		开放式重锤安全阀	
丝堵		水分离器	
管帽		疏水器	
弧形伸缩器		油分离器	
方形伸缩器		滤尘	
放水龙头		喷射器	
实验室用龙头		注水器	
闸阀		冷却器	
截止阀		离心水泵	
直角截门		温度控制器	
旋塞		温度计	
三通旋塞		压力表	
升降式止回阀		自动记录压力表	
旋启式止回阀		流量表	
直角止回阀		自动记录流量表	
直角止回截门		文氏管流量表	

以图 4－27 为例，其中“3”表示介质压力大小，其单位为（kgf/cm^2），本例中“3”代表介质压力为 $3kgf/cm^2$（2.94×10^5Pa）；“S”代表管道中的介质为水（S 是水的代号）；“D_g50”表

示公称通径为 50 mm 的管子，“+4.000”表示管子的标高为正 4 m。所以，本例管路标注的含义为：公称通径为 50 mm的管路中，通过 3 kgf/cm^2（2.94×10^{5}Pa）压力的自来水，离标高为“0”的地坪之安装高度为 4 m。

图 4-27　管道标注

有了管路布置图的基本画法和标注方法，就可以把我们的设计思想、设计意图通过图纸的形式表示出来，由施工人员进行施工安装。

管路平面图和管路透视图的画法，我们用以下例子加以说明。

【例】有一水管管路由车间北面进入东北墙角，车间外管道埋地敷设，其标高为−0.5 m。进车间后沿东北墙角上升，到了 3 m 处有一个三通，一路沿东墙朝南敷设，另一路向上至 4 m 处有一弯头沿北墙向西。在向西管路的一个地方，再接一个三通，一路向南，而后有一弯头向下，一路继续沿北墙向西，而后亦有一弯头向下。在沿东墙朝南管路的一个地方，亦有一三通，一路向西并有一弯头向下，一路继续向南墙边有一弯头沿南墙向西，然后有一弯头使管道向北，经一定距离，而后管道向下，在离地坪 2.5 m 处有一弯头使管道向东，最后又有一弯头，使管道向下，试作出管路平面图和管路透视图。

作管路平面图前必须先用细实线画出车间平面布置图，而后再根据设备和工艺的需要来进行设计。管路必须用粗实线表示。在我们这个例子中，没有车间平面布置图。为作图方便，所以先画一长方形，以表示车间平面，而后再根据文字叙述的设计意图进行绘制，并将管路标注清楚，最后得出如图 4-28 所示的管路平面图。

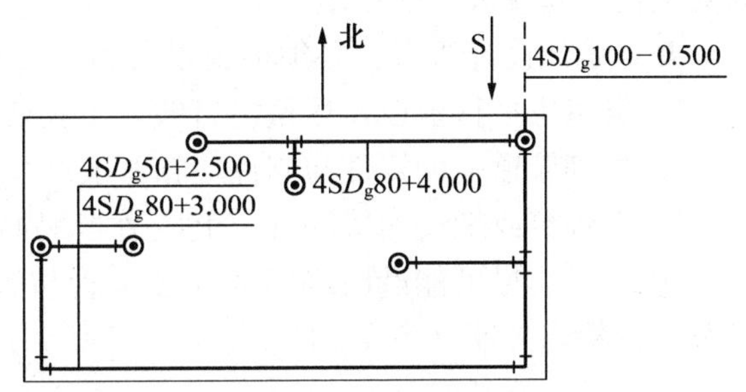

图 4-28　管路平面图

有了管路平面图，就可画管路透视图。所谓管路透视图，也就是管路的立体图。一般情况下，管路透视图上不画设备，更不画房屋的轮廓线。

管路透视图中有 X、Y、Z 三根立体坐标轴（图 4-29）。一般把房屋的高度方向看做 Y 轴，房屋开间方向（即房屋长）看做 X 轴，房屋的进深方向（即房屋宽）看做 Z 轴。在作管路透视图时，Z 轴方向可以与 X 轴成 45°，也可以成 30°或 60°，其投影反映实长（即变形系数取 1）。所谓变形系数，即轴单位长度与实长的比值，对于 Z 轴的管线，变形系数亦有 1/2、1/3 或 3/4 的。对于初学画管路透视图的人，可取变形系数为 1。在画管路透视图时，可先将车间的长、宽、高按比例画成一个立体空间，而后根据管路的高度和靠哪垛墙走，就顺着进行绘制，然后擦去车间立体空间轮廓线，即得管路透视图。根据图 4-29 的管路平面图，按上述方法绘制便得到图 4-30 的管路透视图。

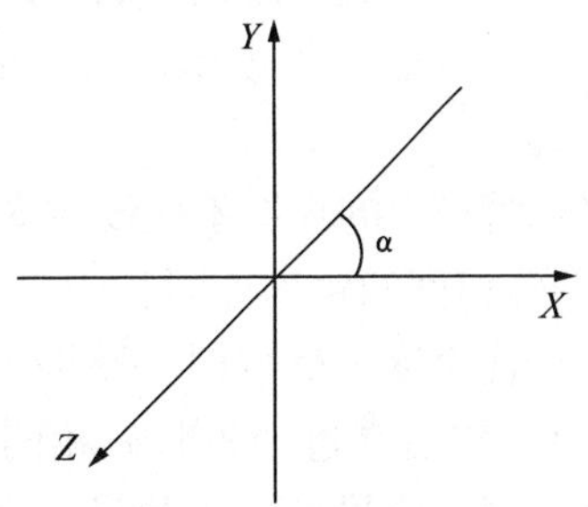

图 4-29　透视图坐标轴

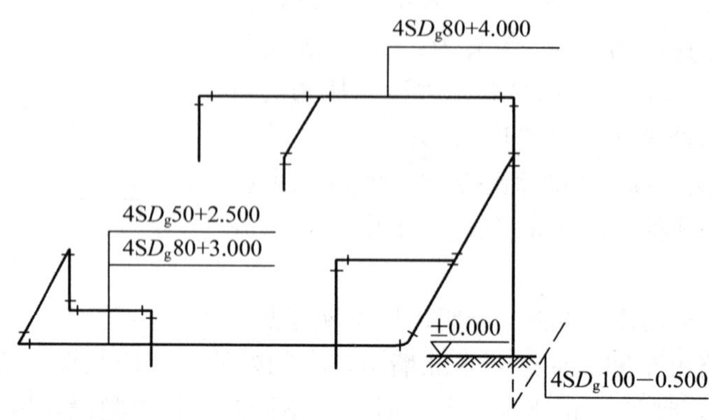

图 4-30 管路透视图

(四) 管路设计的一般原则

正确的设计和敷设管道，可以减少基建投资，节约管材以及保证正常生产。管道的正常安装，不仅使车间布置得整齐美观，而且对操作的方便性、检修的简易性、经济的合理性甚至生产的安全性都起着极大的作用。

要正确地设计管道，必须根据设备布置进行考虑。以下几条原则，供设计管路时参考。

① 管道应平行敷设，尽量走直线，少拐弯，少交叉，以求整齐方便。

② 并列管道上的管件与阀件应错开安装。

③ 在焊接或螺纹连接的管道上应适当配置一些法兰或活管接，以便安装拆卸和检修。

④ 管道应尽可能沿厂房墙壁安装，管与管间及管与墙间的距离，以能容纳活管接或法兰，以及进行检修为度（表 4-42）。

表 4-42 管道离墙的安装距离（mm）

D_g	25	40	50	80	100	125	150	200
管中心离墙距离	120	150	150	170	190	210	230	270

⑤ 管道离地的高度以便于检修为准，但通过人行道时，最低点离地不得小于 2 m，通过公路时不得小于 4.5 m，与铁路铁轨面净距不得小于 6 m，通过工厂主要交通干线一般标高为 5 m。

⑥ 管道上的焊缝不应设在支架范围内，与支架距离不应小于管径，但至少不得小于 200 mm。管件两焊口间的距离亦同。

⑦ 管道穿过墙壁时，墙壁上应开预留孔，过墙时，管外加套管。套管与管子的环隙间应充满填料。管道穿过楼板时亦相同。

⑧ 管子应尽量集中敷设，在穿过墙壁和楼板时，更应注意。

⑨ 穿过墙壁或楼板间的一段管道内应避免有焊缝。

⑩ 阀件及仪表的安装高度主要考虑操作方便和安全。下列数据供参考：阀门（球阀、闸阀、旋塞等）1.2 m，安全阀 2.2 m，温度计 1.5 m，压力表 1.6 m。

如阀件装置位置较高时，一般管道标高以能用手柄启闭阀门为宜。

⑪ 坡度：气体及易流动物料的管道坡度一般为 3/1 000～5/1 000，黏度较大物料的坡度一般应≥1%。

⑫ 管道各支点间的距离根据管子所受的弯曲应力来决定，并不影响所要求的坡度（表 4－43）。有关热损失和保温层厚度可按表 4－37 和表 4－38 中的数据来计算。

表 4－43　管道跨距

管外径（mm）		32	38	50	60	76	89	114	133
管壁厚（mm）		3.0	3.0	3.5	3.5	4.0	4.0	4.5	4.5
无保温	直管	4.0	4.5	5.0	5.5	6.5	7.0	8.0	9.0
	弯管	3.5	4.0	4.0	4.5	5.0	5.5	6.0	6.5
保温	直管	2.0	2.5	2.5	3.0	3.5	4.0	5.0	5.0
	弯管	1.5	2.0	2.5	3.0	3.0	3.5	4.0	4.5

注：管道跨距的单位为 m。

⑬ 输送冷流体（冷冻盐水等）管道与热流体（如蒸汽）管道应相互避开。

⑭ 管道应避免经过电机或配电板的上空，以及两者的附近。

⑮ 一般的上下水管及废水管宜采用埋地敷设，埋地管道的安装深度应在冰冻线以下。

⑯ 地沟底层坡度不应小于 2/1 000，情况特殊的可用 1/1 000。

⑰ 地沟的最低部分应比历史最高洪水位高 500 mm。

⑱ 真空管道应采用球阀，因球阀的流体阻力小。

⑲ 压缩空气可从空压机房送来，而真空最好由本车间附近装置的真空泵产生，以缩短真空管道的长度。用法兰连接可保证真空管道的紧密性。

⑳ 长距离输送蒸汽的管道在一定距离处安装疏水器，以排除冷凝水。

㉑ 陶瓷管的脆性大，作为地下管线时，应埋设于离地面 0.5 m 以下。

九、管路安装与试验

（一）管路的安装

1. 管路安装的一般要求

① 安装时应按图纸规定的坐标、标高、坡度，准确地进行，做到横平竖直，安装程序应符合先大后小、先压力高后压力低、先上后下、先复杂后简单、先地下后地上的原则。

② 法兰结合面要注意使垫片受力均匀，螺栓握裹力基本一致。

③ 连接螺栓、螺母的螺纹上应涂以二硫化钼与油脂的混合物，以防生锈。

④ 各种补偿器、膨胀节应按设计要求进行拉伸预压缩。

2. 同转动设备相连管道的安装　对同转动设备和泵类、压缩机等相连的管道，安装时要十分重视，应确保不对设备产生过大的应力，做到自由对中、同心度和平行度均符合要求，绝不允许利用设备连接法兰的螺栓强行对中。

3. 仪表部件的安装　管道上的仪表附件的安装，原则上一般都应在管道系统试压吹扫完成后进行，试压吹扫以前可用短管代替相应的仪表。如果仪表工程施工期很紧，可先把仪表安装上去，在管道系统吹扫试验时应拆下仪表而用短管代替，应注意保护仪表管件在试压和吹扫过程中不受损伤。

4. 管架安装

①管道安装时应及时进行支吊架的固定和调整工作，支吊架位置应正确，安装平整、牢固、与管子接触良好。

②固定支架应严格按设计要求安装，并在补偿器预拉伸前固定。

③弹簧支吊架的弹簧安装高度，应按设计要求调正并做出记录。

④有热位移的管道，在热负荷试运行中，应及时对支吊架进行检查和调整。

（二）焊接、热处理及检验

1. 预热和应力消除处理　预热和应力消除的加热，应保证使工件热透，温度均匀稳定。对高压管道和合金钢管道进行应力热处理时，应尽量使用自动记录仪，正确记录温度-时间曲线，以便于控制作业和进行分析与检查。

2. 焊缝检验　焊缝检验有外观检查和焊缝无损探伤等方法。

（三）管路的试验

管路在安装完毕后要进行系统压力试验，检验管路系统的机械性能及严密性。

1. 试验压力　试验压力按设计压力的1.25～1.5倍进行或按规范进行。

2. 试验介质　一般以清洁水为介质，对空气、仪表空气、真空系统、低压二氧化碳管线等可采用干燥无油的空气进行试压，但必须用肥皂水对每个连接密封部位进行泄露检查。

3. 试验前的准备工作

①管道系统安装完毕，并符合规范要求。

②焊接和热处理工作完成并检验合格。

③管线上不参加试验的仪表部件拆下。

④与传动设备连接的管口法兰加盲板。

⑤具有完善的试验方案。

4. 水压试验和气压试验

（1）水压试验　系统充满水，排尽空气，试验环境温度为5℃以上，逐级升压到试验压力后，保持不少于10 min，整个系统是否有泄露，如有泄露不得带压处理，需降压处理。降压时应防止系统抽成真空，可把高处排气阀打开引入空气，并排尽系统内的积水。试压期间应密切注意检查管架的强度。

（2）气压试验　首先缓慢升压至试验压力的50%，进行检查，消除缺陷。然后按试验压力的10%逐级升压，每级稳压3 min，用肥皂水检查。达到规定的试验压力后，保持5 min，以无泄露、无变形为合格。

5. 管道吹洗　管道试压合格后，应分段进行吹扫与清洗。管道吹洗合格后，还应做好排尽积水、拆除盲板、仪表部件复位、支吊架调整、临时管线拆除、防腐与保温等工作。

复习思考题

1. 食品工厂工艺设计包括哪些内容？
2. 制定产品方案有何意义？有哪些原则和要求？
3. 物料计算包括什么项目？
4. 食品工厂生产车间设备选型的原则是什么？
5. 碳酸饮料生产用水的计算如何进行？
6. 为什么在水汽用量计算时要选定计算基准？
7. 管路安装与试验时应注意哪些问题？

第五章　食品工厂辅助部门

学习目的与要求：通过本章的学习，了解和掌握食品工厂辅助部门的基本知识，主要包括：辅助部门的组成、作用、特性及要求等，并根据食品工厂生产规模和性质不同，确定部门之间的合理配置和布局，以及设施配置等。

食品工厂辅助部门是指除物料加工所在场所（即生产车间）以外的其他部门或设施，其所占空间为整个工厂的大部分。对食品工厂来说，仅有生产车间是无法进行生产的，还必须配有足够的辅助设施，这些辅助设施可分为下述三大类。

（1）生产性辅助设施　生产性辅助设施的主要功能是：原材料的接收和暂存；原料、半成品和成品的检验；产品、工艺条件的研究和新产品的试制；机械设备和电气仪器的维修；车间内外和厂内外的运输；原辅材料及包装材料的储存；成品的包装和储存等。

（2）动力性辅助设施　主要包括：给水排水、锅炉房或供热站、供电和仪表自控、采暖、空调及通风、制冷站、废水处理站等。

（3）生活性辅助设施　主要包括：办公楼、食堂、更衣室、厕所、浴室、医务室、托儿所（哺乳室）、绿化园地、职工活动室、单身宿舍等。

以上三大部分属于食品工厂设计中需要考虑的辅助部门的基本内容。此外尚有职工家属宿舍、子弟学校、技校、职工医院等，一般作为社会文化福利设施，不在食品工厂设计这一范畴内，但亦可考虑在食品工厂设计中。以上三大类辅助部门的设计，由它们的工程性质和工作量大小来决定专业分工。通常第一类辅助设施主要由工艺设计人员考虑，第二类辅助设施则分别由相应的专业设计各自承担，第三类辅助设施主要由土建设计人员考虑。本章作为工艺设计的继续，着重叙述生产性辅助设施。

第一节　原料接收部门

生产的第一环节是原料的接收。原料的接收大多数设在厂内，也有的需要设在厂外，不论厂内厂外都需要有一个适宜的卸货、验收、计量、及时处理装置、车辆回转和容器堆放的场地，并配备相应的计量装置（如地磅、电子秤）、容器和及时处理配套设备（如制冷系统）等。由于原料品种繁多，性状各异，它们对接收站的要求亦不相同。依据原料分类可分为：肉类接收站、水产类接收站、蔬菜类接收站、水果类接收站等。

一、蔬菜原料接收站

蔬菜原料因其品种、性状相差悬殊，对接收站的要求情况比较复杂。它们进厂后，除需进行常规验收、计量以外，还得采取不同的措施，如考虑蘑菇之类护色的护色液的制备和专用容器。由于蘑菇采收后要求立即护色，因此蘑菇接收站一般设于厂外，蘑菇的漂洗要设置足够数量的漂洗池。芦笋采收进厂后应一直保持其避光和湿润状态，如不能及时进车间加工应将其迅速冷却至 4～8 ℃，并保证从采收到冷却的时间不超过 4 h，以此来考虑其原料接收站的地理位置。青豆（或刀豆）要求及时进入车间或冷风库、或在阴凉的常温库内薄层散堆，当天用完。番茄原料由于季节性强，到货集中，生产量大，需要有较大的堆放场地。若条件不许可，也可在厂区指定地点或路边设垛，上覆油布等防雨淋日晒措施。

二、水果原料接收站

有些水果肉质娇嫩，加工的新鲜度要求特别高，如杨梅、葡萄、草莓、荔枝、龙眼等。这些原料进厂后，需要及时对它们进行分选和尽快进入生产车间，减少在外停留时间，特别要避免雨淋日晒。因此，最好放在有助于保鲜而又进出货方便的原料接收站内。

另一些水果，如苹果、柑橘、桃、梨、菠萝等进厂后并不要求及时加工，相反刚采收的原料还要经过不同程度的后熟期（如阳梨、甜瓜还需要人工催熟），以改善它们的质构和风味。因此，它们进厂后，或进常温仓库暂时储存，或进冷风库较长期储藏。但在进库之前，必须要进行适当的挑选和分级，也要考虑足够的场地。

三、水产原料接收站

水产品容易腐败，其新鲜度对罐头的质量影响很大。新鲜鱼进厂后必须及时采取冷却保鲜措施。常用的有加冰保鲜法，或散装或装箱，其用冰量一般为鱼重的 40%～80%，保鲜期 3～7 d，冬天还可延长。此法的实施，一是要有非露天的场地，二是要配备碎冰设备。另一种适用于肉质鲜嫩的鱼虾、蟹类的保鲜法，是冷却海水保鲜法，其保鲜效果远比加冰保鲜法好。此法的实施需设置保鲜池和制冷机，使池内海水（可将淡水人工加盐至 2.5～3.0 波美度）的温度保持在－1～－1.5 ℃。保鲜池的大小按鱼水比例 7∶3、容积系数 0.7 考虑。

四、肉类原料接收站

肉类原料大多来源于屠宰厂经专门检验合格的原料，因此，不论是冻肉或新鲜肉，来厂后经地磅计量校核，即可直接进库储藏。

五、收奶站

收奶站一般亦设在厂外奶源比较集中的地区。收奶站的收奶半径宜在 10 km 左右，新收的原料乳必须在 12 h 内运送到厂。收奶站必须配备制冷设备和牛奶冷却设备，使原乳冷却至 5 ℃左右。日收奶量视生产车间规模大小而定。

第二节 中心实验室与化验室

食品工厂设置中心实验室的主要目的：保证产品质量稳定，并研发新产品，从而获得较佳的经济效益。中心实验室的功能相当于小型研究所，但它能更紧密结合本厂的生产实际，所起的作用更为明显。

一、中心实验室的任务

（一）供加工用的原料品种的研究

对于柑橘、桃、葡萄、苹果、番茄、黄瓜等常见果蔬，他们有的品种只宜鲜食，不宜加工；有的虽然可以加工，但品质不佳；有的品种虽佳，但经种植多年后，品质退化，这都需要对原有品种进行定向改良或培育出新型品种。定向改良和培育新品种的工作，要与农业部门协作进行，而厂方着重进行产品加工性状的研究，如成分的分析测定和加工试验等，目的在于鉴别改良后的效果，并指出改良的方向。

（二）制定符合本厂实际的生产工艺

食品的生产过程是一个多工序组合的复杂过程。每一个工序又各涉及若干工艺条件。要找到一条最适合于本厂实际的工艺路线，往往要进行反复的试验摸索。凡本厂未批量投产和制定定型工艺的产品，在投入车间生产之前，都需先经过小样试制，而不能完全照搬外厂的工艺直接投产。这是因为同一种原料，产地不同，它的性状和加工特性往往差异较大。再者，各厂的设备条件、工人的熟练程度、操作习惯等也不尽相同。就罐头而言，它的产品花色繁多，按部颁标准编号的就有六七百种之多。每个厂一年中生产的品种都是有限的，为了适应市场需求情况的变化和原料构成情况的变化，需不断更换产品品种。对这些即将投产的品种，先通过小样试验，制定出一套符合本厂实际的工艺，是非常必要的。

（三）开发新产品

近年来，新的食品门类不断涌现，如婴儿食品、老年食品、运动员食品、疗效食品、保健食品等。这些新兴的食品门类，现在还不够充实，需要做大量艰苦的研制开发工作，中心实验室可在其中发挥作用。

（四）其他

中心实验室的任务还包括原辅材料综合利用的研究、新型包装材料的试用研究、某些辅助材料的自制、“三废”治理工艺的研究等。此外，为了达到国内、国际先进水平，中心实验室还应发挥情报机构的作用，随时掌握国内外的技术发展动态，搜集整理先进的技术情报，并综合本厂实际加以推广应用。

二、中心实验室的装备

中心实验室一般由研究工作室、分析室、保温间、细菌检验室、样品间、资料室、试制工厂等组成。例如：罐头厂的中心实验室的主要仪器方面，除配备一定数量的常用仪器外，最好能配备一套罐头中心温度测试仪和自动模拟杀菌装置。另外，在设备方面，可配备一些小型设备，如小型夹层锅、手扳封罐机、小型压力杀菌锅以及电冰箱、真空泵、空压机等。依据实验室规模来设计容量大小不等的水管、蒸汽管、电源等，并需事先留有若干电源插座。中心实验室在厂区中的位置原则上应在生产区内，或单独或毗邻生产车间，或合并在由楼房组成的群体建筑内均可。总之，要与生产联系密切，水、电、汽的使用供应方便。

三、化 验 室

人们习惯上称食品厂的检验部门为化验室。它的职能是对产品和有关原材料进行卫生监督和质量检查，确保这些原材料和最终产品符合国家卫生法和有关部门颁发的质量标准或质量要求。

（一）化验室的任务及组成

化验室的任务可按检验对象和项目来划分。其检验对象一般有：原料检验、半成品检验、成品检验、包装材料检验、各种添加剂检验、水质检验、环境监测等；其检验项目一般有：感官检验、物理检验、化学检验、微生物检验等。

化验室的组成一般是按检验项目来划分的，它分为：感官检验室、物理检验室、化学检验室、空罐检验室、精密仪器室、细菌检验室（包括预备室，即消毒清洗间、无菌室、细菌培养室、镜检室等）、储藏室等。

（二）化验室的装备

化验室配备的大型设备主要有双面化验台、单面化验台、药品橱、支承台、通风橱等，如表5－1所示。

表5－1 化验室常用仪器及设备

名　　称	型　号	主　要　规　格
普通天平	TG601	最大称量1 000 g，感量5 mg
分析天平	TG602	最大称量200 g，感量1 mg
精密天平	TG328A	最大称量200 g，感量0.1 mg
微量天平	WT2A	最大称量20 g，感量0.01 mg
水分快速测定仪	SC69－02	最大称量10 g，感量5 mg
精密扭力天平	JN－A－500	最大称量500 g，感量1 mg
电热鼓风干燥箱	101－1	工作室：350 mm×154 mm×450 mm，温度：10～300 ℃
液体比重（相对密度）天平	P_2－A－5	测定比重（相对密度）范围0～2，误差±0.000 5
电热恒温干燥箱	202－1	工作室：350 mm×450 mm×450 mm，温度：室温～300 ℃
电热真空干燥箱	DT－402	工作室：350 mm×400 mm×400 mm，温度：室温＋10 ℃～200 ℃

（续）

名　　称	型　号	主　要　规　格
超级恒温箱	DL-501	温度范围低于 95 ℃
霉菌试验箱	MJ-50	温度 29±1 ℃；湿度 97%±2%
离子交换软水器	PL-2	树脂容量 31 kg，流量 1 m^3/h
去湿机	JHS-0.2	除水量 0.2 kg/h
自动电位滴定计	ZD-1	测量范围 pH0～14；0～±1 400 mV
火焰光度计	630-C	钠 10 mg/kg，钾 100 mg/kg
晶体管光电比色计	JGB-1	有效光密度范围 0.1～0.7
便携式酸度计	29	测量范围 pH2～12
酸度计	HSD-2	测量范围 pH0～14
生物显微镜	L3301	总放大 30～1 500 倍
中量程真空计	ZL-3 型	交流便携式，测量范围 13.3×10^{-7}～13.3 Pa
箱式电炉	SRJX-4	功率 4 kW，工作温度 950 ℃
高温管式电阻炉	SRJX-12	功率 3 kW，工作温度 1 200 ℃
马福电炉	RJM-2.8-10A	功率 2.8 kW，工作温度 1 000 ℃
电冰箱	LD-30-120	温度－10～－30 ℃
电动搅拌器	立式	功率 25 kW，200～3 200 r/min
高压蒸汽消毒器		内径 Φ600mm，自动压力控制
标准生物显微镜	2X	放大倍数 40～1 500
光电分光光度计	72	波长范围 420～700 nm
光电比色计	581-G	滤光片 420 nm、510 nm、650 nm
阿贝折射仪	37W	测量范围 ND：1.3～1.7
手持糖度计	TZ-62	测量范围 0%～50%；50%～80%
旋光仪	WXG-4	旋光测量范围±180°
小型电动离心机	F-430	转速 2 500～5 000 r/min
手持离心转速表	LZ-30	转速测量范围 30～12 000 r/min
旋片式真空泵	2X	极限真空度 1.33×10^{-2}Pa
旋片式真空泵	2X-3	极限真空度 6.65×10^{-2}Pa，抽气速率 4 L/s
蛋白质快速测定仪		
测泵仪		
投影仪		

上表所列供选用时参考。此外，有条件的还可补充下列仪器设备：组织捣碎机、气相色谱仪、洛氏硬度计、窗式空调器、紫外线杀菌器等。

（三）化验室对土建的要求

化验室可为单体建筑，也可合并在技术管理部门。在建筑上要求通风采光良好，环境整洁。平面布置以物理检验、化学分析室为主体。清洗消毒及培养基制备等小间应考虑机械排气方便，一般置于下风向。精密仪器间不宜受阳光直射。无菌室的要求比较特殊，一般需要设立两道缓冲走道，在走道内设紫外灯消毒。为防止高温季节工作室闷热，可安装窗式空调器。由于用电仪器较多，在四周墙壁上应多设电源插座。

第三节　仓　　库

食品工厂是物料流量较高的一种企业，仅原辅材料、包装材料和成品这 3 种物料，其总量就约等于成品净重的3～5倍，而这些物料在工厂的停留时间往往以星期或月为单位计算的。因此，食品厂的仓库在全厂建筑面积中往往占有比生产车间更大的比例。作为工艺设计人员，对仓库要有足够的重视。如果考虑不当，工厂建成投产后再找地方扩建仓库，就很可能造成总体布局紊乱，以至流程交叉或颠倒。一些老厂之所以布局较乱，问题就在于仓库与生产车间的关系未能处理好。所以，在设计新厂时，务必要对仓库给予全面考虑。在食品工厂设计中，仓库的容量和在总平面中的位置一般由工艺人员考虑，然后提供给土建专业。

一、食品工厂仓储的特点

（一）负荷的不均衡性

特别是以果蔬产品为主的工厂，由于产品的季节性强，大忙季节各种物料高度集中，仓库出现超负荷，淡季时仓库又显得空余，其负荷曲线呈剧烈起伏状态。

（二）储藏条件要求高

总的来说，要确保食品卫生，要求防蝇、防鼠、防尘、防潮，有的还要低温环境，有的还需要恒温环境。

（三）决定库存期长短的因素较为复杂

特别是生产出口产品为主的工厂，成品库存期的长短常常不决定于生产部门的愿望，而决定于产品在国际市场上的销售渠道是否畅通。国内销售的产品，其库存期也在很大程度上受市场因素的影响。另外，还有在生产中出现的不可预料情况，例如：包装材料因生产计划临时改变而被迫存放延期等等，这些都需要在安排仓库的容量时予以考虑。

二、仓库的类别

食品工厂仓库的种类繁多，主要有：原料仓库（包括常温库、冷风库、冷藏库）、辅助材料库（存放糖、油、盐及其他辅料）、保温库、成品库（包括常温库和冷风库）、包装材料库（空罐、纸箱、纸板、塑料袋、商标纸等）、五金库（存放金属材料及五金器件）、设备工具库（存放某些设备及工具）等，此外，还有玻璃瓶及集装箱堆放场、危险品仓库等等。

三、仓库容量的确定

对某一仓库的容量，可按下式确定：

$$V = WT$$

式中　V——仓库应该容纳的物料量；

W——单位时间（日或月）的物料量；

T——存放时间（日或月）。

这里，单位时间的物料量应包括同一时期内存放于同一仓库内的各种物料的总量。时间 T 则需要根据具体情况合理地选择确定。现以几个主要仓库为例加以说明。

（1）原料仓库的容量　从生产周期的角度考虑，只要有二三天的储备量即可。但食品原料多来源于初级农产品，农产品有较强的季节性，有的采收期很短，原料进厂高度集中，这就要求仓库能有较大的容量。但究竟需要多大容量，还得根据原料本身的储藏性能、维持储藏条件所需要的费用、是否考虑增大班产规模等因素，做综合分析比较后确定，不能一概而论。

（2）不耐储的原料库　一些容易老化的蔬菜原料，如芦笋、蘑菇、刀豆、青豆等，它们在常温下储藏的时间是很短，对这类原料库存时间 T 只能取 1～2 d，即使在冷风库贮藏（其中蘑菇不宜冷藏）储藏期也只有 3～5 d。对这类罐头产品，较多的采用增大生产线的生产能力，增开班次来解决。

（3）较耐储的果蔬原料库　另一些果蔬原料比较耐储藏，存放时间 T 可取较大值。如苹果、柑橘等。在常温下可存放几天至十几天，如果设置冷风库，在进库前拣选处理得好，可存放 2～3 个月。然而，存放时间越长，损耗就越大，动力消耗也越多，在经济上是否合算要进行比较，以便决定一个合理的存放时间。

（4）冷藏库　储存冷冻好的肉禽和水产原料的冷藏库，其存放时间可取 30～45 d。冷藏库的容量也可根据实践经验，直接按年生产规模的 20%～25%来确定。

需注意的是，以果蔬为主的罐头厂，在确定冷风库的容量时，要仔细衡算其利用率，因为果蔬原料储藏期短，季节性又强，库房在一年中很大一部分时间可能是空闲的。一种补救办法是按高低温两用库设计，在果蔬淡季时改放肉禽原料，另一种补救办法是吸收社会上的储存货源（如蛋及鲜果之类），以提高库房的利用率。

（5）包装材料库　包装材料的存放时间一般可按 3 个月的需要考虑，并以包装材料的进货是否方便来增减，如建在远离海港或铁路地区的罐头厂或乳品厂，马口铁仓库或其他包装材料的进货次数最少，应考虑半年的存放量，以保证生产的正常进行。此外，如前所述，由于生产计划的临时改变，事先印制好的包装材料可能积压下来，一直要放到第二年，因此，在确定包装材料的容量时，对这种情况也要做适当的考虑。

（6）成品库　成品库的存放时间与成品本身是否适宜久藏及销售周期长短有关，如乳品厂的瓶装消毒牛奶，在成品库中仅停留几个小时，而奶粉则可按 15～30 d 考虑。饮料可考虑 7 ～10 d。至于罐头成品，从生产周期来说，有一个月的存放期就够了，但因受销售情况等外界因素的影响，宜按 2～3 个月的量或全年产量的是 1/4 考虑。

（7）保温库　罐头保温库的存放时间可按保温时间的长短再加上抽验和包装时间加以确定。果蔬类罐头 25 ℃保温 5 d，肉禽水产罐头 37 ℃保温 7 d。抽样检验和揩听、贴标、装箱的时间 2～3 d。

四、仓库面积的确定

仓库容量确定以后，仓库的建筑面积可按下式确定

$$F = F_1 + F_2 = \frac{V}{dK} + F_2$$

式中　F——仓库的建筑面积（m^2）；

F_1——仓库库房的建筑面积（m^2）；

F_2——仓库的辅助用房建筑面积（如楼梯间、电梯间、生活间等）（m^2）；

V——货物的重量（kg）；

d——单位库房面积可堆放的物料净重（kg/m^2）；

K——库房面积利用系数（一般取 0.6～0.65）。

关于 d 值的求取，进一步说明如下。

首先，单位库房面积储放的物料量系指物料的净重，没有计入包装材料重量。同样的物料，同样的净重，因其包装形式不同，所占的空间亦随之不同。比如某一果蔬原料箱装或箩筐装，其所占的空间就不一样。即使同样是箱装，其箱子的形状和充满度也有关系。所以，在计算时，要根据实际情况而定。

其次，货物的堆放高度与楼板承载能力及堆放方法有关。楼板承重能力也给货物堆放的高度以相应的限制。这里顺便指出，在确定楼板负荷时，绝不能只算物料的净重，而应按毛重计。在楼板承重能力许可情况下，机械堆装要比人工堆装装得更高，如铲车托盘，可使物料堆高至 3.0～3.5 m，人工则只能堆到 2.0～2.5 m。

总之，单位库房面积可堆放的物料净重决定于物料的包装方式、堆放方法以及楼板的承载能力，最好不要依靠纯理论计算，而要依靠实测数据。

五、食品工厂仓库对土建的要求

（1）果蔬原料库　果蔬原料如果是短期储藏一般用常温库，可采用简易平房，仓库的门应方便车辆的进出。如果是较长时间的储藏，则采用冷风库。冷风库的温度视物料而定，耐藏性好的可以在冰点以上附近，库内的相对湿度以 85%～90%为宜（有条件的厂对果蔬原料还可以采用气调储藏、辐射保鲜、真空冷却保鲜等）。应考虑到果蔬原料比较松散娇嫩，不宜受过多的装卸。果蔬原料的储存期短，进出库频繁，故冷风库一般建成单层平房，或设在多层冷库的底层。

（2）肉禽原料库　肉禽原料的冷藏库温度为－15～－18 ℃，相对湿度为 5%～100%，库内采用排管制冷，避免使用冷风机，以防物料干缩。

（3）罐头保温库　罐头的保温库一般采用小间形式，以便按不同的班次、不同规格分开堆放，保温库的外墙应按保温墙设计建造，并不宜开窗，小间的门应能密闭，空间不必太高，2.80～3 m 即可，每个单独小间应配设温度自控装置，以自动保持恒温。

（4）成品库　要考虑进出货方便，地坪或楼板要结实，每平方米要求能承受 1.5～2.0 t 的荷载。为提高机械化程度可使用铲车。托盘堆放时，需考虑附加荷载。

（5）空罐及其他包装材料仓库　要求防潮、去湿、防晒，窗户宜小不宜大。

库房楼板的设计荷载能力，随物料容重而定。物料容重大的如罐头成品库之类，宜按 1.5～2 t/m^2 考虑；容重小的如空罐仓库，可按 0.8～1 t/m^2 考虑。介于这两者之间的按 1.0～1.5 t/m^2 考虑。如果在楼层使用机动叉车，还得由土建设计人员加以核定。

六、仓库在总平面布置中的位置

仓库在全厂建筑面积中占了相当大的比重，那么它们在总平面中的位置就要经过仔细考虑。

诚然，生产车间是全厂的核心，仓库的位置只能是紧紧围绕这个核心合理地安排。但是，作为生产的主体流程来说，原料仓库、包装材料库及成品仓库显然也属于总体流程的有机部分。工艺设计人员在考虑工艺布局的合理性和流畅性时，绝不能只考虑生产车间内部，还应把着眼点扩大到全厂总体上来。如果只求局部合理，而在总体上不合理，所造成的矛盾或增加运输的往返，或影响到厂容，或阻碍工厂的远期发展。因此，在进行工艺布局时，一定要通盘地考虑。考虑的原则前文已介绍。但在进行工厂设计时，往往还必须视具体情况而定。比如，原料仓库在厂前区好还是别的区？还需看人流、货流挤压在一起是否太杂、原料的进厂和卸货是否会影响到厂容卫生和厂前区的宁静等等诸如此类的因素，需权衡比较。

七、现代化仓库管理

现代社会中，市场经济环境下，仓库是市场与现代企业之间商品流通的重要转移和仓储的必需有的基础设施。仓库作为食品工厂的重要组成部分，除了必须满足生产要求的库房面积和库房结构外，还必须实施现代化的仓库管理，充分利用仓库空间，保证仓库作业优化，以适应现代物流的要求。

仓储的管理长期以来都是采用传统的人工管理方式，主要表现为人工填写各种票据、汇总各种账册、编制各种报表。采用人工管理仓库，不仅工作量大，效率低，而且差错率高，经常会发生账物不符或账账不符的情况，造成经济上损失。20 世纪 60 年代末期，仓储技术开始了新一代的技术革新，由平面储存、低层储存向高层储存发展，立体仓库应运而生，实现了作业和管理的高度机械化和自动化。同时计算机技术进入到仓储管理中，实现了信息化的仓储管理，逐步向着现代化仓储技术的方向发展。

仓储现代化主要是装卸自动化、机械化，仓储管理科学化，运输配送等各个主要环节全面采取先进适用的技术手段和科学的管理方法，以期物资流通效率高、费用省、周转快、效益好。目前国内外建造的自动化仓库主要的组成部分有：①库房，大跨度、高空间的建筑物，单跨建筑可达 1 000～2 000 m^2；②货物存放系统，即各种结构形式的高层货架；③货物存取系统，主要由巷道式堆垛机来完成；④货物传送系统，通常有机械传送带、机械传动或液压传动的出入库输送机；⑤货物整理系统，通常由起重机、叉车等装卸机械组成；⑥控制与管理系统，通常由功能不一的计算机系统构成。此外，还有供电、空调、报警、消防、计量、通讯、传感等系统。

其中的关键就是现代化仓库管理模式的建立和现代化仓库管理系统的应用。现阶段，在仓库系统的内部，企业一般依赖于一个非自动化的、以纸张文件为基础的系统来记录、追踪进出的货物，以人为主体实施仓库内部的管理。对于整个仓储区而言，人为因素的不确定性，导致劳动效率低下，人力资源严重浪费。同时随着货物数量的增加以及出入库频率的剧增，这种模式的运行效率急剧下降。而现有已经建立的计算机管理的仓库管理系统，随着商品流通的加剧，也难以满足仓库管理实时性的要求，因此仓储管理的信息化是现代化仓库管理的趋势。随着信息技术不断发展，尤其是信息网络化的应用，仓储信息处理越来越复杂，信息数据量也更为庞大，来源分布广而复杂。如果仍采用手工收集数据，会大大增加信息采集人员和信息输入人员，降低信息正确率和信息系统的执行效率。为了实现信息的快速准确的输入，在现代仓储管理中已广泛应用条形码技术。条形码能够快速、高质量打印，能够被各类扫描器快速、准确识别，生产厂家采用条形码标志其产品，在生产、库存、发货、销售、售后中采集产品信息，利用计算机网络收集不同分布的产品跟踪数据，建立数据采集和跟踪管理信息系统。运用自动识别技术这一纽带将产品注上惟一标志“条形码”，贯穿于整个物流链中，为客户提供准确无误的订货、配送服务，同时让企业及时了解库存情况，建立最优库存配备，降低库存积压，充分利用仓库空间，确保仓库作业最优化。从而保障了企业在激烈的市场竞争中以低成本、高效率及优质服务处于有利地位。应用先进的计算机网络通信技术改变仓库管理模式，实现仓库管理的自动化已经成为一种仓库管理的必然。

现代化的仓库管理系统是以商品条形码技术为核心，充分应用无线网络通讯技术、地理信息系统和无线手持电脑终端，结合 C/S 和 B/S 体系结构，建立的自动化实时仓库管理系统。

1. 现代化仓库管理的功能　现代化的仓库管理系统要求具备以下基本功能。

(1) 库房的出入库管理　对于库房的出入库严格进行管理。应用条形码技术达到前端应用与后台的实时联系，把出错率降至最低。

(2) 实时货位查询和货位动态分配、管理　通过扫描商品的条形码可以实时查询其存储的货位，同时基于货位库存信息分配货位或动态定义货位。

(3) 人力、物力资源动态综合分配　可以基于出入库商品的批量，动态地分配人力、物力资源，充分利用资源，提高系统的运行效率，减少资源的浪费。

(4) 仓库系统综合盘点功能　可以定期对整个仓库系统进行全面的盘点，产生差异表，便于复盘验证。

(5) 仓库内部随机抽查盘点功能　可以分仓库、分区、分货位进行随机抽查，也可以针对特定类抽查。

2. 现代化仓库管理系统建立的条件　针对现代化仓库管理系统的需求，从技术角度而言，系统的建立必须满足以下条件。

(1) 实时数据采集　由于人员操作的流动性，必须采用无线网络技术和无线手持电脑终端。

(2) 商品条形码化　条形码是商品的惟一标志，现代商业管理（包括仓库管理系统）的基础是商品的条形码化。

(3) 货位规范化、条形码化　现代化的仓库管理必须借助条形码技术建立货位管理规范化。

因此现代化仓库管理系统硬件上由终端、服务器、网络打印机等组成。其中手持式条形码终端可对货位和货物相应的物品号进行扫描，并键入该物品的数量，然后将条形码终端中采集到的数据通过通讯接口传给服务器。而服务器中的软件包括了数据库系统和仓库管理软件，可按照常规和用户自行确定的优先原则来优化仓库的空间利用和全部仓储作业。对上，服务器通过电子数据交换（SDI）等电子媒介，与企业的计算机主机联网，由主机下达收货和定单的原始数据。对下，服务器通过无线网络、手提终端、条形码系统和射频数据通信（BFDC）等信息技术与仓库的管理人员联系。通过网络系统和上下位机的相互作用，传达指令，反馈信息，更新数据库，并生成所需的条形码标签和单据文件。另外，系统中还配置了条形码打印机，以便打印各种标签。

现代化仓库管理系统的实现可以大幅提高仓储运作与管理的工作效率，大幅度减少现有模式中查找货位信息的时间（经检测可以缩短 2/3 左右），提高查询和盘点精度（精确度可以达到 99.95%以上），大大加快出、入库单的流转速度，增强了处理能力。同时系统的实现还减少人力资源浪费，由于采用了人力资源动态综合分配，经统计可以减少20%左右，最重要的是提高了人员的利用率，减少了不必要的耗费。因此，现代化仓库管理系统可以满足现代物流管理模式下仓库管理系统的需求，是食品工厂仓库发展的必然趋势。

第四节　商品运输

将工厂商品运输列入设计范围，是因为运输设备的选型与全厂总平面布局、建筑物的结构形式、工艺布置及劳动生产率等均有密切关系。商品运输是生产机械化和自动化的重要环节。

食品厂的货运量可以通过物料计算求取。但在计算运输量时，应注意不要忽略包装材料的重量。比如：罐头成品的吨位和瓶装饮料的吨位都是从净重计算的，它们的毛重要比净重大得多，罐头成品的吨位等于净重的1.35～1.4倍，瓶装饮料的吨位（以250 mL汽水为例）等于净重的2.3～2.5倍。下面简单介绍一下常用的运输设备，供选择。

一、厂外运输

进出厂的货物，大多通过公路或水路。公路运输视物料情况，一般采用载重汽车，而对冷冻物品要采用保温车或冷藏车（带制冷机的保温车），鲜奶原料最好使用奶槽车。水路运输一般是利用社会的运输力量，但工厂还需配备常用的装卸机械。

二、厂内运输

厂内运输主要是指车间外厂区的各种运输。由于厂区道路较窄小，转弯多，许多货物有时还直接进出车间，这就要求运输设备轻巧、灵活、装卸方便。常用的有电瓶叉车、电瓶平板车、内燃叉车以及各类平板手推车、升降式手推车等。

三、车间运输

车间内运输与生产流程往往融为一体，工艺性很强，如输送设备选择得当，将有助于生产流程更加完美。下面按输送类别并结合物料特性介绍一些输送设备的选型原则。

（一）垂直输送

随着生产车间采用多层楼房的形式日益增加，物料的垂直运输量也就越来越大。垂直运输设备最常见的是电梯，它的载重量大，常用的有1 t、1.5 t、2 t，轿厢尺寸可任意选用2 m×2.5 m、2.5 m×3 m、3 m×3.5 m等，可容纳大尺寸的货物甚至轻便车辆，这是其他输送设备所不及的。但电梯也有局限性，如它要求物料另用容器盛装，它的输送是间歇的，不能实现连续化；它的位置受到限制，进出电梯往往还得设有较长的输送走廊；电梯常出故障，且不易一时修好，影响生产正常进行。因此，在设置电梯的同时，还可选用斗式提升机、罐头磁性升降机、真空提升装置；物料泵等。

（二）水平输送

车间内的物料流动大部分呈水平流动，最常用的是带式输送机。输送带的材料要符合食品卫生要求，用得较多的是胶带或不锈钢带、塑料链板或不锈钢链板，而很少用帆布带。干燥粉状物料可使用螺旋输送机。包装好的成件物品常采用滚筒输送机，笨重的大件可采用电瓶铲车或普通铲车。此外，一些新的输送方式也在兴起，输送距离远，且可以避免物料的平面交叉。

（三）起重设备

车间内的起重设备常用的有电动葫芦、手拉葫芦、手动或电动单梁起重机等。

第五节　机械维修

一、机修车间的任务

食品工厂的设备有：定型专业设备、非标准专业设备和通用设备。机修车间的任务是制造非标准专业设备和维修保养所用设备。维修工作量最大的是专业设备和非标准设备的制造与维修保养。由于非标准设备制造比较粗糙，工作环境潮湿，腐蚀性大，故每年都需要彻底维修。此外，空罐及有关模具的制造、通用设备易损件的加工等，工作量也很大。所以，食品厂一般都配备相当的机修力量。

二、机修车间的组成

中小型食品厂一般只设厂一级机修，负责全厂的维修业务。大型厂可设厂部机修和车间保全两级机构。厂部机修负责非标准设备的制造和较复杂设备的维修，车间保全则负责本车间设备的日常维护。

机修车间一般由机械加工、冷作及模具煅打等几部分组成。铸件一般由外协作解决，作为附属部分。另外，机修车间还包括木工间和五金仓库等。

三、机修车间的常用设备

机修车间的常用设备如表 5－2 所示。

表 5－2　机修车间常用设备

型号名称	性能特点	加工范围（mm）	总功率（kW）
普通车床 C127	适于车削各种旋转表面及公、英制螺纹，结构轻巧，灵活简便	工件最大直径 Φ270 工件最大长度 800	1.5
普通车床 C616	适于各种不同的车削工作，本机床床身较短，结构紧凑	工件最大直径 Φ320 工件最大长度 500	4.75
普通车床 C20A	精度较高，可车削 7 级精度的丝杆及多头蜗杆	工件最大直径 Φ400 工件最大长度 750～2 000	7.625
普通车床 CQ6140A	可进行各种不同的车削加工，并附有磨铣附件，可磨内外圆铣链槽	工件最大直径 Φ400 工件最大长度 1 000	6.34

（续）

型号名称	性 能 特 点	加工范围（mm）	总功率（kW）
普通车床 C630	属于万能性车床，能完成不同的车削工作	工作最大直径 Φ650 工件最大长度 2 800	10.125
普通车床 CM6150	属精密万能磨床，只用于精车或半精车加工	工作最大直径 Φ500 工件最大长度 1 000	5.12
摇臂钻床 Z3025	具有广泛用途的万能型机床，可以作钻、扩、镗、绞、攻丝等	最大钻孔直径 Φ25 最大跨距 900	3.125
台式钻床 ZQ4015	可以作钻、扩、铰孔加工	最大钻孔直径 Φ15 最大跨距 193	0.6
圆柱立式钻床	属简易万能立式钻床，易维修，体小轻便，并能钻斜孔	最大钻孔直径 Φ15 最大跨距 400～600	1.0
单柱坐标镗床 T4132	可加工孔距相互位置要求极高的零件，并可作轻微的铣削工作	最大加工孔径 Φ60	3.2
卧式镗床 T616	适用于中小型零件的水平面、垂直面、倾斜面及成型面等	最大刨削长度 500	4.0
牛头刨床 B665	适用于中小型零件的水平面、垂直面、斜面及成型面等	最大刨削长度 650	3.0
弓锯床 G72	适用于各种断面的金属材料的切断	棒料最大直径 Φ200	1.5
插床 B5020	用于加工各种平面、成型面及链槽等	工件最大加工尺寸（长×高）480×200	3.0
万能外圆磨床 M120W	适用于磨削圆柱形或圆锥形工作的外圆、内孔端面及肩侧面	最大磨削直径 Φ200 最大磨削长度 500	4.295
万能升降台铣床 57-3	可用圆片铣刀和角度成型、端面等铣刀加工	工作台面尺寸 240×810	2.325
万能工具铣床 X8126	适于加工刀具、夹具、冲模、压模以及其他复杂小型零件	工作台面尺寸 270×700	2.925
万能刀具磨床 MQ025	用于刀磨切削工具，小型工件以及小平面的磨削	最大直径 Φ250 最大长度 580	6.75
卧轴矩台磨床 M720A	工作最大	磨削工件最大尺寸 630×200×320	4.225
轻便龙门刨床 BQ2010	用于加工垂直面、水平面、倾斜面以及各种导轨和 T 型槽等	最大刨削宽厚 1 000 最大刨削长度 3 000	6.1
落地砂轮机 S3SL-350	磨削刀刃具之用及对小零件进行磨削去毛刺等	砂轮直径 Φ350	1.5
焊接变压器 BX1-330	焊接 1～8 mm 低碳钢板	电流调节范围 160～450A	21.0
焊接发电机 AX-320-1	使用 Φ3～7 mm 光焊条可焊接或堆焊各种金属结构及薄板	电流调节范围 45～320A	12

四、机修车间对土建的要求

机修车间对土建的要求比较一般。如果设备较多且较笨重，则厂房应考虑安装行车。机修车间在厂区的位置应与生产车间保持适当的距离，使它们既不互相影响而又互相联系方便。锻打设备则应安置在厂区的偏僻角落为宜。

复习思考题

1. 食品工厂辅助部门主要由哪几部分组成？其主要作用有哪些？

2. 食品工厂辅助设施分为哪三大类？每类主要包括哪些主要设施？

3. 在设计不同种类的产品接收站时应遵循的原则和注意事项有哪些？举几种代表性的产品加以说明。

4. 食品工厂中心实验室的任务是什么？它一般有哪几部分组成？其主要设备有哪些？

5. 食品工厂化验室的任务是什么？它的组成有哪些？

6. 食品工厂仓库位置的特点有哪些？其容量如何确定？并举例说明。

7. 食品工厂仓库面积的确定应考虑哪些主要因素？如何确定？

8. 举例说明食品工厂对土建的要求。

9. 食品工厂运输设备有哪些？其选型原则如何？

10. 食品工厂机修车间的任务、组成和常用设备分别是什么？

第六章　公用工程

学习目的与要求：了解掌握公用工程的设计的内容、设计程序和方法；相应公用工程的基本设计条件，公用工程中常用的设备、结构、选型和特点；掌握、应用国家各项有关公用工程的标准、规范对公用工程进行概算和初步设计。

第一节　概　　述

一、公用工程的主要内容

公用工程是指全厂各生产环节、办公管理部门、原料和成品的储运部门都需要使用的系统，是厂区内所有部门共用、共有的动力、控制和基本环境条件等辅助设施的总称。对食品厂来说，这类设施一般包括给水、排水、供热、供电与自动控制、制冷、采暖与通风、信息管理等项工程。在食品工厂设计中，根据食品工厂的经营要求来确定厂内公用工程的种类、工程范围和工程内容的深度，对于小型食品厂一般都包括水、电、汽三项共用工程，对于中型以上的综合性的食品厂一般都设有冷库，食品厂根据生产工艺和地域环境的要求，选择采暖通风的设计。目前随着企业管理水平的提高和信息化的要求，一些管理水平高的企业都设置了生产、管理、营销各环节的数据和信息化综合管理。新建厂的公用工程设计根据企业要求来确定；对于改扩建性质的工程项目，往往采用增容和增项的设计，以满足食品工厂改扩建的要求。

公用工程各项的专业性很强，各自都是一个专业领域，涉及各自的新工艺、新技术、新设备。在实际应用和设计过程中，其最终设计或施工图设计都应由有关专业的专业技术人员完成。本章是从工艺设计人员需要掌握和了解的有关公用工程设计的基本原理、基本要求、基本规范和基本设计过程及程序的角度进行介绍，以求工艺设计人员在可行性研究阶段、初步设计阶段或总体方案设计和评审时能综合兼顾考虑各方面的设计要点和内容。

二、公用工程的区域划分

上述各项公用工程是按专业性质划分的，是设计人员的专业分工，在公用工程的设计和实施过程中，往往还涉及与社会公用工程相衔接的各种工作，也涉及厂区内部、各车间之间及内部的各项工作。因此，可按厂区内外的区域进行划分。

（一）厂外工程

厂外工程是指利用社会公用设施，将厂外的公用系统管线按要求接入厂区的有关工程。主要指给水、排水、供电、电信等公用配套工程，工程内容主要是按国家的、地方的有关规定来规范和设计食品工厂的要求，对厂外的公用工程和厂区的公用工程接口进行设计，管道敷设、加压增容、排放达标等有关工程进行设计和实施。

在具体实施过程中因涉及国家、地方和各行业的各种规定和要求，相关的因素较多，需与供电局、城市建设局、市政工程局、环保局、自来水公司、消防部门、卫生防疫站、电信局、环境监测站、农业部门等协调并按这些行业的要求进行设计。因此，在实施时，应先由筹建单位与这些部门进行协调联系，沟通相互间的各相关信息，使这些行业主管部门知道工厂建设的具体要求和内容以及相关的数据，同时也使设计人员了解各公用部门对有关公用工程所提供的条件和要求，并能达成供电、供水、环保等方面的意向协议书，然后再进一步开展设计工作。

厂外工程属于市政和社会公用工程。因此，设计和施工往往都由当地市政部门完成。近年来由于实施食品厂 GMP 的要求和农业龙头企业，一些厂建在城乡结合部、一些厂建在郊区，给水、排水往往没有进入市政管网，不属于市政部门的范围，对于这种情况应在工厂总体设计中加以考虑，实施时应与当地相关部门协调完成。

一般讲，厂外工程的费用比较高，因此在选择厂址时，要考虑到这一因素，使水、电的管线和增容的投入在总的工厂建设中占合理的比例。对中型食品厂，其厂外管线的长度最好能控制在 1～2 km 范围内，如能结合城镇发展的近远期规划，可将工厂建在规划区范围内，一些城镇还单独辟出了“食品工业园”区，在园内实现了“三通一平”和较好的生产环境，这对减少公用工程的投资是有利的。

（二）厂区工程

厂区工程是指厂区围墙范围内，生产车间外的公用设施。包括给排水系统中的水池、水塔、水泵房、冷却塔及外管线、制冷系统冷冻机房及外管线、消防设施、供电系统中的变配电所、厂区外线及路灯照明，供热系统中的锅炉房、烟囱、煤厂、渣场及蒸汽外管线，环保工程的污水处理站及外管线、电信管线、集中空调管线等。这些工程的设计一般由负责整体项目的专业设计院的有关专业设计完成。

（三）车间工程

车间工程是指生产车间内的公用设施和管线的安装工程，包括风机、水泵、空调机组、电气设备、控制设备、制冷设备及机组的上下水管、汽管、冷却管线、风管、动力线路、照明线路、控制线路等的安装。其中，水管和汽管直接关系到生产设备的运行和正常工作，它们一般由工艺设计人员承担设计工作。其他仍归属于各工艺工种的设计。

三、公用工程的一般要求

（一）满足生产需要

食品加工厂生产的一个主要特点是生产的季节性很强，全年生产负荷不平均，因此公用设施对负荷变化需有足够的适应性。各项公用设施有不同的设计原则，例如：对供水系统需按高峰季节各产品小时供水总量来确定他的设计能力，这样才具备足够的适应性。如果供水量满足不了高峰季节的生产需要，就会造成原料的积压或延长加工时间，对产品质量会带来很大影响，甚至是巨大的损失。由于供水能力较大，在淡季并不会造成浪费，因为水是按实际用量来计量的，只是供水设施的平均利用率降低了。对供电和供汽设施，要具有适应负荷变化的特性，可考虑采用组合式结构，就是指不要搞单一变压器或单一锅炉，而设置多台变压器或锅炉，以便有不同的能力组合，适应不同的负荷。如何决定合理组合，最好要根据全年的季节变化，画出负荷曲线，以求得最佳组合。对于制冷系统只要电力可以保证，可以控制制冷机的开停时间来调节峰值和平时的制冷量，设计时按最大值考虑。

（二）符合卫生要求

食品生产中，原材料或半成品都需要和水、蒸汽等直接或间接接触，因此，要求供水系统提供生产用水的水质必须符合食品卫生部门规定的生活饮用水标准，对直接加入食品中的水，往往需要根据水质情况增加一些特殊处理。直接用于食品生产的蒸汽，不应含有危害健康或引起食品污染的物质。制冷剂对食品卫生是有害的，其蒸发系统应严防泄漏。

公用设施在厂区内的位置是影响工厂环境卫生的重要因素，如锅炉的类型、燃料的使用情况、烟囱的高度和位置、运煤出渣的通道、污水处理的位置、污水处理的工艺流程等，如何选择和设计，都与工厂的环境卫生有密切的关系，其具体要求详见有关章节。

（三）运行可靠，费用经济

运行可靠，是指公用系统提供的水、电、汽、冷等公用能源在质量和数量上都应有可靠的、稳定的参数，在高峰季节时能保证总的数量需求，保证有连续不间断的稳定供应。例如，在保障水的数量的同时更要保证水的质量，在工厂制水、供水的系统中，如水源是地表水，其水质往往会随季节的变化而波动，一般秋冬季水质较好，春夏季水质较差，洪水期间更差；也有的地方地表水源流量较小，秋冬季枯水期污染物质的浓度增大，水质反比春夏季差。这就需要根据具体情况，采取相应水处理措施，使最终用水点的水质符合食品生产的水质要求。又如供电，有些地方的电网负荷较大，经常出现季节性的限电，出现局部停电现象，将影响正常的生产，这就应考虑是否自备电源（工厂自行发电）以保证正常生产的能源供应。

参数稳定也非常重要，主要指公用系统的各种参数（如水压、水温、电源电压与频率、蒸汽压力、冷库或空调温度、湿度等）的变动在要求的范围内。如果参数不稳定，会造成不能正常生产，设备受损，甚至危及人身安全，不仅造成产品的经济损失，还可能导致别的事故。

所谓经济性，是指投资少、收效高、运行成本低，这就要求在方案设计时，正确地收集和整理设计原始资料，进行多方案比较，考虑生产重点环节和全厂其他需求环节的关系，近期的一次性投资和长期的经常性费用的关系，使设计投资最少，经济效益最好。

第二节　给排水工程

食品厂的用水与一般工矿企业用水不同，因为食品厂所用的水有大部分是和食品原料及成品直接接触的，所以对水的卫生要求较高。有些食品厂在生产过程中用水量很大，在有城市自来水的地方，要优先考虑以城市自来水作为给水水源，并根据具体情况，考虑是否以地下水或地表水作为辅助水源，辅助水源用于不接触食品的用水部门。在没有城市自来水的地方，食品厂要有自己的给水系统和净化系统，其水源主要是地表水或地下水。

在选用水源时，要根据当地的具体情况，结合生产、生活对水质的具体要求，经过详细的技术经济比较，确定采用一种或几种水源，达到满足生产和生活上的要求。我国是一个水资源短缺的国家，合理用水、节约用水，以及对污水的处理在整个给排水工程中是必须认真考虑的。

一、设计内容及所需的基础资料

（一）设计内容

整体项目的给排水设计包括下列各方面。

① 取水工程。

② 水处理工程（见本章第三节）。

③ 输水和配水工程（厂区外及生活区内的给水排水管网）。

④ 建筑物和用水设施的给排水工程（车间内外给排水管网）。

⑤ 室内卫生工程。

⑥ 消防水系统。

⑦ 污水处理系统。

（二）设计所需的基础资料

① 各用水点对水量、水质、水温、用水时间等方面的要求或负荷时间曲线图。

② 建厂所在地的气象、水文、地质资料，特别是取水水源的详细水文资料（包括源水利水质分析报告）。

③ 接入厂区的市政自来水管网状况。

④ 排水路线或排水管网状况。

⑤ 厂内外有关地质、地形资料（包括外沿的引水、排水路线）。

⑥ 当地废水排放和公安消防主管部门的规定和要求。

⑦ 当地管材供应情况。

（三）设计注意事项

① 在具有城市自来水供应的地方应优先考虑采用自来水。

② 自备水源时，水质应符合卫生部规定的生活饮用水卫生标准及本厂的特定要求。

③ 消防、生产、生活给水管网尽可能合用同一管路系统。

④ 排放的生活、生产废水应进行处理，达到国家规定的排放标准。

⑤ 雨水溢流周期建议采用 $P=1$。

⑥ 冷却水应循环利用，以节约用水量和能源消耗。

⑦ 用于增压（包括消防、冷却循环等）的水泵尽可能集中布置，以利统一管理及使用。

⑧ 主厂房或车间的给排水水管网设计应满足生产工艺和生活的需要。

二、水质和水源

天然水中所含成分，包括溶解的以及混合在水中的各种无机物、有机物以及有机体，这些成分称为水中杂质。水质量参数，指能反映水的使用性质的量，但不涉及具体数值，如水中各种溶解离子等。另一种水质量参数，如水的色度、浊度、总溶解固体（TDS）等称为替代参数，它们并不代表某一具体成分，但能直接或间接反映水的某一方面使用情况。

水质标准是水对所要求的各项水质参数应达到的指标和限量值。不同用途，有不同的水质要求。

（一）地表水源水质的标准

地表水源水质的标准是水污染控制的一个组成部分，在地表水源水质的标准中考虑了原水中有害或有毒物质的存在和允许浓度，也考虑了目前的处理手段及其技术上可能性和经济上合理性。我国目前主要执行的是《地面水环境质量三级标准》（GB 3838—88）表 6－1。

表 6－1　地面水环境质量三级标准

项　目	第一级	第二级	第三级
pH	6.5～8.5		
水温	地面水受热后，水域混合区边缘的水温增高 3 ℃，水域水温最高不超过 35 ℃		
肉眼可见物	水中无明显的泡沫、油膜、杂物等		
色（铂钴法，度）	≤10	≤15	≤25
臭	无异臭	臭强度一级	臭强度二级
溶解氧（饱和率）	≥90%	≥60%	≥40%
生化需氧量（5 d 20 ℃）	<1	≤3	≤6
化学需氧量（高锰酸钾法）	<2	≤4	≤6
挥发酚类	<0.001	≤0.005	≤0.01
氰化物	≤0.01	≤0.05	≤0.1
砷	≤0.01	≤0.05	≤0.08
总汞	≤0.000 1	≤0.000 5	≤0.001
镉	≤0.001	≤0.005	≤0.01
六价铬	≤0.01	≤0.02	≤0.05
铅	≤0.01	≤0.05	≤0.1
铜	≤0.005	≤0.01	≤0.03
石油类	≤0.05	≤0.3	≤0.5
大肠杆菌	≤500 个/L	≤10 000 个/L	≤50 000 个/L
总磷	≤0.1		
总氮	≤1.0		

注：标准值的单位除注明者外，均为 mg/L。

（二）生活饮用水卫生标准

生活饮用水是和人们健康及生活使用直接有关。随着人们生活水平的提高，饮用水水质标准在不断地提高，我国自1956年颁发的《生活饮用水卫生标准（试行）》至2001年实施《生活饮用水卫生规范》（GB 574—85）的40多年间，共进行了5次修订，对水质提出了更高更严格的要求，目前的生活饮用水卫生标准如表6-2所示。

表6-2 生活饮用水水质常规检验项目及限值（mg/L）

项目		限值
感官性状和一般化学指标	色	色度不超过15度，并不得呈现其他异色
	浑浊度	不超过1度（NTU）[①]，特殊情况下不超过5度（NTU）
	臭和味	不得有异臭、异味
	肉眼可见物	不得含有
	pH	6.5～8.5
	总硬度（以 $CaCO_3$ 计）	450
	铝	0.2
	铁	0.3
	锰	0.1
	铜	1.0
	锌	1.0
	挥发酚类（以苯酚计）	0.002
	阴离子合成洗涤剂	0.3
	硫酸盐	250
	氯化物	250
	溶解性总固体	1 000
	耗氧量（以 O_2 计）	3 mg/L，特殊情况下不超过5 mg/L[②]
毒理学指标	砷	0.05
	镉	0.005
	铬（六价）	0.05
	氰化物	0.05
	氟化物	1.0
	铅	0.01
	汞	0.001
	硝酸盐（以N计）	20
	硒	0.01
	四氯化碳	0.002
	氯仿	0.06
细菌学指标	细菌总数（cfu/mL[③]）	100
	总大肠菌群	每100 mL水样中不得检出
	粪大肠菌群	每100 mL水样中不得检出
	游离余氯	在与水接触30 min后应不低于0.3 mg/L，管网末梢水不应低于0.05 mg/L（适用于加氯消毒）
放射性指标[④]	总α放射性（Bq/L）	0.5
	总β放射性（Bq/L）	1.0

注：① 表中NTU为散射浊度单位；② 特殊情况包括水源限制等情况；③ cfu为菌落形成单位；④ 放射性指标规定数值不是限值，而是参考水平，放射性指标超过表中所规定的数值时，必须进行核素分析和评价，以决定能否饮用。

(三)工业用水水质标准

工业用水水质标准繁多，水质标准各不相同。水质要求高的工业用水，不仅要求除去水中悬浮杂质和胶体杂质，而且还需要不同程度地去除水中的溶解杂质。

食品、酿造及饮料工业的原料用水，水质要求应当高于生活饮用水的需求。

对锅炉补给水水质的基本要求是：凡能导致锅炉、给水系统及其他热力设备腐蚀、结垢引起汽水共腾现象的各种杂质，都应大部或全部去除。锅炉压力和构造不同，水质要求也不同，汽包锅炉与直接锅炉给水水质要求相差悬殊，锅炉压力愈高，水质要求愈高。如低压锅炉（压力小于2 450 kPa），主要应限制给水中的钙、镁离子含量，含氧量及pH。

在生产过程中用于冷凝蒸汽、工艺流体或设备降温的冷却水，首先要求水温低，同时对水质也有要求，如水中存在的悬浮物、藻类及微生物等，会使管道和设备堵塞；在循环系统中，还应控制在管道和设备中由于水质所引起的结垢、腐蚀和微生物繁殖。

三、全厂用水量计算

(一)生产用水量

1. 生产工艺用水量　其计算公式为

$$W_\sigma = \sum W_i$$

式中　W_σ——生产工艺用水量（t/h）；

$\sum W_i$——各工序中设备用水量的总和（t/h）。

2. 锅炉用水量　其计算公式为

$$W = K_1 K_2 Q$$

式中　W——锅炉最大小时用水量（t/h）；

K_1——蒸发量系数（一般取1.15）；

K_2——锅炉的其他用水量系数（一般取1.25～1.35）；

Q——锅炉蒸发量（t/h）。

3. 冷冻机房用水量　依下式计算

$$W_1 = \eta \frac{Q_1}{1\,000(t_2 - t_1)}$$

式中　W_1——冷却塔循环用水量；

η——使用系数（一般取1.1～1.15）；

Q_1——冷凝器负荷（kJ/h）；

t_2——冷凝器出水温度（冷却塔进水温度，℃）；

t_1——冷凝器进水温度（即冷却塔出水温度，℃）。

一般情况下，$t_2 \leqslant 36$ ℃，$t_1 \leqslant 32$ ℃，随地区与季节而异。

(二)生活用水量

企业内工作人员生活用水量与当地条件和生活习惯有关，可以参考有关的标准和规范来制定，见表6-3。

表 6－3（a） 居民生活用水定额[L/(cap · d)]

城市规模	特大城市		大城市		中小城市	
用水情况 / 分区	最高日	平均日	最高日	平均日	最高日	平均日
一	180～270	140～210	160～250	120～190	140～230	100～170
二	140～200	110～160	120～180	90～140	100～160	70～120
三	140～180	110～150	120～160	90～130	100～140	70～110

表 6－3（b） 综合生活用水定额[L/(cap · d)]

城市规模	特大城市		大城市		中小城市	
用水情况 / 分区	最高日	平均日	最高日	平均日	最高日	平均日
一	260～410	210～340	240～390	190～310	220～370	170～280
二	190～280	150～240	170～260	130～210	150～240	110～180
三	170～270	140～230	150～250	120～200	130～200	100～170

注：cap 表示“人”的计量单位，下同。

特大城市指市区和近郊非农业人口 100 万及以上的城市；大城市指市区和近郊非农业人口 50 万及以上，且不满 100 万的城市；中、小城市指市区和近郊非农业人口不满 50 万的城市。

一区包括贵州、四川、湖北、湖南、江西、浙江、福建、广东、广西、上海、云南、江苏、安徽、重庆；二区包括黑龙江、吉林、辽宁、北京、天津、河北、山西、河南、山东、宁夏、陕西、内蒙古河套以东和甘肃黄河以东的地区；三区包括新疆、青海、内蒙古河套以西和甘肃黄河以西的地区。

表 6－4 城市综合用水量调查表[L/(cap · d)]

城市规模	特大城市		大城市		中小城市	
用水情况 / 分区	最高日	平均日	最高日	平均日	最高日	平均日
一	507～682	437～607	568～736	449～597	274～703	225～656
二	316～671	270～540	249～561	214～433	224～668	189～449
三			229～525	212～397	271～441	238～365

工厂工作人员生活用水量可按《工业企业设计标准》并根据车间性质决定。一般车间采用每人每班 25 L，高温车间采用每人每班 35 L，淋浴用水量见表 6－5。

表 6－5 工业企业内工作人员淋浴用水量

分 级	车间卫生特征			用水量[L/(人·班)]
	有毒物质	生产性粉尘	其他	
1 级	极易经皮肤吸收引起中毒的剧毒物质（如有机磷、三硝基甲苯、四乙基铅等）		处理传染性材料、动物原料（如皮、毛等）	60

（续）

分级	车间卫生特征			用水量[L/(人·班)]
	有毒物质	生产性粉尘	其他	
2级	易经皮肤吸收或有恶臭的物质，或高毒物质（如丙烯腈、吡啶、苯酚等）	严重污染全身或对皮肤有刺激的粉尘（如炭黑、玻璃棉等）	高温作业、井下作业	60
3级	其他毒物	一般粉尘（如棉尘）	重作业	40
4级	不接触有毒物质及粉尘，不污染或轻度污染身体（如仪表、机械加工、金属冷却加工等）			40

用水量确定也可直接查表6-6运用下列公式计算

$$W=\frac{KNQ}{1\,000T}$$

式中 W——最大小时生活用水量（t/h）；

K——小时变化系数；

Q——用水量指数；

N——使用人数；

T——使用时间（h）。

表6-6 各种生活用水计算参数

生活用水名称	单位	用水量指数	小时变化系数	使用时间
家属宿舍	每人每日	50～300	2～3	16 h/d
集体宿舍	每人每日	110～150	2～3	16 h/d
办公室	每人每班	10～25	2～2.5	8 h/班
幼儿园、托儿所	每人每日	25～50	2～2.5	8 h/d
小学、厂校	每人每日	10～30	2～2.5	8 h
食堂	每人每餐	10～25	2～2.5	4 h/餐
浴室	每人每次	40～60		1 h/次
车间职工	每人每班	25～30	2～3	8 h/班
医务室	每人每次	15～25	2～2.5	

注：浴室人数按最大班次工作人数的85%计。

（三）消防用水量

消防用水量、水压和失火延续时间等，按现行的《建筑设计防火规范》执行，见表6-7和表6-8。

表6-7 工厂、仓库和民用建筑同时发生火灾次数

名　称	基地面积（hm^2）	附近居住区人数（万人）	同时发生的火灾次数（次）	备　注
工厂	≤100	≤1.5	1	按需水量最大的一座建筑物（或堆场）计算工厂、居住区各考虑一次
工厂	≤100	>1.5	2	
工厂	>100	不限	2	按需水量最大的两座建筑物（或堆场）计算
仓库、民用建筑	不限	不限	1	按需水量最大的一座建筑物（或堆场）计算

表 6-8 建筑物室外消火栓用水量

耐火等级	建筑物名称和火灾危险性		建筑物体积（m³）					
			≤1 500	1 501～3 000	3001～5 000	5 001～20 000	20 001～50 000	>50 000
			一次灭火用水量（L/s）					
一、二级	厂房	甲、乙、丙、丁、戊	10 10 10	15 15 10	20 20 10	25 25 15	30 30 15	35 40 20
	库房	甲、乙、丙、丁、戊	15 15 10	15 15 10	25 25 10	25 25 15	 35 15	 45 20
	民用建筑		10	15	15	20	25	30
三级	厂房或库房	乙、丙、丁、戊	15 10	20 10	30 15	40 20	45 25	 35
	民用建筑		10	15	20	25	30	
四级	丁、戊厂房或库房民用建筑		10 10	15 15	20 20	25 25		

注：① 室外消火栓用水量应按消防用水量最大的一座建筑物或一个防火分区计算；② 耐火等级和生产厂房地火灾危险性，参见《建筑设计放火规范》。

食品厂的生产用水量一般都比较大，在计算消防全厂总用水量时，可调整生产和生活用水量，依下述公式计算

$$W = W_1 + W_2 + W_3$$

式中 W——消防时全厂总用水量（t/h）；

W_1——生产用水量总和（t/h）；

W_2——生活用水量总和（t/h）；

W_3——室内外消防用水量（t/h）。

消防用水的压力，一般讲不论室内还是室外消防，应保证从水枪出口充实水柱不小于 10 m。

（四）其他用水量

1. 汽车冲洗用水量　见表 6-9 和表 6-10。

表 6-9 汽车的冲洗水量及冲洗时间表

汽车类别	每辆汽车冲洗量（L/d）	冲洗时间（min）
小轿车	250～400	10～20
公共汽车及卡车	400～600	15～20

表 6-10 汽车冲洗时的同时冲洗系数

车辆总数（辆）	1～3	4～10	>10
同时冲洗系数	0.5～1.0	0.3～0.5	0.3

2. 绿化用水量　一般可取 1.5～2.6 L/（d·m²）。

四、给水途径

（一）自来水给水系统（图 6-1）

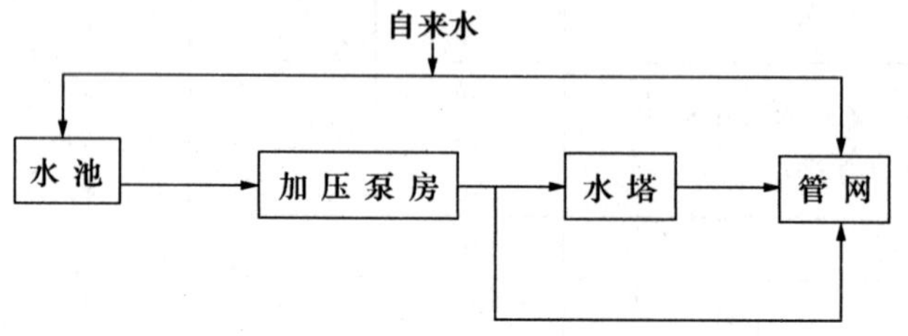

图 6-1　自来水给水系统示意图

（二）地下水给水系统（图 6-2）

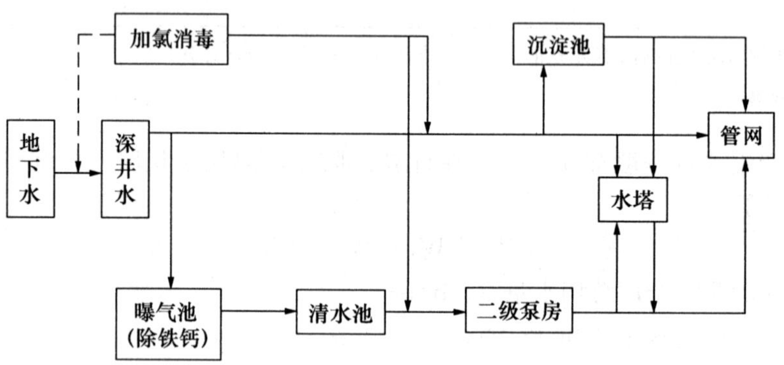

图 6-2　地下水给水系统示意图

（三）地表水给水系统（图 6-3）

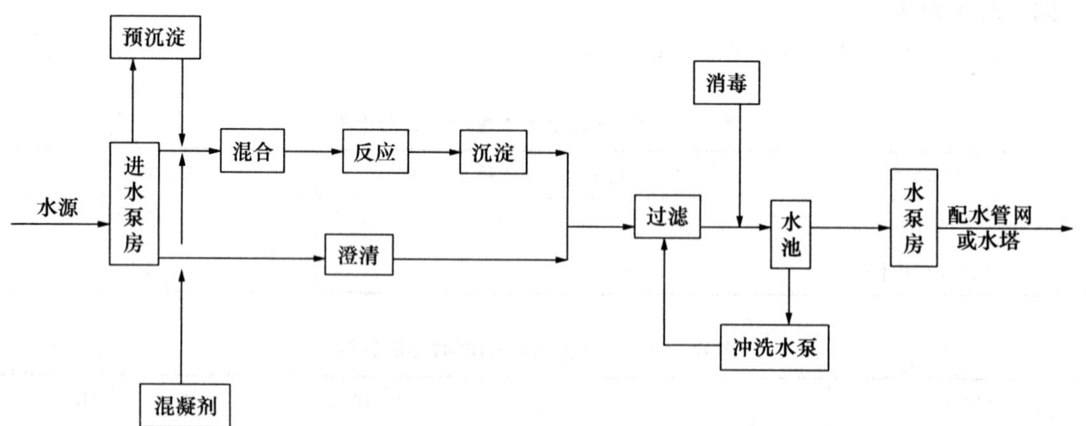

图 6-3　地表水给水系统示意图

五、取水工程

（一）地下水取水工程

1. 地下水水源分类和特点

（1）上层滞水　靠近地表，直接靠大气降水补给，季节性变化大，水量不稳定，水质差，易受污染，只能作为小型临时水源。

（2）潜水　靠近地表，分布与补给基本一致。主要靠大气降水补给，水量变化大但较不稳定，同地表水的联系密切，水质差，较易污染。这种地下水广泛用做各种水源。我国西北地区，潜水埋藏较深的达 50～80 m；南方潜水埋藏较浅，一般在 3～5 m。

（3）承压水（自流水）　有明显的补给压和泄水压，含水层埋深大，储量丰富，与大气降水没有直接联系，水质稳定，不易污染，常作大型给水水源。

2. 常用地下水取水构筑物分类和构造　由于地下水类型、埋藏深度、含水层性质等各不相同，开采和取集地下水的方法和取水构筑物型式也各不相同。

（1）管井　管井用于开采深层地下水。

① 管井的分类：按深度可分为深井（30 m 以上）、浅井（30 m 以内）；按口径可分为小管井（直径小于 150 mm）、大管井（直径大于 1 000 mm）。

② 管井的构造：管井的结构包括：井室、井壁管、过滤口和沉淀管（图 6－4）。

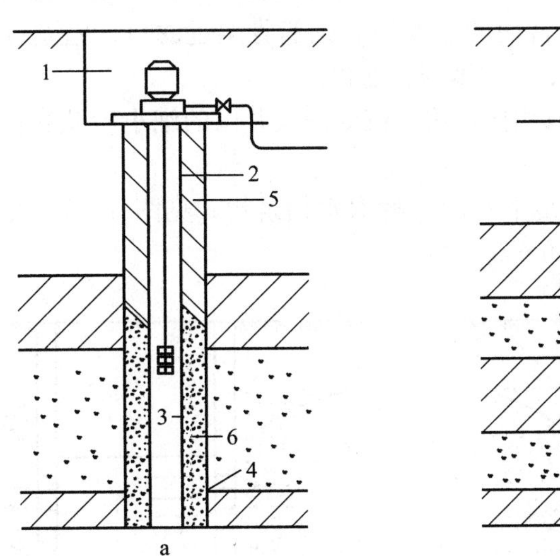

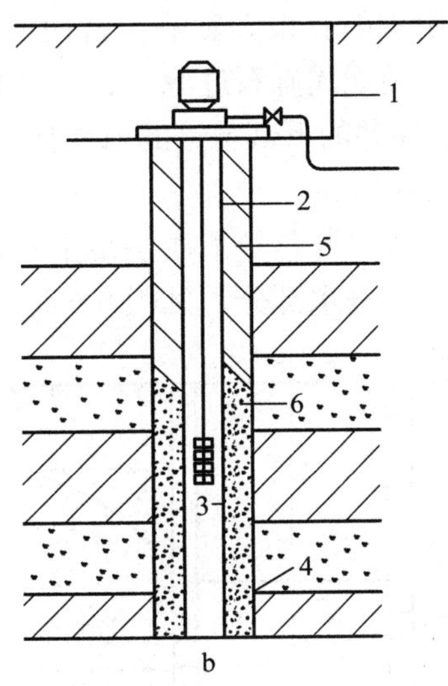

图 6－4　管井的一般构造

a. 单层过滤器管井　b. 双层过滤器管井

1. 井室　2. 井壁管　3. 过滤口　4. 沉淀管　5. 黏土　6. 填砾

A. 井室，用于安装各种设备（水泵、控制柜等），保持井口免受污染和进行管理，见图 6－5。

B. 井壁管，其作用是加固井壁，隔离水质不良的或水头较低的含水层。井壁管可以是钢管、铸铁管、钢筋混凝土管、石棉水泥管、塑料管、玻璃钢管等。

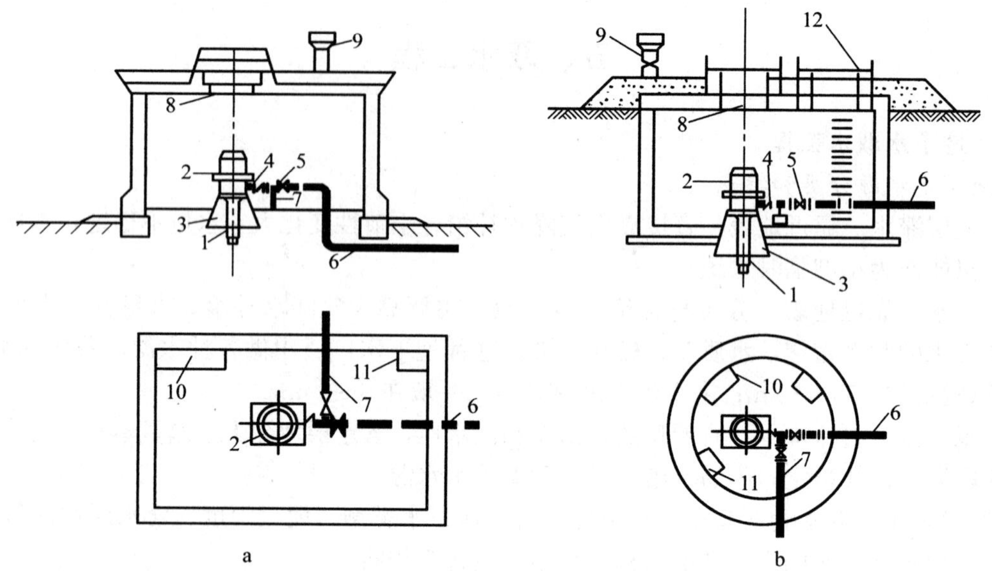

图 6-5　深井泵站布置

a. 地面式深井泵站　b. 地下式深井泵站

1. 井管　2. 水泵机组　3. 水泵基础　4. 单向阀　5. 阀门　6. 压力管
7. 排水管　8. 安装孔　9. 通风孔　10. 控制柜　11. 排水坑　12. 人孔

C. 过滤口，安装于含水层中，用于集水，保持填砾与含水层的稳定。它的形式和构造对管井的出水量、使用年限有很大影响。常用的过滤口有钢筋骨架过滤口、缠丝过滤口、包网过滤口、填砾过滤口、装配式砾石过滤口、均匀填砾过滤口。

D. 沉淀管，在井的下部与过滤口相接，用于沉淀进入井内的细小砂粒和自水中析出的沉淀物，其长度一般 2～10 m。

（2）大口井　大口井是开采浅层地下水的一种取水构筑物，见图 6-6。大口井的构筑物分为上部结构、井筒和进水部分，见图 6-7。

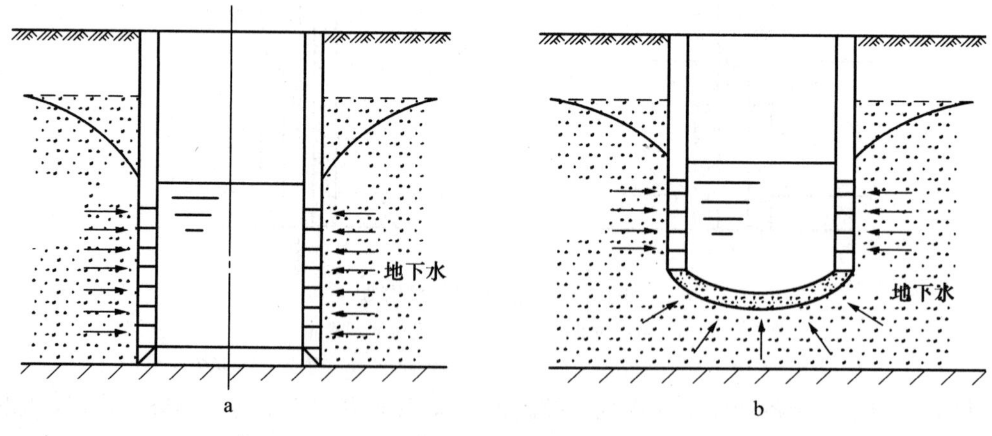

图 6-6　大口井

a. 完整式　b. 非完整式

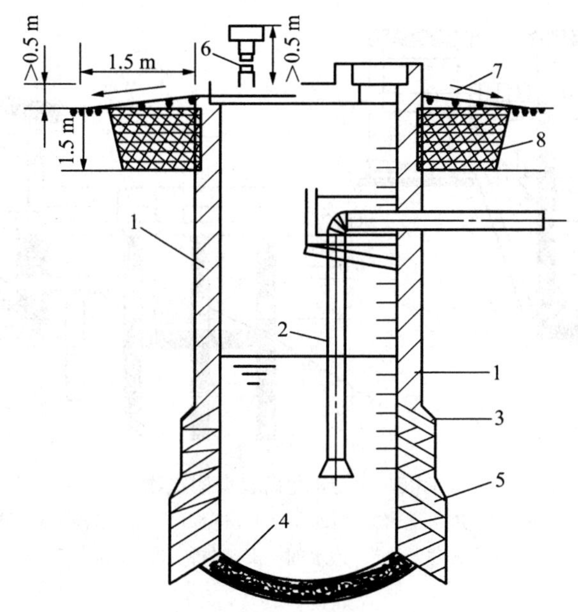

图 6-7　大口井的构造

1. 井筒　2. 吸水管　3. 井壁透水孔　4. 井底反渗层
5. 刃脚　6. 通风管　7. 排水坡　8. 黏土层

(二) 地表水取水工程

1. 地表水取水条件　地表水源种类有河流、湖泊、水库、海水等。在确定地表水取水形式时，应了解和掌握有关河段的取水条件、水位、流量、流速、泥沙运动、河床深度、江河中泥沙、漂浮物及冰冻情况对取水构筑物的影响。

2. 地表水取水构筑物位置的选择　应遵循如下原则。

① 设在水质较好及卫生条件良好的河段。

② 具有稳定的地河床和河床，靠近主流，有足够的水深。

③ 靠近主要用水地区。

④ 具有良好的地形、地质及施工条件。

⑤ 注意河流上的人工构筑物、天然障碍物对取水构筑物的影响。

⑥ 避免冰凌的影响。

⑦ 应与河流的综合利用相适应。

3. 地表水取水构筑物　有岸边式、河床式和移动式。

(1) 岸边式取水构筑物　有合建式和分建式两种，如图 6-8 所示。

(2) 河床式取水构筑物　当河床稳定，河岸较平坦，枯水期主流离岸较远，岸边水深不够或水质不好，而河中又具有足够水深或较好水质时，适宜采用河床式取水构筑物。

河床式取水构筑物有自流管取水式、虹吸管取水式、水泵直接取水式、桥墩取水式，见图 6-9。

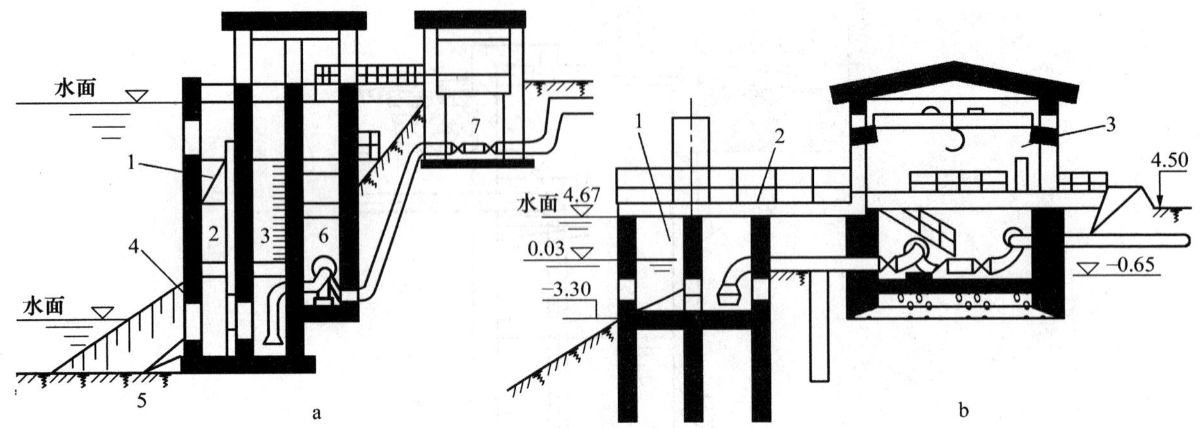

图 6-8　岸边式取水构筑物

a. 合建式（1. 进水间　2. 进水室　3. 吸水室　4. 进水口　5. 格栅　6. 泵房　7. 阀门井）

b. 分建式（1. 进水间　2. 引桥　3. 泵房）

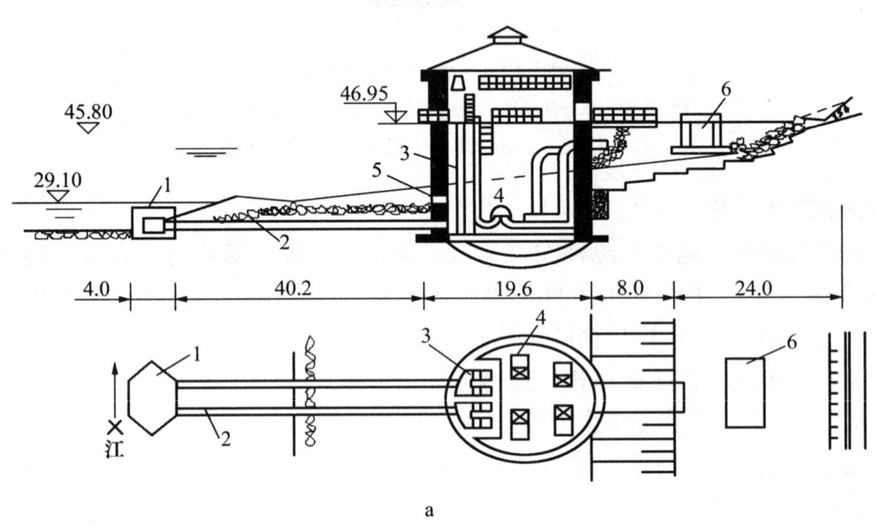

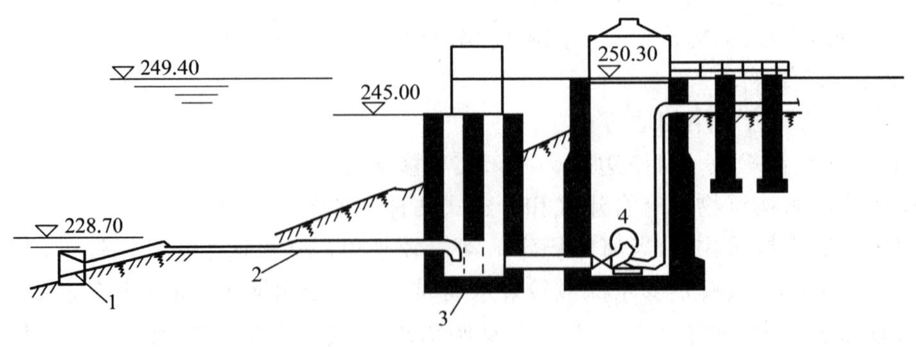

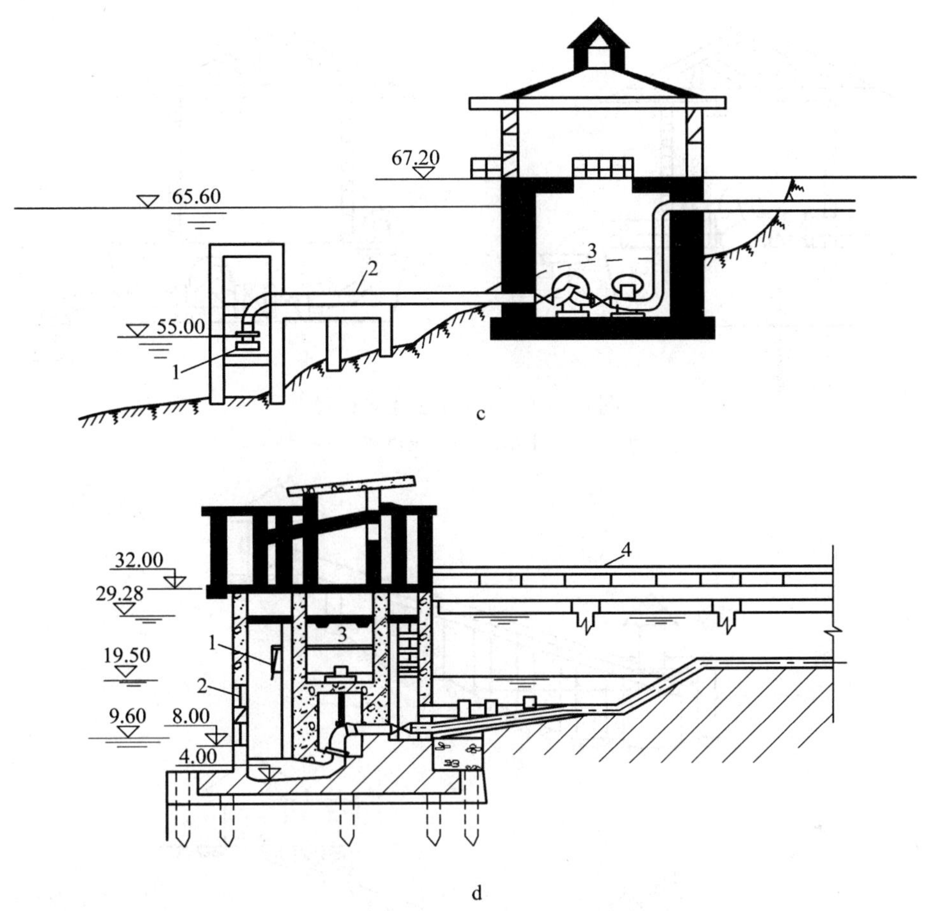

图 6－9　河床式取水构筑物

a. 自流管取水式（集水间与泵房合建）（1. 取水头部　2. 自流管　3. 集水间　4. 泵房　5. 进水孔　6. 阀门井）

b. 虹吸管取水式（1. 取水头部　2. 虹吸管　3. 集水井　4. 泵房）

c. 水泵直接取水式（1. 取水头部　2. 水泵虹吸管　3. 泵房）

d. 桥墩取水式（1. 进水间　2. 进水孔　3. 泵房　4. 引桥）

（3）移动式取水构筑物　在水源水位变幅大，供水要求急和取水量不大时，可以考虑采用移动式取水构筑物。

① 浮船式取水构筑物（图 6－10）：浮船式取水构筑物具有投资少、建设快、易于施工、有较大的适应性和灵活性、能经常取得含沙量少的表层水等优点。在我国西南、中南等地区使用较广泛。

② 缆车式取水构筑物（图 6－11）：缆车式取水构筑物移动比较方便，受风浪影响小，宜在水位变幅较大、涨落速度不大的河流上采用。设在河岸地质条件较好，并有 10°～28°的岸坡处为宜。河岸太陡，则所需牵引设备过大；河岸平缓，则吸水管架太长，易发生事故。

4. 湖泊和水库取水构筑物

（1）取水构筑物位置选择　应注意如下选择原则。

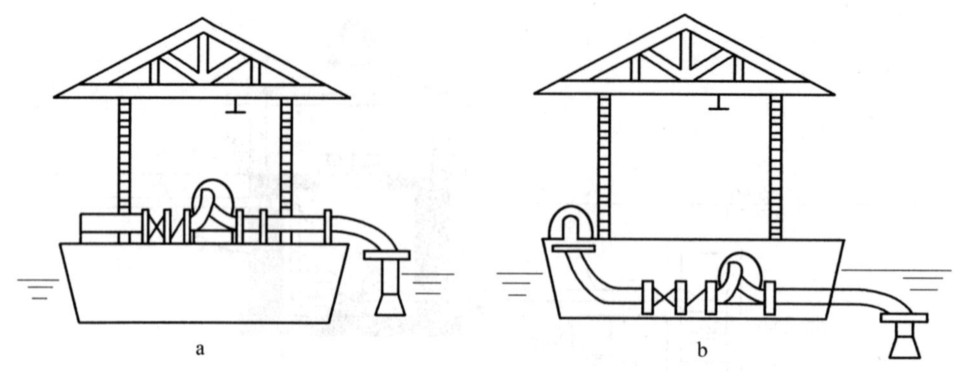

图 6-10　取水浮船竖向布置

a. 上承式　b. 下承式

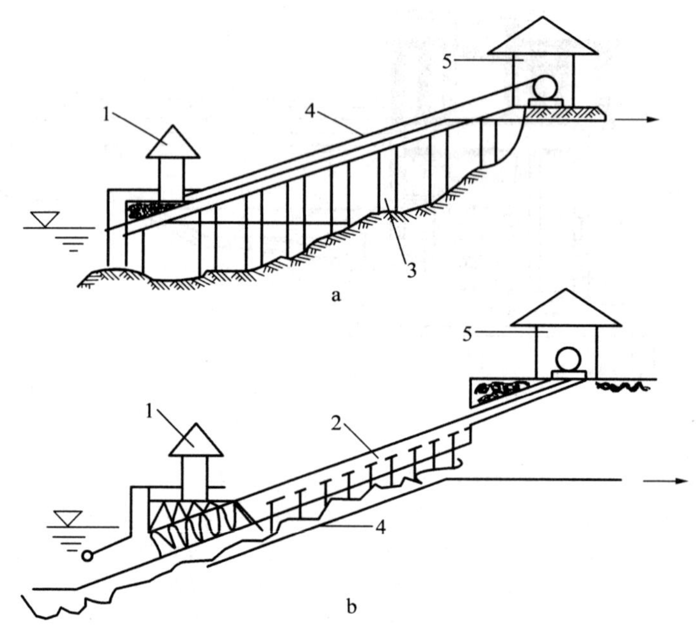

图 6-11　缆车式取水构筑物布置

a. 斜桥式　b. 斜坡式

1. 泵车　2. 坡道　3. 斜桥　4. 输水斜管　5. 卷扬机房

① 不要选择湖岸芦苇丛生处附近。这些地方水质较差，水底动物较多，容易产生堵塞现象。

② 不要选择在夏季主风向和风面的凹岸处。这些位置有大量的浮游生物积聚并死亡，水质较差。

③ 为了防止泥沙淤积取水头部，构筑物位置应选在靠近大坝附近或远离支流的汇入口。

④ 构筑物应建立在稳定的湖岸或库岸处。

(2) 湖泊和水库取水构筑物的类型

① 隧洞式取水和引水明渠取水：隧洞式取水可采用水下岩塞爆破法施工。先在选定的取水隧洞下游一端，先行挖掘修建引水隧洞，在接近湖底或库底的地方预留一定的岩石（即岩塞），最后采用水下爆破法一次炸掉预留岩塞，形成取水口（图 6-12）。

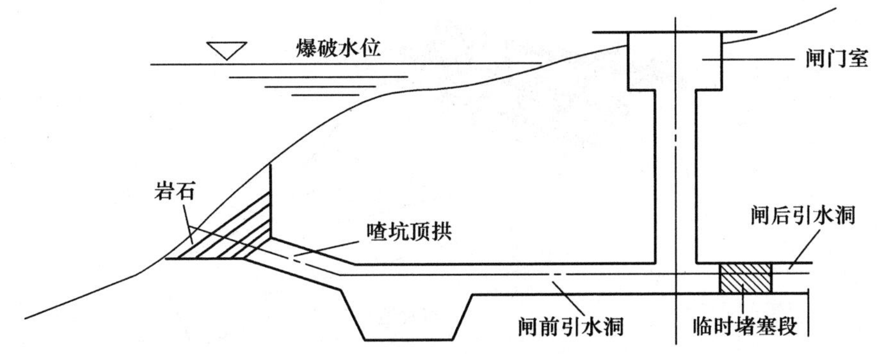

图 6-12　岩塞爆破法示意图

② 分层取水的取水构筑物（图 6-13）：这种取水方式适用于深水湖泊或水库。在不同季节不同水深，深水湖泊或水库的水质相差较大，采用分层取水的方法，可以根据不同水深的情况，取得低浊度、低色度、无臭的水。

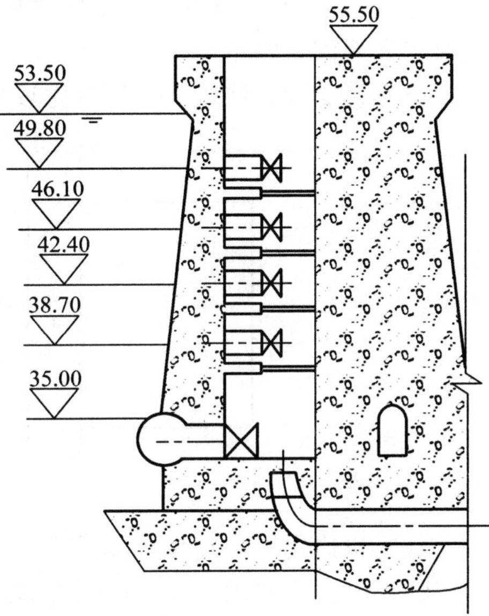

图 6-13　坝内合建式分层取水塔

③ 自流管式取水构筑物：在浅水湖泊和水库取水一般采用自流管或虹吸管把水引入岸边深挖的吸水井内，然后水泵的吸水管直接从吸水井内抽水（与河床式取水构筑物类似）。泵房与吸水井可合建，也可分建。

5. 山区浅水河流取水构筑物

（1）山区河流的取水特点

① 流量和水位变化幅度大。枯水期流量很小，取水量所占比例大，有时达 70%～90%或以上。

② 水质变化剧烈。枯水期清澈见底，暴雨后水质浑浊。枯水期水层浅薄，取水深度往往不足，需修筑堤坝抬高水位，或采用底部进水方式。

③ 河床常为砂、卵石或岩石组成，河床坡度大，洪水期流速大，推移质多，粒径大，取水构筑物要考虑将推移质顺利排除。

（2）低坝式取水　有固定式和活动式。

① 固定式低坝取水（图 6-14）。

② 活动式低坝取水：活动坝在洪水期可以开启，采用活动闸门的水闸是常用的型式。近年来逐渐采用橡胶坝、浮体闸、水力自动翻板闸等结构。

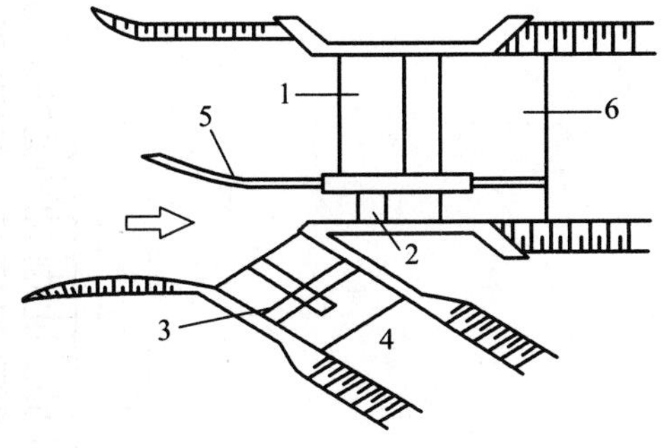

图 6-14　低坝取水装置

1. 溢流（低坝）　2. 冲砂闸　3. 进水闸　4. 引水明渠　5. 导流堤　6. 护坡

（3）带栏栅取水构筑物　通过坝顶带栏栅的引水廊道取水，适宜在水浅、大粒径推移质较多的山区河流，取水量较大时用，如图 6-15 所示。

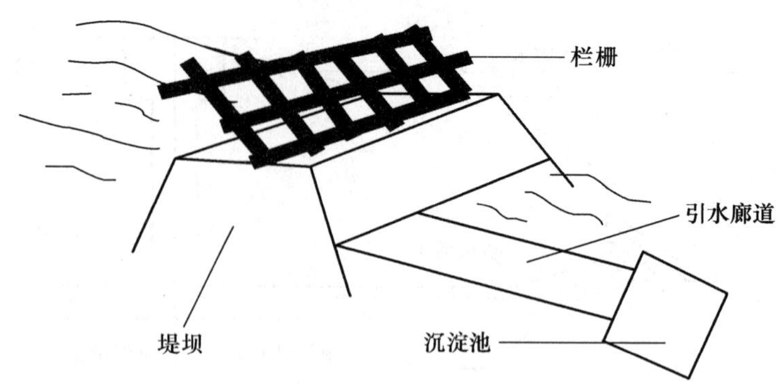

图 6-15　带栏栅取水构筑物

6. *海水取水构筑物*　海水取水构筑物与取水方式相适应，取水方式有自流管式取水、岸边式取水和潮汐式取水。

（1）自流管式取水　当海滩比较平缓时，用自流管式海水取水构筑物，见图 6-16。

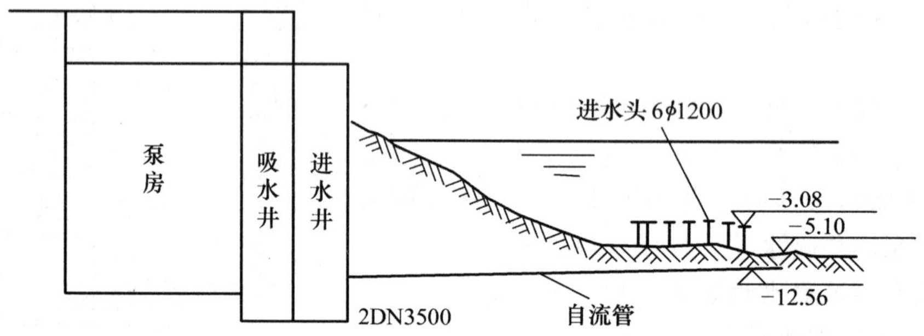

图 6-16　自流管式海水取水构筑物

（2）岸边式取水　在深水海岸,可建造岸边式取水构筑物,或采用水泵吸水管直接深入海岸边取水。

（3）潮汐式取水　在海边围堤修建蓄水池，在靠近海岸的池壁上设置若干潮门，涨潮时，海水推开潮门，进入蓄水池，退潮时，潮门自动关闭，泵站从蓄水池取水，见图 6-17。

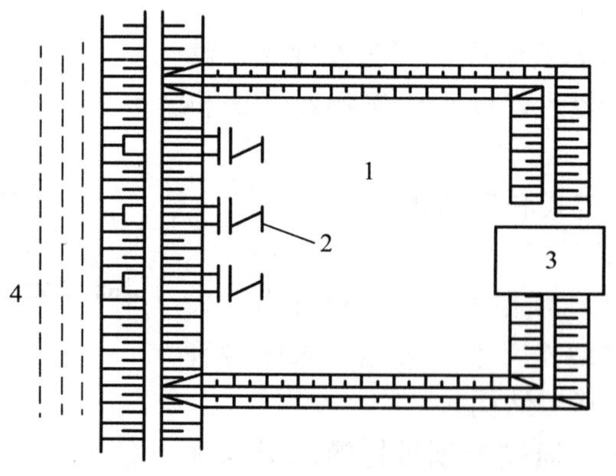

图 6-17　潮汐式取水构筑物

1. 蓄水池　2. 潮门　3. 取水泵房　4. 海湾

六、排水工程

（一）排水量计算

食品厂的排水量普遍较大，排水中包括生产废水、生活污水和雨水。生产废水和生活污水，根据国家环境保护法，需经过处理达到排放标准后才能排放。生产废水和生活污水的排放量可按生产、生活最大给水量的85%～90%计算。

1. 生产废水、生活污水排放量 W 的计算　采用以下公式

$$W = KW_1$$

式中　W_1——生产、生活最大给水量（m^3/h）；

K——系数（一般取0.85～0.9）。

2. 雨水量的计算

$$W = q\psi F$$

式中　W——雨水量（kg/s）；

q——暴雨强度［$kg/(s \cdot m^2)$］（可查阅当地有关气象水文资料）；

ψ——径流系数（食品厂一般取0.5～0.6）；

F——厂区面积（m^2）。

（二）系统选择

进行排水系统选择时，应遵循下述原则。

① 分流或合流排水系统的选择，应根据污水性质、污染程度，结合室外排水制度和有利于综合利用与处理要求确定。

② 当建筑物采用排水系统时，生产废水与生活污水宜分流排出。

③ 含有毒和有害物质的生产废水，含有大量油脂的生活污水，以及经技术经济比较认为需要回收利用的生产废水、生活污水等均应分流排出。

④ 工业废水如不含有机物，而带大量泥砂、矿物质时，应经机械处理后方可排入室内非密闭系统雨水管道。

⑤ 建筑物雨水管道应单独设置排出口。

（三）管道布置和敷设

管理布置和敷设时，应遵循下列原则。

① 不散发有害气体或大量蒸汽的生产和生活污水，在下列情况下，可采用有盖或无盖的排水沟排除。

A. 污水中含有大量悬浮物或沉淀物需经常冲洗。

B. 生产设备排水支管很多，用管道连接困难。

C. 生产设备排水点的位置不固定。

D. 地面需要经常冲洗。注意，污水中如夹带纤维或大块物体，应在排水管道连接处设置格网或格栅。

② 室内排水沟与室外排水管道连接处，应设水封装置。

③ 下列设备和容器不得与污废水管道系统直接连接，应采取间接排水的方式。

A. 生活饮用水储水箱（池）的泄水管和溢流管。

B. 厨房内食品制备及洗涤设备的排水。

C. 医疗灭菌消毒设备的排水。

D. 蒸发式冷却器、空气冷却塔等空调设备的排水。

E. 储存食品或饮料的冷藏间、冷藏库房的地面排水和冷风机溶霜水盘的排水。

④ 设备间接排水宜排入邻近的洗涤盆。如不可能时，可设置排水明沟、排水漏斗或容器。间接排水口最小空气间隙，宜按表 6－11 确定。

表 6－11　间接排水口最小空气间隙

间接排水管管径（mm）	排水口最小空气间隙（mm）
≤25	50
32～50	100
＞50	150

注：饮料用储水箱的间接排水口最小空气间隙不得小于 150 mm。

⑤ 间接排水的漏斗或容器不得产生溅水、溢流，并应布置在容易检查、清洁的位置。

⑥ 排水管道一般应地下埋设或在地面上楼板下明设，如建筑或工艺有特殊要求时，可在管槽、管道井、管沟或吊顶内暗设，但应便于安装和检修。

⑦ 排水管道不得布置在遇水引起燃烧、爆炸或损坏的原料、产品和设备上面。

⑧ 架空管道不得敷设在生产工艺或卫生有特殊要求的生产房内，也不能敷设在食品和贵重商品仓库、通风小室和变配电间内。

⑨ 排水管道不得布置在食堂、饮食业的主副食操作烹调的上方。当受条件限制不能避免时，应采取防护措施。

⑩ 排水管道不得穿过沉降缝、烟道和风道，并不得穿过伸缩缝。当受条件限制必须穿过时，应采取相应的技术措施。

⑪ 排水埋地管道，不得布置在可能受重物压坏处或穿越生产设备基础。在特殊情况下，应与有关专业协商处理。

⑫ 排水立管应设在靠近最脏、杂质最多的排水点处。

⑬ 排水管与室外排水管道的连接，排出管管顶标高不得低于室外排水管管顶标高。其连接处的水流转角不得小于 90°。当有跌落差并大于 0.3 m 时，可不受角度的限制。

⑭ 排水管穿过承重墙或基础处，应预留洞口，且管顶上部净空不得小于建筑物的沉降量，一般不宜小于 0.15 m。

⑮ 排水管穿过地下室墙或地下构筑物的墙壁处，应采取防水措施。

⑯ 排水管道外表面如可能结露，应根据构筑物性质和使用要求，采取防结露措施。

⑰ 在一般的厂房内，为防止管道受机械损坏，排水管的最小埋设深度，应按表 6－12 确定。

表 6－12　厂房内排水管的最小埋设深度

管　　材	地面至管顶的距离（m）	
	素土夯实、缸砖、木砖地面	水泥、混凝土、沥青、混凝土、菱苦土地面
排水铸铁管	0.70	0.40
混凝土管	0.70	0.50
带釉陶土管	1.00	0.60
硬聚氯乙烯管	1.00	0.60

注：① 在铁路下应敷设钢管或给水铸铁管，管道的埋设深度从轨底至管顶距离不得小于 1.0 m；② 在管道有防止机械损坏措施或不可能受机械损坏的情况下，其埋设深度可小于表中数据。

（四）排水管道计算

1. 工业废水的最大小时流量和设计秒流量　应按工艺要求计算确定，工业废水管道的最小坡度见表 6－13。

表 6－13　工业废水管道的最小坡度

管　　径（mm）	生　产　废　水	生　产　污　水
50	0.200	0.030
70	0.015	0.020
100	0.008	0.012
125	0.006	0.010
150	0.005	0.006
200	0.004	0.004
250	0.003 5	0.003 5
300	0.003	0.003

注：生产污水中含有铁屑或其他污物时，则管道的最小坡度应按自净流速计算确定。

2. 排水管道的最大计算充满度　应按表 6－14 确定。

表 6－14　排水管道的最大计算充满度

排水管道名称	排水管道管径（mm）	最大计算充满度（以管径计）
生产污水排水管	150 以下	0.5
生活污水排水管	150～200	0.6
工业废水排水管	50～75	0.6
工业废水排水管	100～150	0.7
生产废水排水管	200 及 200 以上	1.0
生活污水排水管	200 及 200 以上	0.8

注：排水沟最大计算充满度为计算断面深度的 0.8。

第三节　水处理工程

一、水处理基本方法和过程

（一）水在工业生产中的用途与标准

水在生活与工业过程中的用途及标准有以下几个。

① 饮用水：符合生活饮用水标准。

② 食品、饮料或其他工业产品的原料：符合有关的规定或企业标准。

③ 洗涤用水：食品行业中的清洗原料用水一般需符合饮用水标准。

④ 生产蒸汽：需对水进行软化处理。

⑤ 传热介质：需进行控制结垢、污垢和淤塞处理。

⑥ 消防：需保持一定压力和水量，水质要求不高。

⑦ 原料或废物的输送介质：环境清洗和废物输送可用中水或再生循环水。

（二）水处理的基本方法

水处理就是对水的水质进行加工。加工的工艺过程取决于水源的水质和用水时对水质的不同要求。水处理的方法有多种，主要的方法介绍于下。

1. 沉淀　沉淀是水中悬浮物依靠重力作用，从水中分离出来的过程。常用的有平流沉淀池、斜板与斜管沉淀池（图 6－18）。

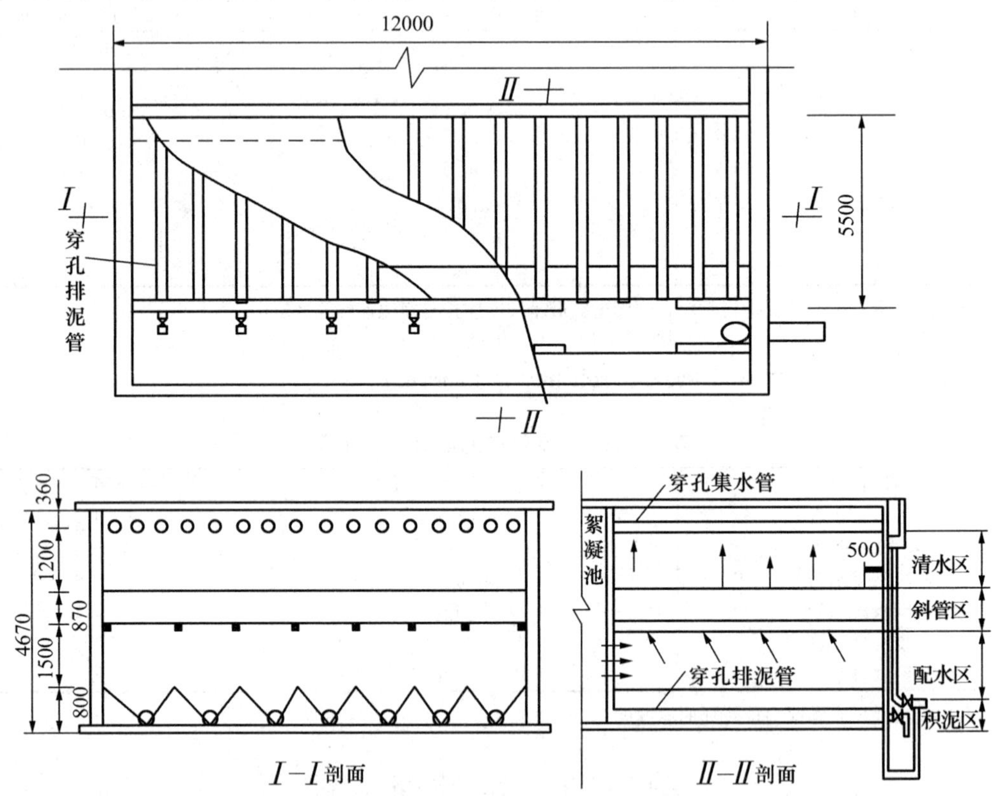

图 6－18　斜管沉淀池示意

澄清池是将絮凝和沉淀两个过程结合于一个构筑物中完成的设施，主要依靠活性泥渣层达到澄清的目的。澄清池形式很多，基本上分下述两大类。

① 泥渣悬浮型澄清池：泥渣悬浮型澄清池又称泥渣过滤型澄清池。它的工作原理是原水由下而上通过悬浮状态的泥渣层时，使水中脱稳杂质与高浓度的泥渣颗粒碰撞凝聚并被泥渣层拦截

下来（图 6－19）。这种作用类似过滤作用。浑水通过悬浮层即获得澄清。

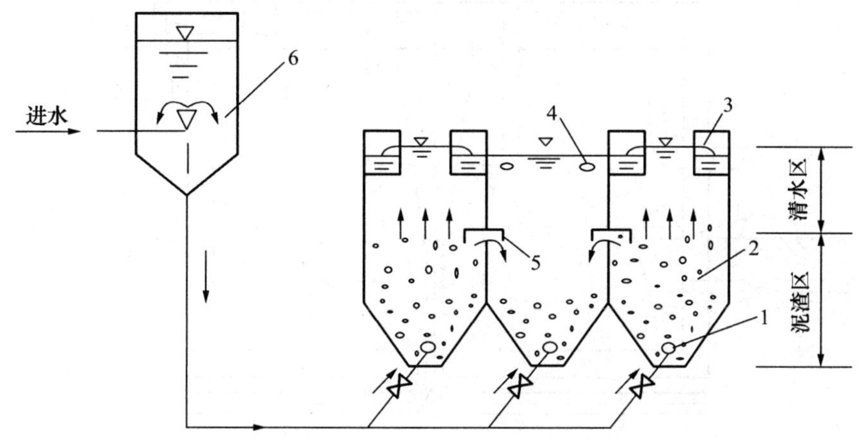

图 6－19　悬浮澄清池流程

1. 穿孔配水管　2. 泥渣悬浮层　3. 穿孔集水槽

4. 强制出水管　5. 排泥窗口　6. 气水分离器

② 泥渣循环型澄清池：为了充分发挥泥渣接触絮凝作用，可使泥渣在池内循环流动。回流量约为设计流量的 3～5 倍。泥渣循环可借机械抽升或水力抽升造成。前者称机械搅拌澄清池（图 6－20）；后者称水力循环澄清池（图 6－21）。

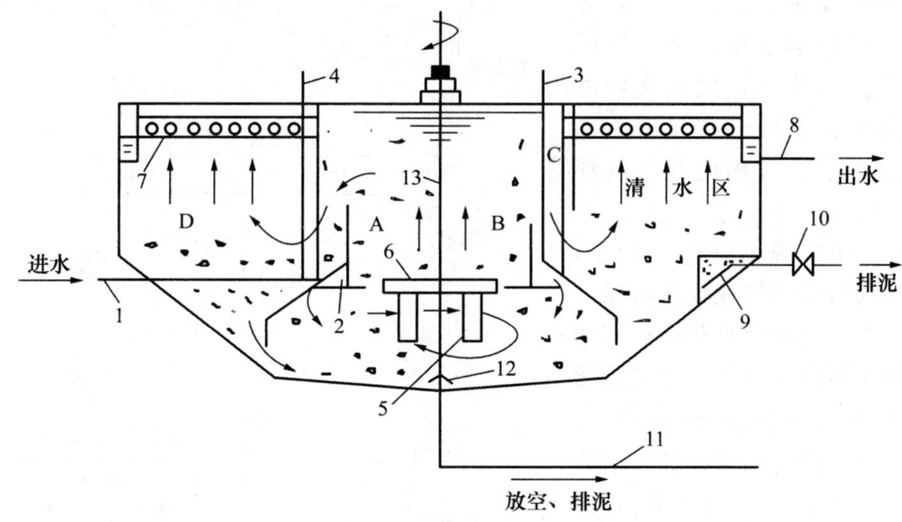

图 6－20　机械搅拌澄清池剖面示意图

1. 进水室　2. 三角配水槽　3. 透气管　4. 投药管　5. 搅拌桨　6. 提升叶轮

7. 集水槽　8. 出水管　9. 泥渣浓缩室　10. 排泥阀　11. 放空管

12. 排泥罩　13. 搅拌轴

A. 第一絮凝室　B. 第二絮凝室　C. 导流室　D. 分离室

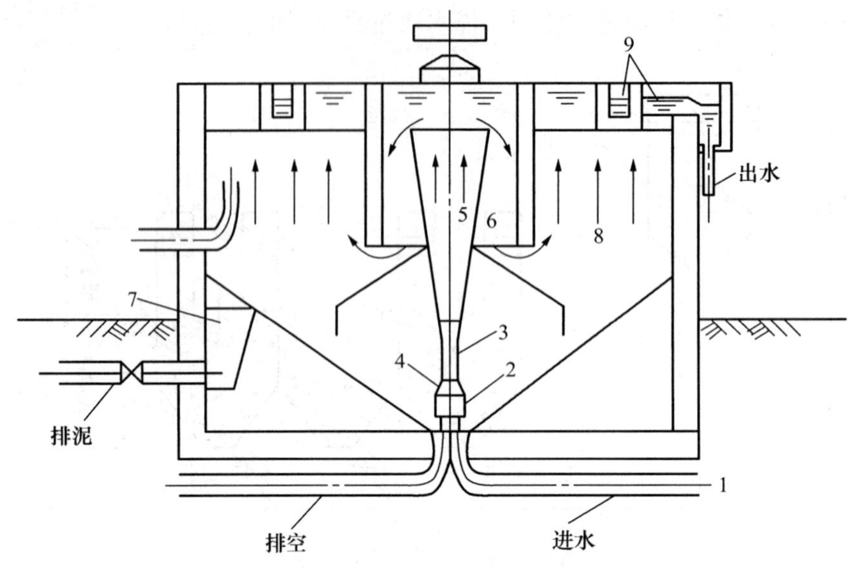

图 6-21 水力循环澄清池示意图

1. 进水管 2. 喷管 3. 后管 4. 喇叭口 5. 第一絮凝室 6. 第二絮凝室 7. 泥渣浓缩室 8. 分离室 9. 集水渠

对于由藻类等密度接近于水的颗粒物所构成的絮体，澄清速度较慢，靠沉淀池来去除这类絮体时间长，设备也庞大。而且出水水质很差。气浮法就是向水中加入空气，使空气以微小气泡形式向水面上浮并在气泡表面吸附水中悬浮杂质。常用的溶气气浮系统如图 6-22。

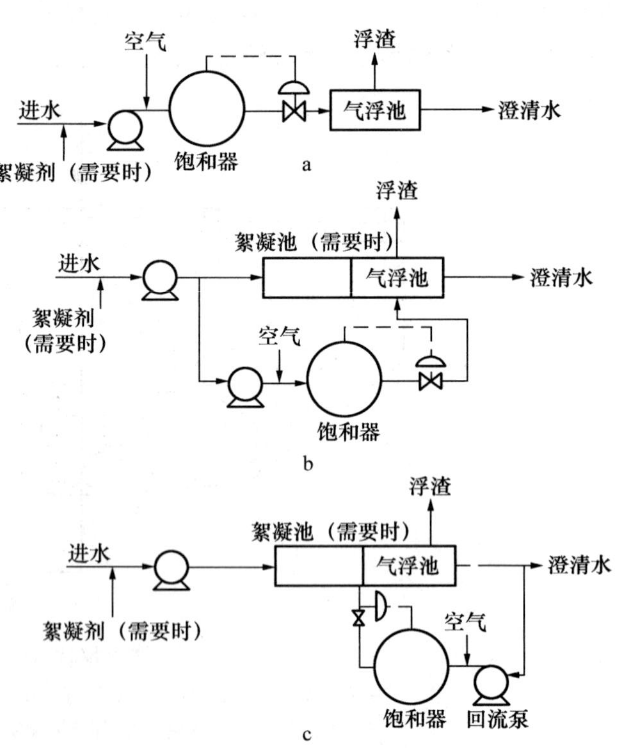

图 6-22 压力溶气气浮系统

a. 全流式 b. 分流式 c. 回流式

2. 过滤 在常规水处理过程中，过滤一般是指以石英砂等粒状滤料层截留水中悬浮杂质，从而使水获得澄清的工艺过程。滤池通常置于沉淀池或澄清池之后。进水浊度一般在 10 度以下。滤出水浊度必须达到饮用水标准。当原水浊度较低（一般在 100 度以下），但水质较好时，也可采用直接过滤。在饮用水的净化工艺中，有时沉淀池或澄清池可省略，但过滤是不可缺少的，它是保证饮用水卫生安全的重要措施。

普通快滤池如图 6-23 所示。

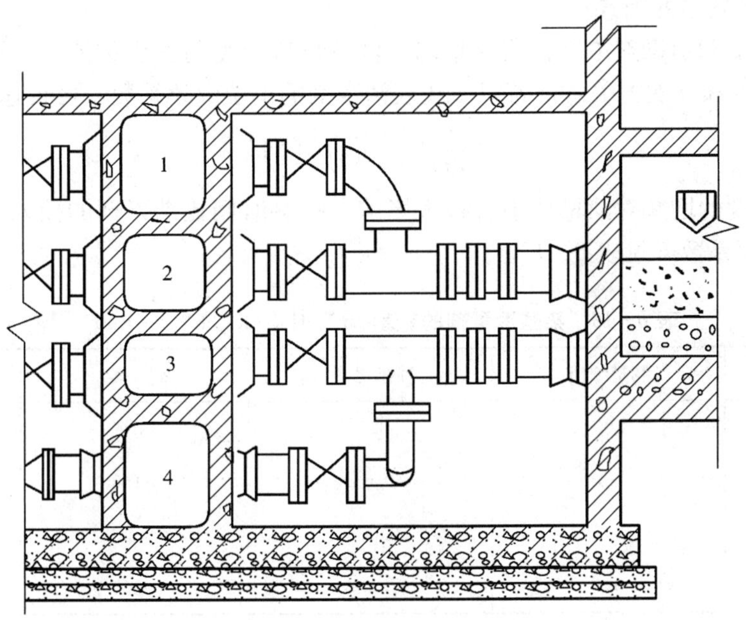

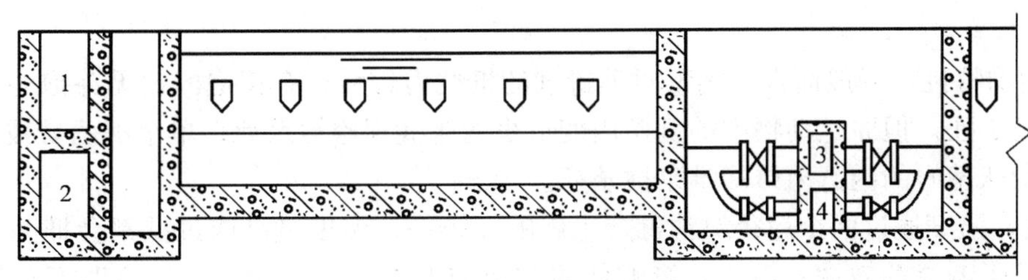

图 6－23　快滤池管廊布置

1. 进水渠　2. 排水渠　3. 冲洗水渠　4. 消水渠

3. 臭氧处理　臭氧既是消毒剂，又是氧化剂。在水中投入臭氧进行消毒或氧化称为臭氧处理。臭氧在空气中的浓度达到 0.001 mg/L 时能嗅出。安全浓度为 100 g/L，饮用水的投加臭氧剂量一般为 0.5～1.5 mg/L。在计算剂量时，一般认为投入的臭氧全部溶入水中，但实际能够溶解的只有 60%～90%。臭氧是在接触室中进行混合和扩散的。一般当最小接触时间为 4～10 min 时含有 0.4 mg/L 的剩余臭氧，则达到满意的消毒效果。实践中，当从臭氧接触室出水中的臭氧浓度达到 0.1 mg/L 时，消毒即已有效。在水中投入臭氧进行消毒或氧化又通称臭氧化。作为消毒剂，由于臭氧在水中不稳定，易消失，故在臭氧消毒后，往往仍需要投入少量氯、二氧化氯或氯胺以维持水中剩余消毒剂 。臭氧作为惟一消毒剂使用极少。当前通常把臭氧与粒状活性炭联用，一方面可避免副作用产生，同时也改善了活性炭吸附条件。

4. 消毒　水中加氯的处理方法称为氯化。氯化的主要用途是消毒。消毒过程可用下式表示

$$D+M\rightarrow DM$$

式中，D 代表消毒剂，M 为微生物，DM 为杀死的微生物。

（1）影响消毒效果的因素

① 微生物浓度和消毒剂浓度：研究指出，消毒反应速度与微生物浓度［M］和消毒剂浓度［D］分别成 1 次方和 n 次方关系，若以 k 代表消毒剂的单位致死系数，可得速度方程

$$\frac{d[M]}{dt}=k[D]^n[M]$$

② 时间：浓度的增减对消毒效率有很大影响，接触时间比消毒剂的投入量影响更大。某些消毒剂的单位致死系数 k 见表 6－15。

表 6－15 某些消毒剂的 k 值［5 ℃时，$(mg/L)^{-1}\cdot min^{-1}$］

消毒剂	肠道细菌	阿米巴桑	病　毒	芽　孢
O_3	500	0.5	5	2
HOCl（以 Cl 计）	20	0.05	>1.0	0.05
OCl^-（以 Cl 计）	0.2	0.005	<0.002	<0.000 5
NH_2Cl（以 Cl 计）	0.1	0.02	0.005	0.001

③ 影响消毒效果的其他因素：除了上述浓度和时间的影响外，消毒效果和速度还与下列因素有关。

A. 微生物特性，一般而言，病毒对消毒剂的抵抗力较强；有芽孢的比无芽孢的耐力强；寄生虫卵较易被杀死，但原生动物中的痢疾内变形虫的胞囊很难被杀死；单个细菌易被杀死，成团细菌（如葡萄球菌）的内部菌体却难以被杀死。

B. 温度，温度通过两个途径对消毒产生影响，第一，温度过高或过低都会抑制微生物的生长活动，直接影响杀菌效率；第二，影响体质和反应速率。一般而言，较高温度对消毒过程有利。

C. pH，pH 决定了氯系消毒剂的存在形态。低 pH 时，HOCl 或 NH_2Cl 的量较大，杀菌能力强。

D. 水中杂质，水中的悬浮物能掩蔽菌体，使之不受消毒剂的作用；还原性物质和有机物消耗氧化剂，并生成有害的氯烃、氯酚等；氨与 HOCl 作用生成氯胺。

E. 消毒剂与微生物的混合接触状况，加药点应高度紊流，快速完成混合，有利于消毒。

（2）常用的消毒方法

① 氯和氯胺消毒：在缺乏实验资料时，一般的地面水经混凝、沉淀和过滤后或清洁的地下水，加氯量可采用 1.0～1.5 mg/L；一般的地面水经混凝、沉淀而未经过滤或清洁时可采用 1.5～2.5 mg/L。用氯胺消毒，常用 $NHCl_2$、NH_2Cl、NCl_3，其中 $NHCl_2$ 的消毒效果要好于其他两种。

② 二氧化氯消毒：二氧化氯的投放量与原水水质和投加用途有关，投入量约为 0.1～1.5 mg/L。当仅作消毒时，一般投加量为 0.1～1.3 mg/L；当兼用于除臭时，一般投加量为 0.6～1.3 mg/L；当兼用于前处理，氧化有机物和锰、铁时，投加量为 1～1.5 mg/L。投加量必须保证管网末端能

有 0.05 mg/L 的剩余氯。

使用二氧化氯时，投加浓度必须控制在防爆浓度以下（二氧化氯水溶液防爆浓度可采用 6～8 mg/L），并且必须采取安全防爆措施。

③ 氯胺消毒：氯胺消毒作用缓慢，杀菌能力比自由氯弱。氯胺消毒的优点是：当水中含有有机物和酚时，氯胺消毒不会产生氯臭和氯酚臭，同时大大减少 THM_S 产生的可能；能保持水中余氯较久，适用于供水管网较长的情况。氯和氨的投加量视水质不同而不同，一般采用氯：氨＝(3：1)～(6：1)。当以防止氯臭为主要的目的时，氯和氨之比小些；当以杀菌和维持余氯为主要目的时，氯和氨之比应大些。

④ 漂白粉消毒：漂白粉由氯气和石灰加工而成，分子式可简单表示为 $Ca(ClO)_2$，有效氯约 30%；漂白精分子式为 $Ca(ClO)_2$，有效氯约达 60%。两者均为白色粉末，有氯气的气味，易受光、热和潮气作用而分解使有效氯降低，故必须放在阴凉干燥和通风良好的地方。漂白粉加入水中反应后生成 HClO，因此消毒原理与氯气相同。

⑤ 次氯酸钠消毒：次氯酸钠（NaClO）是用发生器的钛阳极电解食盐水而制得。

$$NaCl + H_2O \longrightarrow NaClO + H_2$$

次氯酸钠也是强氧化剂和消毒剂，但消毒效果不如氯强。次氯酸钠消毒作用仍依靠 HClO。

$$NaClO + H_2O \longrightarrow HClO + NaOH$$

次氯酸钠发生器有成品出售。次氯酸钠易分解，常采用次氯酸钠发生器现场制取，就地投加，制作成本就是食盐和电耗费用。

⑥ 臭氧消毒：臭氧消毒的使用量前文已介绍。臭氧都是在现场用空气或纯氧通过臭氧发生器高压放电产生的。如以空气作气源，臭氧生产系统应包括空气净化和干燥装置以及鼓风机或空气压缩机等，所产生的臭氧化空气中臭氧含量一般在 2%～3%（重量比）；如以纯氧作为气源，臭氧生产系统应包括纯氧制取设备，所生产的是纯氧与臭氧混合气体，其中臭氧含量约达 6%（重量比）。由臭氧发生器出来的臭氧化空气（或纯氧）进入接触池与待处理水充分混合，臭氧化空气（或纯氧）应通过微孔扩散器形成微小气泡均匀分散于水中。

臭氧作为消毒剂和氧化剂的主要优点是不会产生甲烷等副产物，其杀菌和氧化能力均比氯强，但有关臭氧化的副作用也引起人们关注。目前通常把臭氧与粒状活性炭联用，可避免副产物产生，同时也改善了活性炭吸附条件。

水的消毒方法还有紫外线消毒、高锰酸钾消毒、重金属离子（如银）消毒、微电解消毒等等。综合各种消毒方法，将不同消毒方法配合使用往往可互补长短。

二、工业用水基本处理

（一）水的软化

构成水的硬度的物质包括 Ca^{2+}、Mg^{2+}、Fe^{2+}、Mn^{2+}、Fe^{3+}、Al^{3+} 等易形成难溶盐类的金属阳离子。在一般天然水中，主要是钙离子和镁离子，其他离子含量很少，所以通常以水中钙、镁离子的总含量称为水的总硬度 H_t。去除水中硬度的过程称为水的软化。按所含钙、镁离子总量的多少把淡水分为软水和硬水，分类的大致数量关系见表 6-16。

表 6-16 淡水的硬度分类

分级	总硬度（mg/L，以 $CaCO_3$ 计）	分级	总硬度（mg/L，以 $CaCO_3$ 计）
软水	最高 60	硬水	1 121～180
中等硬度	61～120	软硬水	＞180

1. 水的药剂软化法　水的药剂软化工艺过程，就是根据溶度积原理，按一定量投加某些药剂（如石灰、苏打等）于水中，使之与水中钙、镁离子反应生成沉淀物 $CaCO_3$ 和 $Mg(OH)_2$。工艺所需设备与净化过程基本相同，也要经过混合、絮凝、沉淀、过滤等工序。

（1）石灰软化　在水的药剂软化中，石灰是最常用的投加剂，其价格低、来源广，适用于原水碳酸盐硬度较高、非碳酸盐硬度较低且不要求深度软化的场合。石灰用量不恰当，会使出水水质不稳定，给运行管理带来困难。用于石灰软化的构筑物包括石灰溶液的配制和投加设备、澄清池（或絮凝、沉淀等）和快滤池。石灰溶液指 $Ca(OH)_2$ 饱和溶液，投加计量比使用石灰乳准确，但只适用于石灰用量小的情况。石灰配制与投加的方法与混凝剂类似，但有下列几个特点需注意：① 石灰的溶解配制比混凝剂困难；② 石灰用量比混凝剂大得多，并容易产生管道堵塞、排渣困难等一系列问题。石灰粉（生、熟）杂质少、纯度高，可提高软化效率并减少堵塞，尽可能选用。一般的石灰乳 CaO 浓度为 10%～20%。

（2）石灰-苏打软化　在水中同时投加石灰和苏打（Na_2CO_3），此时，石灰用于降低水的非碳酸盐硬度。软化水的剩余硬度可降低到 0.15～0.2 mmol/L。该法适用于硬度大于碱度的水。

2. 离子交换　水处理用的离子交换剂有离子交换树脂和磺化煤两类。离子交换树脂的种类很多，按其结构特征，可分为凝胶型、大孔型、等孔型；根据其单体种类，可分为苯乙烯系、酚醛系和丙烯酸系等；根据其活性基团（亦称交换基或官能团）性质，又可分为强酸性、弱酸性、强碱性和弱碱性，前两种带有酸性活性基团，称为阴离子交换树脂，后两种带有碱性活性基团，称为阴离子交换树脂。磺化煤为兼有强酸性和弱酸性两种活性基团的阳离子交换剂。阳离子交换树脂或磺化煤可用于水的软化或脱碱软化，阴、阳离子交换树脂配合可用于水的除盐。

（1）离子交换软化方法　离子交换软化的方法有下述 3 种。

① 钠离子交换软化法：钠离子交换是最简单的一种软化方法，该法特点是：不出酸性水，再生剂为食盐，设备及防腐设施简单。

② 氢离子交换软化法：采用强酸性氢离子型交换树脂的软化，原水中碳酸盐硬度在交换过程中形成碳酸，系统除了有软化作用外还能去除水中碱度。非碳酸盐硬度在交换过程中，除软化外还生成相应的酸。由于氢离子交换出水经常为酸性，一般总是和钠离子交换联合使用，或与其他措施（如加碱中和）相结合。

③ 氢离子-钠离子交换脱碱软化法：氢离子-钠离子交换脱碱软化法有两种连接方式，可分为氢离子-钠离子并联和氢离子-钠离子串联离子交换法。

（2）离子交换软化装置　软化用的离子交换器为能承受 0.4～0.6 MPa 压强的钢罐，内部构造分为上部配水管系、树脂层、下部配水管系 3 个部分，其构造类似于压力过滤器。树脂层高度一般为 1.5～2.0 m。上部有足够空间，以保证反洗时树脂层膨胀之用。固定床运行操作中，交换过程就是软化过程，而反洗、再生、清洗 3 个步骤属于再生工序。

（3）离子交换软化系统流程　离子交换软化系统流程有流程 a 至流程 h 共 8 种，可供选择。

① 流程 a：单级钠离子交换，其流程为

过滤水 → 钠离子交换 → 软水

② 流程 b：双级钠离子交换，其流程为

过滤水 → 一级钠离子交换 → 二级钠离子交换 → 软水

③ 流程 c：石灰钠离子交换，其流程为

原水 → 石灰澄清软化 → 过滤 → 钠离子交换 → 软水

④ 流程 d：氢离子-钠离子串连离子交换

过滤水 → 氢离子交换 → 混合 → 除 CO_2 → 钠离子交换 → 软水（过滤水同时直接进入混合）

⑤ 流程 e：氢交换（不足量酸再生弱酸树脂）钠离子交换　其流程为

过滤水 → 弱酸氢交换 → 除 CO_2 → 钠离子交换 → 软水

⑥ 流程 f：氢离子-钠离子并连离子交换，其流程为

过滤水 → 氢离子交换 / 钠离子交换 → 除 CO_2 → 软水

⑦ 流程 g：氢离子-钠离子串连或双层床离子交换，其流程为

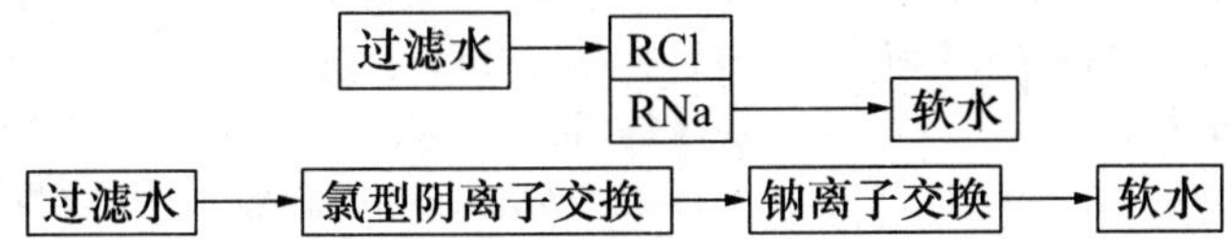

⑧ 流程 h：食盐再生氢离子-钠离子串连离子交换，其流程为

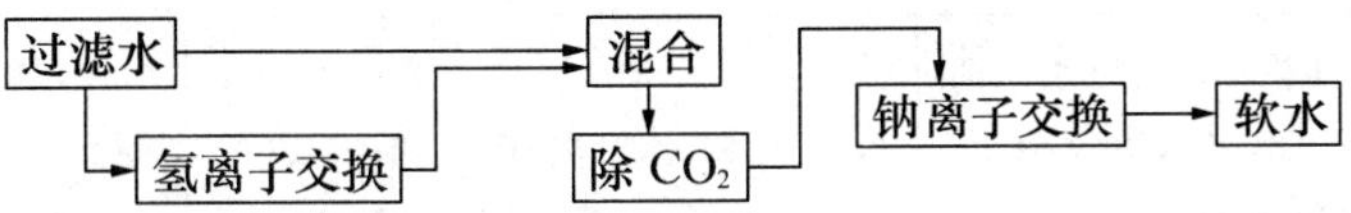

运行再生后，离子交换流程与上图相反。

（4）离子交换软化系统选择　离子交换软化系统参见表 6－17。首先根据原水的水质特点，用户对用水水质的要求并结合软化流程的具体特点，选择软化流程。

表 6－17　离子交换软化系统

系统	主 要 特 点	处理后水质	适用范围
流程 a	流程简单，操作方便；不能降低碱度；含盐量较原水稍有增加	$Ca^{2+}+Mg^{2+}<0.03$；Na^+＝原水阴离子总和；HCO_3^-、SO_4^{2-}、Cl^- 无变化；蒸发残渣 S_k(mg/L)＝Na^+ 1.15Ca＋1.89Mg＋C_A；碱度与原水同	原水碱度较低时；原水总硬度＜6.5 mmol/L 时；按软化后水中碱度、含盐量不超过低、中压锅炉排污率允许值

（续）

系统	主 要 特 点	处理后水质	适用范围
流程 b	出水残余硬度较低；可降低盐耗；设备较多，投资较大	$Ca^{2+}+Mg^{2+}<0.01\sim0.03$；$Na^{+}\approx$原水阴离子总和；$HCO_3^-$、$SO_4^{2-}$、$Cl^-$无变化；$S_k$、碱度同单级钠交换	出水硬度要求严格且低于其他系统出水水质时；原水总硬度较大，但不大于 10 mmol/L 时；进水碱度较低时；技术经济上比较合理时
流程 c	降低硬度同时降低碱度；原水为地表水时，可将除浊度、除硬度、脱碱同时进行；该系统较为经济，但劳动条件差，设备管道易堵	$Ca^{2+}+Mg^{2+}<0.03\sim0.05$；$HCO_3^-=0$；$Na^{+}\approx$软水阴离子总和；$CO_3^{2-}+OH^-=0.5\sim0.75$；$SO_4^{2-}$、$Cl^-$无变化	原水碳酸盐硬度比较大，且浑浊度也较大时
流程 d	可降低硬度、碱度；再生剂比耗大，再生费大；需连续监测混合水酸度，控制不当易出酸性水	$Ca^{2+}+Mg^{2+}<0.03\sim0.05$；碱度 0.5～0.7；$Na^{+}\approx$软水阴离子总和；$SO_4^{2-}$、$Cl^-$无变化；蒸发残渣 $S_k(mg/L)=Na^+$ $1.15Ca+1.89Mg+C_A-53(A_{原}-A_{余})$	原水总硬度较大时；原水碳酸盐硬度/总硬度≤0.5 时；原水强酸阴离子＞3～4 mmol/L 时
流程 e	酸耗低；运行控制容易，不出酸性水；防腐简单；运行周期中碱度有变化；磺化煤工作交换容量小而弱酸树脂交换容量大	$Ca^{2+}+Mg^{2+}<0.03\sim0.05$；碱度 0.5～0.7；$Na^{+}\approx$软水阴离子总和；$SO_4^{2-}$、$Cl^-$无变化；蒸发残渣 $S_k(mg/L)=Na^+$ $1.15Ca+1.89Mg+C_A-53(A_{原}-A_{余})$	原水碳酸盐硬度＞1 mmol/L 时；原水非碳酸盐硬度较小，碳酸盐硬度/总硬度＞0.5 时；氢交换只适用磺化煤或弱酸树脂时；用水需降低碱度时
流程 f	出水残余碱度较小；对原水水质的适应性较强，出水水质较稳定；需连续监控混合水酸度	$Ca^{2+}+Mg^{2+}<0.03\sim0.05$；$Na^{+}\approx$软水阴离子总和；$HCO_3^-$ 0.2～1.0；SO_4^{2-}、Cl^-无变化；$S_k(mg/L)=Na^+$ $1.15Ca+1.89Mg+C_A-53(A_{原}-A_{余})$	原水碳酸盐硬度/总硬度大于或等于 0.5 时；原水非碳酸盐硬度较小，而强酸阴离子≤3～4 mmol/L 时；用水需降低碱度时
流程 g	原水不需按比例分配，操作方便；阴、阳树脂都使用食盐再生，再生系统简单、便宜、腐蚀性小；能软化脱碱；不能除盐；省去混合器、除 CO_2 器；整个系统无酸性水；阴树脂交换容量低；阴阳交换器，不能串联再生	$Ca^{2+}+Mg^{2+}<0.03\sim0.05$；碱度 0.5；$SO_4^{2-}$、$Cl^-$无变化；$Na^{+}\approx$原水阴离子总和	适用的原水水质条件是：总硬度/总碱度＞1.0；$(SO_4^{2-}+Cl^-)$/总阴离子量）＜67%～70%，即碱度占总阴离子含量一半以上；按原水碱度、含盐量计算的锅炉排污率，不超过规定标准；运行流速＜20 m/h

（续）

系统	主要特点	处理后水质	适用范围
流程 h	运行时 RH 在前，Na 在后，饱和再生；RH 在后，Na 在前，两种交换柱交替使用，不需食盐再生系统；两个交换器及管路都需防腐，所以布置较复杂；利用原水中 Na^+ 含量高特点 RH 饱和后作 RNa 使用，只再生 RNa 成 R_2Ca 之后，用酸再生成氢	$Ca^{2+}+Mg^{2+}<0.03\sim0.05$；$Na^+\approx$ 软水阴离子总和；HCO_3^- 0.5～1.0；SO_4^{2-}、Cl^- 无变化；S_k(mg/L)$=Na^+$ 1.15Ca+1.89Mg+$C_A-53(A_{原}-A_{余})$	原水中 Na^+/总阳离子>0.5 的负硬度水时；原水碱度>酸度时

注：处理后水质栏中蒸发残渣项中 Ca^{2+}、Mg^{2+} 和 $A_{原}$ 分别指水中的 Ca^{2+} 含量、Mg^{2+} 含量和碱度，以 mg/L 表示；C_A 为原水中阴离子含量总和；1.15＝2×Na 的相对原子质量，1.89＝2×Na 相对原子质量/Mg 相对原子质量；$A_{余}$ 表示软化水中剩余碱度，mg/L；53＝Na_2CO_3 相对分子质量/2。

（5）树脂的污染　在离子交换技术中，树脂的污染（中毒）的现象比较广泛，大致有下列 3 种情况：① 树脂表面被水中的悬浮固体或者交换过程中的产物（如用硫酸再生阳树脂产生硫酸钙沉淀）所覆盖；② 与树脂亲和力很大的离子，交换后不能通过再生过程恢复树脂的原型，铁与钠型树脂的交换即属于这种情况；③ 有机物进入阴树脂内，由于机械作用卡在树脂内。但无论哪一种污染，都是指在一般的再生操作过程中，污染物很难从树脂上清除下来，其结果是树脂的工作交换容量降低和清洗水大量增加。

对已沾污的树脂可采取以下方法复苏处理：① 受无机阳离子污染的阳树脂通常用盐酸酸洗处理，必要时，可辅以压缩空气擦洗；② 受有机物污染的阳树脂可用 5%NaOH 溶液进行处理，提高再生液温度可增大有机物的洗脱率；③ 硅污染的阴树脂可用过量的碱再生液（约 40 ℃）进行再生；④ 受铁、铝等金属离子污染的阴树脂可浸泡在含 10%～15%HCl 的高浓度溶液中约 12 h，可获得较好的除铁效果；⑤ 用碱性氯化钠混合复苏液（4%NaOH+10%NaCl）处理受有机物污染的强碱阴树脂，复苏效果较为理想。

（二）膜分离

在水处理的膜分离法中，利用电位差或压力差为推动力。利用电位差为推动力的主要有：电渗析（ED）和变极电渗析（EDR）；利用压力差为动力的有：反渗透（RO）、纳滤（NF）、超滤（UF）和微滤（MF）。其中，反渗透是借助半透膜的分离作用，纳滤、超滤、微滤是借助膜孔筛除的分离作用。常用膜过程的分类见表 6－18，压力式膜的适用范围见表 6－19，不同材质的膜的适应性见表 6－20。

表 6－18　目前常用膜过程分类表

膜过程	相态	推动力	膜类型	应用
反渗透	液态/液态	压力差，20 MPa	不对称的溶解-扩散膜	处理含水体系
纳滤	液态/液态	压力差，2 MPa	不对称的溶解-扩散膜	含水溶液中被溶解物质的分离
超滤	液态/液态	压力差，1 MPa	不对称的多孔膜	大分子含水溶液的浓缩、分馏和净化
电渗析	液态/液态	与膜正交的电场	带有固定化离子基团的对称性溶解-扩散膜	从含水溶液中分离离子

表 6－19 膜分离法的适用范围及有关参数

参　数	RO	NF	UF	MF
分子量范围（μm）	30～300	500～10 000	1～200 000	0.1～2
操作压力（MPa）	1～2	0.7～1	0.04～0.4	0.05～0.3
20 ℃渗透通量中值［(L/h·m²)/厂数］			100/20	115/40
回收率（%）	50～85	80～85	>94	>94
化学清洗频率（次数/年）			1	6

注：RO 指原水 TDS 为 500～3 500 mg/L 的数据

表 6－20 膜的适应性能

膜材质	pH	Cl_2（mg/L）	最高温度（℃）
醋酸纤维	4～7	约 1	50
聚砜	1～13	约 100	80
聚酰胺	2～12	<0.1	80
氧化铝（陶瓷）	0～14	>100	>100

1. 电渗析除盐　电渗析法是悬液在外加直流电场作用下，利用离子交换膜的选择透过性（即阳膜只允许阳离子透过，阴膜只允许阳离子透过），使水中阴、阳离子透过，从而达到离子从水中分离的一种物理、化学过程。

电渗析淡化工艺适宜的进水含盐量在 500～4 000 mg/L，当进水含盐量大于 4 000 mg/L 时，可与反渗透法进行技术经济比较，以确定合理的淡化处理系统。作为水质淡化的一种技术，电渗析由于所需压力相对较低、设备简单，便于推广使用，但该法对胶体硅和有机物则难以去除。

有下列设计参数需要确定。

(1) 脱盐率　脱盐率主要取决于隔板厚度、流程长度、流速以及实际操作电流密度。对于常用的无回路网式聚丙烯隔板（流速 6 cm/s，进水含盐量 2 000 mg/L NaCl，温度 25 ℃），其单段脱盐率见表 6－21。

表 6－21 隔板单段脱盐率

隔板主要规格（mm）	单段脱盐率（%）
400×800×0.9	25～30
400×800×0.5	40～45
400×1 600×0.9	40～45
400×1 600×0.5	60～70
800×1 600×0.9	40～45
800×1 600×0.5	55～65

(2) 操作压力　无回路网式电渗析器的操作压力一般以 0.2 MPa 为宜。

（3）流速　对于无回路网式隔板，流速取 4～10 cm/s。

（4）每段膜对数　每段膜对数应不超过 200，每台电渗析器的膜总对数在 400 以下较为合适。

在隔板主要规格为 400 mm×1 600 mm×0.9 mm，膜对数为 200 的情况下，单段电渗析器有关设计参数见表 6－22。

表 6－22　单段电渗析器参考设计参数

流速（cm/s）	4	5	6	7	8	9	10
单段脱盐率	0.50	0.48	0.45	0.41	0.39	0.37	0.34
操作压力（MPa）	0.04	0.05	0.06	0.065	0.075	0.08	0.09
产水量（m^3/h）	9	11	13	16	18	20	22

2. 反渗透　目前工业应用的反渗透膜可分 3 类：高压海水脱盐反渗透膜、低压苦咸水脱盐反渗透膜和超低压反渗透（LPRO）膜。高压海水脱盐反渗透膜用于海水脱盐。低压苦咸水脱盐反渗透（loose RO）膜或纳滤（nanofiltration）膜为薄层复合膜，所截留的分子为纳米级，一般可透过单价离子而截留二价和高价离子及相对分子质量大于 200 的有机化合物，可见其截留组分介于超滤和反渗透之间。

反渗透的应用涉及饮用水生产、海水脱盐、苦咸水脱盐、半导体生产用水和医药用水。反渗透技术与其他脱盐技术相比，有能耗低、固定投资及操作费用低、设备紧凑、占地少，施工安装和操作及维修方便、过程时间短、腐蚀问题不严重等优点。表 6－23 为不同方法脱盐所需能耗的大致情况，表明无论是海水还是苦咸水脱盐，反渗透的能耗都较低。

表 6－23　不同脱盐方法能耗比较

过　程	能耗（$kW \cdot h/m^3$）	过　程	能耗（$kW \cdot h/m^3$）
精馏	15	反渗透	
电渗析		海水	15
海水	>50	苦咸水（2.8 MPa）	2
苦咸水	4	苦咸水（1.4 MPa）	0.8～1.5

影响反渗透过程费用（固定投资和操作费）的因素很多，如料液组成，所采用反渗透膜、组件、设备和过程的设计，工厂的规模，产品的纯度，甚至商业竞争环境，因此费用的变化范围很大，表 6－24 列举了 3 种主要反渗透应用的大致费用分配情况。可以看出，在固定投资中，设备费所占的比例最大。

表 6－24　3 种 RO 应用的费用情况[$/($m^3 \cdot d$)]

项　目	海水脱盐	苦咸水脱盐	LPRO
水费	23.78	23.78	52.84
辅助设备	42.27	29.06	15.85
设备费	882.43	409.51	198.15

在表 6-24 中水费是指原料水的供水费用，如供水系统、水储存设备等；辅助设备包括电能供给系统等；设备费包括料液预处理、膜组件、RO 系统、系统安装费等。设备费中各项费用所占大致比例可见表 6-25。

表 6-25　反渗透设备费的组成（%）

项　　目	海水脱盐	苦咸水脱盐	LPRO
预处理	15	20	15
膜组件	15	15	20
RO 系统	60	55	55
安装费	5	5	5
与设备有关的工程	5	5	5

在表 6-25 中 RO 系统的费用包括泵、控制系统、管道、电路辅助系统和膜组件的压力容器等，成为反渗透设备费用的主要组成部分。

目前反渗透装置有板框式、管式、卷式和中空纤维式 4 种类型，4 种膜组件用于反渗透的性能及操作条件如表 6-26 所列。各种大规模卷式组件的操作性能如表 6-27 所列。

表 6-26　4 种膜组件用于反渗透的性能及操作条件

项　　目	卷　式	中空纤维	管　式	板框式
填充密度（m^2/m^3）	245	1 830	21	150
需要料液流速 [$m^3/(m^2 \cdot s)$]	0.25～0.5	0.005	1～5	0.25～0.5
料液例压降（MPa）	0.3～0.6	0.01～0.03	0.2～0.3	0.3～0.6
易污染程度	易	易	难	中等
清洗难易	难	难	非常容易	易
预过滤脱除组分（μm）	10～25	5～10	不需要	10～25
相对价格	低	低	高	高

表 6-27　各种大规模卷式组件的操作性能

用　途	膜	料液最高温度（℃）	pH 适用范围	允许的含氧浓度（mg/L）	压力（MPa）	NaCl 截留率（%）	生产能力（m^3/d）	费用 [$/($m^3 \cdot d$)]
海水脱盐	CA	45	4～7	0.2～2	5.6	96	87	—
	TFC	45	2～11	<0.1	5.6	99.4	15.1	101.3
苦咸水脱盐	CA	40	3～7	0.2～2	2.8	95	30.3	31.7
	TFC	45	2～11	<0.1	2.8	98	28.4	42.3
低压反渗透	CA	40	3～7	0.2～2	1.4	75	30.3	26.4
	TFC	40	3～10	<1.0	1.0	96	28.4	34.4

注：① 生产能力是指直径 203 mm、长 1 016 mm 组件的生产能力；② 费用是指工厂生产膜组件的费用，不包括压力容器；③ CA 为醋酸纤维，TFC 为聚酰胺复合膜。

3. 纳滤 纳滤则是介于反渗透和超滤的膜工艺。

(1) 纳滤膜的特点 纳滤膜具有以下特点。

① 与反渗透膜相类似，绝大多数是多层结构。

② 与反渗透膜相比较，即使在高盐浓度和低压条件下也具有高渗透通量。

③ 对于 NaCl 的截留率变化范围较宽，但是显然低于反渗透膜的数值。

(2) 纳滤膜的应用范围 根据膜的特性，纳滤技术的典型给水处理应用范围有下列几方面。

① 让一价离子渗透，而使多价离子滞留，例如生产用水或饮用水的软化（水的软化），减轻离子交换设备或者后续反渗透单元的负荷。

② 让一价盐分渗透，而使有机化合物滞留，例如饮用水的净化。

③ 将含水溶液中较低分子的组分和较高分子的组分分离开来。

现代的水源水质的严重污染，以及饮用水水质标准对这些污染物浓度的严格控制，导致水处理流程有必要包括纳滤工艺。纳滤的作用实际相当于一般概念的高级处理，如臭氧-活性炭、生物过滤之类。不同的是，由于纳滤涉及去除水中离子溶质、引起了水质变化问题，对预处理和后处理有极为苛刻的要求。

4. 超滤和微滤 超滤和微滤膜过滤有无相变、能耗低、设备简单、占地少等优点。其中微滤（MF）是所有膜过程中应用最广、经济价值最大的技术。超滤（UF）和微滤（MF）的特性如表 6-28。超滤和微滤对不同膜组件的适应情况见表 6-29。

表 6-28 超滤膜和微滤膜及其过程特征的比较

过 程	膜 特 性				过 程 特 征	
	结 构	孔隙率（%）（相转化膜）	孔径（nm）	孔密度（个/cm²）	截留相对分子质量	操作压力范围（MPa）
超滤膜	非对称	约 60	1～100	10^{11}	1 000～100 000	0.3～1.0
微滤膜	对称	约 70	10^2～10^4	10^9	很高（一般不用）	0.1～0.3

表 6-29 各种膜组件对不同工艺过程的适用性

工艺 \ 膜组件	管式	毛细管式	空心纤维	平板式	卷绕式	整套式
反渗透	○		●	○	●	○
电渗析				●		
渗析	○	●	●	●		
超滤	●	●		●	○	○
微滤	●	○		○		

注：●表示很适用；○表示在确定的先决条件下或者对于特殊的应用情况是适用。

（三）纯水制备

1. 纯水的种类及其纯度 水的纯度可用水中含盐量或水的电阻率来衡量，通常水的纯度如下。

（1）淡化水　指将高含盐量的水经过局部除盐处理后，成为生活及生产用的淡水，如海水、咸水的淡化。

（2）脱盐水　相当于普通蒸馏水。水中强电解质大部分被去除，剩余水含盐量约 1～5 mg/L。25 ℃时，水的电阻率为 0.1×10^6～1.0×10^6 Ω·cm。

（3）纯水　亦称去离子水，水中强电解质绝大部分已去除，弱电解质如硅酸和碳酸等也部分去除，剩余水含盐量小于 1.0 mg/L。25 ℃时，水的电阻率为 1.0×10^6～10×10^6 Ω·cm。

（4）高纯水　又称超纯水（extrapure water），水的导电介质几乎全部去除，水中胶体微粒、微生物、溶解气体和有机物等也已去除到最低的程度。在使用之前，还需进行终端处理以确保水的高纯度。高纯水的剩余含盐量应为 0.1 mg/L。25 ℃时，水的电阻率在 10×10^6 Ω·cm 以上。理论纯水的电阻率应等于 18.3×10^6 Ω·cm（25 ℃）。

2. 纯水制备系统对进水的要求　纯水制备系统对进水有严格的进水水质要求，部分系统的进水水质要求见表 6-30。

表 6-30　膜分离、离子交换装置允许的进水水质指标

项　目	电渗析	离子交换	反渗透	
			卷式膜（醋酸纤维素系）	空心纤维膜（聚酰胺系）
浊度（度）	1～3 一般<2	逆流再生宜<2 顺流再生宜<5	<0.5	<0.3
色度（度）		<5	清	清
污染指数值			3～5	<3
pH			4～7	4～11
水温（℃）	5～40		15～35	15～35(降压后最大 40)
化学耗氧量（以 O_2 计）(mg/L)			<1.5	<1.5
游离氯（mg/L）			0.2～1.0	0
铁（总铁计）(mg/L)			<0.05	<0.05
锰（mg/L）				
铝（mg/L）			<0.05	<0.05
表面活性剂（mg/L）			检不出	检不出
洗涤剂、油分、H_2S			检不出	检不出
硫酸钙溶度积			浓水<19×10^{-5}	浓水<19×10^{-5}
沉淀离子（SiO_2，Ba 等）			浓水不发生沉淀	浓水不发生沉淀
Langelier 饱和指数			浓水<0.5	浓水<0.5

3. 纯水制备系统本身的要求

① 纯水制备系统必须密切结合用水工艺系统来设计，两者应该构成一个有机的整体。

② 纯水极容易污染，因此对构成纯水处理系统的一切设备及管线阀门、水泵、水箱、药剂、

监控仪表、分析监测设备等都要在材质、构造上做设计和制造方面的考虑。

③ 用水点要处于不断流动的循环过程中的处理流程终点处。

④ 水质分析要适时地反映用水点的水质。

4. **纯水的制备系统** 由于上述原因，这里所介绍的仅仅是实际纯水处理系统中的基本处理流程，并介绍它们的一些特点。纯水制备系统如表 6－31（Ⅰ）和表 6－31（Ⅱ）所示，其中表 6－31（Ⅱ）中的系统可用于高压锅炉的给水处理。可以看出，纯水的处理一般都离不开离子交换，因而也离不开酸和碱的投配设备。

表 6－31（Ⅰ） 纯水制备系统

处理系统	出水水质			适用的原水水质	系统特点
	电阻率（10^4 Ω·cm）	SiO_2（mg/L）	溶解固体（mg/L）		
H－OH	7～10	0.02～0.1	1～4	进水强酸阴离子＜2 mmol/L，阳离子＜6 mmol/L，碱度＜50 mg/L，SiO_2＜15 mg/L	
H－D－OH	7～10	0.02～0.1	1～4	碱度＞50 mg/L	
H－WOH－D	7～10	和原水一样	2～10	强酸阴离子＞2 mmol/L，碱度＞5 mmol/L	出水时硅酸无要求
H－WHO－D－OH	7～10	0.02～0.1	1～4	强酸阴离子＞2 mmol/L，碱度＞50 mmol/L	节省 NaOH，除 SiO_2 较彻底，碱度＜50 mg/L 时，可不设脱炭器
WH－H－D－OH	7～10	0.02～0.1	1～4	进水碱度＞4 mmol/L，且含盐较低，强酸阴离子＜2 mmol/L	当进水水质条件适合时，可采用阴双层床
WH｜H－D－WOH/OH	7～10	0.02～0.1	1～4	进水强酸阴离子＞2 mmol/L，硬度＞4 mmol/L	酸耗、碱耗低，适用高盐、高碱水，也可组成四床式，将强弱分开

注：H 为强酸阳离子交换柱；OH 为强碱阴离子交换柱；WH 为弱酸阳离子交换柱；WOH 为弱碱阴离子交换柱。D 为除 CO_2 器；WOH｜OH 为阴双层床。

表 6－31（Ⅱ） 纯水制备系统

处理系统	出水水质			适用的原水水质	系统特点
	电阻率（10^4 Ω·cm）	SiO_2（mg/L）	溶解固体（mg/L）		
H－D－OH－H/OH	200～1 000	＜0.02	0.04～0.1	进水强酸阴离子＜2 mmol/L，阳离子＜6 mmol/L，碱度＜50 mg/L，SiO_2＜15 mmol/L	如原水碱度＜50 mg/L，可不设 D

（续）

处理系统	出水水质			适用的原水水质	系统特点
	电阻率 (10^4 Ω·cm)	SiO_2 (mg/L)	溶解固体 (mg/L)		
H-WOH-D-OH-H/OH	200～1 000	<0.02	0.04～0.1	强酸阴离子>2 mmol/L，碱度>50 mmol/L	
WH-H-D-OH-H/OH	200～1 000	<0.02	0.04～0.1	进水碱度>4 mmol/L，且含盐较低，强酸阴离子<2 mmol/L	
WH｜H-D-WOH｜OH-H/OH	200～1 000	<0.02	0.04～0.1	进水强酸阴离子>2 mmol/L，碱度>4 mmol/L，原水 SiO_2 很少	
H-WOH-D-H/OH	<1 000	<0.02	0.04～0.1	强酸阴离子>2 mmol/L，碱度>50 mmol/L，原水 SiO_2 很少	Na^+<0.005 mg/L，进水硬度高时 ED 前加软化
ED-H-D-H/OH	<1 000	<0.02	0.02～0.05	进水总含盐量>500～1 000 mg/L	Na^+<0.005 mg/L
RO-H-D-OH-H/OH	<1 000	<0.02	0.02～0.05	进水总含盐量>1 000～3 000 mg/L	Na^+<0.005 mg/L
ED-H/OH-终 H/OH	<1 000	<0.02	0.02～0.05	进水含盐量 350～500 mg/L，ED 将 85%以上的盐去除	Na^+<0.005 mg/L

注：ED 为电渗析器；RO 为反渗透；终 H/OH 为终极混合床；H/OH 为强酸弱碱混合床；Na^+ 为 Na^+ 浓度。

通常认为复床与混合床串联或二级混合床串联是当前制取纯水以至高纯水的有效方法，如强酸-脱气-强碱-混合床系统，出水电阻率可达到 10×10^6 Ω·cm，硅含量为 0.02 ng/L 的水平；又如强酸-弱碱-混合床-混合系统的出水水质可达到电阻率为 10×10^6 Ω·cm 以上，硅含量 0.005 mg/L 的水平。然而，一些工业，如电子工业对高纯水水质要求极高，不仅要去除水中全部电解质，而且还要去除水中微粒以及有机物等，为此，用于生产半导体、集成电路的高纯水，在临使用之前，还需要进行终端处理，包括紫外线杀菌、精制混床、超滤等。

对于高纯水处理除采用两级混床串连外，还可采用水箱充精制 N_2 密封、多点加 O_3 灭菌等水质保护措施。

（四）单项无机物处理

1. 除铁和锰　饮用水水质标准中限制铁和锰的含量分别为 0.3 mg/L 和 0.1 mg/L。铁和锰往往在水中同时存在，在地下水中尤其如此。地下水中锰的含量大致为铁的 1/10，中国含铁量较高的地下水分布很广，从东北到珠江流域都提出过地下水除铁的问题。

铁和锰的处理方法很多，主要的是把溶解的离子转化为沉淀物分离出来；当铁与锰含量低于 1 mg/L时，也可用聚磷酸钠把这些离子稳定在水中，其剂量约为铁锰含量的 2 倍。沉淀方法中最常用的是用氧气的氧化法，借曝气向水中提供所需的氧气。除铁锰的工艺流程如表 6-32 所示。

表 6-32　除铁除锰的工艺流程

流　　程			适用条件	
			铁（mg/L）	锰（mg/L）
接触氧化	单级过滤	a. 曝气-反应-过滤	<5（北方<2）	<1.5
	双级过滤	b. 曝气-（反应）-过滤-过滤 c. 简单曝气-过滤-曝气-过滤 d. 曝气-反应-两级压力过滤	>5 >5（或≤5） 5～10	>1.5 >1.5 1～3
容积氧化	双级过滤	e. 曝气-反应-双层滤料过滤-过滤	>10～20	

2. *除氟和砷*　氟是机体生命活动所必需的微量元素之一，但过量氟则产生毒性作用，如表 6-33 所示。中国饮用水水质标准规定的氟含量为 1.0 mg/L。

表 6-33　不同氟浓度的生物学作用

氟浓度或剂量	介　　质	作　　用
2 mg/m^3	空　气	损伤植物
1 mg/L	水	减少龋齿
8 mg/L	水	10%骨硬化
每天 20～80 mg 或以上	水或空气	残废性氟中毒
50 mg/kg	食物或水	甲状腺改变
100 mg/kg	食物或水	生长迟缓
125 mg/kg	食物或水	肾脏改变
2.5～5.0 g/kg	急性剂量	死　　亡

我国饮用水除氟方法中，应用最多的是吸附过滤法，作为滤料的吸附剂主要是活性氧化铝；其次是骨炭，是由兽骨燃烧去掉有机物的产品，主要成分是磷酸三钙和炭，因此骨炭过滤称为磷酸三钙吸附法。两种方法都是利用吸附剂的吸附和离子交换作用，是除氟的比较经济有效方法。其他还有混凝、电渗析等除氟方法，但应用较少。

砷在水中以三价、五价、无机砷及有机砷形式存在。三价砷毒性比五价砷强。饮用水中五价砷较常见。中国饮用水水质标准规定的砷含量为 0.05 mg/L。混凝工艺可以作为除砷的方法。在含砷量约 0.1 mg/L，pH 为 7 或小于 7 时，铁盐和铝盐均能去除 90%以上的五价砷；在 pH 大于 7 时，铁盐仍能有效地去除五价砷，铝盐的去除率下降。三价砷都必须先氧化成五价砷才能有效地被去除，氯化是常用的方法。

实际使用中常用活性氧化铝除砷，其过程与除氟类似。

3. *除钡和除* NO_3^-　钡以 Ba^{2+} 的形式在水中出现，与 Ca^{2+} 和 Mg^{2+} 类似，除 Ba^{2+} 的方法也就与除 Ca^{2+} 和 Mg^{2+} 类似，因此，软化和离子交换都是可靠的去除方法。离子交换实际也是软化法。在对原水无需软化的情况下，当软化或离子交换后钡的浓度远低于水质标准时，则可将一部分原水与软化水混合以获得全部的合格水。

离子交换除 NO_3^- 的方法是目前为止饮用水处理中最适用的方法，并且有生产规模的经验。除 NO_3^- 用的是强碱氯型阴树脂。树脂去除 NO_3^- 的容量与水中 SO_4^{2-}、NO_3^-、TDS 的浓度和树脂的选择系数、总交换容量有关。当待处理水中 SO_4^{2-} 含量较高时，除去 NO_3^- 的作用将有所减弱。

(五)锅炉水处理

1. 锅炉给水及锅炉水的水质标准　锅炉给水处理的目的在于防止锅炉系统中产生沉积物、腐蚀以及汽水共腾和发沫危害。这些现象的发生地点和危害程度在锅炉系统中也是不详的。按水处理的观点，可以把锅炉系统的设备分为 3 个组成部分：① 锅炉前设备，包括给水加热器、给水泵及省煤器等；② 锅炉本身；③ 锅炉后设备，包括过热器及冷凝回水系统。大致说来，在锅炉前设备中，主要是产生沉积物的问题；在锅炉后设备中，主要是腐蚀的问题；但在锅炉本身中，则具有沉积物、腐蚀以及汽水共腾和发沫三者的危害。

为了控制因水质不良而出现的锅炉运行问题，锅炉给水和锅水的水质都有一定的标准。锅炉水的水质是直接引起锅炉运行问题的因素，所以是主要的；但给水的标准则为产生合格的锅炉水水质创造必要的条件，也是不可少的。锅炉给水和锅炉水的水质要求随锅炉的工作压力以及结构特点而有所不同，高压锅炉给水的水质要求则属于高纯水的范畴。本节主要介绍低压锅炉的水质标准。中国低压锅炉的水质标准见表 6－34 和表 6－35，表 6－36 是综合一些资料得出的低压锅炉水水质指标。

表 6－34　燃用固体燃料的水管锅炉、水火管组合锅炉及燃油、燃气锅炉的水质标准(GB 1576—85)

项　目		给　水			锅　炉　水		
工作压力	Pa	$\leqslant 98\times10^4$	$>98\times10^4$	$>156.8\times10^4$	$\leqslant 98\times10^4$	$>98\times10^4$	$>156.8\times10^4$
			$\leqslant 156.8\times10^4$	$\leqslant 254\times10^4$		$\leqslant 156.8\times10^4$	$\leqslant 254\times10^4$
	kgf/cm^2	≤10	>10，≤16	>16，≤25	≤10	>10，≤16	>16，≤25
悬浮物(mg/L)		≤5	≤5	≤5			
总硬度(mmol/L)		≤0.03	≤0.03	≤0.03			
总碱度(mmol/L)	无过滤器				≤22	≤20	≤14
	有过滤器					≤14	≤12
pH(25 ℃)		≥7	≥7	≥7	10～12	10～12	10～12
含油量(mg/L)		≤2	≤2	≤2			
溶解氧(mg/L)		≤2	≤2	≤2			
溶解固形物(mg/L)	无过滤器				<4 000	<3 500	<3 000
	有过滤器					<3 000	<2 500
SO_3^{2-}(mg/L)					10～40	10～40	10～40
PO_4^{3-}(mg/L)						10～30	10～30
相对碱度(游离 NaOH)/溶解固形物					<0.2	<0.2	<0.2

表 6-35　燃用固体燃料的锅壳锅炉的水质标准（GB 1576—85）

项　目	给　水		锅　水	
	锅内加药处理	锅外化学处理	锅内加药处理	锅外化学处理
悬浮物(mg/L)	≤20	≤5		
总硬度(mmol/L)	≤3.5	≤0.03		
总碱度(mmol/L)			10～22	≤22
pH(25 ℃)	≥7	≥7	10～12	10～12
溶解固形物(mg/L)			<5 000	<5 000
相对碱度(游离 NaOH)/溶解固形物			<0.2	<0.2

表 6-36　锅炉水水质指标

工作压力	14.7×10^5 Pa 以下(15 kgf/cm^2 以下)				14.7×10^5～24.5×10^5 Pa(15～25 kgf/cm^2)			
锅炉类型	大水容量锅炉	火管锅炉	卧式水管锅炉	立式火管锅炉	大水容量锅炉	火管锅炉	卧式水管锅炉	立式火管锅炉
pH	10.5～11.3	10.5～11.3	10.5～11.3	10.5～11.3	10.5～11.3	10.5～11.3	10.5～11.3	10.5～11.3
硬度(mmol/L)	<0.2	<0.2	<0.2	<0.2	<0.2	<0.04	<0.04	<0.04
甲基橙碱度(mmol/L)	3～20	3～18	3～16	3～14	4～20	4～16	4～14	4～12
酚酞碱度(mmol/L)	60%～80%总碱度	60%～80%总碱度	60%～80%总碱度	60%～80%总碱度	60%～80%总碱度	60%～80%总碱度	60%～80%总碱度	60%～80%总碱度
含盐量(mg/L)	<5 000	<5 000	<4 000	<3 000	<4 000	<3 000	<2 500	<2 000
Cl^-(mg/L)	<5 000	<800	<700	<500	<600	<500	<400	<300
PO_4^{3-}(mg/L)						>20～40	>20～40	>20～40

2. *锅炉给水、补充水及排污水的流量确定*　锅炉系统中的水是不断循环的。在循环过程中，水会蒸发，还有别的损耗，这个特点和循环冷却水完全相似。在这样的循环系统中，循环水流量、补充水流量、排污水流量以及水中溶解离子浓度间存在一定的数量关系，它们的计算公式为

给水流量＝锅炉蒸发量＋排污流量　　(A)

给水流量＝冷凝回水流量（包括给水加热的蒸汽）＋补充水量　　(B)

补充水流量＝给水流量－回水流量＝蒸发量＋排污流量－回水流量　　(C)

锅炉含盐量与给水含盐量的比值称为锅炉水的浓缩倍数 K，其表达式为

$$K=\frac{\text{锅炉水含盐量}}{\text{给水含盐量}}=\frac{\text{锅炉水 } Cl^{-1} \text{ 浓度}}{\text{给水 } Cl^{-1} \text{ 浓度}} \tag{D}$$

K 值计算公式依据为：Cl^{-1} 仅仅是从给水（补充水）进入，并无其他来源时，由于氯化物的溶解度很大，在系统中不会沉淀出来，系统中氯化物浓度在全部溶解盐类浓度中所占比例不会变化，因此 Cl^{-1} 浓度之比就代表了含盐量之比。这样，通过简单的水质分析即可得到可靠的结果。

补充水流量占给水流量的比例可以表示如下

$$\frac{\text{补充水流量}}{\text{给水流量}}=\frac{\text{给水含盐量}}{\text{补充水含盐量}}=\frac{\text{给水 } Cl^{-1} \text{ 浓度}}{\text{补充水 } Cl^{-1} \text{ 浓度}} \tag{E}$$

上述公式变形得补充水流量的公式

$$补充水流量=\frac{给水\ Cl^{-1}\ 浓度}{补充水\ Cl^{-1}\ 浓度}\times 给水流量 \tag{F}$$

排污流量占给水流量的百分数称为排污率 p_f，其计算公式为

$$p_f=\frac{排污流量}{给水流量}\times 100\% \tag{G}$$

p_f 指按给水流量所计算得的排污率，以区别于按蒸发量所计算的排污率 p_e，p_f 与浓缩倍数 K 的关系如下

$$p_f=\frac{给水\ Cl^{-1}\ 浓度}{锅炉水\ Cl^{-1}\ 浓度}\times 100\%=\frac{100\%}{K} \tag{H}$$

排污流量的计算公式为

$$排污流量=\frac{给水\ Cl^{-1}\ 浓度}{锅炉水\ Cl^{-1}\ 浓度}\times 给水流量 \tag{I}$$

$$排污流量=\frac{1}{K}\times 给水流量 \tag{J}$$

当用锅炉的蒸发量表示排污率时，得相应的公式如下

$$p_e=\frac{排污流量}{蒸发量}\times 100\% \tag{K}$$

$$p_e=\frac{给水\ Cl^{-1}\ 浓度}{锅炉水\ Cl^{-1}\ 浓度-给水\ Cl^{-1}\ 浓度}\times 100\%=\frac{100\%}{K-1} \tag{L}$$

$$排污流量=\frac{给水\ Cl^{-1}\ 浓度}{锅炉水\ Cl^{-1}\ 浓度-给水\ Cl^{-1}\ 浓度}\times 蒸发量 \tag{M}$$

$$排污流量=\frac{1}{K-1}\times 蒸发量 \tag{N}$$

p_e 与 K 及 p_f 的换算关系如下：

$$K=\frac{1+p_e}{p_e} \tag{O}$$

$$p_e=\frac{p_f}{1-p_f} \tag{P}$$

$$p_f=\frac{p_e}{1+p_e} \tag{Q}$$

当给水、锅水的 Cl^{-1}浓度已知后，有公式（D）可以计算出浓缩倍数 K，再用公式（J）或式（N）即得出排污流量。从这两个公式也可以看出，在提高 K 值，即允许较高的锅水含盐量的情况下，排污流量降低了，从而降低了热量的损耗和补充水量。

3. 锅炉给水的锅内处理　锅内处理是锅炉给水处理的辅助部分，它指用药剂直接加进给水系统中特别是加进锅内部，借药剂在内部的反应来解决处理问题。锅内处理所解决的问题可以分成两个，第一个是去除进入锅水中的残余有害杂质，完成锅外处理未解决的工作；第二个是对锅水的杂质成分进行调整控制，从而控制产生沉积物、腐蚀以及蒸汽品质不良的根本原因。锅内处理的设备比较简单，但它所起的作用是不可缺少的。锅内处理的内容及药剂见表 6－37。

表 6－37 锅内处理的内容及药剂

处理目的	采用药剂	处理目的	采用药剂
保持给水的 pH 及给水的碱度	纯碱 苛性碱 硫酸	除氧	亚硫酸钠 单宁 葡萄糖衍生物
锅内软化	纯碱 磷酸钠盐	形成缓蚀保护膜	单宁 木质素衍生物 葡萄糖衍生物
强化泥渣的流动性	单宁 木质素衍生物 葡萄糖衍生物	防止冷凝水的腐蚀	胺类化合物 氨
防止管路、热水箱及省煤器等炉前设备的结垢	聚磷酸钠 单宁 木质素衍生物 葡萄糖衍生物	苛性脆化的控制	磷酸钠 硫酸钠 单宁 硝酸钠
防止锅水发沫	消泡剂如聚酰胺、聚二醇等		

（六）水的冷却

1. *水的冷却循环系统* 工业生产过程中，往往会产生大量热量，使生产设备或产品（气体或液体）温度升高，必须及时冷却，以免影响生产的正常进行和产品质量。水的比热容较大，是吸收和传递热量的良好介质，常用来冷却生产设备和产品。

工业冷却水的供水系统一般可分为支流式、循环式和混合式 3 种。水通过冷却设备后，一般只是水温升高（有时也可能受到污染），如果厂区附近有较大的水源可以取用，用后直接排放而不影响水体时，可以采用支流系统。但基于水资源的合理使用，应把用过的废热水进行降温，重复使用，采用循环冷却水系统。在某些特殊情况下（例如水中含有害物质而不能排放时），水的密闭循环还是一项消除对环境危害的措施。冷却水用量占工业用水的 70%～80%。采用敞开式循环冷却系统后，只需补充百分之几的新鲜水即可，故节水效果显著，在缺水地区和山区供水中更有重要的意义。密闭式循环冷却系统则基本上不需补充新鲜水。循环冷却水系统一般均指敞开式，见图 6－24。

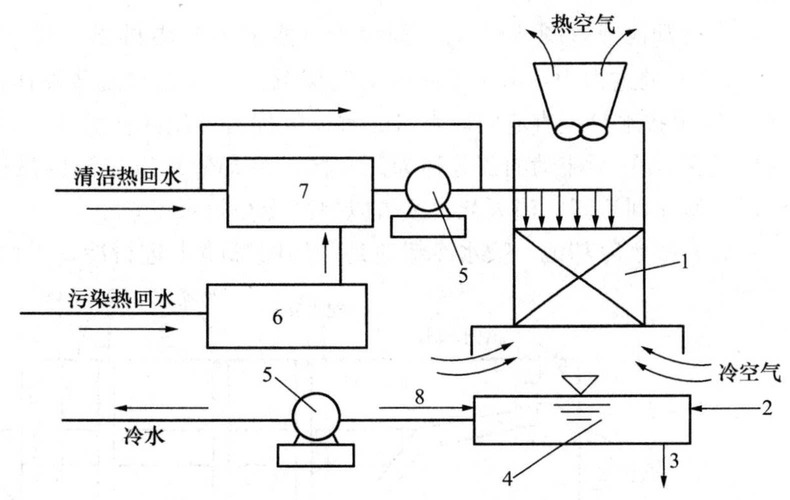

图 6－24 敞开式循环冷却系统

1. 冷却塔 2. 补充水 3. 排污水 4. 集水池 5. 水泵 6. 处理设备 7. 热水池 8. 投加处理药剂

循环冷却水系统是由循环水泵站、循环管道及冷却设备等部分所组成。图 6－25 是一个较复杂循环冷却系统，这个系统把热水分成清洁的和受污染的两部分。清洁的热回水直流入泵站的热水池（如果剩余的压力可以满足冷却设备的要求，则不需流入热水池，可直接送入冷却设备）；另一个受设备污染的热回水则先经处理后，再流入热水池。热水池的水经泵加压，送至冷却设备进行冷却后，流入泵站的冷水池，再由冷水泵加压送回车间使用。

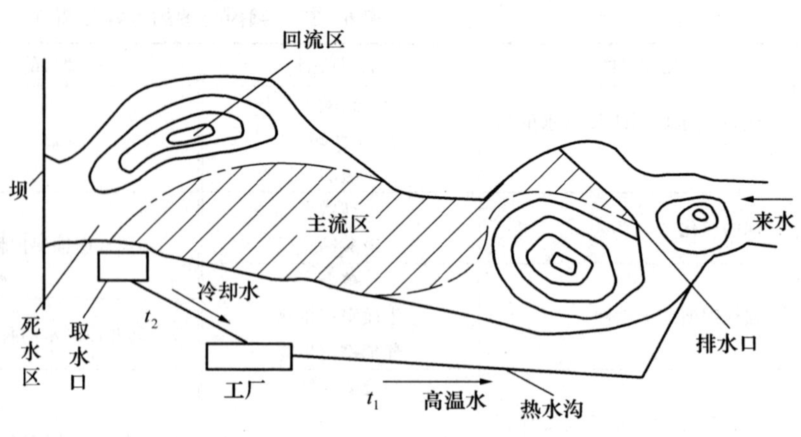

图 6－25　冷却池水流分布

2. *冷却构筑物类型*　冷却构筑物形式很多，大体分以下 3 大类：水面冷却池、喷水冷却池和冷却塔。在这 3 类冷却构筑物中，冷却塔形式最多，构造也最复杂。按循环供水系统中的循环水与空气是否直接接触，冷却塔分湿式（敞开式）、干式（密闭式）和干湿式（混合式）3 种。其中形式最多的又是湿式冷却塔。

（1）水面冷却　水面冷却是利用水体的自然水面，向大气中传质、传热进行冷却的一种方式。水体水面一般分为以下两种：① 水面面积有限的水体，包括水深小于 3 m 的浅水冷却池（池塘、浅水库、浅湖泊等）和水深大于 4 m 的深水冷却池（深水库、湖泊等）。浅水冷却池内有明显和稳定的温差异重流。② 水面面积很大的水体或水面面积相对于冷却水量是很大的水体，包括河道、大型湖泊、海湾等。

在冷却池中（图 6－25），高温水（水温 t_1）由排水口排入湖内，再缓慢流向下游取水口（水温 t_2）的过程中，由于水面和空气接触，借自然对流蒸发作用使水冷却。湖中水流可分为 3 区：① 由排水口径直流向取水口的水流区称为主流区；② 在一定范围内做回旋运动的水流区称为回流区；③ 不流动的部分称为死水区。冷却效果以主流区最佳，死水区最差，因此，扩大主流区，减小回流区，消灭死水区可以提高冷却效果。

（2）喷水冷却池　喷水冷却池是利用喷嘴喷水进行冷却的敞开式水池（图 6－26），在池上

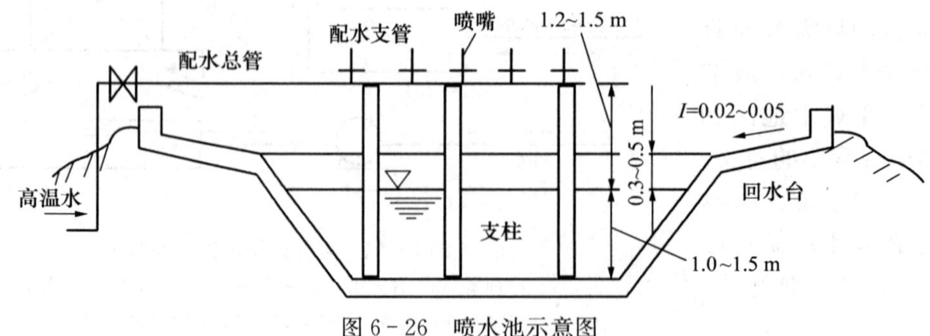

图 6－26　喷水池示意图

布置配水管系统，管上装有喷嘴；压力水经喷嘴（喷嘴前压力 49～69 kPa）向上喷出，喷成均匀散开的小水滴，使水和空气的接触面积增大；同时使小水滴在以高速（流速 6～12 m/s）向上喷射而后又降落的过程中，有足够的时间与周围空气接触，改善了蒸发与传导的散热条件。影响喷水池冷却效果的因素是：喷嘴形式和布置方式、水压、风速、风向、气象条件等。

（3）湿式冷却塔　在冷却塔内，热水从上向下喷散成水滴或水膜，空气由下而上或水平方向在塔内流动，在流动过程中，水与空气间进行传热和传质，水温随之下降。湿式冷却塔类型见表 6－38 与图 6－27。其中喷流式冷却塔中热水由文丘里管的一端通过喷嘴喷入冷却塔内时，便把大量冷空气吸入塔内得到很好混合，就能直接进行蒸发散热作用，这一设计很好地应用了冷却原理，无风机噪声，处理量每小时几吨到几百吨。

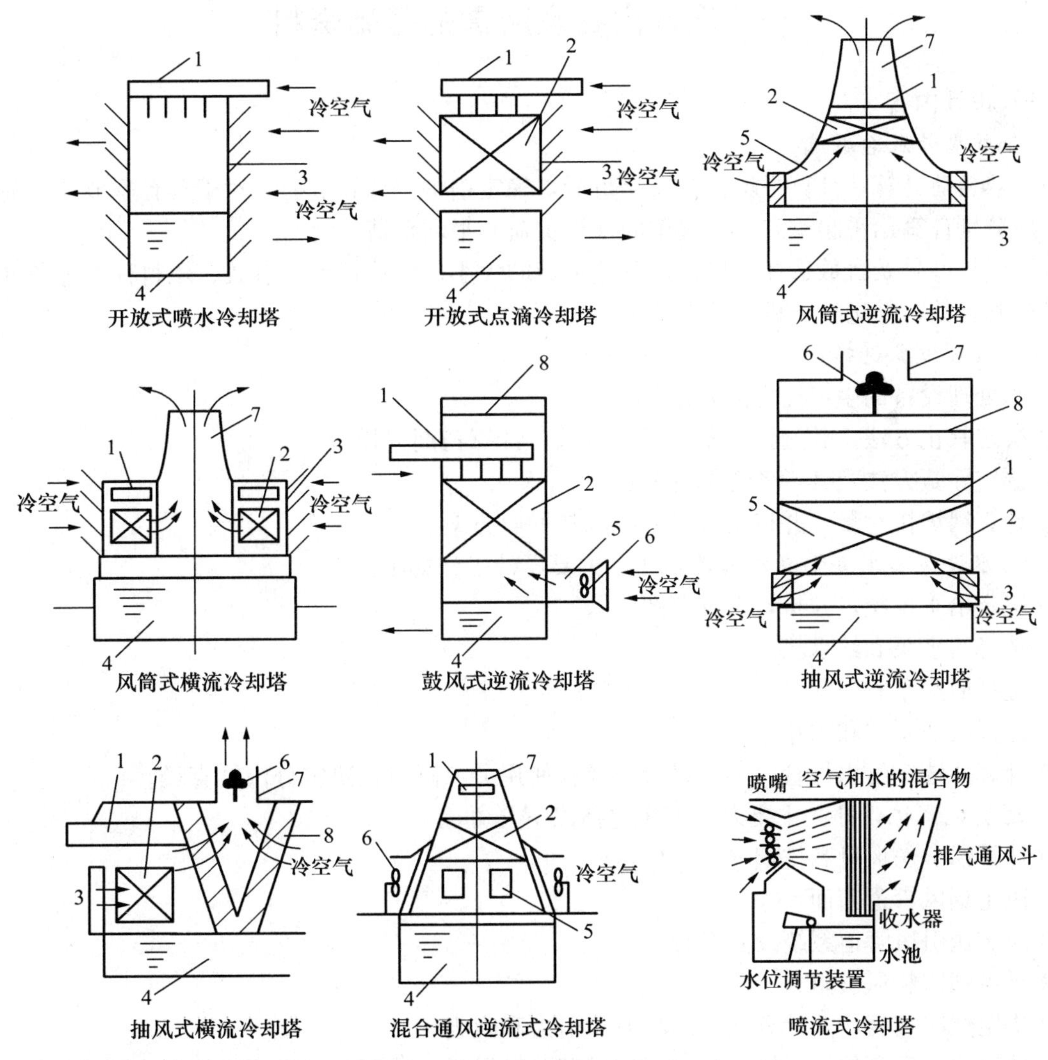

图 6－27　各种类型湿式冷却塔示意

1. 配水系统　2. 淋水填料　3. 百叶窗　4. 集水池　5. 空气分配区　6. 风机　7. 风筒　8. 除水器

表 6-38 湿式冷却塔分类

自然通风	开放式 风筒式：逆流、横流
机械通风	鼓风式：逆流 抽风式：逆流、横流
混合式无填料和风机	喷流式冷却塔

第四节 供热工程

一、设计内容及所需的基础资料

（一）设计内容

1. 锅炉型号及台数选择

（1）热负荷计算 计算平均负荷及年负荷，确定锅炉房计算负荷。对于具有季节性负荷的锅炉房，应分别计算出采暖季和非采暖季的计算负荷和平均负荷。

（2）锅炉型号及台数选择 根据计算热负荷的大小、负荷特点、参数、燃料种类等条件选择锅炉型号和台数，并进行分析比较而确定。

2. 水处理设备选择 主要设计工作如下。

① 水处理设备的生产能力的确定。

② 决定软化方法，并选择设备型号和台数，计算药剂消耗量。

③ 选定除氨方法及其设备选择计算。

④ 计算锅炉排污量，并拟定排污系统和热回收方案。

3. 给水设备和主要管道的选择计算 主要设计工作如下。

① 决定给水系统，并拟定系统草图。

② 选择给水泵和给水箱。

③ 选择回水泵和回水箱。

④ 选择其他泵类和水箱。

⑤ 计算并选定给水母管、蒸汽母管管径；使用分汽缸时，决定分汽缸直径。

4. 送引风系统设计 主要设计工作包括以下几方面。

① 计算锅炉送风量和排烟（引风）量。

② 决定烟风管道断面尺寸。

③ 决定送引风管道系统及其布置。

④ 计算烟道和风道阻力。

⑤ 决定烟囱高度，并计算烟囱的断面、引力和阻力。

⑥ 核对锅炉配套的风机性能，如锅炉没有配套风机，或配套风机不能使用，则另行选择。

5. 运煤除灰方法的选择 主要设计工作如下。

① 计算锅炉房最大小时耗煤量、最大昼夜耗煤量及其相应的灰渣量。

② 计算储煤场面积。

③ 决定运煤除灰方法及其系统组成。

④ 决定灰渣场面积或灰渣斗容积。

当锅炉房燃用其他燃料时，决定和计算相应的储运方法及其系统组成。

6. 锅炉房工艺布置　主要设计工作如下。

① 锅炉房主要设备布置。

② 烟风管道和主要汽水管道布置。

③ 绘制布置简图。

7. 编写设计说明书　说明书按设计程序编写，包括方案确定、设计计算、设备选择、设计简图等全部内容；计算部分可用表格形式。

(二) 基础资料

1. 热负荷　包括生产（最大和平均）、采暖、通风和生活（最大和平均）等各类热负荷的大小、要求参数、回水率和回水温度。有条件的应给出同期使用系数或具有代表性的日负荷曲线。如供热系统有特殊要求，也应予以说明。

2. 燃料　使用燃料的种类、产地和运输方式，燃料的元素成分和水分、灰分、挥发分等工业分析成分。

3. 水源　包括水源类别、供水压和温度、水质分析资料，如悬浮物、总固形物、永久硬度、总硬度、总碱度和 pH。

4. 气象资料　采暖期室外采暖和通风计算温度、采暖期室外平均温度、采暖期总日数；夏季室外通风计算温度；冬季和夏季的主导风向和大气压力。

5. 其他资料　工厂生产班制、最高地下水位、供热范围、凝结水返回方式和地下回水室标高、热水采暖系统的循环水泵和定压装置等。

二、热力设备设计和选择

(一) 锅炉的容量确定和选择

1. 热负荷计算　热负荷计算的目的是求出锅炉房的计算日负荷、平均热负荷和全年热负荷，作为锅炉设备选择的依据。

(1) 计算热负荷　锅炉房最大计算热负荷是选择锅炉的主要依据。根据各项原始热负荷资料，考虑同时使用系数、锅炉房自用蒸汽和管网热损失系数后得出，计算公式为

$$Q = 1.15(0.8Q_c + Q_s + Q_z + Q_g) \qquad (t/h)$$

式中　Q——锅炉额定容量（t/h）；

Q_c——全厂生产用的最大蒸汽耗量（t/h）；

Q_s——全厂生活用的最大蒸汽耗量（t/h）；

Q_z——锅炉房自用蒸汽量（t/h）（一般取 5%～8%）；

Q_g——管网热损失（t/h）（一般取 5%～10%）。

如有可供利用的余热，则应在总热负荷中扣除。

热负荷原始资料中的生产用汽是各种生产设备的铭牌耗热量之和；生活用汽是指浴室、开水房、食堂等方面耗热量之和。由于用汽设备不一定同时开动，而且使用中各设备的最大用汽负荷也不一定同时出现，因此需要考虑同时使用系数，使计算热负荷符合实际情况，以此进行设备选择。这样，既能满足实际需要，又避免设备偏大造成浪费。

锅炉房内部和蒸汽输送过程中还消耗一部分蒸汽，如气泵、吹灰、加热给水或燃料用汽、管道散热和漏损等。这些耗热量，有条件计算决定的，可以计算得出，作为热负荷的一个项目。对于难以计算得出的耗热量，通常以占总用汽量比值的经验系数表示。系数的选择，应考虑设备特点、介质种类、供热方式和运行管理水平等因素。

(2) 平均热负荷　生产和生活用热的平均热负荷在原始资料中给出，采暖通风平均热负荷根据采暖期室外平均温度计算。

平均热负荷表明负荷的均衡性，选择设备时应考虑这一因素，例如，所选用的设备能否在平均负荷或更低负荷下运行。

对于有季节性负荷（主要指采暖、通风和制冷负荷）的锅炉房，其计算热负荷和平均热负荷，均应按采暖季和非采暖季分别计算得出。

(3) 全年热负荷　根据平均热负荷和使用小时数决定。全年热负荷是计算全年燃料消耗量的依据，也是技术经济比较的一个根据。

最后，将计算结果汇总于热负荷表之中，热负荷表应按采暖季和非采暖季，分别列出生产、采暖、通风、生活和整个锅炉房的计算热负荷和平均热负荷。

2. 锅炉型号和台数选择　锅炉型号和台数根据锅炉房热负荷、介质、参数、燃料种类等因素选择，并应考虑技术经济方面的合理性，使锅炉房在冬、夏季均能达到经济可靠运行。

(1) 锅炉型号选择　根据计算热负荷的大小和燃料特性决定锅炉型号，并考虑负荷变化和锅炉房发展的需要。

选用锅炉的总容量必须满足计算负荷的要求，也就是选用锅炉的额定容量之和不小于锅炉房计算热负荷，以保证用汽的需要。但也不应使选用锅炉的总容量超过计算负荷太多，以免造成浪费。

锅炉的容量还应适应锅炉房负荷变化的需要，特别是某些季节性锅炉房，避免锅炉长期在很低的负荷下运行。

对于近期热负荷将有较大增长的锅炉房，可选择较大容量的锅炉，以免发展后台数过多。

锅炉的介质和参数，应满足用户要求。同时，还应考虑到输送过程中温度和压力的损失。当用户的用汽压力不同时，一般按较高压力选择，用汽压力较低的可通过减压阀降压。

锅炉房中一般宜选用型号相同的锅炉，便于布置、运行和检修。但在某些特殊条件下，也可采用不同型号的锅炉，例如，生产使用蒸汽，采暖通风使用热水，此时可以采用蒸汽锅炉和热水锅炉两种锅炉；全年负荷变化很大的锅炉房，也可考虑采用容量不同的两种锅炉，但锅炉的燃烧设备宜相同。

(2) 锅炉台数选择　选用锅炉的台数应考虑对负荷变化的适应性、备用性和运行的经济性以及检修和扩建的可能性。一般情况下，单机容量大的锅炉，效率高，占地少，经济性较好；但台数过少，适应负荷变化的能力和备用性较差。

（3）燃烧设备选择 选用锅炉的燃烧设备应尽可能适应所使用的燃料。当使用燃料与设计的燃料不符时，特别是燃料质量低于设计燃料时，某些燃料设备可能出现燃烧不稳定或经常发生故障而不能安全运行，并使燃烧强度降低，达不到额定供热量。

（4）备用锅炉 工业锅炉房一般不设备用锅炉，检修系利用非采暖季或生产设备正常停运期间进行。但对于生产必须连续进行，不允许中断供热，从而无法停炉检修时，或因锅炉事故而减少供热会引起重大的生产事故或重大的经济损失时，可以设置备用锅炉。

（5）方案分析 设计中可能出现几个可供选择的方案，此时，应进行技术经济比较，计算投资和经常费用大小，对各个方案的特点进行分析比较，对锅炉热效率、负荷率、备用性能、占地面积、人员数量等进行对比分析，得出比较合理的方案。

（二）水处理设备的选择及计算

锅炉房用水一般来自城市或厂区供水管网，已经过一定的处理，锅炉房水处理的任务通常是软化和除氧，某些情况下也需要除碱或部分除盐。

1. *确定水处理设备生产能力* 锅炉补给水应经软化处理，而除氧设备应处理全部锅炉给水。因为凝结水中杂质含量很少，但输送过程中可能溶入或接触空气而使之含氧。

锅炉补给水量是锅炉给水量与凝结水回收量之差。锅炉给水量包括蒸发量和排污量，并应考虑设备和管道漏损。

软化设备生产能力由锅炉补给水量（对热水锅炉，则为热水管网补给水量）、生产工艺需要软化水量和水处理设备自耗水量决定。但后两项不是经常需要的。

2. *决定水的软化方法* 几乎各种天然水的硬度都不符合锅炉给水要求。因此，锅炉用水均应进行软化处理。碱度高的水有时需要进行除碱处理，判定是否需要除碱可根据锅水相对碱度或按碱度计算的排污率高低来决定。蒸汽锅炉安全监察规程规定锅水相对碱度应小于 20%，而排污率主要受经济性制约，应经技术经济比较确定，但一般不大于 10%。是否需要部分除盐处理，主要根据由含盐量计算的排污率是否在经济性允许的范围之内来确定。

水的软化方法一般采用阳离子交换软化法，效果稳定，易于控制。采用离子交换软化法时，根据水质特点，可以用一级或两级处理。当需要除碱时，可以采用石灰预处理，氢离子-钠离子或铵离子-钠离子交换等方法。

小型锅壳锅炉和蒸发量不大于 2 t/h、工作压力不大于 9.8×10^5 Pa（10 kgf/cm^2）的小型水管锅炉，也可采用锅内加药处理。

3. *软化设备选择和药剂消耗量计算* 采用阳离子交换软化法时，计算并决定交换器的型号和台数，根据所采用的还原方法，选择相应的设备。当采用其他方法时，应进行主要设备的选择计算。

采用离子交换软化法时，应计算还原剂用量和自耗水量；采用锅内软化法或其他软化法时，计算相应的化学药剂用量。

决定设备型号时应考虑还原周期。对于小型锅炉房，还原次数不宜太频繁，因管理人员及其技术水平往往难以适应要求。较大容量的锅炉房，还原周期则不宜过长，以免设备过大，增加投资。

离子交换器的台数应满足连续供水的要求，一般不少于两台。否则，软水箱或给水箱应有足够容积，以保证设备还原时锅炉给水的需要。

采用简单的盐溶解器的还原方法，其设备简单，但出口溶液浓度不均，影响还原效果和增加盐耗。容量较大的锅炉房，可采用具有盐液池（箱）的系统。

应该注意，工业用盐含杂物较多，应在进入交换器前滤去。盐溶解器和盐溶液过滤器都起此作用。

对耗盐量较大的还原系统，还应考虑降低操作的劳动强度，特别是搬运和加装盐的操作。

4. *决定除氧方法* 锅炉水质标准规定，工作压力$>15.68\times10^5$ Pa（16 kgf/cm^2）的水管锅炉和供汽的锅炉必须除氧。工作压力$\leqslant15.68\times10^5$ Pa（16 kgf/cm^2）的水管锅炉，当单台锅炉蒸发量$\geqslant$10 t/h 时必须除氧；单台锅炉蒸发量$<$10 t/h，但$\geqslant$6 t/h 时应尽量除氧。高温热水锅炉也应进行除氧。

常用除氧方法主要有热力除氧、钢屑除氧、解吸除氧、真空除氧等多种。

当给水溶解氧不允许超过 0.05 mg/L 时，应采用热力除氧；容量较大的锅炉通常也都采用热力除氧，因其效果较好。但当锅炉房容量较小时，采用热力除氧会使设备选择和布置发生困难；此外，较高的给水温度也使铸铁省煤器的升温幅度受到限制。

其他除氧方法虽有使用，因工业锅炉房负荷波动大，管理水平不一，其效果不甚稳定。

除氧常用的化学药剂为亚硫酸钠，由于药品较贵，也增加锅水含盐量，一般不作为基本除氧方式，可用于除氧要求较高的锅炉作补充处理。

5. *除氧设备选择计算* 根据不同的除氧方式进行下列选择计算。

（1）大气式热力除氧 有定型产品，并有与之配套的储水箱，即锅炉给水箱。根据所需热力，选定除氧器和储水箱的型号和数量，并计算除氧所需蒸汽量。当进除氧器的水温低于设计要求时，应说明加热方法，但可不进行加热设备选择计算。

（2）钢屑除氧 无定型除氧器产品，应计算钢屑体积。独立式布置的除氧器可在有关手册中选用设备规格。

（3）解吸除氧 无定型产品，应先拟定除氧系统草图，然后根据所需热力在手册中选出喷射器、解吸器及反应器等部件尺寸，并选择除氧水泵。

6. *计算锅炉排污量和决定排污系统* 锅炉排污量按碱度和含盐量分别计算，取较大值。具有连续排污装置的锅炉，应考虑利用扩容器收回部分排污水的热量，并选定扩容器的型号。

为了便于锅水和高温除氧水的取样，应设置相应的取样冷却器。

进行排污量计算时应注意软化水和给水的质量区别。

排污水应冷却到允许温度排入下水道，一般宜设排污降温池进行冷却。

（三）给水设备和主要管道的选择计算

给水设备是指锅炉房给水系统中的各种水泵和水箱，它与锅炉安全运行有密切关系。给水的中断可能引起重大锅炉事故，因此设计中应使给水设备能可靠、有效地满足锅炉给水的需要。

1. *决定给水系统，并拟定系统草图* 锅炉给水可采用不同的给水系统，如凝结水箱与给水箱分设的两段给水系统，给水箱与凝结水箱合用的一段给水系统，有时也采用具有中间水箱的两段给水系统等。设计中应根据锅炉房容量、回水方式、除氧方法等因素来决定所采用的给水系统。

容量较大的锅炉房一般采用两段给水，特别是除氧设备要求设置水箱时，例如热力除氧和解吸除氧等。此外，水温较高或给水量较大时，为了安全给水、布置和操作的便利，也常采用两段给水系统。容量较小的锅炉房，往往没有除氧设备，给水温度也较低，可采用一段给水系统。一段给水的系统简单，设备较少，可使锅炉房造价降低。但一段给水系统，只有当采用压力回水（余压回水或中间凝结水泵站回水），且工作可靠性较好时采用，给水箱一般作地下布置。此时，要求建造较大的造价较高的地下建筑；如果给水温度较高，则给水泵的正水头难以满足；同时，给水泵在地下室内，操作也不够方便。

2. 给水泵的选择

（1）给水泵的容量和台数　给水泵的容量应满足锅炉房额定负荷给水量的要求，并计入额度。由于工业锅炉房负荷不均衡，特别是具有季节性负荷的锅炉房，给水泵的容量和台数应适应全年负荷变化的要求。例如采用两台并联运行的给水泵，当非采暖季节负荷很小时，可考虑设置低负荷时专用的给水泵，使水泵处于正常工作，提高运行的可靠性和经济性。但台数不宜过多，否则会使系统和运行复杂化。

（2）备用给水泵　设置备用给水泵是为了保证在停电、正常检修或发生机械故障等情况下，使锅炉仍能安全运行及正常给水。为此，设计规范明确规定：给水泵应设置备用。当任何一台给水泵停止运行时，其余给水泵的总流量，应能满足所有运行锅炉在额定蒸发量时所需给水量的110%。对于不能并联运行的给水泵，当需要同时给水以满足上述给水量时，应装设两根给水母管，分别向不同的锅炉给水。如果以电动泵为主要给水设备时，则备用泵一般采用汽动给水泵。

如此，如果容量不大的锅炉房只选用两台给水泵的话，那么其中一台为电动泵，一台为汽动泵，其容量相同。

但需注意，电动泵是离心式的，而汽动泵是往复式的，这两种泵不能并联工作。

工业锅炉房根据用汽的要求，有时锅炉采用降压运行，安全阀可按实际运行压力的要求定压。

3. 给水箱的选择

（1）给水箱的容积和个数　给水箱的作用有两个：一是软化水和凝结水与锅炉给水流量之间的缓冲，二是给水的储备。给水箱进水与出水之间的不平衡程度与多种因素有关，如锅炉房容量、负荷的均衡性，软化和凝结水设备特点及其运行方式等，容量较大的锅炉房，波动相对较小。给水储备是保证锅炉安全运行所必需的，其要求与锅炉房容量有关。所以，给水箱的容量主要根据锅炉房的容量确定，一般给水箱的总有效容量为所有运行锅炉在额定蒸发量时所需20～40 min的给水量。对于小容量的锅炉房，给水箱的有效容量可适当增大。

给水箱的数量一般为一个，常年不间断供热的锅炉房，应设置两个或一隔为二。给水箱通常用钢板制作。

（2）给水箱的安装高度　给水温度较高的给水箱，安装高度必须满足给水泵灌注压头（正水头）的要求，以防发生气蚀和影响正常给水。低温除氧水箱的安装高度，应使最低水位高于给水泵进口，以免轴封等处漏入空气。

4. 凝结水泵和凝结水箱的选择

(1) 凝结水泵　凝结水泵采用电动泵，一般为两台，其中一台备用。

(2) 凝结水箱　凝结水箱的容积按凝结水量选择，有软化水进入时，应考虑总水量。由于凝结水箱的工作并不直接影响锅炉工作的安全性，并且可以间歇运行，因此，安装高度的要求不像给水箱那样严格。

将部分或全部软化水通入凝结水箱，可以降低水温，减少蒸发，同时，水温较低也有利于凝结水泵的工作和布置，但使水箱容积增大。如布置在地下，则使地下室面积增大。

5. 其他水泵和水箱的选择

(1) 原水（生水）加压泵　进入锅炉房的原水压力不能满足水处理设备的要时，应设原水加压泵，可不设备用。

(2) 地下室排水泵　凝结水箱和凝结水泵布置在地下室时，因其地下室的积水难于直接排入下水道，有时下水道发生堵塞还会发生污水倒灌，因此应设排水泵，但通常不设备用泵。

(3) 软化水箱　设有软化水箱或其他中间水箱时，根据水箱在系统中的作用和要求，决定其容积，并根据需要设置相应的水泵。

6. 主要管道和分汽缸直径的确定　给水母管可采用单管或双管，视锅炉型式、容量、供汽要求等条件而定。但常年不间断的锅炉房应采用双母管。采用双母管时，每根流量均为锅炉房额定负荷时的给水量。蒸汽母管通常采用单管。

为了给水母管和蒸汽母管的工作可靠性，母管上连接的支管应减至最少，锅炉房内部用汽应从副汽阀或分汽缸上接出。

设置分汽缸是为了蒸汽分配和阀门操作的方便。对于饱和蒸汽，还有分离蒸汽中水分的作用；对于过热蒸汽，在暖管时也有分离水分的作用。因此，分汽缸下部应设疏水管，凝水经疏水器引入凝结水箱。

为了便于清除在施工和检修时进入的杂物，分汽缸的一端常采用法兰堵板。分汽缸的位置应设在便于操作和管理的地方。

管道和分汽缸的直径按推荐流速选择。锅炉至蒸汽母管的管道的公称直径一般与主汽阀相同。

(四) 送风和引风系统的设计

锅炉产品出厂时，一般都配套供应送风机、引风机和除尘器。使用中主要是确定送引风连接系统，决定烟风道和烟囱尺寸，并核对配套风机的性能。

关于锅炉热效率、排烟温度、锅炉本体烟风阻力和锅炉本体各烟道的过量空气系数，均引用锅炉厂产品计算书中的数据。

1. 计算送风量和排烟量　设计工作是计算锅炉耗煤量、送风量和排烟量。计算时应考虑负压运行锅炉的烟道和除尘器等处的漏风。

2. 决定烟风管道断面尺寸　烟风管道一般用钢板制作，室外部分也可用砖烟道。钢板管道可用矩形或圆形，断面尺寸按推荐流速计算确定。

决定烟道断面尺寸时，尚应考虑到清除积灰的方便。

3. 决定送风管道系统及其布置　决定管道系统，首先应进行锅炉、送引风机和除尘器的初步布置，然后决定连接管道和烟囱的布置及所采用的部件，如进风口、闸门、吸气箱、弯头和三通等，最后绘制布置简图。

进行初步布置是为了决定管道系统，以便进行计算。当最后布置与此有出入时，一般不必修改计算，因前后变动通常只影响管道长度，对系统气流阻力影响不大。

送引风系统的设备和管道布置应使部件有良好的空气动力性能，以减少系统阻力，但也应考虑制作和施工的方便。

除尘器和引风机一般不设旁通管道。

采用集中烟道时，支烟道上应装设烟囱。

4. *计算烟道和风道的阻力* 计算烟道和风道阻力时，应先绘制供计算用的系统草图，注明断面、长度、曲率半径等尺寸。

负压下工作的烟道，其烟气量按平均过量空气系数决定。

动压头不同的局部阻力，应分别计算。

5. *决定烟囱高度，并计算其断面、引力和阻力* 采用机械通风时，烟囱高度主要决定于卫生要求，按国家颁发的卫生标准或排放标准决定。自然通风时，烟囱高度还必须满足克服烟气系统阻力的要求。

烟囱出口断面按推荐流速计算。对于新建锅炉房，为考虑发展的可能，选用流速时应留有余地。烟囱底部断面，与结构设计有关，计算阻力时可按常用坡度及高度确定。

自然通风的烟囱高度计算应按最不利条件进行。对于有季节性负荷的烟囱，应按冬季和夏季计算负荷及相应室外温度分别进行计算。对于专供采暖通风负荷的锅炉房，则按计算负荷和采暖期将结束时的负荷及与之相应的室外温度分别进行计算，然后取较高值。这是因为季节性负荷随室外温度升高而减少，相应的烟气阻力也减少，但同时烟囱的引力也减少。

6. *核对风机性能* 计算送风和引风系统总阻力，得出要求的风机压头和流量，核对制造厂配套风机性能是否满足要求。如果风机压头不足，应检查管道选用的流速是否偏高，并予以调整，如发现配套风机确实难以满足要求，则应更换风机。

除尘器阻力，可按其说明书取用。

（五）运煤除灰方法的选择

锅炉房的运煤除灰设计涉及技术经济和非标准设备的设计计算。

1. *计算锅炉房的耗煤量和灰渣量* 为了储煤场、运煤设备、储灰场和除灰设备设计计算的需要，应分别计算锅炉房最大小时耗煤量、最大昼夜耗煤量、年耗煤量及其相应的灰渣量。其中，最大昼夜耗煤量，一般用经验方法估算，例如三班制运行时，最大昼夜耗煤量按 20 h 的最大小时耗煤量计算。

计算昼夜耗煤量和年耗煤量时应注意到采暖负荷是连续负荷，当生产车间在非工作时间时，至少也应有值班采暖（维持室温不低于+5 ℃），而锅炉热效率应该是平均效率。

2. *确定储煤场面积* 储煤场面积大小，根据煤源远近、运输方法及其可靠性等因素确定。

3. *确定运煤除灰方法*

（1）计算设备运输量 运煤设备应有的运输量主要决定于锅炉房的耗煤量和运煤作业时间，并考虑发展趋势和余地。除灰设备一般连续工作，运输量主要取决于灰渣量。

运煤设备不一定三班制作业，如有炉前储煤斗，则可以采用一班或两班工作制运煤，运煤设备停止工作期间的燃料量全由储煤斗供给。采用这种方法可以使单线（无备用）运输系统有维修时间，同时也便于劳动安排，避免夜间作业。对于单层布置的较小容量的锅炉房，运煤设备通常按三班制作业设计、选择。

（2）决定运煤除灰方法　根据运输量、燃烧设备要求、场地条件等因素决定运煤除灰方法，并连同煤场和灰渣场一起，绘制系统简图，以说明运输方法和系统组成情况。

采用炉前储煤斗时，确定储煤容积。

根据锅炉特点考虑煤的破碎、筛分、磁选和计量等设施。

所有设备均不要求进行选择计算。

鉴于工业锅炉房的燃煤煤质难以稳定，有时可能遇到较差煤种，选择设备时应留有余地。

还应注意，运煤除灰工作的劳动强度大，劳动条件差，解决的主要办法是采用机械化运输。但机械化程度涉及问题较多，如投资、设备供应、经济效果等，因此，又不能脱离实际条件。对于运输量较小的锅炉房，可采用简易机械或人工作业。

4. *决定灰渣场面积或灰渣斗容积*　灰渣在灰渣场暂时停放，以待外运或处理。灰渣场是个缓冲场所，其容量或面积决定于灰渣量和运输条件。

如果用机械化除渣，可设置灰渣斗，其容量根据灰渣量和运输方式决定。采用灰渣斗时，一般不设置灰渣场，有条件的也可考虑必要的备用灰渣场，以备运输因故中断时使用。

对于燃油锅炉房，代之以相应的储油、输油及油的加热、过滤等方法的确定。

（六）锅炉房布置

锅炉房布置的内容，包括各种设备及其连接管道的布置，并配备必要的管理、检修和生活用房间。锅炉房设备布置应满足各种设备的正常操作，便于运行管理和安装检修等条件的要求，同时还应顾及建设和运行的经济性，做到有效地使用建筑面积和空间，简化和缩短各种管道等。锅炉房布置以简图表示，并在说明书中做必要的说明。

1. *锅炉房设备布置*　锅炉房设备布置包括送引风、运煤除灰、水处理和给水等辅助设备的布置。对于只确定方法而未进行设备选择计算部分，如运煤除灰设备（包括运煤除灰机械、受煤斗、出灰沟、运煤通道位置）等，只标明与有关部分的相对位置，可用简单外形或中心线绘于图中，需要时可加文字说明。

设备布置应注意下列各点。

① 燃煤锅炉房应根据锅炉形式、出渣方法等条件决定是否采用楼层布置。如作单层布置，应采用机械化除渣。但也要避免地下构筑物过大。

② 设备的位置应按设备特点、工艺流程、操作要求等条件确定。对于产生噪声，强烈散发湿、热或灰尘的设备应隔开布置，如除尘器、引风机、凝结水箱、运煤通道等。对于要求清洁、易磨损的设备，也宜隔开布置，如给水泵等。

③ 确定设备布置尺寸时，首先要了解设备正常操作对场地和空间的要求，还要了解施工安装和检修对场地和空间的要求，然后确定布置方法及所需尺寸。

④ 各设备之间或设备与建筑物之间，因操作、监视、维护等而需要通行的地方，必须有足够的通道尺寸。

⑤ 设备上方净空，如设备有操作要求，应满足操作和通行条件，例如炉顶、水箱顶等。此外，较笨重设备的上方净空，均应考虑安装和检修时吊装的要求，如离子交换器、除氧器、大型风机等。

2. 烟风管道和主要汽水管道的布置　管道布置和设备一样，要考虑便利操作（如阀件等）、安装和检修。具体考虑因素如下。

① 管道布置要符合工艺流程，力求管道短、附件少，以减少阻力、泄露和材料消耗，达到运行可靠，节省费用的目的。

烟风系统消耗动力较大，管道部件（如弯头、三通、变径管等）应尽量选取低阻力型式，同时也考虑加工制作的方便。

风机入口离气流转弯处较近时，宜用吸气箱而不用弯头，以免弯头气流方向的偏转而改变风机特性，降低风机效率。

风机出口变径管和弯头，应使气流顺风机旋转方向偏转，以减少阻力。

② 管道布置应便于装设支架，一般沿墙柱布置，但不应妨碍设备操作和通行，避免遮光和妨碍门窗开闭。

③ 管道离墙、柱、地面的距离，应便于安装和检修，特别是法兰接头，要有装拆的可能性。

④ 输送高温介质的管道，应考虑温度变化时的伸缩，并尽可能采用自然转弯进行补偿。

⑤ 管道阀门应设在便于操作的地方，如能利用地坪、楼板、平台等易于接近的部位进行操作。锅炉给水手动调节阀应装在司炉便于操作的地点。

⑥ 蒸汽管道要便于凝结水排除，在有积存凝结水的部位应有疏水装置。

三、锅炉房位置的选择

锅炉房位置的选择，应综合考虑以下几方面的因素。

1. 锅炉房位置应力求靠近热负荷比较集中的地区　这样可以缩短蒸汽管路，节约管材，减少压力降和热损失，而且也简化了管路系统的设计、施工与维修。当厂区内管道种类较多时，还要统筹考虑，使管道布置经济合理。

2. 锅炉房的位置应便于燃料的储运和灰渣的排除　在锅炉房附近要有足够的面积以储存燃料和堆放灰渣，并注意运输方便。燃料的运入和灰渣的运出应尽可能与全厂及地区的运输相结合，尽量靠近河道、公路或铁路线。

3. 锅炉房标高应合理　锅炉房宜位于供热区标高较低的位置，以便于回收凝结水；但锅炉房的地面标高应至少高出洪水位 500 mm 以上。

4. 锅炉房的位置应符合国家卫生标准、建筑设计放火规范及安全规程中的有关规定　例如：为了减少烟、灰、煤对厂区环境的污染，锅炉房应位于常年主导风向的下风侧；锅炉房应有较好的朝向，以利于自然通风和采光，同时炉前操作处应尽量避免西晒；工业企业的蒸汽锅炉房应为单独的建筑物，不应直接和居住房屋连接；锅炉房与生产房屋或与仓库之间的距离应合乎防火标准规定；等等。

5. 锅炉房的位置应有利于发展　考虑有扩建的可能性，在锅炉房附近应留有今后扩建的余地。

6. 如工厂有煤气站，则锅炉房和煤气站应尽可能靠近并在设计时要考虑到互相协作的问题　例如：煤的破碎与筛粉、水的软化、煤场的机械化装卸设备、运煤胶带等都可考虑共用或部分共用。此外，煤气发生炉不便使用的煤屑也可就近供锅炉燃用。

7. 锅炉房位置的选择应注意山区与平原的区别　山区的地形高差和气象条件均与平原不同，因此在山区建设锅炉房时，应考虑这一特点，并应充分注意利用地形。

但是，锅炉房位置的选择，要想同时满足上述所有条件往往是困难的，除了必须符合国家对安全防火等方面的有关规定外，其他均应结合具体情况，分析研究，重点解决主要问题，同时兼顾其他方面。

四、热工测量及控制

（一）热工监测

1. 安全参数监测仪表　为保证锅炉机组安全运行，必须装设监测下列参数的仪表。

① 锅筒的蒸汽压力。

② 锅筒的水位。

③ 锅筒进口给水压力（采用注水器时，可不受此限）。

④ 蒸汽过热器出口的蒸汽温度和压力。

⑤ 空气预热器进口的空气温度。

⑥ 沸腾式省煤器的进口水温和水压；非沸腾式省煤器的进出口水温和水压。

2. 各类锅炉特有的参数监测仪表　沸腾锅炉、煤粉锅炉、燃油锅炉、燃气锅炉、热水锅炉除必须遵守以上规范外，还必须装设监测下列参数的仪表。

① 沸腾锅炉　沸腾层的温度和风室静压。

② 煤粉锅炉　制粉设备出口处气粉混合物的温度。

③ 燃油锅炉　燃烧器前的油温和油压；带中间回油燃烧器的回油油压；蒸汽雾化燃烧器前的蒸汽压力；空气雾化燃烧器前的空气压力；锅炉后或锅炉尾部受热面后的烟气温度。

④ 燃气锅炉　燃烧器前的天然气压力；锅炉后或锅炉尾部受热面后的烟气温度。

⑤ 热水锅炉　锅炉出口的水温和水压；当有两个以上并联环路时，各环路的出水温度。

3. 经济核算计量仪表　锅炉房应装设供经济核算所需的计量仪表，并应尽量装设经济运行所需的有关仪表和留有必要的测点。

4. 锅炉各系统的监测仪表　在锅炉房的蒸汽、锅炉给水、燃料、热水、水处理等系统中，应装设必要的监测温度、压力、液位等参数的仪表。

5. 状态显示信号　锅炉房应装设表明下列情况的信号。

① 额定蒸发量大于或等于 2 t/h 的锅炉，其锅筒水位过低和过高。

② 额定蒸发量小于 2 t/h 但装有给水自动调节装置的锅炉，其锅筒水位过低和过高。

③ 燃油、燃气和煤粉锅炉的风机停止运行。

④ 燃油、燃气锅炉熄火。

⑤ 燃油锅炉房的储油罐和中间油箱的油温过高。

⑥ 燃气锅炉燃烧器前天然气干管的压力过低和过高。

⑦ 竖井磨煤机竖井出口和风扇磨煤机分离器出口气粉混合物的温度过高。

⑧ 热水系统的循环水泵停止运行。

⑨ 热水系统中高位膨胀水箱和蒸汽、氮气加压膨胀水箱水位过低。

⑩ 自动保护系统动作。

（二）热工控制

热工控制应遵循下列原则。

① 锅炉给水自动调节装置的设置，应符合现行《蒸汽锅炉安全监察规程》的有关规定。

② 燃油、燃气锅炉，当热负荷变化的幅度在调节装置的可调范围之内，且经济上合理时，宜装设燃烧过程自动调节装置。

③ 热力除氧器，应装设水位自动调节装置和蒸汽压力自动调节装置。

④ 燃油和燃气锅炉的引风机、鼓风机、燃料自动快速切断阀之间，应按下列要求进行电气联锁：

A. 当引风机处于停止状态时，鼓风机处于停止状态，自动快速切断阀处于关闭状态；

B. 当鼓风机处于停止状态时，自动快速切断阀处于关闭状态；

C. 当鼓风机处于运行状态时，引风机处于运行状态；

D. 当自动快速切断阀处于开启状态时，鼓风机和引风机处于运行状态。

⑤ 竖井磨煤机或风扇磨煤机、引风机、鼓风机、给煤机之间，应设置电气联锁。

⑥ 燃煤锅炉的引风机与鼓风机之间，应有电气联锁。

⑦ 连续机械化运煤系统中，各运煤机械之间应有电气联锁。连续机械化排除灰渣系统中，各排除灰渣机械之间应有电气联锁。

⑧ 燃油、燃气锅炉，应尽量装设电气点火装置和熄火自动保护装置，并应尽量实现点火的程序控制。

⑨ 当风机布置在司炉不便操作的地点时，宜装设风机进风门的远距离操作装置。

（三）化验和检修设施

1. *锅炉房化验设施*　锅炉房应根据全厂化验设施的设置情况，统一考虑设置化验室或化验场地，以满足生产过程中对需要经常化验的水质、烟气等项目进行化验分析。对于不经常化验的项目，不宜在锅炉房化验室或化验场地内进行，应通过协作单位解决。

2. *锅炉房检修装备*　锅炉房检修装备的设置，应根据检修的特点，结合全厂检修装备的情况统一考虑。

第五节　采暖与通风工程

一、采　　暖

（一）采暖标准

按照国家规定，凡是平均温度≤5 ℃的天数历年平均为 90 d 以上的地区应该集中采暖。设计集中采暖时，冬季室内计算温度，应根据建筑物的用途，按下列规定采用。

1. 民用建筑的主要房间　宜采用 16～20 ℃。

2. 生产厂房的工作地点　轻作业不应低于 15 ℃；中作业不应低于 12 ℃；重作业不应低于 10 ℃。

各类作业的划分，应按国家现行的《工业企业设计卫生标准》执行。

当每名工人占用较大面积（50～100 m^2）时，轻作业可低至 10 ℃；中作业可低至 7 ℃；重作业可低至 5 ℃。

3. 辅助建筑及辅助用室　不应低于下列数值：浴室 25 ℃；更衣室 23 ℃；托儿所、幼儿园、医务室 20 ℃；办公室 16～18 ℃；食堂 14 ℃；盥洗室、厕所 12 ℃。

当工艺或使用条件有特殊要求时，各类建筑物的室内温度，可参照有关专业标准、规范的规定执行。如：果蔬罐头的保温间为 25 ℃，肉禽水产罐头的保温间为 37 ℃。设置集中采暖的建筑物，冬季室内生活地带或作业地带地平均风速，应符合下列规定：① 民用建筑及工业企业辅助建筑物，不宜大于 0.3 m/s。② 生产厂房的工作地点，当室内散热量小于 23 W/m^3[20 kcal/(m^3 · h)] 时，不宜大于 0.3 m/s；当室内散热量天于或等于 23 W/m^3 时，不宜大于 0.5 m/s。

设置集中采暖的公共建筑和生产厂房及辅助建筑物，当其位于严寒地区或寒冷地区，且在非工作时间或中断使用的时间内，室内温度必须保持在 0℃以上，而利用房间蓄热量不能满足要求时，应按 5 ℃设置值班采暖。设置集中采暖的生产厂房，如工艺对室内温度无特殊要求，且每名工人占用的建筑面积超过 1 000 m^2 时，不宜设置全面采暖，但应在固定工作地点设置局部采暖。当工作地点不固定时，应设置取暖室。设置全面采暖的建筑物，其围护结构的传热阻，应根据技术经济比较确定，且符合国家有关节能标准的要求。

（二）采暖热负荷

1. 热负荷的确定　冬季采暖通风系统和热负荷，应根据建筑物下列散失和获得的热量确定。

① 围护结构的耗热量。

② 加热由门窗缝隙渗入室内的冷空气的耗热量。

③ 加热由门、孔洞及相邻房间侵入的冷空气的耗热量。

④ 水分蒸发的耗热量。

⑤ 加热由外部运入的冷物料和运输工具的耗热量。

⑥ 通风耗热量。

⑦ 最小负荷班的工艺设备散热量。

⑧ 热管道及其他热表面的散热量。

⑨ 热物料的散热量。

⑩ 通过其他途径散失或获得的热量。

确定热负荷时，不经常的散热量，可不计算；经常而不稳定的散热量，应采用小时平均值概略计算。

2. 耗热量计算　耗热量可用以下两个计算公式

$$Q = PV(t_n - t_w)$$

式中　Q——耗热量（kJ/h）；

P——热指标［kJ/(m^2 · h · K)，有通风车间 $P \approx 1.0$，无通风车间 $P \approx 0.8$)］；

V——房间体积（m^3）；

t_n——室内计算温度（K）；

t_w——室外计算温度（K）。

$$Q = A_0 \cdot q$$

式中 Q——建筑物采暖设计耗热量（W）；

A_0——建筑面积（m^2）；

q——建筑平面采暖热指标（W/m^2，参见表 6-39）。

表 6-39 民用建筑供暖设计热指标（W/m^2）

建筑性质	热指标 q	建筑性质	热指标 q
住宅	46～70	商店	64～87
办公室、教室	58～81	单层住宅	80～105
医院、幼儿园	64～80	食堂、餐厅	116～140
旅馆	58～70	影剧院	93～116
图书馆	46～75	大礼堂、体育馆	116～163

（三）采暖系统

1. 热媒　采暖系统常用的热媒是水（水温低于 100 ℃的低温热水，水温高于 100 ℃的高温热水），蒸汽（低压蒸汽≤70 kPa，高压蒸汽>70 kPa）和空气（集中送风，暖风机系统）。集中采暖系统的热媒，应根据建筑物的用途、供热情况和当地气候特点等条件，经技术经济比较确定，并应按下列规定选择：① 民用建筑应采用热水作热媒。② 生产厂房及辅助建筑物，当厂区只有采暖用热或以采暖用热为主时，宜采用高温水作热媒；当厂区供热以工艺用蒸汽为主，在不违反卫生、技术和节能要求的条件下，可采用蒸汽作热媒，参见表 6-40。

表 6-40 供暖系统热媒的选择

建筑种类		适宜采用	允许采用
民用及公共设施	居住建筑、医院、幼儿园、托儿所等	不超过 95 ℃的热水	低压蒸汽、不超过 110 ℃的热水
	办公室	不超过 95 ℃的热水、低压蒸汽	不超过 110 ℃的热水
	车站、食堂、商业建筑等	不超过 110 ℃的热水、低压蒸汽	高压蒸汽
	一般俱乐部、影剧院	不超过 110 ℃的热水、低压蒸汽	不超过 130 ℃的热水
工业建筑	不散发粉尘或散发非燃烧性和非爆炸性粉尘的生产车间	低压蒸汽或高压蒸汽、不超过 110 ℃的热水、热风	不超过 130 ℃的热水
	散发非燃烧性和非爆炸性有机无毒升华粉尘的生产车间	低压蒸汽、不超过 110 ℃的热水、热风	不超过 130 ℃的热水
	散发非燃烧性和非爆炸性易升华有毒粉尘、气体及蒸汽的生产车间	与卫生部门协商确定	
	散发燃烧性和爆炸性有毒气体、蒸汽及粉尘的生产车间	根据各部及主管部门的专门指示确定	
	任何容积的辅助建筑	不超过 110 ℃的热水、低压蒸汽	高压蒸汽
	设在单独建筑内的门诊所、药房、托儿所及保健站等	不超过 95 ℃的热水	低压蒸汽、不超过 110 ℃的热水

2. *重力循环系统* 依靠热媒本身温差所产生的密度差进行循环的重力循环系统，具有热水供暖所固有的优点，如可以随着室外气温的改变而改变锅炉水温、散热器表面温度比蒸汽为热媒时低和管道使用寿命长等以外，还具有装置简单、操作方便、没有噪声以及不消耗电能等优点。它的主要缺点是升温慢、系统作用压力低、管径大和初投资高。

重力循环系统设计时有如下注意事项。

① 一般情况下，重力循环系统的作用半径不宜超过 50 m。

② 通常宜采用上供下回式，锅炉位置应尽可能降低，以增大系统的作用压力。

③ 不论采用单管系统还是双管系统，重力循环的膨胀水箱应设置在系统供水总立管顶部(距供水干管顶标高 300～500 mm 处)。供水干管与回水干管均应具有 0.005～0.01 的坡度，坡向宜与水流方向相同；连接散热器的支管，亦根据支管的不同长度，具有 0.01～0.02 的坡度，以便使系统中的空气，能集中到膨胀水箱而排至大气。

3. *机械循环系统* 依靠循环水泵所产生的压力进行循环的机械循环系统，由于水在管道内的流速大，所以它与重力循环系统相比，具有管径小、升温快的特点。但因系统中增加了循环水泵，因而需要增加维修工作量，而且也增加了经常运行费用。

机械循环系统设计时有如下注意事项。

① 机械循环系统作用半径大，适应面广，配管方式多，系统选择应根据卫生要求和建筑物型式等具体情况进行综合技术经济比较后确定。

② 在系统较大时，宜采用同程式，以便于压力平衡，参见图 6-28。

③ 由于机械循环系统水流速度大，易将空气泡带入立管造成局部散热器不热，故水平敷设的供水干管必须保持与水流方向相反的坡度，以便空气能顺利地和水流同方向集中排出。

④ 因管道内水的冷却而产生的作用压力，一般可不予考虑；但散热器内水的冷却而产生的作用压力却不容忽视。一般应按下述情况考虑。

A. 双管系统，由于立管本身连接的各层散热器均为并联循环环路，故必须考虑各层不同的重力作用压力，以避免水力的竖向失调。重力循环的作用压力可按设计水温条件下最大压力的 2/3 计算。

B. 单管系统，若建筑物各部分层数不同，则各立管所产生的重力循环作用压力亦不相同，故该值也应按最大值的 2/3 计算；当建筑物各部分层数相同，且各立管的热负荷相近似时，重力循环作用压力可不予考虑。

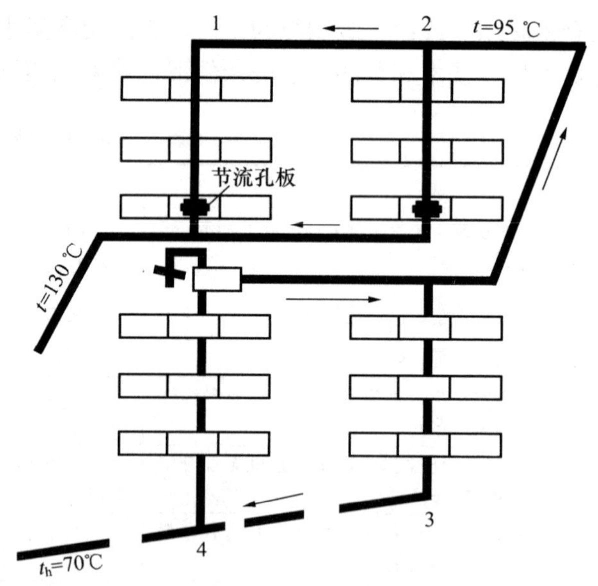

图 6-28 同程式机械循环系统

⑤ 在单管水平串联系统中，设计时应考虑水平管道热伸胀补偿的措施。此外，串联环路的

大小一般以串联管管径不大于 Φ32 mm 为原则。

（四）辐射供暖

辐射供暖，是一种利用建筑物内部的顶面、墙面、地面或其他表面进行供暖的系统。

通常，辐射供暖系统可以按表 6-41 分类。

表 6-41 辐射供暖系统分类表

分类根据	名 称	特 征
板面温度	低温辐射	板面温度低于 80 ℃
	中温辐射	板面温度高于 80～200 ℃
	高温辐射	板面温度高于 500 ℃
辐射板构造	埋管式	以直径 32～15 mm 的管道埋置于建筑表面内构成辐射表面
	风道式	利用建筑构件的空腔使热空气循环流动其间构成辐射表面
	组合式	利用金属板焊以金属管组成辐射板
辐射板位置	顶面式	以顶棚作为辐射供暖面，辐射热占 70%左右
	墙面式	以墙壁作为辐射供暖面，辐射热占 65%左右
	地面式	以地面作为辐射供暖面，辐射热占 55%左右
	楼面式	以楼板作为辐射供暖面，辐射热占 55%左右
热媒种类	低温热水式	热媒水温度低于 100 ℃
	高温热水式	热媒水温度等于或高于 100 ℃
	蒸汽式	以蒸汽（高压或低压）为热媒
	热风式	以加热以后的空气作为热媒
	电热式	以电热元件加热特定表面或直接发热
	燃气式	通过燃烧可燃气体（也可以用液体或液化石油气）经特制的辐射器发射红外线

1. 辐射供暖的优点 和对流供暖系统相比，辐射供暖系统具有以下主要优点。

① 由于有辐射强度和温度的双重作用，造成了真正符合人体散热要求的热状态，因此，具有最佳的舒适感。

② 不需要在室内布置散热器，也不必安装连接散热器的水平支管，所以，不但不占建筑面积，也便于布置家具。

③ 室内沿高度方向向上的温度分布比较均匀，温度梯度很小，无效热损失大大减少。

④ 由于提高了室内表面的温度，减少了四周表面对人体的冷辐射，提高了舒适感。

⑤ 不会导致室内空气的急剧流动，从而减少了尘埃飞扬的可能，有利于改善卫生条件。

⑥ 房间的分隔可以任意变化。

⑦ 在建立同样舒适条件的前提下，辐射供暖时房间的设计温度可以比对流供暖时降低 2～3 ℃（高温辐射时可以降低 5～10 ℃），从而，可以节省供暖能耗。

⑧ 有可能兼作夏季降温的供冷表面。

⑨ 有可能以塑料管代替金属管作为埋管。

2. 辐射供暖的缺点 辐射供暖的主要缺点是它的初投资较高，通常比对流供暖系统高出

15%～25%（以低温辐射供暖系统比较）。

3. 辐射供暖的设计注意事项　加热管埋设在建筑构件内的低温辐射采暖，可用于民用建筑的全面采暖或局部采暖。设计时，应符合下列要求。

① 应采用热水作为热媒。

② 不应导致建筑构件龟裂和破损。

③ 辐射表面平均温度，宜采用下列数值：经常有人停留的地面 24～26 ℃；短期有人停留的地面 28～30 ℃；无人停留的地面 35～40 ℃；房间高度为 2.5～3 m 的顶棚 35～40 ℃；房间高度为 3.1～4 m 的顶棚 33～36 ℃；距地面 1 m 以下的墙面 35 ℃；距地面 1 m 以上至 3.5 m 以下的墙面 45 ℃。

居住建筑、幼儿园和游泳馆中，加热管轴心处的地面温度，不应高于 85 ℃。混凝土地板辐射采暖的供水温度，宜采用 45～60 ℃，供回水温差宜采用 5～10 ℃。

④ 金属辐射板采暖，可用于公共建筑和生产厂房（潮湿的房间除外）的局部区域或局部工作地点采暖，经技术经济比较合理时，亦可用于全面采暖。

⑤ 金属辐射板采用热水作热媒时，热水平均温度不宜低于 110 ℃，采用蒸汽作热媒时，蒸汽压力宜高于或等于 400 kPa。

⑥ 金属辐射板的最低安装高度，应根据热媒平均温度和安装角度按表 6－42 采用。

表 6－42　金属辐射板最低安装高度（m）

热媒平均温度（℃）	水平安装	倾斜安装（与水平面夹角）			垂直安装
		30°	45°	60°	
110	3.2	2.8	2.7	2.5	2.3
120	3.4	3.0	2.8	2.7	2.4
130	3.6	3.1	2.9	2.8	2.5
140	3.9	3.2	3.0	2.9	2.6
150	4.2	3.3	3.2	3.0	2.8
160	4.5	3.4	3.3	3.1	2.9
170	4.8	3.5	3.4	3.1	2.9

注：① 表中安装高度系指地面到板中心的垂直距离。② 表中数值适用于站着工作且工作地点固定的场合，当坐着工作或工作地点不固定时，可比本表的数值降低 0.3 m。

⑦ 管板式金属辐射板的板槽与加热管，应紧密吻合。对金属带状辐射板，应采取有效措施防止加热管因热膨胀而横向变形。

⑧ 金属辐射板采暖系统，宜采用同程式，管道的连接应采用焊接或法兰连接。

当热媒为蒸汽时，辐射板支管上不宜装设阀门。

⑨ 煤气红外线辐射采暖，条件许可时，宜用于生产厂房的局部区域或局部工作地点采暖，亦可用于全面采暖。

采用煤气红外线辐射采暖时，尚应符合国家现行《建筑设计防火规范》的要求。

⑩ 煤气红外线辐射应采用净煤气，其杂质允许含量指标应符合国家现行《城市煤气设计规范》的要求。煤气的成分和工作压力保持稳定。

⑪ 煤气红外线外线辐射器的安装高度，应根据人体的舒适辐射照度确定，但不应低于 3 m。当煤气红外线辐射器用于局部工作地点采暖时，其数量不应少于两个，且应安装在人体的侧上方。

⑫ 采用煤气红外线辐射采暖时，必须采取相应的防火、防爆和通风换气等安全措施。

⑬ 布置全面采暖的辐射装置时，应尽量使生活地带或作业地带的辐射照度均匀，并应适当增多外墙和大门处的数量 。辐射装置不应布置在对热敏感的设备附近。

（五）热风采暖与热风幕

热风采暖适用于耗热量大的建筑物、间歇使用的房间和有防火防爆要求的车间。热风采暖是比较经济的采暖方式之一，具有热惰性小，升温快，设备简单，投资省等优点。在设计选择时，应考虑下述因素。

① 符合下列条件之一时，应采用热风采暖。

A. 能与机械送风系统合并时。

B. 利用循环空气采暖经济合理时。

C. 由于防火、防爆和卫生要求，必须采用全新风的热风采暖时。对于公共建筑和一班制的生产厂房，应对热风采暖和机械送风合并的合理性提出充分根据。循环空气的采用，应符合国家现行《工业企业设计卫生标准》和《采暖通风设计规范》的要求。

② 位于严寒地区和寒冷地区的生产厂房，当采用热风采暖且距外窗 2 m 或 2 m 以内有固定工作地点时，宜在窗下设置散热器。

③ 当非工作时间不设置班采暖系统时，热风采暖不宜少于两个系统（两套装置），其供热量的确定，应根据其中一个系统（装置）损坏时，其余仍能保持工艺所需的最低室内温度，但不得低于 5 ℃。

④ 设计循环空气热风采暖时，在内部隔墙和设备布置不影响气流组织的大型公共建筑和高大厂房内，宜采用集中送风系统；其他情况，宜选用小型暖风机。大型暖风机不宜布置在开启频繁的外门附近。

⑤ 选择暖风机或空气加热器时，散热量的安全系数，宜采用 1.2～1.3。

⑥ 采用小型暖风机热风采暖时，应符合下列规定。

A. 室内空气循环次数，每小时不宜小于 1.5 次（值班采暖可不受此限）。

B. 暖风机的安装高度，当出口风速小于或等于 5 m/s 时，宜采用 3～3.5 m；当出口风速大于 5 m/s 时，宜采用 4～5.5 m。

C. 暖风机的送风温度，宜采用 35～50 ℃。

⑦ 利用集中送风采暖时，应使生活地带或作业地带处于回流区。生活地带或作业地带的风速，民用建筑及工业企业辅助建筑物，不宜大于 0.3 m/s；生产厂房的工作地点，当室内散热量小于 23 W/m^3[20 $kcal/(m^3 \cdot h)$]时，不宜大于 0.3 m/s；当室内散热量天于或等于 23 W/m^3 时，不宜大于 0.5 m/s。但最小风速不宜小于 0.15 m/s。送风口的出口风速，应通过计算确定，一般可采用 5～15 m/s。

⑧ 集中送风采暖系统的送风口安装高度，应根据房间高度和回流区的分布位置等因素确定，不宜低于 3.5 m，也不得高于 7 m。吸风口底边至地面的距离，宜采用 0.4～0.5 m。集中送风的送风温度，宜采用 30～50 ℃，不得高于 70 ℃。房间高度或集中送风温度较高时，送风口处宜设置向下倾斜的导流板。

⑨ 必要时，热风采暖系统应按有关规范的规定设自动控制装置。

⑩ 符合下列条件之一时，宜设置热风幕。

A. 位于严寒地区的公共建筑和外门开启时间较长，当生产或使用要求不允许降低室内温度，且又不可能设置门斗或前室，且每班的开启时间超过 40 min。

B. 不论是否位于严寒地区和外门开启时间长短，当生产或使用要求不允许降低室内温度，且又不可能设置门斗或前室时。

C. 位于非严寒地区的公共建筑和生产厂房，经技术经济比较设置热风幕合理时。

⑪ 热风幕的送风方式，对于公共建筑，宜采用由上向下送风；生产厂房宜采用双侧送风；外门宽度小于 3 m 时，可采用单侧送风，当受条件限制不能采用侧面送风时，宜采用由上向下送风。侧面送风时，严禁外门向内开启。

⑫ 热风幕的送风温度，应根据计算确定。对于公共建筑和生产厂房的外门，不宜高于 50 ℃；对于高大的外门，不应高于 70 ℃。

⑬ 热风幕条缝和孔口处的送风速度，应通过计算确定。对于公共建筑的外门，不宜大于 6 m/s；对于生产厂房的外门，不宜大于 8 m/s；对于高大的外门，不宜大于 25 m/s。

⑭ 设置热风幕的生厂房的外门，应设便于启闭的开关装置。必要时应与热风幕的通风机联锁。

二、通　　风

（一）全面通风

1. *全面通风方法*　用通风方法改善室内空气环境，就是在局部地点或整个车间把不符合卫生标准的污浊空气排至室外，把新鲜空气或经过净化符合卫生要求的空气送入室内。在放散热、蒸气或有害物质的建筑内，当不可能采用局部排风，或采用局部排风后仍达不到卫生标准要求时，可采用全面通风。

全面通风可采用自然通风和机械通风，并根据对有害物质控制机理的不同，单向流通风、均匀流通风或置换通风。

2. *全面通风设计*

（1）设置条件

① 放散热、蒸气或有害物质的建筑物，当不能采用局部通风，或采用局部通风后达不到卫生标准要求时，应辅以全面通风或采用全面通风。

② 设计全面通风时，宜尽可能采用自然通风，以节约能源和投资。当自然通风达不到卫生或生产要求时，应采用机械通风，或自然与机械的联合通风。

③ 民用建筑的厨房、厕所、浴室等宜设置自然通风或机械通风进行局部通风或全面通风。

（2）设计原则

① 设置集中采暖且有排风的建筑物，在进行风量平衡计算时，应考虑自然补风（包括利用相邻房间的清洁空气）的可能性。如该建筑物的冷风渗透量能满足排风要求，可不设机械送风装置。当自然补风达不到室内卫生、生产要求，或技术经济不合理时，宜设置机械送风系统。

② 对于换气次数小于 2 次/h 的全面排风系统，或每班运行不足 2 h 的局部排风系统，经风量和热量平衡计算，对室温没有很大影响时，可不设机械送风系统。

③ 当相邻房间未设有组织进风装置时，可取其冷风渗透量的 50%作为自然补风。

④ 从热平衡的观点看，由于在采暖设计计算中已考虑了渗透风量所需的耗热量，因此用渗透风量直接补偿局部排风量时，在热平衡中可不予考虑。

⑤ 进行热平衡计算时，对于局部排风及稀释有害气体的全面通风应采用冬季采暖室外计算温度。对于消除余热、余湿及稀释低毒性有害物质的全面通风，采用冬季通风室外计算温度。

⑥ 根据卫生标准的规定，排出空气经净化处理后，如其中有害物质浓度不超过室内最高允许浓度的 30%，可返回车间再循环使用。

（3）全面通风气流组织　全面通风效果不仅取决于通风量的大小，还与通风气流组织有关。所谓气流组织就是合理布置送、排风口和分配风量，选用相应的风口形式，以便用最小的通风量获得最佳的通风效果。图 6-29 和图 6-30 是不同的气流组织方式的效果对比。从该图可以看出气流组织对全面通风效果具有重大影响。

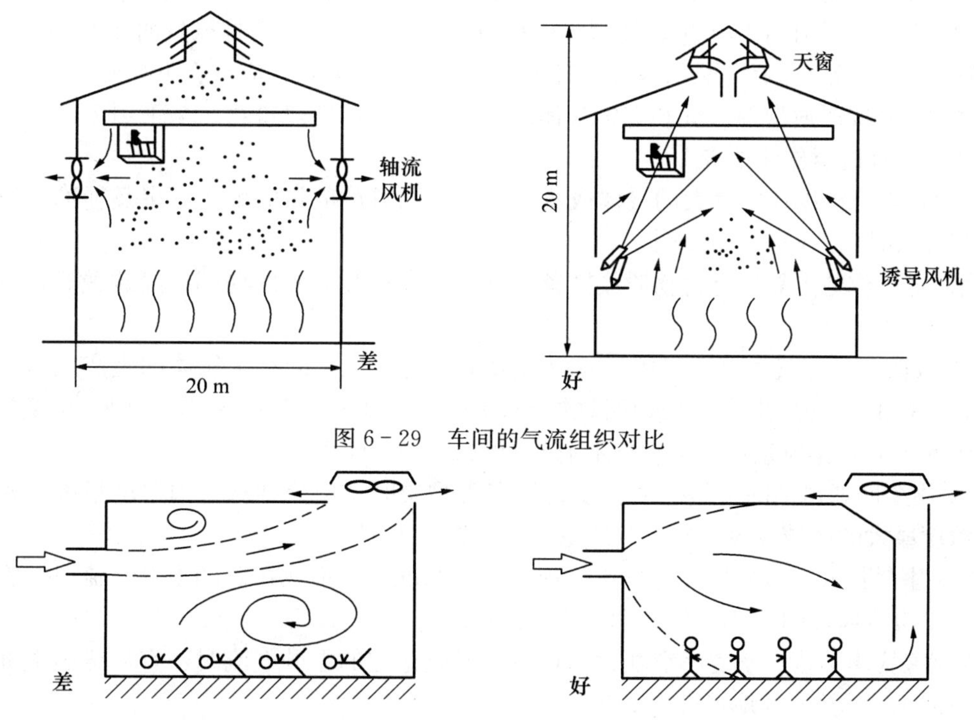

图 6-29　车间的气流组织对比

图 6-30　车间的气流组织对比

进行气流组织设计时，对通风气流是否发生短路，要按实际情况进行分析，不能只看表面现象，做出错误的结论，见图 6-31。

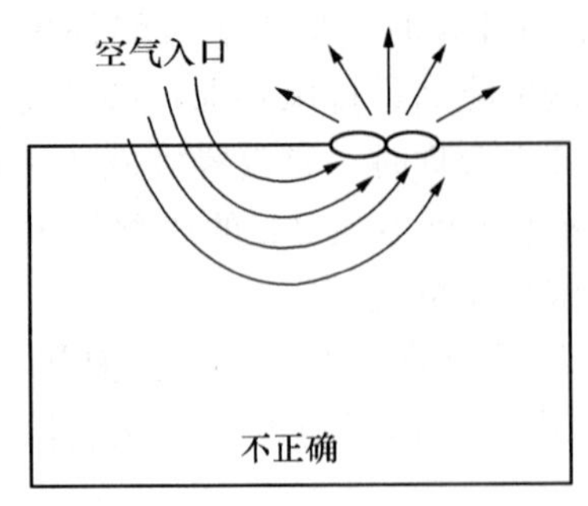

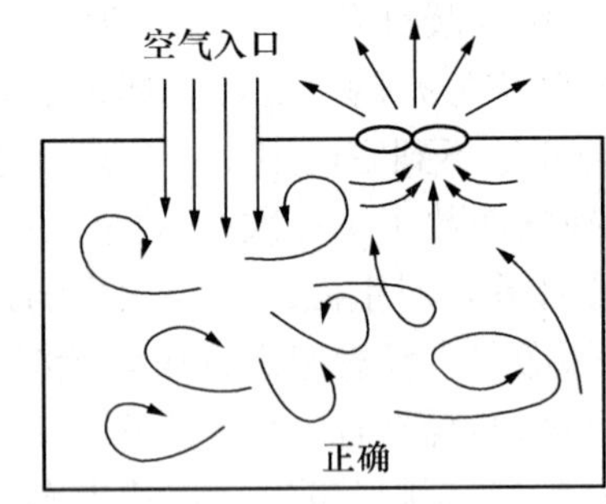

图 6-31 关于短路问题的错误观念

(4) 气流组织设计的原则 进行气流组织设计时，应符合下述原则。

① 排风口应尽量靠近有害物源，或有害物浓度较高的区域，以便有害物迅速排出。

② 送风口应尽量靠近操作地点。送入通风房间的清洁空气应先经操作地点，再经污染区域排至室外。

③ 在整个通风房间内，应尽量使送风气流均匀分布，减少涡流，避免有害物在局部地区的积聚。

④ 对设置机械通风的民用建筑、生产厂房及辅助建筑物中要求清洁的房间，在其周围环境较差时，送风量应大于排风量，使室内保持正压。对于室内产生有害气体和粉尘，可能污染周围相邻房间时，送风量应小于排风量，使室内保持负压。一般送风量为排风量的80%～90%。

⑤ 机械送风系统（包括与热风采暖合并的系统）的送风方式，应符合下列要求。

A. 放散热或同时放散热、湿和有害气体的生产厂房及辅助建筑物，当采用上部或上下部同时全面排风时，宜送至作业地带。

B. 放散粉尘或密度比空气大的气体或蒸气，而不同时放散热的生产厂房及辅助建筑物，当从下部地带排风时，宜送至上部地带。

C. 当固定工作地点靠近有害物质放散源，且不可能安装有效的局部排风装置时，应直接向工作地点送风。

⑥ 同时放散热、蒸气和有害气体，或仅放散密度比空气小的有害气体的生产厂房，除设局部排风外，宜在上部地带进行自然或机械的全面排风，其排风量不宜小于每小时一次换气。当房间高度大于6 m时，排风量可按每平方米地面面积6 m^3/h计算。

⑦ 当采用全面通风消除余热、余湿或其他有害物质时，应分别从室内温度最高、含湿量或有害物质浓度最大的区域排风，并且其风量分配应符合下列要求。

A. 当有害气体和蒸气密度比空气小，或在相反情况下会形成稳定的上升气流时，宜从房间上部地带排出所需风量的2/3，从下部地带排出1/3。

B. 当有害气体和蒸气密度比空气大，且不会形成稳定的上升气流时，宜从房间上部地带排出所需风量的1/3，从下部地带排出2/3。

还应注意：从房间上部地带排出的风量，不应小于每小时一次换气。当排出有爆炸危险的气体和蒸气时，排风口上缘距顶棚不应大于0.4 m。从房间下部地带排出的风量，包括距地面2 m以内的局部排风量。

3. 全面通风量计算

(1) 消除余热所需的全面通风量　依下式计算

$$G_1=\frac{3\,600Q}{(t_p-t_j)c}$$

(2) 消除余湿所需的全面通风量　依下式计算

$$G_2=\frac{G_{sh}}{(d_p-d_j)}$$

(3) 消除有害物质所需的全面通风量　依下式计算

$$G_3=\frac{\rho M}{(y_p-y_j)c}$$

式中　G_1——消除余热所需的全面通风量（kg/h）；

G_2——消除余湿所需的全面通风量（kg/h）；

G_3——消除有害物质所需的全面通风量；

Q——余热量（kW）；

t_p——排出空气温度（℃）；

t_j——送入空气温度（℃）；

c——空气比热容［kJ/(kg·℃)］；

G_{sh}——余湿量（g/h）；

d_p——排出空气中的含湿量（g/kg）；

d_j——送入空气中的含湿量（g/kg）；

M——室内有害物散发量；

y_p——排出空气中有害物浓度（mg/m^3）（一般情况下 $y_p=y_n$）；

y_j——送入空气中有害物浓度（mg/m^3）；

ρ——空气密度（kg/m^3）。

(4) 如果室内同时散发余热、余湿和有害物质，则取其中的最大值。

(5) 室内同时散发几种有害物质时，全面通风量取其中最大值。但是当同时散发数种溶剂（苯及其同系物或醇类或醋酸类）的蒸气，或数种刺激性气体（三氧化二硫及三氧化硫或氟化氢及其盐类等），全面通风量应按各种气体分别稀释到容许浓度所需的空气量的总和计算。

(6) 实际上，室内有害物的分布及通风气不可能非常均匀，混合过程也不可能在瞬间完成。在有害物源附近，空气中有害物浓度会大大高于室内平均值见图 6－32。因此，实际所需的全面通风量为

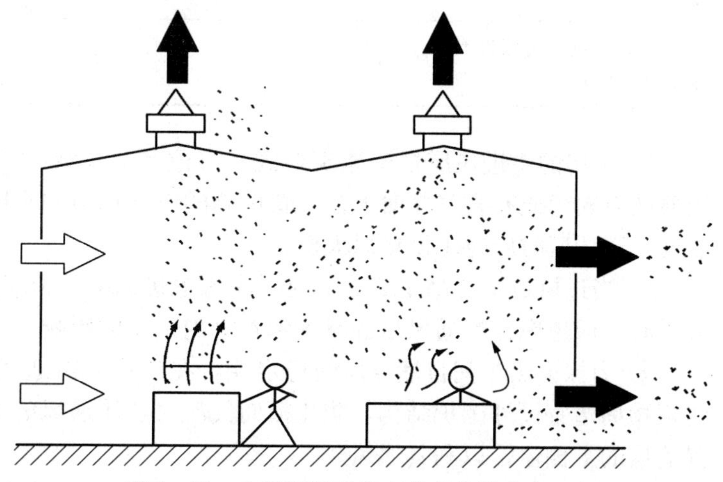

图 6－32　全面通风时室内有害物的分布

$$G_3' = K \cdot G_3$$

式中 G_3'——实际所需的全面通风量（kg/h）；

K——安全系数。

K 值与有害物质、气流组织方式等因素有关，精心设计的小型实验室 $K=1$，一般的通风房间 $K=3\sim9$。

（二）自然通风

自然通风是以热压和风压作用的有组织气流，通常用于有余热的房间，要求进风空气中有害物质浓度不超过车间工作地点空气中有害物质最高容许浓度的30%。当工艺要求进风需经过滤和处理时或进风能引起雾或凝结水时，不得采用自然通风。

设计工业建筑自然通风时，应从通风设计、总图布置、建筑形式、工艺配置等几方面综合考虑，才能达到良好地有组织自然通风，改善作业地带的卫生条件，创造良好的全面通风环境。

1. 自然通风的设计原则

① 根据《工业企业设计卫生标准》（TJ 36—79）和当地气象条件，按表6-43确定室内作业地带温度，并应符合表6-44的规定。

表6-43 作业地带允许温度范围（℃）

车间散热强度（W/m³）	工作地带温度不得超过下列温度与室外温度之和（℃）
<23	3
23～116	5
>116	7

② 夏季工作地点温与室外温度差值，不得超过表6-44的规定。

表6-44 车间工作地点与室外温度允许差值

当地夏季通风室外计算温度（℃）	22及以下	23	24	25	26	27	28	29～32	33及以上
工作地点与室外温度允许差值（℃）	10	9	8	7	6	5	4	3	2

③ 厂房的主进风应根据建筑形式、方位和风向确定，一般宜布置在夏季盛行风向的一侧。当放散有粉尘或有害气体时，在其背风侧的空气动力阴影区内的外墙上，应避免设置进风口。屋顶处于正压区时应避免设排风天窗。

④ 当进风口中心高于2.0 m时，应考虑进风效率降低的影响；当车间内有工艺或通风机械排风时，应考虑自然通风量的减少和对室内余压的影响。

⑤ 为保证热车间自然通风的稳定性，在计算自然通风时仅考虑热压作用。在进风口以上的建筑物周边宜设外围护结构，防止横向气流对热压通风的不利影响，仅在有吊车司机室的部位设置适量的上侧窗，以利其通风。

⑥ 炎热地区，当工艺系统允许时，应争取穿堂风为主的自然通风，即风压作用下的自然通

风。这时，应尽量采用单跨、开敞式建筑。

⑦ 除一般天窗能稳定排风或夏季室外平均风速小于或等于 1 m/s 的地区可采用一般天窗外，当炎热地区的车间散热强度大于 23 W/m³ 和其他地区的车间散热强度大于 35 W/m³ 以及不允许天窗孔口的气流倒灌时，均应采用避风天窗。

⑧ 对不需要调节天窗窗扇开启角度的高温车间，可采用不带窗扇的避风天窗，但应符合防雨要求。

⑨ 当建筑物一侧与较高建筑物邻接时，为了防止避风天窗或风帽倒灌，其各部尺寸，应符合图 6-33 和表 6-45 的要求。

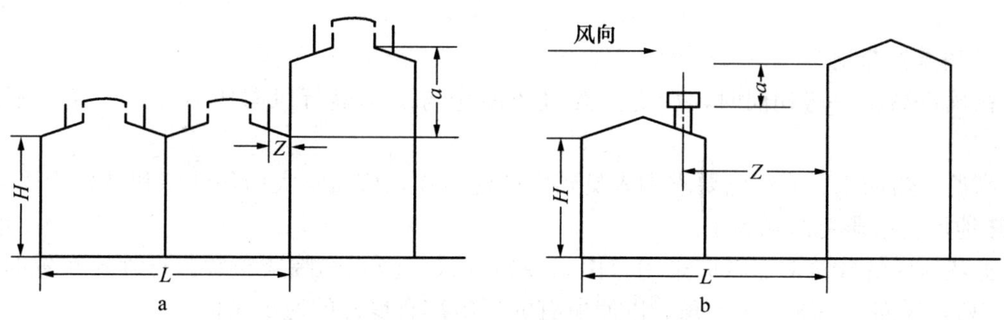

图 6-33　避风天窗或风帽与建筑物的相关尺寸

a. 避风天窗与建筑物的相关尺寸　b. 风帽与建筑物的相关尺寸

表 6-45　避风天窗或风帽与建筑物的相关尺寸

Z/a	0.4	0.6	0.8	1.0	1.2	1.4	1.6	1.8	2.0	2.1	2.2	2.3
$\frac{L-Z}{H}$	≤1.3	1.4	1.45	1.5	1.65	1.8	2.1	2.5	2.9	3.7	4.6	5.6

注：当 $Z/a>2.3$ 时，建筑物的相关尺寸可不受限制。

2. 建筑形式的选择

① 放散大量余热的车间，应尽量采用单层、单跨建筑。

② 高温车间的四周，尤其是夏季盛行风向的迎风面，应避免建披屋。如一定要建封闭式披屋，只宜建在背风面，且其长度不得超过厂房外墙全长的 30%。

③ 利用热压通风的高温厂房，在工艺条件允许的情况下，车间高度（H）与车间散热强度（q）应符合下列规定：$q=23\sim58$ W/m³ 时，$H\geqslant5\sim6$ m；$q=23\sim58$ W/m³ 时，$H\geqslant5\sim6$ m；$q=81\sim116$ W/m³ 时，$H=8\sim10$ m；$q>116$ W/m³ 时，$H\geqslant12$ m。

④ 炎热地区内不放散大量余热的冷车间和民用建筑，可采用穿堂风。组织穿堂风时要尽可能使通风路线短而直，门窗洞口对应布置，通风气流应通过人们经常停留的地方。应尽量采用开敞式建筑，否则，迎风面与背风面墙上门、窗、洞口总面积分别占各自墙面积的 1/4～1/3（前者适用于小跨度，后者适用于跨度≤24 m）。

⑤ 炎热地区，采用穿堂风的工业与民用建筑，应根据工艺、气象条件选用适宜的建筑开敞形式。

⑥ 自然通风进风口标高，夏季进风口下缘距室内地面应采用 0.3～1.2 m，在严寒和寒冷地区，冬季进风口下缘不应低于 4 m，如低于 4 m，应采取防冷风吹向工作地点的措施。

⑦ 当采用避风天窗时，挡风板与天窗之间，以及多跨厂房相邻天窗之间，其端部应封闭。

当天窗较长时，挡风板与天窗间应设置横向隔板，其间距不应大于挡风板上缘至地坪高度的 3 倍，且不应大于 50 m。

挡风板下缘至屋面的距离，宜采用 0.1～0.3 m，在挡风板或封闭物上，应设置检查门。

⑧ 自然通风的进风口，应据工艺特点采用门、洞、平开窗或垂直转动窗、板等。

自然通风用的窗扇，应便于人工开关。不便于人工开关或需要经常调节的窗扇，应设机械开关装置。

3. 总图布置原则

① 在确定高温厂房朝向时，厂房主要进风面应与夏季盛行风向成 60°～90°角，不宜小于 45°。

② 高温、热加工、有特殊要求和人员较多的建筑物，应避免大面积外墙和玻璃窗受到西晒。南方炎热地区应以避免西晒为主。

③ 炎热地区的建筑群布置应采用自由式或行列式，防止庭院式布置。行列式布置时，厂房的纵轴与盛行风向宜成 30°～45°角，以使所有的厂房都有良好的通风条件。

为避免建筑物相互遮挡风流，或错列布置，或前后幢建筑保持一定的间距，如图 6－34 所示。

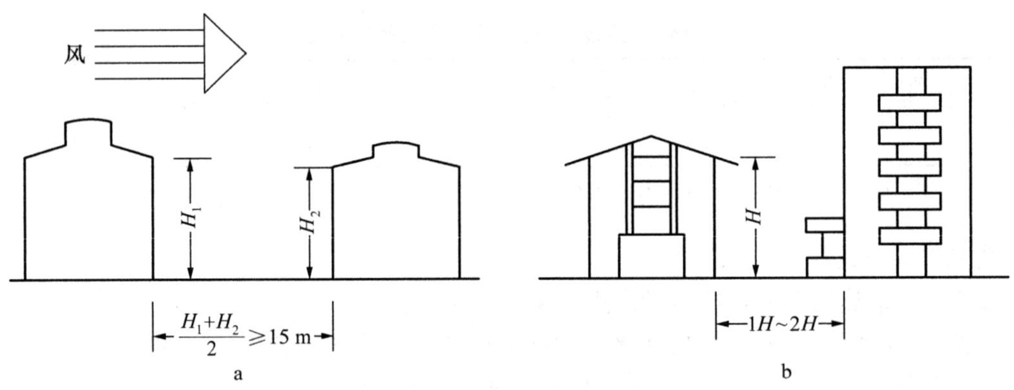

图 6－34 建筑的间距

a. 热车间的间距 b. 民用建筑的间距

④ 为保证通风空气的质量，应遵循《工业企业总平面设计规范》GB 50187—93 的规定：生产管理设施的布置，应位于厂区全年最小频率风向的下风侧；生产区内冷的要求清洁的车间应布置在全年最小频率风向的下风侧。产生高温、有害气体和粉尘的车间应布置在厂区全年最小频率风向的上风侧，且地势开阔、通风条件良好的地段，并应避免采用封闭或半封闭式的布置形式。

4. 工艺布置原则

① 以热压为主进行自然通风的厂房，应尽量将散热设备布置在天窗的下方。以穿堂风为主

进行自然通风时，应把热源单排布置在夏季盛行风向的下风侧。

② 炎热地区，可把热源（如加热炉、热料等）布置在厂房外面、且位于夏季盛行风向的下风侧，仅把炉子操作口放在厂房内。布置在室内的热源，应采取有效的隔热措施。

③ 当热源沿厂房一侧外墙布置，且外墙与热源之间无工作点时，热源应尽量布置在该侧外墙两个进风口之间，如图 6－35 所示。

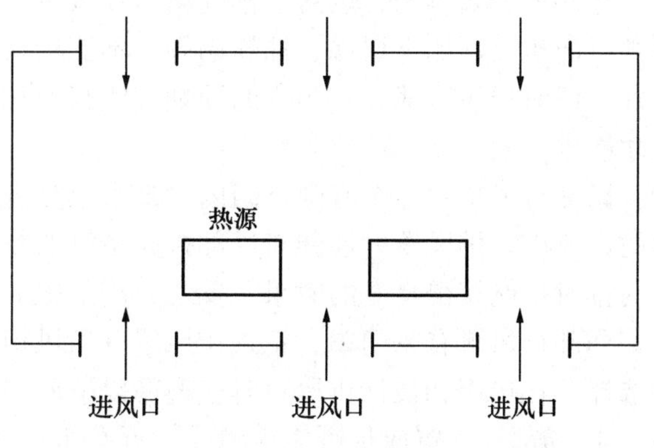

图 6－35　热源的布置

④ 在多跨厂房中，应冷热跨间隔布置，尽量避免热跨相邻，以便利用冷跨天窗进风，提高热跨的通风降温效果。

⑤ 当散热设备布置在多层建筑物内时，应尽量将其布置在建筑物的顶屋。如必须布置在其他各层时，应采取防止热空气影响上层的措施。

5. 自然通风的计算　自然通风的通风量用于排除热车间（一般指散热强度大于 23 W/m^3 的车间）的余热；而余热指车间内各种热源散出的总显热量减去总耗热量后所剩余的热量。

① 当车间无局部排风时，夏季自然通风的通风量 G（kg/h），按下式计算

$$G=\frac{3.6Q}{c(t_p-t_{wf})\beta}$$

$$G=\frac{3.6mQ}{c(t_n-t_{wf})\beta}$$

② 当车间作业地带有局部排风时，计算式为

$$G=\frac{3.6mQ}{c(t_n-t_{wf})\beta}+\frac{(1-m)G_{gp}}{\beta}$$

式中　G——由室外进入的通风量（kg/h）；

Q——车间的显热余热量（W）；

c——空气比热容［$c=1.01$ kJ/(kg·℃)］；

t_p——车间排风温度（℃）；

t_n——室内作业地带温度（℃）；

t_{wf}——夏季通风室外计算温度（℃）；

β——进风有效系数；

m——散热量有效系数；

G_{gp}——局部排风从作业地带排出的排风量（kg/h）。

（三）局部排风

食品生产的粉碎工段有大量的粉尘影响车间环境，在热加工工段有大量的余热和水蒸气散发，造成车间温度升高，湿度增加，并引起建筑物的内表面滴水、发霉，严重影响劳动环境和卫生。为此，对这些工段需要采取局部排风措施，以改善车间条件。

小范围的局部排风一般采用排气风扇，但排风扇的电动机是在湿热气流下工作，易出故障。故较大面积的工段或温度湿度较高的工段，常采用离心风机排风。因离心机的电动机基本上在自然气流状态下工作，运转比较可靠。

有些设备如烘箱、烘房、排气箱、预煮机等，可设专门的封闭排风管直接排出室外。有些设备开口面积大，如夹层锅、油炸锅等，不能接封闭的风管，可加设伞形排风罩，然后接风管排出室外。但对于易造成大气污染的油烟气或其他化学性有害气体，宜设油烟过滤器等装置进行处理后才能排入大气。

局部排风是对一个有限空间内的某个部分进行排风的系统。局部排风一般是通过排风罩来实现的，所以，排风罩的性能对局部排风系统的技术经济效果具有很大的影响。如设计合理，用较小的排风量能获得良好的效果。反之，用了很大的排风量也达不到预期的目的。

局部排风罩有密闭罩、柜式排风罩（通风柜）、外部吸气罩、接受式排风罩、吹吸式排风罩供选择。在选用和设计排风罩时应遵循以下原则：

① 局部排风罩应尽可能包围或靠近有害物源，使有害物源局限于较小的局部空间。应尽可能减小吸气范围，便于捕集和控制。

② 排风罩的吸气气流方向应尽可能与污染气流运动方向一致。

③ 已被污染的吸入气流不允许通过人的呼吸区。设计时要充分考虑操作人员的位置和活动范围。

④ 排风罩应力求结构简单、造价低，便于安装和维护。

⑤ 局部排风罩的配置应与生产工艺协调一致，力求不影响工艺操作。

⑥ 要尽可能避免和减弱干扰气流和穿堂风、送风气流对吸气气流的影响。

三、空　　调

食品生产厂厂房及辅助建筑物，当采用通风达不到工艺对室内温湿度要求时，可以采用工艺性空调，以满足工艺生产过程对空气环境的要求。为达到节能的目的，在满足工艺要求的条件下，应尽量减少空气调节房间的面积和散热、散湿设备。当采用局部空气调节器或局部区域空气调节能满足要求时，不应采用全室性空气调节。

（一）负荷计算与送风量确定

1. 负荷计算

（1）空气调节房间的夏季得热量计算　空气调节房间的夏季得热量，应根据下列各项确定：① 通过围护结构传入室内的热量；② 透过外窗进入室内的太阳辐射热量；③ 人体散热量；④ 照明散热量；⑤ 设备、器具、管道及其他室内热源的散热量；⑥ 食品或物料的散热量；⑦ 渗透空气带入室内的热量；⑧ 伴随各种散湿过和产生的潜热量。

在计算空气调节房间的夏季冷负荷，应根据各项得热量的种类和性质以及房间的蓄热特性，分别进行计算。通过围护结构进入室内的不稳定传热量、透过外窗进入室内的太阳辐射热量、人体散热量以及非全天使用的设备、照明灯具的散热量等形成的冷负荷，宜按不稳定传热方法计算确定；不宜把上述得热量的逐时值直接作为各相应时刻冷负荷的即时值。计算透过玻璃窗进入室内的太阳辐射热量时，应考虑空气调节房间内外遮阳设施以及附近高大建筑物或遮挡物的影响。透过下班窗进入室内的太阳辐射热形成的冷负荷，宜按遮阳设施的类型和空气调节房间蓄热特性等因素，分别计算确定。确定人体、照明和设备等散热形成产冷负荷时，应根据不同情况，分别选用适宜的群集系数、负荷系数和同时使用系数，有条件时，应有实测数值。

(2) 空气调节房间的夏季计算散湿量的确定　空气调节房间的夏季计算散湿量，应根据下列各项确定：① 人体散湿量；② 渗透空气带入室内的湿量；③ 化学反应过程的散湿量；④ 各种潮湿表面、液面或液流的散湿量；⑤ 食品或其他物料的散湿量；⑥ 设备散湿量。

(3) 空气调节房间的夏季冷负载的确定　空气调节房间的夏季冷负荷，应按各项逐时冷负荷的综合最大值确定。应根据所服务房间的同时使用情况、空气调节系统的类型及调节方式，按各房间逐时冷负荷的综合值或各房间夏季冷负荷的累计值确定，并应计入新风冷负荷以及通风机、水泵、冷水管和水箱温升引起的附加冷负荷。

2. 气流组织　空气调节房间的气流组织，应根据室内温湿度参数、允许风速和噪声标准等要求，并结合建筑物特点、内部装修、工艺布置、设备散热等因素综合考虑，通过计算确定。

(1) 送风机及送风口的选型　空气调节房间的送风机及送风口的选型，应符合下列要求。

① 一般可采用百叶风口或条缝型风口等侧送，有条件时，侧送气流宜内贴附。工艺性空气调节房间，当室温允许波动范围小于或等于±0.5 ℃ 时，侧送气流应贴附。

② 当有吊顶时，应根据房间高度及使用场所对气流的要求，选用圆型、方型、条缝型散流器和孔板送风。当单位面积送风量较大，且工作区内要求风速软件包小或区域温差要求严格时，就采用孔板送风。

③ 空间较大的公共建筑和室温允许波动范围大于或等于±1.0 ℃ 的高大厂房，可采用喷口或旋流风口送风。

(2) 贴附侧送的设计　采用贴附侧送，应符合下列要求。

① 送风中上缘离顶棚距离较大时，送风口处应设置向上倾斜 10°～20°的导流片。

② 送风口内应设置使射流不致左右偏斜的导流片。

③ 射流流程中不得有阻挡物。

(3) 孔板送风的设计　采用孔板送风时，应符合下列要求。

① 孔板上部稳压层的高度，应按计算确定，但净高不应小于 0.2 m。

② 向稳压层内送风的速度，宜采用 3～5 m/s。除送风射程较长的以外，稳压层内可不设送风分布支管，在送风口处，宜装设防止送风气流直接吹向孔板的导流片或挡板。

(4) 喷风口送风的设计　采用喷口送风时，应符合下列要求。

① 生活区或工作区宜处于回流区。

② 喷口直径可采用 0.2～0.8 m。

③ 喷口的安装高度，应根据房间高度和回流区的分布位置等因素确定，但不宜低于房间高度的 0.5 倍。

④ 兼作热风采暖时，应考虑具有改变射流出口角度的可能性。

(5) 分层调节的设计　分层空气调节的气流组织设计，应符合下列要求。

① 空气调节区宜采用双侧送风，当房间跨度小于是 18 m 时，可采用单元侧送风，回风口宜布置在送风口的同侧下方。

② 侧送多股平行射流应互相搭接，采用双侧送风时，两侧相向气流尚应在生活区或工作区以上搭接。

③ 应尽量减少非空气调节区的转移，必要时，应在非空气调节区设置送排风装置。

送风口的构造，应能满足改变射流出口角度的要求。

(6) 送风温度的确定　空气调节系统的夏季送风温度，应根据送风口类型、安装高度和气流射程长度以及是否贴附等因素确定。在满足舒适和工艺要求的条件下，应尽量加大送风温差。

(二) 空气调节系统

1. 空调系统的分类　空调系统一般可按负担室内热湿负荷所用的介质分为全空气系统、全水系统、空气-水系统和冷剂系统。按空气处理设备的集中程度可分为集中式空调系统、半集中式空调系统和分散式空调系统。按热量移动（传递）的原理来分可分为对流方式空调和辐射方式空调，按被处理空气的来源来分又可分为封闭式系统、直流式系统和混合式系统。它们之间的主要关系如表 6-46a 所示。

表 6-46a　空调系统的分类

主要传热方式	负担热湿负荷的介质	空调方式	分散程度			备注
			集中	半集中	分散	
对流	全空气	单风道定风量方式	○			末端空气混合箱方式与全空气诱导空调方式近似
		单风道变风量方式	○			
		双风道方式	○			
		全空气诱导器空调方式		○		
	全水	风机盘管方式		○		冷热源集中； 因无新风，属封闭式系统
	空气-水	风机盘管＋新风系统方式		○		
		空气-水诱导器空调方式		○		
	冷剂	整体式柜式和窗式空调机 分体式柜式和窗式空调机			○	不设新风系统者属封闭式
		闭环式水热源热泵方式			○	不设新风系统者属封闭式
辐射	空气-水	低温辐射空调＋新风系统方式	○			

2. 常用空调系统的选择　分别以定风量全空气系统、风机盘管（加新风系统）和单元式空调器，作为集中式空调、半集中式空调和空调系统为代表比较其特征和适用性，如表 6-46b 所示。

表 6－46b 典型空调系统的比较

		集 中 式	分 散 式	半集中式
风管、设备与布置	风管系统	1. 空调送、回风管系统复杂，布置困难； 2. 支风管和风口较多时不易均衡调节风量； 3. 风道要求保温，影响造价	1. 系统小，风管短，各个风口风量的调节比较容易达到均匀； 2. 直接放室内时，可不接风管，也没有回风管； 3. 小型机组余压小，有时难于满足风管布置和必需的新风量	1. 放室内时，不接送、回风管； 2. 当和新风系统联合使用时，新风管较小
	设备布置与机房	1. 空调与制冷设备可以集中布置在机房； 2. 机房面积较大，层高较高； 3. 有时可以布置在屋顶上或安设在车间柱间平台上	1. 设备成套，紧凑，可以放在房间内，也可以安装在空调机房内； 2. 机房面积较小，只集中系统的50%，机房层高较低； 3. 机组分散布置，敷设各种管线较麻烦	1. 只需要新风空调机房，机房面积小； 2. 风机盘管可以安设在空调房间内； 3. 分散布置，敷设各种管线较麻烦
	风管互相串通	1. 空调房间之间有风管连通，使各房间互相污染； 2. 当发生火灾时会通过风管迅速蔓延	1. 各空调房间之间不会互相污染、串声； 2. 发生火灾时也不会通过风管蔓延	各空调房间之间不会互相污染
空调控制品质	温湿度控制	可以严格地控制室内温度和室内相对湿度	1. 各房间可以根据各自的负荷变化与参数要求进行温湿度调节； 2. 对要求全年须保证室内相对湿度允许波动范围＜±5%或要求室内相对湿度较大时，较难满足； 3. 多数机组按 17～21 kJ/kg 的最大焓降设计，对室内温度要求较低、室外湿球温度较高、新风量要求较多时，较难满足	对室内温湿度要求较严时，难于满足
	空气过滤与净化	1. 可以采用初效、中效和高效过滤器，满足室内空气清洁度的不同要求； 2. 采用喷水室时，水与空气直接接触，易受污染，须常换水	过滤性能差，室内清洁度要求较高时难于满足	过滤性能差，室内清洁度要求较高时难于满足
	空气分布	可以进行理想的气流分布	气流分布受制约	气流分布受一定制约
安装与维护	安装	设备与风管的安装工作量大，周期长	1. 安装投产快； 2. 对旧建筑改造和工艺变更的适应性强	安装投产较快，介于集中式空调系统与单元式空调器之间
	消声与隔振	可以有效地采取消声和隔振措施	机组安设在空调房间内时，噪声、振动不好处理	必须采用低噪声风机，才能保证室内要求
	维护运行	空调与制冷设备集中安设在机房，便于管理和维修	1. 机组易积灰与油垢，清理比较麻烦，使用二三年后，风量、冷量将减少； 2. 难以做到快速加热（冬天）与快速冷却（夏天）； 3. 分散维修与管理较麻烦	1. 布置分散，维护管理不方便； 2. 水系统复杂，易漏水

（续）

		集中式	分散式	半集中式
经济性	节能与经济性	1. 可以根据室外气象参数的变化和室内负荷变化实现全年多工况节能运行调节，充分利用室外新风，减少与避免冷热抵消，减少冷冻机运行时间； 2. 室内热湿负荷变化不一致或室内参数不同的多房间，不经济； 3. 部分房间停止工作不需空调时，整个空调系统仍须运行，不经济	1. 不能按室外气象参数的变化和室内负荷变化实现全年多工况节能运行调节，过渡季不能用全新风； 2. 灵活性大，各空调房间可根据需要停开； 3. 加热大多采用热泵方式，经济性好	1. 灵活性大，节能效果好，可根据各室负荷情况自行调节； 2. 盘管冬、夏兼用，内壁容易结垢，降低传热效率； 3. 无法实现全年多工况节能运行调节
	造价	除制冷机锅炉设备外，空气处理箱和风管造价均较高	仅设备造价，单元式空调器价格合理，故造价较低	介于两者之间
	使用寿命	使用寿命长	使用寿命较短	使用寿命较长
适用性		1. 建筑空间大，可布置风道； 2. 室内温湿度、洁净度控制要求严格的生产车间； 3. 空调容量很大的大空间公共建筑，如商场、影剧院	1. 空调房间布置分散； 2. 空调使用时间要求灵活； 3. 无法设置集中式冷热源	1. 室内温湿度控制要求一般的场合； 2. 多层或高层建筑而层高较低的场合，如旅馆和一般标准的办公楼

第六节　制冷工程

一、冷库的分类与库容量计算

（一）食品冷藏库的分类

食品冷藏库一般可分为 3 类：生产性冷藏库、分配性冷藏库和零售性冷藏库。

1. *生产性冷藏库*　主要建在货源较集中的产区，作为肉、禽、蛋、鱼、果蔬加工厂的冷冻车间使用。食品在此进行冷冻加工并短期冷藏储存后即运网其他销售地区。其特点是冷冻加工的能力较大，有一定库容量。

鱼类生产性冷藏库为了供应鱼船用冰，设有较大的制冰能力和冰库。

2. *分配性冷藏库*　主要建设在商品集散地，用于商品的流转。

3. *零售性冷藏库*　建设在各个商品零售网点，用于零售点的货物储存。

（二）冷库的组成

冷库一般由主库、动力部分和工艺部分组成。

1. *主库（冷库）*　主库按其使用性质应分别设有下述设施。

（1）晾肉间　晾肉间是为猪肉一次冻结工艺而设置的，一般取相当于一间半至二间冻结间的容量，室温保持在 20 ℃左右。它属于不隔热的常温房间，也可与屠宰车间合并建造。南方地区的晾肉间也有设隔热层的。

（2）冷却间　冷却间是用来对食品冷却加工的库房。冷却间的室温为 0～±2 ℃，当食品达到冷却要求的温度后称为冷却物，即可转入冷却物冷藏间。当果蔬鲜蛋的一次进货量小于冷藏间容量的 5%时，也可不经冷却直接进入冷藏间。

（3）冻结间　对于长期储藏的食品需由常温或冷却状态迅速降至－15～－18 ℃的冻结状态，达到冻结终温的食品称为冻结物。冻结间是借助冷风机或专用冻结装置用于冻结食品的冷间，它的室温为－23～－30 ℃（国外有采用－40 ℃或更低温度的）。冻结间也可移出主库而单独建造。

（4）再冻间　它设于分配性冷藏库，供外地调入冻结食品中品温超过－8 ℃的部分在入库前再冻之用。再冻间冷分配设备的选用与冻结间相同。

（5）冷却物冷藏间　这种冷藏间又称高温冷藏间，室温为 4～－2 ℃，相对湿度 85%～95%，这因储藏食品的不同而异。它主要用于储藏经过冷却的鲜蛋果蔬；由于果蔬在储藏中仍有呼吸作用，库内除保持合适的温湿度条件外，还要引进适量的新鲜空气。如储藏冷却肉，储藏时间不宜超过 14～20 d。

（6）冻结物冷藏间　它又称低温冷藏间，室温为－18～－25 ℃，相对湿度 95%～100%，用于较长期地储藏冻结食品。在我国，冻结物冷藏间温度有降至－28～－30 ℃的趋势，日本对冻金枪鱼还采用了－45～－50 ℃所谓超低温的冷藏间。

（7）制冰间　它的位置宜靠近设备间，水产冷藏库常将它设于主库的顶层。制冰间宜有较好的采光和通风条件，室内高度要考虑到提冰设备运行的方便；并要求排水畅通，以免室内积水和过分潮湿。

（8）冰库　一般设于主库靠制冰间和出冰站台的部分，也有与制冰间一起单独建造的。若制冰间位于主库顶层，冰库可设在它的下层。冰库的库温为－4 ℃（盐水制冰）或－10 ℃（快速制冰）。冰库内壁敷设竹料或木料护壁，以保护墙壁不受冰块的撞击。

（9）穿堂　穿堂是食品进出库的通道，并起到沟通各冷间、便于装卸周转的作用。库内穿堂有低温穿堂和中温穿堂两种，分属高、低温库房使用。目前冷库设计中较多采用库外常温穿堂，将穿堂布置在冷库主体建筑之外，穿堂内温度较高，通风条件好，改善工人的操作条件，也能延长穿堂使用年限。常温穿堂的建筑结构一般与库房结构分开。

（10）电梯间　它设置于多层冷库，作为库内垂直运输之用，其大小、数量及设置位置视吞吐量及工艺要求而定。一般按每千吨冷藏量设 0.9～1.2 t 电梯容量计算，可参见表 6－47。

表 6－47　冷库运货电梯设置台数

冷藏库规模	3 t 货梯台数
＜5 000 t	2
5 000～9 000 t	2～4
10 000 t	3～4
＞10 000 t	参照以上数值增加

在电梯井上部设有电梯机器间，内装电梯的电动机及滑轮组。

（11）站台　冷库站台供装卸货物之用。有铁路专用线的大中型生产性和分配性冷藏库均应分别设置铁路站台和公路站台。铁路站台最普通的形式是罩棚式，在气温高或多风沙地区宜建封闭式站台。铁路站台的标高应高出轨面 1.10 m，其宽度和长度见表 6－48。

表 6－48　铁路站台宽度、长度表

冷藏库规模	站台宽度（m）	站台长度（m）	备　　注
大型（≥10 000 t）	8～10	317	按 B_{16}全列（23 节）设置
大中型（≥5 000 t）	8～10	216	按一小列 B_{17}（12 节）设置
中小型（1 500～4 500 t）	6～8	108（90）	按一小列 B_{17}（12 节）的一半设置
卸猪站台（大中型屠宰专设）		30	按同时卸 2 节车皮计算

注：括弧中数字是半列 B_{19} 型机械保温列车的长度，在用地面积较小时可以采用。

公路站台是汽车用的装卸站台，它可布置在冷库与铁路站台相对的另一面，或与铁路站台连接。小型冷藏库只设公路站台。公路站台的标高应高出路面 0.8～1.2 m，与进出最多的汽车高度相一致。它的长度按每 1 000 t 冷藏容量 7～10 m 设计，其宽度由货物周转量的大小、搬运方法不同而定：一般<1 500 t 的冷库取 5～7 m，1 000～4 500 t 的冷库取 5～8 m，≥5 000 t 的冷库取 7～9 m，用手推车作业取 5～6 m，而用电动叉车作业时取 8～10 m。公路卸猪站台的有效长度不小于 12 m，一般设于汽车前进方向的右侧，以便停靠。

（12）其他　如挑选间、包装间、分发间、副产品冷藏间、饮品冷藏间、楼梯间、站台群房等。

2. *动力部分*　动力部分包括下述设施。

（1）机器房　它是冷藏库主要的动力车间，安装有制冷压缩机、中间冷却器、调节站、仪表屏、配套设备等。目前我国大多将机器间邻接主库单独建造，一般采用单层建筑。国外的大型冷藏库常把机器间布置在楼底层，以提高底层利用率。对于单层冷藏库，也有在每个库房外分设制冷机组，而不设置集中供冷的机器间。

（2）设备间　它安装有卧式冷凝器、储氨器、液气分离器、循环储液桶、氨泵等制冷设备，其位置紧靠机器间，在机器间与主库联结方便的一端。在小型冷藏库中，因机器设备不多，机器间与设备间可合为一间。在大型冷藏库中，如建筑条件合适时，可将机器间设在一层而将设备间设于地下室，不过现已很少采用。

机器间和设备间加上室外冷凝器部分的构筑物统称机房。

（3）变、配电间　它包括变压器间、高压配电间、低压配电间（大型冷藏库还设电容器间）。变、配电间靠近负荷最大的机器间，当机器间为单层建筑时，一般多设在机器间与设备间相对的另一端。变压器间也可单独建筑，高度不得小于 5 m，要求通风条件良好。在小型冷藏库中，也可将变压器放在室外架空搁置。变、配电间内的具体布置视电器工艺要求而定。

（4）锅炉房　锅炉房应设置在全年主导风向的下风向，并尽可能接近用汽负荷中心。

3. *生产工艺部分*　依不同的食品厂而有区别。

（1）屠宰车间　它的任务是宰杀生猪加工成白条肉，建设规模按班屠宰能力分为 4 级，系根据建库地区正常货源和产销情况来确定。根据冷藏库加工对象的不同，还可设清真车间（或大牲畜车间）、宰鸡车间、宰兔车间。

（2）理鱼间或整理间　理鱼间是供水产品冻结前进行清洗、分类、分级、处理、装盘、过磅、包装等工序的场所，一般按每吨冻鱼配 10～15 m² 操作面积计算，处理虾、贝类则根据具体操作方式适当扩大。果蔬、鲜蛋在冷加工前先在整理间进行挑选、分级、整理、过磅、包装，以保证产品的质量。理鱼间或整理间都要求具有良好的采光、照明和通风条件，地面要便于冲洗和排水。

（3）加工车间　商业冷藏库常设有食用油加工间、腌腊肉加工间、熟食加工间、副产品加工间、肠衣加工间、制药车间等；水产冷藏库常设有腌制车间、鱼粉车间等。

（4）辅助设施　有化验室、冷却塔、水塔、水泵房、一般仓库、汽车库、铁路专用线、道路、回车场、污水处理场等。

（三）食品冷藏库的工艺流程

1. 生产性冷藏库的工艺流程

（1）肉类冷藏库的工艺流程

屠宰加工后的白条肉→检验、分级、过磅→冻结→过磅→冻结物冷藏→过磅→出库

冷却

冷却物冷藏

市场销售

（2）禽类冷藏库的工艺流程

宰杀后的家禽→检验、分级、过磅→冷却→包装→冻结→冻结物冷藏→出库

（3）鱼类冷藏库的工艺流程

鲜鱼清洗、分级、装盘→冻结→脱盘、过磅→冻结物冷藏→过磅→出库

（4）鲜蛋、水果冷藏库的工艺流程

鲜蛋、水果挑选、分级、过磅、装箱→冷却→冷却物冷藏→过磅→出库

不超过库房容量 5% 可直接进入冷却物冷藏间

2. 分配性冷藏库的工艺流程

（1）冻结食品冷藏库的工艺流程

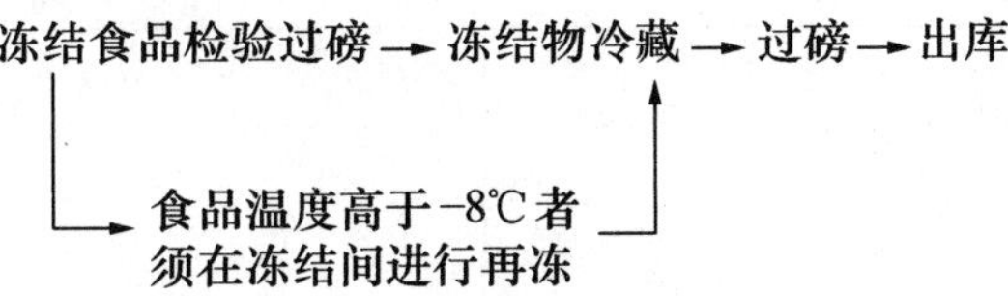

（2）鲜蛋、水果的工艺流程　同生产性冷藏库。

（四）库容量计算

冷库的设计规模应以冷藏间或储冰间的公称容积为计算标准。公称容积为冷藏间或储冰间的净面积（不扣除柱、门斗和制冷设备所占的面积）乘以房间净高。

冷库储藏吨位可按下式计算：

$$G=\frac{\sum V\gamma\eta}{1\,000}$$

式中 G ——冷库储藏吨位（t）；

V ——冷藏间或储冰间的公称容积（m^3）；

η ——冷藏间或储冰间的容积利用系数；

γ ——食品的计算重度（kg/m^3）；

1 000 ——1 t 换算成千克的换算系数（kg/t）。

在参数选择时应考虑：①冷藏间容积利用系数不应小于表 6－49 的规定值。②储冰间容积系数不应小于表 6－50 的规定值。③食品的计算重度采用表 6－51 的规定值。

表 6－49 冷藏间容积利用系数

公称容积（m^3）	容积利用系数
500～1 000	0.40
1 001～2 000	0.50
2 001～10 000	0.55
10 001～15 000	0.60
＞15 000	0.62

注：①对于仅储存冻结食品或冷却食品的冷库，表内公称容积为全部冷藏间公称容积之和；对于同时储存冻结食品和冷却食品的冷库，表内公称容积分别为冻结食品冷藏间或冷却食品冷藏间各自的公称容积之和；②蔬菜冷库的容积利用系数应按表6～48数值乘以修正系数 0.8。

表 6－50 储冰间容积利用系数

储冰间净高（m）	容积利用系数
≤4.20	0.4
4.21～5.00	0.5
5.01～6.00	0.6
＞6.00	0.65

表 6－51 食品计算重度

序号	食品类别	重度（kg/m^3）
1	冻肉	400
2	冻鱼	470
3	鲜蛋	260
4	鲜蔬菜	230
5	鲜水果	230
6	冰蛋	600
7	机制冰	750
8	其他	按实际重度采用

注：同一冷库如同时存放猪、牛、羊肉（包括禽、兔）时，其重度均按 400 kg/m^3 计；当只存冻羊腔时，重度按 250 kg/m^3 计；只存冻牛、羊肉时，重度按 330 kg/m^3 计。

（五）冷库设计的温度参数

1. 冷库设计的室外气象参数　除应采用现行的《采暖通用和空气调节设计规范》的规定外，还应符合下列规定。

① 库房围护结构传入热量计算的室外计算温度，应采用夏季空气调节日平均温度；计算库房围护结构最小总传热阻时的室外空气相对湿度，应采用最热月平均相对湿度。

② 开门热量和冷间换气热量计算的室外温度，应采用夏季通风温度，室外相对湿度应采用夏季通风室外计算相对湿度。

2. 冷间设计温度和相对湿度　应根据各类食品冷藏工艺要求确定，见表 6－52。

表 6－52　冷间设计温度和相对湿度

序号	冷间名称	室温（℃）	相对温度（%）	适　用　食　品　范　围
1	冷却间	0		肉、蛋等
2	冻结间	－19～－25		肉、禽、兔、冰蛋、蔬菜、冰激淋等
		－23～－35		鱼、虾等
3	冷却物	0	85～90	冷却后的肉、禽
		－2～0	80～85	鲜蛋
		－1～＋1	90～95	冰鲜鱼
		0～＋2	85～90	苹果、鸭梨等
		－1～＋1	90～95	大白菜、蒜薹、葱头、菠菜、香菜、胡萝卜、甘蓝、芹菜、莴苣等
		＋2～＋4	85～90	马铃薯、橘子、荔枝等
	冷藏间	＋17～＋13	85～95	柿子椒、菜豆、黄瓜、番茄、菠萝、柑等
		＋11～＋16	85～90	香蕉等
4	冻结物	－15～－20	85～90	冻肉、禽、兔和副产、冰蛋、冻蔬菜、冰激淋、冰棒等
	冷藏间	－18～－23	90～95	冻鱼、虾类
5	储冰间	－4～－6		盐水制冰的冰块

注：冷却物冷藏间设计相对湿度一般取 0 ℃，储藏过程中应按照食品的产地、品种、成熟度和降温时间等调节其温度与相对湿度。

二、耗冷量计算

（一）冷间冷却设备负荷计算

冷间冷却设备负荷就是库房总耗冷量，是选配冷库冷分配设备的依据。冷间冷却设备负荷应按下式计算

$$Q_q = Q_1 + PQ_2 + Q_3 + Q_4 + Q_5$$

式中　Q_q——冷间冷却设备负荷（kJ/h）；

Q_1——围护结构传热量（kJ/h）；

Q_2——货物热量（kJ/h）；

Q_3——通风换气热量（kJ/h）；

Q_4——电动机运行热量（kJ/h）；

Q_5——操作热量（kJ/h）；

P——负荷系数。

（二）冷间机械负荷计算

冷间机械负荷是制冷压缩机的总负荷，是选配冷库制冷压缩机的依据。冷间机械负荷应分别根据不同蒸发温度按下式计算：

$$Q_j = (n_1 \sum Q_1 + n_2 \sum Q_2 + n_3 \sum Q_3 + n_4 \sum Q_4 + n_5 \sum Q_5)R$$

式中　Q_j——机械负荷（kJ/h）；

n_1——围护结构传热量的季节修正系数［一般应根据生产旺季出现的月份，按季节修正系数 n_1 值（表 6－54）规定采用。当全年生产无明显淡旺季区别时，应取 1］；

n_2——货物热量的机械负荷折减系数［应根据冷间的性质确定，冷加工间和其他冷间应取 1；冷却物冷藏间宜取 0.3～0.6（按表 6－48 冷藏间的公称容积为大值时取小值）；冻结物冷藏间宜取 0.5～0.8（按表 6－48 冷藏间的公称容积为大值时取大值）］；

n_3——同期换气系数（一般取 0.5～1.0，“同时最大换气量与全库每日总换气量的比值”大时取大值）；

n_4——冷间用的电动机同期运转系数（应按表 6－53 规定采用）。

n_5——冷间同期操作系数（应按表 6－53 规定采用）。

R——制冷装置和管道等冷损耗补偿系数（一般直接冷却系统取 1.07，间接冷却系统取 1.12）。

表 6－53　冷间用的电动机同期运转系数 n_4 和冷间的同期操作系数 n_5

冷间总间数	n_4 或 n_5	冷间总间数	n_4 或 n_5
1	1	≥5	0.4
2～4	0.5		

注：①本表中“冷间用电动机同期运转系数” n_4，冷却间、冻结间中的冷风机，其值取 1；其他冷间则按本表取值；②“冷间总间数”应按同一蒸发温度且用途相同的冷间间数计算。

表 6－54　季节修正系数（n_1）值表

纬度 \ 库温（℃） \ n_1 值 \ 月份		1	2	3	4	5	6	7	8	9	10	11	12	
北纬 40° 以上	0	−0.71	−0.50	−0.10	0.40	0.70	0.90	1.00	12.00	0.70	0.30	−0.10	−0.50	含 40°
	−10	−0.25	−0.11	0.19	0.59	0.78	0.92	1.00	1.00	0.78	0.49	0.19	−0.11	
	−18	−0.02	0.10	0.33	0.64	0.82	0.93	1.00	1.00	0.82	0.58	0.33	0.10	
	−23	0.08	0.18	0.40	0.68	0.84	0.94	1.00	1.00	0.84	0.62	0.40	0.18	
	−30	0.19	0.28	0.40	0.72	0.86	0.95	1.00	1.00	0.86	0.67	0.47	0.28	

（续）

纬度 \ 库温(℃) \ n_1值 \ 月份		1	2	3	4	5	6	7	8	9	10	11	12	
北纬35°~40°	0	−0.3	−0.2	0.20	0.50	0.80	0.90	1.00	1.00	0.70	0.50	0.10	−0.20	含35°
	−10	0.50	0.14	0.41	0.65	0.86	0.92	1.00	1.00	0.78	0.65	0.35	0.14	
	−18	0.22	0.29	0.51	0.71	0.89	0.93	1.00	1.00	0.82	0.71	0.38	0.29	
	−23	0.30	0.36	0.56	0.74	0.90	0.94	1.00	1.00	0.84	0.74	0.40	0.36	
	−30	0.39	0.44	0.61	0.77	0.91	0.95	1.00	1.00	0.86	0.77	0.47	0.44	
北纬30°~35°	0	0.10	0.15	0.33	0.53	0.72	0.86	1.00	1.00	0.83	0.62	0.41	0.20	含30°
	−10	0.31	0.36	0.48	0.64	0.79	0.86	1.00	1.00	0.88	0.76	0.62	0.48	
	−18	0.42	0.46	0.56	0.70	0.82	0.90	1.00	1.00	0.88	0.76	0.62	0.48	
	−23	0.47	0.51	0.60	0.73	0.84	0.91	1.00	1.00	0.89	0.78	0.65	0.53	
	−30	0.53	0.56	0.65	0.76	0.85	0.92	1.00	1.00	0.90	0.81	0.69	0.58	
北纬25°~30°	0	0.18	0.23	0.42	0.60	0.80	0.88	1.00	1.00	0.87	0.65	0.45	0.26	含25°
	−10	0.39	0.41	0.56	0.71	0.85	0.90	1.00	1.00	0.90	0.73	0.59	0.44	
	−18	0.49	0.51	0.63	0.76	0.88	0.92	1.00	1.00	0.92	0.78	0.63	0.53	
	−23	0.49	0.51	0.67	0.78	0.89	0.93	1.00	1.00	0.92	0.80	0.67	0.57	
	−30	0.59	0.61	0.70	0.80	0.90	0.93	1.00	1.00	0.93	0.82	0.72	0.62	
北纬25°以下	0	0.44	0.48	0.63	0.79	0.94	0.97	1.00	1.00	0.93	0.81	0.65	0.49	
	−10	0.58	0.60	0.73	0.85	0.95	0.98	1.00	1.00	0.95	0.85	0.75	0.63	
	−18	0.65	0.67	0.77	0.88	0.96	0.98	1.00	1.00	0.96	0.86	0.79	0.69	
	−23	0.68	0.70	0.79	0.89	0.96	0.98	1.00	1.00	0.96	0.89	0.81	0.72	
	−30	0.72	0.73	0.82	0.90	0.97	0.98	1.00	1.00	0.97	0.90	0.83	0.75	

（三）参数选择

1. 负荷系数　冷却间和冻结间的负荷系数 P 应取 1.3，其他冷间取 1。

2. 围护结构传热量　应按下式计算

$$Q_1 = kFa(t_w - t_n)$$

式中　k——围护结构的传热系数 [kJ/(m^2·h·℃)]；

F——围护结构的传热面积（m^2）；

a——围护结构两侧温差修正系数（可采用表 6-55 数据）；

t_n——围护结构内侧的计算温度（℃）；

t_w——围护结构外侧的计算温度（℃）。

围护结构外侧的计算温度应按下列规定取值。

① 计算内墙的楼面时，围护结构外侧的计算温度应取其邻室的室温。当邻室为冷却间或冻结间时，应取该类冷间空库保温温度。空库保温温度，冷却间应按 10 ℃，冻结间应按−10 ℃计算。

② 冷间地面隔热层下设有通风加热装置时，其外侧温度按 1～2 ℃计算；如地面下部无通风等加热装置或地面隔热层下为通用架空层时，其外侧的计算温度应采用夏季空气调节日平均温度。

表 6－55 围护结构两侧温差修正系数 a

序 号	围 护 结 构 部 位	温差修正系数 a
1	$D>4$ 的外墙：	
	冻结间、冻结物冷藏间	1.05
	冷却间、冷却物冷藏间、储冰间	1.01
2	$D>4$ 相邻有常温房间的外墙：冻结间、冻结物冷藏间	1.00
	冷却间、冷却物冷藏间、储冰间	1.00
3	$D>4$ 的冷间顶棚，其上为通风阁楼，	
	屋面有隔热层或通风层：	
	冻结间、冻结物冷藏间	1.15
	冷却间、冷却物冷藏间、储冰间	1.20
4	$D>4$ 的冷间顶出面，其上为不通风阁楼，	
	屋面有隔热层或通风层：冻结间、冻结物冷藏间	1.20
	冷却间、冷却物冷藏间、储冰间	1.30
5	$D>4$ 的无阁楼屋面，屋面有通风层：	
	冻结间、冻结物冷藏间	1.20
	冷却间、冷却物冷藏间、储冰间	1.30
6	$D\leqslant4$ 的外墙，冻结物冷藏间	1.30
7	$D\leqslant4$ 的无阁楼屋面，冻结物冷藏间	1.60
8	半地下室外墙外侧为土壤时	0.20
9	冷间地面层下部无通风等加热设备时	0.20
10	冷间地面隔热层下有通用等加热设备时	0.60
11	冷间地面隔热层下为通风架空层时	0.70
12	两侧均为冷间时	1.00

注：D 为围护结构热惰性指标。

3. 货物热量 应按下式计算

$$Q_2 = Q_{2a} + Q_{2b} + Q_{2c} + Q_{2d} = \frac{G(H_1 + H_2)}{\tau} + GB\,\frac{(t_1 - t_2)}{\tau} + \frac{G(q_1 + q_2)C_b}{2} + (G_n - G)q_2$$

式中 Q_{2a}——食品热量（kJ/h）；

Q_{2b}——包装材料和运载工具热量（kJ/h）；

Q_{2c}——货物冷却时的呼吸热量（kJ/h）；

Q_{2d}——货物冷藏时的呼吸热量（kJ/h）；

G——冷间的每日进货量（kg）；

H_1——货物进入冷间初始温度时的含热量（kJ/kg）；

H_2——货物在冷间内终止降温时的含热量（kJ/h）；

τ——货物冷却时间（h）（对冷藏间取 24 h，对冷却间、冻结间取设计冷加工时间）；

B——货物包装材料或运载工具重量系数；

C_b——包装材料或运载工具的比热容 [kJ/（kg·℃）]；

t_1——包装材料或运载工具进入冷间时的温度（℃）；

t_2——包装材料或运载工具在冷间终止降温时的温度（一般为该冷间的设计温度，℃）；

q_1——货物冷却初始温度时的呼吸热量 [kJ/（kg·h）]；

q_2——货物冷却终止温度时的呼吸热量 [kJ/（kg·h）]；

G_n——冷却物冷藏间的冷藏量（kg）。

注意，仅鲜水果、鲜蔬菜冷藏间计算 Q_{2c}、Q_{2b}；如冻结过程中需加水时，应把水的热量加入计算公式值内。

（1）冷间每日进货量 冷间的每日进货量 G 应按下列规定取值。

① 冷却间或冻结间应按设计冷加工能力计算。

② 存放果、蔬的冷却物冷藏间按不大于该间冷藏吨位的 8%计算。

③ 存放鲜蛋的冷却物冷藏间，应不大于该间冷藏吨位的 5%。

④ 有从外库调入货物的冷库，其冻结物冷藏间每间每日进货量应按该间冷藏吨位的 5%计算。

⑤ 无外库调入货物的冷库，其冻结物冷藏间每间每日进货量一般宜按该库每日冻结量计算；如该进货的热量大于按该冷藏间吨位 5%计算的进货热量时，则应按本条第④款的进货量计算。

⑥ 冻结间大的水产冷库，其冻结物冷藏间的每日进货量可按具体情况确定。

（2）货物包装材料或运载工具重量系数 B 货物包装材料和运载工具重量系数 B 应按表 6-56 规定取值。

表 6-56 货物包装材料和运载工具重量系数 *B*

序号	食品类别	重量系数 B
1	肉类、 鱼类、 冻蛋类	冷藏 肉类冷却或冻结（猪单轨叉挡式）0.1 肉类冷却或冻结（猪双轨叉挡式）0.3 肉类、鱼类、冻蛋类（搁架式）0.3 肉类、鱼类、冻蛋类（吊笼式或架子式手推车）0.6
2	鲜蛋类	0.25
3	鲜水果	0.25
4	鲜蔬菜	0.35

（3）包装材料或运载工具进入冷间时的温度 包装材料或运载工具进入冷间时的温度（t_1）应按下列规定取值。

① 在本库进行包装的货物，其包装材料或运载工具温度的取值应按夏季空气调节日平均温度乘以生产旺月的温度修正系数，该修正系数见表 6－57。

表 6－57　包装材料或运载工具进入冷间的温度修正系数

进入冷间月份	1	2	3	4	5	6	7	8	9	10	11	12
温度修正系数	0.10	0.15	0.33	0.53	0.72	0.86	1.00	1.00	0.83	0.62	0.41	0.20

② 自外库调入已包装的货物，其包装材料温度应为该货物的进入冷间温度；其运载工具温度按本条第①款“运载工具温度”计算。

（4）货物进入冷间时所含的热量 H_1　货物进入冷间时的热量（H_1），应按下列规定的温度计算。

① 未经冷却的鲜肉温度应按 35 ℃计算；已经冷却的鲜肉温度按 4 ℃计算。

② 从外库调入的冻肉温度按－8 ℃～－10 ℃计算。

③ 无外库调入的冷库，进入冻结物冷藏间的货物温度按该冷库冻结间终止降温时的货物温度计算。

④ 冰鲜鱼虾整理后的温度按－15 ℃计算。

⑤ 鲜鱼虾整理后进入冷加工间的温度按整理鱼虾用水的水温计算。

⑥ 鲜蛋、水果、蔬菜的进货温度，按当地食品进入冷间生产旺月的月平均温度计算。

4．通风换气热量　应按下式计算。

$$Q_3 = Q_{3a} + Q_{3b} = \frac{(H_w - H_n)nV\gamma_n}{24} + 30n_c\gamma_n(H_w - H_n)$$

式中　Q_{3a}——冷间换气热量（kJ/h）；

Q_{3b}——操作人员需要的新鲜空气热量（kJ/h）；

H_w——室外空气的含热量（kJ/kg）；

H_n——室内空气的含热量（kJ/kg）；

n——每日换气次数（一般可采用 2～3 次）；

V——冷藏间内净容积（m^3）；

γ_n——冷藏间内空气重度（kg/m^3）；

24——每日小时数（h）；

30——每个操作人员每小时需要的新鲜空气量（m^3/h）；

n_c——操作人员数量。

注意，本计算公式只适用于已存有呼吸的食品的冷藏间。有操作人员长期停留的冷间（如加工间、包装同等），应计算操作人员需要新鲜空气的热量 Q_{3b}，其余冷间可不计。

5．电动机运行热量　应按下式计算

$$Q_4 = 3\,600 \sum N\xi\rho$$

式中　N——电动机额定功率（kW）；

ξ——热转化系数（电动机在冷间内时应取 1；电动机在冷间外时应取 0.75）；

ρ——电动机运转时间系数（对冷风机配用的电动机取 1，对冷间内其他设备配用的电动机可按实用情况取值，一般可按每昼夜操作 8 小时计）；

3 600——电动机电功每一千瓦小时换算为热能的数值［kJ/（kW・h）］。

6. 操作热量　应按下式计算。

$$Q_5 = Q_{5a} + Q_{5b} + Q_{5c} = q_d F + \frac{Vn(H_w - H_n)M\gamma_a}{24} + \frac{3}{24}n_r q_r$$

式中　Q_{5a}——照明热量（kJ/h）；

Q_{5b}——开门热量（kJ/h）（当每间的冷藏门超过两樘时，应按两樘门的开门热量计算）；

Q_{5c}——操作人员热量（kJ/h）；

q_d——每平方米地板面积照明热量［冷藏间可取 6.27～8.36 kJ/（m^2・h）；操作人员长时间停留的加工间、包装间等可取 20.9kJ/（m^2・h）］；

F——冷间地板面积（m^2）；

n——每日开门换气次数；

V——冷间内净容积（m^3）；

H_w——冷间外空气的含热量（kJ/kg）；

H_n——冷间内空气含热量（kJ/kg）；

M——空气幕效率修正系数（可取 0.5；如不设空气幕时，则取 1）；

24——每日小时数（h）；

γ_a——冷间空气重度（kg/m^3）；

$\frac{3}{24}$——每日工作时间系数（按每日工作 3 小时计）；

n_r——操作人员数；

q_r——每个操作人员每小时产生的热量（kJ/h），（冷间设计温度高于或等于－5 ℃时，取 1 003.2 kJ/h；冷间设计温度低于－5 ℃时取 1 421.2 kJ/h）。

冷却间、冻结间不计操作热量。

三、制冷系统

（一）氨系统设计的一般要求

① 系统应在保证工艺要求、操作方便、运行安全可靠的前提下，尽量简化，减少投资和管理费用。

② 系统的蒸发温度应根据工艺要求来确定。

冻结物冷藏间和冻结间的氨蒸发温度，一般应较库温低 10 ℃，采用单级压缩制冷装置时，蒸发温度可较室内温度低 5～7 ℃。冻结能力较小时，冻结和冷藏可合用一种蒸发温度。

库温在 4～ －4 ℃的房间，氨的蒸发温度应较室温低 10 ℃，如有盐水制冰设备和其他需要蒸发温度为－15 ℃的工艺设备时，则单级压缩机的蒸发温度可按－15 ℃设计。生产性冷藏库的冷却能力较大时，可单独设一蒸发系统，以免影响库温和制冰设备的温度。

盐水制冰设备的蒸发温度应较盐水温度低 5 ℃，冰桶式快速制冰机采用−15 ℃蒸发温度。

③ 冷藏库各层和各库房的冷却设备，必须具有单独与制冷系统切断的可能，并且不影响其他冷却设备。

④ 库房的气体和液体分配站不得设在库房内，应设在穿堂或其他操作方便、不妨碍出入库操作的地方。最好设在常温穿堂内，这样可以避免保温层表面结霜。

⑤ 每个库房的冷却设备必须连接热氨融霜和排液管。排液口应自冷却设备的最低处接出，排液管应能自流排液，从而便于排净积液。

（二）冷藏库常用的几种氨直接蒸发式制冷系统

1. *直接膨胀式氨系统*　在这种系统中，由高压储液桶来的液体，经节流阀节流后直接输入蒸发器，液体在蒸发器内蒸发后所形成的气体，经吸气管被制冷压缩机吸入。这种系统简单，无氨液分离器等设备，但调节很困难，液体供得太少，排管末端容易产生过热，不仅降低蒸发排管的制冷效果，而且使压缩机排气温度升高，容易引起润滑油焦化。供液太多，又容易引起制冷压缩机发生液击现象，不能保证系统的安全运行。此外，液体节流后产生的闪发气体随着液体进入蒸发器，降低蒸发器的制冷效果。因此，目前这种系统在冷藏库中已不采用。图 6－36 所示为直接膨胀式氨系统。

2. *重力供液式氨系统*　这种系统与直接膨胀系统不同处在于增加氨液分离器。在氨液分离器内控制一定的液面，与冷却设备保持一定的高差，利用静液压向库房冷却设备系统供液。来自高压储液桶的氨液，经浮球阀（或手动调节阀）节流后进入氨液分离器，此时因节流所产生的气体，在氨液分离器内分离后被制冷压缩机吸走。氨液则积聚在氨液分离器内，依靠液体静压，不断地通过液体分配站向库房冷却设备供液。从蒸发器回来的湿蒸气，再通过氨液分离器分离，将液体分离出来，气体则被压缩机吸走，从而保护压缩机不发生液压冲击。这种系统的示意图见图 6－37。

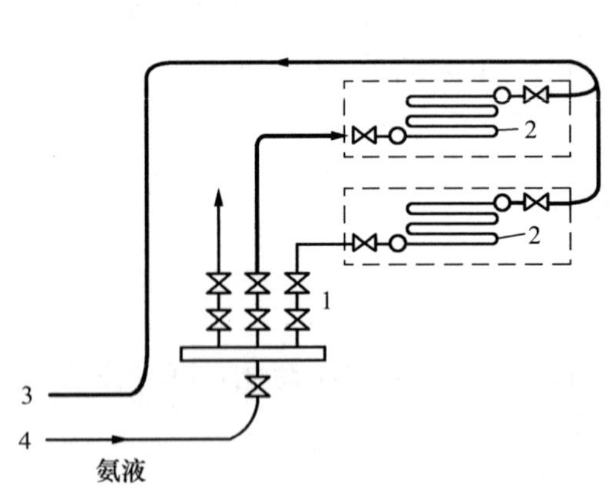

图 6－36　直接膨胀式氨系统

1. 调节站　2. 冷却排管
3. 至制冷压缩机的吸入管
4. 来自高压储液器的液体管

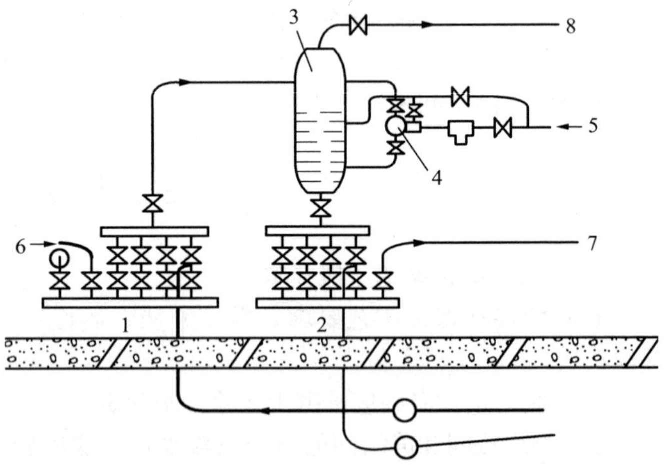

图 6－37　重力供液式氨系统

1. 气体分配站　2. 液体分配站　3. 氨液分离器　4. 浮球阀
5. 来自高压储液器的供液器　6. 热氨融霜管
7. 排液管至排液器　8. 吸入管至制冷压缩机

四、制冷设备的选择

（一）制冷压缩机的选型计算

制冷压缩机犹如制冷装置的心脏，它在整个制冷系统中起着举足轻重的作用。压缩机的费用占全部设备费用的较大比重。而压缩机的运转费用（主要指电耗）又是冷库经营管理费用中最主要的一项。如压缩机选配过小，则不能满足生产的需要；如压缩机选配过大，必将出现大马拉小车的浪费现象。所选台数过少，调度不灵活；过多则操作又复杂化。可见，如何合理地选配压缩机的型号、台数，将对整个制冷装置的设备费和运转费用有重大影响，甚至关系到冷库的正常生产。

1. *一般原则*

① 所选用压缩机的制冷量应满足对应的不同蒸发温度的压缩机总负荷，以便确保冷间所要求的低温环境。考虑到冷却介质的温度一般均随季节变化（深井水除外），冷凝温度不会总在最不利的温度下，因而，除最不利的温度外，压缩机的制冷量将就有所提高。因此，除边远地区外，一般不设备用机。临时发生故障时，可用其他蒸发系统的压缩机替代。

② 制冷压缩机总负荷 Q_j 较大的冷库尽量选用大型压缩机，以减少机器台数，简化系统，便于操作，生产单位冷量的压缩机成本较低，但整个冷库用机总数不得少于两台，特别是在季节性负荷变化较大的情况下，不宜用新系列压缩机带有的能量调节装置来做季节性负荷变化的调节，可适当增加压缩机台数，以免淡季时压缩机长期在小负荷下运转。

③ 不同蒸发系统的压缩机应考虑到各系统之间相互替代的可能性，同一机器组内宜采用同系列压缩机，以便各零部件的互换使用。

④ 选用压缩机应按其制造厂规定的技术条件采用。

⑤ 制冷系统压力比的选择和运用　氨制冷系统的压力比 $\frac{P_k}{P_0}>8$ 或 $P_k-P_0>137\times10^4$ Pa (14 kgf/cm²)时用双级压缩；氟利昂制冷系统用 R－12 为制冷剂时，$\frac{P_k}{P_0}>10$ 或 $P_k-P_0>117.6\times10^4$ Pa（12 kgf/cm²）时采用双级压缩机；用 R－22 为制冷剂时，$\frac{P_k}{P_0}>10$ 或 $P_k-P_0>137\times10^4$ Pa（14 kgf/cm²）时采用双级压缩。

2. *计算中几个主要参数的确定*　上述一般原则，已为压缩机的选配定出了一个大概的范围。但在压缩机的选型计算中尚需要了解实际工作时的一些具体参数，这些参数确定得合理与否，将直接关系到所选配的压缩机制冷量与制冷压缩机总负荷 Q_j 是否相适应。现将几个主要参数确定过程介绍于下。

（1）蒸发温度 t_0 的确定　为了满足制冷剂液体蒸发时所需的热量，必须有一个恒定温度的热源向冷分配设备供热。这一热源是库内空气或载冷剂，恒定温度即指库房温度或载冷剂温度。要保证氨液蒸发正常进行，蒸发温度与库温或载冷剂温度之间也必须要有温差。在氨直接冷却系统中，蒸发温度一般比库温低 10 ℃左右；在间接冷却系统中，蒸发温度比要求的载冷剂温度低 5 ℃。

（2）冷凝温度 t_k 的确定　制冷剂蒸气的冷凝温度 t_k 不得超过规定的最高冷凝温度，即≤40 ℃，设计时可控制在 38～39 ℃以下。当冷凝器型式及冷却方式确定后，t_k 主要取决于冷却介质的温度。

立式、卧式、淋浇式冷凝器 t_k 的确定：立式、卧式、淋浇式冷凝器的冷却介质主要为冷却水，考虑到冷却水在流过冷凝器的整个过程中其温度是变化的，可采用下式计算其对数平均温度差 Δt_m（℃）

$$\Delta t_m = \frac{(t_k - t_1) - (t_k - t_2)}{2.31\,g\,\dfrac{t_k - t_1}{t_k - t_2}}$$

式中　t_k——冷凝温度（℃）；

t_1——冷凝器进水温度（可由当地水文资料查得,℃）；

t_2——冷凝器出水温度（℃）（立式冷凝器 $t_2 = t_1 +$（2～2.5)℃；卧式冷凝器 $t_2 = t_1 +$（4～6)℃；淋浇式冷凝器 $t_2 = t_1 +$（2～3)℃。一般情况下，$t_1 \geqslant 30$ ℃时取较小值，$t_1 \leqslant 20$ ℃时取较大值）。

在水冷式氨系统中，Δt_m 一般取 5～7 ℃。

在水冷式冷凝器中，由于 Δt_m 较小，为了简化计算，多采用算术平均温度差 $\Delta t'_m$（℃）

$$\Delta t'_m = t_k - \frac{t_1 + t_2}{2}$$

整理得

$$t_k = \Delta t'_m + \frac{t_1 + t_2}{2}$$

式中　$\Delta t'_m$——算术平均温度差（一般为 5～7 ℃，冷却水进出口温差较大时取较大值）；

t_1——冷凝器进水温度（可由当地水文资料查得,℃）；

t_2——冷凝器出水温度（℃）（立式冷凝器 $t_2 = t_1 +$（2～2.5)℃；卧式冷凝器 $t_2 = t_1 +$（4～6)℃；淋浇式冷凝器 $t_2 = t_1 +$（2～3)℃。一般情况下，$t_1 \geqslant 30$ ℃时取较小值，$t_1 \leqslant 20$ ℃时取较大值）。

（3）吸气温度 t_x 的确定　由于吸入管受周围气温的影响，压缩机吸入气体的温度较蒸发温度都有不同程度的提高（即气体过热），其幅度随吸入管道的长短和环境温度的高低而不同，且与系统的供液方式有关。在氨泵供液系统中，从冷分配设备至低压循环桶的回气管内为气液两相流体，正常情况下是不会产生过热的，只有在低压循环桶至压缩机的吸入管上才有可能产生过热，吸入管短，过热度就小。在重力供液系统中，回气管内就有可能出现过热，氨液分离器距压缩机又较远，吸入管内的过热度相对较大。表 6－57 列出了氨压缩机的允许吸气温度，一般情况下可参照表 6－58 确定吸气温度。

表 6－58　氨压缩机允许吸气温度（℃）

t_0	0	−5	−10	−15	−20	−25	−28	−30	−33	−40
t_x	+1	−4	−7	−10	−13	−16	−18	−19	−21	−25

（4）排汽温度 t_p 的确定　由工程热力学可知，排汽温度可由下式求得：

$$T_p = T_x \left(\frac{p_p}{p_x}\right) \frac{K-1}{K}$$

式中　T_p——压缩机排气热力学温度（K）；

T_x——压缩机吸气热力学温度（K）；

p_p——压缩机排气压力（Pa）；

p_x——压缩机吸气压力（Pa）

K——制冷剂绝热指数。

上式中，$t_p = T_p - 273$（℃）。

实际上，排气温度还与压缩机的性能和操作的合理与否有关，且与工况的变化有直接关系，t_p 随 t_k 的下降而增高，随 t_k 的下降和 t_0 的上升而降低。

（5）最佳中间温度 t'_{zj} 的确定　中间温度是由中间压力决定的，它与压缩机的高低压机的理论排气量之比 V_{pg}、V_{pd} 及 t_0、t_k 有关。在选配压缩机时，希望两级压缩机所消耗的总功率最小，此时的中间温度及中间压力称为最佳中间温度和最佳中间压力。最佳中间温度可用下述几种方法求得。

① 由理想中间压力确定：计算公式为

$$p'_{zj} = \sqrt{p_0 \cdot p_k}$$

式中　p'_{zj}——理想中间压力（Pa）

p_0——蒸发压力（以绝对压力计，Pa）；

p_k——冷凝压力（以绝对压力计，Pa）。

求得 p'_{zj} 后，查制冷剂性质表，即可得到与 p'_{zj} 所对应的 t'_{zj}。

② 利用拉赛经验公式确定：在温度范围为＋40～－40 ℃以内的氨制冷系统中，可用拉赛经验公式确定最佳中间温度，计算式为

$$t'_{zj} = 0.4t_k + 0.6t_0 + 3$$

③ 图解法：图解法是根据 t_0 和 t_k 由图 6－38 中查得 t'_{zj}。该图的使用方法为：由已确定的 t_0、t_k 得出 t_0、t_k 两条线的交点，从交点引垂线与图中点画线（与中间温度相对应的饱和压力线即中间压力线）和横坐标相交于两点，与横坐标交点处的数值为 t'_{zj}，由点画线上的交点引水平线与纵坐标交点处的数值为最佳中间压力。

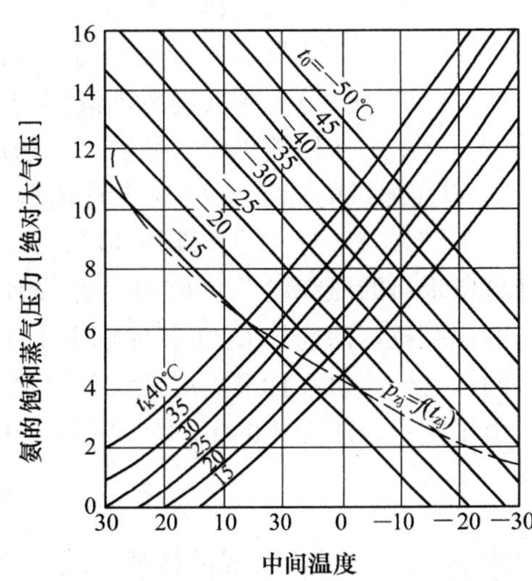

图 6－38　确定最佳中间压力、温度的线图

确定 t'_{zj} 后可据此假定两个中间温度，求两组高低压机理论排气量之比，并考虑其他因素来选定高低压级压缩机。然后再根据实际选定的高低压机的理论排气量之比，用图解法求得中间温度 t_{zj}。

（6）过冷温度 t_g 的确定　在一些建造较早的冷藏库中，为了提高制冷效果，使用过冷器对高压制冷剂液体再冷却，这时液体的过冷温度比过冷器的

进水温度高 3 ℃。近年来设计的冷藏库中，由于受冷却水温、水质、水量等条件的限制，为简化系统和操作，一般已不再专设过冷器了。在中间冷却器蛇形盘管内高压液体的过冷温度比中间温度高 5～7 ℃。

3. 选型计算　选型计算是根据压缩机总负荷 Q_j 为各蒸发系统选配压缩机的具体计算方法。

（1）单级压缩机的选型计算

① 以压缩机的理论排气量选型：图 6－39 为单级压缩机的制冷装置示意图和该制冷循环在压焓图上的表示。

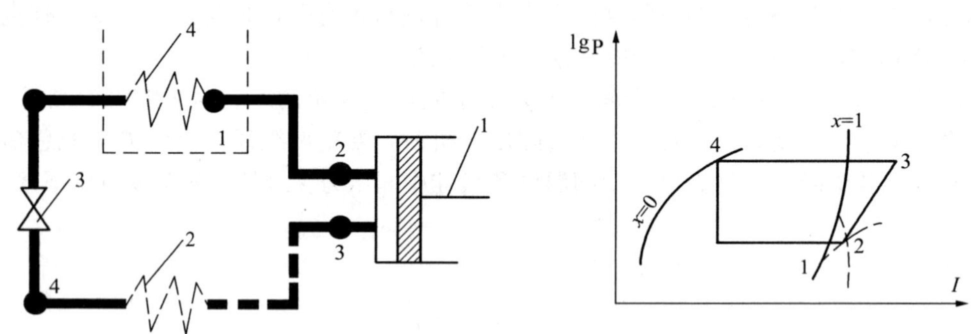

图 6－39　单级压缩机制冷装置（左）及其压焓图（右）

1. 压缩机　2. 冷凝器　3. 节流阀　4. 蒸发器

在选配压缩机时，压缩机制冷量应和计算所得的压缩机总负荷 Q_j 相匹配。因此，利用制冷和需冷的平衡关系，即可求得压缩机理论排汽量 V_p（m^3/h），公式如下

$$V_p = \frac{Q_j \cdot v_2}{(i_1 - i_5)\lambda_q}$$

式中　Q_j——该蒸发系统压缩机总负荷（kJ/h）；

v_2——吸入气体的比体积（m^3/kg）；

i_1——蒸发器出口处饱和蒸气的焓值（kJ/kg）；

i_5——节流阀后制冷剂液体的焓值（kJ/kg）；

λ_q——压缩机吸气系数（一般应按制造厂给定值选用）。

② 以压缩机的标准工况制冷量选型：压缩机的制冷量随工况的变化而不同，在标准工况（$t_0=-15$ ℃，$t_x=-10$ ℃，$t_k=30$ ℃，$t_g=25$ ℃）下的制冷量即为标准工况制冷量 $Q_{标}$。由耗冷量计算所求得的压缩机总负荷 Q_j，是设计工况下所需的制冷量，不是 $Q_{标}$。因此，不能用 Q_j 直接选取压缩机，而应把 Q_j 折算成标准工况下的制冷量 $Q_{标}$。

同一台压缩机在标准工况、设计工况下的制冷量可分别按 $Q_{标}=V_p\lambda_{q标}q_{r标}$ 和 $Q_{计}=V_p\lambda_{q计}q_{r计}$ 求出。由于同一台压缩机的 V_p 是一定的，因此可得出设计制冷量与标准制冷量的换算公式：

$$Q'_{标} = \frac{\lambda_{q标}q_{r标}}{\lambda_{q计}q_{r计}}Q_{计}$$

式中　$Q'_{标}$——折算成的标准工况制冷量（kJ/h）；

$Q_{计}$——设计工况制冷量（数值等于 Q_j，kJ/h）；

$\lambda_{q标}$——标准工况下的吸气系数；

$\lambda_{q计}$——设计工况下的吸气系数；

$q_{r标}$——标准工况下的单位容积制冷量（kJ/m^3）；

$q_{r计}$——设计工况下的单位容积制冷量（kJ/m^3）。

作为制冷换算，也可直接按下式进行：

$$Q'_{标} = \frac{Q_{计}}{A}$$

式中 A——制冷量换算系数。

这样，把设计工况下的制冷量换算成 $Q'_{标}$后，就可直接选配压缩机。

用上述两种方法求得的压缩机所需的理论排气量和标准制冷量，往往与压缩机的基本参数不一致。因此，可从产品样本、制冷设备手册及有关资料中按与计算得到的理论排气量或标准制冷量相近或稍大一些的原则选取压缩机。如计算所得理论排气量或标准制冷量较大，则可考虑有关原则要求，选用一台或几台压缩机。

（2）双级压缩机的选型计算 双级压缩机的选型计算也是利用双级压缩制冷循环图，通过试算求得中间温度 t_{zj}后，再结合 t_0 和 t_k 做出实际制冷循环图，查出各有关状态点的参数，以便复核双级压缩机的制冷量，进行双级压缩机的选型。

（二）冷分配设备的选型计算

冷分配设备是制冷系统中产生和输出冷量的设备。如果冷分配设备配备不当，即使压缩机及其他辅助设备选配适宜，整个制冷装置也难以收到应有的效果。为此，冷分配设备的合理选配也应予以重视。

1. *冷分配设备传热面积的确定* 冷风机、排管、蒸发器等冷分配设备是冷库的主要降温设备。为维护食品冷加工所需的低温环境，冷分配设备的能力应与库房计算所得的 Q_k 相匹配。其传热面积可由下式求得

$$F = \frac{Q_k}{K\Delta t}$$

式中 F——冷分配设备传热面积（m^2）；

Q_k——库房冷分配设备总冷量负荷（kJ/h）；

K——冷分配设备传热系数［kJ/（m^2·h·℃）］；

Δt——蒸发温度与库房温度差（℃）。

2. *冷分配设备传热系数 K 的确定* 冷分配设备的传热系数 K 与许多因素有关，如管内制冷剂流速、管外空气流动状态、蒸发温度与库房温度差、设备型式、结霜及油污的影响等。在冷库设计中，一般可从编制的表格中选用传热系数。

3. *蒸发温度与库温之差 Δt 的确定* 蒸发温度与库温之差 Δt，是指冷分配设备内氨液平均蒸发温度 t_0 与库内空气平均温度 t_n 之差。氨液的平均蒸发温度因各种型式冷分配设备的流动阻力、液柱静压影响及供液方式的不同而异，而各类食品的冷加工对工艺条件的要求也不一样，这就造成了 Δt 的差异。Δt 的确定还要考虑以下一些因素的影响。

① 食品在冷加工过程中的干耗，除与库内空气的相对湿度、空气流速、加工方法、堆放形

式等有关外，还与 Δt 有关。对一些冷却物冷藏间的分析测定表明，缩小 Δt 有助于减少食品的干耗。

② 增大 Δt 对冷分配设备的传热有利，传热系数随之加大，而冷分配设备所需的冷却面积则可因此减少，这样可选用较小的冷分配设备，设备费用得以降低。

③ 库温由食品冷加工工艺要求所决定，是一个定值，所以要增大温差就得降低蒸发温度。这样就使压缩机的制冷量减少，功耗增加，制冷系数变小。因此从减少功耗来说，又希望适当缩小 Δt。

蒸发系统是由不同的蒸发温度划分的。一个蒸发系统同时满足几种蒸发温度的工作要求，可以利用自控器件或采用其他控制方法来达到。但是这将导致蒸发温度较高的制冷系统能量损失。如果每种蒸发温度的冷间都由各自的蒸发系统降温，则将使整个制冷系统复杂化，不便操作管理。为此，有关部门根据保证食品质量、简化制冷系统和降低经营管理费用的原则，对不同类型的冷库做了这样的原则规定：1 000 t 以上的冷库不超过 3 个蒸发系统，1 000 以下的冷库允许采用两个蒸发系统。因此，要使每个蒸发系统都以合适的温差进行工作就不太可能，必然会出现两个或多个不同的库温的冷间合用一个蒸发系统的情况，使一些蒸发系统的温差偏离合适的温差。

4. *冷分配设备的选型* 冷分配设备的选型主要是根据求出的冷却面积 F 选择冷分配设备的型号及所需组（台）数。

五、冷库设计概要

（一）建筑专业设计

1. *冷藏库的平面布置*

（1）各种主要用房面积的确定

① 生产用房：包括冷藏间、冻结间、冰库、常温穿堂、铁路月台、公路月台等。

A. 冷藏间：按照所设计的冷库规模，确定出冷藏货物的种类、数量和堆放高度，先计算出货物本身应堆放的平面面积。将此面积除以冷藏间的面积有效利用系数（大型冷库为 0.75，中小型冷库为 0.7），即可求出冷藏间的室内净面积，再加上冷藏间的外围护结构面积，则可求出冷藏间的建筑面积。

冷藏货物的堆放高度，视各种货物的种类、包装方式、使用人力和机械堆放而不同，目前一般采用表 6－59 的数值。

表 6－59 货物堆放高度

库房形式 / 堆放方式 / 货物种类	多层冷库		单层冷库
	人力堆放	机械堆放	
白条肉	3.4 m	4.0 m	4.0 m
箱装货物	2.8 m	4.0 m	4.0 m

B. 冻结间：可按其冻结加工能力和冻结方式及货物种类，计算出所需冻结装置的占地面积

（如吊运轨道、搁架式排管、冷风机等占地面积），再加上距墙体的规定距离，即可得出冻结间的室内面积。

C. 冰库：同冷藏间的计算法。

D. 常温穿堂：如只通行人力手推车的中小型冷库穿堂，其宽度不应小于 4～4.5 m，长度视其生产规模和平面布置而定。如通行机动车（如电动叉式码垛机）的穿堂宽度不应小于 6 m。如在穿堂中设置有其他设备时（如配电盘等），穿堂宽度则相应加宽。

E. 铁路月台：铁路月台长度主要取决于库房的运输要求、冷藏列车长度和铁路部门的有关规定。目前一般中小型冷库，如设置铁路月台，其长度不应小于 100 m；而 5 000 t 以上的大型冷库，铁路月台长度则不应小于 200 m。铁路月台宽度一般为 7～10 m。

F. 公路月台：公路月台宽度一般为 4～6 m，其长度可根据具体情况而定。

② 各类专业用房：包括系机器房、变配电间、自动控制室等。一般由各专业根据所需设备大小，提出其所需房间面积，在平面布置时可作适当调整。如目前冷库机器房跨度有 7 m、9 m 和 12 m 3 种。

③ 辅助用房：包括工人休息室、烘衣间、车间办公室等。

A. 工人休息室：一般按每人 1.5～2 m^2 计。

B. 烘衣间：按每人 0.8～1 m^2 计。

C. 车间办公室：大型冷库为 2～3 间，中小型冷库为 1～2 间，每间面积以 20～30 m^2 为宜。

其他各种用房则可按具体情况而定。

（2）冷库平面布置要点

① 布置必须保证工艺生产流程的畅通，流向合理，流程短捷，避免迂回交叉和倒流。

② 平面布置应尽量符合建筑模数的要求，尤其是大中型冷库，在具有较高机械化施工条件时，则可大大加快施工进度。当有些建筑模数与设备尺寸要求不相符合时，则可根据具体条件，因地制宜地做个别处理。

③ 冷藏库的平面应力求方正，尽量减少其外围护结构的表面积，以减少库房的耗冷量，节约设备运转费用和减少土建投资。

④ 合理布置冷藏库内的冷热分区，将库温相近的房间尽量相邻集中布置，以减少库房之间的冷热交换，相应减小内隔热墙的厚度，节约土建投资。

⑤ 冷藏库尽可能不设置内穿堂，如必须设置时，应避免设置贯通式内穿堂，以防止库内外空气直接对流，形成穿堂风，否则，不利于冷库的热湿交换。

⑥ 平面布置要考虑扩建的可能，以保证扩建的合理性。扩建时应尽量做到不影响原有生产的正常进行。

（3）冷藏库平面布置的一般形式　在冷藏库的平面布置中，往往是以冷库和冻结间为主体，在其一侧或两侧布置铁路或公路月台，在其四周布置各种专业用房和辅助用房。楼梯、电梯间一般布置在靠铁路月台或公路月台一侧的常温穿堂内，以保证垂直和水平运输的畅通。

有的冷库因使用要求，其铁路、公路运输量均较大，需在冷库两侧同时设置铁路和公路月台。为了节约穿堂面积和电梯设备，也可将主库分成两部分，将楼梯、电梯和穿堂集中布置在铁路、公路月台之间，供铁路、公路运输两者使用。

一般小型冷库因其运输量不大，无需设置铁路月台，只在库房出入口设置公路月台，供汽车等车辆装卸货物使用。图 6－40 为 500 t 冷库的平面图。

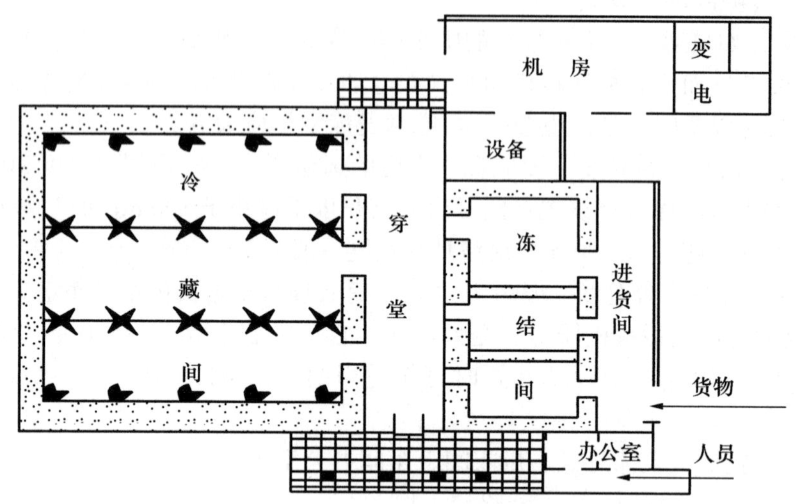

图 6－40　某 500 t 冷库平面图

2. 冷藏库的空间布置和立面处理　冷藏库根据其使用特点，一般大中型冷库为多层库房，小型冷库为单层库房。在进行室内布置时，要充分利用建筑物的空间，遵守经济合理及便于施工的原则。

库房高度取决于货物堆放高度和设备（如顶排管）高度。库房净高度由下式确定

$$H = h_1 + h_2 + h_3 + h_4$$

式中　H——库房净高（m）；

h_1——货物堆放高度（m）；

h_2——制冷设备高度（m）（主要指顶排管）；

h_3——货物距制冷设备最小距离（规定为 0.2～0.3 m）；

h_4——制冷设备距顶棚板面的最小距离（最小不得小于 0.3 m）。

冷库中各类库房的净室高度可按表 6－60 确定。

表 6－60　冷库库房净高度表

库房名称	高度（m）	备注
多层冷库低温冷藏间	4.6	净　高
单层冷库低温冷藏间	≥5.0	净　高
高温冷藏间	≥4.0	用地下室做高温冷藏间时，可以不低于 3 m
有挡风板的冻结间	4.0	净　高
无挡风板的冻结间	3.8	净　高
冰　库	≥4.0	净　高
大中型冷库的制冷机房	6.0	净　高
小型冷库的制冷机房	5.0	净　高

3. *冷藏间的热工要求和防潮处理*　冷藏间系低温建筑，室内外存在温度差，通过其外围护结构经常进行热湿交换。为了保证冷库内温度的相对稳定和防止外围护结构的受潮，做好冷库的热工和防潮处理，是保证冷库设计质量的关键之一。

（1）冷库的热工要求

① 外围护结构 K 值的确定：冷库要能保持库内温度的相对稳定，一般是由下述两个条件来确定的：一是冷库外围护结构的传热性能大小（即 K 值的大小）；二是库内制冷设备经常补充冷量的多少。不难看出，当冷库外围护结构的 K 值越大（即隔热层越少，土建投资越少），则库房的耗冷量就越大。为了保持库房内温度的稳定，需要库内制冷设备的经常供冷量就越多，即设备的经常运转费用就越多。因此，要正确合理地确定外围护结构的 K 值，就必须由冷库外围护结构的一次投资和制冷设备的经常运转费用这两者的最经济数字来综合确定（表 6-61）。

表 6-61　各类库房外围护结构要求的 K 值

库房名称	K 室外温度 / 库温	一　区	二　区	三　区
		30 ℃	33 ℃	36 ℃
冻结间	−23 ℃	0.189	0.178	0.169
冷藏间	−18 ℃	0.209	0.196	0.185
高温冷藏间	±0 ℃	0.333	0.303	0.279

② 外围护结构隔热材料的选用：目前冷库中使用的隔热材料有稻壳、泡沫混凝土等。

A. 稻壳：价格低廉，易于就地取材，施工方便，吸水性小且不易扩散，隔热性能良好，导热系数 $\lambda=0.544$ kJ/(m·h·℃)（设计采用），容重 $\gamma=150$ kg/m^3，宜作冷库外墙及屋顶隔热层用。

B. 泡沫混凝土：为无机材料，不受取材条件限制，在容重 $\gamma=400$ kg/m^3，重量含水率＜13%时，导热系数采用 $\lambda=0.711$ kJ/(m·h·℃)。可以作冷库外墙、地坪等隔热层用。但在制作时，干燥养护困难，需要很大的制作干燥养护场地，故大量制作施工有一定困难。

③ 冷库围护结构的热工计算：冷库围护结构一般为多层结构，其热工计算可按下列步骤进行：第一，根据前面介绍，首先确定出该围护结构的总传热系数 K 值；第二，确定出该围护结构的构造，即定出隔热层以外的其他各结构层的材料、厚度；第三，查表求出各层材料的导热系数，即 λ 值；第四，按下面公式求出隔热层厚度

$$K=\frac{1}{\dfrac{1}{\alpha_H}+\dfrac{\delta_1}{\lambda_1}+\dfrac{\delta_2}{\lambda_2}+\cdots+\dfrac{\delta_n}{\lambda_n}+\dfrac{1}{\alpha_b}}$$

$$\delta_n=\lambda_n\left[\frac{1}{K}-\left(\frac{1}{\alpha_H}+\frac{\delta_1}{\lambda_1}+\frac{\delta_2}{\lambda_2}+\cdots+\frac{\delta_{n-1}}{\lambda_{n-1}}+\frac{1}{\alpha_b}\right)\right]$$

式中　K——围护结构的总传热系数［kJ/(m·h·℃)］；

λ_1、λ_2、…、λ_n——各层材料的导热系数［kJ/(m·h·℃)］；

δ_1、δ_2、…、δ_n——各层材料的厚度（m）；

α_H——围护结构外表面的热转移系数［一般取 83.72 kJ/(m·h·℃)］；

α_b——围护结构内表面的热转移系数［一般取 41.86 kJ/(m·h·℃)］。

(2) 冷库围护结构的防潮处理

① 围护结构受潮的原因：由于冷库围护结构两侧（主要系指与库内外空气接触面）存在着温度差，当空气中水蒸气含量不变时，则两侧的空气就存在着水蒸气分压力差。这时，气温高、水蒸气分压力较大的室外一侧空气，就会穿过围护结构，向温度低、水蒸气分压力小的室内一侧渗透。这样，高温的空气在穿过围护结构时，遇到结构内部某个冷区温度达到露点时，空气中的水蒸气即形成凝结水，使围护结构内部受潮，从而使围护结构内部隔热性能恶化，对冷库围护结构来说是极其不利的。

② 围护结构的防潮处理：冷库围护结构内部是否会产生凝结水以及产生凝结水量的多少，是可以通过计算确定的，目前一般按稳定传热条件来进行计算。冷藏库围护结构的防潮处理，主要是正确设置防汽层。在冷库的任何外围护结构中（如外墙、屋顶、地坪等），都必须将防汽层设置在温度较高的一侧，这样即可防止气温较高、水蒸气分压力较大的空气向围护结构内部大量渗透，从而减少水蒸气在围护结构内部凝结的可能。同时，冷库整个外围护结构的防汽层必须连接在一起，不得间断和脱开，以使防汽层形成一个整体，将围护结构内部的隔热材料包裹起来，这样才能取得有效的防潮效果。

在设置防汽层时，要特别注意，不应将防汽层布置在围护结构的低温一侧。因为这样设置防汽层，不仅不能防止围护结构高温一侧的热湿空气向围护结构内部渗透，反而会阻止已渗透进围护结构内的热湿空气向围护结构的低温一侧渗出，从而使它们凝聚在围护结构内，加速隔热材料的受潮。

4. 冷藏库的建筑构造处理

(1) 防止冷桥的处理　在围护结构两侧存在着温度差时，冷库内的冷量总要不断地通过围护结构向四周传导，如果库内的冷量直接通过某一导热体（如金属或混凝土构件等）传至库外，我们则称它为冷桥。冷桥的存在，对冷库是极为不利的，它不但增大了冷库的耗冷量，更严重的是它可以引起地坪冻鼓，墙体结构冻酥，围护结构内凝水将产生不良后果，严重时使冷库无法正常使用。因此，在建筑设计中应尽量防止冷桥的存在。对一些结构上必然存在的冷桥（如结构上的承重柱等）必须进行妥善处理。

要防止冷桥作用，采用外墙外保温体系是行之有效的方法，即在围护结构外侧设置保温层，这样便形成了对建筑物的包裹作用，基本消除了冷桥的影响。

(2) 防止冷库门口因空气对流而产生大量热湿交换的处理

① 在冷库门的上部均应设置空气幕，以防止开门时库内外冷热空气的大量对流。

② 在库门内侧设置导热性较好的内门斗（如白铁皮顶板的内门斗），以便使从风幕死角中流入库内的热空气，很快在内门斗上凝结成霜，以利于管理人员随时尽快清除。使流入库内的热空气不至于在较高的冷库顶板和排管上大量结霜，而难于排除。这种内门斗较之用隔热材料做的隔热式门斗（或称为回笼间）具有造价低、易于维修、门斗内不滴冷凝水等优点。

(3) 由温度应力引起结构变形和裂缝的处理　冷库结构往往会由于库房内外温度变化而产生很大应力，造成结构变形，围护结构（特别是防护层）产生裂缝，从而使围护结构的防潮性能受到破坏，这种情况往往在外墙角和屋顶檐口部分最为显著。

由于温差应力相当大，所以一般采用预防和放松为主的综合措施加以处理。

首先，顶层圈梁宜用钢筋混凝土圈梁，并对墙转角进行加固处理。同时，女墙厚不宜小于370 mm，应用不小于 MV 10 砖和用 M5 以上砂浆砌筑，女墙上落水管洞距外墙端不宜小于400 mm，房屋转角处的抗震柱必须伸入女墙压顶梁内兼作抗裂柱。

（二）结构专业设计

1. 结构形式

① 冷藏库结构设计应尽可能采用装配式预制构件和机械化的施工方法，以减少结构重量和材料、劳动力的消耗。

② 当多层冷藏库采用现浇无梁楼盖时，屋面层也可采用无梁楼盖，以充分利用模板，加快施工进度。

③ 单层冷藏库应全部采用装配式预制构件。

④ 冷藏库内一般采用钢筋混凝土结构，也可采用钢结构。除冻结间吊轨木梁及挡风板外，尽量不采用木结构。

2. 使用荷载　冷藏库楼面使用荷载，采用表 6－62 所列荷载标准。

表 6－62　冷藏库楼面使用荷载标准

序号	库 房 名 称	标准荷载（kg/m²）	荷载系数
1	设有吊轨的冷却间或凉肉间	1 000	1.2
2	设有吊轨的冻结间	1 000	1.2
3	不设有吊轨的冻结间	1 500	1.2
4	不设有吊轨的冻结间	1 500	1.2
5	冷却物冷藏间	1 500	1.2
6	冻结物冷藏间	2 000	1.2
7	副产品冷藏间	2 000	1.2
8	次品冷藏间	2 000	1.2
9	收货间、发货间	1 500	1.2
10	穿堂和走廊的楼地板	1 500	1.2
	穿堂和走廊的梁柱	1 000	1.2
11	冰库	$900\times h$	1.2
12	楼梯间	400	1.4

注：① 表中 3～11 项已考虑叉式码垛车运行荷载；② 在采用表中数值时，可以不考虑间隔墙的重量；③ 楼板上如有机器设备及楼板下吊有冷却管组时，应根据实际资料计算；④ 吊轨按 500 kg/m² 折算；⑤ 单排顶管按 500 kg/m² 折算；⑥ 当计算承重墙、柱子及基础时，均按以上荷载的 80%计算；⑦ h 为冰块堆高度（m）；⑧ 油脂、冰蛋、罐头等专用冷藏库的使用荷载，应按相应食品容重及堆高度计算。

3. 温度应力及构造要求

① 主库框架计算中应考虑由柱子承担的温度应力。

② 主库阁楼屋面宜作隔热层，以减少外界气温对屋面伸缩的影响，并降低夏季阁楼内的空气温度。

③ 多层冷藏库各层楼板角柱处，不得设置外墙锚系梁，以减少楼板收缩对墙角产生的应力；

外墙转角处应按钢筋砖砌体配筋，避免冷藏库降温后四角出现裂缝；主库屋面四角应采用悬臂设计，不得支承在外墙上，以免由于屋面伸缩和柱子收缩引起外墙水平裂缝。

④ 单层冷藏库的屋面允许支承在外墙上。但外墙应与内部结构完全脱开，外墙的稳定性由紧邻的群房屋盖或抗风壁柱保证。

4. 材料质量要求

① 凡与空气接触及有冻融循环部分，一律采用普通硅酸盐水泥，不得采用抗冻性差的水泥。

② 冷藏库库房及穿堂采用钢筋混凝土结构时，混凝土标号应不低于 200 号，每立方米混凝土水泥用量不少于 275 kg。冻结间混凝土标号应不低于 300 号，每立方米混凝土水泥用量不少于 350 kg；冷藏库及冻结间混凝土抗冻标号要求不低于 M35；施工时水灰比不得大于 0.6；要求施工中切实注意混凝土的密度并做好养护工作，防止出现裂缝。

③ 考虑冷脆问题，冷藏库钢筋混凝土结构不宜采用冷轧或冷拉钢筋，优先采用 A_3、16Mn、25MnSi 3 种钢筋；要求在−40 ℃时冲击韧性 $a_k>2.5$ (kg·m)/cm^2。

④ 凡与冷空气（低于 0 ℃）接触的钢筋混凝土，其钢筋保护层厚度应比一般规定增加 10 mm。

⑤ 冷藏库库房的隔墙、内衬墙及外墙墙身防潮层以下的砌体，应使用普通黏土砖，其标号不低于 100 号；外墙防潮层以上的墙体宜使用普通黏土砖，其标号不低于 75 号。

复习思考题

1. 食品工厂设计中的公用工程设计的主要内容是什么？
2. 公用工程设计的程序和方法各是什么？
3. 怎样进行公用工程的概算和初步设计？

第七章　工业建筑

学习目的与要求：了解工业建筑的分类和组成；了解厂房的结构和设计要求；熟悉各类厂房的使用范围；掌握建筑设计的标准化与模数制要求；掌握工业建筑学的基本知识。

第一节　工业建筑的分类和组成

工业建筑是指从事各类工业生产及直接为生产服务的房屋，是工业建设必不可少的物质基础。从事工业生产的房屋主要包括生产房屋、辅助生产房屋以及为生产提供动力的房屋，这些房屋往往称为厂房或车间。直接为生产服务的房屋是指为工业生产存储原料、半成品和成品的仓库，存储与修理车辆用房，这些房屋均属工业建筑的范畴，但不能称为厂房或车间。工业建筑的概念是广义的，不一定指的都是厂房。

随着科学技术及生产力的发展，工业建筑的类型越来越多，生产工艺对工业建筑提出的要求更加复杂，为此，对工业建筑的设计要符合安全适用、技术先进、经济合理的原则。

一、工业建筑的分类

为了掌握建筑物的特征和标准，便于进行设计和研究，需要将工业建筑进行分类。工业建筑可以按层数、用途和车间生产情况分类。

（一）按层数分类

1. *单层厂房*　指层数为一层的厂房，它主要用于重型机械制造工业、冶金工业等重工业。这类厂房的特点是设备体积大、重量重，厂房内以水平运输为主。

2. *多层厂房*　指层数为二层以上的厂房。常见的层数为2～6层。其中二层厂房广泛应用于化纤工业、机械制造工业等。多层厂房多应用于电子工业、食品工业、化学工业、轻型机械制造工业、精密仪器工业等。这类厂房的特点是设备较轻、体积较小，工厂的大型机床一般放在底层，小型设备放在楼层上，厂房内部的垂直运输以电梯为主，水平运输以电瓶车为主。建在城市中的多层厂房，能满足城市规划布局的要求，可丰富城市景观，节约用地面积，在厂房面积相同的情况下，四层的厂房造价最为经济。

3. *层数混合的厂房*　厂房由单层跨和多层跨组合而成，多用于热电厂、化工厂等。高大的生产设备位于中间的单跨内，边跨为多层。

（二）按用途分类

1. 主要生产厂房　指用于产品加工的主要工序的厂房，如罐头加工厂中的实罐车间、空罐车间、包装车间等。这类厂房的建筑面积较大，职工人数较多，在全厂生产中占重要地位，是工厂的主要厂房。

2. 辅助生产厂房　指为主要生产车间服务的厂房，例如食品加工厂中的机修车间、工具车间等。

3. 动力厂房　指为全厂提供能源和动力的厂房，如发电站、锅炉房、煤气站等。

4. 储存用房屋　指用于储存各种原材料、成品或半成品的仓库，例如各种原料、辅料、包装材料、半成品、成品等的库房。

5. 运输用房屋　指用于停放各种交通运输设备的房屋，如汽车库、消防车库、电瓶车库等。

6. 其他　如解决厂房给水、排水问题的水泵房、污水处理站等。

（三）按车间内部生产状况分类

1. 冷加工车间　指在正常温度、湿度条件下进行生产的车间，例如机械加工车间、金工车间等。

2. 热加工车间　指在生产过程中散发出大量热量、烟尘等有害物的车间，如铸工、锻工、热处理车间等。

3. 恒温恒湿车间　指在温、湿度波动很小的范围内进行生产的车间，如精密仪器车间、纺织车间等。

4. 净洁车间　指产品的生产对室内空气的洁净程度要求很高的车间，如集成电路车间、精密仪表加工及装配车间等。

二、工业建筑的组成

（一）工业建筑的基本组成

工业建筑依靠承重结构、围护结构和其他结构合理地连接为一体，组成一个完整的结构空间以保证厂房的坚固、耐久。工业建筑主要包括 7 个基本组成单位。

1. 基础　是建筑物最下部的承重构件，其作用是承受建筑物的全部荷载，并将这些荷载传递给地基。因此，基础必须具有足够的强度，并能抵御地下各种有害因素的侵蚀。

2. 墙（或柱）　是建筑物的承重构件和围护构件。作为承重构件，承受着建筑物由屋顶或楼板层传来的荷载，并将这些荷载再传给基础；作为围护构件的外墙，其作用是抵御自然界各种因素对室内的侵袭；内墙主要起分隔空间及保证舒适环境的作用。框架或排架结构的建筑物中，柱起承重作用，墙仅起围护作用。墙体要求具有足够的强度、稳定性，保温、隔热、防水、防火等性能良好，并且耐久，具有经济性。

3. 楼板层和地坪　楼板是水平方向的承重结构，可按房间层高将整栋建筑物沿水平方向分为若干层。楼板层承受家具、设备和人体荷载以及本身的自重，并将这些荷载传给墙或柱，同时对墙体起着水平支撑的作用。因此，要求楼板层应具有足够的抗弯强度、刚度和隔声性能，对有水侵蚀的房间，还应具有防潮、防水的性能。

地坪是底层房屋与地基土层相接的构件，起承受底层房间荷载的作用。要求地坪具有耐磨、防潮、防水、防尘和保温的性能。

4. 楼梯 是楼房建筑的垂直交通设施，供人们上下楼层和紧急疏散之用。故要求楼梯具有足够的通行能力，并且防滑、防火，能保证安全使用。

5. 屋顶 是建筑物顶部的围护构件和承重构件，抵抗风、雨、雪的侵袭和太阳辐射热的影响；又承受风雨雪荷载及施工、检修等屋顶荷载，并将这些荷载传给墙或柱。故屋顶应具有足够的强度、刚度及防水、保温、隔热等性能。

6. 门与窗 门与窗均属非承重构件。门主要供人们内外交通和分隔房间之用；窗主要起通风、采光、分隔、眺望等围护作用。在某些有特殊要求的房间，门、窗具有保温、隔声、防火的性能。

7. 其他 如地沟（明沟或暗沟）、散水、坡道、消防梯、吊车梯、内部隔墙等。

我国广泛采用钢筋混凝土排架结构，其结构构件的组成见图 7－1。

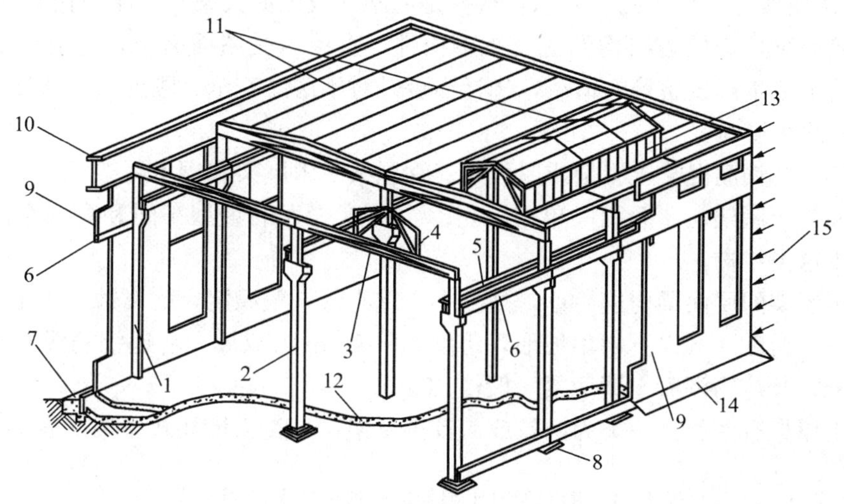

图 7－1 单层厂房装配式钢筋混凝土骨架及主要构件

1. 边列柱 2. 中列柱 3. 屋面大梁 4. 天窗架 5. 吊车梁 6. 连系梁 7. 基础梁 8. 基础 9. 外墙 10. 圈梁 11. 屋面板 12. 地面 13. 天窗 14. 散水 15. 风力

（二）生产车间的组成

生产车间是工厂生产的一个管理单位，一般由 4 个部分组成：①生产工段，是加工产品的主体部分；②辅助工段，是为生产工段服务的部分；③库房部分，存放原料、材料、半成品、成品的地方；④行政办公生活用房。每一幢厂房不一定都包括以上 4 个部分，其组成应根据生产的性质、规模、总平面布置等因素来决定。

第二节 单层厂房

一、单层厂房的结构

单层厂房按其承重结构的材料分成混合结构型、钢筋混凝土结构型、钢结构型等；按其施工方法分为装配式和现浇式钢筋混凝土结构型；按其主要承重结构的型式分为排架结构型、刚架结构型和空间结构型。

装配式钢筋混凝土排架结构是单层厂房常用的结构形式，其骨架是由横向排架和纵向连系构件所组成。现对其主要构件分述如下。

(一) 屋盖结构

1. *屋盖结构类型* 屋盖结构根据构造不同可分为有檩体系屋盖、无檩体系屋盖两类。檩体系屋盖设檩条，放在屋架上，檩条上铺各种类型板瓦，这种屋面的刚度差，配件和搭缝多，在频繁振动下易松动，但屋盖重量较轻，适合小机具吊装，适用于中小型厂房。无檩体系屋盖是大型屋面板直接搁置在屋架或屋面梁上，这种屋面整体性好，刚度大，大中型厂房多采用这种屋面结构形式。

2. *屋盖的承重构件* 屋盖的主要承重构件是屋架（或屋面大梁）与屋架托架。

屋架（或屋面梁）是屋盖结构的主要承重构件，直接承受屋面荷载，有的还要承受悬挂吊车、天窗架、管道或生产设备等的荷载，选择当否，对厂房的安全、刚度、耐久性、经济性和施工进度等都会有很大影响。

按制作材料分为钢筋混凝土屋架或屋面梁、钢屋架、木屋架和钢木屋架。

(1) 钢筋混凝土屋架、屋面梁 单层厂房除了跨度很大的重型车间和高温车间采用钢屋架外，一般多采用这类结构。

钢筋混凝土屋架的屋面梁构造简单，高度小，重心低，较稳定，耐腐蚀，施工方便。但构件重，费材料。一般跨度 9 m 以下用单坡形，跨度 12～18 m 为双坡。普通钢筋混凝土屋面梁的跨度一般为≤15 m，预应力混凝土屋面梁一般≤18 m。

钢筋混凝土屋架有两类：一类为两铰或三铰拱屋架，一类为桁架式屋架（表 7－1）。

表 7－1 钢筋混凝土屋架的一般形式及应用范围

序号	名 称	形 式	跨度（m）	特点及适用条件
1	钢筋混凝土单坡屋面大梁		6 9	自重大； 屋面刚度好； 屋面坡度 1/8～1/12； 适于振动及有腐蚀性介质厂房
2	预应力混凝土双坡屋面大梁		12 15 18	自重大； 屋面刚度好； 屋面坡度 1/8～1/12； 适于振动及有腐蚀性介质厂房
3	钢筋混凝土三铰拱屋架		9 12 15	结构简单，自重小，施工方便，外形轻巧； 屋面坡度：卷材屋面 1/5，自防水屋面 1/4； 适于中小型厂房
4	钢筋混凝土组合屋架		12 15 18	上弦及受压腹杆为钢筋混凝土，受拉杆件为角钢，结构合理，施工方便； 屋面坡度 1/4； 适于中小型厂房

（续）

序号	名　称	形　　式	跨度（m）	特点及适用条件
5	预应力混凝土拱形屋架		18 24 30	结构外形合理； 屋架端部坡度大，为减缓坡度，端部可特殊处理； 适于跨度较大的各类厂房
6	预应力混凝土梯形屋架		18 21 24 27	外形较合理，自重轻，刚度好； 屋面坡度 1/5～1/15； 适于卷材防水的大中型厂房
7	预应力混凝土梯形屋架		18 21 24 30	屋面坡度小，但自重大，经济效果较差； 屋面坡度 1/10～1/12； 适于各类厂房，特别是需要经常上屋面清除积灰的冶金厂房
8	预应力混凝土折线形屋架		15 18 21 24	外形较为合理； 适于卷材防水屋面的大中型厂房； 屋面坡度 1/5～1/15
9	预应力混凝土折线形屋架		18 21 24	上弦为折线，大部分为 1/4 坡度，在屋架端部设短柱，可保证屋面在同一坡度； 适用于有檩体系的槽瓦等自防水屋面
10	预应力混凝土直腹杆屋架		18 24 30	无斜腹杆，结构简单； 适用于有天井式天窗及横向下沉式天窗的厂房

两铰拱的支座节点为铰接，屋脊节点为刚接；三铰拱的支座节点及屋脊节点均为铰接。两铰拱上弦为普通钢筋混凝土构件，三铰拱的上弦可为钢筋混凝土或预应力混凝土构件；它们的下弦为型钢拉杆。这些构件都可集中预制，现场组装，用料省，自重轻，构造简单。但其刚度较差，尤其是屋架平面的刚度更差，对有重型吊车和振动较大的厂房不宜采用。一般的实用跨度为 9～15 m。有时可代替屋面梁使用。

桁架式屋架按外形可分为三角梯、梯形、拱形、折线形等。

（2）钢屋架　钢屋架形式与屋盖的构造方案有关。方案有无檩方案和有檩方案两种。

无檩方案是将大型屋面板直接支承于钢屋架上，屋架间距就是大型屋面板的跨度，一般为 6 m。其特点是：构件的种类和数量少，安装效率高，施工进度快，易于进行铺设保暖层等屋面工序的施工。其最突出优点是屋盖横向刚度大，整体性好，屋面构造简单，较为耐久。其缺点是：屋面自重较重，致使屋盖结构以及下部结构用料多；屋盖质量过大，对抗震也很不利。

有檩方案是在屋架上设檩条，在檩条上再铺设板瓦材。屋架间距就是檩条的跨度，通常为 4～6 m，檩条间距由所用屋面材料确定。有檩方案具有构件重量轻、用料省、运输及安装均较方便等优点；但屋盖构件数量多，构造复杂，吊装次数多，横向整体刚度差。

两种方案各具优缺点，选用时应根据具体情况分析研究，择优采用。一般中型以上特别是重型厂房，因其对厂房横向刚度要求较高，采用无檩方案较合适；而对中小型特别是不需设保暖层的厂房，则可采用具有轻型屋面材料的有檩方案。

钢屋架的外形应与屋面材料的要求相适应。当屋面采用瓦类、钢丝网水泥槽板时，屋架上弦坡度要求陡些，一般不小于 1/3，以利排走雨水。当采用大型屋面板铺设卷材做成有组织排水的屋面时，屋面坡度宜平缓些，一般坡度取 1/8～1/12。

钢屋架常用的形式见图 7－2。

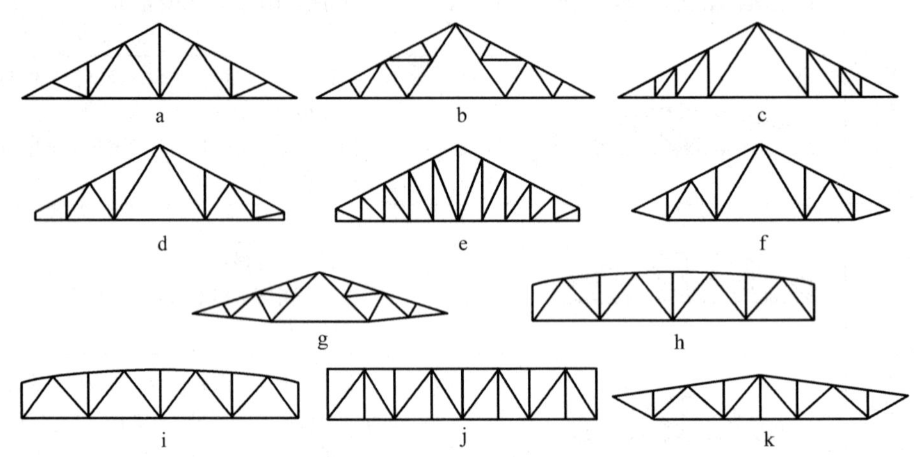

图 7－2　钢屋架的形式

a、b、c. 三角形屋架　d、e. 陡坡梯形屋架　f、g. 下弦弯折的三角形屋架　h、i. 缓坡梯形屋架
j. 平行弦屋架　k. 下撑式屋架

目前在我国，钢结构在建筑中应用受到一定限制。中小型工业建筑中，其屋盖结构，一般应优先采用钢筋混凝土的屋盖体系。只有属于下列情况之一者，如果屋盖的主要承重结构采用屋架时，才采用钢屋架：①屋盖跨度较大，跨度应大于等于 36 m 者；②高温车间，如设有大于等于 15 t 转炉车间中的转炉区段、热钢坯库等；③有较大振动设备的车间，如设有 5 t 锻锤的车间、设有大于等于 6 000 t 水压机的车间、设有 17 t 造型机的造型工部等；④支承在钢柱或钢托架上的屋架；⑤有≥5 t 的悬链或悬挂吊车的厂房；⑥某些特殊工程或某些特殊情况，采用钢筋混凝土屋架不能满足生产使用要求或在施工技术或安装条件上确有困难，经技术经济比较，采用钢屋架综合效益好的。

（3）木屋架和钢木屋架　单层厂房在考虑是否宜于采用木屋架结构时，应注意其易腐朽、焚烧和变形的特点。因此对温湿度较大、结构跨度较大和有较大振动荷载的场所都不宜采用木屋架。木屋架结构适宜应用的范围是：①跨度一般不超过 21 m；②室内空气相对湿度不大于 70%；③室内温度不高于 50 ℃；④吊车起重量不超过 5 t，悬挂吊车不超过 1 t。

木屋架按屋架下弦采用木材或钢材可分为全木屋架和钢木屋架。一般全木屋架适用跨度不超过 15 m；钢木屋架的下弦受力状况好，刚度也较好，适用跨度以 18 m 为宜，也有用到 21 m 的。

屋架的形式很多，按外形分一般常见的三角形、五角形、多边形、弧形等。其中三角形屋架最费料，但节点简单，可用瓦材铺设屋面；弧形和多边形屋架受力最好，但费工，多用于跨度较大的场合。

当厂房的全部或局部柱距为 12 m 或 12 m 以上，而屋架的间距仍保持为 6 m 时，则需在扩大的柱距间按屋架所在位置设托架来承托屋架，通过托架将屋架上的荷载传给柱子。托架有钢筋混凝土托架和钢托架两类。

（二）柱

厂房中的柱由柱身（又分为上柱和下柱）、牛腿及柱上预埋铁件组成。柱是厂房中的主要承重构件之一，在柱顶上支承屋架，在牛腿上支承吊车梁。它主要承受屋盖和吊车梁等竖向荷载、风荷载及吊车产生的纵向和横向水平荷载，有时还要承受墙体、管道设备等荷载。故柱应具有足够的抗压和抗弯能力。设计中要根据受力情况选择合理的柱子形式。

1. *柱的类型、特点及适用条件*　柱的类型很多，按材料分有：砖柱、钢筋混凝土柱、钢柱等；按截面形式分有：单肢柱和双肢柱两大类。目前一般多采用钢筋混凝土柱。

钢筋混凝土柱按截面构造形式分为矩形柱、工字形柱、双肢柱、管柱等（图 7－3）。①矩形柱外形简单，制作方便，两个方向受力性能较好。缺点是：混凝土不能充分发挥作用，混凝土用量多，自重大，适用于中小型厂房。②工字形柱，将横截面受力较小的中间部分混凝土省去，节约混凝土 30％～50％；如柱截面高度较大，为减轻重量和便于穿越管道，还可以在腹板上开孔，缺点是制作复杂。③双肢柱，由两根承受轴向力的肢杆和连系两肢杆的腹杆组成，腹杆有水平的和倾斜的两种。水平的施工方便，上方便于安装管线，但受力往往不如斜腹杆。斜腹杆基本为轴向力，弯矩小，所以节省材料，适用于厂房高，吊车吨位大的厂房。④管柱是在离心制管机上成型的，质量好，便于拼装，减少现场工作量，受气候影响小。缺点是预埋件较难做，与墙连接也不如其他柱方便。

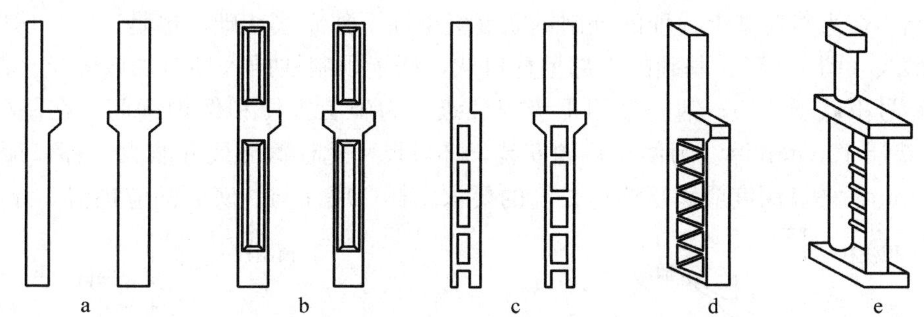

图 7－3　几种常用的有吊车厂房的预制钢筋混凝土柱

a. 矩形柱　b、c. 工字形柱　d. 双肢柱　e. 管柱

钢-钢筋混凝土组合柱是当柱较高，自重较重，因受吊装设备的限制，为减轻柱重时采用。其组合形式是上柱为钢柱，下柱为钢筋混凝土双肢柱。

钢柱一般分为等截面和变阶形式两类柱。它们可以是实腹式，也可以是格沟式的，格构式柱的柱肢截面大多数是工字形的，也有管形的。吊车吨位大的重型厂房适宜选用钢柱。

2. *柱牛腿*　单层厂房结构中的屋架、托梁、吊车梁和连系梁等结构，常由设置在柱上的牛腿支承。钢筋混凝土柱上的牛腿有实腹式和空腹式之分，通常多采用实腹式牛腿。

3. *柱的预埋件*　柱上除了按结构计算需要配置钢筋外，还要根据柱的位置以及柱与其他构件连接的需要等，在柱上预先埋设铁件。如柱与屋架、柱与吊车梁、柱与连系梁或圈梁、柱与砖墙或大型墙板及柱间支撑等相互连接处，均须在柱上埋设如钢板、螺栓、锚拉钢筋等铁件。因此，在进行柱子设计和施工时，应根据实际情况将所需预埋铁件的品种、数量、位置等核实清楚。

（三）基础

基础是厂房的重要构件之一，承担着厂房上部结构的全部重量，并传送到地基，起着承上传下的重要作用。

1. 基础类型的选择　基础类型的选择主要取决于建筑物上部结构荷载的性质和大小、工程地质条件等。

单层厂房一般采用钢筋混凝土基础。当上部荷载不大，地基土质较均匀，承载力较大时，柱下多采用独立的杯形基础。当荷载轴向大而弯矩小，且施工技术好，其他条件同上时，也可采用独立的壳体基础。当上部结构荷载较大，而地基承载力较小，柱下如用杯形基础，由于底面积过大，会使相邻基础之间的距离较近，因此可采用条形基础。条形基础刚度大，能调整纵向柱列的不均匀沉降。当地基的持力层离地表较深，地基表层土松软或为冻土地基，且上部荷载又较大，对地基的变形要求较严时，可考虑采用桩基础等。

2. 独立式基础　单层厂房一般是采用预制装配式钢筋混凝土排架结构，厂房的柱距与跨度较大，故厂房的基础多采用独立式基础。独立式基础与柱的连接构造因柱采用现浇式或预制式的不同而不同。

当基础上的柱现浇时，基础一般也采用现浇。当柱与基础不在同时间内施工时，须在基础顶面留出插筋，以便与柱连接。插筋的数量与柱的纵向受力钢筋相同，插筋伸出长度按柱的受力情况、钢筋规格及接头方式（如焊接或绑扎接头）的不同而确定（图 7－4）。

杯形基础是在天然地基上浅埋的预制钢筋混凝土柱下独立式基础，也是工业厂房中应用较为广泛的基础形式（图 7－5）。基础的上部呈杯口状，便于预制柱插入杯口加以固定。浇筑基础采用的混凝土标号不低于 C15，钢筋采用Ⅰ级或Ⅱ级，为施工方便和保护钢筋，在基础底部采用 C7.5 混凝土垫层 100 mm 厚。为便于柱的安装，杯口尺寸比柱截面尺寸略大，杯口顶为 75 mm，杯口底为 50 mm，杯口深度应满足锚固长度的要求。杯口底面与柱底面间应预留 50 mm 找平层，

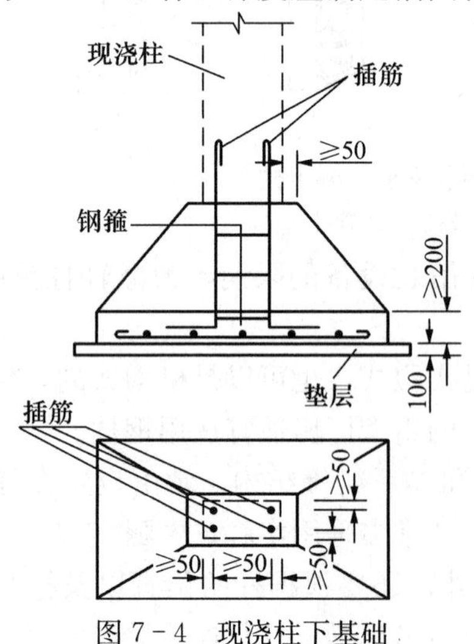

图 7－4　现浇柱下基础

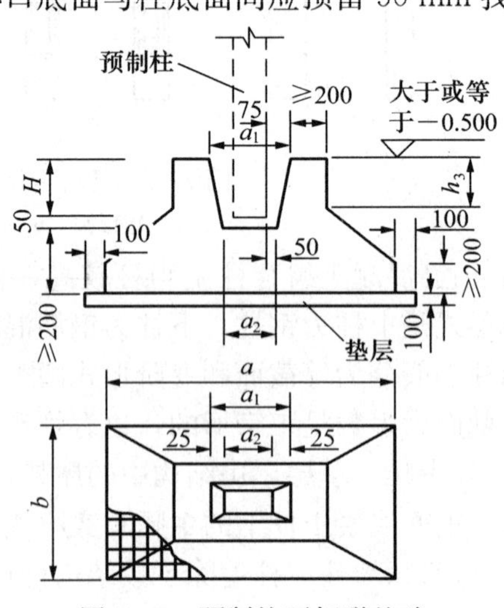

图 7－5　预制柱下杯形基础

在柱吊装就位前用高标号细石混凝土找平，将杯口内表面凿毛糙，杯口与柱子四周缝隙采用C20细石混凝土填实。基础杯口底板厚度一般应大于等于200 mm，基础杯壁厚度应大于等于200 mm，基础杯口顶面标高至少应低于室内地坪500 mm。

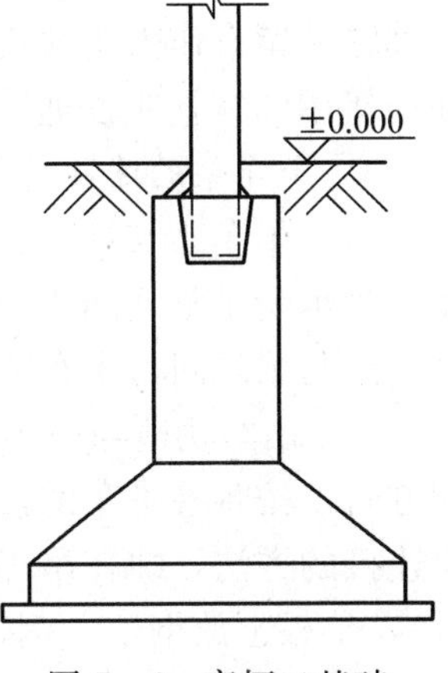

图7-6 高杯口基础

杯形基础节省模板、施工方便，适用于地质均匀、地基承载能力较好的各类工业厂房。当厂房地形起伏大，局部地质条件变化大或相邻的设备大，基础埋置较深等原因，要求部分基础埋置深些，为使预制柱的长度统一，便于施工，可在局部地方采用高杯口基础（图7-6）。

3. 柱基础与设备基础、地坑的关系　有些车间内靠柱边有设备基础或地坑，当基槽在柱基础施工完成后才开挖时，为防止施工滑坡而扰动柱基础的地基土层致使沉降过大，应使设备基础或地坑移动保持一定的距离。如设备基础或地坑的位置不能移动时，则可将柱基础做成高杯口基础。

（四）吊车梁

吊车梁是有吊车的单层厂房的重要构件之一。当厂房设有桥式或梁式吊车时，需要在柱牛腿上设置吊车梁，吊车轮子就在吊车梁铺设的轨道上运行。吊车梁直接承受吊车起重、运行和制动时产生的各种往返移动荷载。同时，吊车梁还要承担传递厂房纵向荷载（如山墙上的风荷载），起保证厂房纵向刚度和稳定性的作用。

1. 吊车梁的类型　钢筋混凝土吊车梁的类型很多，按截面形式分，有等截面的T形、工字形、元宝式车梁、鱼腹式、空腹鱼腹式吊车梁等（图7-7）。

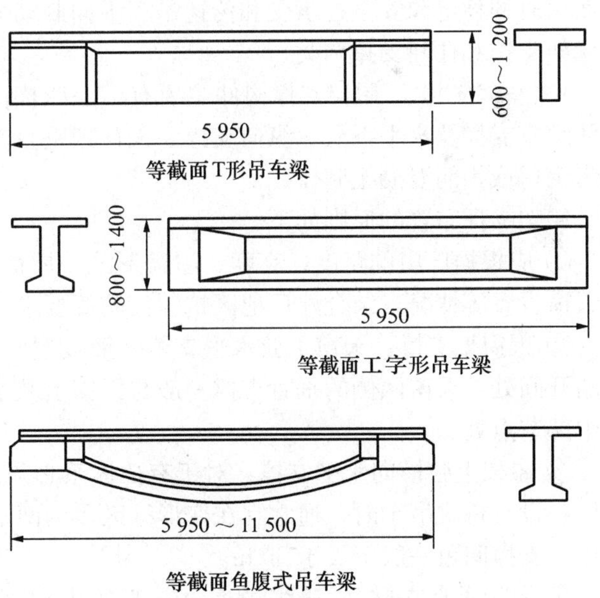

图7-7 钢筋混凝土吊车梁

T形吊车梁，上部翼缘较宽，以增加梁的受压面积，便于固定吊车轨道。T形吊车梁有施工简单，制作方便的优点。但自重大，耗料多，不太经济。一般用于柱距为6 m，厂房距度不大于30 m，吨位在10 t以下的厂房，预应力钢筋混凝土T形吊车梁适用于10～30t的厂房。

工字形吊车梁腹壁薄，节约材料，自重较轻。它适用于6 m柱距、12～33 m跨度的厂房中，起重量为5～75 t的重级、中级、轻级工作制中。

鱼腹式吊车梁腹板薄，外形像鱼腹，故称鱼腹式吊车梁。外形与弯矩包括图形相近，受力合理，能充分发挥材料强度和减轻自重，节省材料，可承受较大荷载，梁的刚度大。但构造和制作较复杂，运输、堆放需设专门支垫。预应力混凝土鱼腹式吊车梁适用于厂房柱距不大于12 m，跨度12～33 m，吊车吨位为15～150 t的厂房。

2. 吊车梁的预埋件、预留孔　吊车梁两端上下边缘各预埋有铁件，用于与柱连接。由于端柱处、变形缝处的柱距不同，在预制和安装吊车梁时，要注意预埋件设置位置的要求。在吊车梁上翼缘处留有作固定轨道用的预留孔，腹部预留滑角线安装孔。有车挡的吊车梁应预留与车挡构件连接用的钢管或预埋铁件。

3. 吊车梁的连接构造

(1) 吊车梁与柱的连接　为承受吊车横向水平刹车力，吊车梁上翼缘与柱间用钢板或角钢焊接。为承受吊车竖向压力，安装前吊车梁底部应焊接上一块垫板与柱牛腿顶面预埋钢板相焊接。吊车梁与梁之间，吊车梁与柱之间的空隙均须用C20细石混凝土填实。

(2) 吊车轨道与吊车梁的连接　吊车轨道按吊车吨位确定其断面和型号，可分为轻轨、重轨和方轨，按各种吊车的技术规格推荐用型号选定，吊车轨道与吊车梁的连接一般采用橡胶板和螺栓连接的方法，即在吊车梁上铺设厚30～50 mm的垫层，再放钢垫板（或塑料、橡皮等弹性垫板），垫板上放钢轨，钢轨两侧放固定板，用压板压住，压板与吊车梁用螺栓连接牢固。

(3) 车挡与上车吊梁的连接　为防止吊车行驶中来不及刹车而冲撞山墙，同时限制吊车的行驶范围，应在吊车梁的尽端设车挡（又称止冲器）。车挡大小应与吊车起重大小相适应。车挡用钢材制作，上面固定橡胶板，用螺栓与吊车梁的翼缘相连接，可按全国通用标准图集选用。

（五）支撑

单层厂房的支撑是使厂房形成整体的空间骨架，保证厂房的空间刚度；保证构件在施工和正常使用时的稳定和安全；承受和传递吊车纵向制动力、山墙风荷载、纵向地震力等水平荷载。分为屋架支撑和柱间支撑两类。

1. 屋架支撑　屋架支撑构件主要有：上弦横向支撑、上弦水平系杆、下弦横向水平支撑、下弦垂直支撑及水平系杆、纵向支撑、天窗架垂直支撑、天窗架上弦横向支撑等。支撑、系杆构件为钢材或钢筋混凝土制作。

屋架支撑布置的原则如下。

① 应根据厂房的跨度、高度、屋盖形式、屋面刚度、吊车起重量及工作制、有无悬挂吊车和天窗设置等情况，结合建厂地区抗震设防等要求进行合理布置。

② 天窗架支撑：天窗上弦水平支撑一般设置于天窗两端开间和中部有屋架上弦横向水平支撑的开间处，天窗两侧的垂直支撑一般与天窗上弦水平支撑位置一致，上弦水平系杆通常设在天窗中部节点处。

③ 屋架上弦横向水平支撑：对于有檩体系必须设置屋架上弦横向水平支撑；对于无檩体系，当厂房设有桥式吊车时，通常宜在变形缝区段的两端及有柱间支撑的开间设置屋架上弦横向水平支撑，支撑间距一般不大于60 m。

④ 屋架垂直支撑：一般应设备于屋架跨中和支座的垂直平面内。除有悬挂吊车外，应与上弦横向水平支撑同一开间内设置。

⑤ 屋架下弦横向水平支撑：一般用于下弦设有悬挂吊车或该水平内有水平外力作用时（如以下弦横向水平支撑山墙抗风柱的支点等）。

⑥ 屋架下弦纵向水平支撑：通常在有托架的开间内设置。只有当柱子很高，吊车起重量很

大，或车间内有壁行吊车或有较大的锻锤时，才在变形缝区段内与下弦横向水平支撑组合成下弦封闭式支撑体系。

⑦ 纵向系杆：通常在设有天窗架的屋架上下弦中部节点设置。此外，在所有设置垂直支撑的屋架端部均设置有上弦和下弦的水平系杆。

⑧ 在地震区：应按现行抗震设计规范要求设置。

屋盖支撑的类型包括上下横向水平支撑、上下弦纵向水平支撑、垂直支撑和纵向水平系杆（加劲杆）等。横向水平支撑和垂直支撑一般布置在厂房端部和伸缩缝两侧的第二或第一柱间上。屋盖上弦横向支撑、下弦横向水平支撑的和纵向支撑，一般采用十字交叉的形式，交叉角一般为25°～65°，多用45°。

2. *柱间支撑*　柱间支撑的作用是加强厂房纵向刚度和稳定性，将吊车纵向制动力和山墙抗风柱经屋盖系统传来的风力（也包括纵向地震力）经柱间支撑传至基础。其布置形式有以下几种。

① 有吊车或跨度小于18 m或柱高大于8 m的厂房，在变形缝区段中设置；有桥式吊车时，还应在变形缝区段两端开间加设上柱支撑。

② 当吊车轨顶标高大于等于10 m时，柱间支撑宜做成两层；当柱截面高度大于等于1.0 m时，下柱支撑宜做成双肢，各肢与柱翼缘连接，肢间用角钢连接。

③ 当柱间需要通行、需放置设备或柱距较大，采用交叉式支撑有困难时，可采用门架式支撑。

柱间支撑一般用钢材制作。其交叉倾角通常为35°～55°，以45°为宜。支撑斜杆安装时与柱上预埋铁件焊接。

（六）单层厂房外墙

单层厂房的外墙根据材料、使用要求、构造型式及承重方式的不同可分为砖墙、砌块墙、板材墙、开敞式外墙、承重墙、承自重墙、框架墙等（图7-8）。

当厂房跨度和高度不大，没有或只有较小的起重运输设备时，一般可有用承重墙，如图7-8中A轴的墙，直接承受屋盖与起重运输设备等荷载。当厂房跨度和高度较大，起重运输设备吨位较大时，通常采用钢筋混凝土排架柱来承受屋盖与起重运输设备等荷载，而外墙只承受自重，仅起围护作用，这类墙称为承自重墙，如图7-8中D轴的墙；有的高大厂房的上部墙体及厂房高低跨交接处的墙体，多采用架空支承在排架柱上的墙梁（连系梁）来承担，这类墙称为框架墙，如图7-8中B轴上部的墙。承自重墙是厂房外墙的主要形式。下面分述单层厂房外墙的构造要求。

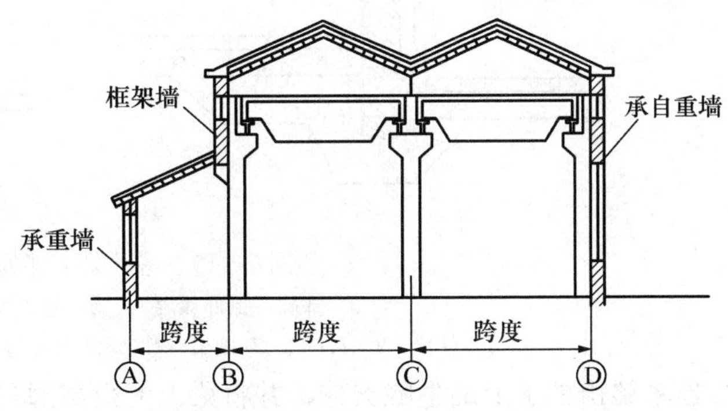

图7-8　单侧厂房外墙的类型

1. *砌体填充墙*　砌体填充墙是指利用砖或砌块填充的非承重墙。如在单层厂房中填充或悬挂于框架或排架柱间并由框架或排架承受其荷载的外墙，高低跨之间的封闭墙等。该类墙一般由钢筋混凝土基础梁和连系梁来支承。基础梁是指由基础支承的柱间墙下梁。而连系梁是指厂房纵向柱列的水平连系构件，设在墙内的又称为墙梁。

基础梁与基础的连接有两种情况，当基础埋置较浅时，基础梁可直接或通过混凝土垫块搁置在柱基础杯口的顶面上（图 7 - 9a、b）；当基础埋置较深时，基础梁则搁置在高杯形基础或柱牛腿上（图 7 - 9c、d）。基础梁的截面通常为梯形，顶面标高通常比室内低 50 mm，勒脚抹 500～800 mm 高水泥砂浆。

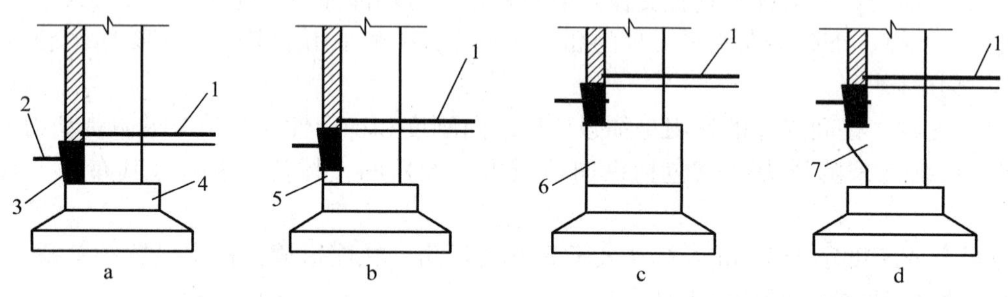

图 7 - 9　基础梁与基础的连接

1. 室内地面　2. 散水　3. 基础梁　4. 柱杯形基础　5. 垫块　6. 高杯形基础　7. 牛腿

冬季，在寒冷地区为防止因土冻胀致使基础梁上隆而开裂，应在基础下周围铺一定厚度的砂或炉渣等松散材料（图 7 - 10a），冻胀严重时还可在基础梁下预留空隙（图 7 - 10b），这种措施对湿降性土或膨胀性土也同样适用，可避免不均匀沉降或不均匀胀升引起的不利影响。

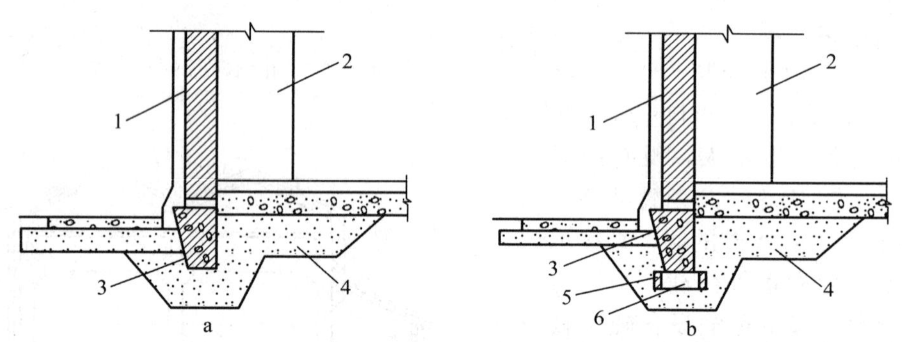

图 7 - 10　基础梁下部的保温措施

a. 基础梁下部保温　　b. 基础梁底留空防胀构造

1. 外墙　2. 柱　3. 基础梁　4. 炉渣保温材料　5. 立砌普通砖　6. 空隙

连系梁由柱子上的牛腿支撑，并将梁上的荷载通过牛腿传给柱子。连系梁多为预制，其截面有矩形和 L 形两种，矩形用于一砖墙，L 形用于一砖半墙。梁与柱的连接有螺栓固定和预埋钢板焊接两种方式。

墙支承在基础梁和连系梁上，应把柱当做墙体的可靠支点，使墙与柱有牢固的连接，以增加墙体的稳定性和防止墙体因外部荷载的作用而倾倒。一般的连接方法是沿柱高度每隔 500～600 mm预留 2ϕ6 钢筋（俗称胡子筋）并伸入墙体水平灰缝中，埋入的深度根据墙厚而定，一般不少于 120 mm，亦可将 2ϕ6 钢筋焊牢在柱子上的预埋铁件上。

根据厂房高度、荷载和地基条件等，将一道或几道墙梁沿厂房四周串通，一般称为圈梁。其作用是增强厂房结构的整体性，抵抗因地基不均匀沉降或较大振动荷载所引起的变形。圈梁应尽可能兼做窗过梁用。

不在墙内的连系梁主要作用是连接柱列以增加厂房的纵向刚度。一般布置在多跨厂房的中列柱的顶端。

屋架的上弦、下弦或屋面梁可预埋钢筋拉接墙体；若在屋架腹杆上预埋钢筋不便，可在腹杆预埋钢板上焊接钢筋与墙体拉接。

2. *板材墙*　发展大型板材墙是改革墙体，促进建筑工业化的重要措施之一。墙板能利用工业废料制作，有利于生产工业化，加快施工速度，比砖墙质量轻且抗震性能优良。因此板材将成为我国工业建筑广泛采用的外墙类型之一。但目前还存在板材的用钢量大，造价偏高，接缝处不严密，时有透风渗水现象，其热工性能尚不理想等问题，亟待研究解决。

墙板根据不同的需要做不同的分类。如按受力状况分为承重墙板和非承重墙板；按热工性能分为保温墙板和非保温墙板；按板的规格分为基本板、异型板和补充性构件；按在墙面的位置分有檐下板、一般板、女儿墙、山尖板、窗上板、窗下板、勒脚板；按用材分有单一材料和复合材料制作的墙板等。常用的墙板有单一材料墙板和复合材料墙板。

单一材料墙板是采用一种主要材料制作。如普通混凝土、陶粒混凝土、加气混凝土、膨胀蛭石混凝土、烟灰矿渣混凝土等混凝土材料制作。复合材料墙板则是采用多种高效轻质材料做成的，如一般做成为轻质高强的夹心式墙板。面板可用多种材料制作，如预应力钢筋混凝土薄板、石棉水泥板、一般钢板、不锈钢板、铝板、玻璃钢板等，夹心层材料可用矿棉毡、玻璃棉毡、泡沫塑料、泡沫橡皮、泡沫玻璃、林丝板、各种蜂窝板等保温隔热的轻质材料。复合墙板能充分发挥材料的特性，心层材料具有高效的热工性能，外壳材料有承重、防腐蚀等功能，但也存在制造工艺较复杂、造价偏高、用于保温时易产生热桥等问题。

墙板的规格尺寸系按我国《厂房建设模数协调标准》（GBJ6—86）的规定，并考虑山墙坑风柱的设置情况而编制的。一般墙板的长和高是采用 300 mm 为扩大模数，板长有 4 500 mm、6 000 mm、7 500 mm（用于山墙）和 12 000 mm 4 种，可用 6 m 或 12 m 柱距以及 3 m 整倍数的跨距。板高有 900 mm、1 200 mm、1 500 mm 和 1 800 mm 4 种。板厚则以 20 mm 为模数进级，常用厚度为 160～240 mm。

大型墙板布置可分为横向布置、竖向布置和混合布置三种方式。

（1）墙板横向布置　墙板的横向布置在工程中采用的比较普遍。其板长和柱距一致，利用柱来做墙板的支承或悬柱点，竖缝由柱身遮挡，不易渗透风雨。墙板起连系梁与门窗过梁的作用，能增强厂房的纵向刚度。墙板横向布置构造简单，连接可靠，板型较少，便于设置窗框板或带形窗等。其缺点是遇到穿墙孔洞时，墙板的布置较复杂（图 7 - 11a）。

（2）墙板竖向布置　墙板竖向布置不受柱距限制，布置灵活，遇到穿墙孔洞时便于处理。但目前国内厂房高度尚未定型，墙板的固定须设置连系梁，其构造复杂，竖向板缝多，易渗漏雨水。此布置方式现采用不多（图 7 - 11b）。

（3）墙板混合布置　混合布置具有横向和竖向布置的优点，布置较为灵活，但板型较多，难以定型化，并且构造较为复杂，所以其应用也受限制（图 7－11c）。

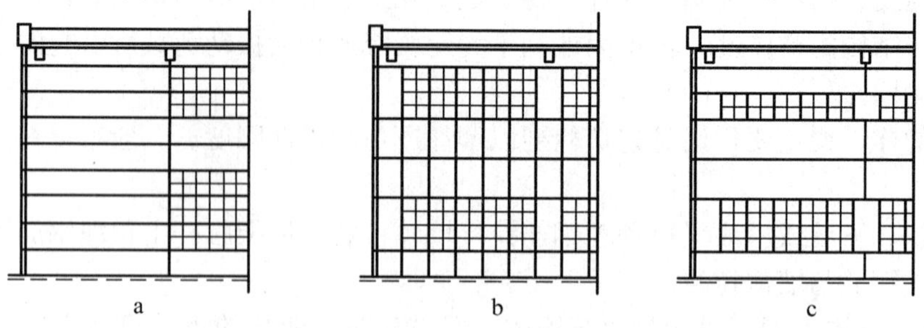

图 7－11　墙板布置方式

a. 横向布置　b. 纵向布置　c. 混合布置

厂房的山墙上形成山尖形，从立面设计要求可做出多种处理方案。在山尖部分用砖、混凝土块等砌筑，为了立面统一，可抹灰划线，形成墙板的形象。

3. 轻质板材墙　对不要求保温、隔热的热加工车间、防爆车间等的外墙，可采用石棉水泥板、瓦楞铁皮、塑料墙板、铝合金板、夹层玻璃墙板等。这类墙板仅起围护作用，除传递水平风荷载外，不承受其他荷载，其本身重量也由厂房骨架来承受。目前多采用的是波纹石棉水泥瓦，它通常悬挂在柱间的预制钢筋混凝土横梁上。横梁两端是置于柱的钢牛腿上，并通过预埋件与柱焊接牢固。横梁的间距应与波纹石棉水泥瓦的长度相适应。横梁与瓦板可采用螺栓与铁卡连接。

4. 开敞式外墙　我国南方地区，一些热加工车间为获得良好的自然通风和散热效果，常采用开敞式外墙，即下部设矮墙，上部开敞口设挡雨遮阳板。

（七）侧窗

在工业建筑中，侧窗不仅要满足采光和通风的要求，还要根据生产工艺的特点，满足一些特殊要求。例如有爆炸危险的车间，侧窗应便于泄压；要求恒温恒湿的车间，侧窗应该具有足够的保温隔热性能；洁净车间要求侧窗防尘和密闭等等。由于工业建筑侧窗面积较大，如果处理不当，容易产生变形、损坏和开关不便，影响生产并增加维修费用。所以，侧窗除满足生产要求外，还应考虑坚固耐久、接缝严密、开关灵活、节省材料、降低造价。

侧窗一般以吊车梁为界，其上部的小窗为高侧窗，下部的大窗为低侧窗。大面积的侧窗因通风的需要，多采用组合式：一般平开窗位于下部，接近工作面；中悬窗位于上部；固定窗位于中部。在同一横向高度内，应采用相同的开关方式。

侧窗的尺寸应符合模数。洞口宽度一般在 900～6 000 mm 之间，当洞口宽度小于 2 400 mm 时，取 300 mm 的倍数；大于 2 400 mm 时，取 600 mm 的倍数。洞口高度一般在 900～4 800 mm 之间，当洞口高度为 1 200～4 800 mm 时，取 600 mm 的倍数。

侧窗的主要类型有木侧窗、钢侧窗、钢筋混凝土侧窗、垂直旋转通风板窗，另外还有密闭窗、百叶窗、固定式通风高侧窗等。

（八）大门

1. 规格和类型　工业厂房大门主要是供日常车辆和人通行、疏散之用。门的外形尺寸应根据所需运输工具类型、规格、运输货物的外形并考虑通行方便等因素来确定。一般洞口尺寸应比通过的满载货物车辆的轮廓尺寸加宽 600～1 000 mm，加高 400～600 mm；同时，还应符合建筑模数协调标准的规定，以 300 mm 为扩大模数进级，以减少大门类型，便于采用标准构配件。

车间大门的类型较多，主要由车间性质、运输、材料及构造等因素决定。按用途分：有供运输通行的普通大门、防火门、保温门、防风沙门等；按材料分：有木门、钢木门、普通型钢和空腹薄壁钢门等；按开启方式分：有平开门、推拉门、折叠门、升降门、上翻门、卷帘门等。

（1）平开门　平开门在单层厂房中采用最多，因它构造简单，开关方便。通常门是向外开启的，门上须设置雨篷以保护门扇和方便出入。平开大门均设两门扇，大门门扇上可开设一扇供人通行的小门，用于大门关闭时工作人员进出。

（2）推拉门　推拉门在单层厂房中采用较多。推拉门的开关是通过滑轮，门扇沿导轨向左右推拉而成的。推拉门门扇受力状态好，构造简单，不易变形。推拉门一般设两个门扇，它们各沿专用导轨推行。因柱的影响，推拉门是设在室外墙侧的，因此，应设足够宽和长的雨篷加以保护。推拉门密闭性较差，故不宜用于密闭要求较高的车间。

（3）平开折叠门　大门门洞较宽，为减小门扇宽度和占地面积，将宽大的平开门扇改做成数扇，改做的门扇之间用铰链连接，这样可自由水平折叠开启，使用较灵活方便。关闭时分别用插销固定，以防门扇变形和保证大门的刚度。

（4）推拉折叠门　推拉折叠门是将推拉门门扇一分为二，边扇仍是推拉式，另一扇用铰链挂在边扇上。开门时先平开挂扇并固定在边扇上后，再推拉边扇。这比推拉门灵活方便，但构造复杂。

（5）空腹薄壁钢折叠门　折叠门可由几个较窄的门扇相互间用铰链连成一体，门洞上下均设导轨，开启时门扇沿导轨左右推开，门扇折叠到一起，其壁较薄、轻便，占用空间较少（应注意保养与维护），适用于较大的门洞，但不适用于有腐蚀性介质的车间。

（6）上翻门　上翻门开启后整个门扇翻到门过梁下面，不占车间使用面积。它开启不受厂房柱的影响，可避免大风及车辆造成门扇的损坏。上翻门按导轨的形式和门扇的形式分为重锤直轨吊杆上翻门、弹簧横轨杠杆上翻门和重锤直轨折叠门上翻门。

（7）卷帘门　卷帘门的页板是由薄钢板或铝合金冲压成型的，开启时由门上部的转轴将帘板卷起。卷帘门有手动型和电动型，电动型须配有停电时可用手动开启的备用设备。卷帘门构造较复杂，造价较高，一般用于车库、非频繁开启的高大门洞。

（8）升降门　升降门系门扇沿轨向上作开启的，若门洞高时沿水平方向将门扇分段。它不占车间使用空间，只要求在门洞上留有足够的上升高度。升降门有电动式和手动式，一般宜用电动式，升降门适用于较高大的大型厂房。

2. 大门的构造

（1）平开大门的构造　厂房的平开大门由门框、门扇、五金配件等组成。门扇有木制、钢板制、钢木混合制等种类。当门扇面积大于 5 m^2时，宜采用钢木复合门或钢板制作。

门扇由骨架和面板构成，除木门外，骨架常用型钢制成。由于门扇面积大，为防止门扇变形，在钢骨架上应加设角钢的横撑和交叉支撑，木骨架应加设三角铁，以增强门扇刚度。木门及钢木门的门扇一般用 15 mm 厚的木材做门心板，用螺栓与骨架结合；钢板门则用 1～1.5 mm 厚钢板做门心板。为防风沙，在门扇下缘及门扇与门框、门扇与门扇之间的缝隙处加设橡皮条。

门框由上框和边框构成，有的利用门顶上的钢筋混凝土过梁兼作上框。过梁一般均带有雨篷，雨篷外挑长度一般为 900 mm，雨篷宽度一般比门洞宽度大 370～500 mm。边框有钢筋混凝土和砖砌的两种。当门洞宽度大于 2 400 mm 时，应做钢筋混凝土门框，便于固定门铰链及保护墙角。边框与墙体应有拉筋连接，并在铰链位置预埋铁件。当门洞宽度小于 2 400 mm 时，两边须设有砌体的拉接筋和与铰链焊接的预埋铁件。

（2）推拉门的构造　推拉门由门扇、上导轨、滑轮、下导轨和门框组成，门扇可采用钢木门扇、钢板门扇、空腹薄壁钢板门等。门框为钢筋混凝土。厂房中一般多用上挂式推拉门，当门扇高度大于 4 m，重量较大时，则宜采用下滑式的。

（3）折叠门的构造　折叠门由门扇、上导轨、滑轮、吊挂螺栓、下导轨、导向铰链、门铰和门框组成。门扇一般由钢板制成的。其上导轨、滑轮装置及构造与推拉门相似；边扇则和平开门一样，用铰链与门框固定，但在门扇下须设一条固定于地面的下导轨，使门扇下缘的导向铰链沿轨道移动。为使门扇开启后能全部平靠门洞两侧，则上、下轨道须与门洞所在墙面有一夹角。

折叠门分为侧挂式、侧悬式和中悬式 3 种（图 7－12）。

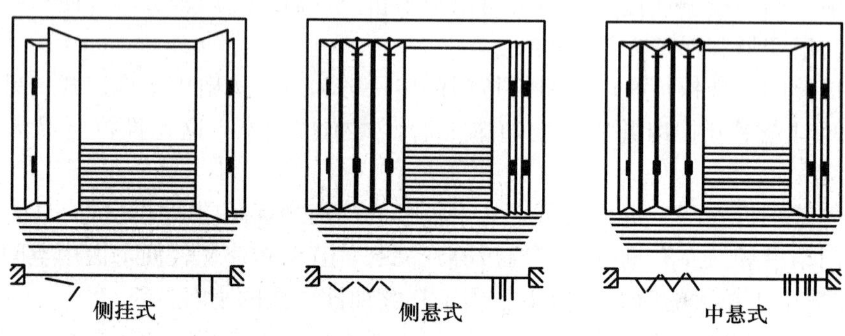

图 7－12　折叠门的几种类型

（4）卷帘门的构造　卷帘门由卷帘板、导轨、卷筒、开关装置等组成。门扇为 1.5 mm 厚带钢轧成的帘板，板间用铆钉连接。为保证其坚固耐久，门扇下部采用 10 mm 厚钢板，并附设橡皮条以防风沙。

电动式卷帘门的传动装置有电动机、减速器、托轮、卷筒等。在减速器处应另配置手动开启装置，以作停电时使用。

（5）上翻门的构造　上翻门由门扇、平衡锤、滑轮、导轮、导向滑轮、门框等组成。门扇可用钢板、空腹薄壁钢板、钢木等材料制作。门扇骨架用冷轧带钢高频焊管制成。拉杆为 ϕ22 钢管，其一端固定于轨道上，另一端固定于门扇的骨架上。两侧垂直轨道用槽钢制作，为减轻平衡锤重量，设有减重导向滑轮组。

（九）单层厂房屋面

1. 单层厂房屋面的特点　单层厂房屋面与民用建筑相比，其主要特点如下。

① 厂房屋面积较大，构造复杂。多跨成片的厂房跨间有的还有高差。屋面上常设天窗，以便于采光和通风；为排除雨雪水，需设天沟、檐沟、水斗及水落管，都使屋面构造复杂。

② 有吊车的厂房，屋面必须有一定的强度和足够的刚度。

③ 厂房屋面的保温、隔热要满足不同生产条件的要求，如恒温恒湿车间的保温隔热要求比一般民用建筑高。

④ 热车间只要求防雨，有爆炸危险的厂房要求屋面防爆、泄压，有腐蚀介质的车间应防腐蚀等。

⑤ 减少厂房屋面面积和减轻屋面自重对降低厂房造价有较大影响。

2. *屋面基层*　屋面基层分有檩体系和无檩体系两种（图 7－13）。

有檩体系是在屋架上弦（或屋面梁上翼缘）设置檩条，在檩条上铺小型屋面板（或瓦材），这种体系采用的构件小、重量轻、吊装容易，但构件数量多，施工繁琐，工期长，适用于施工机械起吊能力较小的施工现场。无檩体系是在屋架上弦（或屋面梁上翼缘）直接铺设大型屋面板，所用构件大、类型少、便于工业化施工，但要求吊装技术高，目前，无檩体系在工程中应用较为广泛。

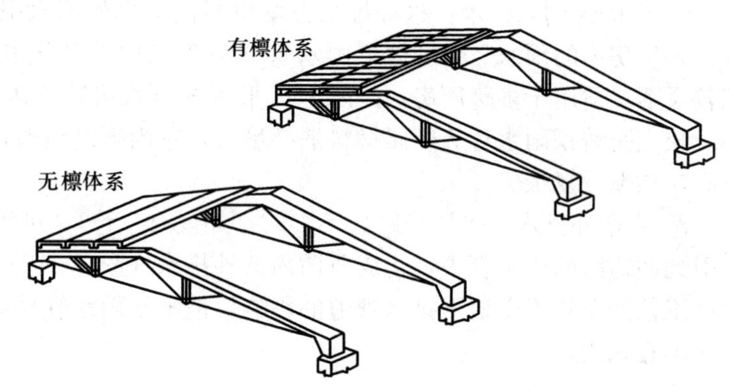

图 7－13　屋面基层结构类型

3. *屋面排水*　厂房屋面排水方式和民用建筑一样，分无组织排水和有组织排水两种。按屋面部位不同，可分屋面排水和檐口排水两部分。其排水方式应根据气候条件、厂房高度、生产工艺特点、屋面面积大小等因素综合考虑。

（1）外排水方案　有组织外排水是指雨水管装设在室外的一种排水方案，优点是雨水管不妨碍室内空间使用和美观，构造简单，采用广泛。南方地区应优先采用外排水。厂房中常见的外排水方案有以下两种。

① 挑檐沟外排水：这种排水方式的屋面雨水汇集到悬挑在墙外的檐沟内，再从雨水管排下。当厂房为高低跨时，可先将高跨的雨水排至低跨屋面，然后从低跨挑檐沟引入地下（图 7－14）。采用该方案时，水流路线的水平距离不应超过 20 m，以免造成屋面渗水。

② 长天沟外排水：在多跨厂房中，为了解决中间跨的排水，可沿纵向天沟向厂房两端山墙

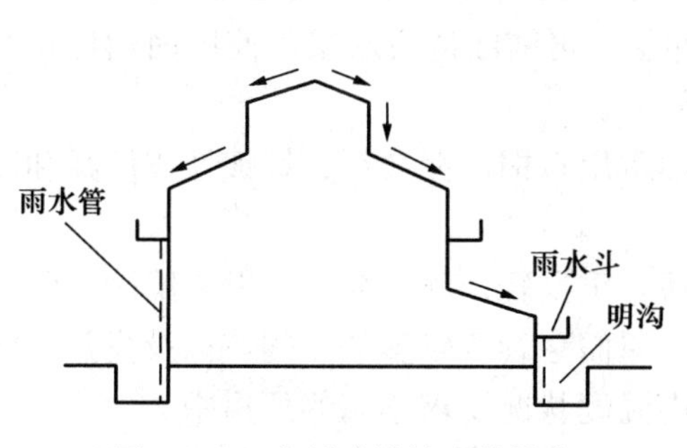

图 7－14　高低跨挑檐沟外排水

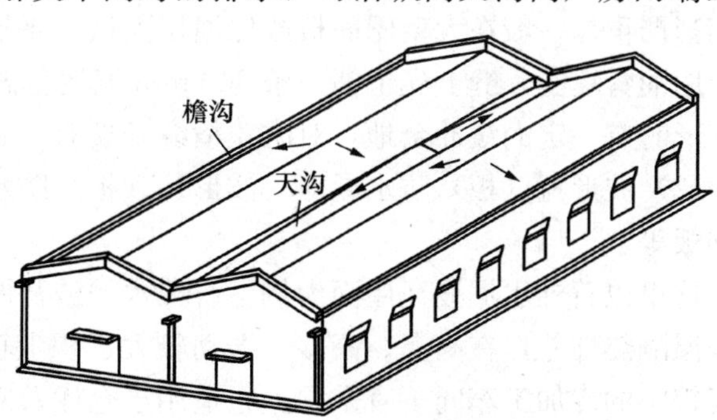

图 7－15　长天沟端部外排水

外部排水，形成长天沟排水（图 7－15）。长天沟板端部做溢流口，以防止在暴雨时因竖管来不及泄水而使天沟浸水。

长天沟外排水形式避免了在室内设雨水管，多用于单层厂房。为了避免天沟跨越厂房的横向温度缝，只在仅出现一条温度缝，而纵向长度在 100 m 以内时采用。长天沟外排水的优点是构造简单，排水简捷。

（2）内排水方案　严寒地区多跨单层厂房宜选用内排水方案，常见以下两种形式。

① 中间天沟内排水：这种排水方案将屋面汇集的雨水引向中间跨及边跨天沟处，再经雨水斗引入厂房内的雨水竖管及地下雨水管（图 7－16）。其优点是不受厂房高度限制，屋面排水组织较灵活，适用于多跨厂房，严寒地区采用内排水可防止因结冻胀裂引起檐和外部雨水管的破坏。缺点是铸铁雨水管等金属材料消耗量大，室内须设地沟，有时会妨碍工艺设备的布置，造价较高，构造较复杂。

② 内落外排水：当厂房跨数不多时（如仅有三跨），可用悬吊式水平雨水管将中间天沟的雨水引到两边跨的雨水管中，构成所谓内落外排水（图 7－17）。其优点是可以简化室内排水设施，生产工艺的布置不受地下排水管道的影响，但水平雨水管易被灰尘堵塞，有大量粉尘积于屋面的厂房不宜采用。

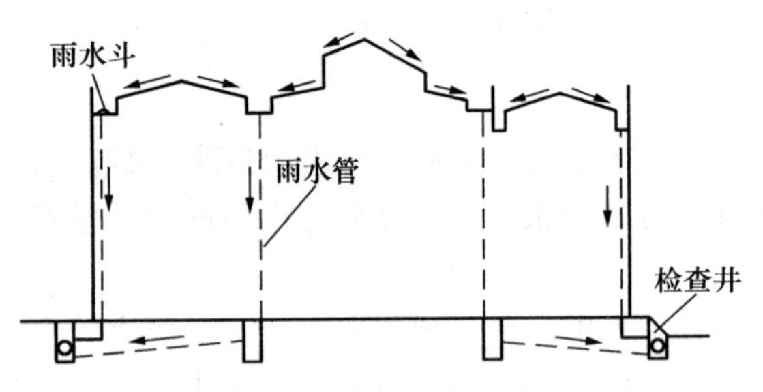

图 7－16　高低跨内外排水

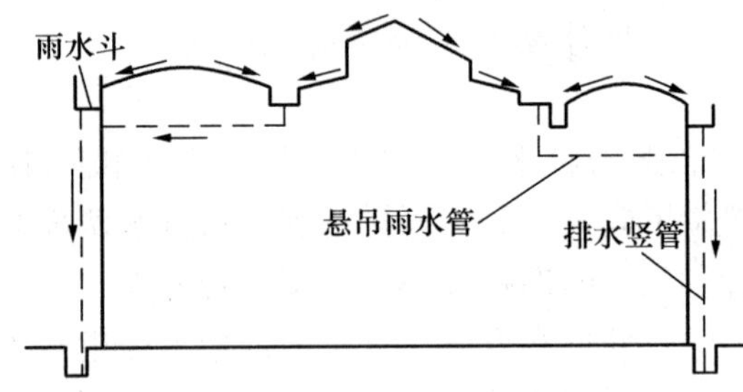

图 7－17　内落外排水

4. *屋面防水*　厂房屋面防水材料有：卷材防水屋面（又称柔性防水屋面）、各种波形瓦（板）防水屋面及钢筋混凝土构件自防水屋面。

（1）卷材防水屋面　卷材防水屋面在构造上基本与用建筑相同。但值得注意的是：当采用大型钢筋混凝土屋面做基层时，卷材防水屋面、板缝，特别是横缝，不管屋面上有无保温层，均开裂相当严重。一般在大型屋面板或保温层上做找平层时，最好先将找平层沿横缝处做出分格缝，缝中用油膏填实，缝上先干铺一条 300 mm 宽油毡做缓冲层，再铺油毡防水层，使屋面油毡在基层变形时有一定的缓冲余地，对防止横缝开裂有一定的效果。

（2）波形瓦（板）防水屋面　波形瓦（板）防水屋面常用石棉水泥波瓦、锌镀铁皮波瓦和压型钢板等。

这里以石棉水泥波瓦屋面为例。石棉水泥波瓦厚度薄，重量轻，施工简便。但易脆裂，耐久及保温隔热性差，在高温、高湿、振动较大、积尘较多、屋面穿管线较多的车间，以及炎热地区高度较小的冷加工车间不宜采用。它适用于仓库及对室内温度状况要求不高的厂房中。

石棉水泥波瓦的规格有大、中、小 3 种，厂房中常采用大波瓦。石棉水泥波瓦屋面的构造要点是：石棉水波瓦与檩条的固定要牢固，每张瓦至少应有 3 个支承点（即支承在 3 根檩条上），但又不能太紧，因瓦性脆，为适应温湿度及振动，允许有变位的余地；石棉水泥瓦的搭接方向宜顺主导风向，以免雨水倒灌，如防风和保证瓦的稳定，瓦的上下搭接长度不小于 200 mm，在檐口处挑出长度不大于 300 mm；在相邻四块瓦的搭接处，应先斜向对瓦片进行割角，对角缝不宜大于 5 mm，以免出现瓦角相叠使瓦面翘起；石棉水泥波瓦的铺设也可采用不割角的方法，但应将上下两排瓦的长边搭接缝错开。石棉水泥瓦的规格见表 7－2。

表 7－2 石棉水泥瓦规格

瓦材名称	规格（屋面坡度 1∶2.5～1∶3）						
	长（mm）	宽（mm）	厚（mm）	弧高（mm）	弧数（个）	角度（°）	每块质量（kg）
石棉水泥大波瓦	2 800	994	8	50	6		48
石棉水泥中波瓦	2 400	745	6.5	33	7.5		22
石棉水泥中波瓦	1 800	745	6	33	7.5		14.2
石棉水泥中波瓦	1 200	745	6	33	7.5		10
石棉水泥小波瓦	1 800	720	8	14～17	11.5		20
石棉水泥小波瓦	1 820	720	8	14～17			20
石棉水泥脊瓦	850	180×2	8			120～130	4
石棉水泥脊瓦	850	230×2	6			125	4
石棉水泥平瓦	1 820	800	8				40～45

（3）钢筋混凝土自防水屋面 钢筋混凝土自防水屋面不用在屋面板上另铺油毡或混凝土防水层，而是利用混凝土屋面板结构本身作为防水层，仅在板缝和板面分别采取嵌缝材料和涂料防水，具有构造简单、节省材料、降低造价等优点。通常适用于不设保温层的大型屋面板的厂房，有较大震动或寒冷地区的厂房则不宜采用。

钢筋混凝土自防水屋面的种类很多，接其缝的处理方式可分为嵌缝式、脊带式和搭盖式。

嵌缝式构件自防水屋面利用大型屋面板作防水构件，利用钢筋混凝土自防水屋面油膏防水。若在嵌缝上面再粘贴一层卷材做防水层，则成为脊带式防水，其防水性能较嵌缝式好。搭盖式防水屋面的构造原理和瓦材相似，如用 F 型屋面板做防水构件，板的纵缝搭接，横缝和脊缝用盖瓦覆盖，这种屋面安装简便，但板型复杂，不便生产，在运输过程中容易损坏，盖瓦在震动影响下易脱落，屋面易渗漏。

（十）单层厂房天窗

天窗的类型很多，有矩形、梯形、M 形、锯齿形、三角形、下沉式等天窗（图 7－18）。单层厂房中常采用的天窗有钢筋混凝土矩形天窗、矩形避风天窗、井式天窗和平天窗。

1. 矩形天窗 矩形天窗既可采光，又可通风，防雨水及防太阳辐射均较好，故在单层厂房

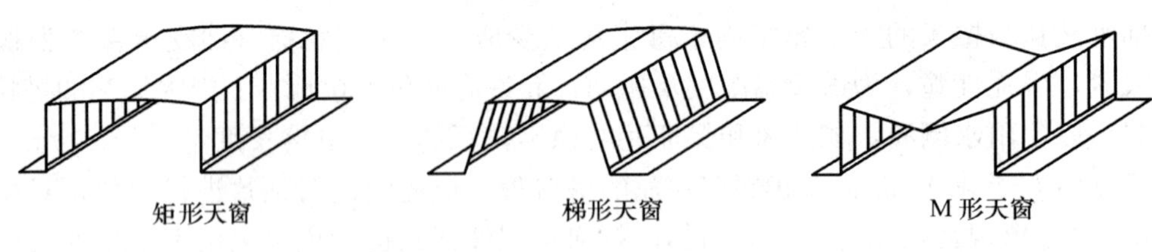

图 7-18 天窗的类型

或多层厂房中广泛采用。但矩形天窗的天窗架直接支承在屋架上弦节点上，增加厂房的荷载，增大厂房的体积和空间高度。矩形天窗主要由天窗架、天窗端壁、天窗扇、天窗屋面板及天窗侧板 5 种构件组成（图 7-19）。

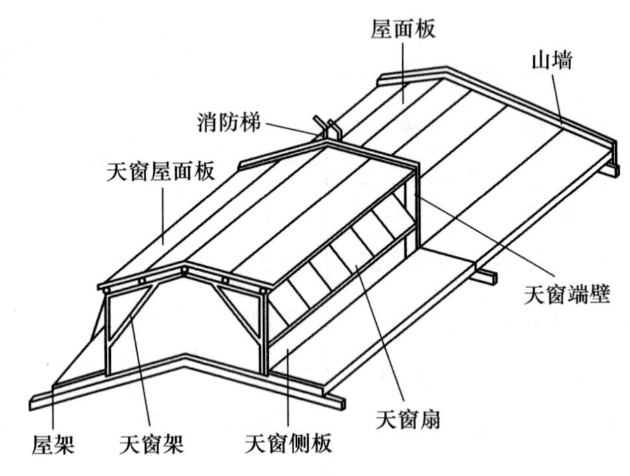

图 7-19 矩形天窗组成

（1）天窗架 天窗架是矩形天窗的承重构件，支承在屋架上弦的节点上（或屋面梁的上翼缘上）。所采用的材料一般与屋架相同，用钢筋混凝土或型钢制作。钢筋混凝土天窗架的形式有 Π 型、W 型、Y 型等，钢天窗架的形式有多压杆式及桁架式（图 7-20）。钢天窗架的特点是质量轻、制作、安装方便、但易腐蚀，用于钢屋架上，也可用于钢筋混凝土架上，而钢筋混凝土天窗架只限于钢筋混凝土屋架上。

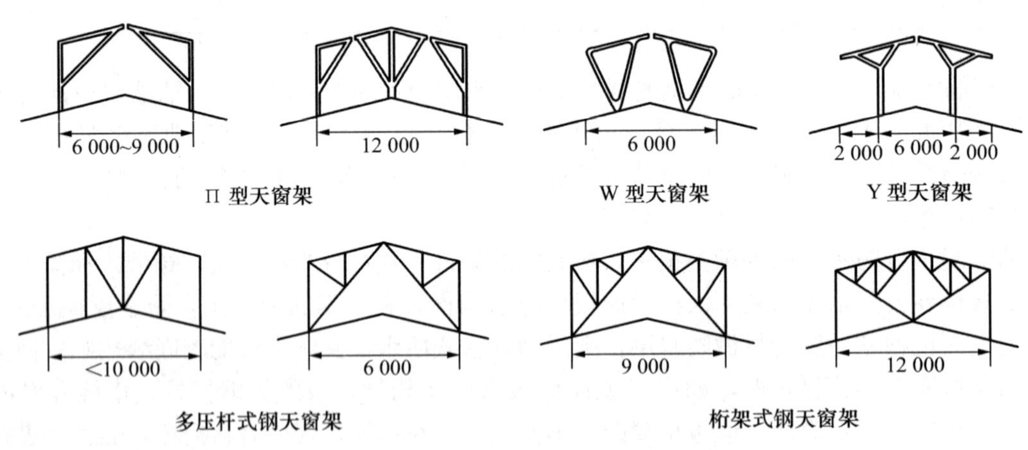

图 7-20 天窗架形式

（2）天窗端壁 矩形天窗两端起承重和围护作用的构件称为天窗端壁。常采用预制钢筋混凝土端壁板，用于钢筋混凝土屋架。为了节省钢筋混凝土端壁材料，可将端壁板做成肋形板代替钢筋混凝土天窗架，支承天窗屋面板。

当天窗架跨度为 6 m 时，端壁板由两块预制板拼接而成；天窗架跨度为 9 m 时，端壁板由 3

块预制板拼接而成。端壁板及天窗架与屋架上弦的连接均通过预埋铁件焊接。寒冷地区的钢筋混凝土端壁板、在冷加工车间或需要保温的车间，应在其内表面加设保温层。

（3）天窗扇　矩形天窗设置天窗扇的作用主要是为了采光、通风和挡雨。可用木材、钢材、塑料等材料制作天窗扇。因为天窗扇具有坚固、耐久、耐高温、不易变形、关闭较严密等优点，故被广泛应用。钢天窗扇的开启方式有上悬式和中悬式两种，前者特点是防雨性能较好，但窗扇上方开启角度不能大于45°，故通风较差；后者窗扇开启角度可达60°～80°，故通风较好，但防雨性能欠佳。

（4）天窗顶盖及檐口　天窗顶盖的构造处理一般与厂房屋顶的构造相同。为保证天窗屋面雨水顺利地排除，并防止雨水飘入室内，天窗檐口处设置带挑檐的屋面板，挑出长度500 mm左右；采用上悬式天窗扇因防雨较好，挑檐可小于500 mm；采用中悬式天窗，则挑檐应大于500 mm。雨量较大的地区，或天窗高度及宽度较大时，宜采用有组织排水。寒冷地区天窗屋面檐口处均须设置保温层。

（5）天窗侧板　天窗侧板是天窗扇下部的围护构件。为防止雨水溅入车间及不被积雪挡住天窗扇，天窗扇下面设置天窗侧板，一般侧板高出屋面不少于300 mm，但也不宜过高，过高会加大天窗架高度，对采光不利。

由于天窗位置较高，需要经常开关的天窗，应设置开关器。天窗开关器的类型较多，用于中悬天窗的有电动引伸式、手动水平拉杆式、简易拉绳式等。

2. *矩形避风天窗*　矩形避风天窗是在矩形天窗两外侧加设挡风板构成（图7－21）。在南方地区，为增大天窗的排风量，可不设天窗扇，其挡雨设施除采用大挑檐屋面板外，还可采用水平口挡雨片。在寒冷地区，矩形避风天窗必需设置天窗扇，既可以挡雨，又可以按季节调节天窗扇开口大小。这种天窗也称为矩形通风天窗。

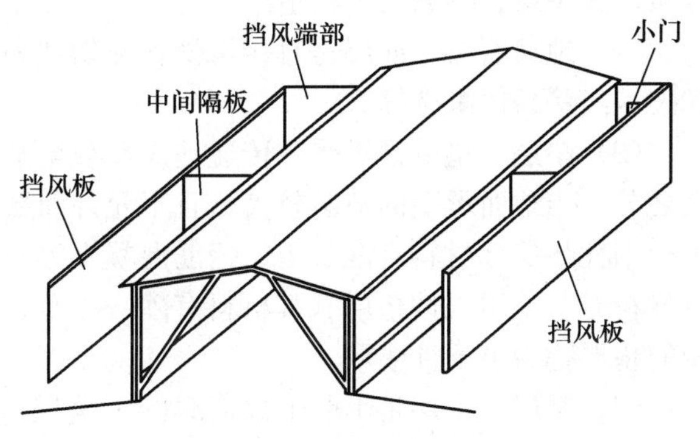

图7－21　矩形通风天窗示意

3. *井式天窗*　井式天窗是下沉式天窗的一种类型。下沉式天窗是在拟设置天窗的部位，把屋面板下移铺放在屋架下弦上，充分利用屋架上下弦之间的空间构成天窗。它们与带挡风板的矩形天窗相比，由于省去了天窗架和挡风板，降低了厂房高度，减轻了屋盖、柱和基础的荷载，因而用料较省，造价相应降低。根据其下沉部位不同，常见有井式、纵向下沉和横向下沉3种类型。现主要介绍井式天窗。

井式天窗是将屋面拟设天窗位置的屋面板下沉铺在屋架下弦上，形成一个凹嵌在屋架空间的井状天窗。它具有布置灵活、排风路径短捷、通风性能良好、建筑结构合理、采光均匀等优点。

井式天窗的布置方式主要有：一侧布置、两侧对称或错开布置、跨中布置。两侧布置方式通风效果较好，局部阻力系数一般可小于或等于矩形通风天窗，屋面排水较简单，故热车间常采用；跨中布置的通风效果较前者差，排水处理比较复杂，但可以利用屋架中部较高的空间做天窗，采光较好，故适用于对采光、通风均有一定要求的车间。

4. 平天窗　平天窗由顶部平面采光，直接在屋盖的洞口装设透光材料而成。可分为采光板、采光罩和采光带 3 种。

采光板是在屋面板上留孔，装设平板透光材料采光，或者抽掉一块屋面板加设檩条来设置透光材料。一块板上可开设几个分开的小孔，做成小孔板，也可开设一个通长的比较大的孔或更大的孔，做成中孔或大孔采光板。采光罩是在屋面板上留孔设置弧形透光材料，如有机玻璃、玻璃钢、中空玻璃、夹胶玻璃等，其刚度、抗冲击性能较平板好。采光带是在屋面横向或纵向通长的孔洞上，设置透光材料，采光口多为长条形，长度 6 m 以上，根据屋面结构的不同形式，平行于屋架的为横向采光带，垂直于屋架的为纵向采光带。

平天窗的采光效率高，约为矩形天窗的 2～3 倍，布置灵活，采光均匀，构造简单，玻璃面积小造价较低，故多用于冷加工车间。

（十一）单层厂房地面

厂房地面应能满足生产使用要求。地面类型选择是否合理，直接影响到产品质量的好坏和工人劳动条件的优劣。又因厂房内工段多，生产要求不同，使得厂房的地面构造复杂化。此外，厂房地面面积大，荷载大，材料用量多。如一般机械类厂房的混凝土地面，其混凝土用量占主体结构的 25%～50%，故应正确选择地面材料及其构造形式。

1. 地面的组成　地面一般由面层、垫层和基层组成。为满足使用或构造要求时，可增设结合层、找平层、隔离层等构造层。

（1）地面面层　面层是直接承受各种物理和化学作用的表面层，应根据生产特征、使用要求和技术经济条件来选择。

（2）垫层　垫层是承受并传递地面荷载至基层的构造层，按材料性质和构造不同有刚性、柔性之分。当地面承受的荷载较大，且不允许面层变形或裂缝，或有侵蚀性介质或大量水作用时，采用刚性垫层（材料有混凝土、钢筋混凝土等）。当地面有重大冲击、剧烈振动作用，或储放笨重材料时，采用柔性垫层（其材料有砂、碎石、矿渣、灰土、三合土等，有时也把灰土、三合土做的垫层称为半干性垫层。

（3）基层　基层是承受上部荷载的土壤层，是经过处理后的地基土层，最常见的是素土夯实。地基处理质量直接影响地面的承载力，地基土不得用湿土、淤泥、腐殖土、冻土以及有机物含量大于 8%的土做填料，若地基土松软，可加入碎石、碎砖等夯实，以提高强度。

（4）结合层　结合层是连接块材面层、板材或卷材与垫层的中间层，主要起上下结合作用。用材应根据面层和垫层的条件来选择，水泥砂浆或沥青砂浆结合层适用于有防水、防潮要求或要求稳固无变形的地面；当地面需防酸碱时，结合层应采用耐酸砂浆或树脂胶泥等。此外，对板、块材之间的拼缝应填以与结合层相同的材料，有冲击荷载或高温作用的地面常用砂做结合层。

（5）隔离层　隔离层起防止地面腐蚀性液体由上往下或地下水由下向上渗透扩散的作用。隔离层可采用再生油毡（一毡二油）或石油沥青油毡（两毡三油）来防渗。地面处于地下水位毛细管作用上升范围内，而生产上需要有较高防潮要求时，则在垫层下铺设一层 30 mm 厚沥青混凝土或 40 mm 厚的灌沥青碎石做隔离层。

（6）找平层　找平层起找平或找坡作用。当面层较薄而要求其平整或有坡度时，则需在垫层上设找平层。在刚性垫层上用 1∶2 或 1∶3 水泥砂浆做 20 mm 厚的找平层。在柔性垫层上，找平层宜用厚度不小于 30 mm 的细石混凝土制作。找坡层常用 1∶1∶8 水泥石灰炉渣做成，最低处厚 30 mm。

2. 地面的类型及构造　地面一般是按面层材料的不同而分类，有素土夯实、石灰三合土、水泥砂浆、细石混凝土、木板、陶土板等类型。根据使用性质可分为一般地面和特殊地面（如防腐、防爆等）两种。按构造不同也可分为整体面层和板块材面层两类。

表 7-3　工业厂房常见地面构造

序号	类型	构造图形	地面做法	建议采用范围	备　注
1	素土地面		素土夯实；素土中掺骨料夯实	承受高温及巨大冲击的地段，如铸工车间、锻压车间、金属材料库、钢坯库、堆场	
2	矿渣或碎石地面	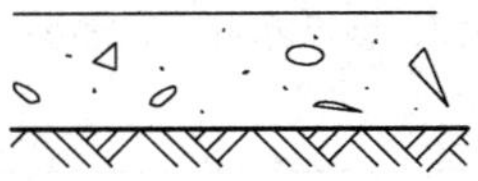	矿渣（碎石）面层压实，厚度不小于 60 mm，素土夯实	承受机械作用强度较大，平整度和清洁度要求不高，如仓库、堆场	
3	灰土地面	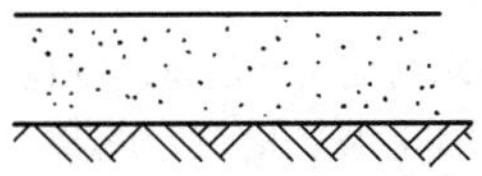	3∶7 灰土，夯实，100～150 mm 厚，素土夯实	机械作用强度小的一般辅助生产用房、仓库等	
4	石灰炉渣地面	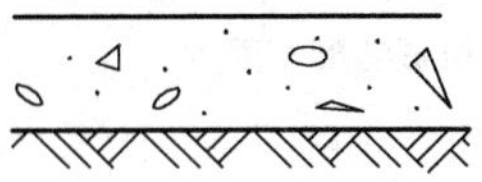	1∶3 石灰炉渣夯实，60～100 mm 厚，素土夯实	机械作用强度小的一般辅助生产用房、仓库等	
5	石灰三合土地面	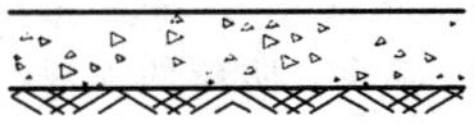	1∶3∶5 或 1∶2∶4 的石灰、砂（细炉渣）、碎石（碎砖）三合土夯实，100～150 mm 厚，素土夯实	机械作用强度小的一般辅助生产用房、仓库等	有水地段不宜采用
6	水泥砂浆面层	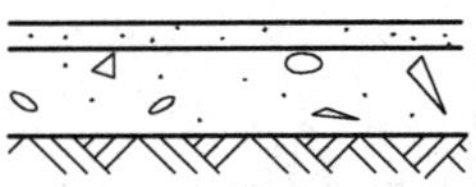	1∶2 水泥砂浆面层 20 mm厚，C10 混凝土垫层不小于 60 mm厚，素土夯实	承受一定机械作用强度、有矿物油、中性溶液、水作用的地段，如油漆车间、锅炉房、变电间、车间办公室等	容易起砂
7	豆石地面	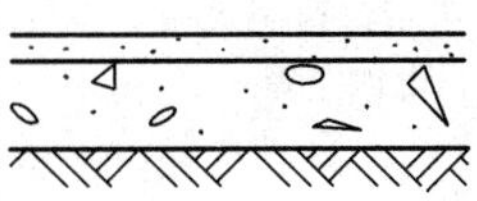	1∶2.5 水泥豆石面层 20 mm 厚，C7.5 混凝土垫层60～100 mm 厚，素土夯实	承受一定机械作用强度、有矿物油、中性溶液、水作用的地段，如油漆车间、锅炉房、变电间、车间办公室等	
8	混凝土地面层		C10～C20 混凝土面层兼垫层不小于 60 mm 厚，素土夯实	承受较大的机械作用，有矿物油、中性溶液、水作用的地段，如金工、热处理、油漆、机修、工具、焊接、装配车间等	C15 混凝土兼面层时，表面需加适量水泥，随捣随抹光

（续）

序号	类型	构造图形	地面做法	建议采用范围	备　注
9	细石混凝土地面	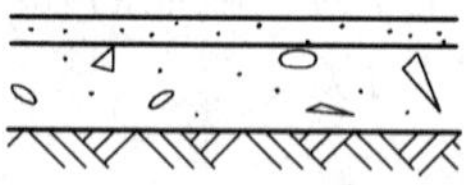	C20 细石混凝土 30～40 mm 厚，7.5（C10）混凝土垫层 60～100 mm厚，素土夯实	承受较大的机械作用，有矿物油、中性溶液、水作用的地段，如金工、热处理、油渣、机修、工具、焊接、装配车间等	
10	水磨石地面	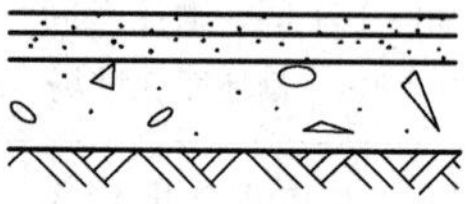	1∶（1.5～2.5）水泥石渣面层厚 15 mm，1∶3 水泥砂浆找平层厚 15 mm，C7.5、C10 混凝土垫层厚不小于60 mm	有一定清洁要求、中性溶液、水作用的地段，如计量室、精密机床间、汽轮发电机间、配电室、仪器仪表装配车间、食品车间、试验室等	
11	铁屑地面	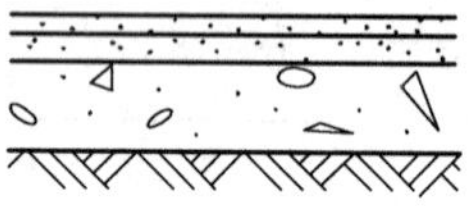	C40 铁屑水泥面层厚 15～20mm，1∶2 水泥砂浆结合层厚 20 mm，C10 混凝土垫层，厚不小于 60 mm，素土夯实	要求高度耐磨的车间或地段，如电缆、电线、钢绳、钢丝车间、履带式拖拉机、施工机械装配车间等	
12	沥青砂浆地面	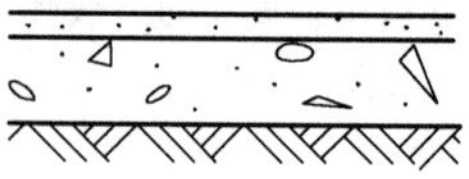	沥青砂浆面层厚 20～30mm，冷底子油一道，C10 混凝土垫层厚不小于 60 mm，素土夯实	要求不发火花，不导电，防潮、防酸、防碱的地段，如乙炔站、控制盘室、蓄电池室、电镀室等	经常有煤油、汽油及其他有机溶剂的地段不宜采用
13	沥青混凝土地面	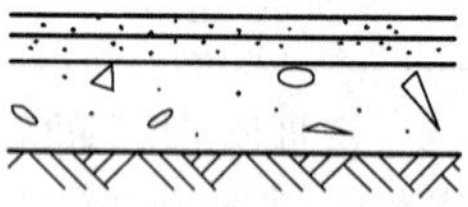	沥青细石混凝土面层厚 30～50 mm，分两次铺设，冷底子油一道，C10 混凝土或碎石垫层厚不小于 60 mm，素土夯实	要求不发火花，不导电，防潮、防酸、防碱的地段，如乙炔站、控制盘室、蓄电池室、电镀室等	
14	菱苦土地面	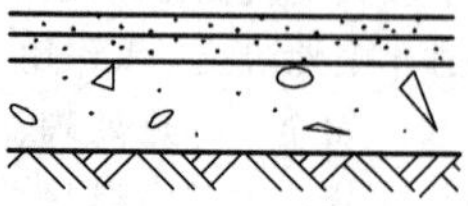	菱苦土面层厚 12～18 mm，1∶3 菱苦土氯化镁稀浆一遍，C7.5（C10）混凝土垫层，素土夯实	要求具有弹性、半温暖、清洁、防爆等地段，如计量站、纺纱车间、织布车间、校验室等	受潮湿影响或地面温度经常处于 35 ℃ 以上地段不宜采用

（续）

序号	类型	构造图形	地面做法	建议采用范围	备　注
15	木地板面		企口木板面层（板底涂沥青）22 mm厚；50 mm×50 mm木格栅（涂沥青），中距400 mm，用预埋16号铅丝绑扎，木格栅间填满干矿渣； C10混凝土垫层60 mm厚，面涂冷底子油、热沥青各一道，素土夯实	要求具有弹性、温暖、不导电、防爆、清洁等地段，如高度精密生产和装配车间、计量室、校验室等	
16	粗石或块石地面		100～180 mm厚块石，粒径15～25 mm卵石或碎石填缝，碾压沉落后以粒径5～15 mm卵石或碎石填缝，再次碾实，砂垫层，压实后为60 mm的厚度，素土夯实	承受巨大冲击及磨损，平整度要求不高，便于修理，如锻锤车间、电缆、钢绳车间、履带式拖拉机装配车间，人行道等	块石厚度：100、120、150；粗石厚度：120、150、180
17	混凝土板面层		C20混凝土预制板60 mm厚，砂或细炉渣垫层60 mm厚	可承受一定机械作用强度，用于将要安装设备及敷设地下管线而预留地位的地段或人行道	
18	陶板地面		陶板面层沥青胶泥勾缝，3 mm厚沥青胶泥结合层，1.5 mm厚1∶3水泥砂浆找平层上刷冷底子油一道，C7.5（C10）混凝土垫层厚不小于60 mm，素土夯实	用于有一定清洁要求及受酸性、碱性、中性液体、水作用的地段。如蓄电池室、电镀车间、染色车间、尿素车间等	
19	铸铁板地面		15 mm厚铸铁板（300 mm×600 mm），60～1 500 mm厚砂或矿渣结合层，素土夯实（或掺骨料夯实）	承受高温影响及冲击、磨损等强烈机械作用地段，如铸铁、锻压、热轧车间等	不适用于有磁性吸盘吊车的地段

3. *地面细部构造*　地面节点较多，下面介绍一些特殊部位节点的构造。

（1）变形缝　当地面采用刚性垫层，且厂房设有变形缝时，应在地面相应处设变形缝。一般地面与振动大的设备（如锻锤、破碎机等）基础之间，以及地面局部地段堆放的荷载与相邻地段荷载相差很大时，应设地面变形缝。若地面为块状面层时，其面层本身的拼装缝可以解决地面变形问题，故也可将拼装缝与下面垫层的变形缝错开布置。在有较大冲击、磨损和无轨车辆行驶等强烈机械作用的地段，应在变形缝处用角钢或扁钢镶边。防腐蚀地面处应尽量不设变形缝，若确实需设，则在变形缝两侧设挡水，并做好挡水和缝间的防腐蚀构造。

（2）不同地面的接缝　在同一厂房内，由于各工段生产要求不同出现异形地面。相邻两种材料构造的地面，因其强度差异，接缝易受损坏，应根据使用情况采取加固措施。

当接缝两边均属刚性垫层时，垫层可不做处理。若两边均为柔性垫层时，为使垫层稳定和便于施工，其一侧用不小于 C10 的混凝土做堵头，也可将整体面层端部向下局部加厚代替堵头。当厂房内车行频繁，面层磨损大时，可于地面交界处设置与垫层固定的角钢或扁钢嵌边，或设混凝土预制块加固。角钢与整体面层的厚度若不能相同时，为防止应力集中，面层端部加厚做成缓坡与角钢相接。

防腐蚀地面与非防蚀地面交接处，两种不同防腐蚀地面交接处均应设置挡水条，防止腐蚀性液体或水泛流。

如果铁路引入厂房，为使铁轨不影响其他车辆和行人通行，轨顶应与地面平。如果厂房内有液体金属或炉渣可能落进轨沟时，则轨道应全面露出地面，以防熔化金属结硬后堵塞轨沟。轨道地带应铺装配式板块地面，其宽度应不小于枕木的长度，以便维修安装。

（3）地面排水　在生产中有水或其他液体需由地面排除时，地面必须做坡度并设排水沟和地漏，组成排水系统。有腐蚀性液体作用的地段，不应流向柱、设备基础、墙根等处，而要做反向的斜坡。一般排水坡度可做成：整体面层或表面光滑的板块材面层为 1%～2%；表面比较粗糙的块材面层为 2%～3%；当液体的腐蚀性、稠度或流量大时，可用大些的坡度，在不影响操作和通行条件下，局部坡度可采用 4%。坡地面将地面液体引入排水沟中。

厂房地面排水沟多用明沟（图 7－22a），一般沟宽为 100～250 mm，沟底最浅处为 100 mm，沟底纵向坡度为 0.5%。沟边与墙面或柱边距应不小于 150 mm，并与地面一道施工。沟、地漏四周及地面转角处的隔离层，应适当增加层数。地漏中心线与墙柱边缘距应不小于 400 mm。

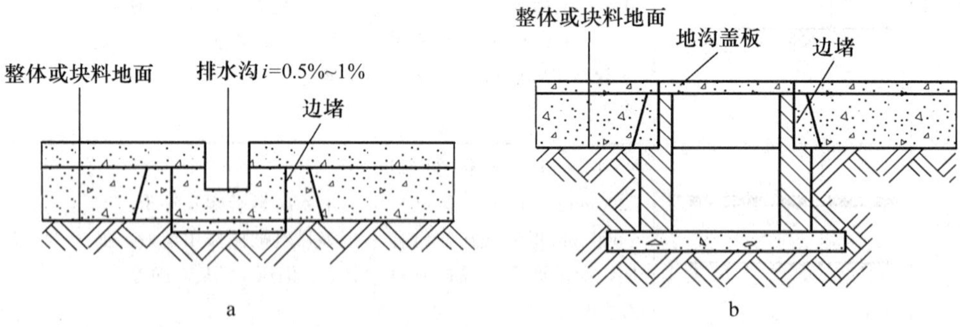

图 7－22　排水沟及地沟
a. 排水明沟　b. 地沟

（4）地沟　由于生产工艺的需要，厂房内有各种管道缆线（如电缆、采暖、压缩空气、蒸汽管道等）需设在地沟中。地沟由沟壁、底板和盖板组成。常用有砖砌地沟和混凝土沟。砖砌地沟（图 7－22b）适用于沟内无防酸碱要求，沟外部也不受地下水影响的厂房。其沟壁厚为 120～

490 mm，上端混凝土梁垫支承盖板；一般须做防潮处理，在沟壁外刷冷底子油一道、热沥青两道，沟壁内抹 20 mm 厚的 1∶2 水泥防水砂浆。

地沟上一般都设盖板，盖板表面应与地面标高相平。盖板应根据作用于其上的荷载确定选用品种，一般多采用预制钢筋混凝土盖板，也有用铸铁的。盖板有固定盖板和活动盖板两种。

当地沟穿过外墙时，应做好室内外管沟接头处的构造。

（5）坡道　厂房的室内外高差一般为 150 mm。为便于通行车辆，在门口外侧须设置坡道。坡道宽度应比门洞宽度大 1 200 mm，坡度一般为 10%～15%，最大不超过 30%。当坡度大于 10%且潮湿时，坡道应在表面作齿槽防滑，若有铁轨通入，则坡道设在铁轨两侧。

二、单层厂房的起重运输设备

为在生产中运送原材料、成品或半成品，厂房内应设置必要的起重运输设备。其中的各种形式的吊车与厂房土建关系密切。吊车也称为行车，是单层厂房中被广泛采用的起重设备，常见的有单轨悬挂式吊车、梁式吊车和桥式吊车。

1. *单轨悬挂式吊车*　单轨悬挂式吊车按操纵方法有手动和电动两种。吊车由运行部分和起升部分组成，安装在工字形钢轨上，钢轨悬挂在屋架（或屋面大梁）的下弦上，可以布置成直线或曲线型（转弯或跨越时用）（图 7－23）。

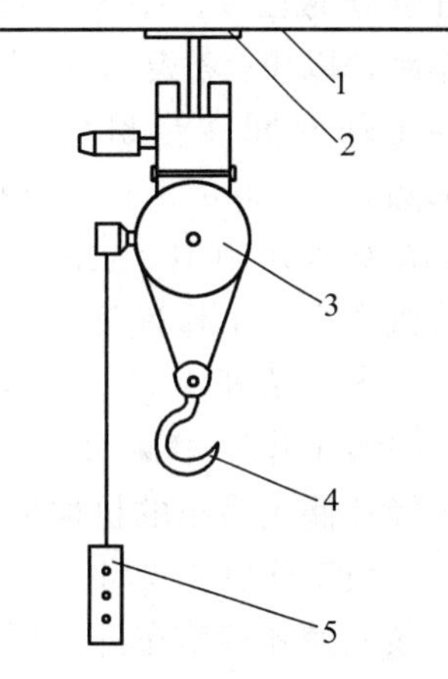

图 7－23　单轨悬挂式吊车

1. 屋架或屋面大梁下表面　2. 钢轨　3. 电动葫芦　4. 吊钩　5. 操作开关

单轨悬挂式吊车适用于小起重量的车间，一般起重量为 1～2 t。

2. *梁式吊车*　梁式吊车又有悬挂梁式和支承梁式之分。

（1）悬挂梁式吊车　这种吊车由起重行车和支承行车的横梁组成。横梁为工字形断面，可以悬挂在屋架下弦或支承在吊车梁上，起重行车悬挂在工字钢梁上。运送物件时，梁架沿厂房纵向移动，起重行车沿厂房横向移动（图 7－24a）。

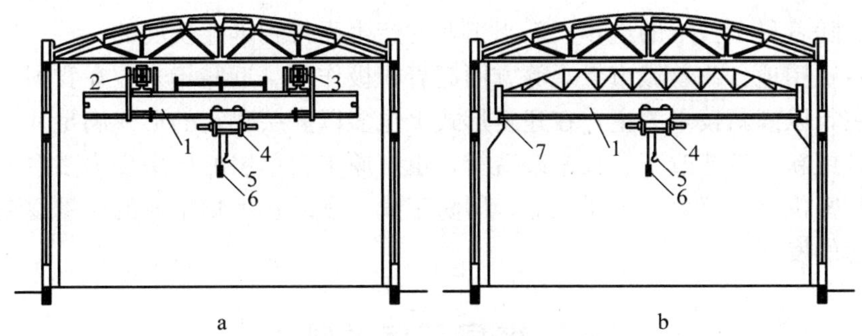

图 7－24　梁式吊车

a. 悬挂梁式吊车　b. 支撑在梁上的梁式吊车

1. 钢梁　2. 运行装置　3. 轨道　4. 提升装置　5. 吊钩　6. 操纵开关　7. 吊车梁

（2）支座梁式吊车　这种吊车是在排架柱上设牛腿，牛腿支承吊梁钢轨，梁式吊车沿厂房纵向运行，小车沿厂房横向运行，运行状况优于单轨悬挂式吊车（图 7－24b）。

梁式吊车适用于小起重量的车间，起重量一般不超过 5 t。

3. 桥式吊车　桥式吊车由桥架和起重小车两大部分组成。桥架由两榀钢桁架或钢梁制作，支承在吊车梁的轨道上，沿厂房纵向运行；起重小车支承在桥架上，沿厂房横向运行（图 7－25）。桥式吊车的起重量为 5～350 t，适用于 12～36 m 跨度的厂房中。

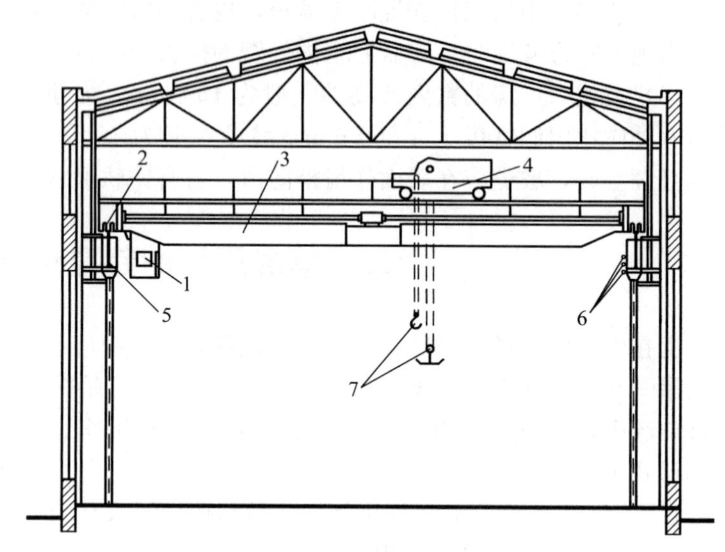

图 7－25　桥式吊车
1. 吊车司机室　2. 吊车轮　3. 桥架　4. 起重小车
5. 吊车梁　6. 电线　7. 吊钩

桥式吊车按工作的重量性及繁忙程度分为轻级、中级、重级 3 种工作制，以 JC 来表示（JC 表示吊车的工作时间占台班生产时间的比率）。

轻级工作制 JC＝15％～25％，满载机会少，工作速度慢，如检修部门、水电站等。

中级工作制 JC＝25％～40％，用于经常使用吊车的机械加工间、铸工车间等。

重级工作制 JC≥40％，主要用于工作繁忙的冶金车间等。

除上述几种吊车外，厂房内部根据生产特点的不同，还有各种运输设备如火车、载重汽车、电动平板车、电瓶车、传送带等。

第三节　多层厂房

多层厂房是随着科学技术的进步、新兴工业的产生而得到迅速发展的一种厂房建筑形式。它对于提高城市建筑用地、改善城市景观等方面起着积极作用。近些年来，在我国兴办的三资企业多以轻工业为主，以高新技术为主，在建筑形式上也多以多层建筑的形式满足其工艺要求。国内一些企业的设备更新、工艺改革、技术改造等，也使原来为单层的厂房变为多层。随着国家工业的协调发展，精密机械、仪表、电子工业、国防工业、食品、生物工业的比重逐渐增加，多层厂房将得到更迅速的发展。

一、多层厂房的特点

多层厂房是指层数为 2～8 层的生产厂房。它主要用于轻工业类厂房，如食品、纺织、化工、印刷、电子等行业中。多层厂房与单层厂房相比较，它具有以下特点。

1. *交通运输面积大*　多层厂房生产在不同标高的楼层进行，各层间除水平工作间的联系外，突出的是竖向工作间的联系设有楼梯、电梯等垂直运输设备，供生产工艺要求自上而下、自下而上或上下往复式的流程服务，且人流、物流组织比单层厂房复杂。

2. *多层厂房占地面积较少*　不仅能节约土地，而且减少基础和屋顶工程量，缩短厂区道路、管线、围墙等的长度，从而降低建设投资和维修费用。

3. *多层厂房外围护结构面积小*　和单层厂房面积相同的多层厂房，随着层数的增加，单位面积的外围护结构面积亦随之减少，可节省大量建筑材料并获得节能的效果。在寒冷地区，可减少冬季采暖费，有空调的工段可减少空调费用，且易达到恒温恒湿的要求。

4. *多层厂房屋顶面积小*　多层厂房的建筑宽度比单层厂房小，故屋顶面积较小，屋盖构造简单，可不设天窗，利用侧面采光，有利于直接获取自然采光。由于易排除雨雪、积灰，有利于保温隔热处理。

5. *多层厂房有益于市容*　多层厂房能点缀城市，美化环境，改变城市面貌。

6. *多层厂房分间灵活*　有利于工艺流程的改变。但多层厂房一般为梁板柱承重，柱网尺寸较小。由于柱多，结构面积大，因而生产面积使用率较单层厂房的低。

7. *多层厂房设备布局方便合理*　较重的设备可放在底层，较轻设备放在楼层。但对重荷载、大设备、强振动的适应性较单层厂房为差，须做特殊的结构构造处理。

二、多层厂房的适用范围

① 生产上需要垂直运输的工业，其生产原材料大部分送到顶层，再向下层的车间逐一传送加工，最后底层出成品，如大型面粉厂等。

② 生产上要求在不同的楼层操作的工业，如化工厂、热电站主厂房等。

③ 生产工艺对生产环境有特殊要求的工业，如电子、精密仪表类的厂房，为了保证产品质量，要求在恒温恒湿及洁净等条件下进行生产，多层厂房易满足这些技术要求。

④ 生产上虽无特殊要求，但生产设备及产品均较轻，且运输量亦不大的厂房，并且应根据城市规划及建筑用地要求，结合生产工艺、施工技术条件以及经济性等做综合分析后确定建造多层式厂房。

⑤ 一些老厂及仓储型厂房位于城市市区内，厂内基地受到限制，生产上无特殊要求，须进行改建或扩建时，可向空间发展，建成多层厂房。

三、多层厂房的结构形式

厂房结构形式应结合生产工艺和层数的要求以及建筑材料的供应、当地的施工安装条件、构配件的生产能力、基地的自然条件等进行选择。目前我国多层厂房承重结构按其所用材料的不同一般有以下几种。

1. *混合结构*　混合结构有砖墙承重和内框架承重两种形式。前者分横墙承重和纵墙承重的不同布置。但是，砖墙占用面积较多，影响工艺布置，因此内框架承重的混合结构形式是目前使用较多的一种结构形式。

混合结构有取材和施工方便、造价较低、保温隔热性能较好的优点，适用于楼板跨度在4～6 m，层数在4～5层，层高在5.4～6.0 m，楼面荷载不大又无振动的情况。但当地基条件差，容易发生不均匀沉降时，选用时应慎重。此外，在地震区不宜选用。

2. 钢筋混凝土结构　目前我国多层厂房多采用钢筋混凝土结构，它的构件截面较小，强度大，能适应层数较多、荷载较大、跨度较宽的需要。钢筋混凝土结构分以下几种形式。

（1）框架结构　按受力方向的不同，框架结构一般有横向式、纵向式和纵横向式受力框架3种。若按施工方式分，框架结构有全现浇式、半现浇式、全装配式及装配整体式4种。此类结构，已广为采用，一般适用于荷载较重、振动较大、管道线路较多、工艺较复杂的厂房。

（2）框架-剪力墙结构　这种结构为框架与剪力墙协同工作的一种结构体系，具有较大的承载能力。一般适用于层数较多，高度和荷载都较大的厂房。

（3）无梁楼盖结构　这种结构一般适用于荷载在10 kN/m^2以上及无较大振动的厂房。柱网尺寸应以近似或等于正方形为宜。

（4）大跨度桁架式结构　这种结构适用于生产工艺要求大跨度的厂房。可采用无斜腹杆平行弦屋架作为技术夹层，以架设各种技术管道线路，夹层空间高度不小于2 100 mm时，可布置生活辅助用房等。

3. 钢结构　钢结构具有重量轻、强度高、施工方便等优点。是国外采用较多的一种结构型式。目前，我国由于钢产量较少，建筑用钢受到限制，钢结构采用的也较少，但从发展的趋势看，钢结构将会被更多地应用。

第四节　工业建筑标准化

一、建筑工业化的概念

所谓建筑工业化，就是将大工业生产的现代化制造、运输、安装和科学管理的成熟经验应用于建筑业，以现代化的科学技术为手段，把分散的、落后的手工业生产方式改变为集中的、先进的大工业生产方式。

建筑工业化的主要标志是：建筑设计标准化、构件生产工厂化、施工现场机械化、组织管理科学化。

建筑工业化有发展预制构件装配化体系和发展工具式模板现场工业化两种形式。

二、建筑设计标准化与统一模数制的概念

（一）建筑设计标准化、系列化及通用化

建筑设计标准化、系列化、通用化是建筑工业化的重要前提之一。我们知道，任何一项社会生产活动，要达到高质量、高速度，就必须实行机械化、工业化。而当它的生产过程走向机械

化、工业化时，就必然要对设计、制造、安装和使用提出标准化、系列化和通用化的要求，否则，机械化和工业化将是不完整和不落实的，高质量和高速度也将成为一句空话。对建筑工业来说，也是如此，要实现建筑工业化，就必须使建筑构配件尺寸统一、类型最少，并做到一种构件多种使用。而为了达到这个目的，就必须在建筑设计中实行标准化、系列化和通用化，否则，建筑工业化也就不能实现。

所谓建筑标准化，就是把不同用途的建筑物，分别按照统一的建筑模数、建筑标准、设计规范、技术规定等进行设计，并经实践检验具有足够科学的建筑物的型式、平面布置、空间参数、结构方案、建筑构件和配件的形状、尺寸等，在全国或一定地区范围内，统一定型，编制目录，并作为法定标准，在较长时期内统一重复使用。例如目前广泛使用的各种标准设计、标准构件等。

所谓系列化，就是在标准化的基础上，把同类型建筑物和构配件的主要参数（包括：几何参数，如长、宽、高以及平面和空间的尺寸；技术参数，如计算荷载、结构构件的承载能力以及隔声、热工等方面的物理性能指标；工艺参数，如建筑配件的重量、尺寸、形状和材料对预制、运输、安装的相应要求等），经过技术经济比较，按一定规律排列起来，形成系列，以尽可能少的品种规格，满足多方面的需要，为集中的专业化大批量生产创造条件。

所谓通用化，就是对那些能够在各类建筑中可以互换通用的构配件加以归类统一，如楼板与屋面板的统一、单层厂房墙板与多层厂房墙板的统一等。逐步打破各类建筑中专用构配件的界限，如研究适合于住宅、宿舍、学校、旅馆、医院、幼儿园、托儿所等建筑的通用构配件，化“一件一用”为“一件多用”，并尽可能使工业用和民用建筑的构配件也能互相通用。

建筑设计标准化、系列化及通用化的范围，应随着科学技术的发展而扩大，它不仅应包括建筑构配件，而且应包括整幢建筑物和建筑群组；不仅应包括建筑、结构、设备，而且还应包括生产工艺和施工机具等。而要做到这些，关键是设计。

（二）建筑统一模数制的概念

1. *模数和模数制*　为了实行建筑设计标准化、系列化、通用化，就需要有一个作为建筑物空间单元、结构系统、建筑构配件和设备等尺寸相互统一协调的基础和规则，这就是建筑模数和统一模数制。

建筑模数有两个含义：第一，它是一个基本的尺度单位，是确定建筑物及其构配件和有关设备尺寸的基准；第二，它也是一个标准系数，因为建筑物及其构配件和设备尺寸都是由模数的倍数或分数来表示的。而模数的作用，就像链环一样，把建筑设计、构件制作、施工安装的尺寸相互联系协调起来。

所谓统一模数制，就是在建筑模数的基础上，制定的一套尺寸统一协调的基本规则，它的内容主要包括：模数数列及应用范围；建筑构件与定位线的关系；各种尺寸间的关系和类型。统一模数制可以使确定的建筑及其构配件尺寸符合工业化生产的要求。所以说，建筑模数和建筑中的统一模数制，是实现建筑工业化的重要条件。

2. *模数值*　在统一模数制中，有基本模数和设计模数两种。

（1）基本模数　基本模数是基本的尺度单位，并以 M_0 表示。现在世界上有很多国家都采用 10 cm 或 4 in 作为基本模数值，我国也是如此。

（2）设计模数　基本模数只是一个基本的尺度单位，在设计时可以用基本模数的倍数 NM_0 的总公式来标注尺寸。式中 N 可以是如 2、3、4、1/2、1/5、1/10 等。其中大于 1 的 $2M_0$、$3M_0$、$4M_0$ 等叫做扩大模数（NM_0）；小于 1 的如 $\frac{1}{2}M_0$、$\frac{1}{5}M_0$、$\frac{1}{10}M_0$ 等叫分模数 $\left(\frac{M_0}{N}\right)$。扩大模数和分数模数，统称设计模数（$PM_0$）。

在进行设计时，建筑物的主要尺寸以及设计单元与构件的主要尺寸，如定位轴线间的距离、楼层高度、厂房中从地面到屋架下弦底面的高度和吊车轨顶标高、门窗的高度、窗间墙的宽度以及窗下墙的高度等，均应遵守模数制的规定来标注尺寸。

在设计中，如果只以 10 cm 的倍数来选择尺寸，那么设计方案及构配件的类型和规格仍然太多，不利于工业化生产，因此，现在世界上很多国家都采用根据“模数基数系统”制定有限模数数列，即从 NM_0 数列中，消去一部分模数尺寸，来作为设计模数，并规定了应用范围，例如：

分模数：

$\frac{1}{100}M_0$（1 mm）1、2、3、4…10
$\frac{1}{50}M_0$（2 mm）2、4、6、8…50
$\frac{1}{20}M_0$（5 mm）5、10、15、20…100
} 应用于材料厚度、直径、缝隙及构造的细小尺寸

$\frac{1}{10}M_0$（10 mm）10、20、30…150
$\frac{1}{5}M_0$（20 mm）20、40、60…400
$\frac{1}{2}M_0$（50 mm）50、100、150…800
} 应用于各种节点、构配件的截面以及其他建筑制品的尺寸等

基本模数扩大模数：

$1M_0$（100 mm）100、200、300…1 200
$3M_0$（300 mm）300、600、900…4 800
$6M_0$（600 mm）600、1 200、1 800…竖向尺寸不限
} 应用于门窗洞、构配件以及一般建筑物的跨度、间距、层高尺寸等

$12M_0$（1 200 mm）1 200、2 400…12 000 竖向尺寸不限
$30M_0$（3 000 mm）3 000、6 000…18 000…
$60M_0$（600 mm）6 000、12 000…36 000…
} 应用于较大的跨度、间距、层高及构配件尺寸

实践证明，上述这套模数数列的规定，具有一定的先进和科学性，是适宜的，也是经济合理的。但在具体应用时，还必须根据具体情况和不同性质的建筑物及具体内容和部位，来选择不同的设计模数，例如，在单层工业厂房中，柱距的扩大模数为 6 000（$60M_0$）；跨度：在 18 m 以下时，扩大模数采用 3 000 mm（$30M_0$），在 18 m 以上时，扩大模数采用 6 000 mm（$60M_0$）；高度：无桥式吊车的框架结构厂房，扩大模数采用 1 000 mm（$10M_0$），无桥式吊车的承重墙结构厂房，扩大模数采用 2 000 mm（$20M_0$）。有桥式吊车的厂房，当吊车轨顶标高在 8 m 以下时，由地面至吊车轨顶的高度采用 1 000 mm（$10M_0$）的倍数；当吊车顶标高在 8 m 以上时，上述尺寸采用

2 000 mm（$20M_0$）的倍数。

无论什么情况，自地面到屋顶承重结构底面的高度以及吊车轨顶到屋顶承重结构底面的高度，均为 2 000 mm（$2M_0$）的倍数。

建筑模数理论和建筑模数制度，是根据建筑标准化和工业化的要求而产生的，因此，它也将随着建筑标准化和工业化程度的发展而发展。例如，随着建筑物构配件向大型、轻质、高强方面发展，就有可能要修改基本模数值和模数级差，这样就必然会创立新的模数理论和模数制度。

复习思考题

1. 什么是工业建筑？怎样分类？
2. 单层厂房和多层厂房各有什么特点？
3. 钢筋混凝土排架结构单层厂房主要由哪些构件组成？
4. 单层厂房按承重结构的材料不同分为哪几类？各有何特点？
5. 单层厂房常见吊车有哪几种？各适用于什么情况？
6. 屋面大梁和屋架的类型有哪些？连接方法如何？
7. 单层厂房的柱有哪些类型？各有什么特点？适用于什么条件？
8. 基础梁的作用是什么？建造时有哪些要求？
9. 厂房中常见的排水方案有哪几种？
10. 钢筋混凝土矩形天窗的组成和构造特点是什么？
11. 平天窗的类型和特点是什么？
12. 什么是建筑工业化和建筑设计标准化？
13. 什么是统一模数制？

第八章　食品工厂卫生

学习目的与要求：理解食品工厂卫生的重要性；了解食品工厂设计卫生规范、食品卫生对食品工厂设计的要求；掌握食品工厂常用的消毒方法；牢固树立食品工厂设计的食品卫生与安全观。

第一节　食品工厂卫生规范

一、工厂设计卫生规范

为了使食品的卫生监督体系更趋完善，我国正在广泛采用各种标准，以加强食品卫生安全。我国把对产品的生产经营条件，包括选址、设计、厂房建筑、设备、工艺流程等一系列生产经营条件进行卫生学评价的标准体系，称为良好操作规范（good manufacturing practice）简称为GMP，作为对新建、改建、扩建食品厂进行卫生学审查的标准依据。

随着食品商品的国际化和对食品安全越来越高的要求，开展食品安全的 HACCP（危害分析与关键点控制）管理，保证食品的安全性也越来越迫切。近年来我国引入的 HACCP 管理体系，就是解决食品加工过程中安全问题的有效方法。

（一）食品工厂卫生管理

食品是人类生存不可缺少的重要物质，随同食物摄入的有毒有害物质可引起人类的许多疾病。因此，食品工厂的自身卫生管理是贯彻食品卫生法的重要环节。通过工厂卫生管理，既可防止食品污染，保证食品的卫生质量，维护消费者安全、健康；而且还可以促进工厂经济的发展。食品卫生管理工作不仅是卫生行政部门的责任，也是食品行业的重要工作内容之一。

为防止食品污染和有害物质对人体的危害，切实保证食品质量，最大限度地保障全社会食品消费者的食用安全，我国在 1998 年 10 月 30 日颁布了《中华人民共和国食品卫生法》。通过有效的食品卫生管理，可提高食品的卫生质量，保证食品的安全性，其意义是：①延长产品储藏期，良好的卫生管理可减少食品微生物污染的机会，降低食品中的细菌含量，延缓食品的腐败变质，从而延长食品的货架期。②改善产品形象，增进产品的公众可接受性。③改善企业与顾客的关系。④减少公众健康的危险。⑤增加媒介和检查人员对产品合格的信任。⑥降低产品的回收率。⑦提高员工的组织纪律性。

食品工厂应建立相应的食品卫生管理机构，对本厂的食品卫生工作进行全面管理。人员由经过专业培训的专职或兼职人员组成，负责宣传和贯彻食品卫生法规和有关规章制度，监督、检查在本单位的执行情况，定期向食品卫生监督部门报告；指定和修订本单位的各项卫生管理制度和规划；组织卫生宣传教育工作，培训食品从业人员；定期进行本单位从业人员的健康检查，并做好善后处理工作。除此之外，还有其他内容，它们是：①工厂设计的卫生管理；②企业卫生标准的指定（包括 HACCP 系统的建立）；③原材料的卫生管理；④生产过程的卫生管理。⑤原材料及产成品的卫生检验；⑥企业员工个人卫生的管理；⑦成品储存、运输和销售的卫生管理；⑧虫害和鼠害的控制。

（二）食品工厂卫生标准

食品卫生标准是对食品中与人类健康相关的质量要素及其评价方法所做出的规定。企业标准是在没有相应的国家标准或行业标准情况下，企业为其生产的产品制定的标准；对已有国家标准或者行业标准的，企业制定的企业标准应严于国家标准或者行业标准。

食品卫生标准是由国家批准颁发的单项物品卫生法规，它是食品卫生监督员在执行监督任务中，判定食品、食品添加剂及食品用产品（食品容器包装材料、食品用工具设备及其他与食品卫生有关的物品）是否符合食品卫生法的主要依据。食品卫生标准所规定的指标、项目也反映了食品卫生监督员的主要工作范围。

1. 食品卫生标准规定的项目　食品卫生标准规定的项目有以下几方面：①定义或性状描述（identification）；②感官指标：感官检查中应有的感官性状，这部分也是食品卫生标准中的正式指标；③理化指标；④微生物指标；⑤有的产品卫生标准中还包括特殊项目的检验。

2. 食品卫生标准的制订

（1）制订企业标准的基本要求

① 协调性：协调性是指制订企业标准时要注意和国家标准的相关一致性。一是符合国家政策，贯彻国家法令、法规，不得与法令、法规相违背。制订标准时，只考虑技术先进、经济合理是不够的，还要符合有关政策、法令、法规。二是企业要与强制性国家标准、行业标准协调一致。

② 准确性、简明性：标准是法规的一种特定形式，与法律条文一样，必须做到准确、简明。准确是指编写标准一定要逻辑性强，语气明确，用词严禁模棱两可。为了达到准确，标准中常用一些典型词句、典型模式。如“本标准规定了……”、“生产本产品应符合 GB…的规定”。

③统一性：同一企业标准中所用的概念、术语、符号、代号前后要统一，这是标准化本身的基本原则。同一个概念，只能用一个术语表达，不能出现一物多名，或一名多物。符号、代号也是一样。同时还要注意与现行强制性国家标准、行业标准的统一问题。凡是在国家标准或行业标准中已有规定的，编写企业标准就应采用。

④规范性：标准内容的编写顺序和编排格式，标准的构成，章节的划分及编号，标准中的图表、公式、注等编写细则都要符合 GB/T1. 1—1993 和 GB/T1. 3—1997 的规定。

（2）企业标准的内容　企业标准一般由标准概述和正文两部分组成。概述部分包括封面、目次、前言等，正文部分包括范围、引用标准、定义、产品分类、技术要求、实验方法、检验规则、标签与标志、包装、运输、储存等，有时还需要附录。

（3）企业标准编写的格式　国家对企业标准的编写做了统一的规定，例如Q/DLD002—2001为企业标准代号，其中，Q为企业标准的代号，DLD为企业名称代号，多为汉语拼音缩写，002为产品序列号，2001为年号。

（4）产品质量标准　最低的质量标准是1990年在英国由“食品安全法”、有关条例和其他法律条款，以及众多的“操作法规”（Codes of Practice）确立的。虽然没有官方法律的效力，但也一定不能被忽视。ISO9000是正式质量政策的一个基础，这个标准通常适用于所有的行业，但需要一些引申才能覆盖食品的特殊需要。一个更详细的标准指导是由IFST（1991）出版的“良好操作规程·可靠管理的指南”一书，这个指南中仅仅扼要地讨论面临的许多问题。

① 良好操作规范：良好操作规范（GMP）被看做食品和饮料质量控制操作的一部分，其目的在于保证产品经常性地做成一种质量符合他们想要的用途，即达到所期望和预料的质量。因此既要关心制造，又要兼顾质量控制过程。

质量控制从配料、选择包装和购买开始，从产品制造一直到消费为止产品质量的连续控制。它包括人、机械设备、工厂连同冷库和运输车辆，所有这些都能影响食品的最终质量。

② ISO9000质量标准：这个国际性的质量管理标准正广泛应用于食品工业，它是适应食品工程行业的需要而发展起来的。它也被应用于餐饮业和旅店业及相应的服务行业（如食品分发环节）。

ISO9000有3部分组成：ISO9001对设计、制造和安装规定；ISO9002对制造和安装规定；ISO9003对最终检验和试验的规定。

这是由英国食品工业制订的标准，它具有广泛的可接受性。该标准提供了一个结构的文件体系，可进行有效的质量管理以随时应付审查和保持良好的质量状态。这个体系没有过多的文件，但能提供坚决而又灵活的控制。当这个标准得到正确的补充时，其结果使质量标准的稳定改进和未预见情况出现的问题明显降低。

在食品制造方面，许多质量体系已颁布，以求符合ISO9002“制造和安装规定”的要求。最近有更多的人已认识到ISO9001“设计、制造和安装规定”通常更适合。

③ 危害分析及关键控制点（HACCP）：危害分析是一个对来自微生物产生的资源的大量做冒险评估的分析技术，是形成一个对危险预计的规则的方法的基础。其中危险性可以预期在当前知识范围内，它是一项在其他区域内能有效地提供问题原因的证明的技术。这个原因在质量控制里会被推荐作为一个总的工具。食品安全（总体食品营养）规则1995和欧共体条例93/43要求食品业去识别和控制食品危险性，这对食品安全性是重要的。

危害分析及关键控制点对新产品和风险因素过程的评价有价值，其技术完全与ISO9000质量系统有关。该系统要求用多科学人员组合来开发质量计划和过程控制要求，选择和用合适的设备去检测和控制，控制记录和分析结果及审计控制系统。

④ SCP、GMP和HACCP的关系：卫生控制程序（SCP）和良好操作规范（GMP）共同作为HACCP的基础，构建成针对具体产品和加工的完整的食品安全计划，如图8-1所示。没有适当的GMP为基础，工厂不会成功地实施HACCP。

图8-1　SCP、GMP与HACCP的关系

(三) 食品卫生法规

最近几年欧洲的法规要求已有所改变，并将继续得以完善。美国有食品与药物管理局(FDA) 和美国乳品协会 (US-DA) 条例系统。

1. *工作中的健康和安全* 在多数国家有关于一般健康和安全的法规。这些法规规定雇主提供必须的工作环境和设备，使雇员在安全而对他们健康没有负面影响的条件下工作。

工厂中涉及健康和安全的主要因素是：①用危险的设备工作；②提升重物或货物；③清洁剂和其他危险化学药品的影响；④燃烧的危险和步骤；⑤人机工程学；⑥将重复的受力损伤(RSI) 减小到最低程度；⑦通风和空气调节；⑧工作环境 (温度、湿度等)。

在欧洲，有 COSHH (对健康危险物品的控制) 附加条款。该条款规定公司保持工作地点内所有被用化学药品的登记并且对它们安全处理和使用过程进行恰当记录。

有些特殊条例与某些类型设备相关。一些关键的条款即安全第一，安全保护和安全连锁装置应被安装在旋转设备上防止对劳动者有危险。在欧洲条例下，新的设备已经被经济委员会标记。这种标志证明设备生产上已经对操作特殊设备做出危险性估价，并且使必须的安全保护具体化。

2. *食品安全条例 1990* 食品安全条例要求食品以安全方式生产。食品不能对健康有害，食品应该满足安全标准的需求，它不应对健康有害、不适合人类消费、被污染。

最大的责任部分是食品生产商要确保安全生产食品。生产商必须证明已采取了所有措施来安全生产食品。为了生产安全食品，系统必须在适当的位置生产。系统、记录和实际过程根据被加工食品类型而变化。在那里进行污染检测确保那些危险减小到可接受的程度。

条例给予了不断增加的权力，以便在紧急情况下关闭食品工厂，如果他们没有满足需要的卫生标准。也有权力禁止某些生产过程或强制关闭工厂直至符合规定。

3. *食品卫生条例* 在美国和欧洲，食品卫生条例要求执行危险分析和关键控制点 (HACCP)，作为一种减小食品污染危险的方法。某些雇员也需要作为食品管理人被训练。这意味着他们必须知道工厂内的卫生问题和实践以及在患有某些特定疾病后处理食品的危险。

在我国实施 1995 年 10 月 30 日颁布的《中华人民共和国食品卫生法》、《食品企业通用卫生规范》GB 14881—94。

二、食品卫生对设计的要求

食品卫生不仅直接影响产品的质量，而且关系到人民身体健康，是一个关系到工厂生存和发展的大问题。为了防止食品在生产加工过程中受到污染，食品工厂的建设，必须从厂址选择、总平面布置、车间布置、施工要求到相应的辅助设施等，按照我国《工业企业设计卫生标准》进行周密的考虑，并在生产过程中严格执行国家颁布的食品卫生法规和有关食品卫生条例，以保证食品的卫生质量。

(一) 厂址选择的卫生要求

食品厂在选择厂址时，要考虑环境中有毒有害物质对食品的污染，保证食品的卫生和安全。另外考虑生产过程中废水和废气的排放，避免工业三废对周围居民的影响。理想的食品生产厂址应符合以下条件。

① 有足够可利用的面积和较适宜的地形，以满足工厂总体平面布局和今后发展扩建的需要，否则会降低生产效率，还会给卫生工作带来障碍。

② 厂区通风、日照良好，空气清新，地势高燥（地下水位较低），且要有一定的坡度以利于排水，土质坚硬适于建筑。地下水位高时，土壤潮湿易积水而使蚊虫滋生。墙易损坏，木材易腐朽，特别在基础与墙身之间，未设隔潮层时，由于毛细管虹吸作用，水分沿墙壁上升可达1～2 m。地下水位至少低于基础0.5 m，如地下水位高，又无法排除其影响时，基础应用不渗水材料建筑，并在两侧挖沟，填以不渗水的土层。

③ 厂房周围环境的土壤清洁并适合于绿化，面积宽敞且留有余地。干燥而疏松的土壤在受到有机物污染时，可借细菌和空气中氧的作用，使其无机化和无害化。曾被有机物污染，而尚未终结的土壤，属于卫生上最危险的土壤，如垃圾场、废渣场、粪场等，这种土壤有利于苍蝇的滋生繁殖和肠道传染病、寄生虫病的传播。树林和有机物覆盖的土壤是气温的有力调节者，因夏季植物遮挡了太阳向土壤的辐射，且植物的水分蒸发也消耗热能，故土壤及其附近空气层的温度都较低。冬季草枯后又成为导热性弱的覆盖层，使土壤及附近的空气温度较高。绿化能改善微小气候，美化环境和使工作人员心情舒畅。绿化又能减少灰尘，减弱外来（街道传入）噪音，成为防止污染的良好屏障。

④ 能源（包括电力）供应充足，并要有清洁的水源。凡用于食品生产，包括洗涤原料、容器、设备之水都必须符合饮用水水质标准。天然水源的水质是随着客观条件而变化的，要将其用于食品生产，必须对水质进行化学分析和微生物学检验，积累数据，掌握客观变化规律，采取相应措施加以处理。

⑤ 交通要便利，对一些保质期短的易腐败食品能及时送货。但又必须与公路、街道有一定的间距，以免尘土飞扬造成污染。

⑥ 便于污水、废气物的处理，附近最好有承受污水放流的地面水体。企业必须有自己有效的生活垃圾和生产加工废弃物的处理系统。

⑦ 厂区周围不存在粉尘、烟雾、有害气体、灰、沙、放射性物质和其他扩散性污染源。

⑧ 厂区内禁止饲养畜禽及宠物。

⑨ 厂区道路应畅通无阻，便于机动车通行，有条件应修环行路，便于消防车辆到达各车间。道路便于清洗，防止积水和尘土飞扬。

（二）工厂内部总平面布置的卫生要求

厂内布置首先必须注意污染源及被污染的问题，目的是要防止外环境对食品的污染。

① 食品厂、仓库应有单独的院落。厂内要进行绿化，特别是要求高度清洁的企业如乳品、冷饮食品类，绿化面积最好能达到50%以上。绿地分布和绿化性质应达到隔离污染源的目的。例如在厂区周围、坑厕、垃圾场与车间之间应有较高的灌木，其他空地可适当种植草坪花草。

车间与垃圾箱、牲畜圈、坑厕等污染源之间距离应在25 m以上。锅炉房及污染源均应位于车间的下风向。厕所应有排臭、防蝇、防鼠措施和装置自动关闭式的向外开的纱门，可避免因开门而将躲避在门上的苍蝇带入厕所内。垃圾箱、厕所应以不渗水的材料建造，垃圾箱结构要紧闭，严防漏水、漏臭气。

② 为了避免泥土，污物被带入车间，应积极改善路面，厂区周围和厂内的道路应以水泥、

柏油、砖石等不漏水易清扫的材料铺装，并保持一定坡度，以利于雨雪的排除。

③ 工厂内建筑物（如生产车间、办公室和生活实施等）应按类分开，不宜混在一起。仓库、冷藏库应单独设置。建筑物密度不能可过大，要尽量避免四周连接的闭锁式建筑，以利通风。

④ 要按流水作业线布置企业整个生产工艺流程，防止交叉污染，垃圾污物、炉灰的排出路径应避免和食品生产运送路径交叉。

⑤ 必须配备以下辅助设施：A. 生产卫生用室，包括更衣室、洗衣房、浴室；B. 生活卫生用室，包括食堂、厕所、休息室；C. 容器洗涤室，专用洗刷车辆、容器、工具等的洗涤室；D. 工厂应备有蒸汽和热水供应设备。

（三）厂房内部建筑的卫生要求

1. *厂房室内建筑卫生* 生产车间的配置可在多层建筑中垂直配置，也可在单层建筑（平房）中水平配置，垂直式即按生产过程从原料到成品自上而下地配置，做到原料与成品与污物的绝对隔离。平房占地面积多，上下水和电线安装时费管线，也增加了各种卫生技术设备的困难。但平房通风采光好，配置时应符合基本卫生要求。

（1）生产厂房均不准设在地下室内 由于地下室采光极差，同时，接近地面的空气含较多的尘埃和微生物。

（2）厂房结构牢固且便于清洁 厂房建筑结构应是砖、混凝土或某些坚固的材料。建筑物应设计得便于清洁和维护，能防蝇、防尘。

（3）保证室内有良好的微小气候 在我国南方炎热地区主要应避免夏季过热，在北方寒冷地区主要是避免冬季过冷。在南方应充分利用自然通风，加强围护结构的隔热性能，加设阳台、走廊等遮阳设施。北方应尽量延长接受太阳照射的时间，适当加大南面窗户面积，加强围护结构的防寒保温性能，尽量避免室外寒风的侵袭。

（4）厂房内原料、成品、燃料、废渣的进出口均应互相分开 以免交叉污染。

（5）有合格的卫生用房 厂房内必须设更衣室、洗手消毒间等生产卫生用房，最好将他们连接在一起。

（6）有良好的通风条件 厂房内的通风换气分为两种：自然通风和人工通风，无论哪种，从卫生学角度都应保证足够的换气量，以驱除生产过程中产生的蒸汽、油烟及人体呼出的二氧化碳，从而保持空气清新。

各建筑物之间的距离不得小于相对两建筑物中较高建筑的高度（由地面到屋檐），一般最好等于较高建筑物高度的 2 倍，侧面间距最好与房高相等。需根据各地的气候条件设置门窗位置。朝向与风向一致时，可加强自然通风。对寒冷地区应避免与冬季主导风向垂直，炎热地区则应面向夏季主导风向，使各室的门窗相对形成直线穿堂风效果更好。有风时汗液蒸发较快，散热容易，人体感觉较舒服，即使室温较高，人们也不会感觉过热。相反，即使室温不太高，室内无风人体也会感到闷热。一般夏季室温控制在 26 ℃以下，湿度在 60%左右较好。朝南的走廊单侧房间的建筑物对各地都较适宜。东西向的房间在南方会使室内受强烈阳光照射而产生过热。西南向也很不理想。

① 自然通风：开启的窗面积不少于地面面积的 1/6，内侧窗台应有 45 ℃倾斜度，以防止放置物品。门窗结构应尽量平整以便清洗，必须安装纱窗和自动关闭式的纱门。特别是在夜间生

产，由于昆虫的向光性，要防止其从门窗飞入车间。除关好纱门窗外，有的工厂安装一种紫外灯，可诱杀昆虫。在通行频繁或货物的出入口，不能装纱门时，可根据需要安装橡皮帘、水门帘、风幕、防蝇暗道等。

单层建筑的食品车间，可设天窗。生产过程产生的一些水蒸气通过天窗排出，但要适当遮掩，防止鸟类、昆虫从天窗飞入车间。设避风设施，应便于开关和清扫。

必须保证车间有足够的空间容积，除设备之外，工作人员占空地面积每人不得少于1.5 m^2。面积与净高的乘积为体积，从地面到天花板的高度为净高，一般不得少于 3 m。闷热地区的天花板高度较沿海地区高一些，但对炎热地区夏季最好还是考虑朝向，形成良好的穿堂风和增大面积可防止室内过热，这样会更有效、更经济。

② 机械通风：机械通风能保持经常而均匀的换气，并不受风压和气温的影响。机械通风装置的进风口应选择室外，离地 2 m 以上，位于烟囱及其他房间排气口的上风侧，间距至少 10 m。高度清洁的车间，吸入的空气要经预处理，有条件的情况下，可安装空调设备。

除了室内人员活动和生产过程散发的热、湿、灰尘外，室内温度、湿度、太阳照射和含尘浓度等的变化，都会对室内室外的稳定性产生干扰，空调就是反干扰装置，就是以空气为介质，在夏季向室内送入清洁的冷风，消除湿、热的干扰和保持清洁度；在冬季送入清洁的热风补偿室内损耗的热量，保持舒适的气候条件，或提供食品生产所需的恒温。在特定的温湿度条件，对易腐食品的生产加工，温度要控制在 10 ℃以内为宜。

③ 局部通风：在生产过程中除散发大量热量之外（如糕点烘烤炉），还散发蒸汽、油烟（蒸笼、炒菜灶、油炸锅），可在该局部上方安装抽风装置（帽型排风罩），尽量使蒸汽、油烟就近排出车间，以免在房顶或墙壁上冷凝而为微生物的繁殖提供条件，防止烟尘随冷凝水滴落到食品上造成污染。罩内必须形成有力的气体运动才能防止凝结，因此设计时必须注意吸风效果：排气管不能太细，尽量减少弯曲，转弯处应是弧形以减少阻力，如贴附烟道，平行配置则效果更好。排气装置要用不生锈的材料制作，力求表面平滑，无死角，易冲洗，大小要比灶台四周各宽 0.25 m。烧烤炉、油锅上方设置的罩，其高度应低于炒菜灶，以提高排油烟效果。近来有人提倡在油锅上方安装一个能操纵起落的金属罩，在油炸的间隙，使其降下盖在油锅上，可减少热油接触空气而高度氧化，且可在一定程度上减少热油的热辐射。

依靠自然通风往往不能达到满意的效果，最好在管道内安装吸风机。排气管出口应附有百叶挡板，以免在停止鼓风时昆虫从排气管进入车间。

2. 车间内的采光、照明

（1）影响自然采光的因素　车间窗与地面比例一般为 1∶5 为宜。室外光线强度、窗口有效采光面积、窗上下缘的高度、房间的深度、窗前有否遮光物等均会影响采光。此外，车间的采光还与墙、天花板的反射系数均有关，浅色反射 60%的阳光，暗色只反射 20%（吸收 80%），因此涂浅色的墙、天花板会增加采光强度。充足的光线是提高工作效率、工作质量和搞好食品卫生的重要条件（尤其是检验工作）。楼梯处有足够的光线可使阶梯清晰可辨，防止发生事故，保障安全。建筑设计时应注意充分采用自然光线，当采光不足特别是在检验区域或夜间生产需要给予人工照明。

（2）人工照明的要求　照明要充足。能满足人们的视觉机能的最低照明标准定为 50 lx，检验操作台面上的照度应接近 300 lx。仓库的光线一般可以暗些。应避免眩目，可调整照射距离或照射方向，限制灯的悬挂高度，使灯接近操作者，以此来消除眩目。室内照明应均匀地分布光源。防止闪烁，光谱应接近日光。要限制阴影。照明光源本身要便于清洁，安装在安全保护罩内，以免灯泡破碎时污染食品。荧光灯光线分布均匀，光谱接近天然光线且柔和不眩目，但应注意避免闪烁不稳定且在室温过低时不能发光。

照明方式以采用全面照明和局部照明相结合的综合方式为最经济和符合卫生要求。为方便对物体集中分辨和分析工作，对局部要比周围其他处稍亮的光线，但不能过强的刺激，否则工作面与周围的照明度差别太大，会很快引起眼睛疲倦。

3. 屋顶、墙和地面的卫生要求

（1）墙壁、支柱　应采用无毒、防渗水、防滑、坚固耐久、便于清洗消毒的材料，离地 1～2 m处用瓷砖（以不长霉的贴面材料最佳）、磨石、磨光水泥等不渗水的材料铺贴成墙裙。墙内外最好均用浅色，不仅增强反射，而且还可减少外墙夏季吸热，内墙有脏污时易分辨。墙裙最好用白色瓷砖或水泥。墙角、墙与地面的结合处形成弧形可避免积灰。

（2）地板　地面应平整、不渗漏、防滑，必须耐水、耐热、耐酸碱。以花岗岩加工成 400 mm×600 mm×100 mm 板材用环氧胶泥勾缝作地坪为最佳，因其含石英量最高，对任何浓度的有机酸碱或盐类均有较好的耐腐蚀性能，并具有不起灰、耐热、防滑、机械强度高等特点。水泥则是次佳的地面材料，地面要有一定的坡度（1%～1.5%），以利排水。冷饮、乳制品、酒类发酵车间等既要防止地面积水，又要在地表保持较薄的水层，以便防尘，地面还要有排水沟。排水沟有两种：一种为明沟需盖上有孔的水泥或铁箅子盖板，明沟易于清理，但气味易往外扩散；另一种为暗井暗沟，暗沟可减少气味散发，但易堵塞，且因流水入口大小有限，所以地面坡度要求大些，管道也要有一定倾斜度，内面要光滑，不得有局部积水现象。排水沟必须与厕所通向室外，与下水道系统的阴沟线分开，在室外某处会合之连接处应采取措施，防止厕所污水再次回流进入车间。

（3）屋顶　屋顶与墙的接合处应为弧形，能防尘、防水、防老鼠作窝、防昆虫隐藏。

生产车间的顶部不应有管道通过，特别是在烧煮食品的开口容器的上方，因管道漏水或冷凝水可能滴入制品中，也会因油漆脱落或金属腐蚀而污染食品。

（四）车间防鼠设施

1. 门窗防鼠　为了防鼠，车间门窗结构要紧密，缝隙不能大于 1 cm，所有出入口包括排水沟出入口，下水道出入口都应安装上洞口小于 1 cm 的金属网防鼠。

2. 地基防鼠　地基的深度应深入底下 0.5～0.8 m，地面上 60 cm 之下部分均应用坚固砖、石等的鼠类不能进入的材料砌成。

3. 墙防鼠　墙身光滑，墙角做成有一定的弧形，可防止老鼠上屋顶活动。

（五）车间生产卫生用室要求

我国《工业企业设计卫生标准》规定工业企业应设置生产卫生用室（浴室、更衣室、盥洗室、洗衣房）和生活卫生用室（休息室、食堂、厕所）。更衣室和休息室可合并设置。对食堂企业而言生产卫生用室尤为重要，它直接影响生产卫生水平及产品卫生质量。工人上班前在更衣室内完成个人卫生处理后方可进入车间从事食品生产，因此更衣室、盥洗室等生产卫生用室又可称为卫生通过室，其面积一般可按每人 0.3～0.4m^2 安排。

卫生通过室的平面布置方式有边房式和脱开式两种。

边房式　卫生通过室布置在车间一边，优点为外墙面积小，对冬季采暖有利，但对车间及其通风采光不利。尤其布置在侧墙时影响更大。

脱开式　卫生通过室的通道与过道相连，这样布置占地面积大，各种管道的长度也相应增加，但不影响采光，布局符合卫生要求。

车间内设专用男女厕所，内设一次流水冲洗的脚踏式抽水便池和备有肥皂的脚踏式流水洗手池（有条件时尚可设置杠杆式、感应式或光电式继电器自动开关）。厕所前方更衣室内应装置挂衣钩或衣架，工人在更衣室内脱下工作服挂上衣架后上厕所，大小便后就在厕所内洗手，洗完后再重新穿上工作服，通过洗手消毒室再经清洗双手后进车间。

厕所便池的下水管应有 U 字形水封，防止下水道内臭气向上扩散，下水管直接通往室外的阴沟，不准穿行在车间地面上。厕所应尽量考虑自然通风设施，避免间接采光，墙裙和地面建材也应采用瓷砖、磨光水泥、磨石等。

（六）食品仓库的卫生要求

各仓库应设专人管理，定期检查质量和卫生情况，按时清扫、消毒、通风换气。原材料应离地、离墙、与屋顶保持一定距离，垛与垛之间也应有适当间隔。各种原材料要有明确的标志，做到先进先出，及时剔除不合格和不符合卫生标准的原材料，避免腐败变质和过期。

根据库内所需温度将仓库分为常温库、冷藏库和高温库。仓库卫生要求如下。

① 干货库应照明充足，通风良好，要注意防潮。许多食品容易吸收空气中的水分，库内有温湿度监测系统，保持恒温恒湿。环境相对湿度低于 70%，地面、货架、容器保持清洁，并避免阳光直晒食品，容器应加盖防尘。

② 要保持低温和恒温。从生产到销售各个环节，最好保持一个冷链条件，低温储存尤为重要。如肉、禽、蛋、水产、豆制品必须冷藏或冷冻。冷藏库温度控制在 −18 ℃以下，定期清洁、消毒，保持库房整洁和卫生。生熟食品、成品与半成品应分开储存。保持恒温则是库存的又一个重要条件，因为温度的急剧变化，常常发生相对湿度的变化，例如低温食品骤然遇到暖风表面极易凝结水滴或加大水分蒸发量而使质量发生变化。仓库应经常记录温湿度，并装置降温吸湿等调节温湿度的设备。

③ 仓库方向应向北，同时要装置防光窗帘，因为直射光线能加速食品的腐败、变质。在北方冬季应加强防风措施，可设二重门、二层窗或加设防风、门斗、热空气幕、外室等。

④ 仓库应设单间或隔离间。由于食品易吸收异臭异味而持久地保留在其中，因此不同种类的食品应分类存放，做到食品与非食品、原料与半成品或成品、质量存在问题的食品与正常食品、短期存放的食品与较长时间存放的食品、散发特异性气味的食品（海产品、香辛料）与易吸收气味的食品（面粉、饼干）分别存放进隔离间。

⑤ 冷藏库应设置预冷间。大块食品要先进行预冷，如不能及时冷却，在夏季易发生腐败变质。

⑥ 高温库多用于罐头食品厂的保温库，成品罐头要通过 37 ℃±2 ℃的保温试验，在机械开罐后为减少热量的散失，与冷库一样，其建筑材料也要求隔热性能好，库内也必须装置调节温湿

度的设备。

（七）生产人员个人卫生要求

① 凡从事食品加工、检验的有关人员，应严格遵守卫生制度。定期进行健康检查，发现有开放性或活动性肺结核、传染性肝炎、流行性感冒、肠道传染病或带菌者、化脓性或渗出性皮肤病、疥疮及其他传染性疾病者，均不得直接参加食品生产操作和销售。

② 食品生产车间的操作人员，必须穿戴白色工作服和鞋、帽，进车间前必须洗手消毒，不得穿工作服进厕所。

③ 生产车间进口处，必要时应设消毒池。

④ 严禁在车间吸烟和吃零食，严禁随地吐痰和乱扔废弃物。

⑤ 注意个人卫生，做到勤洗澡、勤换衣、勤剪指甲、勤理发，培养良好的个人卫生习惯。

⑥ 生产车间不得带入或存放个人生活用品，如衣服、食品、烟酒、药品、化妆品等。

（八）原辅材料的卫生要求

① 各种原辅材料应符合有关标准规定，并经检验合格方能投产使用。畜禽类原料应由非疫区和当地检疫证明方能使用。

② 原辅材料的运输车辆应保持清洁卫生，并有防尘设施。尤对肉、禽、水产类原料运输，装卸应保持卫生。炎热季节及长途运输应有冷藏车。

③ 肉、禽、水产类原料储藏应有冷库，要求冷库必须符合卫生要求。

④ 原辅材料仓库及冷库应保持清洁卫生，并有防鼠、防蝇措施。

⑤ 生产用水必须符合生活饮用水标准和罐头、饮料等的特殊要求。

第二节　食品工厂常用卫生消毒方法

食品工厂的消毒工作是确保食品卫生质量的关键。食品工厂各生产车间的桌、台、架、盘、工具和生产环境应每班清洗，定期消毒。严格执行食品企业的消毒制度，确保卫生安全。常用的消毒方法有物理消毒法和化学消毒法两大类。

一、物理消毒法

物理消毒法是较常用、简便且经济的方法。

1. *煮沸法*　利用沸水的高温作用杀灭病原体，是一种较为简单易行、经济有效的消毒方法。适用于小型的食品容器、用具、食具、奶瓶等。将被消毒的物品置于锅内，加水加热煮沸，水温达到 100 ℃，持续 5 min 即可达到消毒目的。

2. *蒸汽法*　这是通过高热水蒸气的高温使病原体丧失活性。此法是一种应用较广、效果确实可靠的消毒方法。适用于大中型食品容器、散装啤酒桶、各种槽车、食品加工管道、墙壁、地面等，蒸汽温度 100 ℃，持续 5 min 即可。

3. *流通蒸汽法*　此法利用蒸笼或流通蒸汽灭菌器进行灭菌。适用于饭店、食堂餐具消毒。蒸汽温度 90 ℃，持续 15～20 min 即可。

4. *干烤消毒法* 此法适用于餐具消毒。目前一些企业的大食堂使用此法，由哈尔滨市小型变压器厂生产的7DCX远红外线餐具消毒柜，靠柜内高温烘烤杀菌，达到消毒目的。

5. *辐射法* 辐射法利用γ射线、X射线等照射后，使病原体的核酸、酶、激素等钝化，导致细胞生活机能受到破坏、变异或细胞死亡。

尽管一些实验证明摄入辐照后的食品对人体无害，但目前仍无证据证明长期服用高剂量照射食品对健康无害。WTO认为10 kGy以下的剂量是安全的，但有实验证明在培养基灭菌实验中，20 kGy还不能达到完全杀菌的要求。因此具有灭菌的安全辐射剂量用于食品可能导致安全性问题。

6. *紫外线法* 此法主要用于空气、水及水溶液、物体表面杀菌，由于紫外线的穿透力很弱，即使是很薄的玻璃也不能透过，只能作用于直接照射的物体表面，对物体背后和内部均无杀菌效果；对芽孢和孢子作用不大。此外，如果直接照射含脂肪丰富的食品，会使脂肪氧化产生醛或酮，形成安全隐患，因此在应用时要加以注意。

7. *臭氧法* 臭氧杀菌是近几年发展较快的一种杀菌技术，常用于空气杀菌、水处理等。但是臭氧有较浓的臭味，对人体有害，故对空气杀菌时需要在生产停止时进行，对连续生产的场所不适用。

二、化学消毒法

化学消毒法使用各种化学药品、制剂进行消毒。各种化学物质对微生物的影响是不相同的，有的可促进微生物的生长繁殖，有的可阻碍微生物的新陈代谢的某些环节而呈现抑菌作用，有的使菌体蛋白质变性或凝固而呈现杀菌作用。即使是同一种化学物质，由于浓度、作用时的环境、作用时间长短及作用对象等的不同，或呈现抑菌作用，或呈现杀菌作用。化学消毒法就是采用化学消毒剂对微生物的毒性作用原理，对消毒物品用消毒剂进行清洗或浸泡、喷洒、熏蒸，以达到杀灭病原体的目的。

（一）漂白粉

1. *配制方法* 称取含有效氯25%的漂白粉1 kg，倒入木器或搪瓷、陶瓷容器中，再称取9 kg水，先用少量水粉碎团块，经搅拌后，再将所需用的全水量倒入容器中，混合后盖严，于阴暗地方放置24 h，使其成为10%的漂白粉乳剂。消毒用0.2%～0.5%的澄清液200～500 mL，加水稀释至10 L即成。适用于无油垢的工器具、机器，如操作台、夹层锅、墙壁、地面、冷却池、运输车辆、胶鞋。

2. *消毒方法* 将欲消毒物品充分清洗后，用0.1%的漂白粉溶液冲洗一遍，然后用清水洗干净，待其自干后即可使用。

（二）烧碱溶液

其配制方法：以NaOH 0.5 kg（或1 kg）溶于49.5 kg（或49 kg）水中，即成1%（或2%）烧碱溶液。适用于有油垢或浓糖玷污的工具、器具、机械、墙壁、地面、冷却池、运输车辆、食品原料库等。

（三）臭药水（克利奥林）

其配制方法：称取2.5 kg克利奥林溶于47.5 kg水中，即成5%的药水溶液。适用于凡有臭味的阴沟、下水道、垃圾箱、厕所等。

（四）石灰乳

其配制方法：每 100 kg 水加生石灰乳（CaO）20 kg，先置石灰于容器（大缸或木槽）内，以少量冷水使石灰崩解后，再加入少量水调至浓糊状，最后加入剩余的水调成浆状，即成 20% 石灰乳剂，适用于干燥的空旷地。

（五）消石灰粉

其配制方法：每 100 kg 生石灰加水 35 kg 即成粉状消石灰（$Ca(OH)_2$）。适用于潮湿的空旷地。

（六）高锰酸钾溶液

其配制方法：每 100 kg 水加入高锰酸钾 0.1 kg（或 0.2 kg）即成 0.1%（或 0.2%）的高锰酸钾水溶液。适用于水果和蔬菜的消毒。

（七）酒精溶液

其配制方法：将酒精（无水、90%、95%均可）稀释至 70%～75%左右，吸入棉球。适用于手指、皮肤及小工具的消毒。

（八）过氧乙酸

1. *制作方法* 将 H_2O_2 50 mL、H_2SO_4 0.5 mL 和 CH_3COOH 10 mL 混合后，即成为 14%过氧乙酸消毒液。使用时根据所需浓度现用现配。

2. *应用* 过氧乙酸是一种高效、速效、广谱、原料易得、生产方便的消毒药物，对细菌繁殖体、芽孢、真菌、病毒均有高度的杀灭效果，是一种具有发展前途的新药。尤其是在低温下仍有较好的杀菌效果。主要应用于以下几个方面。

（1）体温表的消毒 用纱布将体温表擦拭干净，然后全部浸入 0.5%过氧乙酸溶液内消毒 30 min，再用清水洗净备用。消毒液需每天调换一次。

（2）手的消毒 将双手放入 0.5%过氧乙酸溶液中，浸洗 2 min，然后用肥皂流动水冲洗。消毒液每天调换一次。

（3）地面、墙壁、家具等的消毒 用 0.5%过氧乙酸溶液进行喷雾或洗涤消毒。必须使物体表面喷洒透彻均匀。

（4）各种棉布、人造纤维等纺织品的消毒 用 0.2%过氧乙酸溶液浸泡 2 h。消毒液每周调换 2～3 次。

（5）各种塑料、玻璃制品的消毒 用 0.2%过氧乙酸溶液浸泡 2 h。每周调换 2～3 次或添加消毒液继续使用。

（6）食具消毒 未清洗的食具用 0.5%过氧乙酸溶液浸泡 2 h，已清洗过的食具用 0.2%过氧乙酸溶液浸泡 2 h。

（7）擦脚垫消毒 0.5%过氧乙酸溶液经常保持湿润。

3. *使用注意事项*

① 在配制前首先要搞清楚过氧乙酸的浓度，配制时依据此浓度计算所需要的浓度。现用现配，以免失效。

② 成品原液具有腐蚀性，勿触及皮肤、衣物、金属以免损坏皮肤和损坏物品。不填接触后

可立即用清水或2%苏打（$Na_2CO_3 \cdot 10H_2O$）水溶液冲洗。

③ 成品切勿与其他药品、有机物等混合，否则易发生分解，甚至爆炸。因此，包装或分装成品的容器一定要清洗干净。预先用2%的过氧乙酸洗涤几次，然后再分装，最后盛装在塑料容器内储放在阴凉通风的地方。

④ 成品应有专人负责，以免发生意外事故。如成品放置过久，应测定其浓度，还可继续使用。

（九）洗消剂

洗消剂具有洗涤和消毒效果的混合物，其优点是可快速、安全、简便对食具、机械等进行消毒，且消毒效果较高。

1. 洗消剂选择注意事项

① 选择具有良好的吸湿性，具有一定的表面去污能力，本身能保持污物的悬浮，易于被水冲洗。

② 正常浓度应有效，没有腐蚀性，能与其他消毒剂、洗涤剂配合。

③ 消毒剂随着有机物、污染存在而含量也逐渐降低，使用时必须保持一定浓度。

④ 具有一定的稳定性，在规定的时间内不失效，不降低效果。

⑤ 洗消剂必须无毒无异味，不污染食品，经过一般冲洗残留量达到标准。

2. 食品洗消剂的主要类型

（1）含氯消毒剂　如二氯异氰尿酸钠、氯溴异氰尿酸、氯化磷酸三钠。

（2）含碘消毒剂　如碘伏，为碘络合物加入增效剂和洗涤剂配制而成。

（3）洗涤剂　多以烷基苯磺酸钠为主。

为尽量减少洗涤剂、洗消剂在食品上的残留量，食具及食物最好能用清水再冲洗3次。消毒效果的鉴定目前没有统一的标准，一般认为消毒后原有微生物减少60%以上为合格，减少80%以上为效果良好。

各工厂可根据消毒对象不同采用不同的方法，常用的消毒方法见表8-1。

表8-1　食品工厂常用的消毒方法

方法名称	方法	适用对象
漂白粉溶液	0.2%～0.5%上清液（有效氯50～100 mg/L）	桌面、工具、墙壁、地面、运输车辆
氯胺T	0.3%泡2～5 min	食具
新洁尔灭	0.2%～1%泡5 min	食具、工具、手
烧碱（NaOH）	1%～2%溶液	油垢或浓糖污染的机械
碳酸钠和磷酸钠的混合消毒液	碳酸钠500 g加磷酸钠260 g加水15 L。临用前，稀释9倍	冷藏车、冷藏库
洗必泰（双氢苯双胍己烷）	0.5/10 000～1/10 000浸泡1～2 min	食具
过氧乙酸溶液	双氧水50 mL，硫酸0.5 mL，冰醋酸10 mL混合后测定其浓度，使用前稀释之	食具、工具、环境
漂白粉精溶液	0.2%	食具、工具、桌面、手

复习思考题

1. 食品工厂卫生标准有哪些?
2. 食品企业卫生管理内容有哪些?
3. 食品卫生对设计有哪些要求?
4. 简述食品工厂常用的消毒方法。它们适用于哪些范围?

第九章 环境保护与安全生产

学习目的与要求：学习本章后应了解企业安全生产的意义，进行安全性评价及环境影响评价的作用和方法，工厂生产与环境保护的关系；理解工厂绿化的作用和特点，环境影响评价的标准体系；掌握食品工业“三废”的特征，处理的原则和方法，发生燃烧、爆炸的条件及特点，工厂防火、防爆的措施。

第一节 食品工业废水及其处理

一、概 述

大多数食品在其加工过程中，需要大量用水，其中少量水构成制品供消费者食用，大量的是用来对各种食物原料的清洗、烫漂、消毒、冷却以及容器和设备的清洗。因此，食品工业排放的废水量是很大的。由于食品工业的原料广泛，产品种类繁多，排出的废水水质、水量差异也很大。废水中含的主要污染物有：漂浮在废水中的固体物质，如茶叶、肉和骨的碎屑、动物或鱼的内脏、动物排泄物、畜毛、植物的废渣和皮等；悬浮在废水中的油脂、蛋白质、淀粉、血水、酒糟、胶体物等；溶解在废水中的糖、酸、盐类等；来自原料挟带的泥砂和动物粪便等；可能存在的致病菌等。概括地说，食品工业废水的主要特点是：有机物质和悬浮物含量高，易腐败，一般无毒性。

食品工业废水的主要污染危害：使接纳水区富营养化，迅速消耗水中的溶解氧造成接纳水区内缺氧，导致鱼类和其他水生动物因窒息而死亡；还会促使沉积在水底的有机物质在厌氧条件下分解，产生臭气恶化水质、污染环境。在食品加工过程中冲洗动物胃肠带出大量排泄物，其中含有各种虫卵和致病菌，若不加以处理，任意排放，会导致传播疾病，造成严重的环境污染，破坏生态平衡。

食品工业污水主要来源于原料处理、洗涤、脱水、过滤、各种分离精制、脱酸、脱臭、蒸煮等食品加工生产过程。污水中含有大量的蛋白质、有机酸和碳水化合物。由于有很多浮游生物的存在，水中溶解性有机物增加很快，容易生成腐殖物，并伴有难闻气体；同时这些污水中铜、亚铅、锰、铬等金属离子含量较多，细菌、大肠菌群也常超过国家排放标准，所以食品工业污水要经过处理后才能排放（包括排入下水道系统）。各种食品厂污水来源及主要排水指标见表 9-1。

表 9-1　食品工业废水来源及水质

加工厂类别	产品名称	原　料	主要污染源	排水水质（mg/L）
肉类加工厂	红肠、火腿、咸肉	禽肉、鱼肉、调料	原料处理设备、水煮设备、冷却水	pH：5.5～7.5 BOD：300～600 SS：100～150
奶制品厂	奶油、干酪、酸乳酪、冰激凌	牛奶	设备和各种器具清洗排水	pH：6.5～11 BOD：50～400 SS：70～150
水产品加工厂	鱼贝类加工制品、鱼粉、海产品肥料	鱼贝类、调料	原料处理设备、水煮设备、其他器具清洗排水、除臭设备排水	pH：6.6～8.5 BOD：200～2 000 SS：150～1 000
砂糖加工厂	砂糖、糖粒	原糖	过滤设备、冷却水	pH：6.0～8.0 BOD：80～200 SS：70～100
膨化粉、酵母、其他酵母合成剂制造商	膨化粉、酵母和酵母合成剂	面粉、糖蜜	糖蜜发酵排水、清洗排水、杂排水	pH：6.0～9.0 BOD：300～1 200
面包糕点厂	各种面包、饼干、糕点	面粉、糖、酵母	清洗搅拌机、其他各种容器排水	pH：6.0～8.0 BOD：200～600
饮料厂	汽水、果汁	糖、碳酸	设备和各种容器清洗水	pH：9.0～12.0 BOD：250～350
啤酒厂	啤酒	麦芽、酒花	麦芽清洗设备排水、冷却水	pH：8.0～11.0 BOD：200～800 SS：210～350
清酒（日本酒）厂	清酒	米	清洗设备排水	pH：7.0～9.0 BOD：50～300 SS：100～200
酒厂	白酒、果酒、药酒	薯类、各种水果	蒸馏后发酵排水、冲洗设备	pH：6.0～8.0 BOD：600～900 SS：600～2 000
琼脂厂	琼脂	石花菜	原料处理设备、漂白排水	pH：1.0～14 BOD：300～600 SS：250～500
蔬菜、水果罐头和农产品加工厂	水果蔬菜罐头、果酱、果冻、花生制品	各种蔬菜和水果	原料处理设备、杀菌、冷却水	pH：1.0～12.0 BOD：200～600 SS：20～200 Cl^-：2 500～6 000
调料厂	豆酱、酱油、食用氨基酸、调味汁	小麦、大米、蔬菜	原料处理设备、清洗设备、清洗排水	pH：6.0～8.0 BOD：40～300 SS：200～300

（续）

加工厂类别	产品名称	原　料	主要污染源	排水水质（mg/L）
粮食加工厂	白米、面粉、荞麦粉、玉米粉	小麦、大豆等	原料处理设备、收集装置排水	pH：6.0～8.0 BOD：20～400 SS：400～600
食用油制造厂	食用油、色拉油、人造奶油	各种油	原油清洗设备、脱酸设备、冷却水	pH：1.4～7.0 BOD：150～1 100 SS：90～100
淀粉厂	淀粉、玉米粉	甘薯、马铃薯、玉米	原料处理设备、漂白设备	pH：6.0～8.0 BOD：500～3 000 SS：3 000
葡萄糖、麦芽糖制造厂	葡萄糖、麦芽糖	淀粉、麦芽	原料处理设备、漂白设备	pH：6.0～8.0 BOD：1 500～2 000 SS：1 000～2 500
面条制造厂	切面、挂面、荞麦面、手擀面条	小麦、面粉、荞麦	原料处理设备、水煮设备	pH：6.0～8.0 BOD：250～600
豆馅制造厂	豆馅	小豆、杂豆	原料处理设备、沉淀设备、压滤设备	pH：5.0～8.0 BOD：500～4 000 SS：250～5 000

二、食品工业废水的特性

食品工业废水的共同特性表现在生物化学需氧量高且有机物主要是以悬浮或可溶形式存在于废水中。通常称废水中的这些污染物为废水负荷。由于各种食品加工过程中的差异和所有新鲜水和回收水情况不同，不同的废水其污染物的种类、数量、程度不同，各个食品加工厂的废水负荷存在有很大差异。为了便于评价废水负荷，各国都相应制定了废水的污染指标和检测方法，用来表明废水的污染程度和废水特性。这些指标和检测项目归纳于下。

1. **生物需氧量**　生物需氧量简称 BOD（biological oxygen demand），系指在一定的温度、时间条件下，微生物在分解，氧化废水中有机物的过程中，所消耗的游离氧数量，其单位为 mg/L。实际测定时采用 20 ℃条件下，5 d 的 BOD，单位 mg/L。废水中有机物污染程度越高，微生物分解有机物时对氧的需求量越多，废水处理的难度越大，操作费用越昂贵。它是衡量溶解于水中有机物含量多少的重要方法，也是衡量废水污染程度高低的重要指标。目前我国和世界其他国家都已经把 BOD 指标列入到环境评估指标体系之中，用做设计确定废水处理系统规模大小的一个主要依据，或用做确定工业废水排放到市政系统时征收排污费的一个主要依据，也是政府监控某一项目环境保护情况好坏的重要指标。

2. **化学需氧量**　化学需氧量简称 COD（chemical oxygen demand），它表示废水经过强氧化剂（如重铬酸钾）在酸性条件下，将有机物氧化成为 H_2O 和 CO_2 时所测得的耗氧量即为化学需氧量 COD。COD 值越高，表示水中有机污染物的污染越严重。同生物需氧量相比较，化学需氧量测定时间短，而且不受水质限制。化学需氧量一般在数值上高于生物需氧量。两者之间的差值即可粗略地表示出不能被微生物所分解的有机物。对于多数食品加工厂废水，BOD 是 COD 的 65%～80%。

3. 总需氧量（TOD） 有机物主要元素是 C、H、O、N、S 等，在高温下燃烧后，将分别产生 CO_2、H_2O、NO_2 和 SO_2，所消耗的氧量称为总需氧量（total oxygen demand，TOD）。TOD 的值一般大于 COD 的值。

4. 总有机碳 总有机碳（TOC）是近年来发展起来的一种水质快速测定方法，用于测定废水中的有机碳的总含量。TOC 的测定时间也仅需几分钟。TOC 虽可以以总有机碳元素量来反映有机物总量，但因排除了其他元素，不能反映有机物的真正浓度。

5. 富营养化污染 当利用微生物处理废水时，微生物的代谢需要一定比例的营养物，除了 BOD 表示的碳源外，还包括含氮、磷的化合物及其他一些物质，它们是植物生长、发育的养料，称为植物营养素。过多的植物营养素进入水体后，会恶化水质、影响渔业生产和危害人体健康。

6. 总悬浮固形物 废水中总悬浮固形物简称 TSS（total suspended solid），系指漂浮在废水表面和悬浮在废水中的总固形物质含量，是废水的重要污染指标之一。废水中的大部分 TSS，可采用过滤法去除。

7. 酸碱度（pH） 酸度和碱度也是废水的重要污染指标。常用 pH 来表示废水的酸性和碱性程度。酸性废水会腐蚀下水道、处理设备及其他水工构筑物，并抑制微生物的活动。碱性废水的危害性较酸性废水少一些。不论酸性还是碱性废水，只要 pH 超过了一定范围，都会对环境产生不良影响。

8. 温度 废水温度过高而引起的危害称为热污染。在物理和化学处理系统中，由于废水温度的大幅度变化，也会影响到处理过程的稳定性。通常，市政管理部门都会规定出废水的最高允许温度。

9. 有毒物质 食品工业废水一般是无毒的。但有时造成废水中出现有毒物，通常是过量的游离氨、用来消毒的剩余氯、清洗用的洗涤剂或其他有毒物（如油漆、溶剂、农药等）。

10. 生物污染物质 生物污染物质主要指废水中的致病性微生物，它包括致病细菌、虫卵和病毒。未污染的天然水中的细菌含量很低，生活污水和屠宰肉类加工厂排放工业废水中可能含有一定量的生物污染物，主要通过动物和人排泄的粪便中含有的细菌、寄生虫类等污染水体，引起各种疾病传播。生物污染物的特点是数量大、分布广、存活时间长、繁殖速度快，必须予以高度重视。

11. 感官性污染物 废水中能引起异色、浑浊、泡沫、恶臭等现象的物质，虽然没有严重的危害，但也引起人们感官上的极度不快，被称为感官性污染物。各类水质标准中，对色度、臭味、浊度、漂浮物等指标都做了相应的规定。

三、食品工业废水的处理技术分类

（一）按处理方法分类

现代食品工业废水处理技术，按其作用原理可分为物理法、化学法、物理化学法和生物处理法四大类。

1. *物理处理法* 此法即利用物理作用，分离和回收废水中不溶解的、呈悬浮固体状态的污染物质。物理处理法也称为机械处理法。根据物理作用的不同，又可分为重力分离法、离心分离法和筛滤截流法。

2. *化学处理法* 利用化学原理分离和除去废水中呈溶解胶体状态的污染物质，或将其转化为无害物质的废水处理法称为化学处理法。在化学处理法中，以投加药剂产生化学反应为基础的处理单元是：混凝、中和、氧化还原等；而以传质作用为基础的处理单元则有：萃取、汽提、吹脱、吸附、离子交换等。

3. *物理化学法* 运用物理和化学的综合作用去除废水中的污染物质的方法称为物理化学法。物理化学法主要有吸附法、离子交换法、膜分离法、萃取法、气提法和吹脱法。

4. *生物处理法* 利用微生物的代谢原理，使废水中呈溶解状胶体以及细微悬浮固体状的有机性污染物转化为稳定，无害的物质的污水处理方法称为生物处理法。根据微生物作用的不同，生物处理法又分为好氧生物处理法和厌氧生物处理法两种。前者包括：活性污泥法、生物膜法、好氧氧化塘、土壤处理法等；后者包括：厌氧消化法、厌氧塘等。

（二）按处理程度分类

食品工业废水处理技术按处理程度可分为一级、二级和三级处理。

1. *一级处理（初级处理或预处理）* 去除废水中的漂浮物和部分悬浮状态的污染物质，调节废水 pH，减轻废水的腐化程度和后续处理工艺负荷的处理方法称一级处理。常用方法有筛滤法、沉淀法、上浮法、预曝气法。一般经过一级处理后 BOD 下降为 25%～40%和去除约 70%的总固形物，废水的净化程度不高，还必须进行二级处理。相对二级处理而言，一级处理又属于预处理，可在食品加工厂厂区进行预处理。

2. *二级处理* 通过一级处理后，再进行处理，用以除去污水中大量有机污染物（即降低 BOD），使污水进一步净化的工艺过程称为二级处理。一般经过二级处理后废水中的 BOD，可下降 80%～90%，处理后水中的 BOD 含量可低于 30 mg/L。采用好氧性生物处理法可以达到这种标准。一般而言，经二级处理后，废水已具备了排放水的标准。二级处理可在大型食品加工厂厂区附近进行。

3. *三级处理* 这一级处理的任务是进一步去除二级处理未能去除的污染物质，其中包括微生物未能降解的有机物，以及磷、氮和可溶性的无机物。三级处理同深度处理有很多相似之处，但又不完全一致。三级处理是经二级处理后，为了从废水中去除某种特定的污染物质，如磷、氮等，而补充增加的处理单元。深度处理则往往是以废水回收，复用为目的，在二级处理后所增设的处理单元或系统。

一级处理和二级处理，是城市污水和食品工业废水处理中经常采用的，故又称常规处理。三级处理一般投资较大，管理复杂，但能充分利用水资源，在当前水资源紧缺情况下应大力发展此类处理。

废水中的污染物质是多种多样的，往往不可能用一种处理单元就能够把所有的污染物质去除干净。一般一种废水往往需要通过几个处理单元组成的处理系统处理后，才能够达到排放要求。对于某一种食品加工废水，采用哪些方法或哪几种方法联合使用，需根据废水的水质和水量、排放标准、处理方法的特点、处理成本和回收经济价值等，通过调查、分析、比较后才能确定，必要时还要进行小试、中试等。

四、食品工业废水的处理工艺

食品工业废水处理各方法又分成若干处理单元，见图 9－1。

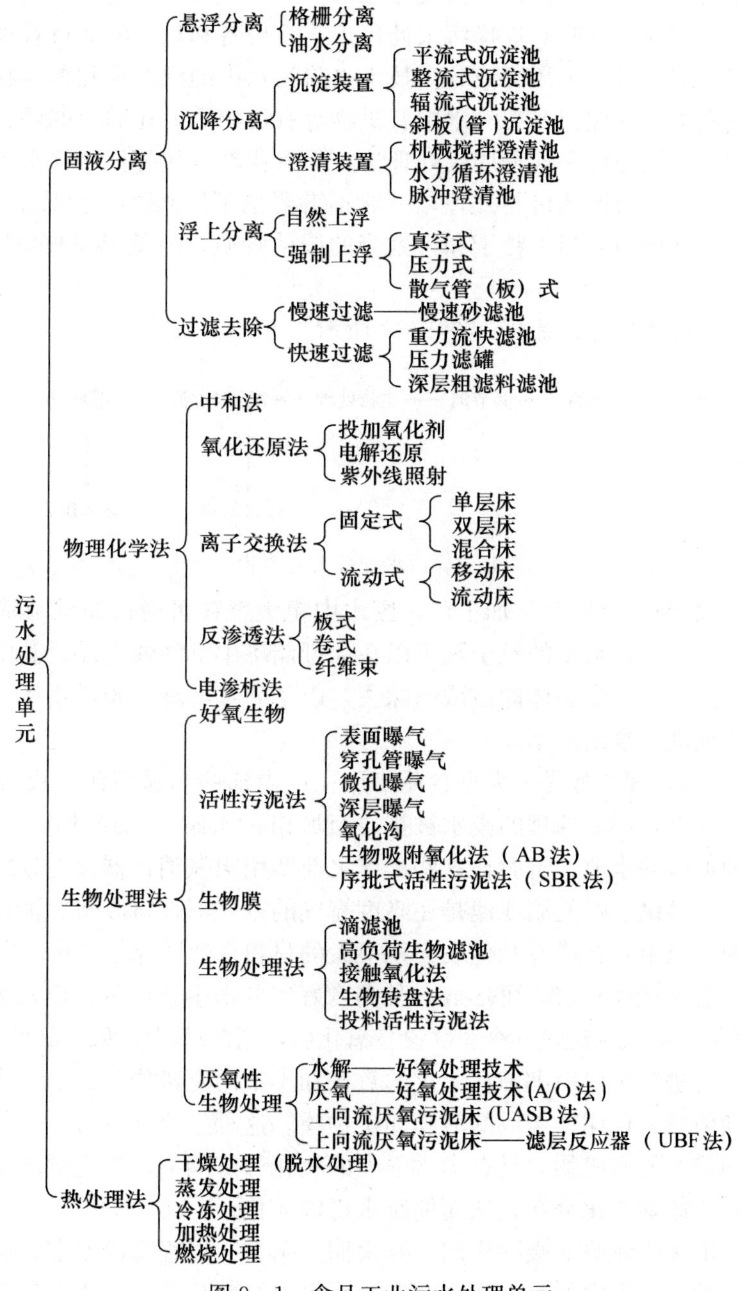

图 9－1 食品工业污水处理单元

废水在离开食品工厂前必须降低的污染程度，地区与地区之间差异很大，这取决于很多因素：①废水是否排入城市污水处理工厂或商业废水处理工厂，如果是，该厂能处理的最大污染负荷是多少？②这种处理的费用有多大，如由食品工厂自行处理是否会更经济些？③食品工厂拥有什么样的排放权利，应当遵守哪些法规？所以目前食品工厂及外面一些企业进行的废水净化处理程度是各不相同的。

选择食品工业排放污水处理工艺，不仅要考虑污水中有害物质的组成，而且要了解排出污水水质、水量的瞬时变化情况，这些对选择污水处理工艺、设备和日后的运行管理都很重要。对于食品工业污水，一级处理一般是采用固液分离技术去除污水中的漂浮物和悬浮物；二级处理是主要处理过程，一般采用生物处理技术去除水中有机物等有毒物质，在需要的场合采用物理化学法进行酸、碱中和处理；三级处理一般采用膜处理法、强氧化剂氧化等技术将水进一步净化，多适用于特殊食品加工的饮用水所做的最终处理，一般不需要也不用来处理食品工厂的废水。相反，通常仅采用初级或二级处理去除粗大粒子和可絮凝的胶体物质，降低 BOD 的值以充分满足排放的要求。

食品工业污水的典型处理工艺流程如图 9-2 所示。

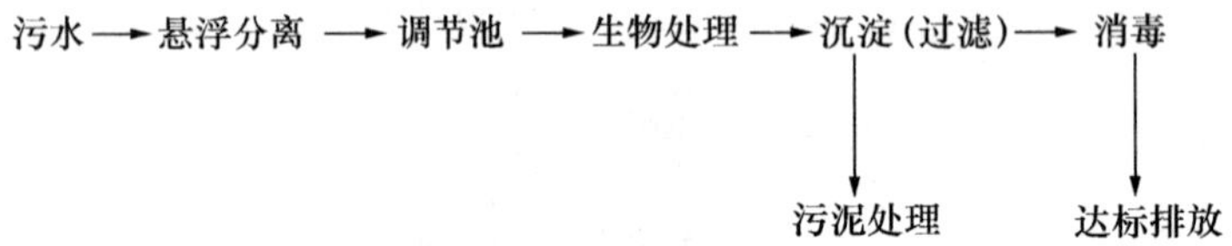

图 9-2 污水处理工艺流程

1. 初级处理　一般而言，在食品加工厂，废水中粗大颗粒可通过振动筛筛分去除，较小的粒子可通过过滤或离心除去，细小的粒子则可以在大型储罐中沉降或上浮。其中浮渣和油脂可从罐中撇去，将上清液抽走，沉降固体即被浓缩除去，以备后续处理。胶质物体一般可通过加入具有促进沉降作用的明矾进行凝结或絮凝。

2. 二级处理　二级处理常常是由大型食品工厂在厂内那些与城市污水设施类似的设备上进行的。另外在有些情况下，部分处理的废水被排放至城市污水站。二级处理一般要利用滴滤器、活性污泥池以及各种类型的水池。有时在这些操作之前要用厌氧消化器预先处理废水。

（1）滴滤池　一些可供选择的滴滤池是在高度充气的条件下，将废水和消化废物的细菌混在一起。滴滤池通常为一层由碎石或者其他表面积很大的材料形成的床层，床层与空气接触或空气从床层吹过。废水缓缓流过碎石层，可形成一种高度好气的微生物群落，植入某种合适的污水生物也可产生同样的效果。有机物经过几个串联设备氧化后，通常可以将废水 BOD 降低 90%～95%。

（2）生物膜法　此法利用好氧细菌在充足的氧气和丰富的有机物条件下，在滤料表面迅速繁殖形成一层由各种细菌及其代谢物组成的薄膜即生物膜。这种生物膜具有巨大的表面积，能够大量吸附废水中呈各种状态的有机物并具有非常强烈的氧化分解能力。当它同废水接触后水中的有机物被细菌吸附，并迅速地氧化分解，从而使废水得以净化。

在生物膜法中，由于生物膜的吸附作用，其表面上附着一层很薄的水层，称为附着水层，该水层直接同生物膜接触，水层内的有机物在细菌的作用下被氧化分解，于是附着水层中有机物浓度大大低于流动水层，在传质作用下，流动水层中的有机物不断向附着水层转移，从而使流动水层在流动过程中逐步得到净化。好氧菌的代谢产物为 H_2O 和 CO_2，通过附着水层，传入流动水层移走。随着细菌的不断增殖，生物膜的厚度不断增加，当其厚度超过氧的渗透深度时，其底部出现厌氧层。厌氧代谢产物为 H_2S 和 NH_3 等，通过好氧层排出膜外。厌氧层过厚，代谢产物过多时，膜间失去平衡，生物膜老化而脱落，又重新开始生长新的生物膜。因此，应在其后设置沉淀池，使处理过的废水与脱落下来的生物膜相互分离。

（3）活性污泥法　它是以废水中有机污染物作为底物，经过向废水中注入空气进行充氧，持续一段时间之后，废水中即生成一种絮凝体，这种絮凝体主要是由大量繁殖的微生物群所构成，它易于沉淀分离，并使废水得到澄清。由于存在丰富的有机物和不断提供充足的氧加速了微生物的活动和繁殖，并在微生物高度活动区的中心聚集着大量的各种微生物，在学术上就把这种微生物高度活动的中心叫做微生物絮体，又叫活性污泥（activated sludge），通俗地说，就是有氧气、有养料的无数个微生物活动、聚集的中心。大量微生物的团聚物对污水中的有机物具有很强的吸附与氧化能力，只要能保证实质性地降低 BOD 所需的几小时停留时间，废水就可以连续地流入和排出。

（4）厌氧消化器　当污水中有机物浓度很高时，用好氧处理法显得效果不好，一般采用无氧生物处理。在无氧条件下，借助兼性菌及专性厌氧细菌分解有机污染物成 CH_4、CO_2 和其他有机化合物的方法称为厌氧生物处理。厌氧生物处理的装置称为厌氧消化器。同好氧生物处理相比，厌氧生物处理是一种低耗能的废水处理方法。近来国内外在研究开发厌氧处理方面发展很快，出现了很多新工艺、新方法。

在厌氧条件下有机物的消化分解过程可分为两个阶段进行：酸性发酵阶段和碱性发酵阶段。

在酸性发酵阶段，废水中复杂的有机物质，在产酸细菌的作用下，分解成为简单有机物如有机酸、醇类以及 CO_2、NH_3、H_2S 等有机物。由于有机酸的大量积累，使废水的 pH 下降至 6，甚至可达 5 以下，此后，由于有机酸和溶解性含氮化合物的分解，产生碳酸盐、氨、氮及少量的二氧化碳等，从而使酸性减弱，pH 可回升到 6.6～6.8，这个阶段内有机物的厌氧分解是在酸性条件下进行的，故称为酸性发酵。

碱性发酵阶段中，参与作用的微生物是甲烷细菌。甲烷细菌对营养的要求不高，酸性发酵阶段的代谢产物在甲烷细菌的作用下，进一步分解成污泥气，主要成分是二氧化碳、甲烷和少量的氨、氢气、硫化氢。其中甲烷可以回收做燃料。

（5）池塘和废水处理塘　从滴滤器和活性污泥池出来的废水常常被泵送至混凝土池或人造池塘及废水处理塘中。为维持需氧条件，这些池子均非常浅，一般 1～2 m，池子里不仅可由微生物进一步降低剩余的 BOD，而且还可进一步沉降痕量的固体。从池塘或废水处理塘中流出的水，若不含固体，通常 BOD 值已经足够低，允许排放到江河湖泊之中。许多城市要求这种水在排放前应稍加氯化以确保不含病原菌和减少大肠杆菌数。这种来自滴滤器和活性污泥池的水，若不经氯化通常可用于土地灌溉。

若食品工厂没有方便的废水处理方法，可以征得环境保护部门同意，将废水排放到下水道中，由城市污水工厂做进一步处理。除非在紧急情况下，城市污水工厂不允许将处理过的废水经净化直接送到饮用水供应系统。生产饮用水的工厂从受保护的蓄水池或未污染的河流中取水，并根据严格的饮水标准进行净化。

第二节　食品工业废气及其处理

一、大气污染物

大气污染，是指由于有害的气态污染物进入大气，使大气在成分、气味、颜色和性质等方面发生变化，危害生物生活环境，影响人体健康和动植物的生存。

大气中超过洁净空气组成中应有浓度水平的物质，称大气污染物。它们对生物体、物体及气候等都会产生一定程度的不良效应和不利影响。进入大气的污染物种类是相当多的，据不完全统计，大约有 100 种，按来源可分为自然污染物和人为污染物（如工厂排放的废气），引起公害的往往是人为污染物；按其存在状态可分为气溶胶态污染物（如粉尘、烟尘、雾滴、尘雾等颗粒状污染物）和气态污染物（如 SO_2、NO_x、CO、NH_3、H_2S、有机废气等主要以分子状态存在于废气中）；按其形成过程的不同，可分成一次污染物和二次污染物。一次污染物又称原发性污染物，是人为污染源或自然污染源直接排放环境中，其物理性质、化学性质均未发生变化的污染物。一次污染物包括各种气体、蒸气和颗粒物，最主要的一次污染物是 SO_2、CO、NO_x、颗粒物、碳氢化合物等。二次污染物又称继发性污染物，是排入环境中的一次污染物，在物理因素、化学因素或生物的作用下发生变化，或与环境中的其他物质发生反应所形成的物理性质、化学性质与一次污物不同的新污染物。二次污染物的颗粒微小，通常在 0.01～1.0 μm，其毒性比一次污染物还强。

食品加工厂的废气具有种类繁多、组成复杂、污染物浓度高、污染面大的特点，其典型的废气有含硫化合物、氟化物和氮氧化物，如 SO_2、H_2SO_3、H_2S、NO_2、NO 等，使周围的大气和土壤受到污染。农作物可直接吸收空气中的氟化物并在体内积累。氟在人体内的积累引起的典型疾病为氟斑牙和氟骨症；SO_2在大气中、尤其在被污染的大气中易被氧化形成 SO_3，再与水分子结合生产硫酸分子，经过均相或非均相成核作用，形成硫酸气溶胶，并同时发生化学反应生成硫酸盐。硫酸和硫酸盐可形成硫酸烟雾和酸性降水，造成较大的危害。二氧化硫是一种具有强烈刺激性气味的无色不燃气体，其本身毒性不大，易溶于水和醚，对上呼吸道黏膜和眼结膜具有强烈刺激性。人体长期接触低浓度二氧化硫，会出现倦怠无力、鼻炎、咽喉炎、支气管炎、嗅觉障碍等，当浓度达到 400～500 cm^3/m^3时，人就会严重中毒，最后窒息而死。

食品企业锅炉烟筒高度和排放粉尘量应符合 GB 3841 的规定，烟道出口与引风机之间须设置除尘装置。其他排烟、除尘装置也应达标准后再排放，防止污染环境。排烟除尘装置应设置在主导风向的下风向。季节性生产厂应设置在季节风向的下风向。

二、大气污染物的治理技术

食品工业所排放废气中的主要污染物有二氧化硫、氮氧化物、氟化物、氯化物、碳化物及各种有机气体等，其中二氧化硫和氮氧化物对大气所造成的污染最为严重。

各种生产过程中产生的气溶胶态污染物可利用其质量较大的特点，通过外力的作用将其分离出来，通常称为除尘；气态污染物则要利用污染物的物理性质和化学性质，通过采用冷凝、吸收、吸附、燃烧、催化等方法进行处理。

（一）除尘技术

除尘设备根据其原理大致可分为机械除尘器、湿式洗涤除尘器、过滤式除尘器、静电除尘器等。处理技术的选用主要考虑因素为尘粒的浓度、直径、腐蚀性等以及排放标准和经济成本等因素。

机械除尘器是利用机械力（重力、离心力）将粉尘从气流中分离出来，达到净化的目的。其中最简单、廉价、易于操作维修的便是沉降室。携带尘粒的气流由管道进入宽大的沉降室时，速度和压力降低，这时较大的颗粒（直径大于 40 μm）则因重力而沉降下来。沉降室法主要用于食品加工企业和冶金工业，安装在其他设备之前，作为预处理装置。另一种设备是旋风除尘，其原理是使气流在分离器内旋转，尘粒在离心作用下被甩往外壁，沉降到分离器的底部而被分离清除。这种方法对 5 μm 以上尘粒去除效率可达 50%～80%。

湿式洗涤器是一种采用喷水法将尘粒从气体中洗涤出去的除尘器，有喷雾塔式、填料塔式、离心洗涤器等多种，这种除尘器能除去直径大于 10 μm 的颗粒，如果采用离心式洗涤分离器，其去除率可达 90%左右。这种方法的缺点是能耗较高，同时存在污水处理问题。

过滤式除尘器有着较高的除尘效率，其中最常用的袋式滤尘器，对直径 1 μm 颗粒的去除率接近 100%，它是使含尘气体，通过悬挂在袋室上部的织物过滤袋而被除去。这种方法效率高，操作简便，适用于含尘浓度低的气体，其缺点是维修费高，不适于高温高湿气流。

静电除尘器的原理，是根据所有尘粒通过高压直流电场时吸收电荷的特性而将其从气流中除去。带电颗粒在电场的作用下，向接地集尘筒壁移动，借重力而把尘粒从集尘电极上除去。其优点是对粒径很小的尘粒具有较高的去除效率，且不受含尘浓度和烟气流量的影响，但设备投资费用高，技术要求高。

（二）气体污染物的处理技术

1. *吸收法* 吸收是利用气体混合物中不同组分在吸收剂中溶解度的不同，或者与吸收剂发生选择性化学反应，从而将有害组分从气流中分离出来的过程。此法适用性比较强，各种气态污染物（如 SO_2、H_2S、HF、NO_x等）一般都可选择适宜的吸收剂和吸收设备进行处理，并可回收有用产品。因此，该法在气态污染物治理方面得到广泛应用。

吸收法中所用吸收设备的主要作用是使气液两相充分接触，以便很好地进行传递。许多吸收设备与湿式除尘设备基本相似。用于净化操作的吸收器大多数为填料塔、板式塔、喷淋塔等。

2. *吸附法* 气体混合物与适当的多孔性固体接触，利用固体表面存在的未平衡的分子引力或化学键力，把混合物中某一组分或某些组分吸留在固体表面上，这种分离气体混合物的过程称为气体吸附。作为工业上的一种分离过程，吸附已广泛应用于化工、冶金、石油、食品、轻工及高纯气体制备等工业部门。由于吸附法具有分离效率高、能回收有效组分、设备简单、操作方便、易于实现自动控制等优点，已成为治理环境污染物的主要方法之一。在大气污染控制中，吸附法可用于中低浓度废气的净化。

常用的气体吸附剂有骨炭、硅胶、铁矾土、漂白土、分子筛、丝光沸石、活性炭等。由于硅胶、矾土、铁矾土、漂白土和分子筛等都对水蒸气有很强的吸附能力，因此他们主要用于气体干燥或处理干燥气体。在大气污染控制方面应用最广的吸附剂是活性炭。

吸附过程包括以下 3 个步骤：①使气体和固体吸附剂进行接触，以便气体中的可吸附部分被吸附在吸附剂上；②将未被吸附的气体与吸附剂分开；③进行吸附剂的再生，或更换吸附剂。

3. 催化法　这是利用催化剂的催化作用，将废气中的气体有害物质转化为无害物质或转化为易于去除的物质的一种废气治理技术。催化法治理污染物过程中，无需将污染物与主气流分离，可直接将有害物质转变为无害物，这不仅可避免产生二次污染，而且可简化操作过程。此外，由于所处理的气体污染物的初始浓度都很低，反应的热效应不大，一般可以不考虑催化床层的传热问题，从而大大简化了催化反应器的结构。由于上述优点，使催化法在净化气态污染物中得到推广和应用，此法已成为一项重要的大气污染治理技术。例如利用催化法使废气中的碳氢化合物转化为二氧化碳和水，氮氧化物转化为氮，二氧化硫转化为三氧化硫后加以回收利用，有机废气和臭气催化燃烧，汽车尾气的催化净化等。该法的缺点是催化剂价格较高，废气预热需要一定的能量，即需添加附加的燃料使得废气催化燃烧。

绝大多数气体净化过程中所用的催化剂一般为金属盐类或金属，通常载在具有巨大表面积的惰性载体上。典型的载体为氧化铝、铁矾土、石棉、陶土、活性炭、金属丝等。

4. 燃烧法　燃烧法是通过热氧化作用将废气中的可燃有害成分转化为无害物质的方法。例如含烃废气在燃烧中被氧化成无害的 CO_2 和 H_2O。此外，燃烧法还可以消烟、除臭。燃烧法已广泛应用于石油化工、有机化工、食品化工、涂料和油漆的生产、纸浆和造纸、动物饲养场等含有有机污染物的废气治理。

5. 冷凝法　冷凝法是利用物质在不同温度下具有不同饱和蒸气压这一性质，采用降低系统温度或提高系统压力，使处于蒸气状态的污染物冷凝并从废气中分离出来的过程。该法特别适用于处理污染物浓度在 10 000 cm^3/m^3 以上的有机废气。

6. 生物法　有机废气生物净化是利用微生物以废气中的有机组分作为其生命活动的能源或其他养分，经代谢降解，转化为简单的无机物（CO_2、水等）及细胞组成物质。自然界中存在各种各样的微生物，因而几乎所有无机和有机的污染物都能被微生物所转化。与废水生物处理过程的最大区别在于：废气中的有机物质首先要经历由气相转移到液相（或固体表面液膜）中的废气的传质过程，然后在液相（或固体表面生物层）被微生物吸附降解。

由于气液相间有机物浓度梯度、有机物水溶性以及微生物的吸附作用，有机物从废气中转移到液相（或固体表面液膜）中，进而被微生物捕获、吸收。在此条件下，微生物对有机物进行氧化分解和同化合成，产生的代谢产物一部分溶入液相，一部分作为细胞物质或细胞代谢能源，还有一部分（如 CO_2）则进入到空气中。废气中的有机物通过上述过程不断减少，从而得到净化。

生物处理不需要再生过程和其他高级处理，与其他净化方法相比，其处理设备简单、费用又低，并可以达到无害化目的。因此生物处理技术被广泛地应用于废气治理工程中，特别是有机废气的净化，如屠宰场、肉类加工厂等。该法的局限性在于不能回收污染物质，只适用于污染物浓度很低的情况。

7. 膜分离法　混合气体在压力梯度作用下透过特定薄膜时，不同气体具有不同的透过速度，从而使气体混合物中的不同组分达到分离的效果。因此，应用不同结构的膜，就可分离不同的气态污染物。膜法气体分离技术的优点是过程简单，控制方便，操作弹性大，能在常温下工作，能耗低。可以预料，膜分离法将广泛用于气态污染物的净化及回收利用上。

第三节　食品工业废弃物处理技术

食品生产的特点是四多：原料多、生产方法多、产品的品种多、产生的废物也多。食品废弃物种类繁多，有可再利用的副产物，如果蔬的皮、渣、核，动物内脏，乳类副产物干酪乳清和酪乳；也有对环境造成污染的有毒有害物质，其来源除由生产过程中产生之外，还有非生产性的固体废弃物，如原料及产品的包装垃圾、工厂的生活垃圾等。另外，在治理废水或废气的过程中有时还会有新的废渣产生，所以废弃物产生和排放量较大。由食品企业排放出的固体形式的废弃物质，凡是具有毒性、易燃性、腐蚀性、放射性等各种废弃物都属于有害废渣。废弃物的存放应远离生产车间，且不得位于生产车间上风向。存放设施应密闭或带盖，要便于清洗、消毒。

一、废弃物的处理

废弃物处理是指通过物理、物理化学、化学、生物等不同方法，使加工废弃物转化成为适于运输、储存、资源化利用，以及最终处置的过程。因此，废弃物的处理方法主要有物理处理、物理化学处理、化学处理、生物处理 4 种。

1. *压实*　压实亦称压缩，是用物理方法提高固体废弃物的聚集程度，增大其在松散状态下的单位体积质量，减少固体废弃物的体积，以便于利用和最终处置。根据废弃物的类型和处置目的的不同，压实的处理流程不同。

以材料回收再生为目的的压实处理流程为

废弃物→破碎→压实处理→胚块→回收再生

对有害垃圾进行填埋的压实处理流程为

有害垃圾→压实处理→胚块→沥青固化→填埋

对一般生活垃圾进行填埋处置的压实处理流程为

城市垃圾→压实处理→胚块→打包→填埋

目前，压实处理技术在部分工业发达国家已得到应用，并取得一定的经济效益，在我国还未广泛使用。压实处理的主要机械设备为压实器。

2. *破碎*　破碎指用机械方法将废弃物破碎，减小颗粒尺寸，使之适合于进一步加工或能经济地再处理。所以，破碎通常不是最终处理，而往往作为运输、储存、焚烧、热分解、熔融、压缩、磁选等的预处理过程。这一技术在固体废弃物的处理和处置过程中应用已相当普及，技术亦已相当成熟。按破碎的机械方法不同分为剪切破碎、冲击破碎、低温破碎、湿式破碎、半湿式破碎等。剪切破碎是靠机械的剪切力将固体废弃物破碎成为适宜尺寸的过程。冲击破碎是靠打击锤与固定板之间的强力冲击作用将固体废弃物破碎的过程。破碎处理技术主要适用于废玻璃、瓦砾、废木质、塑料等固体废弃物的处理。

3. *固化技术*　固化技术指通过物理或化学法，将废弃物固定或包含在坚固的固体中，以降低或消除有害成分的溶出特性。固化法开始于 30 多年前，当时日本为解决放射性废弃物的凝聚沉淀、蒸发、粒子交换等处理后的二次废物（即污泥及浓缩液）的处理问题而提出的，现在这一技术正在不断深化。根据废弃物的性质、形态和处理目的可供选择的固化技术有以下 5 种：水泥基固化法、石灰基固化法、热塑性材料固化法、高分子有机物聚合稳定法和玻璃基固化法。

4. 增稠和脱水 生产过程本身或化学工业废水处理过程中，常常产生许多沉淀物和漂浮物，统称为污泥。污泥的重要特征是含水率高。在污泥的处理与利用中，核心问题是水和悬浮物的分离问题，即污泥的增稠和脱水问题。

脱水是进一步降低污泥中含水率的，主要有自然干化法和机械脱水法。自然干化法是利用太阳能自然蒸发污泥中的水分。机械脱水法是利用机械脱水设备进行脱水的，有真空过滤机、板框压滤机、带式压滤机、离心脱水机等。

5. 热解技术 热解技术是在氧分压较低的条件下，利用热能使可燃性化合物的化合键断裂，大分子有机物转化成小分子的燃料气体、油、固形碳等。与焚烧不同，焚烧是在氧分压比较高的条件下使有机物在高温下完全氧化，生成稳定的 CO_2 和 H_2O，同时释放能量。

6. 焚烧 焚烧是一种高温处理和深度氧化的综合工艺，通过焚烧（温度在 800～1 000 ℃）使其中的化学活性成分被充分氧化分解，留下的无机成分（灰渣）被排出，在此过程中废弃物的容积减少，毒性降低，同时可达到回收热量及副产品的双重功效。而今城市垃圾的焚烧已成为城市垃圾处理的三大方法之一，其地位仅次于填埋。食品包装材料及容器（如塑料瓶、金属罐、玻璃容器等）也可采用焚烧法处理。焚烧之所以得到如此广泛的应用，是因为它有许多独特的优点：①减容（量）效果好，占地面积小，基本无二次污染，且可以回收热量；②焚烧操作是全天候的，不易受气候条件所限制；③焚烧是一种快速处理方法，使垃圾变成稳定状态，填埋需几个月，在传统的焚烧炉中，只需在炉中停留 1 h 就可以达到要求；④焚烧的适用面广，除可处理城市垃圾以外，还可处理许多种其他有毒废弃物。

二、废弃物的再利用

在经济条件许可时，可以将食品加工厂的大部分废物加工或转换成更有用和更有价值的物质，实现食品加工原料的综合利用。果蔬的皮、渣、核经现代加工技术可提取大量活性物质；经挤压进一步除去水分后，可转换成堆肥来改善土壤或用做动物饲料。可可豆壳可作为一种昂贵的装饰性涂料的原料。水煮咖啡产生的干渣已用于装饰网球场。罐头厂下脚料经粉碎、熬制和干燥后可用做动物饲料。喷雾或滚筒干燥的血粉是一种重要的饲料组分。鱼在加工时挤出的液体（鱼“胶”水）经浓缩，可以再脱盐和干燥生成优质蛋白供人类食用。家禽羽毛可以先经过收集和清洗，然后再进一步加工成枕头填料等，还可通过酸处理制成表面活性剂。动物皮、毛能生产可食用动物胶、皮革制品及生物制品。杏仁加工厂产生的杏壳可以通过燃烧为工厂运转提供能量。玉米芯、坚果壳、咖啡渣以及污染的油脂在食品工厂中通常被作为燃料用来产生蒸汽。果蔬废料一直被用做可发酵的碳水化合物；利用豆腐黄浆水生产单细胞蛋白、酵母粉、维生素 B_{12}；大豆油脂厂的豆饼用于生产蛋白粉、干酪素；动物骨头可生产骨粉、骨油、饲料、食用油脂、明胶和肥皂；蛋清经吸附、盐析、干燥等工序制成溶菌酶。

第四节　噪声控制

噪声污染是指噪声强度超过人的生活和生产活动所容许的环境状况，对人们健康或生产发生危害。当噪声在 30 dB 以下时，较安静；40 dB 时，为正常环境；50～60 dB 时则比较吵闹；80～90 dB 时，相距 0.15 m 要大声喊话才能对话，工作效率下降。超过 90 dB 则会损伤听觉。

噪声污染和空气污染、水污染一起被称为当今的三大污染。噪声影响人们的健康，妨碍人们的学习、工作和休息，强烈的噪声和振动还会损坏机器设备和建筑物，甚至危及人们的生命。为此，我国颁布了《环境噪声污染防治法》和《工业企业厂界噪声标准》；本着“谁污染、谁治理”的原则，凡是厂界噪声超标的企业应进行治理，做到达标排放。食品工业企业由于其工艺性质和设备配置使用等原因，存在着大量的噪声声源和相当程度的噪声污染。

噪声污染的发生必须有三个要素：噪声源、传播途径和接受者。噪声传播途径包括反射、衍射等形式的声波进行过程，所以控制噪声的原理也应该从这三个要素组成的声学系统出发，既要单个研究每一个要素，又要做系统综合考虑；既要满足降低噪声的要求，又要注意技术经济指标的合理性。原则上讲，优先的次序是噪声源控制、传播途径控制和接受者保护。控制环境噪声则还应采取行政管理措施和合理的规划措施。

噪声控制的一般程序是：首先进行现场调查，测量现场的噪声级和频谱；然后按有关的标准和现场实测的数据确定所需降噪量；最后制定技术上可行、经济上合理的控制方案。

一、食品企业常见的噪声来源

1. *风机噪声*　风机是食品工业生产广泛使用的一种通用机械，如：风力输送、原料清洗和分选、物料浓缩和干燥等工艺均离不开风机。同时它也是食品企业中危害最大的一种噪声设备，其噪声高达 100～130 dB。虽然在食品厂使用的风机类型不同，产生的噪声及频率特性也各不相同，但从产生噪声的机理及特性上看，它们是相似的。主要由 4 部分组成：进、排气口的空气动力性噪声；机壳、管路、电动机轴承等辐射的机械性噪声；电动机的电磁噪声；风机振动通过基础辐射的固体吸声。在这 4 部分中进、排气口的空气动力性噪声最强，比其他部分高出 10～20 dB。

2. *空压机噪声*　空压机是冷库或食品厂制冷车间的主要设备之一，其噪声在 90～110 dB，严重危害周围环境，尤其在夜间影响范围达数百米。空压机是个综合性噪声源。它的噪声主要是由进、出气口辐射的空气动力性噪声，机械运动部件产生的机械性噪声和驱动电机噪声等部分组成。

3. *电机噪声*　电机是食品厂生产中使用最多的动力设备，在运行中产生强烈噪声，功率愈大噪声愈严重。其噪声主要包括风扇噪声、机械噪声和电磁噪声。大多数电机都装有冷却风扇，其产生的空气动力性噪声是电机的主要噪声源，其产生的机理与风机相似，强度与叶片的数量、尺寸、形状及转速有关。机械噪声包括电机转子不平衡引起的低频声、轴承摩擦和装配误差引起的高频噪声、结构共振产生的噪声等。电磁噪声是由于电机空隙中磁场脉动、定子与转子间交变电磁引力、磁致伸缩引起电机结构振动而产生的倍频声。

4. *泵噪声*　泵也是食品工业生产中不可缺少的一种常用设备，主要有油泵、水泵、奶泵、酱体泵、气泵等。泵的噪声主要来自液力系统和机械部件。液力噪声是由液体中的空穴和液体排出时压力、流量的周期性脉动而产生的。机械噪声是由转动或移动部件的不平衡、轴承不良和部件共振而产生的。液力噪声是泵噪声的主要部分。泵的噪声大部分是出口处不同压力的液体混合的结果，当泵压力腔中的压力低于出口管道中的压力时，噪声最大。

5. *其他噪声* 在食品企业还常有粉碎机、柴油机、制冷设备、制罐设备、机械加工设备、运输车辆等，均产生不同声级和频率的噪声。由于企业的产品或工艺特点的不同，有些噪声可能成为企业主要的或危害性较大的噪声源。

二、噪声控制一般原理

1. *噪声源的控制* 这是首先要考虑的治本方法。运转的机械设备和交通运输工具是造成噪声污染的主要来源，控制它们的噪声有两种方法：一是改进结构，提高部件的加工精度和装配质量，采用合理的操作方法，可显著降低源强。二是采用吸声、隔声、减振、隔振、安装消声器等技术，将设备做成低噪声整机。

2. *传播途径的控制* 噪声在传播过程中，一旦遇到障碍物，就会被障碍物吸收、反射、折射和绕射等。所以在噪声控制中，人们常利用障碍物来隔声，将高频声反射回声源；采用吸声材料贴附在墙壁上，既吸收，又反射；一部分声波经过障碍物顶部折射后，增加了传播距离，降低了能量等等。另外，噪声在传播过程中的能量是随着距离的增加而逐渐衰减的。在噪声源附近衰减的规律比较复杂，在稍远的地方，例如距离大于噪声源最大尺寸 3～5 倍以外的地方，距离增加一倍，噪声衰减 6 dB。因此，在厂址的选择上，要把噪声级高，污染面大的工厂、车间或设备布设在远离需要安静的地方。同时，噪声源一般都有高频指向性，即在不同方位上，接收到的高频噪声有所不同，所以我们可以改变机器设备的安装方位降低噪声。

3. *接受者的防护* 在某些特殊条件下，采取以上两种措施限于技术上或经济上的原因而不可能或不合理时，便采取这种被动的防护办法。除了减少接受者在噪声环境中的暴露时间和调整他们的工种之外，可戴护耳器，如耳塞、耳罩、头盔等。

三、降低噪声的技术措施

1. *降低噪声源源强的技术措施* 无论是从机电产品设备设计、制造，工程设计的设备选型、采用新工艺、总体布置，还是进行技术改造等方面，我们都要做到尽可能地降低源强。几种常见的噪声源源强控制措施如下：①采用柔性连接，选用低转数机电产品代替高转数设备。②提高加工精度，注意合理公差配合、减少安装活动间隙。③限制风机、喷嘴等气流速度，密闭减速器、链条传动等设备。④减少摩擦，改机械摩擦为活动摩擦，改进运动部件的静态平衡和动态平衡以减少激发振动。⑤用焊接代替铆接，用滚压机或风压机矫正钢板代替敲打。⑥可用液压或挤压代替冲压，可用压力机代替锻锤。⑦采用阻尼系数高的镀铬件、含锰和镁的合金、塑料材料代替金属零件。⑧可用斜齿轮代替直齿轮，用均匀的旋转运动代替直线式的往复运动。⑨采用皮带机等新工艺装卸散货代替吸粮机等。⑩采用使用润滑剂、提高光洁度等方法减少摩擦。

2. *吸声法降低噪声*　吸声材料是指能把入射到材料上的声能通过材料内发生的摩擦作用变为热能而耗散的材料，尤其是对低频的吸收，它依靠材料的振动来实现。吸收声能力用吸声系数来表示。

吸声材料可分为两类。一类吸声材料是多孔材料，如泡沫塑料、多孔陶瓷板、多孔水泥板、玻璃纤维、矿渣棉、甘蔗板、木丝板等。多孔吸声材料的吸声机理是：当声波入射到多孔材料时，声波部分反射部分透入。透入部分的声波带动微孔中的空气质点一起动，但紧贴材料的空气质点受到材料的黏滞阻力不易振动，声波克服这种阻力消耗声能而成为热能；此外，空气和材料之间有热交换，材料自己受声波作用也要振动，这些都消耗声能。因此，多孔材料表面必须有足够的孔隙，内部孔隙之间必须相通。多孔材料使用时要有一定厚度，一般应在 3～5 cm，用在低频时最好为 5～10 cm，而且还要有一定的容量，太松或太实都会影响吸声能力。另一类吸声材料是共振吸声材料，这类材料按使用方式不同，又可分为单个共振式吸声器（包括薄膜、薄板共振吸声器）和穿孔板吸声结构，共振吸声材料有与多孔材料相同的方面，也有不同的特点，相同方面是二者都是把声能通过黏滞摩擦转换成热能消耗掉，不同点在于共振材料有较强的频率选择性，它只吸收某些频率成分的声能。

吸声材料一般安装在室内墙面或顶棚面，或以空间吸声体悬挂在噪声源上方而构成吸声结构。

3. *隔声法降低噪声*　把产生噪声的机器设备封闭在一个小的空间，使它与周围环境隔绝开来，这种做法叫做隔声。屏障和隔声罩是主要的两种设计。衡量构件隔声性能好坏用隔声量表示，单位是 dB，dB 数越大构件隔声性能越好。

屏障用来阻挡噪声源与受体之间的直达声。屏障的隔声降噪量与声波波长、声源和受体之间的距离以及屏障的高度、材料等因素有关。设置屏障应尽量靠近声源或受体。

隔声罩是在产生噪声源处加以控制，将产生噪声的机组的某一部分予以封闭，防止它对周围环境造成污染。若车间里机器很多，每台机器噪声又都差不多，也可建造隔声间，供工作人员在其中操纵、观察和控制生产线，使他们免受噪声侵害。

4. *消声器降低噪声*　在产生强烈噪声的设备上装消声器可使噪声降低 20～40 dB。消声器的构造多种多样，但根据消声原理大致可分为阻性和抗性两种基本类型。阻性消声器中采用吸声材料吸收声能，抗性消声器不直接吸收声能，它借助于管道截面的突然扩张或收缩等使声波部分反射回去不能沿管道继续传播而达到消声目的。阻性消声器能在较宽的中高频范围内消声，抗性消声器适用于消除低中频噪声。实际应用的消声器多为两种类型结合的复合消声器。

5. *个人防护用具*　个人防护用具可分为内用、外用两种。内用是指插入外耳道中的耳塞，也包括棉塞。外用是将耳廓全部覆盖起来的耳罩，类似无线电的耳机，头盔也包括在内。

第五节　环境影响评价

中国的环境影响评价制度始于 1979 年颁布的《中华人民共和国环境保护法（试行）》。经过 20 多年环境影响评价实践，中国的环境影响评价已形成了一套制度，在经济建设和环境保护事业中发挥越来越重要的作用。

一、环境影响评价的概念

环境影响评价是指拟议中的建设项目、区域开发计划和国家政策实施后可能对环境产生的影响（后果）进行的系统性识别、预测和评估。环境影响评价的根本目的是鼓励在规划和决策中考虑环境因素，最终达到更具环境相容性的人类活动。

环境影响评价的过程包括一系列的步骤，这些步骤按顺序进行。但需指出的是，环境影响评价应该是一个循环的和补充的过程，这是因为在各个步骤之间存在着相互作用和反馈机制。在实际工作中，环境影响评价的工作过程可以不同，而且各步骤的顺序也可变化。

一种理想的环境影响评价过程，应该能够满足以下条件。

① 基本上适用于所有可能对环境造成显著影响的项目，并能够对所有可能的显著影响做出识别和评估。

② 对各种替代方案（包括项目不建设或地区不开发的情况）、管理技术、减缓措施进行比较。

③ 生成清楚的环境影响报告书（EIS），以使专家和非专家都能了解可能的影响的特征及其重要性。

④ 包括广泛的公众参与和严格的行政审查程序。

⑤ 及时、清晰的结论，以便为决策提供信息。

另外，环境影响评价过程还应延伸至所评价活动开始及结束以后一定时段内的监测和信息反馈程序。

环境影响评价的主体依据各国环境影响评价制度而定。中国的环境影响评价主体可以是学术研究机构，工程、规划和环境咨询机构，但必须获得国家或地方环境保护行政机构认可的环境影响评价资格证书。

一般来说，环境影响评价工作要生成环境影响报告书。我国《建设项目环境保护管理条例》规定，“建设项目对环境可能造成重大影响的，应当编制环境影响报告书，对建设项目产生的污染和对环境的影响进行全面、详细的评价。”

二、环境影响报告书

环境影响报告书（EIS），简单地说，就是环境影响评价工作的书面总结。它提供了评价工作中的有关信息和评价结论。评价工作每一步骤的方法、过程和结论都清楚，详细地包含在环境影响报告书中。

我国《建设项目环境保护管理条例》规定，“建设项目环境影响报告书，应当包括下列内容：

① 建设项目概况；

② 建设项目周围环境状况；

③ 建设项目对环境可能造成影响的分析和预测；

④ 环境保护措施及其经济、技术论证；

⑤ 环境影响经济损益分析；

⑥ 对建设项目实施环境监测的建议；

⑦ 环境影响评价结论。”

三、环境影响评价的重要性

环境影响评价是一项技术，是强化环境管理的有效手段，对确定经济发展方向和保护环境等一系列重大决策上都有重要作用，具体表现在以下几个方面。

1. *保证建设项目选址和布局的合理性*　合理的经济布局是保证环境与经济持续发展的前提条件，而不合理的布局则是造成环境污染的重要原因。环境影响评价从建设项目所在地区的整体出发，考察建设项目的不同选址和布局对区域整体的不同影响，并进行比较和取舍，选择最有利的方案，保证建设项目选址和布局的合理性。

2. *指导环境保护措施的设计，强化环境管理*　一般来说，开发建设活动和生产活动，都要消耗一定的资源，给环境带来一定的污染与破坏，因此必须采取相应的环境保护措施。环境影响评价针对具体的开发建设活动或生产活动，综合考虑开发活动特征和环境特征，通过对污染治理的技术、经济和环境论证，可以得到相对最合理的环境保护对策和措施，把因人类活动而产生的环境污染或生态破坏限制在最小范围。

3. *为区域的社会经济发展提供导向*　环境影响评价可以通过对区域的自然条件、资源条件、社会条件和经济发展状况等进行综合分析，掌握该地区的资源、环境和社会承受能力等状况，从而对该地区发展方向、发展规模、产业结构和产业布局等做出科学的决策和规划，以指导区域活动，实现可持续发展。

4. *促进相关环境科学技术的发展*　环境影响评价涉及自然科学和社会科学的广泛领域，包括基础理论研究和应用技术开发。环境影响评价工作中遇到的问题，必然是对相关环境科学技术的挑战，进而推动相关环境科学技术的发展。

5. *环境影响评价是控制新污染源的手段*　一个建设项目存在着许多新污染源。环境影响评价可以预估出这些污染源排放污染物的排放量、排放浓度，并能评价出它们是否满足污染物排放标准的要求。通过对污染物环境浓度预测，可知它们的环境影响是否符合环境质量标准的要求。污染物的排放既要符合污染物排放标准又符合环境质量标准的要求，从而防止新污染的发生。

四、环境影响评价的标准体系

在人类社会发展中，人们已经认识到，为了自身的生存和发展，需要协调社会经济发展与环境保护的关系，开展环境影响评价，进行环境管理。而环境影响评价和环境管理都必须依据环境标准。

1. *环境标准的概念*　环境标准是控制污染、保护环境的各种标准的总称。它是为了保护人群健康、社会物质财富和促进生态良性循环，对环境结构和状态，在综合考虑自然环境特征、科学技术水平和经济条件的基础上，由国家按照法定程序制定和批准的技术规范；是国家环境政策在技术方面的具体体现，也是执行各项环境法规的基本依据。

2. 环境标准体系　按照环境标准的性质、功能和内在联系进行分级、分类，构成一个统一的有机整体，称为环境标准体系。各环境标准之间互相联系、互相依存、互相补充，具有配套性，相互之间协调发展。这个体系不是一成不变的，它与各个时期社会经济的发展相适应，不断变化、充实和发展。

我国目前的环境标准体系，是根据我国国情，总结多年来环境标准工作经验、参考国外的环境标准体系而制定的。现就主要环境标准简述如下。

(1) 环境质量标准　环境质量标准是指在一定时间和空间范围内，对各种环境介质（如大气、水、土壤等）中的有害物质和因素所规定的容许容量和要求，是衡量环境是否受到污染的尺度，以及有关部门进行环境管理、制定污染排放标准的依据。环境质量标准分为国家和地方两级。国家环境质量标准是由国家按照环境要素和污染因素规定的环境质量标准，适用于全国范围。地方环境质量标准是地方根据本地区的实际情况对某些标准的更严格要求，是对国家标准的补充、完善和具体化。环境质量标准主要包括：大气质量标准、水质量标准、环境噪声及土壤、生物质量标准等。

(2) 污染物排放标准　污染物排放标准是根据环境质量要求，结合环境特点和社会、经济、技术条件，对污染源排入环境的有害物质和产生的有害因素所做的控制标准，或者说是排入环境的污染物和产生的有害因素的允许的限值或排放量（浓度）。它对于直接控制污染源，防治环境污染，保护和改善环境质量具有重要作用，是实现环境质量目标的重要手段。污染物排放标准也分为国家污染物排放标准和地方污染物排放标准两级。

(3) 环境基础标准　这是在环境保护工作范围内，对有指导意义的有关名词术语、符号、指南、导则等所做的统一规定。在环境标准体系中它处于指导地位，是制定其他环境标准的基础，如地方大气污染物排放标准的技术方法、地方水污染物排放标准的技术原则和方法、环境保护标准的编制、出版、印刷标准等。

(4) 环境方法标准　这是环境保护工作中，以试验、分析、抽样、统计、计算等方法为对象而制定的标准，是制定和执行环境质量标准和污染物排放标准，实现统一管理的基础，如锅炉大气污染物测试方法、建筑施工场界噪声测量方法、水质分析方法标准。有统一的环境保护方法标准，才能提高监测数据的准确性，保证环境监测质量；否则对复杂多变的环境污染因素，将难以执行环境质量标准和污染物排放标准。

(5) 环境标准样品标准　这是对环境标准样品必须达到的要求所做的规定。环境标准样品是环境保护工作中，用来标定仪器、验证测量方法、进行量值传递或质量控制的标准材料或物质，如水质 COD 标准样品（GSBZS00001—87）。

(6) 环保仪器设备标准　为了保证污染物监测仪器所监测数据的可比性和可靠性，以保证污染治理设备运行的各项效率，对有关环境保护仪器设备的各项技术要求也编制统一的规范和规定，均为环保仪器设备标准。

(7) 强制性标准和推荐性标准　凡是环境保护法规、条例和标准化方法上规定的强制执行的标准为强制性标准，如污染物排放标准、环境基础标准、环境方法标准、环境标准样品标准和环保仪器设备标准中的大部分标准均属强制性标准；环境质量标准中的警戒性标准也属强制性标准。其余属推荐性标准。

总之，环境质量标准是制定污染物排放标准的主要依据。污染物排放标准是实现环境质量标准的主要手段和措施。环境基础标准是环境标准体系中的指导性标准，是制定其他各种环境标准的总原则、程序和方法。而环境方法标准、环境标准样品标准和环保仪器设备标准是制定、执行环境质量标准和污染物排放标准的重要技术根据和方法。它们之间的关系是既互相联系，又互相制约。

第六节 绿化工程

工厂绿化是建设现代化工厂的重要组成部分，是消除污染、保护环境的重要措施。要搞好工厂绿化，必须根据工厂的建筑布局和土地利用情况做出规划，采用点、线、面相结合的方法构成一个完整的绿化系统。

一、绿化对环境的保护作用

绿化对环境的保护是多方面的，主要有以下几方面。

1. 净化空气 植物是二氧化碳的吸收者、氧气的生产者。如 1 hm^2 阔叶林，一天内可消耗 1 t 的二氧化碳，放出 0.75 t 的氧气。植物还可吸收二氧化硫、氯、烟尘和粉尘等有害物质。它还有杀菌作用。如 1 m^3 的空气中的含菌量：在百货公司内达 40 万个，在市区街道上达 3 万～4 万个，而在森林中仅有 50 个。这一点对食品加工厂具有特别的意义。

2. 减尘效应 绿地、林带对减少大气降尘量和飘尘量的效果非常显著。据测定，无论春、夏、秋、冬季，绿地中的降尘量都低于工业区、商业区和生活居住区。有绿化林带阻挡地段比无林空旷地带减少降尘量 33%～52%，飘尘减少 37%～60%。

草坪的减尘效果也较显著。据测定，当风速为 4 级时，在铺满草皮地段，空气中未检出飘尘；在树木少、无草皮地段，飘尘达 0.77 mg/m^3，在地面完全裸露、树木又少地段，飘尘达 9 mg/m^3，可见草地的防尘作用是单纯真乔木所不能代替的。

3. 调节小气候 植物能调节温度和湿度，降低风速。如夏季，林阴下的气温比无林地带低 3～5 ℃。1 hm^2 阔叶林在夏季能蒸发 2 500 t 水分，比同面积的土地蒸发量高 20 倍。夏季林带能降低风速 50%，冬季能降低风速 20%左右。

4. 降低噪声 绿化是降低噪声的自然措施。如噪声通过 18 m 宽的林带可减少 16 dB。

5. 防止水土流失 绿化能防止水土流失，这一点对建在坡地或河岸边的食品加工厂尤为重要。

二、绿化布置

1. 办公区域的绿化 工厂主要入口至厂内办公大楼等中心建筑是职工上下班和对外联络的窗口，这一地段要求宽敞整齐和有良好的景观。设计时要结合工厂大门、传达室、停车场、宣传地和办公楼来统一考虑。如果中心建筑离大门入口较近，可将主要建筑前的这一较宽地段布置成一个花园。在主要位量上设一喷水池或花坛，广场与建筑之间的地段栽植一些花灌木或较低的针叶树，如丁香、侧柏等。其外围用绿篱围起来，构成整体绿地，把建筑衬托得更美。为保护建筑基础及采光的需要，栽植坑与建筑要有 2 m 以上的距离；花坛或水池周围的其他开阔地段应布置较大的草地，在草地边缘点缀一些四季开花的灌木和常绿树。如果中心建筑离大门入口较远，则可设置林阴道，使之相互联系起来，树木的搭配因地而定。

2. 生产区的绿化　生产车间是工厂的主体，应是厂区绿化的重点，该区的绿化应以满足功能上的要求为主。食品加工厂的加工车间一般对环境卫生要求较高，应尽量做到绿化。在车间的南侧一般种植落叶乔木，以在春、夏和秋季防风，降温，在冬季可以获得充足的阳光。车间东、西两侧宜种高大的乔木，以防夏季日晒。车间北侧宜种常青灌木和落叶乔木混合品种，以防冬季寒风和尘土。不同性质的生产车间，其绿化的要求也不相同。例如，高温车间周围的绿化，应充分利用其附近空地，广泛栽植高大的阔叶乔木和灌木，以构成浓荫蔽日，色彩淡雅，芳香沁人的凉爽、幽静环境，便于消除疲劳。为便于防火，应不种或少种针叶类及含油脂的树种。对产生污染和噪声等的厂矿车间，应选择生长迅速、抗污染能力强的树种进行多行密植，形成多层次的混交，有条件的工厂应留有绿化带空地。仓库、料场和动力设施周围的绿化，不要栽植含油脂较多的树木，以达到防火的要求。冷却塔的四周保持其自然通风，可不种树木。高压线下和电线附近一般不宜植树，以免导电失火或摩擦电线。

3. 公共场地的绿化　公共场地的绿地是为满足广大职工文化娱乐、休息而设立的大型绿地，应选在职工易于到达而又不受污染的地段。这种绿地布置的形式，可视面积大小而定，面积较大的可设计成一个小花园，其中布置一些园林小品，形成花园的主体，有条件的工厂可建一些活动场地，使之内容丰富，形式活泼。如果面积很大，可选有条件地段布置成厂内公园，结合本厂的实际，建设成多功能的大型绿地，形成独具特色的若干小区，根据实地条件尽可能地种植一些具有观赏价值的树种。在出入口附近或人流易于集散的地方，设置体育、文娱、游戏设施，如滑冰场、露天舞台、音乐厅等，还可建成花卉展区和山石小品，形成园中之园。

4. 防护林带和道路绿化　防护林带要围绕厂区的四周，其宽度可根据实际情况和污染的程度及绿化条件来考虑，通常在工厂的上风方向设置两条或更多的防护林带，防止风沙侵害及邻近企业所产生的有害物质的污染；下风方向的防护林带应设在污染物的沉降区，这样才能发挥更大的作用。为了能更好地连续降低风速或有害污染，可以在内部多设几条防护林带，与内部绿化系统形成网络。林带所用的树种应选择在当地生长良好，抗病能力强的乔灌木。一般树的株距为 4～5 m，树干定干高度为 3～4 m，以免车行时碰及树枝。

工厂周围绿化既可保持工厂本身的卫生，又可减少工厂对环境的污染。工厂四周的防护林带宽度、数量和间距，可参照《工业企业设计卫生标准》GBZ1—2001 进行设计。

三、对绿化植物的要求

要搞好工厂的绿化。必须做到“适地选树”、“因厂选树”。确保植物良好生长以达到改善环境的目的。

绿化植物的选择，除必须适合当地的气候、土壤条件外，还必须尽可能具备以下条件：一是具有较强的抗大气污染能力，最好选兼抗数种污染物的种类，有些树种如构树、大叶黄杨等能抗多种有害气体（二氧化硫、氟化氢和氯等）。有些树种如松树，对多种有害气体都敏感，有些树种只抗某种有害气体。二是具有净化空气的能力，特别是具有较强抗性而净化效能又高的种类。三是适应性强，具有抗旱、抗寒、耐涝、耐渍以及土壤酸碱适应范围广的种类。四是有较好的绿化、美化效果种类。五是容易栽培管理，萌生能力强的种类。

第七节　食品企业安全生产

企业改善劳动条件，保护劳动者在生产中的安全和健康，是中国的一项重要政策，也是企业管理的基本原则之一。国务院 1956 年制定了《工厂安全卫生规程》，1963 年国务院颁布了《加强企业生产中安全工作的几项规定》，1979 年国家卫生部、劳动部、建委等联合颁发了《工厂企业设计卫生标准》，之后又相继颁发了各行各业的安全生产与劳动保护法则法规，为中国各行业的安全生产和保护劳动者的合法权益提供了法律依据。

一、安全生产责任制

安全生产责任制的制定和实施，是贯彻国家安全生产方针，促进生产，保证职工的安全与健康的重要保证。国家相关法规规定：企业单位的各级领导人员在管理生产的同时，必须负责管理安全工作，认真贯彻执行国家有关劳动保护的法令和制度，在计划、布置、检查、总结、评比生产的时候，同时计划、布置、检查、总结、评比安全工作；企业单位中的生产、技术、设计、供销运输、财务等各有关专职机构，都应该在自己业务范围内，对实现安全生产的要求负责；企业单位应该根据实际情况加强劳动保护工作机构或专职人员的工作；各生产小组都应该设有不脱产的安全员；职工应该自觉地遵守安全生产规章制度，不进行违章作业，并且要随时制止他人违章作业，积极参加安全生产的各种活动。

二、安全检查

企业的安全检查可采用多种形式。一般来说，除进行经常性检查以外，还必须进行定期检查、专业性检查和季节性检查。

经常性检查，由车间、班组组织，技术安全人员参加，以查设备、查现场、查安全操作为主要内容。检查情况纳入当月劳动竞赛、经济责任制考核内容。

定期检查，一年可进行 2～4 次，要在厂长领导下，采取专业人员、群众和领导三结合的方法，深入现场检查，查思想、查制度、查纪律、查隐患。检查以后要做出评价和总结，提出整改措施。

专业检查，主要是对某些技术性较强的工作进行检查，由房产基建、运输和技术安全部门组织，如电气安全检查、锅炉安全检查、尘毒防治检查、房屋建筑和交通安全检查等。将发现的问题纳入业务部门大中修理计划予以解决。

季节性检查，有防暑降温、防寒防冻、防洪防汛、防风等检查。查出问题，可制订单项措施，经厂领导批准后，按业务分工范围负责组织实施。

三、编制安全技术措施计划

企业编制安全技术措施计划，是有计划，有步骤地改善劳动条件，预防工伤、职业中毒，实现安全生产和文明生产的重要措施。企业单位在编制生产、技术、财务计划的同时，必须编制安全技术措施计划。安全技术措施所需的设备、材料，应该列入物资、技术供应计划，对于每项措施，应该确定实现的日期和负责人。企业的领导人应该对安全技术措施计划的编制和贯彻执行负责。安全技术措施计划的范围，包括以改善劳动条件（主要指影响安全和健康的）、防止伤亡事故、预防职业病和职业中毒为目的的各项措施，不要与生产、基建和福利等措施混淆。

四、防火、防爆和防毒

（一）燃烧

燃烧是可燃物质在较高温度时与空气（氧）或其他氧化剂进行剧烈化学反应而发生的放热发光的现象。物质燃烧必须同时具备 3 个条件：有可燃物质、助燃物质和火源。这 3 个条件必须同时具备且互相结合、互相作用燃烧方可发生。缺少其中任一条件，燃烧就不能发生。了解物质燃烧的条件，就可以知道预防和扑灭火灾的基本原理，有的放矢地采取措施，成效地制止火灾的发生和减少火灾的损失。

可燃物质在足够助燃物条件下，能够发生持续燃烧的最低温度，即为该物质的燃点，又叫着火点。物质的燃点越低，越容易燃烧。常见可燃物质的燃点见表 9－2。

表 9－2 常见可燃物质的燃点

物质名称	燃点（℃）	物质名称	燃点（℃）
赤磷	160	聚乙烯	400
石蜡	158～159	聚苯乙烯	400
硝酸纤维	180	吡啶	482
硫磺	255	有机玻璃	260
聚丙烯	270	松香	216
醋酸纤维	320	樟脑	70

一种物质不需外来火源而能自行燃烧的现象叫自燃。物质发生自燃的最低温度，称为物质的自燃温度或自燃点。物质的自燃可分为受热自燃和自热自燃。物质的自燃点越低，发生火灾的危险性越大。但是，物质的自燃点不是固定不变的，而是随着压力、浓度等条件的不同而变动。常见可燃物质的自燃点见表 9－3

表 9－3 常见可燃物质的自燃点

物质名称	自燃点（℃）	物质名称	自燃点（℃）
二硫化碳	102	硫化氢	260
乙醚	170	乙炔	305
煤油	380～425	氢	560

（续）

物质名称	自燃点（℃）	物质名称	自燃点（℃）
汽油	280	石油气	446～480
重油	380～420	乙烯	425
甲醇	455	甲烷	537
乙醇	422	水煤气	550～600
甲胺	430	天然气	550～650
醋酸	485	一氧化碳	605
苯	555	焦煤气	640
乌洛托品	680	氨	630
原油	380～530	半水煤气	700

（二）爆炸

物质自一种状态迅速地转变成另一种状态，并在瞬间以机械能的形式放出大量的能量同时产生巨大声音的现象称为爆炸。爆炸也可视为气体或蒸气在瞬间剧烈膨胀的现象。爆炸时，温度与压力升高，产生爆破或冲击作用。爆炸分为物理性爆炸和化学性爆炸。

物理爆炸，是由物理变化引起的爆炸。这类爆炸常由于设备内部的介质的压力超过了设备所能承受的强度使容器破裂，内部受压物质冲出而引起的，如锅炉、压力容器的爆炸、气瓶受到高温或阳光曝晒引起的爆炸等。如果内为可燃气体，发生物理爆炸后，还常常会引起化学性二次爆炸。因此，在工业生产中加强压力容器的管理显得格外重要。

化学爆炸，是由化学反应引起的爆炸。化学爆炸是高速度的燃烧，它的作用时间极短，仅为百分之几秒甚至千分之几秒。随着燃烧，产生大量的气体和热量，气体骤然膨胀产生很大的压力，因此化学爆炸通常随着就发生火灾。

当可燃气体、可燃液体的蒸气或可燃粉尘与空气混合并达到一定浓度时，遇到火源就会发生爆炸。可燃物质与空气混合遇到火源能引起爆炸的浓度范围，叫做该物质的爆炸极限，其最低浓度称爆炸下限，最高浓度称爆炸上限。爆炸极限通常用可燃气体、蒸气或粉尘在空气中的体积百分比来表示。

爆炸极限说明，可燃气体、蒸气或粉尘与空气的混合物，并不是在任何混合比例下都有可能发生爆炸的，而是有一个发生爆炸的浓度范围。了解和掌握各种可燃物质的爆炸极限，对做好防火、防爆工作具有重要意义。常见可燃物质的爆炸极限见表 9－4。

表 9－4　常见可燃物质的爆炸极限

物质名称	爆炸极限（%）		爆炸危险度	物质名称	爆炸极限（%）		爆炸危险度
	上　限	下　限			上　限	下　限	
氢	4.0	75.6	17.9	甲烷	5.0	15.0	2.0
氨	15.0	28.0	0.9	乙烷	3.0	15.5	4.2
一氧化碳	12.5	74.0	4.9	丙烷	2.1	9.5	3.5
二硫化碳	1.0	60.0	59.0	丁烷	1.5	8.5	4.7
乙炔	1.5	82.0	53.7	甲醛	7.0	73.0	9.4
氰化氢	5.6	40.0	6.1	乙醚	1.7	48.0	27.2
苯	1.2	8.0	5.7	丙酮	2.5	13.0	4.2

(续)

物质名称	爆炸极限（%）		爆炸危险度	物质名称	爆炸极限（%）		爆炸危险度
	上　限	下　限			上　限	下　限	
甲苯	1.2	7.0	4.8	汽油	1.4	7.6	4.4
甲醇	5.5	36.0	5.5	煤油	0.7	5.0	6.1
乙醇	3.5	19.0	4.4	醋酸	4.0	17.0	3.3
硫化氢	4.3	45.0	9.5	水煤气	7.0	72.0	9.3
乙烯	2.7	34.0	11.6	城市煤气	5.5	32.0	4.8

（三）防火、防爆措施

1. 火源的控制与消除　对于明火作业，应划定厂区的禁火、禁烟区域，并设置安全标志；禁止在爆炸、火灾危险场所动火等。对于静电放电火花，可采用预防及消除的方式解决，对管道、储罐、滤器、机械设备、加油站等能产生静电的设备，均应设置良好的接地装置；可燃气体、易燃液体的流速应符合安全规定；氧气的流速应按安全规定执行。

2. 易燃易爆物质的控制

① 采用惰性气体保护。

② 用难燃和不燃的溶剂代替可燃溶剂。

③ 根据物质的危险特性采取相应措施：

A. 对本身具有自燃能力的油脂以及遇空气自燃、遇水燃烧爆炸的物质等，应采取隔离空气、防水、防潮或通风、散热、降温措施。

B. 相互接触能引起燃烧、爆炸的物质不能混存，遇酸、碱有分解爆炸的物质应防止与酸碱接触；对机械作用比较敏感的物质轻拿轻放。

C. 对易燃、可燃气体和液体要根据它们的密度采取相应的排污方法和防火、防爆措施。根据物质的沸点、饱和蒸气压考虑设备的耐压强度、储存温度、保温降温等措施。根据它们的闪点、爆炸范围、扩散性等采取相应的防火、防爆措施。

④ 密闭与通风措施：为防止易燃气体、蒸气和可燃性粉尘与空气构成爆炸性混合物，应设法使设备密闭，以防止气体粉尘逸出。在负压下操作的设备，应防止进入空气。

完全依靠设备密闭，消除可燃物在厂房的存在是不大可能的。生产中往往借助于通风来降低车间空气内可燃物的含量。

⑤ 负压操作：爆炸极限随原始压力增加而增大，因此在真空中能避免爆炸，即当压力减至“着火的临界压力”以下时，能避免发生爆炸。

3. 自动控制和安全装置

（1）自动控制系统　自动控制系统按其功能分为：①自动检测系统；②自动调节系统；③自动操作系统；④自动讯号、联锁和保护系统。

（2）安全装置　常见的防爆安全装置有：报警信号装置、安全联锁装置、紧急泄压装置（泄压轻质屋顶、泄压轻质外墙、泄压窗、防爆墙、防爆门、防爆窗等）和阻火设备（水封井、油水分离池、阻火分隔沟坑、不发火地面等）。

4. 厂房的安全疏散要求　厂房安全出口的数目不应少于两个。当厂房每层面积不超过

300 m^3，且同一时间的生产人数不超过 25 人时，可设一个安全出口。地下室、半地下室安全出口的数目不应少于两个，但人数不超过 5 人的可设一个。厂房内由最远工作地点至外部出口或楼梯的距离，不应大于有关规定。

5. *化学危险物质安全要求* 中华人民共和国国家标准《危险货物分类与品名编号》GB6944—86 中将化学危险品分为 7 类：爆炸品、压缩气体和液化气体、易燃液体、易燃固体、自燃物品和遇湿燃烧物品、氧化剂和有机过氧化物、毒害物品和腐蚀品。对这些物品的生产、使用、储存、经营和运输国家都有明确的管理条例，各单位必须遵照执行。

6. *消防设施安全要求* 食品企业应当按照国家有关消防技术规范，设置、配备消防设施和器材，消防器材应当设置在明显和便于取用的地点，周围不准堆放物品和杂物。消防设施、器材，应当由专人管理，负责检查、维修、保养、更换和保证有效，严禁圈占、埋压和挪用。对消防水池、消火栓、灭火器等消防设施、器材，应当经常进行检查。厂区的消防车道和仓库的安全出口、疏散楼梯等消防通道，严禁堆放物品。常见的灭火剂有：水与水蒸气、泡沫灭火剂、CO_2 灭火剂、干粉灭火剂和 1211 灭火剂。

五、建筑防雷

雷电是自然界中的一种静电放电现象，其破坏性很大，主要防雷电击措施是在高大建筑设置避雷装置。避雷装置的接地安全要点是：接地电阻符合安全要求（一般应低于 10 Ω）；避雷针、带与引下线应采用焊接；独立避雷针及其接地装置不得设在行人经常通过的地方，与道路或建筑物出入口及其他接地体距离应大于 3 m；装有避雷针或避雷线的构架上不允许设低压线或通讯线，如必须装设照明灯时，必须采用金属护套、套管，同时护套或套管埋入地下长度应大于 10 m；避雷器、避雷针应定期检测，保证其经常处于完好状态，同时必须有系统检测记录。

常采用的预防安全措施包括设置熔断器、断路器、漏电开关，采用安全低压、保护接地和保护接零等。电气设备的工作接地、保护接地和保护接零的接地电阻应不大于 4 Ω，三类建筑防雷的接地装置和电气的接地装置可以共用，自来水管路或钢筋混凝土基础也可作为接地装置。

食品厂的烟囱、水塔和多层厂房的防雷等级属于第三类，这类建筑是否安装防雷装置可参考表 9-5。

表 9-5 建筑防雷参考高度

分 区	年雷电日数	建筑物需考虑防雷的高度
轻雷区	小于 30 d	高于 24 m
中雷区	30～75 d	平原高于 20 m，山区高于 15 m
强雷区	75 d 以上	平原高于 16 m，山区高于 12 m

六、安全性评价

安全性评价也称危险度评价，是应用安全系统工程的理论和方法，对系统存在的危险性进行定性和定量的分析，判断系统发生事故的可能性大小及其严重程度，采取相应的预防措施，使系统达到所要求的安全标准。它作为一种科学的安全管理方法，由以往主要研究和处理已发生和必然发生的事故，发展为主要研究那些还没有发生但可能发生的事故，并把这种可能性量化为一个指标，计算事故发生的概率，划分危险等级，制定企业安全标准和措施，并进行综合比较和评价，从中选取最佳的方案，以超前控制事故的发生，达到安全管理标准化、规范化。评价采取现场检查、资料查阅、现场考问、实物检查、仪表检测、调查分析、现场测试分析试验7种查评方法，对生产设备、劳动安全、工业卫生、作业环境及安全管理进行度量和预测，通过对存在的危险性进行定性和定量的分析，确认发生危险的可能性及危险程度，并制定相应的消除方案和整改措施。实践证明，安全性评价对识别作业区域的危险性大小，弄清事故隐患对象和部位，及时进行针对性整改，防患于未然的作用巨大，效果明显。

（一）评价的原则

（1）评价人员的客观性　要防止评价人的主观因素影响评价数据，同时要坚持对评价结果进行复查。

（2）评价指标的综合性　单一指标只能反映局部功能，而综合性指标能反映评价对象各方面的功能。

（3）评价方案的可行性　只有从技术、经济、时间和方法等条件分析都是可行时，才是较佳方案。

（4）评价标准与资料的有效性　所采用的标准参数资料，应是最新版本，确实能反映人、机、物、环境的危险程度。

（5）评价结果的单一性　评价结果应用综合性的单一数字表达。

（二）安全性评价的程序

1. 制订评价计划　可参考同行业中其他企业安全性评价的计划，结合本企业情况，提出一个供讨论的初步方案。方案应是动态的，在评价过程中发现了某些缺陷或漏掉了项目，应及时修改、补充和完善。计划中包括以下项目：①评价的任务和目的；②评价的对象和区域；③评价的标准；④评价的程序；⑤评价的负责人和成员；⑥评价的进度；⑦评价的要求；⑧试点建议；⑨安全问题的发现、统计和列表，整改措施的提出；⑩测试方法；⑪整改效果分析；⑫总结报告等。

2. 安全性评价的步骤

① 确认系统的危险性，即找出危险性并加以定量化。

② 根据危险的允许范围，具体评价危险性，并设法消除或降低系统的危险性，使其达到允许范围。

安全性评价的程序如图9-3所示。

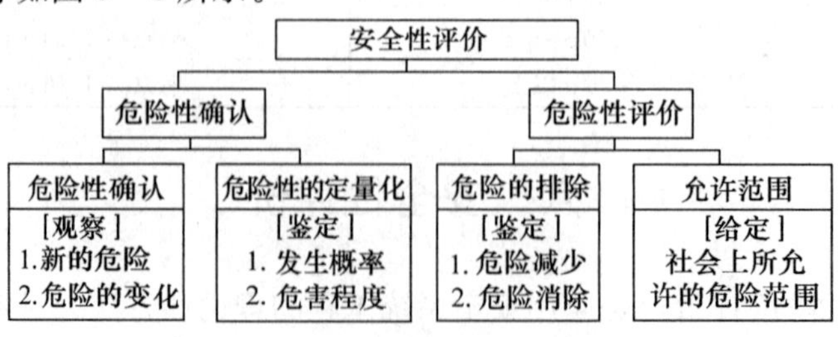

图9-3　安全性评价程序

（三）安全性评价技术

安全性评价是系统从方案制订、设计、制造、使用、报废整个过程中的安全保证手段，它一般分为下述 6 个阶段。

① 根据有关法规进行评价。

② 根据校验一览表或事故模型与影响分析做定性评价。

③ 有关物质（材料）、工艺过程的危险性定量评价。

④ 针对严重程度，实行相应的安全对策。

⑤ 根据事故灾害信息重新做出评价。

⑥ 进行全面定性、定量评价。

以上 6 个阶段可以作为企业安全评价方法，如图 9－4 所示。

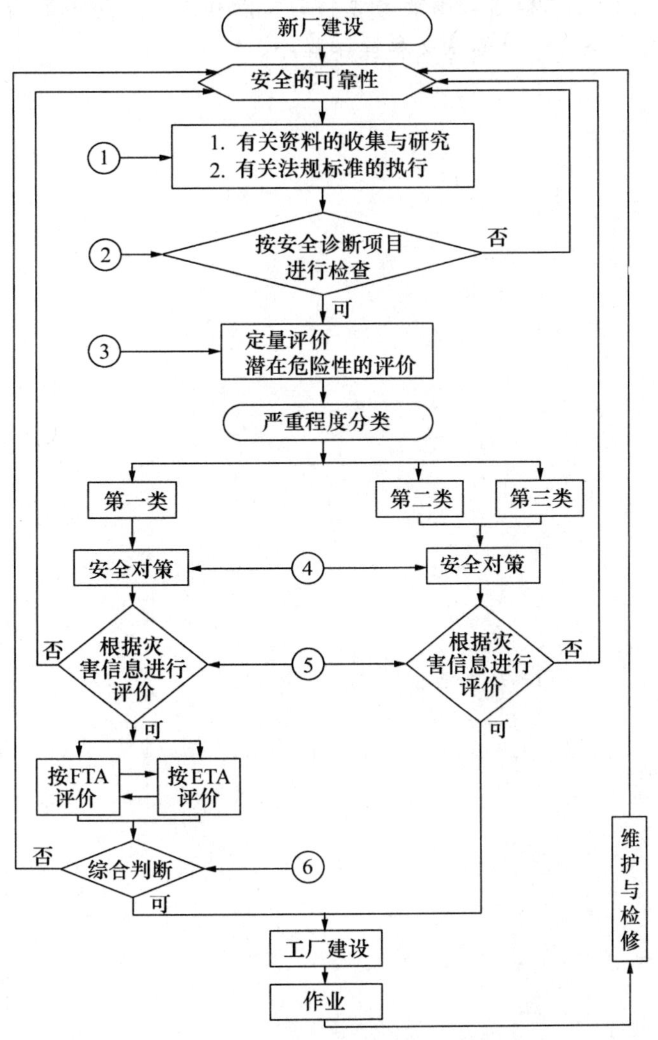

图 9－4　企业安全性评价的 6 个阶段

ETA. 事件树分析　FTA. 故障树分析

复习思考题

1. 简述食品工厂废水的来源、危害及特点。
2. 废水处理的方法有哪些?
3. 食品企业废水该如何处理?
4. 大气中的气态污染物的处理方法有哪些?
5. 食品工厂的废渣有何特点?如何进行综合利用?
6. 简述噪声控制的方法。
7. 简述环境影响评价的目的、意义及环境质量标准的概念。
8. 工厂绿化工程的作用是什么?
9. 简述燃烧、爆炸的基本概念,易燃易爆物的特点和防火、防爆的措施。
10. 简述企业进行安全性评价的意义和操作程序。

第十章 企业组织与劳动定员

学习目的与要求：通过本章的学习，要求掌握企业组织机构设置的原则，掌握目前常见的企业组织机构形式，了解它们的特点及适合的企业形式。同时掌握企业劳动组织的任务，了解企业职工分工和配备的原则及劳动定额的方式。掌握劳动定员的原则和劳动定员的方法，了解食品企业人员的类型及应具备的素质。

第一节 企业组织

一、企业组织机构设置

组织是一个社会性团体，任何公司、企业、机构都可以称为组织。组织通过一定的结构形式固定管理流程和资源分配。企业组织结构是指企业内部各要素互相作用的方式与形式，是实施企业战略的组织保障，也是决定组织效率的首要因素，它是指企业组织内各个部分的空间位置、排列顺序、连接形式以及各要素之间相互关系的一种模式。从管理上看，一个有效的组织创造出的价值应大于其个体单独创造出价值的总和。企业组织结构是企业得以存在的必要条件，企业依赖内部建立起的这套机构形式，使内部的各个方面，建立起和谐的内部关系，也是完成企业任务，实现企业目标的组织保证。有效地进行社会资源开发与利用的第一个条件就是要有有效的组织结构。

现有的企业结构大多是以亚当·斯密的分工理论为核心原则、结合泰罗科学管理的方法所形成的科层结构，应该说，这种科层组织在工业经济的大规模生产方式下，是适应要求的。但是随着企业原有边界（垂直边界、水平边界、外部边界及地域边界）的模糊化，作为管理基础的企业组织结构必须进行相应的变革与创新，以提高竞争的灵活性和反应能力。

建立并不断完善企业组织机构，应从企业的具体情况出发，服从生产经营管理的需要，体现企业统一领导、分级管理，以及专业职能管理部门合理分工、密切协作原则，使企业成为一个有秩序、高效率的经营组织体。为此，建立企业组织机构应遵循以下几项原则。

1. 任务、目标一致性原则　企业组织机构设置的根本目的，是实现企业的战略任务和经营目标。组织机构的全部设置工作都必须以此为出发点。衡量组织机构设置的优劣，就是要以是否有利于实现企业任务和目标作为最终标准。当企业的任务、目标发生变化时，组织机构必须做相应的调整和变革。建立企业组织机构所应遵循的原则有多项，但是，任务、目标一致性的要求最重要。

2. 分工与协作相结合原则　现代企业的管理，工作量大，专业性强，分别设置不同的专业部门，有利于提高管理工作的质量与效率。在合理分工的基础上，各专业管理部门又要加强协作和配合，因此，特别要重视组织机构设置中的横向协调。这样才能保证各项专业管理的顺利开展，实现组织的整体目标。

3. 统一指挥原则　组织现代社会化大生产，需要有权威地根据企业的整体利益及整体目标，对企业的各项活动进行统一的指挥和调度。这就要求企业组织机构在其组织关系上能够形成强有力的纵向指挥系统，实行一级管一级，避免越级指挥，实行直线参谋制，直线指挥人员可以向下级发号施令，参谋职能人员进行业务指导和监督，避免多头指挥，以保证权威命令的迅速贯彻和执行。

4. 有效管理幅度原则　有效管理幅度是指一名上级领导能够直接地、有效地领导的下级人数。在一般情况下，管理幅度与管理层次呈反比关系。管理层次是指企业内部管理组织系统分级管理的各个层次。如果加大管理幅度，能够领导的下级人数就多，管理层次就少；反之，缩小管理幅度，管理层次就要增加。管理幅度的大小，受到管理内容的相似程度和复杂程度，领导者的知识、能力、经验、精力等条件的制约，超过一定限度，就不能实现具体的、有效的领导。因此，建立组织机构，必须正确解决有效管理幅度与管理层次的关系，努力提高管理者的管理能力，实现管理业务的标准化，在服从生产经营活动需要的前提下，在有效管理幅度内，力求减少管理层次，提高工作效率。

5. 精简和高效原则　组织机构是企业的神经系统，是任何企业都不可缺少的，在设计和改革企业组织机构时，应本着精简和高效的原则，在保证企业组织机构的功能要求和完成任务的前提下讲求机构精简，人员精干，以保证工作效率和工作成绩。不要因人设机构、设职务、配人员。人与事要高度配合，不能以人为中心，不能因人设职或因职找事。所有机构的设置，都要有利于企业目标的实现，有利于调动职工的积极性。

6. 责权利对等原则　企业组织机构的建立，要与相应的责权利相统一。一是要建立岗位责任制，明确规定每个管理层次、部门、岗位的责任和权力，保证管理有序。二是赋予管理人员的责任和权力要相对应，有多大的责任就应有相当的权力。责任过大，权力过小，或责任过小，权力过大，都不利于组织管理。三是责任制的落实，还必须和相应的经济利益挂起钩来。做到责任明确、权力恰当、利益合理。

7. 集权与分权相结合原则　企业在进行组织机构设置时，既要有必要的权力集中，又要有必要的权力分散，两者不可偏废。集权是社会化大生产的客观要求，它有利于保证企业的统一指挥和资源的合理使用；而分权则是调动各级组织和人员的积极性和主动性的条件。集权和分权的程度要考虑企业规模大小、生产技术特点、专业工作性质、管理水平高低和干部职工素质等因素。

8. 稳定性和适应性原则　在设置企业组织机构时，既要根据企业一定的外部环境和任务、目标的要求，注意保持相对稳定性，又要在情况发生变化时做出相应变更，使组织保持一定的弹性和适应性。为此，需要在组织机构设置中建立明确的指挥系统、责权关系和规章制度。同时又要选用一些具有较好适应性的组织形式和措施，使组织机构在变动的环境中，具有一种内在的调节机制。

二、企业组织机构的形式

合理的企业组织机构，从纵向看，应该是形成一个统一的、自上而下的、领导自如的指挥系统；从横向看，应该是各部门、各环节密切配合的协作系统，这样可以使企业形成一个有机的整体。企业组织机构的形式，应与行业的特点、企业规模的大小、生产技术特点、市场需求变化、企业管理的水平相适应。主要形式有以下几种。

（一）直线制

直线制，又叫单线制，它是工业发展初期所采用的一种简单的组织形式。其特点是从最高管理层到最低管理层，上下垂直领导，各级领导者执行统一指挥和管理职能，不设专门的职能管理机构，如图 10－1 所示。直线制组织结构取得显著地位的原因是它符合工业时代的许多需求。直线制组织结构具有四大特征：指挥的等级链、职能的专业化分工、权利和责任的一贯性政策、工作的标准化。直线制组织结构创造了一种制度，这种制度能够有效地管理大量投资、劳动分工和资本大规模机械化生产。专业化分工使组织的每一项任务都能得到一个有效的工作方法。直线制组织结构的组织通过一贯性的书面规则和政策来管理，这些规则和政策由公司董事会和管理部门制定。在直线制组织结构中，上司负责其管辖范围内所有雇员的行动，并且有权下达雇员无条件服从的命令。雇员的首要职责是立即按照顶头上司的命令去做，而不该去考虑什么是正确的或者什么需要做。通过组织劳动分工、制度管理决策以及制订一种程序和一套规则使各类专家可以齐心协力地为一个共同目标努力。直线制组织结构极大地拓宽了组织所能达到的知识的广度和深度。

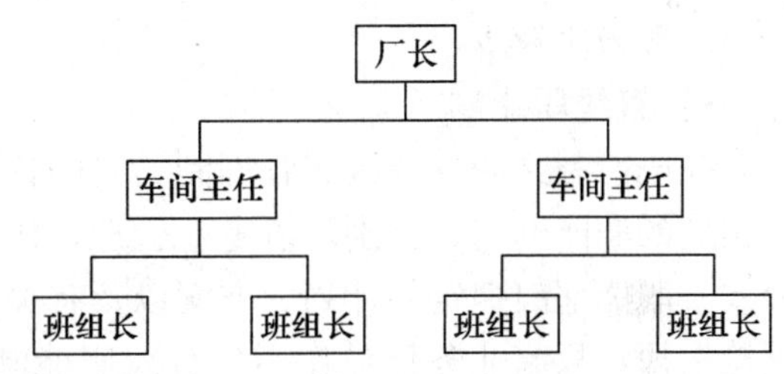

图 10－1　直线制组织结构示意图

直线制组织结构的形式如同一个金字塔，处于最顶端的是一名有绝对权威的老板，他将组织的总任务分成许多块，以后分配给下一级负责，而这些下一级负责人员又将自己的任务进一步细分后分配给更下一级，这样沿着一根不间断的链条一直延伸到每一位雇员。20 世纪 80 年代，在通用汽车和美国政府这样的巨型组织中，最高领导层与工人之间有多达 12 级管理层。

（二）职能制

职能制是在直线制的基础上发展起来的，它的特点是在各级生产行政领导之下，按专业分工设置管理职能部门，各部门在其业务范围内有权向下级发布命令和下达指示，下级领导者或执行者既服从上级领导者的指挥，也听从上级各职能部门的指挥。在职能式组织结构中，组织从上至下按照相同职能将各种活动组织起来。职能式组织结构有时候也被称为职能部门化组织结构，因为其组织结构设置的基本依据就是组织内部业务活动的相似性。当企业组织的外部环境相对稳定，而且组织内部不需要进行太多的跨越职能部门的协调时，这种组织结构模式对企业组织而言是最为有效的。对于只生产一种或少数几种产品的中小企业组织而言，职能式组织结构不失为一种最佳的选择。职能制组织结构如图 10－2 所示。

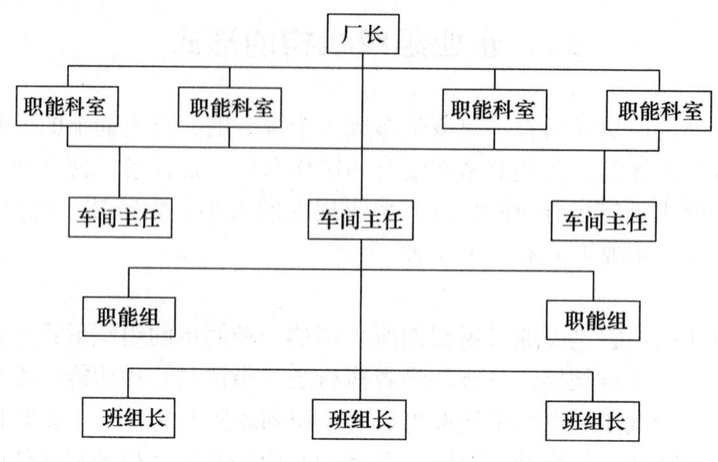

图 10-2　职能制组织结构示意图

职能制的优点是：将企业管理工作按职能分工，适应了现代企业生产技术比较复杂、管理工作分工较细的特点。同时，提高了管理的专业化程度，减轻了各级领导人的工作负担。其缺点是：容易形成多头领导，妨碍生产行政的统一指挥，不利于建立健全责任制，影响提高工作效率，故一般采用较少。

（三）直线职能制

直线职能制又叫生产区域管理制，它的特点是以直线制为基础，在各级生产行政领导者之下设置相应的职能部门，分别从事专业管理，作为该级领导人的参谋部，是企业管理机构的基本组织形式。职能部门拟定的计划、方案以及有关命令，由生产行政领导者批准下达，职能部门不进行直接指挥，只起业务指导作用。直线职能制组织形式，是以直线制为基础，在各级行政领导下，设置相应的职能部门。即在直线制组织统一指挥的原则下，增加了参谋机构。目前，直线职能制组织结构模式仍被我国绝大多数企业采用。直线职能制组织结构模式适合于复杂但相对来说比较稳定的企业组织，尤其是规模较大的企业组织。复杂性要求企业的管理者有能力识别关键变量、评价它们对企业经营业绩的影响，并且充分考虑到它们之间的相互关系；如果这些因素是相对稳定的，而且对经营的影响也是可以预知的，直线职能式组织结构模式则是相对有效的。直线职能式组织结构模式与直线制组织结构模式相比，其最大的区别在于更为注重参谋人员在企业管理中的作用。直线职能式组织结构模式既保留了直线制组织结构模式的集权特征，同时又吸收了职能式组织结构模式的职能部门化的优点，如图 10-3 所示。

直线职能制的优点是：它吸收了直线制和职能制组织机构的长处，既保证了直线上的 统一指挥效果，又发挥了各职能机构和人员的专家作用，因而能够更好地发挥组织机构效能。同时，由于职能机构和人员分担了大部分专业职能方面的工作，直线指挥人员就可以集中精力从事生产经营的组织指挥，搞好经营决策。这种组织机构便于严格遵守各自的职责，比较适应现代企业管理的要求。因此，它是当前工业企业较多采用的组织形式。其缺点是：各专业分工的管理部门之间横向联系较差，容易产生脱节和矛盾，影响管理效率。这种组织形式一般适用于企业规模不大，产品品种不太复杂，工艺稳定，市场情况比较容易掌握的企业。

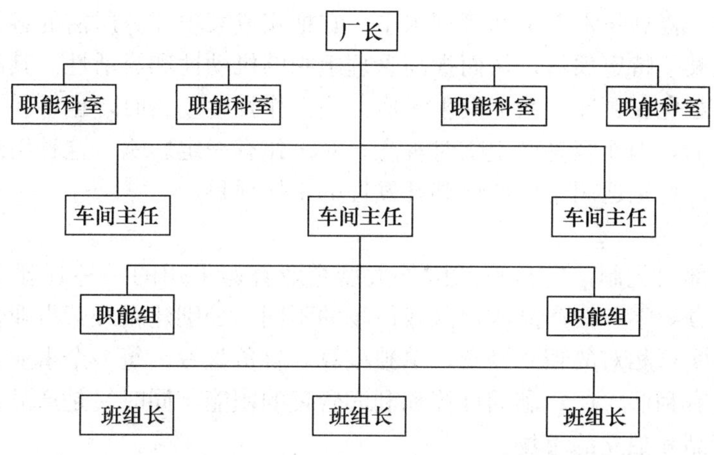

图 10－3 直线职能制组织结构示意图

（四）矩阵制

矩阵制，又叫目标规划管理制，是一种新型的企业管理组织形式。其特点是，既有按管理职能设置的纵向组织系统，又有按规划项目（产品、工程项目）划分的横向组织结构，两者结合，形成一个矩阵。所以，借用数学中的概念叫矩阵结构。横向系统的项目小组所需工作人员是从各职能部门抽调的，他们受双重领导，即在执行日常工作任务方面，接受原属职能部门的领导；当参与项目小组工作时，则接受项目负责人的领导。每个项目小组都不是固定的，一旦任务完成后，项目小组就撤消，人员仍然回原单位工作。矩阵制组织形式是在直线职能制垂直形态组织系统的基础上，再增加一种横向的领导系统。矩阵组织也可以称为非长期固定性组织。矩阵式组织结构模式的独特之处在于事业部制与职能制组织结构特征的同时实现。矩阵组织的高级形态是全球性矩阵组织结构，目前这一组织结构模式已在全球性大企业如 ABB、杜邦、雀巢、菲利普、莫里斯等组织中进行运作。ABB 的前身 ASEA，是一家瑞典公司，1979 年巴纳维克出任 ASEA 总经理时，着手对公司的组织结构进行改革。首先，他把公司扁平化，并在公司拓展国际业务时将公司重组为全球矩阵组织。ABB 成功之处在于其全球性矩阵组织结构的战略与执行，依战略管理学家查理士·希尔及葛利士、约翰的观点，这种组织结构方式，可以使公司因为提高效率而降低成本，同时，也因较好创新与顾客回应，而使其经营具有差异化特征。这种组织结构除了具有高度的弹性外，同时在各地区的全球主管可以接触到有关各地的大量资讯。它为全球主管提供了许多面对面沟通的机会，有助于公司的规范与价值转移，因而可以促进全球企业文化的建设。矩阵制组织结构形式如图 10－4 所示。

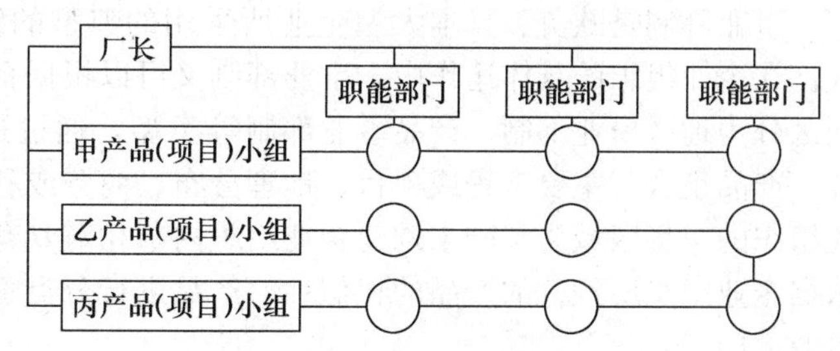

图 10－4 矩阵式组织结构形式图

矩阵制的优点是：打破了传统的管理人员只受一个部门领导的管理原则，从而加强了管理部门之间的纵向和横向联系，有利于各职能部门之间的配合，及时沟通信息，共同决策，提高了工作效率；它把不同部门的专业人员组织在一起，有助于激发人们的积极性和创造性，培养和发挥专业人员的工作能力，提高技术水平和管理水平；它把完成某项任务所需的各种专业知识和经验集中起来，加速完成某一特定项目，从而提高管理组织的机动性和灵活性。其缺点是：由于在领导关系上的双重性，难免在领导关系上发生矛盾。当工作发生差错时，也不易分清责任。由于组织中的成员不是固定的，因而容易产生临时观念，对工作有一定影响。这种组织形式适用于生产经营复杂多变的企业，特别适用于创新性和开发性的工作项目。

（五）事业部制

事业部制，又叫部门化制，它是目前国外大型企业普遍采用的一种管理组织形式。其特点是：在总公司的统一领导下，按产品或地区或市场的不同，分别建立经营事业部。事业部是一种分权制的组织形式，实行相对的独立经营，单独核算，自负盈亏。每一个事业部都是在总公司控制下的利润中心，具有利润生产、利润计算和利润管理的职能，同时又是产品责任单位或市场责任单位，有自己的产品和独立的市场。

按照"集中决策，分散经营"的管理原则，公司最高管理机构掌握有人事决策、财务决策、规定价格幅度、监督等大权，并利用利润等指标对事业部进行控制。事业部经理根据总公司总裁或总经理的指示进行工作，统一领导其主管的事业部和研制、技术等辅助部门，如图 10-5 所示。

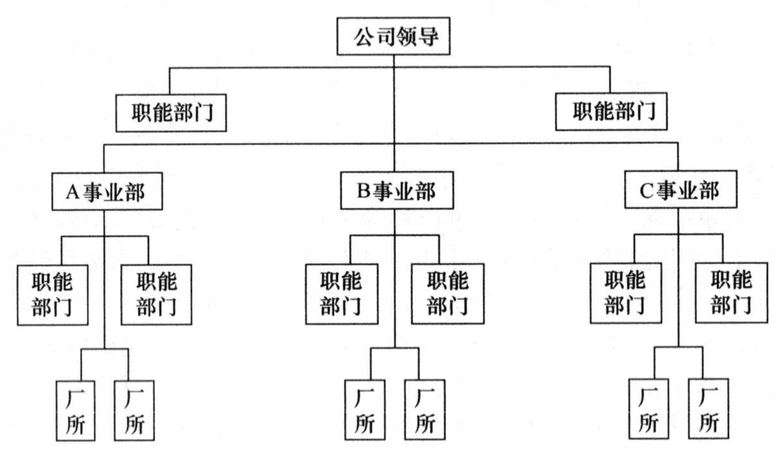

图 10-5　事业制组织结构形式图

事业部制是欧美、日本大型企业所采用的典型的组织形式，因为它是一种分权制的组织形式。在企业组织的具体运作中，事业部制又可以根据企业组织在构造事业部时所依据的基础的不同区分为地区事业部制、产品事业部制等类型，通过这种组织结构可以针对某个单一产品、服务、产品组合、主要工程或项目、地理分布、商务或利润中心来组织事业部。地区事业部制以企业组织的市场区域为基础来构建企业组织内部相对具有较大自主权的事业部门；而产品事业部则依据企业组织所经营的产品的相似性对产品进行分类管理，并以产品大类为基础构建企业组织的事业部门。

事业部制的优点是：由于事业部成为半独立经营单位，企业最高领导层可以摆脱日常事务，集中精力搞好战略决策、长远规划和人才开发；事业部的相对独立，自负盈亏，还有利于事业部之间的竞争，增强企业的活力；实行事业部制，有利于经营管理人才的培养；可以充分发挥各事业部的主观能动性，增强经营管理的能力，可以提高工作效率。此外，这种组织形式还具有稳定性和适应性较强的优点。

其缺点是：横向联系差，事业部之间的协调配合难，容易产生本位主义；使事业部只考虑自己利益，而忽视企业整体利益，容易导致短期行为；总部和各事业部机构重叠，势必增加管理人员和管理费用，如果不注意调整，会造成管理部门增多，机构膨胀，降低工作效率。事业部制一般适用于规模较大、产品种类较多、各种产品之间工作差别较大、技术比较复杂和市场广阔多变的企业。

（六）直线参谋制

直线参谋制又称直线职能制或生产区域制。它是将企业管理机构的人员划分为两类，一类是直线指挥人员，拥有对下级指挥和命令的权力并对主管的工作全面负责；另一类是参谋人员和职能机构，他们是直线指挥人员的参谋和助手，无权直接对下级发布命令进行指挥图 10－6。

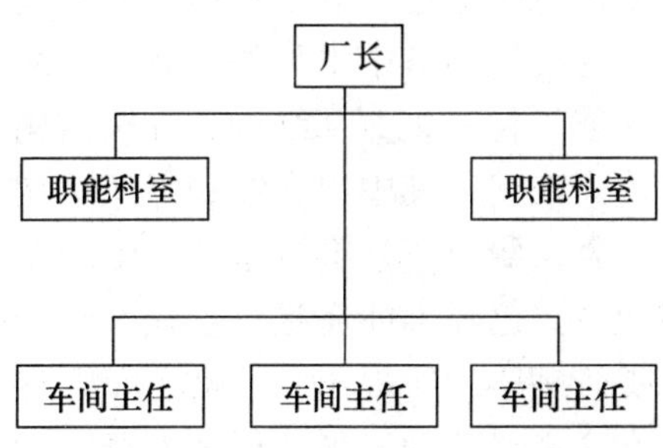

图 10－6　直线参谋制结构形式图

直线参谋制结构吸收了直线制结构和职能制结构的优点，克服了它们的缺点。一方面，它保持了直线制结构的权力集中，指挥统一的优点；另一方面，各级行政领导又相应配备有参谋和助手，可以发挥专业管理职能机构和人员的作用。但是，这种结构过多地强调直线集中指挥，未能充分发挥专业职能机构的作用，同时各专业职能机构间横向联系较差。

（七）直线职能参谋制

直线职能参谋结构是直线参谋制的补充和发展，其区别主要在于，直线职能参谋制结构在保证直线指挥的前提下，为了充分发挥专业职能机构的作用，直线领导授予某些职能机构一定的权利，如决定权、控制权、协调权等，其示意图见图 10－7。

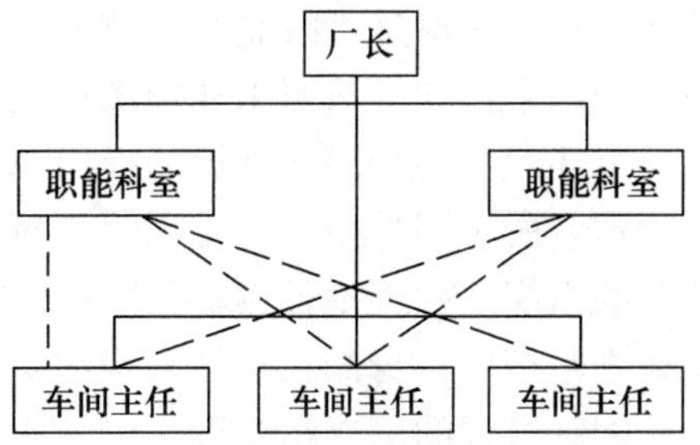

图 10－7　直线职能参谋制结构形式图

在图 10－7 中，实线表示直线指挥，虚线表示业务指导与部分决定权、控制权和协调权。

在这种组织结构中，职能参谋机构主要有 3 类：①顾问性的职能机构，是为企业领导人做决策时充当顾问而设置的；②控制性的职能机构，如计划、人事、财务、质量检查等部门；③服务性的职能机构，如实验、技术、采购、运输、机修、基建等部门。

直线职能参谋制结构，在企业规模小、产品品种简单、工艺较稳定、市场销售情况易掌握的情况下，显示其明显的优势。但是，一旦组织规模不断扩大，产品品种增多，业务趋于复杂，这种组织结构的缺点就会突出。其缺点主要有：高度集权，管理工作不灵活，不利于领导人员的培养；横向联系差、职能部门间协调困难；专业管理人员因专业化而过于狭隘，缺乏全局观念；不利于职能机构间的意见沟通；高层领导无法集中精力于企业重大问题，不能有效地管理。

（八）分权组织结构

分权化组织包括联邦分权化结构与模拟分权化结构两种类似的组织结构形式。联邦分权化组织是在公司之下有一群独立的经营单位，每一单位都自行负责本身的绩效、成果以及对公司的贡献；每一单位具有自身的管理层；联邦分权化组织的业务虽然是独立的，但公司的行政管理却是集权化的。模拟分权化组织是指组织结构中的组成单位并不是真正的事业部门，而组织在管理上却将其视为一个独立的事业部；这些“事业部”具有较大的自主权，相互之间存在有供销关系等联系。分权化组织的优点在于可以降低集权化程度，弱化直线制组织结构的不利影响；提高下属部门管理者的责任心，促进权责的结合，提高组织的绩效；减少高层管理者的管理决策工作，提高高层管理者的管理效率。联邦分权化组织要求有一个强有力的核心管理层，该核心管理层将只负责对重大事务的决策。联邦分权化形式如果运用得当，则可以减轻高层管理层的决策负担，使得高层管理者能够集中精力于方向、筹划与目标。模拟分权化组织虽然具有一定的优点，但并不满足所有的组织设计规范。一般而言，模拟分权化组织适用于化学工业与材料工业领域；此外，电子信息工业也可以采用模拟分权化形式。对模拟分权组织而言，雇员的高度自律是必要的。

在传统经济中常见的企业组织结构形式大致有 6 种，它们分别是：直线结构、职能结构，直线职能结构、事业部结构、分权结构和矩阵结构。这些组织结构模式大致形成于资本主义工业化大生产时代，其中以直线制组织结构模式最为典型，其影响也最为广泛。资本主义生产关系的兴起，直接导致了社会资本的集中与企业生产规模的扩大化，小手工业阶段形成的管理方法与企业组织方式已经不能满足社会化大生产的需要，为了加强大型工业企业的管理，直线制组织结构理论被管理学者所提出，并被企业管理实践所广为采用。直线制的巨大优势的确极大地促进了早期资本主义经济的发展，但随着经济的不断发展，直线制组织模式日渐暴露出其固有的缺陷。在资本主义经济发展的后期，为了弥补直线制组织模式的不足，管理界又相应先后提出了其他的组织结构模式。无论是直线制组织结构模式，还是在这以后的其他组织结构模式，都是以工业经济为前提的，它们均是按照工业经济社会工业生产的要求组织与完善企业的微观结构。在工业经济社会，上述组织结构模式理论的提出都有其特殊的经济理由与依据；同样，这些组织结构模式被企业管理者所分别采用，更是说明了每一种组织结构模式存在与发展完善的经济合理性。各种传统企业的组织结构理论虽然都共同体现了工业经济的特有属性，但在实践操作中，每一种组织结构模式则是按照自身的独特性来构建企业内部的管理框架。在不同的组织结构模式企业中，管理权的分配、管理的层次与幅度、组织内部不同部门之间的关系等均是有所不同的。考虑到各种组织结构的特性，它们在各种类型企业中的有效性也是不同的，也就是说，不同的组织结构模式适用于不同的企业。对模式进行比较分析是必要的，也是有益的。准确地把握与认识传统组织结构理论，对于建设知识经济条件下的企业组织结构理论是必不可少的。通过对传统组织结构的主要类型进行比较分析，我们可以得出表 10－1 所示的分析结果。

表 10－1　几种主要类型的组织结构的比较

	组织结构特点	组织结构的缺陷	适用企业类型
直线结构	命令统一；职责明确；组织稳定	缺乏横向联系；权力过于集中；对变化反应慢	小型组织简单环境
职能结构	高专业化管理；轻度分权管理；培养选拔人才	多头领导；权责不明	专业化组织
直线职能结构	命令统一；职责明确；分工清楚；稳定性高；积极参谋	缺乏部门间交流；直线与参谋冲突；系统缺乏灵敏性	大中型组织

（续）

	组织结构特点	组织结构的缺陷	适用企业类型
事业部结构	有利于回避风险；有利于锻炼人才；有利于内部竞争；有利于加强控制；有利于专业管理	需要大量管理人员；企业内部缺乏沟通；资源利用效率低	大中型、特大型组织
分权结构	权责一致；自我管理；中度分权	分权不彻底；沟通效率低；素质要求高	高度规模集中型组织
矩阵结构	密切配合；反应灵敏；节约资源；高效工作	双重性领导；素质要求高；组织不稳定	协作性组织、复杂性组织

直线制组织结构虽然是因为工业化大生产的需要而提出的，但它却并不适合运用于大型组织的管理结构设计，而且直线制组织结构对组织的发展将带来明显的阻碍性影响。而其他组织结构理论的提出则在很大程度上是为了弥补直线制组织结构理论的不足，以及为了更好地适应工业化大生产的需要，建立与完善适应大型与特大型组织管理结构构建需要的组织结构理论。各种组织结构理论所共有的一个缺陷是：它们都或多或少带有集权主义倾向，在组织中分权程度是低的。正是由于这种低的分权度，使得组织成员缺乏责任感、自律意识、决策权限，从而造成组织的学习积极性低下，缺乏创新精神与激励创新的动力。所以，在组建知识经济社会的学习型组织过程中，传统工业经济社会的组织结构理论有时是不适用的。

三、新时代电子商务下的企业组织的特点

不同的企业组织结构模式源自于不同的经济形态，在电子商务时代，企业组织结构模式具有其独特的发展趋势，介绍于下。

（一）组织结构扁平化

所谓组织结构扁平化，就是通过破除公司自上而下的垂直高耸结构，减少管理层次，增加管理幅度、裁减冗员来建立一种紧缩的横向组织，将组织结构形态由原来的金字塔型向网络型转化，达到使企业变得灵活、敏捷、富有弹性和创造性的目的。

在电子商务时代，信息在企业间、企业内部的传递要求快速、准确，但是信息在传统的金字塔模式的企业中的传递难以适应发展；而另一方面，由于计算机技术、网络技术和通讯技术的迅速发展，企业组织已大致具备实行扁平化的条件：一是员工素质的提高，企业组织结构扁平化的主要方式是授权，而在电子商务时代，员工的素质与工业经济时代相比已有较大的提高，专业知识充分，独立能力增强；二是计算机和网络通讯技术的普通应用，在此前提下，信息处理和传输的速度和容量有了很大提高，且实现了信息的共享。

（二）组织结构柔性化

所谓组织结构柔性化是指以一些临时性的、以任务为导向的团队式来取代以前一部分固定正式的组织结构，其目的是使企业能快速有效地围绕目标与任务合理配署并充分利用各种资源，并增强对环境动态变化的适应能力。柔性化组织结构由两部分构成：一部分是为保证完成企业常规性任务而组建的组织结构，这部分比较稳定；另一部分是完成临时性任务而组建的组织结构，这

部分比较灵活，是企业组织柔性化的具体体现部分。柔性化的组织形式最流行的是团队结构（team structure），在多变的环境中，团队具有可以快速组合、重组、解散的优点，比传统的部门结构或其他形式的稳定性结构更灵活，反应更迅速。

电子商务时代，由于网络技术的发展，个人、企业等社会实体可以依赖网络根据特定目标建立起适合的团队，发挥优势，共同完成目的，既可以使企业的组织结构模式更为灵活，又可以较成功、快速地完成特定目标。

（三）组织结构虚拟化

所谓组织结构虚拟化是指企业只保留规模较小、但是具有核心竞争力的部门，而依靠其他组织以合同为基础进行制造、分销、营销或其他业务的经营活动。

企业组织结构虚拟化后，具有三大特点：①用特殊的市场手段取代传统组织中行政管理来联结各个经营单位之间及其与公司总部之间的关系；②以横向管理取代纵向管理，虚拟企业打破了传统组织的金字塔式的纵向管理模式，取消了从价值产生到价值确认过程中的许多中间环节，而采取了价值产生与价值确认直接对应的横向模式；③以信息流支配物质流，虚拟企业采用发散的信息技术，从而使企业的信息流动支配企业的物质流动成为可能。

电子商务时代，企业具有组织结构虚拟化的条件：首先，电子商务时代，各种网络设施的完善发展，使企业组织结构虚拟化具备较好的物理环境；其次，电子商务时代的到来，使全球向着地球村的方向发展，虚拟、合作成为全球共识，使企业虚拟化成为可能。

（四）组织结构无边界化

组织结构无边界化主要包括两方面的内容，一是在组织内部减少各部门之间的界限，二是消除企业与客户及供应商之间的外部障碍。组织结构无边界化是为解决传统组织结构模式而产生，它并不是指企业、企业内部盲目的无序化，而是打破了各部门的界限，从整个流程的角度来组织活动的想法。另一方面，电子商务的远程办公方式也在一定程度上突破了企业在物理空间上的界限，模糊了企业边界，使企业变得无边界。

无边界化的实现建立在前面的三个趋势之上，即企业实现了扁平化、柔性化、虚拟化的同时，企业的无边界化也就成为可能。电子商务时代，企业的组织结构模式无须再沿袭传统的固定模式和金字塔型模式，企业更具有自由度，可以依据企业自身的特点发展组织模式，实现电子商务远程办公、部门之间的无边界，更好地发展企业业务。

第二节　劳动定员

劳动定员是指企业员工在一定的劳动组织的基础上，按照一定的规律把员工有效地组织起来，进行企业的高效、安全运转。

一、劳动组织、分工和配备

（一）劳动组织

劳动组织就是指在科学的劳动分工的基础上，把员工之间的协调关系，从时间、空间、数量与质量上有效地组织起来，并保证在安全生产和文明生产的条件下，合理地进行生产劳动，以充分利用设备生产力，不断地提高劳动生产率。

1. *劳动组织工作的重要意义* 在生产力的三大要素之中，劳动力是起决定作用的因素，充分发挥每一个劳动者的能力，是企业发展生产的最重要的环节。因此，进行合理的劳动组织具有重要的意义。

（1）进行合理的劳动组织是企业开展正常的生产经营活动的前提条件 在现代化大生产条件下，企业是社会化大生产中的一个基本环节，其本身就是一个大规模的生产系统，既要有科学的劳动分工，又要有严密的劳动协调，还要正确地处理好劳动者与劳动对象、劳动工具之间的关系，这是现代企业开展生产经营活动的客观要求。

（2）进行合理的劳动组织是提高企业生产力的重要途径 在现代企业的生产系统中，对劳动者进行科学合理的分工与协作，可以实现生产力三大要素（即劳动者、劳动工具和劳动对象）之间的有效结合，这样，就可以充分发挥每个劳动者的技能和专长，充分利用机器设备的生产能力，充分改进对劳动对象的加工效率，从而不断提高企业的劳动生产率，促进企业生产力的发展。

（3）进行合理的劳动组织是改善社会主义企业生产关系的重要手段 社会主义企业中的生产关系，既体现在企业内部人与人之间的关系上，也体现在企业内部其他方面之间的关系（如企业内部的经济关系与利益分配关系）上。人与人之间的关系既包括劳动分工中的平等地位关系，又包括劳动协作中的同志式合作关系。根据企业生产力发展的要求，适时地调整生产过程中人与人之间的关系和其他方面之间的关系，就能调动各方面工作的积极性、主动性与创造性，从而适应和促进企业生产力的发展。

（4）进行合理的劳动组织是节约劳动力、挖掘内部潜力的重要措施 我国许多企业经营管理水平较低，进行内部挖潜改进的余地很大，劳动组织的改善就是节约挖潜的有效措施之一。对劳动组织管理的改善，可以使分工更加合理，协作更加密切，人员配备更加适当，班组更加健全，工作布置更加科学，因而可以充分利用工时，为节约劳动力创造条件。同时，通过严格劳动纪律，开展劳动竞赛、安全生产和文明生产以及职工群众的合理化建议活动，就能不断提高劳动者的自觉性与积极性，从而使企业的发展具有强大的动力。

2. *劳动组织工作的主要任务*

① 在合理进行劳动分工与劳动协作的基础上，正确地配备劳动力，充分发挥每个劳动者的专长和工作积极性，从而不断提高劳动生产率。

② 正确处理劳动者与劳动工具、劳动对象之间的关系，保证劳动者有良好的工作环境和劳动条件，做好作业组、工作轮班、工作地的组织工作和劳动保护工作，保证劳动者在生产劳动过程中的身心健康。

③ 根据企业生产发展的需要，不断地调整和完善劳动组织，确保劳动者之间关系的改善、劳动者自身的全面发展和劳动生产率的稳定提高。

（二）企业职工的分工和配备

1. *企业职工的分工* 企业职工的配备是以劳动的分工与协作为前提的。所谓劳动分工，是指根据一定的生产技术条件和组织生产过程的要求，把整个生产工作划分成若干组成部分，分别由不同的劳动者来承担的活动。实行劳动分工，将企业生产经营任务经过科学分解，形成各种不同性质的工作任务，有利于人力资源使用配置的优化，发挥每个员工的业务技术水平，也有利于企业经营目标的实现。随着生产专业化程度的提高和企业生产力的发展，一般而言，企业内部的劳动分工将逐步趋向精细，但并不是在任何情况下，都是分工越细越好。分工过细，会造成设备和人员的负荷不足，增加不必要的联系协作，使管理工作复杂化，也容易使员工出现疲劳、乏味，不利于员工积极性的发挥。因此，劳动分工应与企业的生产规模和专业化程度相适应。合理的劳动分工必须根据以下条件进行。

（1）按照企业技术业务内容与工艺过程的特点进行分工　即根据企业的生产技术特点，可以将企业的生产过程分为各个不同的工艺阶段，各工艺阶段又按照不同的设备、工具和业务内容，划分为各个不同的工序、工种或操作岗位。

（2）按照工作性质的不同进行分工　尽可能把基本工作和辅助工作分开，把执行性工作与准备性工作分开。基本工作是指直接从事加工劳动对象的工作，辅助工作则是为基本工作服务的工作，如运输、维修、检测等工作。采用这种分工方式，有利于基本工人和辅助工人各自劳动时间的充分利用。准备工作是指生产某批产品或执行某项工作之前所必须完成的、必不可少的工作，而执行工作是指按照产品加工的工艺过程实际使加工对象发生理化变化的过程，这种分工方式，有利于充分发挥不同员工的专长和提高劳动效率。

（3）按照技术等级的高低进行分工　把技术等级高的工作和技术等级低的工作分开，以利于人尽其才，人事相宜，推动员工努力钻研业务技术，保证劳动生产率的提高。

（4）按照一个员工单独承担工作的可能性进行分工　当某项工作有可能分配给一个员工单独承担时，就应尽量单独分配。这样，就能使每个员工都有明确的责任，有利于消除无人负责的现象，也有利于更好地评定员工的劳动成果。因此，在进行劳动分工时，应从企业实际出发，把技术上的可能性与经济上的合理性结合起来考虑。当然，在劳动分工的基础上，适当扩大工作范围和丰富工作内容，也有利于调动员工的积极性，更好地促进劳动生产率的提高。既然有分工就必然有协作。劳动协作就是指许多人在同一生产过程中或在不同的但相互联系的生产过程中，紧密地组成一个有机整体的劳动形式。劳动分工与劳动协作是不可分割的统一整体，不能把它们对立起来，各自为政。分工是协作的前提，协作是分工的必然结果。分工是为了合理利用劳动力，提高劳动效率，协作是为了使各方面能相互协调与配合。只有组织好协作，分工的优越性才能得到充分发挥，因而分工与协作是对立统一的辩证关系。

企业中的劳动协作形式，包括空间协作和时间协作两个方面。空间上的协作形式分为厂外协作和厂内协作。厂内协作包括部门之间的协作、车间之间的协作、车间内部各工段之间的协作、工段内部各生产班组与作业组之间以及组内各员工之间的协作等。时间上的协作形式主要是工作轮班的协作，通过工作轮班，可以把最基本的分工协作关系从时间上有效地组织起来，保证生产的顺利进行。为了做好劳动协作，必须做好以下几点：一是要从劳动组织、生产、技术、管理制度上把劳动协作关系相对固定下来，如采取领导人员与员工的岗位责任制、职能部门的职责条例等形式强化协作关系；二是要加强思想政治工作，强调协同作战，克服本位主义；三是要采取先进的劳动组织形式，把协作关系密切的各个部门、工种和员工组织起来；四是要有计划有目的地开展“一专多能”活动，把员工培养成多面手，适应多方面工作的需要。

2. *员工配备*　合理地配备员工，是指根据生产发展的需要，为各种不同的工作配备相应工种和等级的员工，使人尽其才，人事相宜，保证劳动生产率的提高。合理地配备员工，是劳动分工的必然要求，应做到以下几点要求。

（1）人尽其才　在配备员工时，要根据职工的工种、技术业务等级、熟练程度和劳动态度等方面的差别，分配他们到最合适的工作岗位上去，充分发挥每个员工各自的专长和积极性。尽量避免这一工种的员工做另一工种的工作、基本工人做辅助工人的工作、技术等级高的员工做技术等级低的工作，尽量做到工种对路、等级相适、用其所长、各尽所能。

（2）人事相宜　在配备员工时，必须考虑工作量的大小，使每个员工都有足够的工作量，保证员工有较充分的工作负荷。同时，要适当扩大工作范围，丰富工作内容。因为员工长期从事一种简单、重复的劳动，就容易出现疲劳，不利于员工生产技术水平的提高和积极性的发挥。因此，在生产规模较小、专业化程度较低的企业里，既要注意避免因分工过细而使员工负荷不足，又要注意当员工负荷不足时考虑兼做其他工作的可能性。

（3）责任明确　在配备员工时，一方面，要使每个员工都有明确的岗位；另一方面，对生产任务的数量、质量、期限、成本消耗等方面，都要有明确的责任，以利于建立岗位责任制，避免无人负责的现象，尽量做到职责分明、分工清楚、有奖有罚。

二、劳动合同和定额

（一）劳动合同

在长期的计划经济体制下，我国国有企业实行的是劳动计化管理体制，其特征是“国家包揽、行政隶属、终身固定”的统包统配的用工制度。实践证明，这种统包统配的计划劳动用工制度存在诸多弊端。改革开放以来，各地不断改革国有企业的劳动用工制度，特别是实行了劳动合同制。实行劳动合同制，是我国用工制度的重大改革，已成为我国劳动制度的改革方向。所谓劳动合同制，是指企业和劳动者依据国家有关政策和法令，在双方平等自愿、协商一致的基础上，通过签订劳动合同，明确双方权利和义务的一种劳动制度。实行劳动合同制，有利于保障企业和劳动者双方的合法权益，维护劳动者在企业中的主人翁地位，有利于促进劳动力的合理有序流动，促进劳动力与生产资料的最佳结合，还有利于改善和提高劳动者的素质。劳动合同是劳动合同制的主要内容，它是指劳动者与用人单位确立劳动关系，明确双方权利和义务的协议。劳动合同的订立和变更，应当遵循平等自愿、协商一致的原则，不得违反法律和行政法规的规定。

（二）劳动定额

1. *劳动定额及其作用*　劳动定额是产品生产过程中劳动消耗的一种数量标准，是指在一定的生产技术组织条件下，在一定时间内所生产的合格产品的数量，或者生产单位合格产品所需要的时间。

劳动定额是企业管理的一项重要的基础工作，正确地制定和执行劳动定额，对于组织和促进企业生产的发展，具有重要的作用。劳动定额的直接作用主要是两条：一是对生产过程进行控制与管理，起到合理组织生产的作用；二是合理组织分配劳动报酬的作用。劳动定额的具体作用，可表述为以下几方面：劳动定额是企业编制、执行和检查计划的基础，企业的生产计划、劳动计划、成本计划、维修计划等都要以劳动定额为依据；劳动定额是科学地安排生产和组织劳动过程的依据；劳动定额是企业实行经济核算和成本管理的基础资料；劳动定额是完善经济责任制，确定员工劳动报酬，贯彻按劳分配原则的主要依据；劳动定额是企业开展劳动竞赛，不断提高劳动生产率的重要工具。

2. 劳动定额的形式　劳动定额的基本形式有两种，即时间定额和产量定额。

（1）时间定额　时间定额即工时定额，是指在一定的生产技术组织条件下，员工生产单位合格产品所需消耗的时间。

（2）产量定额　产量定额是指在一定的生产技术组织条件下，员工在单位时间内应生产的合格产品的数量。

除了时间定额和产量定额两种基本形式之外，劳动定额还有看管定额和服务定额两种补充形式。看管定额是指一个或一组员工，同时所能看管的机器设备的数目，或者机器设备上的操作岗位数目，而服务定额是指一个员工在一定时间内，在保证工作质量的前提下应达到的工作量指标。劳动定额的不同形式，适用于不同的行业和生产条件。通常工时定额主要适用于成批生产或单件生产的企业，如机械、仪表、家具生产等行业；产量定额适用于大量生产类型，如化工、建材、采掘、冶金、森工等行业；看管定额在机械化、自动化程度较高的纺织企业中采用；而服务定额适用于商业企业和服务行业。

3. 工时消耗分类和时间定额的构成

（1）工时消耗分类　工时消耗分类，即对员工在整个工作班内全部劳动时间消耗的分类，目的是消除不必要的工时消耗，为制定先进合理的定额提供科学依据。

员工在整个工作轮班内的工时消耗，按其性质、作用及具体条件不同，可以划分为定额时间和非定额时间两大部分。

定额时间，是指员工为完成某项工作所必须消耗的时间，由作业时间、布置工作地时间、休息与生理需要时间以及准备与结束时间 4 个部分组成。①作业时间，指直接用于完成生产任务，实现产品加工工艺过程所消耗的时间，它是定额时间最主要的组成部分，按其作用还可分为基本时间与辅助时间两部分。②布置工作地时间，指员工用于照管工作地，使工作地经常保持正常工作状态所消耗的时间，它又分技术性的和组织性的两部分。布置工作地时间，一般是以占作业时间的百分比来计算的。③休息与生理需要时间，是指为了使员工在工作轮班内休息恢复体力和满足生理上的需要而规定的时间，这类时间，一般也按照占作业时间的百分比来规定，或者为每一轮班规定一定的时间。④准备与结束时间，指员工为生产一批产品或执行一项作业，事前进行准备和事后结束工作所消耗的时间。

非定额时间，是指那些不是为生产产品所必需消耗的，而是与完成生产任务无关的时间消耗或停工损失时间，主要由非生产工作时间、非员工过失造成的损失时间和员工过失造成的损失时间 3 部分组成。①非生产工作时间，即员工在工作日内做了本身任务以外的工作所消耗的时间，如修理与本人工作无关的设备和不合格品等所消耗的时间。②非员工过失造成的损失时间，即由于技术组织工作的不足，或由于企业外部环境的影响而造成的时间损失，如停工待料、停电等损失的时间。③员工过失造成的损失时间，即由于员工违反劳动纪律而造成的损失时间，如无故缺勤、上班闲谈、办私事等所损失的时间。

显然，非定额时间是由各种原因引起的工时损失，是属于无效的和不必要的时间消耗，应努力加以消除，不应该包括在工时定额之内。

（2）时间定额的构成 时间定额构成就是把工时消耗的结构表现在一个产品或一道工序的时间定额上。它在不同的生产类型中是不同的。在大量生产条件下，由于工作经常固定地加工同样的产品，分摊到每一产品上的准备与结束时间很少，可以忽略不计，因此，计算公式为

单位工时定额＝作业时间＋布置工作地时间＋休息与生理需要时间

在成批生产条件下，由于工作地轮番地生产产品，每次轮番均要消耗一次准备与结束时间，因而需要把它按一批产品的数量分摊到每一件产品的时间定额中去，这个定额称为单件计算工时定额。

在单件生产条件下，为简化工时定额的制定工作，可以采用下列方法：

$$\text{单件工时定额}=\text{作业时间}\times\left(1+\begin{array}{c}\text{布置工作地时间和休息与}\\\text{生理需要时间占作业时间的百分比}\end{array}\right)+\text{准备与结束时间}$$

在工时定额的基础上，还可以计算班产量定额，通常的计算公式是

产量定额＝一个轮班的工作时间÷单位产品工时定额

三、企业劳动定员

企业的定员，又称定员管理，是根据企业既定的产品方向和生产规模，本着精简机构、节约用人、增加生产和提高效率的精神，在一定时期内和一定的技术组织条件下，确定企业的各级各类人员的数量标准。

（一）定员的原则与依据

1. 定员的要求 要做好定员的编制工作，必须满足以下要求。

（1）贯彻先进合理的原则 在制定时要从实际出发，既要考虑现实的生产技术组织条件，又要充分挖掘劳动潜力；既要保证满足生产需要，又要避免人员的浪费。

（2）正确地处理好各类人员之间的比例关系 要合理安排直接生产人员与非直接生产人员的比例关系，基本工人与辅助工人的比例关系，不同工种员工的比例关系，并注意逐步增加工程技术人员和管理人员的比重。

（3）确定编制定员的范围 企业中的全部职工按工作岗位分为6类：生产工人、学徒、工程技术人员、管理人员、服务人员和其他人员。其他人员是指长期脱离企业劳动岗位、仍由企业支付工资的人员，包括连续6个月以上的病、伤假人员，脱产学习人员、援外学习人员等。其他人员不包括在企业的定员范围内，而前5类人员都属于定员的范围。

（4）先比较后确定 在与国内外同行业先进水平和本企业历史最高水平进行比较的基础上确定。

2. 编制定员的作用 编制定员工作是企业的一项基础工作。它的主要作用是使企业在用人方面做到心中有数，保证生产过程对人员需要的前提下，合理配备人员，节约使用劳动力，提高劳动生产率。定员是企业劳动计划工作的基础。有了定员，企业在调配劳动力方面就有了明确的目标，进行劳动力的平衡和余缺调剂，监督检查劳动力的使用状况也就有了依据。有了定员，还

可以促进企业改善劳动组合，加强劳动纪律，建立健全岗位责任制，克服人浮于事，工作效率低等现象。

3. *编制定员的范围* 企业编制定员的范围，包括固定职工、临时职工和学徒工 3 部分。这些人员按他们在生产过程中所在的岗位，工作性质和工作职能不同可分以下 5 类。

(1) 生产工人 是指企业直接从事物质生产的人员。按他们参与企业产品生产过程的性质和方式不同，又分为基本工人和辅助工人。基本工人是直接制造产品的工人，是企业职工中主要部分。辅助工人是不直接参与企业产品的制造，但为基本生产服务，并完成辅助性生产任务。例如，企业主要车间的修理工、搬运工、辅助生产车间（工具车间、机修车间、动力车间）的生产工人；厂房维修及厂内运输工人等。

(2) 工程技术人员 是指担任工程技术工作并有一定工程技术能力的人员，包括：已取得技术职称，并担任工程技术工作的人员；理工科大学、中专（包括具有大学、中专水平的电视大学、职工业余大学及其他业余大学）毕业，已担任工程技术工作的人员、从工人中提拔的或从其他非工程技术岗位转来的，实际担负技术工作，具有中专以上水平的人员；已取得工程技术职称或大学、中专理工科专业毕业，在企业中担任工程技术管理工作的人员。在工程技术人员中，有专职工程技术人员和业务技术管理人员两部分。前者是指直接从事产品设计和工艺制造等工作，后者是指在技术部门担任行政职务。

(3) 管理人员 是指从事企业生产、经营和管理的人员。他们是企业生产、企业经营、企业策划、企业发展等一系列活动的直接策划者。

(4) 服务人员 是指为生产服务或者为职工生活服务的工人，如食堂工作人员、勤杂服务人员、文教工作人员、卫生保健人员以及其他生活福利工作人员。

(5) 其他人员 指休假 6 个月以上的病休人员、脱产学习人员、援外人员等。

企业要合理安排上述各类人员之间的比例关系，首先要合理安排直接生产人员和非直接生产人员的比例关系；其次要正确处理基本工人与辅助工人的比例关系。

(二) 食品企业人员的构成和分类

食品企业人员主要分为以下几类：一线生产人员、品质保证控制人员、管理人员、产品研发人员和营销人员。

1. *一线生产人员* 一线企业生产人员是指直接从事生产操作的人员。食品企业一线生产人员要熟悉生产环境、了解有关规章制度；了解本企业的性质、目标、任务、宗旨等，熟悉各自岗位的操作规范，成为熟练的操作者，并具有一定的掌握新技术、适应多工种的能力。

2. *品质保证控制人员* 品质保证控制人员是食品企业为保证产品质量进行检测检验的人员及进行品质控制的管理人员。要求品质保证控制人员掌握保证各种产品达到合格的生产技术和控制手段。首先要求他们掌握食品行业的专业知识，熟悉各类食品检测检验的方法、仪器及操作，及时了解和掌握食品行业的品质控制和保证的新技术，具有很强的责任心，能够及时掌握原料、生产及销售等各环节产品可能出现质量问题的情况，对出现的质量问题能够分析原因，及时给管理人员提出调整方案建议。

3. *产品研发人员* 产品研发人员是食品企业从事新产品开发、产品更新换代的人员。要求产品研发人员具有食品专业的完善的宽厚的知识结构，时刻了解和掌握食品行业的发展动态；及时掌握食品工业的新技术、新设备；具有综合运用知识的能力，要求他们思路敏捷，对新技术新设备的接受和运用能力极强。同时要求他们能够对食品行业的发展具有前瞻性的预测，开发的产品具有一定的技术储备，真正做到开发一代、储备一代。因此食品企业研发人员要对信息有一定的敏感性。同时要求产品研发人员要能够及时和管理人员交流沟通，能够让管理人员接受新产品开发的意见并及时把新产品推向市场。

4. *管理人员*　食品企业的管理人员是指从事食品企业生产经营管理的人员，要求食品企业管理人员应具备食品科学与工程专业一定的专业知识，了解食品行业的发展方向，能够及时准确地做出本企业发展的决策。同时应具备合作精神，能赢得人们的合作，愿意与人一起工作；具有决策才能，能依据事实而非依据想像进行决策，具有高瞻远瞩的能力；具有较强的组织能力，能够发挥部属的才能，善于组织人力、物力和财力；能够精于授权、善于应变，做到大权独揽、小权分散，抓住大事、把小事分给部属；勇于负责，对上级、下级、产品、用户及整个社会有高度责任心；敢于求新，对新事物、新环境、新观念有敏锐的感受能力；敢于承担风险，对企业发展中不景气的风险敢于承担，有改变企业面貌、创造新局面的雄心和信心。

5. *营销人员*　食品企业营销人员是产品走向市场的媒介。要求营销人员了解食品企业产品的性能、对其营养功能、保健功能有一定的了解，这样可以在推销时更具有说服力；要求营销人员了解消费者的消费需求、消费动机、消费心理；要求营销人员对市场上的同类产品有一定的熟悉和了解，能够和本企业产品进行对比，知道自己产品的优势；要求营销人员对一定区域的市场熟悉，熟悉当地人们的消费习惯、对产品的可能接受程度，做到心中有数。

（三）定员方法

企业的定员，是根据企业既定的产品方向和生产规模，在一定时期内和一定的技术组织条件下，规定企业应配备的各类人员的数量标准。定员人数确定的基本依据是总的工作量和个人的工作效率。由于企业内各类人员的工作性质不同，总的工作量和个人的工作效率表现的形式也不同，计算定员也就有不同的方法，主要有以下几种。

1. *按劳动效率定员*　按劳动效率定员就是根据生产任务（工作量）和工人的劳动效率（定额）以及劳动时间利用程度来计算定员人数，其计算公式如下

$$\text{定员人数}=\frac{\text{计划期生产任务工作量}}{\text{计划期每一工人有效工时}\times\text{定额}}$$

其中，

$$\text{计划期生产任务工作总量}=\sum[(\text{单位产品工时定额}\times\text{计划期总产量}\div(1-\text{废品率})]$$

$$\text{计划期每一工人有效工时数}=\text{计划期制度工时}\times\text{出勤率}\times\text{工时利用率}$$

2. *按设备定员*　按设备定员就是根据机械设备的数量、工人的看管定额和设备的开动班次来计算定员人数，其计算公式如下

$$\text{定员人数}=\frac{\text{完成生产任务所必须的机器设备台数}\times\text{开动班次}}{\text{工人看管定额}\times\text{工人出勤率}}$$

这种定员方法，主要适用于机械操作为主的工种，在大致的同类型设备并采用多设备看管的劳动组织形式中，这些工种的定员人数主要取决于机器设备的数量和工人在同一时间内能够看管机器设备的台数。

3. 按岗位定员　按岗位定员就是根据岗位的多少计算定员数。采用这种方法，首先要确定有多少需要工人操作或看管的岗位，然后再依据各个岗位的工作量、工人劳动效率、轮班次数、出勤率等因素，计算定员人数。这种定员方法，主要适用于以岗位看管为主的工种。在具体定员时，应考虑看管岗位量、岗位的负荷量、班次及轮班的方法。

4. 按比例定员　按比例定员就是根据一种人员的数量与相关数量的比例计算某种人员的定员人数，例如，炊事员人数是按就餐人数的多少来计算的，托幼人员是按入托儿童人数的多少来计算的。

5. 按组织机构　职权范围和业务分工定员　这种方法主要适用于管理人员的定员。运用这种方法定员时，要在精简机构、节约用人的前提下，考虑有关因素，如企业规模、产品特点、生产过程的复杂程度、管理工作的基础和管理人员业务能力等。

6. 按新建企业设计定员　指根据新建企业的技术组织条件，参照国内外同类型企业的定员标准或人员配备情况确定。对于从国外引进的新工程项目，原则上按引进设备国家的用人标准配备人员，但必须结合我国国情，因地制宜地加以必要调整。

在实际工作中计算定员时，要根据企业各自生产经营的特点和各类人员的特点，上述几种方法灵活运用。在具体定员的过程中，不仅要确定人员数量，还要注意人员的质量和素质要求，必须把企业内各单位及各类人员的特点结合起来。为了使企业定员有所依据，考核企业定额是否先进合理，国家劳动部门和企业主管部门，都制定了有关的定员标准。定员标准是通过调查研究，并结合企业定额的情况制定的，对企业的定员起着指导作用，企业应从实际出发，结合国家制定的定员标准，采用上述方法，制定本企业的定员方案。

复习思考题

1. 建立企业组织机构的原则是什么？
2. 分析各种组织机构的形式及特点。
3. 论述直线职能制、事业部制的特点及适应性？
4. 电子商务条件下企业组织的特点是什么？
5. 编制劳动定员的要求是什么？
6. 确定劳动定员有哪些方法？

第十一章　基本建设概算

学习目的与要求：通过本章的学习，了解项目概算的内容及固定资金和流动资金的构成；掌握工程项目的层次和性质划分，重点掌握概算文件的组成、概算编制的程序和方法。

第一节　项目概算

一、项目概算的意义

新建一个食品生产厂或对原有食品生产厂进行改建、扩建时，为了保证建设项目建设及建成后生产经营活动的进行，必须投入足够的资金。我们将建设项目实施过程中所需投入的总资金称总投资费用，也称投资。

项目投资概算一般是指在项目决策或立项前的规划和研究阶段，对建设项目所需要的总投资的预测和估算。

正确、合理地进行项目投资概算并编制出概算文件，对项目实施可行性论证、项目的确立及投资方向的决策等都有重要的作用，其具体的作用概括如下。

① 初步的项目投资概算是进行项目技术经济分析及评价的一个前提条件。对一个项目进行技术经济分析和评价，涉及项目总成本、单位产品成本、折旧提成、投资回收期、贷款回收期、内部收益率等一系列财务、经济指标。这些指标值的计算都必须在投资估算出来以后才能进行。

② 初步项目投资概算是分析和评价项目建设多种设计方案，拟定最佳投资目标和实施方案的基本依据之一。

③ 项目投资概算是项目工程筹款和结算的重要依据。项目投资概算是向银行等金融部门筹资的依据，也是项目建设过程中的资金使用指南。建设项目设计任务书（或可行性研究报告）估算的投资额应对项目总造价起控制作用。编制年度建设计划，确定计划投资总额，要以批准的项目概算的有关指标为依据。没有批准的初步设计和概算的项目不能列入年度基建计划，初步设计任务一经批准，其投资概算就应作为工程造价的最高限额，不得随意突破。

④ 项目投资概算也是国家经济建设宏观调控的依据。对项目承办单位在项目建设及随后的生产、经营中也起着重要作用和影响。

基于以上要求，项目投资概算应力求科学、合理、准确，并达到一定程度的精确度。

二、项目概算的内容

项目总投资分为两大部分：固定资产投资和流动资金，这两部分资金额的划分及占总投资额的比例，因项目的性质、特点、规模而异，一般流动资金额占总投资额的50%左右。

（一）固定资产投资的构成

固定资产投资是指投入到固定资产再生产过程中去的资金，亦即为建设或购置固定资产所支付的那部分资金。按固定资产再生产的形式不同，可分为新项目建设投资和对原有项目的更新改造（技改项目）投资。

1. *固定资产投资按费用划分* 其构成有4部分：建筑工程费用、设备购置费用、安装工程费用和其他费用。

（1）建筑工程费用 它主要包括永久性建筑物或构筑物，如厂房、仓库、大型金属构件及设备基础、公共设施建筑以及水、电、汽等工程的建设费用，同时还包括为建筑施工服务的一些临时性建筑的建设费用，如临时工房、围墙、建筑场地、通道等的建设费用。

（2）设备购置费用 这部分费用包括生产设备和生产必须使用的工具、仪器、生产用及办公用设备等购置费，另外包括设备的运输、停放、临时保管费等。

（3）安装工程费用 它包括安装生产设备、配套管线及其防护设施以及单机试车等费用。

（4）其他费用 此部分费用包括土地征购费，建设场区拆迁费、平整费、勘察设计费，职工培训费，联合试车费，建设期贷款利息，不可预见费，以及上述费用项目未包括在内的但又是完成整个项目所必须的一些费用。

2. *固定资产投资按概算指标估算法划分* 其构成有：建筑工程费用、设备投资、其他基本建设费用。具体各项费用包括项目及划分一般如下。

（1）建筑工程费用 建筑工程费用由直接费用、间接费用、计划利润和税金组成。直接费用是指人工费、材料费、施工机械使用费等，该费用额按工程的规模及当地概算的综合指标计算确定。间接费用包括施工管理和其他间接费，它一般以直接费用额数为基数，按间接费率计算确定。计划利润以建筑工程的直接费和间接费之和为基数，按规定的费率计算。税金包括：营业税、城市维护建设税、教育附加费等。具体又可分为下列各项。

① 主要建筑工程费用，它主要是指用于生产和生产管理的建筑及各种结构工程的建设费用。

② 辅助工程建筑费用，该项费用包括生产原料、辅料及产品的储存库房或场地，机电维修间，废料回收场，中心化验室等的建设费用。

③ 公用工程建设费用，它包括厂内的给排水、供热、供气、供电、道路、环境绿化的建设费用，以及厂与厂外的水源、排污工程、道路的连接建设工程建设费用。

④ 生活、福利及服务性建筑建设费用，这部分费用包括职工宿舍、住宅、俱乐部、保健医疗室、食堂、车库、浴室、公共厕所等的建设费用。

⑤ 其他基本建设费用，该项费用包括：土地征用费、居民迁移及住房拆建安置费、旧有工程拆除费和补偿费等，以上这些费用额均根据当地人民政府的有关规定计算和收取，同时按规定支付相应的补偿费或补助费及管理费和税金。其他基本建设费用还包括项目前期非标设备设计

费、工程勘察设计费，项目筹建费，工程联合试运转及项目验收等费用。这些费用按工程的规模确定其总额，其中不包括应计入设备材料预算中的管理费用。

⑥ 不可预见费，这是指在项目可行性研究中难以预料的及其他所需费用，如在进行初步设计中，对批准的建设投资范围内所增加的工程费用、一般自然灾害对工程建设带来的损失及抵抗突发灾难事故的费用、工程造价因各种因素的影响而变动的增加费用等。这些费用是用一般建筑工程费用的总额为基数，按规定的费用率计算确定。

（2）设备投资　具体包括下述几方面。

① 设备购置费，该费用是指建设项目投入生产所需用的、要安装和不用安装的全部设备、工器具及生产用家具购置费，对新建项目，其中包括项目初期正常生产所必需的第一套不够固定资产标准的设备、仪器、工具等的购置费，该项费用以概算时设备价格为准计算。

② 设备安装及单机调试费。

③ 设备运杂费，此费用除包括设备由其生产厂或供应单位运送至项目承办单位的运输、中间暂存保管等费用外，还包括设备生产厂或成套设备供应公司的服务费，该费用额一般以设备购置费为基数，按规定运杂费率计算而确定。

④ 不可预见费。不可预见费是由于各种因素影响而超出以上设备费概算之外而项目建设运营不可少的设备费用增额，不可预见费可在设备投资费总额中按一定的比例估算。

（3）技术培训费　这项费用指新建厂或改扩建厂在建设项目交工验收前，为本单位培训技术人员、工人及管理人员所支出的费用。现代企业必须有一支技术熟练、训练有素的职工队伍，这是保证事业成功的重要基础，所以，生产单位要为参与项目施工、设备安装、调试，以便熟悉生产工艺流程、机械性能等需要而提前进厂的职工支出技术培训费用。该费用根据项目的规模、设备现代化水平、职工技术素质情况等因素而做出的培训计划（培训方法、人数、时间等）确定。

上述各项固定资产投资中，将有一部分投资不能形成固定资产，作为“应核销”资金处理，如职工技术培训费、工程报废损失费等。扣除核销部分后的固定资产投资额占固定资产投资总额的比值称为固定资产形成率。

（二）流动资金的构成

维持企业正常生产及营销全过程的费用称为流动资金，它以货币的形态或实物的形态在企业营运全过程中出现。一般生产企业的流动资金构成如表 11－1 所示，包括：生产流动资金中的储备资金和生产资金；流通流动资金中的成品资金、结算资金和货币资金。流动资金按管理方式不同可分为定额流动资金和非定额流动资金。

表 11－1　工业企业流动资金构成

<table>
<tr><td rowspan="2">处于生产领域的流动资金</td><td>储备资金</td><td>原料及主要材料、辅助材料、低值易耗品、包装品、外购半成品、燃料、修理用备品</td><td rowspan="3">定额流动资金</td></tr>
<tr><td>生产资金</td><td>在制品、自制半成品、待摊费用</td></tr>
<tr><td rowspan="3">处于流通领域的流动资金</td><td>成品资金</td><td>产成品、外购商品</td></tr>
<tr><td>结算资金</td><td>应收及预付账款、发出新商品</td><td rowspan="2">非（超）定额流动资金</td></tr>
<tr><td>货币资金</td><td>备用金、库存现金、银行存款</td></tr>
</table>

定额流动资金包括储备资金、生产资金和成品资金3部分。该部分资金占流动资金总额比例高，而且有一定规律，易进行严格管理。

非定额流动资金包括结算资金和货币资金这两部分。此项资金受多种因素影响，其数额常发生变化，难以预先确切计算。

食品生产厂的流动资金，一般可以按产值（或销售收入）资金进行估算，即参照现有类似的生产企业的指标确定流动资金占有额（率），并以此资金率计算出流动资金。

流动资金额＝年产值（年销售收入额）×产值（销售收入）资金率

流动资金按其来源不同分为：贷款流动资金和自有流动资金，前者资金来自银行借贷，后者为企业自筹。按我国规定企业流动资金中自有流动资金必须占总流动资金的30%以上银行才能给予流动资金贷款，而且流动资金贷款利息应在产品成本的企业管理费中列支。

第二节　工程项目的概算方法

一、工程项目的层次划分

编制基本建设概算，必须根据初步设计资料，按造价构成因素分别计算并汇总起来才能求得。就整个概算而言，设备及工器具的概算价值比较容易求取；其他费用的确定也比较方便，它可按国家或地方有关主管部门的规定进行计算。惟有建筑及安装工程造价的确定，要按照工程项目的划分，分层次地逐项计算，然后汇集才能求出整个建设项目的工程造价。我国一般对项目划分为下列3个层次。

1. 建设项目　一般是指具有计划任务书和总体设计，经济上实行独立核算、行政上有独立组织形式的基本建设单位，如整体工厂项目。例如，一个大型奶业项目，它包括一个大型综合养牛场和一个奶品加工厂。这两个厂具有产前和产后加工的联系，在事业发展上可相互促进。但是，项目设计内容上，两者有差异，行政上自成体系，经济上各自独立，所以可视为两个建设项目。

2. 单项工程　是指在一个建设单位中，具有独立的设计文件，竣工后可以独立发挥生产能力或工程效益的工程，如工业企业建设中的生产车间、仓库、锅炉房、办公楼等，通常又称做单体项目。

3. 单位工程　是指具有单独设计，可以独立组织施工的工程，一般以一个独立建筑物作为一个单位工程。通常又称为子项工程。

二、工程项目的性质划分

建筑工程根据各个组成部分的性质和作用可做如下划分。

1. 一般土建工程　包括建筑物与构筑物的各种结构工程。

2. 特殊构筑物工程　包括设备基础、烟囱、水池、水塔等。

3. 工业管道工程　包括蒸汽、压缩空气、煤气、输油等的管道。

4. 卫生工程　包括上下水道、采暖、通风等。

5. 电气照明工程　包括室内外照明设备安装、线路敷设、变配电设备的安装工程等。

6. 设备及其安装工程　包括机械设备及安装、电气设备及安装两大类。

三、概算文件的组成

初步设计概算书由简明扼要的概算编制说明及一系列表格所组成。概算编制说明包括工程概况、编制依据和方法、投资分析、主要设备、材料数量和有关问题的说明；而表格可按层次分类大体如下。

（一）单位工程概算书

单位工程概算书是反映每一独立建筑物中的一般土建工程、卫生工程、工业管道工程、特殊构筑物工程、电气照明工程、机械设备及安装工程、电气设备及安装工程等费用的文件。

（二）其他工程和费用概算书

其他工程和费用概算，是确定建筑、设备及其安装工程之外的、与整个建设工程有关的其他工程和费用的文件。它是根据设计文件和国家、地方、主管部门规定的收费标准进行编制的。它以独立的项目形式列入总概算书或综合概算书中。

（三）工程项目（单体项目）**综合概算书**

综合概算书是确定工程项目（单体项目）的全部建设费用的文件。整个建设工程有多少个工程项目就应编制多少个综合概算书。综合概算书是根据各单位工程概算书汇编而成的。

（四）建设项目（整体项目）**的总概算书**

总概算书是确定一个建设项目从筹建到竣工验收过程的全部建设费用的文件。它由各工程项目综合概算书及其他工程和费用概算书汇编组成。

总概算书一般分为两部分：工程费用项目、其他工程和费用项目。

1. 第一部分　工程费用项目，其包括下列各项。

① 主要生产项目和辅助生产项目。

② 公用设施工程项目。

③ 生活福利、文化及服务性工程项目。

2. 第二部分　其他工程和费用项目，其包括下列各项。

① 土地征用费。

② 建筑场地整理费、青苗赔偿费。

③ 建设单位管理费。

④ 联合试车费。

⑤ 生产职工培训费。

⑥ 办公及生活用具购置费。

⑦ 工器具及生产家具购置费。

⑧ 施工单位转移费。

⑨ 大型临时设施费。

⑩ 冬雨季施工增加费。

⑪远征工程费。

⑫法定利润。

⑬工程设计费。

在上述两部分项目的费用合计之后，应列未能预见工程和费用（又称不可预见费）。

每个建设工程预算文件的组成，并不是一样的，要根据工程的大小、性质、用途以及工程所在地的不同要求确定。

四、概算书的编制依据和编制方法

（一）概算编制的依据

初步设计概算编制的依据是建设项目的初步设计文件和有关设计图纸、各种定额指标，这些定额指标包括概算定额、施工管理费定额、独立费用标准、法定利润率、设备预算价格以及概算单价表等。项目概算编制时必须逐项计算，不得遗漏。

项目概算时，对各项概算费用指标费用额（即概算定额指标），如施工管理费定额、年折旧率、利润率、设备价格、企业各项基金额等，都应该按当时当地有关的、法定的、通用的定额指标进行计算，不要超越法定的或通用的定额指标。

（二）概算编制的程序

① 首先收集各项基础资料、文件，包括设计任务书、设计图纸、工艺技术资料、国家颁布的有关法规、各项定额、概算指标、取费标准、工资标准、施工机械台班使用费、设备预算价格等。这些基础资料，因地区不同而异，故应收集适用于项目建设地区的资料。

② 进行深入的产品需求研究、工艺技术及财务经济研究等，以确保做出符合实际情况的投资估算。

③ 熟悉设计图纸，根据上述资料编制单位估价表、单位估价汇总表。并计算工程量。

④ 选择概算方法，根据工程量计算表与单位估价表等资料计算直接费，确定概算费用指标及概算定额指标。

⑤ 按项目层次由单位工程到单项工程，再到整个建设项目，逐层分别计算，然后汇总。

⑥ 按规定的格式编写概算表及有关文件。

按照施工管理费、独立费用定额、法定利润率等依据，计算施工管理费、独立费和法定利润；编制单位工程概算书；汇编各种综合概算文件，形成总概算书。

（三）概算编制的方法

目前，国内一般项目概算时，对固定资金投资多采用概算估算法计算，流动资金主要采用产值资金率（或销售收入资金率）法计算。因此，在对项目进行概算时，确定概算方法后，应该依据规定的、与概算方法相应的概算用指标逐项计算，不能遗漏。

1. 单位工程概算　单位工程概算按生产车间分别进行概算编制。

（1）应包括的项目

① 工艺设备部分：定型、非定型设备的价格及安装费。

② 电气设备部分：各种输电、配电设备，电动机，通讯设备等价格及安装费。

③ 自控设备部分：各种计量器、仪表、控制设备等价格及安装费。

④ 管道部分：车间内外管道、阀门及某保温、防腐等项费用及安装费。

⑤ 土建部分：车间建筑及车间内大型构筑物建筑费用。

以上各项费用概算中①、②、③和④用表 11 - 2 格式编制，⑤用表 11 - 3 格式编制。

表 11 - 2　××项目工程概算表

<table>
<tr><th rowspan="4">序号</th><th rowspan="4">编制依据</th><th rowspan="4">设备及安装工程名称</th><th rowspan="4">单位</th><th rowspan="4">数量</th><th colspan="2" rowspan="2">重量（t）</th><th colspan="6">概算价值</th></tr>
<tr><th colspan="3">单价</th><th colspan="3">总价</th></tr>
<tr><th rowspan="2">单位重量</th><th rowspan="2">总重量</th><th rowspan="2">设备</th><th colspan="2">安装工程</th><th rowspan="2">设备</th><th colspan="2">安装工程</th></tr>
<tr><th>合计</th><th>其中工资</th><th>合计</th><th>其中工资</th></tr>
<tr><td>1</td><td>2</td><td>3</td><td>4</td><td>5</td><td>6</td><td>7</td><td>8</td><td>9</td><td>10</td><td>11</td><td>12</td><td>13</td></tr>
<tr><td></td><td></td><td></td><td></td><td></td><td></td><td></td><td></td><td></td><td></td><td></td><td></td><td></td></tr>
</table>

审核_______，校对_______，编制_______。　　年　　月　　日

表 11 - 3　单位工程概算表

<table>
<tr><th rowspan="2">序号</th><th rowspan="2">价格依据</th><th rowspan="2">名称及规格</th><th rowspan="2">单位</th><th rowspan="2">数量</th><th colspan="2">单价</th><th colspan="2">总价</th></tr>
<tr><th>合计</th><th>其中工资</th><th>合计</th><th>其中工资</th></tr>
<tr><td></td><td></td><td></td><td></td><td></td><td></td><td></td><td></td><td></td></tr>
</table>

审核———，校对———，编　制———。　年　月　日

（2）以上几种费用计算简要说明

① 设备费：

通用设备费＝购置费＋设备运杂费

非标准设备费＝出厂价＋运杂费

② 设备安装工程费：按需要进行安装的设备定。

设备安装工程费＝设备总重量（t）×规定的设备安装概算指标

或　设备安装工程费＝设备费×（3%～5%）

③ 设备运杂费：按国家有关部门规定的费率计算，即：按设备原价的总值，对国内、国外供应的设备分别乘以运杂费率，所得结果为设备运杂费。一般为设备原价的 5%～10%。

④ 管道总费用：

管道总费用＝材料费＋安装费。

安装费按工艺管道安装综合指标定额计算。

⑤ 土建工程费：按“建筑工程核算定额”、“建筑安装工程施工管理费和独立费用定额”等指标规定计算，列出土建工程造价总表。

土建工程费＝单位建筑面积费率（元/m^2）×建筑面积（m^2）

2. 综合概算　综合概算是将上述单位工程的概算结果以单项工程为单位分项归类并且汇总

在综合概算表内。综合概算表格式如表 11－4 所示。

表 11－4　综合概算表

主项号	工程项目名称	概算单位（万元）	单位工程概算价值（万元）												
			工艺			电气			自控			土建构筑物	室内供排水	照明避雷	采暖通风
			设备	安装	管道	设备	安装	线路	设备	安装	线路				
1	2	3	4	5	6	7	8	9	10	11	12	13	14	15	16

审核＿＿＿，校对＿＿＿，编　制＿＿＿。　年　月　日

表 11－4 填写说明如下。

① 各栏下面应填写的内容：

第 1 栏：填写设计主项目号（或单元代号）

第 2 栏：填写设计主项（或单元）名称，如：主要生产项目、辅助生产项目、公用工程（供排水、供电、通讯、供汽、采暖、运输等）、服务性工程、生活福利工程、厂外工程、总计。

第 3 栏：填写 4～16 栏费用之和。

第 4、5 栏：填写主要生产项目、辅助生产项目和公用工程的供水、供气、运输以及相应的厂外工程的设备和设备安装费。

第 6 栏：填写上述各项目的室内外管路及线路安装费。

第 7～16 栏：填写电器、变配电、电讯、自控等设备及其内外线路，厂区照明、土建、室内给排水、采暖、通风等费用。

② 第 3 栏内各项均列合计数，总计为合计之和。

③ 本表金额以万元为单位，数值取到小数点后两位。

3. *项目总概算及投资分配表*　将单项工程概算结果分项归类汇总获得建设项目的总投资额，填入表格即总概算表。并可按固定资产投资及流动资金两大部分分类填入投资分配表内。总投资分配表格式如表 11－5。

表 11－5　投资分配表

类　别	名　称	金额（万元）	占固定资产%	占总投资%
固定资产投　资	机械设备投资			
	基本建设投资			
	技术培训费			
	小　计			
流　动　资　金				
总　计				100.00

为了把建设项目投资概况表示得更清楚及供分析评价使用方便，可以投资分配表为依据，列出固定资产总投资的明细表，表格形式没有特别的规定，可参照表 11－6 和表 11－7。

表 11-6　建设项目机械设备投资明细表

序　号	名　称	金　额（万元）
1	设　备　费	
2	运　杂　费	
3	安装调试费	
4	运输车辆费	
5	不可预见费	
合计		

说明：为了使用需要，可将本项目所需设备包括仪器、工具等按设备名称、规格型号、数量、单价、总价等项目分别列入一张设备明细表内。

表 11-7　建设项目基本建设投资明细表

序　号	名　称	金　额（万元）
1	土建工程费	
2	工程设计费	
3	征　地　费	
4	项目前期费用	
5	其他建设费用	
6	不可预见费	
合计		

说明：① 为了方便评价分析决策者参考，可将土建工程费用按单项工程名称、建筑面积（m^2）、单位面积（m^2）成本及总金额等项目分别列入一张土建明细表内。② 表 11-7 内所列各序号项目可按使用者需要开列，项目重要或费用额较大的项目可单独列出，不拘于投资构成的划分类别，如征地费、项目前期费可从其他建设费用中抽出单独项列出。

总概算表在编制时，一般先填写好主要设备材料用表（表 11-8）、主要建筑和安装材料用量表（表 11-9），然后再填写总概算表（表 11-10）。

表 11-8　主要设备材料用量表

项　目	总数	总重量	定型设备		非定型设备					
			台数	重量	台数	重量	其中			
							碳钢	不锈钢	铝	其他

表 11-9　主要建筑和安装材料用量表

项　目	木材（m^3）	水泥（t）	钢材（t）					
			板　材	其中不锈钢	管材	其中不锈钢	型　材	其中不锈钢

注：可根据单项工程概算表中材料统计数字填写。

表 11－10　总概算表

序号	工程或费用名称	概算价值（万元）					占总概算价值%	技术经济指标		
		设备购置费	安装工程费	建筑工程费	其他建筑费	合计		单位	数量	指标（元）
1	2	3	4	5	6	7	8	9	10	11
	第一部分：工程费用									
	一、主要生产项目									
	（一）××装置									
	二、辅助生产项目									
	三、公用工程									
	（一）给排水									
	（二）供电及电讯									
	小　计									
	四、服务性工程									
	五、生活福利工程									
	六、厂外工程									
	合　计									
	第二部分：其他工程和费用									
	第一、二部分合计									
	未可预见的工程和费用									
	总概算价值									

审核______，校对______，编制______。　　年　　月　　日

总概算一般由表格和编制说明组成，编制说明不仅要介绍工程规模、概况、设计内容、概算编制的依据，而且要做简单的投资分析，从而反映投资的经济合理性。一般在单项工程概算后，可以不经过综合概算，直接进行总概算。

五、项目投资概算精确性要求

进行项目投资概算时，有关资料、数据的可靠性将对概算的精度有重要影响，所以保证概算收集的所有资料、数据的准确、可靠对保证概算精度是重要的。对项目不同研究阶段要求达到的等级项目的概算精度是不同的。

1. *项目研究的机会分析阶段*　这个阶段主要是对开发项目提出设想或建立目标，寻找最有利的投资开发机会。本阶段要通过对开发项目的背景、基础和条件等的调查研究，如技术发展趋势、资源供应、环境影响、试验条件、国内外水平、企业行业间关系等，明确开发目的、要求、范围及其关键问题。这一阶段项目研究工作是粗略的，所以只做笼统的经验设计。因此，项目投资概算的误差允许达到±30％。

2. *项目研究的初步可行性分析阶段*　这阶段的工作主要是对经过机会分析后的项目进行进一步的分析，做出初步选定、立题、编制工艺方案、计划任务书等，其内容包括：选题依据、目

的要求、国内外趋势、预期目标、技术关键、技术方案、主要设备、计划进度等。此外，还将提出相应的人力、技术、设备、资金、管理等实施计划。为此，根据需要还应做一些专题调查、模拟试验、进行技术经济分析等工作。因此，本阶段的投资概算误差允许达到±20%。

3. 项目研究的详细可行性分析阶段　本阶段要为项目的投资决策提供技术、经济和社会诸方面的最终依据。经这阶段工作要对具体项目做出深入的技术经济论证，对多种方案进行综合分析对比后选择最佳方案，并且拟定最佳方案的实施计划。本阶段的研究足以从定性、定量两方面的论证，并为资金申请、项目决策、合同签订、上级审批等提供明确依据。所以本阶段是项目可行性分析的关键阶段，它要求项目投资概算的精确度较高，允许误差为±5%～±10%。

复习思考题

1. 何为项目概算？其作用是什么？
2. 固定资产投资由哪些部分构成？
3. 工程项目可以划分为哪几个层次？
4. 建筑工程按性质和作用划分为哪些组成部分？
5. 项目概算文件的组成是什么？
6. 概算编制的依据是什么？
7. 如何制定单项工程表和总概算表？
8. 投资分配表应该填写哪些内容？

第十二章 技术经济分析

学习目的与要求：了解技术经济分析的意义、原则、作用及主要内容，掌握技术经济分析的指标体系及其建立，熟悉技术经济分析的步骤、方法。正确运用技术方案经济分析的基本方法、时间性指标分析法、价值性指标分析法及比率性质表分析法，为食品工厂建设项目的决策提供科学依据。重点掌握成本、投资、销售收入的核算和投资效果指标的计算。通过学习，具有食品工厂建设项目技术经济分析的基本知识。

技术经济分析是技术经济学研究的主要内容，是一门跨技术科学与经济科学两个领域的综合性交叉学科。

技术和经济是人类社会进行物质生产不可缺少的两个方面。在任何情况下，人们为了达到一定的目的和满足一定的需要，都必须采用一定的技术，而任何技术的社会实践，在所有条件下都必须消耗人力、物力和财力，即都要花费一定的代价。换句话说，采用技术不能脱离经济，技术的经济性是十分明显的。因此，对于任何一项技术的采用，在一般情况下都不能不考虑经济效果问题。脱离了经济效果的标准，技术是好是坏、先进与否，都无法判断。

技术和经济的关系是一种辩证关系，它们之间既有统一性，又有矛盾性。技术和经济的统一性，表现为技术的先进性和经济的合理性。一般它们是一致的，凡是先进的技术，总是有较好的经济效果，也正是有较好的经济效益，才能在社会实践中称得上是先进技术。技术和经济的矛盾性，则表现为技术的先进性与经济的合理性之间由于具体条件不同而存在一定的矛盾。先进技术的经济效果不一定好，这是因为在实践中技术的采用不能不凭借当时当地的具体条件，包括自然条件、技术条件、经济条件和社会条件等。由于条件的不同，技术带来的经济效果也不同。本来先进的技术，在特定条件下它的经济效果可能不如中间技术，甚至不如落后技术。正因为技术与经济之间的这种矛盾关系，所以技术方案必须进行技术经济分析，才能更好地做出好坏判断。因此，结合当时当地的具体条件，研究技术与经济的客观规律，找出技术与经济之间的合理关系，找出经济效果最佳的技术方案，是技术经济分析的基本任务。

人类的一切实践活动都具有一定的目的性，也都具有一定的效果（有用的效果）。在取得的效果与所消耗的活动和物质之间有一个比例关系，我们把这个比例关系叫做经济效果。我们进行技术经济分析的根本目的，就是要使每项工程、每个企业、每个部门和整个国家都能用尽量少的物质消耗，生产出更多符合社会需要的产品，取得最大的使用价值，从而实现最大的经济效果。食品工厂的建设，特别是大中型项目或外援项目的建设，从工厂的厂址选择、工艺选择、专业协作、设备配套、车间布局、卫生设施等都涉及大量的技术经济问题。如果在建设之前没有按照客观经济规律办事，没有详细制定一个科学的建设方案，在技术上没有经过周密的研究，在经济上没有经过充分的论证，匆匆上马，就会给以后的设计、施工，甚至给长期的生产运行造成无法弥补的损失。

技术经济分析就是对不同技术方案的经济效果进行计算、分析和评价，并对多种方案比较所选择的最优方案（包括计划方案、设计方案、技术措施和技术政策）的预测效果进行分析，作为选择方案和进行决策的依据。这里的技术是指生产手段、工艺方法和操作技能，而经济指的是效果。食品工厂的建设，从厂址选择到车间布置、设备配套都涉及大量的技术问题，进行技术经济分析的目的就是通过择优原则，以期获得最好的经济效果。

技术经济分析工作是一项十分重要的工作，只有经过这样的分析，证明项目在技术上可行、经济上合理、财务上保证，才能将它确定下来。因此，技术经济分析工作在项目的设计、建设和生产阶段都要进行，一般对实现每阶段目标的可供选择的不同技术方案进行细致的比较、评选工作，从而使生产的每一个环节都能获得最大的经济效益。

第一节　技术经济分析概述

一、技术经济分析的原则

技术经济分析是主要从经济的角度出发，根据国家现行的财务制度、税务制度和现行的价格，对建设项目的费用和效益进行测算和分析，对建设项目的获利能力、清偿能力和外汇效果等经济状况进行考察分析的一项研究工作。这一研究工作的目的是通过分析，定性、定量地判断建设项目在经济上的可行性、合理性及有利性，从而为投资决策提供依据。

（一）技术与经济的关系

1. 技术　技术经济学中涉及的技术是广义的。广义的技术是指人类在为自身生存和社会发展所从事的各种实践活动中，为了达到预期的目的而根据对客观规律对自然、社会进行协调、控制、改造的知识、技能、手段、方法和规则的总称。

从技术的表现形态上划分，可分为物质形态、经验形态、信息形态和组织经验形态 4 种。物质形态的技术又称硬技术，是从事生产劳动的劳动手段和劳动对象，如机器、厂房、原材料、能源等，它既是技术的载体，又是技术的产物。经验形态的技术是指劳动者的经验、技能和技巧，它是与劳动者融为一体的软技术。信息形态的技术是指技术知识、理论、方法、经验的一种表现形态，如生产工艺流程、规程、标准、专利、资料、数据等，也是一种软技术。组织经验形态的技术是劳动生产的主体对其他形态的技术和各种经济要素起调控、运筹作用的横向技术，也是一种软技术。

2. 经济　经济是个多义词，其含义大致可分为两类。一类是指与物质生产范畴相联系的概念，如社会生产、流通、分配、消费活动的总称，称为经济活动；再如与上层建筑相对应的生产关系的总和，称为经济基础；又如一个国家的生产、流通、分配、消费的总体，称为国民经济。经济的另一类含义是指生产劳动中的投入与产出、费用与效率的比例关系，即生产活动的效益与节约。

3. 技术经济　技术经济问题是技术经济学具体研究对象的总称。如微观层次的工程项目、技术方案、技术措施等；宏观层次的经济与科学发展规划、产业政策、科技政策等。一般将各种技术经济问题统称为技术方案。

在人类的任何物质生产活动中，都存在着生产什么，生产多少（产品或劳务）和用什么技术（广义技术）生产的问题。这是技术与经济相结合的技术经济问题。它涉及 3 方面的内容：生产活动的投入产出关系、技术的选择问题、资源有效利用与节约问题。

（1）生产活动的投入产出关系　投入是指生产活动需要投入的机器、厂房、原材料、能源、劳动力、技术等资源的消耗与占用。产出是指生产的有效劳动成果（产品和劳务）。人类生产的目的是为了获得经济效益，即以一定的投入获得最大的经济效果。因此投入产出关系也就是费用与效益的关系，是技术运用的经济效果问题，这是技术经济问题的基本内容。

（2）技术的选择问题　为了达到预期的经济效果，就需要对多种可供选择的技术进行分析、比较、评价，最后做出选择。这也是技术经济问题的重要内容。

（3）资源有效利用与节约问题　无论是自然资源、人力、财力、物力，还是技术，相对于人类生产、生活的需要都是有限的、稀缺的。因此，人类推动社会经济发展，就要不断地进行技术创新，通过技术进步有效地利用各种资源，以实现高效益的经济增长，这是技术经济问题的核心内容。

4. 技术与经济的关系　技术与经济是人类物质生产过程中始终不可分割的两个方面。纵观人类的物质文明和精神文明发展史，考察技术与经济的产生与发展过程，均说明在生产活动的所有领域，技术经济都处于相互依存、相互制约、互为因果、相互促进的对立统一体中。

技术经济分析的基本理论主要包括：技术与经济相互作用的原理、技术与经济相互发展的原理、技术创新理论、技术进步促进经济增长理论、技术评价与技术选择理论、经济效益理论。

技术经济分析是按照分析工作的先后依次安排的工作步骤，通常是从确定目标开始。一个项目或一个技术方案的目标，可以是单目标，也可以是多目标。多目标方案应该明确目标之间的主次、隶属关系，并明确实现目标的具体指标和具体内容。

技术经济分析工作要根据项目目标有针对性地进行调查研究，广泛收集有关信息、资料和数据。这些调研资料可以用于探索和拟定各种备选方案，也可以用做评价时的参考。在方案评价中，特别是大型工程建设项目，由于其影响因素复杂，因此还应建立模型进行定量分析，寻求各种影响因素之间的数量关系和最优条件，从备选方案中选择最优方案，在方案实施中进行跟踪评价。图 12－1 为技术经济分析程序逻辑框图。

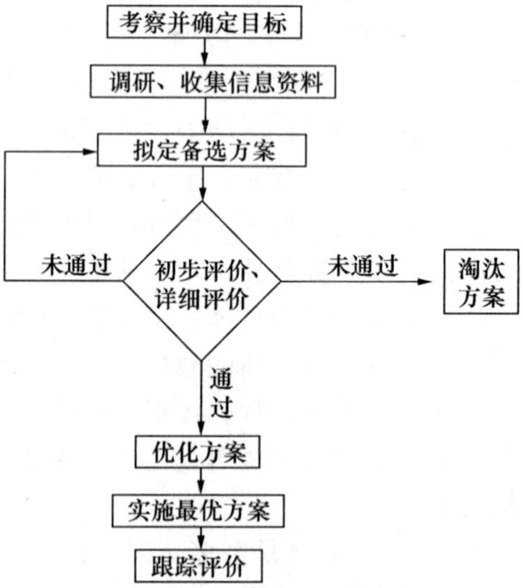

图 12－1　技术经济分析程序逻辑框图

（二）技术经济分析的基本原则

1. 树立正确的思想观念

（1）市场需求决定项目投资　由于人们的消费需求是从市场上表现出来的，只有当市场显示了对某类产品的需求以及需求量的多少，才能决定是否投资以及投资规模。

在我国现行的市场经济体制中，只有当生产的产品被社会承认，商品的价值才能得到实现，企业才能获得经济效益。所以市场需求是投资项目的基础。

（2）系统观念　系统观念是把某一工程项目作为国民经济、工业经济或行业大系统中的一个子系统，从整个系统的角度来分析项目的可行性及项目的实际效益。

（3）利息观念　利息观念是指考虑资金的时间价值，考虑资金的机会成本。资金的时间价值是指资金投入使用以后，随着时间的推移所带来的增值。一笔资金可以用两种不同的方式使其增值，一种是将其存入银行获取利息使资金增值；另一种是将其投资于生产，使之与劳动者、生产资料相结合，劳动者据此创造了含剩余价值产品，使资金增值。

在技术经济分析中重视资金的时间价值，不仅从静态的角度来分析投资回收期的长短，还要从动态的角度分析资金在利率变动情况下的收益状况，进而判断技术方案在经济上的合理性，从而使资金利用效果达到最大，使方案或项目达到技术先进、经济合理。

2. 合理运用技术经济分析的方法和规则

（1）静态分析与动态分析相结合　静态分析一般比较简单、直观，但它没有考虑资金的时间价值，所以很难反映未来时期的发展变化情况。采用静态分析与动态分析相结合对技术方案进行经济效果分析，以动态分析为主的原则比较切合实际。

（2）定量分析与定性分析相结合　对项目或者方案进行技术经济效果分析，一般要从定量分析与定性分析两个方面进行。通常先进行定量分析，再进行定性分析，最后综合起来进行评价。

尽管电子计算机及数量经济学、管理经济学等学科的兴起和发展，扩大了经济因素数量化的范围，使项目经济效益定量分析成为可能，但对一个复杂的方案或建设项目来说，总会有一些经济因素不能量化，不能直接进行数量分析和比较，因此就有必要对这些不能量化的经济因素进行准确的定性描述和分析，作为定量分析的一个辅助性手段。在进行方案的技术经济效果评价时，要坚持定量分析与定性分析相结合，以定量分析为主的原则。

（3）局部效果与整体效果相结合，分析与综合相结合　分析是对技术经济系统不同时点运行状态分解，并对其各个部分或各个方面分别加以研究和考察的方法。相反，综合是把系统的各个部分、各个方面和各个特性的认识结合成一个整体加以研究和考察的方法。技术经济系统是一个多因素、多层次的复杂系统，技术经济效果评价是一个十分复杂的问题。方案的选择不仅仅是一个单纯的技术经济问题，同时也涉及社会、国防、技术、经济、文化、政治、环境、生态等方面的问题。技术方案的取舍，应取决于以上几个方面的综合评价结果。既要进行各个方面、各个局部的分析研究，也要从系统的总体出发考虑。也就是技术经济分析要在综合指导下进行分析，又在分析的基础上加以综合。企业和部门的经济效果必须服从于整个国民经济的利益，对任何一项技术方案进行经济效果评价，均要坚持局部效果与整体效果相结合，以整体效果为主的原则。

（4）宏观经济分析与微观经济分析相结合　我国是社会主义国家，一切生产的目的是为了不断满足人们日益增长的物质和文化的需求。一个技术方案应该有经济效益，但更重要的还要看是否符合国家的长远利益，是否有利于国民经济协调、稳定、持续的发展。因此，在对方案进行经济效果评价时，不仅要看技术方案本身获利多少，还要看技术方案的运行需要国民经济付出多大代价及其对国家的净贡献。这就是经济效果评价的宏观经济分析与微观经济分析相结合、以宏观经济效果分析为主的原则。

（三）技术经济分析的作用

现代经济生活中的各项工作都把经济效益放在突出的首要地位，基本建设项目的确立及其最佳方案的选择也是如此，虽然按要求要经过经济的、技术的、政治的、社会的、国防的等诸方面的衡量标准的全面分析评价，然而，分析评价原则一般仍以经济分析评价为主，兼顾其他。

科学的、准确的、精确的项目技术经济分析可为项目承办者、地方及国家有关部门提供选项、立项的决策依据，也可为以后指导项目的实施提供根本依据。技术经济分析在项目确立及建设过程中起着极其重要的作用。

1. *衡量项目的财务赢利能力* 一个建设项目或企业是一个独立的自负盈亏的经营单位，是一个经济实体。所以，承办人或企业负责人（投资者）要对项目的经营状况负责。因此，项目承办人或企业负责人（投资者）所关心的是项目赢利水平如何，是否能达到规定的基准收益率；项目借贷清偿能力如何，是否低于国家规定的投资回收期；能否按银行要求的期限偿还贷款及交付借款利息等问题。而国家及地方各级政府部门承担着国家及地方的经济建设和经济发展的领导、调控责任，所以，有关的决策部门、财政部门和贷款部门等对此也十分关注。通过技术经济分析来衡量项目的赢利能力，对拟定项目在经济上的可行性、合理性及有利性做出科学、可靠的判断。

2. *作为项目筹措资金的重要依据* 基本建设项目需要充足的资金。因此，无论是项目承办者，还是投资者（国家、地方政府或企业）和贷款者，都需要了解并掌握建设项目实施需要的资金数额，所需资金使用项目的分配及使用时间计划，所需资金的来源及筹款方案等问题，这些正是技术经济分析要解决的问题。为了保证项目建设所需资金能及时提供到位，技术经济分析为项目承办者争取足够的资金，为投资者和贷款者做资金预算、投资安排、资金准备等工作都提供了准确、可靠的依据。

3. *作为国家控制投资规模的重要依据* 以赢利为惟一目标的外方投资者和私营企业主对项目的决策将以财务可行分析为依据。而中外合资项目和国内的重要项目对国家、地方各级政府有关部门来说，对项目技术经济分析除要求财务分析以外，还要求进行进一步的国民经济分析，以及从资金、劳力、物资、资源等多方面综合分析评价项目在国民经济发展中的作用和贡献。所以技术经济分析也是国家及地方政府进行宏观调控，提供投资方向、投资规模决策的可靠依据。

（四）技术经济分析的指标体系

对任何一项技术方案进行分析、评价和比较其经济效益，都必须建立相应的指标体系。在食品厂建设的技术经济分析活动中，技术经济评价指标体系具有重要的作用。

1. *技术经济分析指标* 所谓技术经济分析指标是指在评价不同方案的技术经济效果时，所确定的评价依据和标准，如产值、净产值、纯收入、劳动生产率、投资利润率、资金利润率、投资回收期等。

2. *技术经济指标体系* 所谓指标体系是指在计划和统计工作中，由一系列相互关联的指标所构成的有机整体。食品工厂建设技术方案的评价是一项复杂的工作，只用个别指标衡量方案的技术经济效果，不能达到对方案的综合评估，只有应用指标体系才能比较全面地反映技术方案的经济效果。

技术经济方案所产生的效果是多方面的。因此，技术经济分析的综合评价是多目标、多因素的效果分析，一般多方案中以目标函数值最高为最优。其数学模型表达式为

$$U=\sum_{i=1}^{n}\int(X_i)$$

3. 建立技术经济分析指标体系的要求　技术经济分析的评价指标和指标体系的设置对实现技术方案、项目决策科学化和取得最大的技术经济效果极其重要，因此技术经济评价指标是技术经济评价中最重要的问题。技术经济评价指标体系的设置应满足以下要求。

① 根据具体的技术或项目方案建立指标体系。

② 指标体系的建立应力求科学实用、简便易行。

③ 指标体系应该符合食品工业的特点，重点反映资金、原料、能源等的综合利用程度。

④ 指标体系应全面地反映方案与方案的技术经济特征。

⑤ 指标体系应全面地反映劳动成果和劳动消耗之间的对比关系。

4. 技术经济分析的指标分类

(1) 个体指标和综合指标　个体指标和综合指标是根据指标的综合程度划分的，是一个相对的概念。个体指标是计算综合指标的组成部分。个体指标只能反映技术方案的局部特性，一个个体指标只能反映一方面的情况，因此有些个体指标之间可能出现矛盾，如原料利用率、劳动生产率等。综合指标能够比较全面地反映方案的技术经济特性，可以统一各种局部指标之间的矛盾，如产品的成本不仅可以反映物化劳动的消耗程度，而且可以反映活劳动的消耗程度。

(2) 实物指标和货币指标　实物指标和货币指标是根据指标的表现形式划分的。实物指标是以实物形式说明技术方案经济效果的指标。在效益和消耗两方面均可采用实物指标。货币指标是通过价值的形式说明技术方案经济效果的指标。在技术经济评价中，采用货币指标极为方便，能够把各种形式的实物指标通过货币指标进行统计、比较。

(3) 数量指标和质量指标　数量指标和质量指标是根据指标反映的角度划分的。从技术经济评价的角度来看，数量指标是极为重要的，但质量指标也是不可缺少的，如食品的理化指标、微生物指标、产品的安全性等。

(4) 绝对指标和相对指标　绝对指标和相对指标是根据指标的特点划分的。绝对指标一般是指用绝对数字表现的指标，而相对指标一般是指一个比值，如投资利润率、内部收益率、单位产品成本等。

(5) 静态指标和动态指标　根据指标是否考虑了资金的时间价值可将指标划分为静态指标和动态指标。静态指标在计算技术方案的经济效果时不考虑资金的时间价值，如投资、成本、净产值等。动态指标在计算技术方案的经济效果时考虑了资金的时间价值，如净现值、内部收益率等。静态指标通过折算可转换为动态指标，一般动态指标更切合实际。

二、技术经济分析的主要内容

(一) 技术经济分析的任务和内容

食品工厂设计工作中技术经济分析的任务，是对整个工厂基本建设投资的经济效果、综合性

技术经济指标进行分析和论证，做出评价结论，并把各项技术经济指标和结论与国内外现有同类型企业的先进指标进行对比，以此说明本设计的先进性与不足，求得基本建设费的最有效利用。食品工厂设计工作技术经济分析的主要内容包括以下几个方面。

1．技术经济分析的主要任务

① 产品设计成本（或经营费用）的经济分析。

② 基建投资的经济分析。

③ 劳动生产率的分析。

④ 投产后的经济效益分析等。

2．技术经济分析的内容

① 认真做好对市场和消费者调研、预测工作，为项目决策提供依据。

② 认真做好项目的布局、厂址选择的研究工作。

③ 认真做好工艺流程的确定和设备的选型配套工作。

④ 认真做好项目专业化协作的落实工作。

⑤ 认真做好项目的经济核算工作。

为了确定一个建设项目，除了要做好以上各项分析工作外，还要对每个项目所需的总投资，逐年分期投资，投产后的产品成本、利润率、投资回收年限、项目建设期间和生产过程中消耗的主要物质指标等进行精确的定量计算。经济核算应该全面细致，所用指标应确切可靠。同时由于项目的各项货币指标（如投资、经营费用、生产成本等）和实物指标是进行技术经济分析的重要前提，对技术和经济两方面都有较高的要求，因此，工程技术人员和经济财务人员一定要通力协作，共同完成这项工作。每个项目都要进行全面的、综合的研究和分析，既要在技术上做到可行、先进，又要在经济上做到有利、合理。

（二）技术经济分析的步骤

项目技术经济分析是根据有关基础数据和规定的经济评价指标，通过编制基本财务报表和计算各种经济指标之后，对项目经济可行性进行分析并做出评价。通常技术经济分析按下面的步骤进行。

1．明确目标，建立技术方案并对不同方案进行分析　明确目标是技术经济分析的第一步。如：选定一台设备、确定一个经济合理的技术方案或理想的厂址，要明确投资的目的及需要解决的问题。

一般食品生产项目为了实现同一个目标，可采用多种技术方案。首先要收集国内外有关资料以及与技术方案有关的外部条件（如能源、水文、原材料、投资额、技术力量等）进行细致的调查研究，并提出所有可能的方案。方案的对比分析应从技术与经济、局部与国家、眼前与长远等各个方面进行，从而淘汰有缺陷的方案。

2．技术经济分析前的准备工作——收集各种方案的技术经济指标　在技术经济指标中要着重收集各个项目实际所需的投资、经营费用或生产成本等主要指标，供方案比较时使用。具体准备工作包括以下几个主要部分。

① 熟悉拟建项目的建设目的、意义及要求，掌握项目的建设条件、投资环境以及主要技术要求。

② 收集并整理必要的全部基础数据和有关资料，包括项目投入物和产出物的数量、质量、价格、项目实施进度安排等。

③ 收集和计算基本财务报表所需的数据，如投资费用、销售收入、产品成本、税金等。

④ 编制包括财务报表在内的技术经济分析所需的图表。

3. *经济分析评价*　对各种方案进行具体的计算，对列出的各种方案、收集到的各种经济技术指标，按照技术经济比较的方法，计算列出各个项目的经济效果。根据已编制的基本财务报表及其他有关图表计算各项经济评价指标及财务比率，然后进行财务赢利性分析、财务清偿能力分析、资金构成分析、资金平衡分析、财务外汇流量分析及其他比率分析等。

一般情况下，方案的经济评价是在概略分析的基础上，选择几个可选方案，进行经济评价。在进行经济评价时，应先明确所研究问题的范围，了解不同方案的差别；然后选择适当的评价方法，通过详细的分析评价最后确定最佳的经济方案。

4. *综合评价*　对各种方案进行综合评价，做出最终评价。所谓综合评价就是指对技术方案从政治、社会、国防、生态环保、经济等方面进行全面的效果评价。不仅要考虑直接效果，还要考虑间接效果。根据方案比较计算出的数据，找出经济上的最佳方案。一般方案的技术经济分析应在以上经济分析评价的基础上，进一步对项目的经济性做不确定性分析，主要包括盈亏平衡分析、敏感性分析、风险分析（概率分析）等；最后分析项目或方案对国民经济的综合影响。有些方案对经济效果有较大的影响，如"三废治理"要增加投资，但对环境保护、生态平衡及人类健康十分必要，即使增加投资还是不可省略。

5. *对拟建项目的技术经济分析做出评价结论*　在对方案进行综合评价时，除要考虑产品的产量、质量、企业的劳动生产率等经济指标外，还必须对每个方案所涉及的其他方面，如拆迁房屋、占用农田和环境保护等方面进行详尽的分析，权衡各方面的利弊得失，才能做出合适的最终结论。

三、技术经济分析的方法

技术经济的分析方法主要有基本分析法、时间性指标分析法、价值性指标分析法和比率性指标分析法。

（一）技术方案经济分析的基本方法

技术方案经济分析的基本方法主要有方案比较法、成本效益分析法、系统分析法和综合分析法。

1. *方案比较法*　方案比较法是借助于一组能从各个方面说明技术方案经济效果的指标体系，对实现同一目标的几个不同方案进行计算、分析和比较，最后选出最优方案的方法。其基本步骤如下。

（1）拟定对比方案　方案是分析、评价的对象，要正确地评价选优，首先要正确地拟定对比方案。对比方案可以按照技术目标的要求同时确定几个。对比的对象如果是用新技术方案代替原技术方案，则应与原技术方案进行比较；如果是为了评价技术方案的先进性，则应拟定几个先进方案进行比较。

（2）确定指标体系。

（3）指标的等同化　由于一些指标和参数的不同，一般难以直接对比。因此，需要事先对这些不能直接对比的数量指标进行必要的处理，使方案在使用价值上等同化，然后进行比较评选。

（4）分析比较指标　对比较方案中可计量的数量指标进行计算和分析，得出定量分析结果。对比方案中不可计量的定性指标也要进行分析和判断，得出定性分析的结果。

（5）综合分析评价　在对比较方案每个指标进行分析比较的基础上，对整个指标体系进行定性和定量的综合比较和分析，最后选出最优方案。

2. *成本效益分析法*　成本效益分析法在国内外应用比较普遍，它同方案比较法有相同之处。相同之处在于都是耗费类指标与效益类指标进行对比分析，分析程序基本相同。不同之处在于方案比较法是在投资增加与经营费用节约的基础上对不同方案进行比较，而成本效益分析法是在盈亏平衡点的基础上对不同方案进行比较。

成本效益分析的要素包括：目的、对比方案、模型、耗费、效益与评价标准等。进行成本效益分析首先要明确方案所实现的目标，建立能够实现目标的若干可行方案，通过模型预测出各对比方案的效益和耗费，然后依据评价标准进行综合评价，最后确定对比方案的优劣顺序。图 12－2 说明了成本效益分析的结构和程序。

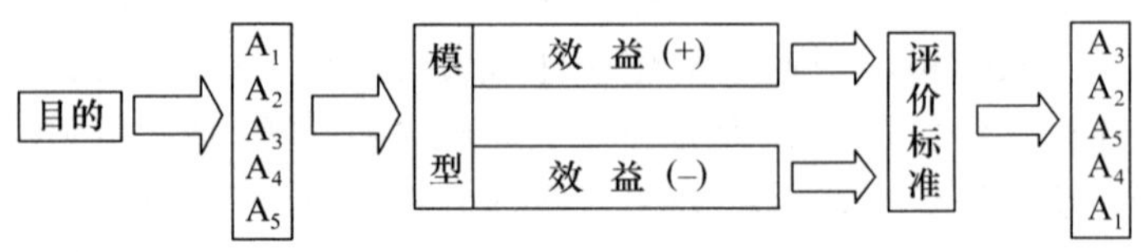

图 12－2　成本效益分析程序和结构图

成本效益分析法的基本原理是把方案的指标体系分为两大类：一类是消耗费用，一类是效益价值。为了便于分析，把效益指标又分成可计量的和不可计量的两种。对耗费类指标要求越小越好，对效益类指标要求越大越好。

3. *系统分析法*　系统分析法是从整体出发分析和处理事物的一种方法，应用到拟定和评价技术方案、进行技术方案的选优决策时，是一种很有效的科学方法。

（1）系统分析　系统就是由若干个要素组成的互相联系又互相制约的、为实现一个共同的目标而存在的有机集合体。如一个工厂、一个投资项目、一条生产线、一个多指标的技术方案等，这些都属一个系统。系统具有目标性、组织性、集合型、相关性、开放性、状态（动态或静态）性。一般系统经常处于动态之中。为了根据系统目标控制动态变化并使之最优化，需设计出一个最优的、能把输入变换为输出的机构，通过对输入→变换机构→输出过程的分析，求出最优方案。

技术经济分析就是对一项技术实践活动从技术与经济相结合的角度进行分析评价，通过确定目标、拟定方案、分析比较和择优方案，力图实现分析对象在技术先进条件下的经济合理，在经济合理基础上的技术先进。整个分析过程应贯穿和遵循系统分析的原理和整体功能原理。

把技术经济分析对象看做一个系统，从系统的思想出发，按照逻辑的分析程序，运用科学的分析技术，进行定性和定量相结合的计算分析，经过优化调整，求得系统在一定条件下的最满意方案。

（2）系统分析程序　系统分析程序是系统分析法的一项重要内容，是技术经济分析必须遵守的逻辑程序。不同的分析对象，程序的细化步骤会有一些差异，但系统目标的分析和确定、系统模型化、系统优化和系统评价 4 个大的程序阶段是一致的。

（3）系统分析要素

①目标：一切工程技术项目都有明确的经济技术目标。系统分析的首要任务就是分析和确定技术经济活动的目的和目标，分析和确定为达到系统目标所必须具备的系统功能和技术条件，分析系统所处的环境和约束条件。目标是拟定方案、评价方案、择优方案的依据。

② 方案：方案是系统分析的核心要素。要实现预定的系统目标，客观上总是存在着多个方案。系统分析应在广泛深入调查研究的基础上，尽可能地提出多个可供选择的方案，然后通过分析和比较，从中选出最优方案。

③ 模型：模型是系统分析的重要手段，包括数学模型、图像模型、仿真模型、逻辑模型等。借助模型可以描述、说明技术经济系统中各个要素的逻辑关系；通过逻辑运算可以优化和确定系统的最佳技术经济参数；依据模型分析可以判断方案优劣，择优方案。

4. 综合分析法

（1）综合评价 一个技术方案的优劣，通常表现为方案实施以后的技术效果（表现为技术的先进性、实用性、可靠性、灵活性、安全性等方面）、经济效果（投资少、效益高）和社会效果（减轻劳动强度、提高当地居民的生活质量、改善环境、减轻污染）等。对于一个宏观的经济问题和重大的技术决策问题，除了以上几方面的效果外，还有政治效果（有利于巩固国家制度、提高国家在国际上的地位、有利于党和国家各项政策的贯彻、有利于民族的团结）和国防效果（有利于巩固国防和防止敌人突然袭击等）。

所谓技术方案的综合评价就是在技术方案的各个部分、各阶段、各层次评价的基础上，谋求技术方案的整体优化，而不谋求某一项指标或几项指标的最优值，为决策者提供所需的信息。综合评价有两重意义；一是在各阶段、各部分、各层次评价的基础上，谋求技术方案整体功能的优化；二是将不同观察角度、各种不同的价值观所得出的结论进行综合。

（2）综合评价的程序

① 确定目标。

② 确定评价范围。

③ 确定评价指标和标准。

④ 确定指标的权重。

⑤ 选择评价的方法。

（二）技术方案经济分析的时间性指标分析法

时间性指标分析是反映技术方案投资回收速度的经济效益指标。以这类指标的分析评价为核心，形成了一组技术经济分析方法，主要有投资回收期法和追加投资回收期法。投资回收期是指用技术方案每年的净收益回收其全部投资所需要的时间，通常以年表示。投资回收期是反映技术方案投资回收速度的重要指标。根据是否考虑资金的时间价值，投资回收期分为静态投资回收期和动态投资回收期。追加投资回收期是用增量分析法进行技术方案经济评价的时间性指标之一，适用于两个技术方案的比较与选择。

1. 静态投资回收期法 静态投资回收期（T_j）是指不考虑资金的时间价值，以技术方案每年的净收益回收全部投资所需要的时间。有两种计算方法：直接计算法和累计计算法。

（1）直接计算法　以 R_t 代表技术方案投入运行后第 t 年的净收益（净现金流量），K_0 为技术方案的全部投资，则静态投资回收期法 T_j 应满足下式

$$\sum_{t=1}^{T_j-1} R_t < K_0 \leqslant \sum_{t=1}^{T_j} R_t$$

若技术方案生产期内每年净收益相等，即 $R_{t-1}=R_t=R_{t+1}=R$，则从投资开始年算起的投资回收期为

$$T_j = \frac{K_0}{R} + \text{建设期}$$

从投产年算起的投资回收期为

$$T_j = \frac{K_0}{R}$$

（2）累计计算法　一般情况下，技术方案每年的净收益不尽相同，这时投资回收期不宜采用直接计算法，可采用累计计算法。根据技术方案各年的净现金流量（NCF），从投资开始时刻（即零时刻）开始，依次求出以后各年的净现金流量之和，即累计净现金流量，直至累计净现金流量等于零的年份为止，则对应累计净现金流量等于零的年份数即为该方案从投资年开始算起的静态投资回收期，其计算公式为

$$\sum_{t=0}^{T_j}(CI - CO)_t = \sum_{t=0}^{T_j}(NCF_t)_t = 0 \qquad (t = 1,2,3,4,5,\cdots n)$$

或

$$T_j = \min_t \left\{ \sum_{j=1}^{t} R_j \geqslant K_0 \right\}$$

式中　CI——现金流入；

CO——现金流出；

$(CI-CO)_t = NCF_t$——第 t 年的净现金流量；

R_j——第 j 年的净现金流量。

计算中，累计净现金流量等于零可能出现在非整数年份，即累计净现金流量表中不出现等于零的时点。这时应用线性插值法计算静态投资回收期。其计算公式为

$$T_j = [\text{累计净现金流量开始出现正值的年份数}] - 1 + \left[\frac{\text{上年累计净现金流量的绝对值}}{\text{当年净现金值流量现值}}\right]$$

静态投资回收期指标的优点是：①概念明确，简单易用。②该指标不但在一定程度上反映项目的经济性，而且反映了项目的风险大小。③由于它选择方案的标准是回收资金的速度越快越好，迎合了一部分怕担风险投资者的心理。因而静态投资回收期是人们容易接受和乐于使用的一种经济评价方法。

但是，静态投资回收期只能作为一种辅助指标，而不能单独使用。其原因是：①静态投资回收期没有考虑资金的时间价值。②静态投资回收期仅以投资回收的快慢作为决策的依据，没有考虑回收期以后的情况，也没有考虑方案在整个计算期内的总收益和获利能力，因而它是一个短期指标。③在方案选择时，用静态投资回收期指标排序，可能导致错误的结论。一般采用静态投资回收期指标对单方案进行技术经济评价时，应将计算出的静态投资回收期与标准投资回收期 T_b

做比较，只有当 $T_j \leqslant T_b$ 时，该技术方案方可接受。对多方案的比较应以投资回收期最短的方案为优。

2. 动态投资回收期法　动态投资回收期（T_d）是指考虑资金的时间价值，在给定的基准收益率（i_c）下，用方案各年净收益的现值来回收全部投资的限制所需要的时间。

若 T_d 代表从投资年开始算起的动态投资回收期，I_0 代表全部投资折现到 $t=0$ 时点的现值（不考虑建设期时，I_0 即为初始投资 K_0），则 T_d 满足下式

$$\sum_{t=1}^{T_d-1} R_t(1+i_c)^{-t} < I_0 \leqslant \sum_{t=1}^{T_d} R_t(1+i_c)^{-t}$$

或用净现金流量表示为 $\sum_{t=0}^{T_d}(CI-CO)_t(1+i_c)^{-t}=\sum_{t=0}^{T_d}(NCF_t)_t(1+i_c)^{-t}=0$

若 $R_{t-1}=R_t=R_{t+1}=R$，且不考虑建设期，引用资金回收公式及动态投资回收期的 T_d 定义，则可推导出动态投资回收期的计算公式为

$$T_d=\frac{\lg R-\lg(R-i_cK_0)}{\lg(1+i_c)}$$

式中的投资总额 K_0 应为一次性投资的初始投资。因此，若为分期投资，则应将其折算成初期一次投资的总现值后再利用这个公式计算。

实际计算中，由于各年净现金流量常常不是等额的，故常用与计算静态投资回收期相似的累积计算法求解动态投资回收期 T_d，其计算公式为

$$T_d=[\text{累计净现金流量开始出现正值的年份数}]-1+\left[\frac{\text{上年累计净现金流量的绝对值}}{\text{当年净现金值流量现值}}\right]$$

与静态投资回收期指标相比，动态投资回收期指标的优点是考虑了资金的时间价值，但计算比较复杂，并且在投资回收期补偿和基准收益率变化不大的情况下，两个投资回收期的差别不大，不至于影响方案的选择。因此，动态投资回收期指标不常用。只有在静态投资回收期较长和基准收益率较大的情况下，才需计算动态投资回收期。

需要明确的是，回收期从何时算起，不同的计算起点对投资回收期计算的结果有很大影响。有人主张从投资年算起，也有人主张从投产年之日计算起。但不管从何时算起，前后必须统一，并应注明所算投资回收期是从何时算起的。另外，对投资回收期，有以下几点需要说明。

第一，应用投资回收期法评价技术方案时，必须将其与标准投资回收期 T_b 进行比较。只有当其小于标准投资回收期，即 $T_j \leqslant T_b$ 或 $T_d \leqslant T_b$ 时，才认为该方案在经济上是可取的。标准投资回收期 T_b 随部门和行业的不同而不同。恰当地确定标准投资回收期，在技术经济分析系中有重要作用。我国目前规定的部门和行业的标准投资回收期可参考《建设项目经济评价方法与参数》一书。

第二，在计算投资回收期时，投资总额 K_0 一般应包括固定资产、新增流动资金（即全部投资）。在实际计算中，由于对投资与净收益的含义有不同的理解，计算时也有不完全包含上述各项的。因此，在评价不同项目的经济效果和同一项目的多方案比较时，必须注意投资和净收益计算的一致性，这样才有可比性。

第三，投资回收期没有考虑投资回收以后方案的收益，没有考虑投资项目的实际使用年限，

没有考虑投资项目的期末残值，没有考虑将来累计和追加投资的效果。一句话，没有考虑投资项目整个寿命期的经济效益。因此，通常只作为其他评价方法的辅助方法，并不单独使用。

第四，投资回收期只能反映本方案投资的回收速度，而不能反映方案之间的比较结果，因此不能单独用于两个或两个以上方案的比较评价。此时还须考虑追加投资回收期。

3. *追加投资回收期法* 追加投资回收期（ΔT）是用增量分析法进行技术方案经济评价的时间性指标之一，适用于两个技术方案的经济比较与选择。追加投资回收期实际上是投资增量的回收期。当对投资额不同的两个方案进行比较时，必须考虑追加（差额）投资部分的经济效益，才能得出正确的评价结论。

追加投资回收期 ΔT 是指方案Ⅰ比方案Ⅱ所多追加的投资（$\Delta K=K_2-K_1$）用方案所节约的经营费用（年经营成本节约额 $\Delta C=C_1-C_2$）或年净收益增加额（$\Delta R=R_2-R_1$）来补偿所需要的时间，其计算公式为

$$\sum_{t=0}^{\Delta T}(NCF_2-NCF_1)_t=0$$

（1）在静态条件下 采用下列计算公式

$$\Delta T=\frac{K_2-K_1}{C_1-C_2}=\frac{\Delta K}{\Delta C}(K_2>K_1,C_1>C_2)$$

或

$$\Delta T=\frac{K_2-K_1}{R_2-R_1}=\frac{\Delta K}{\Delta R}(K_2>K_1,R_2>R_1)$$

式中，K_1、K_2 分别表示方案Ⅰ、方案Ⅱ的初始投资，$K_2>K_1$；C_1、C_2 分别表示方案Ⅰ、方案Ⅱ的年等额经营费用（经营成本），且 $C_1>C_2$；R_2、R_1 分别表示方案Ⅰ、方案Ⅱ的年等额净收益，且 $R_2>R_1$。

（2）在动态条件下 根据追加投资回收期的定义，在追加投资回收期 ΔT 年内，年经营成本节约额年末的终值 ΔC（或年净收益增加额 ΔR）加上相应利息的累计值等于追加投资总额 ΔK 在 ΔT 年末的终值，用公式表示则为

$$\Delta K(1+i)^{\Delta T}=\Delta C(1+i)^{\Delta T-1}+\Delta C(1+i)^{\Delta T-2}+\cdots+\Delta C(1+i)+\Delta C$$

即

$$\Delta K(1+i)^{\Delta T}=\Delta C\,\frac{(1+i)^{\Delta T-1}}{i}$$

整理后，两边取对数可得

$$\Delta T=\frac{\lg\Delta C-\lg(\Delta C-i\Delta K)}{\lg(1+i)}$$

若用两方案的年净收益差额 ΔR 来补偿其追加投资 ΔK，则为

$$\Delta T=\frac{\lg\Delta R-\lg(\Delta R-i\Delta K)}{\lg(1+i)}$$

所以，若考虑资金的时间价值，追加投资回收期一般要长一些，具体长短取决于年利率 i。

如果给定基准折现率 i_c，也可利用差额净现金流量计算出动态追加投资回收期，其计算公式为

$$\sum_{t=0}^{\Delta T}(NCF_2-NCF_1)_t(1+i_c)^{-t}=0$$

追加投资回收期指标多用于两个相互替代技术方案的经济比较，因此不能反映单个方案的经济效益。应用追加投资回收法的条件是 $K_2>K_1$ 以及 $C_1>C_2$（或 $R_2>R_1$），并且投资小的方案（如方案Ⅰ）已被证明是可行的，在此前提条件下，或投资大的方案（如方案Ⅱ）的追加投资回收期 $\Delta T\leqslant T_b$ 时，方案Ⅱ优于方案Ⅰ，说明Ⅱ方案比Ⅰ方案追加的投资在标准投资回收期内回收，否则方案Ⅰ优于方案Ⅱ。

用追加投资回收期指标进行技术方案的经济评价，最大的优点是简单方便。但这种方法除具有投资回收期法的缺点以外，还具有一定的局限性。主要表现在：

第一，它只能衡量两个技术方案之间的相对经济性，不能决定一个方案比另一个方案到底好多少。

第二，当 ΔK 和 ΔC（或 ΔR）都很小时，此指标值很大，极容易造成假象，导致判断失误。例如，对于方案Ⅰ和方案Ⅱ而言，若 $K_1=100$ 万元，$K_2=101$ 万元，$C_1=100.01$ 万元/年，$C_2=100$ 万元/年，则计算出 $\Delta T=100$ 年。当 $T_b=10$ 年时，会认为方案Ⅱ比方案Ⅰ的追加投资极不经济。而事实上，这两个方案的经济性几乎相等。

应用追加投资回收期对多方案进行择优决策的方法是：先按各可行方案投资额的大小顺序由小到大依次排列，然后采用环比法计算追加投资回收期，逐个比较，进行替代式淘汰，最后留下的一个方案为最优方案。

另外，方案较多时，用这种方法来选择最优方案，显得很麻烦，且易出错。为了简化对比工作，多采用价值性指标分析法来选择最优方案。

（三）技术方案经济分析的价值性指标分析法

价值性指标分析法是比较各个技术方案在整个寿命期内的价值来选择最优方案的一种方法，其可分为成本比较法和收益比较法两大类。

1. 成本比较法

（1）费用现值法　费用现值（PW）法是将投资方案逐年的投资与寿命期内各年的经营费用按基准收益率换算成起初的现值，然后对各方案的费用现值总和进行比较，以求出最优方案的一种方法。该法用于收益相同方案的比较选优。总费用现值的计算公式为

$$PW=\sum_{j=0}^{m}K_j(1+i)^{-j}+\sum_{l=0}^{n}C_l(1+i)^{-l}-L(1+i)^{-n}$$

式中　PW——总现值成本；

K_j——第 j 年的投资额；

C_l——第 l 年的经营费用；

m——建设总年限；

l——经营年；

j——建设年；

L——期末残值；

n——方案的寿命期。

（2）年成本法　为了克服费用现值法的缺点，年成本（AC）法不仅把投资和年经营成本统一起来，而且还结合时间因素进行评价，从而对寿命不同的方案进行评价时，不需在相同的年数

间进行比较，就可得出正确的结论。其具体方法是：求出各方案的投资额、年经营费用和残值的等价同额年费用之和，选择和值最小的方案为最优方案。

2. 收益比较法

(1) 净现值　净现值（*NPV*）是将技术方案整个计算期内各年的净现金流量，按某个给定的折现率折现到计算期期初（第零年）的现值代数和。计算公式为

$$NPV = \sum_{t=0}^{n} NCF_t \quad (P/F, i, t)$$

式中　i——给定的折现率（通常选取行业的基准收益率 i_c）；

n——方案的计算期（等于方案的建设起、投产期与正常生产年数之和。一般为技术方案的寿命周期）。

在技术经济评价中，若 $NPV \geqslant 0$，则该方案在经济上可以接受；若 $NPV < 0$，则该方案在经济上不可以接受。

在给定的折现率 $i = i_c$ 的条件下，若 $NPV = 0$，表明技术方案的动态投资回收期（从投资开始时刻算起）等于方案的计算期，说明方案的投资收益率达到了行业（或部门）规定的基准收益率水平。

$NPV > 0$（$i = i_c$）时，表明方案的动态投资回收期小于该方案的计算期，说明该方案的投资收益率达到了行业（或部门）规定的基准收益率外，还有超值收益（大小等于 *NPV* 的值）。也就是说，该方案的投资收益率高于行业（或部门）规定的基准收益率水平。

净现值是反映技术方案投资赢利能力的一个重要动态评价指标，被广泛用于技术方案的经济评价中。其优点首先是考虑了资金的时间价值和方案在整个寿命期内的费用和收益情况；其次，它直接以金额表示方案投资的收益性大小，比较直观。

计算净现值时，有两点很重要：①NCF_t 的预计。由于净现值指标考虑了技术方案在计算期内各年的净现金流量，因此 NCF_t 预测的准确性至关重要，直接影响到技术方案净现值的大小。特别是对计算期比较长的方案，准确地预测计算期各年净现金流量（NCF_t）常常是一件困难的事情。②折现率 i 的选取。根据 *NPV* 的计算公式，对于某一特定的技术方案而言，NCF_t 和 n 是确定的，此时净现值仅是折现率 i 的函数（称为净现值函数）。选取不同的折现率，将导致同一技术方案净现值大小的不同，进而影响经济评价结论。因此，计算方案的净现值，选取合适的折现率是至关重要的。

一般地讲，折现率 i 的选取有 3 种情况：①选取社会折现率 i_s，即 $i = i_s$。通常只有当下面两种方法的实施发生困难时，才采用此种方法。社会折现率 i_s 通常是已知的。②选取行业（或部门）的基准折现率 i_c。根据该技术方案的生产技术或企业的业务性质，选取相应行业（或部门）的基准折现率 i_c，可避免社会折现率 i_s 不考虑行业（或部门）差别的简单化，使 *NPV* 的计算更趋于合理。③折现率 i_0，即 $i = i_0$。从代价补偿的角度，可用下式计算折现率

$$i_0 = i_{01} + i_{02} + i_{03}$$

式中　i_0——计算折现率；

i_{01}——考虑时间因素补偿的收益率；

i_{02}——考虑社会风险因素补偿的收益率；

i_{03}——考虑通货膨胀因素补偿的收益率。

使用计算折现率 i_0，将使 NPV 的计算更加接近于客观实际。但求 i_0 比较困难。

（2）净年值　净年值（AW）也称净年金，是指技术方案计算期内各年净现金流量的年度等额。依资金的等值计算公式为

$$AW = NPV \quad (A/P, i, n)$$

或

$$AW = FW(A/F, i, n)$$

（3）净终值　净终值（FW）是指技术方案计算期内各年净现金流量折算到计算期末（即第 n 年末）的代数和，依资金的等值计算公式为

$$FW = NPV \quad (F/P, i, n)$$

或

$$FW = AW \quad (F/A, i, n)$$

对于某特定技术方案而言，净现值、净年值、净终值是等效（价）的，即 $NPV=AW$ $(P/A,\ i,\ n)=FW\quad(P/F,\ i,\ n)$。

无论采用哪一个评价指标，对该方案的经济评价结论是一致的。但在实践中，人们多习惯于使用净现值指标，而净终值指标几乎不被使用。净年值指标则常用在具有不同计算期的技术方案经济比较中。

（四）技术方案经济分析的比率性指标分析法

比率性指标是反映使用效率高低的一类经济评价指标。以该类指标为核心，形成了一组评价方法，主要有简单投资收益率、投资利润率、投资利税率、净现值率、内部收益率等方法。

1. 简单投资收益率　简单投资收益率（ROI）是指投资方案投产后的年净收益 R 与初始投资 K_0 之比，计算公式为

$$ROI = \frac{R}{K_0} \times 100\%$$

式中　R——年净收益（等于该年的净现金流量）；

K_0——初始投资（等于方案的全部投资）。

ROI 是衡量技术方案投资赢利能力的静态指标之一，它适用于简单并且产出变化不大的技术方案的初步经济评价和优选。一般情况下，当求出的简单投资收益率大于或等于其行业（或部门）的标准投资收益率时，则认为方案是可以接受的。简单投资收益率是考虑全部投资经济效果的指标。

由于评价目的的不同，在计算简单投资收益率时，年净收益 R 和初始投资 K_0 有不同的内涵。

（1）年净收益　对于年净收益 R，一般有下面 3 种解释。

① R 取方案投产后各年的平均收益 $\bar{R}$，则 ROI 就是平均投资收益率。

② R 取方案投产后某一具体年份的平均收益 R，则 ROI 就是该年份的投资收益率。

③ R 取方案达到设计生产能力后的一个正常生产年份的净收益额，则 ROI 就是正常生产年份的投资收益率。

（2）初始投资　对于初始投资 K_0，一般有下面两种解释：

① 以固定资产投资和流动资金之和作为初始投资 K_0，则 ROI 就是全部投资收益率。

② 以固定资产投资作为初始投资 K_0，则 ROI 就是固定资产投资收益率。

因此，同一技术方案可依据不同的出发点计算不同的简单投资收益率，当进行方案比较时，一定要考虑方案的可比性问题。

2. 投资利润率　投资利润率一般是指技术方案达到设计生产能力后的一个正常生产年份的年利润总额与方案的总投资之比。对生产期内各年的利润总额变化幅度较大的方案，应计算生产期内年平均利润总额与总投资的比率，其计算公式为

$$\text{投资利润率}=\frac{\text{年利润总额或年平均利润总额}}{\text{总投资}}\times 100\%$$

年利润总额＝年产品销售收入－年总成本费用－年产品销售税金及附加

年产品销售收入＝年产品销售量×销售单价

年总成本费用＝年产品制造成本＋年销售费用＋年管理费用＋年财务费用

年产品销售税金及附加＝年增值税＋年营业税＋年资源税＋年城市建设维护税＋年教育费附加

总投资＝固定资产投资＋流动资金投资＋建设期贷款利息

投资利润率是反映技术方案投资赢利程度的静态指标，它与投资利税率和内部收益率等统称为财务三率。在技术方案经济评价中，计算出的投资利润率若大于或等于该行业（或部门）的标准投资收益率，则认为方案是可接受的。投资利润率是用于考核总投资经济效果的指标。

3. 投资利税率　投资利税率是与投资利润率相类似的一个衡量技术方案达到设计生产能力后的一个正常生产年份的年利税总额或生产期内各年平均利税总额与总投资的比值。对生产期内各年的利润总额变化幅度较大的方案，应计算生产期内年平均利润总额与总投资的比率，其计算公式为

$$\text{投资利税率}=\frac{\text{年利税总额或年平均利税总额}}{\text{总投资}}\times 100\%$$

年利税总额＝年利润总额＋年销售税金及附加＝年产品销售收入－年总成本费用

在技术方案经济评价中，若求出的投资利税率大于或等于该行业（或部门）的标准投资收益率，则认为方案是可接受的。投资利润率也是是用于考核总投资经济效果的指标。

4．净现值率　净现值率（$NPVR$）又称为净现值指数，是技术方案的净现值与投资现值之比，其计算公式为

$$NPVR=\frac{NPV}{PVI}\times 100\%=\frac{\sum_{t=0}^{n}NCF_t(1+i)^{-t}}{\sum_{t=0}^{n}K_t(1+i)^{-t}}\times 100\%$$

式中　PVI——全部投资的现值。

净现值率表明单位投资的赢利能力或资金的使用效率，它是与简单投资收益率相对应的评价指标，因此也称动态投资收益率。为单方案经济评价时，若 $NPVR\geqslant 0$，则该方案在经济上可以接受。

净现值指标仅反映一个技术方案所获净收益现值的绝对量大小，而没有考虑投资的有效率。净现值大的方案，其净现值率不一定也大。因此，在多方案的评价和优选中，净现值率是一个重要的评价指标。

5. 效益-费用比　效益-费用比（B/C）是技术方案在整个计算期内年收益（b_t）的现值之和（B）与年费用（c_t）的现值之和（C）之比，其计算公式为

$$B/C=\frac{\sum_{t=0}^{n}b_t \quad (P/F,i,t)}{\sum_{t=0}^{n}c_t \quad (P/F,i,t)}$$

对于方案经济评价，若 $B/C \geqslant 1$，则该方案可以接受，否则应拒绝。

由 NPV 和 B/C 的定义可知

$$NPV=B-C$$

即

$$B/C=\frac{NPV}{C}+1$$

如果 $B/C \geqslant 1$，则必有 $NPV \geqslant 0$；反之亦然。所以，对于方案经济评价来说，NPV 和 B/C 两个指标是等效的。但由于 B/C 计算较繁琐，因此人们常常使用 NPV 指标。

6. 内部收益率

（1）内部收益率的含义　内部收益率（IRR）是一个同净现值一样被广泛使用的技术方案经济评价指标，是指技术方案的净现值为零（或收益现值等于费用现值，即 $B/C=1$）时的折现率。由于它所反映的是技术方案投资所能达到的收益水平，其大小完全取决于方案本身，因而称为内部收益率。

（2）内部收益率的经济含义　内部收益率可以理解为技术方案对占用资金的恢复能力（或可承受的最大投资贷款利率）。即对于一个技术方案来说，如果折现率（或投资贷款利率）取其内部收益率时，则该方案在整个计算期内的投资恰好得到全部回收，净现值等于零。也就是说，该方案的动态投资回收期等于方案的计算期。内部收益率越高，方案的投资效益就越好。

（3）内部收益率的计算方法　求解内部收益率是解以折现率为未知数的多项高次代数方程，其计算公式为

$$\sum_{t=0}^{n}NCF_t \quad (P/F,IRR,t)=0$$

式中，IRR 为内部收益率，其值域是（-1，∞），对于大多数方案来说 $0<IRR<\infty$。当各年的净现金流量不等，且计算期较长时，求解 IRR 是较繁琐的。一般来说，求解 IRR，由人工计算法和计算机编程求解两种方法。

① 人工计算法：对于计算期不长、生产期内年净收益变化不大的技术方案，在有复利系数表可利用的情况下，人工计算法并不困难。人工计算法分为线性插值法和图解法两种。人们习惯使用线性插值法。

采用人工计算法寻找 IRR（即 i_0）往往比较困难，但可以方便地找到 i'，以 i' 近似代替 i_0（即 IRR 的近似值）。因此，线性插值法是首先找到（试算）该方案净现值为正值和负值的两个近似折现率 i_1 和 i_2。为了使近似值有足够的精度，通常要求 $i_2-i_1 \leqslant 2\%$ 左右。然后根据相似三角形对应边成比例关系导出计算公式，作为 IRR 的近似值。

$$IRR \approx i'=i_1+\frac{NPV_1}{NPV_1+NPV_2}\times(i_2-i_1)$$

② 计算机编程计算法：对于复杂的技术方案，采用人工计算法求内部收益率很费时间，需经过多次的大量计算才能成功。若利用计算机求解，就十分容易。利用计算机编程求解，多应用牛顿迭代公式

$$X_{n+1} = X_n - \frac{f(X)}{f'(X_n)}$$

（4）内部收益率的使用范围和局限性　内部收益率指标用于单方案经济评价时，如果 $IRR \geqslant i_c$，或大于等于实际投资的贷款利率，则该方案是可以接受的。

内部收益率指标的最大优点是它能直观地反映技术方案投资的最大赢利能力，或最大的利息偿还能力（指投资来源为银行贷款时）。但由于 IRR 计算公式所给的仅是必要条件，因而 IRR 指标在使用上也有一定的局限性。

第一，有三种情况不能使用 IRR 指标：其一，只有现金流入或现金流出的方案，此时不存在有明确经济意义的 IRR；其二，非投资情况，即先从方案取得收益，然后用收益偿付有关费用，如设备租，在这种情况下，只有 $IRR \leqslant i_c$，的方案才可接受；其三，当方案的净现金流量的正负符号改变不止一次时，就会出现多个使净现值等于零的折现率，此时，内部收益率无法定义。

第二，由于内部收益率是根据方案本身数据计算出来的，而不是专门给定的，所以 IRR 不能直接反映资金时间价值的大小。

第三，如果只根据 IRR 指标大小进行方案的投资决策，可能会使那些投资大、IRR 低，但收益总额很大、对国民经济全局有重大影响的方案落选。因此，IRR 指标往往和 NPV 指标结合起来使用。因为有时 NPV 大的方案，其 IRR 不一定大；反之亦然。

7. **外部收益率**　假定技术方案所有投资按某个折现率折算的终值恰好可用方案每年的净收益按基准折现率折算的终值来抵偿时，这个折现率称为外部收益率（ERR），其计算公式为

$$\sum_{t=0}^{n} K_t [1 + ERR]^{n-t} = \sum_{t=0}^{n} R_t [1 + i_c]^{n-t}$$

式中　K_t——第 t 年的投资；

R_t——第 t 年的净收益。

外部收益率的经济含义可以理解为：把一笔资金 K_0 投资于每一方案，在经济上无异于将这笔资金存入一个年利率为 ERR 且以复利计算的银行中所获得的价值。因此，同 IRR 一样，ERR 越大，说明方案投资的经济性越好。用于单方案经济评价时，若 $IRR \geqslant i_c$ 或大于、等于实际投资的贷款利率，则该方案是可以接受的。

第二节　总投资估算

投资是技术经济分析的重要概念。广义的投资是指投资活动，即为了将来获得收益或避免风险而将资金投入某一事业的经济活动；狭义的投资是指投入的资金数量，即为了保证项目投产和生产经营活动的正常进行而投入的活劳动或物化劳动价值的总和，是为了未来获得报酬而预先垫付的资金，是衡量建设项目或技术方案投入的主要经济指标，是项目建设期主要的现金流出项目。

作为一种有目的的经济行为，投资是实现扩大再生产、增加积累和降低生产经营风险的重要手段。从不同角度分类，投资可分为生产性投资和非生产性投资；基本建设投资和更新改造投资；直接投资和间接投资；赢利性投资和非赢利性投资；长期投资和短期投资；自主投资和联合投资；初始投资和后续投资；固定资产投资和流动资金投资等。作为衡量技术方案投入的经济指标，投资是为技术方案建设和正常运行而投入的资源的总价值。投入的资源可以是资金、人力、技术或其他资源，它们将形成有形资产或无形资产的原始价值。建设项目从筹建开始到全部建成投产为止的全过程所发生的费用总和称为建设项目总投资，它由固定资产投资、流动资金投资及建设期借款利息等组成。

在一个食品生产厂的建设或对原有食品生产厂进行改建、扩建时，为了保证项目建设及其今后的生产经营活动的进行，必须有足够的资金投入。我们将建设项目实施过程中所需投入的总资金称为总投资费用，也称投资。

总投资估算一般是指在项目决策或项目立项之前的规划和研究阶段中，对建设项目所需的总投资的预测和估算。正确地进行项目总投资估算，编制项目投资概算文件，对项目的可行性论证及投资决策等都有重要的作用。对于一个项目进行技术经济分析和评价，涉及项目总成本、单位产品成本、折旧提成、投资回收期、贷款回收期、内部收益率等一系列财务、经济指标。这些指标都以总投资估算为前提条件。

一、固定资产投资估算

固定资产投资估算的方法很多，基本上可分为概略估算和详细估算两类。概略估算的方法主要有单位生产能力投资法、指数估算法、分项比例估算法等；详细估算一般采用编制概算的方法。

（一）单位生产能力投资法

根据类似项目的单位生产能力投资额乘以拟建项目设计生产能力，可粗略求得拟建项目的固定资产投资，计算公式为：

$$K_2 = X_2\left(\frac{K_1}{X_1}\right)P_f$$

式中　K_2——拟建项目的固定资产投资；

K_1——已建成同类项目的固定资产投资；

X_2——拟建项目的生产能力；

X_1——已建成同类项目的生产能力；

P_f——物价修正指数（即估算投资年份的物价指数与同类项目投资数据取得年份的物价指数之比）。

这种估算方法把项目的建设投资与生产能力看成是简单的线性关系，因而计算简便，比较粗略。一般适用于拟建项目与已建成项目规模、工艺技术条件等比较接近的情况。

（二）指数估算法

这种估算方法认为两个类似项目的固定资产投资额之比与两个项目生产能力规模之比的指数幂成正比。计算公式为：

$$K_2 = K_1 \left(\frac{X_2}{X_1}\right)^n P_f$$

式中，K_2、K_1、X_2、X_1、P_f 的含义同前；n 为能力指数（规模指数）。

能力指数的数值可根据大量统计分析求得。根据经验，当主要靠增加设备或装置的容量、效率、尺寸来扩大生产规模时，n 取 0.6～0.7；当主要靠增加设备或装置的数量来扩大生产规模时，n 取 0.8～1.0；有高温高压生产条件工厂，n 取 0.3～0.5。一般 n 的平均值大致为 0.6 左右，故该法又称“0.6 指数法”。

（三）分项比例估算法

这种估算方法把项目的固定资产投资分成设备投资、建筑物及构筑物投资、其他投资等若干组成部分。首先根据主要设备的选型、数量、来源、价格等资料，估算出机器设备的投资，以它为基础，然后再根据其他几部分投资与设备投资的比例关系，分别估算出每一部分的投资额。采用此法需要有大量同类项目的投资资料，并要求估算人员具有丰富的经验。

（四）概算指标估算法

这是较为详细的投资估算方法。该法是把整个建设项目依次分解为单项工程、单位工程、分部工程和分项工程。按拟建项目中单项工程的单位工程（如机器设备、厂房建筑、设备安装等）分别套用有关估算指标和定额来编制投资估算，再把单位工程概算汇总成单项工程的综合概算，最后汇总成建设项目总概算。

二、流动资金估算

流动资金的构成及估算方法，第十一章已有介绍，这里再强调一下。

（一）流动资金的组成

维持企业正常生产及营销全过程的费用称为流动资金，它以货币的形态或实物的形态在企业运营全过程中出现。一般生产企业的流动资金构成如表 12－1 所示，包括生产流动资金中的储备资金和生产资金；流通流动资金中的成品资金、结算资金、货币资金。这些资金内部又包括各种具体费用。流动资金按管理方式不同可分为定额流动资金和非定额流动资金两类。

表 12－1　食品生产企业流动资金构成表

<table>
<tr><td rowspan="2">生产领域的流动资金</td><td rowspan="2">定额流动资金</td><td>储备资金</td><td>原料及主要材料
辅助材料
燃料
低值易耗品
包装品
外购半成品
修理备用品</td></tr>
<tr><td>生产资金</td><td>在制品
自制半成品
待摊费用</td></tr>
</table>

（续）

流通领域的流动资金	非（超）定额流动资金	成品资金	成品 外购商品
		结算资金	应收及预付账款 发出新商品
		货币资金	备用金 库存现金 银行存款

1. *定额流动资金*　它包括储备资金、生产资金和产品资金 3 部分。该部分资金占流动资金总额的比例较高，且有一定的规律，易进行严格的管理。

2. *非定额流动资金*　它包括结算资金和货币资金两部分。此项资金受多种因素影响，其数额常发生变化，难以预先确切估算。

（二）流动资金的估算方法

食品工厂的流动资金的估算主要有扩大指标估算法和定额估算法两类方法。

1. *扩大指标估算法*　扩大指标估算法较为粗略，即按固定资产投资或销售收入或经营成本等的一定比例估算。

2. *定额估算法*　定额估算法较为详细。一般可以按产值（或销售收入）资金进行估算，即参照现有类似的生产企业的指标确定流动资金占有率，并以此流动资金占有率计算出流动资金额。

流动资金额＝年产值(年销售收入额)×产值(销售收入)资金率

也可根据每日平均生产消耗量和定额周转天数，与成本估算相结合，分别估算出流动资金投资。

流动资金按其来源不同分为流动资金贷款和自有流动资金。流动资金贷款来自银行借贷，自有流动资金为企业自筹。我国规定，企业流动资金中自有流动资金必须占总流动资金的 30％以上，银行才能给予流动资金贷款，而且流动资金贷款利息应在产品成本的企业管理费中列支。

第三节　产品成本与销售利润

一、产品成本的估算

（一）成本与费用的概念

产品成本是以货币的形式表现在生产过程中，为生产一定的产品所支付的全部费用，它一般包括料、工、费三个组成部分。料这部分费用是指以货币的形式表现为生产一定产品而消耗的生产资料所转移的价值，它主要包括进行生产所消耗的原材料费、辅助材料费（包括燃料、动力费）、固定资产折旧等。工这部分费用是指为生产产品劳动者付出的必要劳动所创造的价值，它主要包括职工的工资、福利基金、税金、利润等。费这部分费用是指维持正常生产的其他费用，如车间管理业务费、企业管理费等。

产品成本是反映企业生产经营和管理水平高低的一个重要指标，实质是生产活动中劳动消耗的货币表现。产品成本的估算就是要揭示这种货币表现的内容和方法。成本与费用是从劳动消耗角度衡量建设项目投入的基本指标，它可以综合地反映企业生产经营活动的技术水平、工艺完善程度、资金利用效率、劳动生产率水平、经营管理水平等。成本与费用在不同的场合或不同用途，有不同的含义。就广义而言，成本与费用的含义是为了实现某种目标所付出的代价。如产品生产成本是企业为生产产品所付出的代价，资金成本是筹集和使用资金所付出的费用。狭义上的成本费用是指产品成本和期间费用。产品成本是产品生产过程中消耗的活劳动和物化劳动的货币表现，是为制造产品而发生的生产费用，也称生产成本或生产经营费用。期间费用是生产过程中除产品成本以外发生的各项消耗费用。在技术经济分析中，既要用到财务会计中的成本费用概念，如产品的生产成本和期间费用；还要用到财务会计中所没有的成本观念，如机会成本、资金成本等。如果不是与一定的产品相联系，技术经济分析中的成本和费用的含义并不严格区分，各种形式中的成本也常称费用。技术经济分析中常用的成本费用概念主要有以下几种。

1. *总成本费用* 总成本费用是指项目（或方案）在一定时期内（一般为一年）为生产和销售产品而花费的全部成本和费用。总成本费用由生产成本、管理费用、财务费用和销售费用组成。

（1）生产成本 指生产产品或提供劳务而发生的各项费用，它包括各项直接支出（直接材料、直接工资和其他直接支出）及制造费用。直接材料是指生产中实际消耗的原材料、辅助材料、备品材料、燃料及动力等；直接工资是指直接从事产品生产人员的工资、奖金及补贴等；其他直接支出是指直接从事产品生产人员的职工福利费等；制造费用是指为组织和管理生产所发生的各项费用，包括各生产单位（分厂、车间）管理人员工资、职工福利费、折旧费、维简费、修理费及其他制造费用（办公费、差旅费、劳保费等）。

（2）管理费用 指企业行政管理部门为管理和组织经营活动而发生的各项费用，包括管理人员的工资和福利费、折旧费、修理费、技术转让费、无形资产和递延资产摊销费及其他管理费用（办公费、差旅费、劳保费、土地使用税等）。

（3）财务费用 指为筹集资金而发生的各项费用，包括生产经营期间发生的利息净支出及其他财务费用（汇兑净损失、银行手续费等）。

（4）销售费用 指为销售产品和提供劳务而发生的各项费用，包括销售部门人员工资、职工福利费、折旧费、修理费、交通运输费及其他销售费用（广告费、差旅费、办公费等）。

管理费用、财务费用和销售费用总称为期间费用。单位产品消耗的生产成本和分摊的期间费用之和，构成单位产品成本费用。在计算总成本费用和单位成本费用时，要注意扣除原材料消耗中自身自用部分，以免重复。

2. *可变成本与固定成本* 产品成本费用按其与产量变化的关系可分为可变成本、固定成本和半可变（半固定）成本。在产品成本费用中，有一部分费用随着产量的增减而成比例地增减，称为可变成本费用（简称可变成本），如原材料费用、计件工资形式下的生产工人工资等。另一部分费用在一定产量范围内与产量的多少无关，称为固定成本，如固定资产折旧、管理费用等。

还有一些费用，虽然也随产量的增减而变化，但不是成比例地变化，称为半可变成本。通常将半可变成本进一步分解为可变成本与固定成本。因此，产品总成本费用最终可划分为可变成本和固定成本。

可变成本和固定成本的划分，对于项目盈亏分析及成本分析有重要意义，但两者的划分是相对的，因为从长期来看，一切成本费用都是可变动的。可变成本和固定成本在项目技术经济分析中的主要用途包括下述两个方面：

① 计算项目生产期内现金流量表中各年的经营成本，计算公式为

生产期各年的经营成本＝单位可变成本×当年产量＋固定总成本

② 进行不确定性分析计算。

3. 经营成本　经营成本是指不包括折旧费和非现金支付费用的产品成本。经营成本也称付现成本，是从投资项目本身考察，指其在一定期间（通常为一年）内由于生产和销售产品及提供劳务而实际发生的现金支出。经营成本是总成本费用的一部分，但不包括计入产品成本费用中而实际未发生的现金支出。

经营成本在编制项目计算期内的现金流量表和项目方案比较中是十分重要的参数。现金流量表中只计算现金的收支，不计算非现金的收支。固定资产折旧费只是项目系统内部固定投资的现金转移，而不是现金支出，所以它不包括在经营成本之内。此外，在编制现金流量表时，由于按规定流动资金利息包括在生产成本的企业管理费中，编制现金流量时又假定企业的全部投资为自有资金，所以经营成本中不包括流动资金利息。经营成本属于项目的现金流量，可按下式计算

经营成本＝总成本费用－折旧费－维简费－摊销费－借款利息

经营成本计算公式中，之所以扣除折旧费、摊销费、维简费，是因为它们不属于现金流量，而是过去的投资在项目使用期内的分摊。借款利息虽属于现金流出，但为了项目全部投资现金流量分析，利息支出不作为现金流出，而在自有投资现金流量分析中，将利息支出单独作为现金流出项目列支，因此经营成本中不包括利息支出。

4. 机会成本　机会成本又称经济成本或择一成本，指利用一定资源获得某种收益时而放弃的其他可能的最大收益。或者说它是指生产要素用于某一用途而放弃其他用途时所付出的代价。如一定量的某种资源和资金用于甲项目投资，就必须放弃乙项目的投资机会，则乙项目的可能收益即为甲项目的机会成本。机会成本将以各种方式影响技术方案的现金流量。

5. 沉没成本　沉没成本是指过去已经支出而现在无法得到补偿的成本。例如已使用多年的设备，其账面价值将作为沉没成本。沉没成本在决策分析中，特别是在更新分析中是很重要的概念，但它与新的决策无关，在决策中不予考虑，因而不能出现在现金流量中。

6. 资金成本　资金成本是为筹集和使用资金而付出的代价。资金成本包括资金筹集费（筹资费用）和资金占用费（用资费用）两部分。资金筹集费是指在资金筹集过程中支付的各项费用，如银行借款手续费、股票或债券的发行费用等。资金占用费是指占用资金所支付的费用，如支付的股票股利、债券或借款利息等。资金成本是选择资金来源、确定筹资方案的重要依据；是评价投资项目、决定投资取舍的重要标准，是投资必须获得的最低要求收益率；也是衡量项目或技术方案经营成果的尺度。资金成本常用百分数表示，称为资金成本率。资金成本率是资金占用费与筹资净额（筹资总额减筹资费）之比，对于自筹资金常以其机会成本率表示。

(二) 要素成本与项目成本

生产产品需要的全部耗费，不论其生产用途和发生的地点如何，只以其原始形态的经济性质不同而划分为各项生产费用要素，按产品生产费用要素来计算的产品成本称为产品要素成本。生产费用要素的主要内容见表 12-2。要素成本反映了企业在生产过程中的各种消耗，所以按生产费用要素计算产品的成本，便于分析和控制各项费用的支出。在项目技术经济分析时，需估算产品的要素成本，以求得项目的总成本。

表 12-2 生产费用要素表

生产费用要素	内　　容
原材料	构成产品实体的各种外购原料与主要材料费，在生产过程中产生并回收的废料应扣除
辅助材料	产品生产与企业管理中所消耗的各种辅助材料费
燃料	生产所消耗的各种外购燃料费
动力	耗用于生产活动的各种外购动力（电力）费
工资	支付职工的全部工资
职工福利基金	按规定比例提取的职工福利基金
折旧	对生产使用的固定资产、公共住宅以及福利事业用的固定资产按规定的折旧率提取的基本折旧费
其他用途	不属于上述各项费用的生产费用，包括大修理提成、办公费、差旅费、管理费、培训费、劳保费、利息收支相抵后的净额、租金支出、运输费、材料盈亏额等

产品生产过程中的全部消耗按车间和设施分别计算各项费用，按这一划分法来计算各项耗费的总和为产品的项目成本。食品工业产品的项目成本的主要内容见表 12-3。

表 12-3 项目成本内容

成本项目	内　　容
原材料	经过加工构成产品实体的原料及主要材料费用
辅助材料	直接用于产品生产，但并不构成产品实体的材料费用
燃料	直接用于产品生产的各种燃料费用
动力	直接用于产品生产的动力（电力）费
工资	直接掌握生产过程，从事产品生产的生产工人的工资
职工福利基金	按规定比例提取的职工福利基金
车间经费	各车间（设施）范围内发生的全车间性的管理与业务费用
企业管理费	企业经营管理所发生的各项管理与业务费

项目成本的构成反映了产品各生产环节的耗费，所以项目成本可为分析、研究降低各生产环节的成本提供依据。

(三) 总成本和单位产品成本

项目技术经济分析评价时需要计算项目的总成本。单位产品从生产到销售的全部费用称为单位产品成本。单位产品成本可按相似的企业及产品进行测算，一项产品的总成本为单位产品成本乘以产量。在进行项目技术经济分析时，一般以费用要素列表并计算单位成本和总成本，其表格的主要内容见表 12－4 和表 12－5。

表 12－4　单位产品成本

序号	项　目	规格	单价	单耗	不同生产负荷的单位产品成本			
					…	…	…	100%
1	主要原料							
2	辅助材料							
3	燃料							
4	电							
5	水							
6	包装材料							
7	工资							
8	职工福利基金							
9	折旧费							
10	管理费							
11	维修费							
12	流动资金利息							
13	销售费用							
14	单位成本合计							

表 12－5　总成本

序号	项　目		生　产　期（年）				
		年序	1	2	…	…	末年
		负荷			100%	…	
1	原材料辅料						
2	水电动力燃料						
3	工资						
4	职工福利基金						
5	折旧费						
6	管理费						
7	维修费						
8	流动资金利息						
9	销售费用						
10	总成本						

(四) 成本费用的估算方法

成本费用的估算内容依经济分析的目的要求不同而异。在各种成本概念中，最基本的是产品的生产成本（制造成本）和期间费用。因此，成本费用估算主要是产品生产成本和期间费用的估算。成本费用的估算方法很多，可分为详细估算法和概略估算法两类。

1. 详细估算法　详细估算法，一般是按照成本和费用项目，根据有关规定和详细资料逐项进行估算。

① 原材料、燃料、辅助材料及动力等费用项目，可根据单位产品的耗用量、单价及项目的产量规模等资料计算。其中，原材料、燃料、动力等的耗用量，可按同类产品的历史资料和已达到的消耗定额，或按新产品的设计技术经济定额为依据。

② 生产工人的工资可按项目的生产定员人数及平均工资水平测定。

③ 制造费用中有消耗定额的按定额测算，没有消耗定额的，可根据历史资料和同类企业的统计资料确定。其中，折旧费按国家有关规定单独测算。

④ 管理费用、销售费用等期间费用可按会计规定和有关取费标准，参照历史资料计算。财务费用按项目负债的应计利息支出计算。

2. 概略估算法　在缺乏详细成本资料和定额情况下，可采用下列方法概略估算成本和费用。

(1) 分项类比估算法　此法是将产品生产成本分为材料费、工资和制造费用（集料、工、费三项费用），然后按照各种产品的类似程度及分项费用的比例关系估算产品的生产成本。

(2) 差额调整法　对于老产品改进技术方案的成本预测，可以老产品实际成本为基数，找出新老产品的结构、材质、工艺等方面的差异，然后以差异额度调整老产品的成本以求得新产品的成本。或根据与类似产品比较确定成本修正系数，再与类似产品相乘，也可求得估算产品的成本。

(3) 统计估算法　此法是通过收集产品（或方案）的成本统计资料根据成本与某些参数如产量、功率、时间等之间相互关系的曲线或关系式，测算成本和费用。产品使用成本和某些期间成本的估算多采用此法。

(五) 固定资产折旧

固定资产折旧既不是现金流出，也不是现金流入，而是非现金费用，但因税法允许其冲减应税收入，在技术方案有赢利的情况下，会减少应纳税所得额，折旧费也将以减少纳税方式间接影响方案的现金流量。因此，在分析和计算技术方案现金流量时，必须对折旧费进行计算。

1. 折旧概念　固定资产折旧是指固定资产在使用过程中由于磨损而逐步转移到产品价值中的那部分固定资产的价值。固定资产虽然在生产过程中始终保持其原有的物质形态，但其价值却由于不断磨损而处于不断变化之中。项目投产时核定的固定资产价值称为账面原值，固定资产原值扣除折旧以后的价值称为账面净值。在设备服务期终了或中途更换时，固定资产的价值称为残（余）值。残值有两种，一种是账面残值，另一种是当时的市场交易价值。

2. 折旧费的计算方法　计算折旧的基本公式为

$$应提折旧额=折旧率\times折旧基数$$

由于折旧率和折旧基数的确定方法不同，因此折旧方法有多种。目前我国常用的折旧方法主要有直线折旧法、年数总和法、双倍余额递减法等。

（1）直线折旧法　直线折旧法又称平均年限法。该法是把应计提折旧的固定资产价值按其使用年限平均分摊，其计算公式为：

$$f=\frac{1-S}{T}\times 100\%$$

$$D=K_0 f$$

式中　f——年折旧率；

S——预计净残值率（一般取原值的 3%～5%）；

T——折旧年限；

D——年折旧额；

K_0——固定资产原值。

【例】 某食品工厂项目的固定资产原值为 1 000 万元，预计净残值率为 4%，折旧年限为 5 年。按直线折旧法计算的年折旧率、年折旧额及第三年末账面净值分别为

$$f=\frac{1-S}{T}\times 100\%=\frac{1-4\%}{5}\times 100\%=19.2\%$$

$$D=K_0 f=1\,000\text{ 万元}\times 19.2\%=192\text{ 万元}$$

$$K_3=K_0-Dt=1\,000\text{ 万元}-192\text{ 万元}\times 3=424\text{ 万元}$$

直线折旧法计算简单，因此被广泛应用。但它不能准确反映固定资产实际损耗情况，不利于投资的尽快回收，在出现新设备而使原设备提前淘汰时，可能由于未提足折旧而承担经济损失。

对于某些专业设备、大型设备以及运输车辆等，可按产量、工作时间或行驶里程计提折旧。其方法是以平均单位时间（或产量、行驶里程）的折旧额，乘以本年使用的工作时间（或产量、行驶里程）求得本年应提折旧额，这种方法也属于直线折旧法。

（2）年数总和法　年数总和法和双倍余额递减法属于快速折旧法，又称递减折旧法。其特点是固定资产在使用期中，第一年提折旧额最高，以后逐年递减。此法比较适合固定资产使用过程中的价值转移规律，可使固定资产成本加速得到补偿。

年数总和法是以固定资产剩余使用年数与使用年数总和之比计算折旧率，再乘以应计折旧的固定资产价值来求得各年的折旧额。因为折旧率逐年递减，故折旧额逐年减少。其计算公式为

$$f_t=\frac{T-(t-1)}{\frac{1}{2}T(T+1)}\times 100\%$$

$$D_t=(K_0-K_L)f_t$$

式中　f_t——第 t 年的折旧率；

D_t——第 t 年的折旧额；

K_L——预计净残值；

K_0——固定资产原值；

T——折旧年限。

以前例数据为例，按年数总和计算的各年折旧率、折旧额及账面净值如表 12-6 所示。

表 12－6 年数总和折旧计算表

使用年限	年折旧率	年折旧额（万元）	年末净值（万元）
0	0	0	1 000
1	5/15	320	680
2	4/15	256	424
3	3/15	192	132
4	2/15	128	104
5	1/15	64	40

（3）双倍余额递减法　这种方法是用直线折旧率的两倍乘以固定资产初净值来计算折旧费。这里的直线折旧率不考虑残值，即双倍余额递减折旧率为 $f=2/T$。为把固定资产原值与预计净残值的差额分摊完，这种方法计算到一定年度后，要改用直线折旧法。当下式成立时，即从该年开始要改用直线折旧法

$$\text{按双倍余额递减法计算的某年折旧额} < \frac{\text{该资产年初净值}-\text{预计净残值}}{\text{剩余使用年限}}$$

我国财务制度规定，用双倍余额递减法计算折旧到最后两年改为直线折旧法。如仍以前例数据为例，双倍余额递减法的年折旧率为 $f=2/5=40\%$，各年折旧额及账面净值如表 12－7 所示（从第四年起改为直线折旧）。

表 12－7 双倍余额递减法折旧计算表

使用年限	年折旧率	年折旧额（万元）	年末净值（万元）
0	0	0	1 000
1	0.4	400	600
2	0.4	240	360
3	0.4	144	216
4		88	128
5		88	40

（六）产品成本概算

产品成本是反映企业生产经营和管理水平高低的一个重要指标，其实质是生产成品活动中劳动消耗的货币表现。产品成本概算就是要揭示这种货币表现的内容和方法。

依据概算的不同目的，产品成本可以用不同范畴的名词表述。有设计成本、计划成本、实际成本、本期成本、上期成本、总成本和单位成本；还有车间成本、工厂成本和销售成本等。销售成本加上规定的税金及利润，便可构成产品的出厂价格。

1. *产品的成本组成*　对于食品工业生产成本的计算，半成品一般只算出车间成本（如麸皮、麦芽等），成品一般只算出工厂成本即可。为此要了解产品成本的组成，才能进行详细的计算。

产品的成本组成主要包括以下几部分。

① 原料费，系指经过加工构成产品的材料。食品加工的生产原料主要包括各种农产品及其半成品。

② 辅助材料费，系指直接用于生产或间接用于生产、但不构成产品的各种材料费。

③ 燃料费，是指为工艺过程提供加热、蒸汽等的热源材料费。

④ 动力消耗费，是指用于生产而直接消耗的能源费，如水、风、冷、电等能源费。

⑤ 生产工人工资，是指直接参加生产的工人的基本工资和附加工资。生产工人的工资附加费系按生产工人工资规定的比例所储存的劳动基金、医疗费、文教补助费、福利补助费及企业直接支付的劳动保护费用等。

⑥ 车间费用，即在车间范围内为管理和组织生产所产生的一切费用。

以上 6 项费用总计即构成车间成本费。

⑦ 企业管理费，是指企业管理部门为管理和组织生产所产生的一切费用。

以上 7 项费用总计即构成工厂成本费，即产品生产成本费。

⑧ 摊销费，又包括包装费、运输费以及代销分配等商业性费用。

以上 8 项费用总计即构成销售成本，也即实际成本。

销售成本再与税金、利润之和即形成出厂价格。

产品成本构成的款项方式如表 12－8 所示。

表 12－8 产品成本构成表（元）

<table>
<tr><td rowspan="6">直接费用</td><td>原料费</td><td rowspan="7">车间成本</td><td rowspan="8">工厂成本</td><td rowspan="9">销售成本</td><td rowspan="11">出厂价格</td></tr>
<tr><td>辅助材料费</td></tr>
<tr><td>燃料费</td></tr>
<tr><td>动力消耗费</td></tr>
<tr><td>生产工人工资</td></tr>
<tr><td>附加工资</td></tr>
<tr><td rowspan="3">间接费用</td><td>车间费用</td></tr>
<tr><td colspan="2">企业管理费</td></tr>
<tr><td colspan="3">商业摊销费（实属非生产性支出）</td></tr>
<tr><td rowspan="2">其他</td><td colspan="4">税金</td></tr>
<tr><td colspan="4">利润</td></tr>
</table>

表 12－8 可用于一种产品成本构成的计算，在同时生产几种产品时，应按各产品的成本构成实际情况去计算。但彼此关联互有间接费用时，应先计算出总成本，然后按规定依不同比例分摊到各产品成本中去。

2. 成本计算说明　产品单位成本要按生产经营过程中所发生的直接费用和间接费用（包括贷款利息支出）分项计算，并将计算结果列表说明（表 12－9）。为掌握单位成本的基本方法，现将有关问题总结说明于下。

表 12-9　产品成本计算表（元）

产品名称、规格				年产量（单位）			
序号	成本项目	单位	单价	单位成本		总成本	
1	原料 (1) (2)						
2	辅助材料 (1) (2)						
3	燃料、动力						
	变动成本小计						
4	工人工资及附加工资						
5	车间费用 ××车间 ××车间						
6	“三废”处理费						
7	企业管理费						
	固定成本小计						
8	工厂成本						

（1）原料、辅助材料及燃料费的计算　原料、辅助材料及燃料，均按该材料的采购单价（包括运输、装卸等作业费）乘以该材料的单位产品的消耗定额。

（2）工资及附加工资的计算　基本工资按国家统一规定的等级标准；辅助工资是指各种津贴、奖金等，并按国家规定以工资总额的百分率提取工资附加费。

（3）车间费用的计算　车间管理费用，包括本车间的管理人员工资及附加工资、固定资产折旧费、维修费、低值易耗品摊销费、材料消耗费、劳保费、水电费、采暖费、运输费、分析化验费、技术组织措施费以及其他杂费。

其中，固定资产折旧费分为基本折旧和大修折旧两种。固定资产在使用过程中逐年磨损，价值不断降低，为偿还此种磨损，每年从产品成本中提取一部分费用，称为基本折旧费；为使固定资产处于良好状态，充分发挥其使用效果、延长使用期限进行大修理所需的费用，称为大修费。两者之和称为综合折旧费。此费用是按固定资产原值的规定和惯例比例提存。

另外，固定资产维修费是指进行中修、小修于日常修理维护的费用。此费用是按折旧费的比例数估计。

（4）企业管理费的计算　此项费用是发生在全厂性的各种管理费，如管理人员的工资及附加工资、固定资产的折旧费（除车间外的固定资产）、办公费、旅差费、会议费、消防费、利息支出等。按实际发生金额计算，并分摊到生产成本中去。

（5）“三废”处理费的计算　此费用系指“三废”排除车间，为了保护环境必须进行处理的费用。它与经常性环境检测费也不相同。计算时要按处理的效益，以规定的特殊的方法予以计算。

二、销售利润的估算

（一）销售收入　销售收入是企业销售产品或提供劳务等取得的货币收入，它是投资项目财务收益的主要来源。销售收入包括产品销售收入和其他销售收入。产品销售收入包括销售生产成品、自制半成品、提供工业性劳务等取得的收入。其他销售收入包括材料销售、资产出租、外购商品销售、无形资产转让以及提供非工业性劳务等取得的收入。

销售收入是按销售量乘以销售单价计算的。销售单价在财务分析中为实际市场价格或预测的市场价格；在国民经济分析中为产出物的影子价格。在项目经济分析中，常假定销量等于产量，且全部收入立即收回，此时的销售收入即为技术方案的现金流入。按会计方法计算的销售收入并不等于实际现金流入。

（二）利润

利润是项目经营目标的集中体现，是项目在一定时期内的经营净成果。根据经济分析的不同需要，主要有销售利润、利润总额及税后利润等概念。

1. *销售利润*　销售利润是销售收入扣除成本、费用和各种流转税及附加税费后的余额，计算公式为

销售利润＝产品销售利润＋其他销售利润－管理费用－财务费用

产品销售利润＝产品销售收入－产品销售成本－产品销售费用－产品销售税金及附加

其他销售利润＝其他销售收入－其他销售成本－其他销售税金及附加

式中的产品销售成本是指销售产品的生产成本。

2. *利润总额*　利润总额是项目在一定时期内实现盈亏的总额，是最终的财务成果，可按下式计算

利润总额＝销售利润＋投资净收益＋营业外收入－营业外支出

式中的投资净收益是企业对外投资收入减去投资损失后的余额。

由于技术方案在决策阶段一般不考虑其他销售、对外投资及营业外收支，所以利润总额常用以下简化公式计算

利润总额＝产品销售收入－总成本费用－销售税金及附加

3. *税后利润*　税后利润是利润总额扣除所得税后的余额。

技术方案的利润已包含在销售收入之中，不再作为单独的现金流入项目。但为了计算税金支出和分析技术方案的赢余能力，必须对利润进行测算。

（三）税金

税金是国家依法向有纳税义务的单位或个人征收的财政资金。税收是国家筹集财政资金的手段，又是国家凭借政治权利参与国民收入分配和再分配的一种形式。

投资项目应按规定计算并交纳税金。税金在财务分析中是一种现金流出，在国民经济分析中

是一种转移支付。

我国目前的工商税制分为流转税、所得税、资源税、财产行为税、特定目的税等几大类。其中与投资项目经济分析有关的主要有：计入项目总投资的固定资产投资方向调节税和耕地占用税；计入总成本费用的房产税、土地使用税、印花税等；从销售收入中扣除，作为销售税金的增值税、营业税、消费税、资源税、城市维护建设税、教育费附加和防洪费等；从利润总额中扣除的所得税等。现将几种现行主要税种简述如下。

1. *增值税* 增值税是就商品生产、流通和加工、修理、修配等各种环节的增值额征收的一种流转税，其纳税人为在中国境内销售货物或提供加工、修理、修配劳务以及进口货物的单位和个人。

增值税实行价外计征的办法，即按不包含增值税税金的商品价格和规定的增值税率计征增值税。纳税人销售货物或者提供应税劳务，应纳增值税额可按下式计算

应纳增值税额＝当期销项税额－当期进项税额

销项税额是按照销售额和规定的税率计算的增值税额；进项税额是购进货物或接受应税劳务应负担的增值税额。准予从销项税额中抵扣的进项税额是指增值税扣税凭证（增值税专用发票及海关提供的完税凭证）上注明的增值税额。对于年销售额较小、会计核算不健全的小规模纳税人，实行按销售收入全额计规定的征收率计征增值税。对于直接用于科学研究、试验的进口仪器设备，外国政府及国际组织无偿援助的进口物资，来料加工、来件装配和补偿贸易所需进口的设备以及销售自己已使用过的物品，则免征或减征增值税。

2. *营业税* 营业税是对交通运输业、建筑业、金融保险业、邮电通信业、文化体育业、娱乐业、劳务业、转让无形资产、销售不动产的单位和个人，就其营业额征收的一种流转税。只要在我国境内从事上述营业、转让、销售活动的单位和个人，都应按其营业额和规定的税率计算纳税额，其计算公式为

应纳营业税额＝营业额×税率

3. *消费税* 消费税是对特定消费品和消费行为征收的一种流转税。消费税是为了保证国家财政收入，体现基本保持原税赋的原则，同时考虑对一些消费品进行特殊调节，对少数消费品在征收增值税的基础上征收的税种。

消费税采用从量定额和从价定率两种征收办法。采用从价计征办法的，按不含增值税税金但含有消费税税金在内的价格和规定税率计算征收消费税。应纳消费税税额计算公式为

实行从价定率办法计算应纳消费税额＝销售额×税率

实行从量定额办法计算应纳消费税额＝销售数量×单位税额

4. *资源税* 资源税是对从事自然资源开发或生产的单位或个人征收的一种税。资源税税目主要包括原油、天然气、煤炭、黑色金属矿原矿、其他非金属矿原矿、有色金属矿原矿、盐等，食品生产项目一般不征收此税种。资源税的应纳税额，按照应税产品的课税数量和规定的单位税额计算。应纳资源税额的计算公式为

应纳资源税额＝课税数量×单位税额

公式中的课税数量是指纳税人开采或者生产应税产品的销售数量或自用数量。单位税额根据开采或生产应税产品的资源状况而定，具体办法按《资源税税目税额幅度表》执行。

5. *城市维护建设税*　城市维护建设税是为了加强城市的维护建设，扩大和稳定城市建设资金来源而征收的一种税。现行城市维护建设税是按流转税额附加征收的，即以增值税、营业税、消费税税额为计税依据，分别与上述三税同时缴纳，纳税人所在地在市区的，税率为7%；县城为5%；其他地区为2%。按我国工商税制改革方案，城市维护建设税未来将改为以销售收入为计税依据。

6. *教育费附加*　教育费附加是向交纳增值税、消费税、营业税的单位和个人征收的一种费用，它以实际交纳上述三种税的税额为计征依据。教育费附加率目前为3%。

7. *企业所得税*　企业所得税是对企业就其生产、经营所得和其他所得征收的一种税。纳税人应纳税额，按应纳税所得额乘以适用税率计算。纳税人每一纳税年度的收入总额减去准予扣除项目后的余额为应纳税所得额。收入总额包括生产经营收入、财产转让收入、利息收入、租金收入、特许权使用费收入以及股息收入等。准予扣除的项目是指与纳税人取得收入有关的成本、费用和损失。外商投资企业所得税目前仍按《中华人民共和国外商投资企业和外国企业所得税法》执行。

复习思考题

1. 技术、经济、技术经济及技术经济分析的概念各是什么？
2. 技术经济分析的基本原则是什么？
3. 技术经济分析的作用是什么？
4. 简述技术经济分析的指标体系。
5. 简述技术经济分析的主要内容及任务。
6. 简述技术经济分析的步骤及方法。
7. 简述静态投资回收期、动态投资回收期、追加投资回收期。
8. 简述技术方案经济分析的价值性指标分析法（成本比较法、收益比较法）
9. 简述技术方案经济分析的比率性指标分析法、简单投资收益率（*ROI*）、投资利润率、投资利税率、净现值率（*NPVR*）、效益-费用比（*B/C*）、内部收益率（*IRR*）、外部收益率（*ERR*）。
10. 简述固定资产投资的估算过程。
11. 简述流动资金的组成。
12. 简述流动资金的估算方法。
13. 成本与费用的概念各是什么？
14. 简述要素成本与项目成本、总成本与单位产品成本的基本概念。
15. 简述成本费用的估算方法。
16. 简述固定资产折旧的方法。
17. 简述产品成本概算的过程。
18. 简述销售利润的估算方法。

第十三章 食品工厂设计基本图例与范例

一、食品工厂设计基本图例

1. 部分建筑图例

表 13-1 部分建筑图例（GBJ1）

序号	名 称	形 式	特 点 及 适 用 条 件
1	新设计建筑物	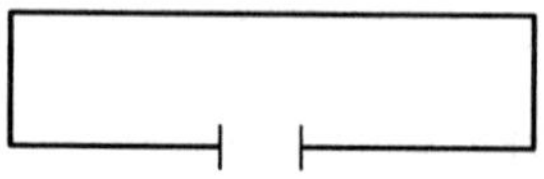	比例小于 1∶2 000 时，可以不画出入口；需要时可以在右上角以点数（或数字）表示层数
2	原有的建筑物	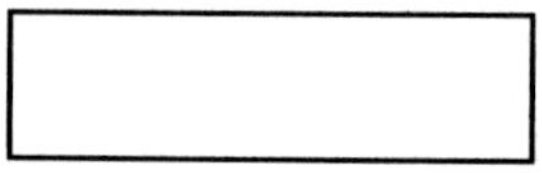	在设计中拟利用者，均应编号说明
3	计划扩建的预留物或建筑物		用细虚线表示
4	拆除的建筑物	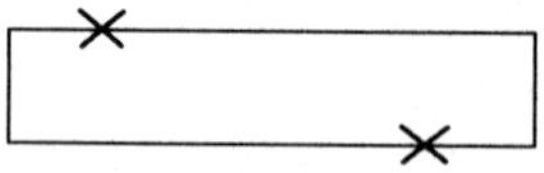	
5	散状材料露天堆场	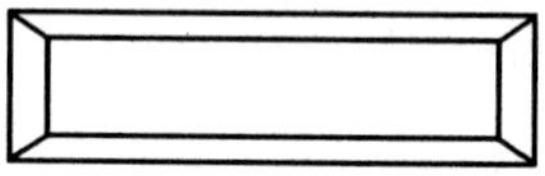	
6	其他材料露天堆场或露天作业场	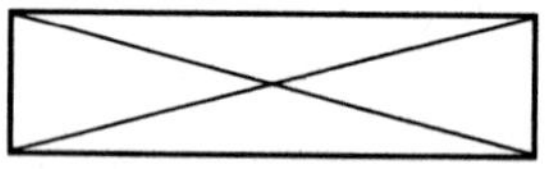	
7	铺砌场地	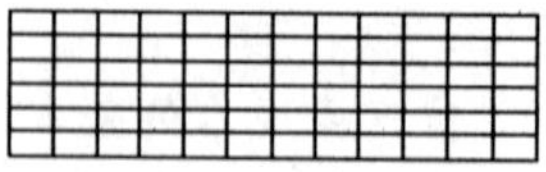	
8	冷却塔		左图表示方形 右图表示圆形
9	储罐或水塔		

（续）

序号	名　称	形　　式	特点及适用条件
10	烟囱		必要时，可注明烟囱高度和用细虚线表示烟囱基础
11	围墙		表示砖石，混凝土及金属材料围墙
12	挡土墙		被挡土在“突出”的一侧
13	台阶		箭头方向表示下坡
14	排水明沟	6 40.00 6 40.00	上图用于比例较大的图中， 下图用于比例较小的图中
15	沟底标高	107.50 107.50	上图用于比例较大的图画中， 下图用于比例较小的图画中
16	有盖的排水沟	6 40.00	
17	室内地坪标高	154.20	
18	室外整平标高	143.30	
19	新设计的道路	6 101.00 R=9 150.00	R 为道路转弯半径；“150.00”表示路面中心标高；“6”表示 6% 或 6‰，为纵坡度；“101.00”表示变坡点间距离；图中斜线为道路断面示意，根据实际需要绘制

（续）

序号	名 称	形 式	特点及适用条件
20	原有的道路	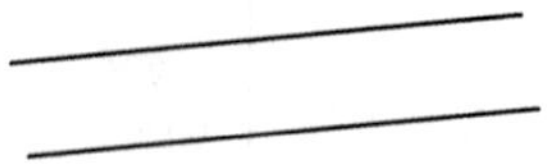	
21	计划的道路		
22	人行道	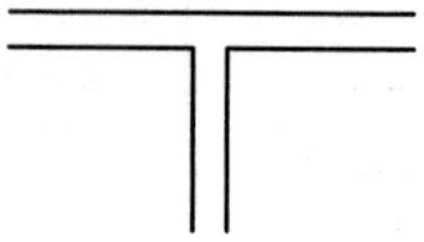	
23	桥梁	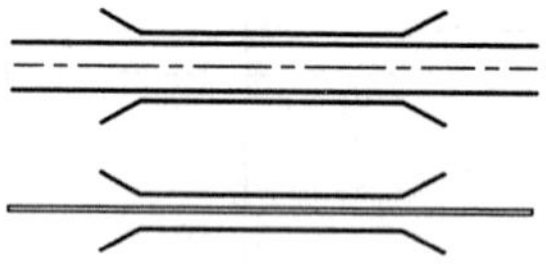	上图表示公路桥， 下图表示铁路桥
24	码头	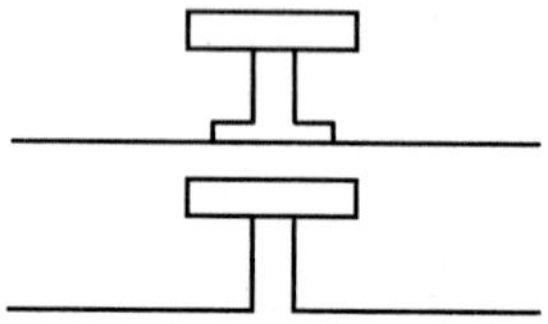	上图表示浮码头，下图表示固定码头；新设计的用粗实线，原有的用细实线，计划扩建的用虚线，拆除的用细实线并加“×”符号
25	汽车衡	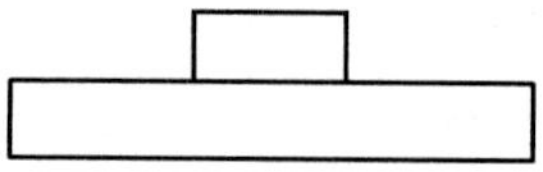	
26	站台	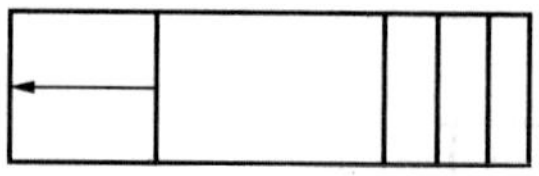	左侧表示坡道， 右侧表示台阶， 使用时按实际情况绘制
27	砂、灰土及粉刷材料	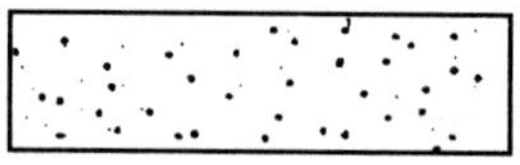	
28	砂砾石及碎砖三合土	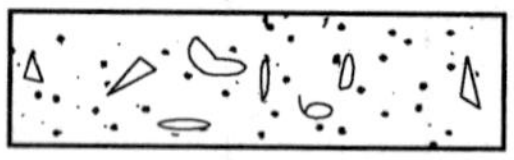	
29	石材	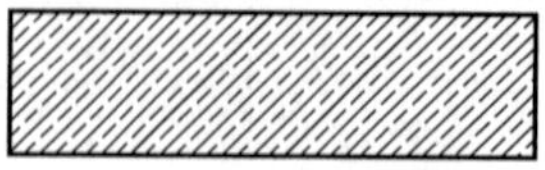	包括岩层及贴面、铺地等石材
30	毛石	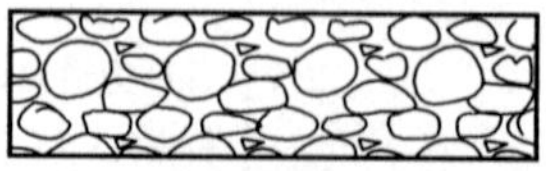	本图例表示物体
31	非承重的空心砖	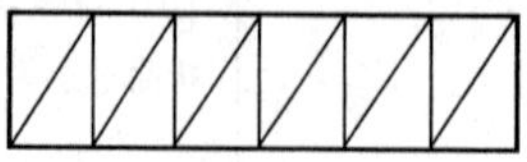	在比例较小的图画中可不画图例，但须标明材料

（续）

序号	名　称	形　　式	特点及适用条件
32	瓷砖或类似材料	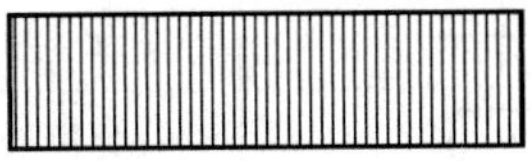	包括面砖、马赛克及各种铺地砖
33	混凝土	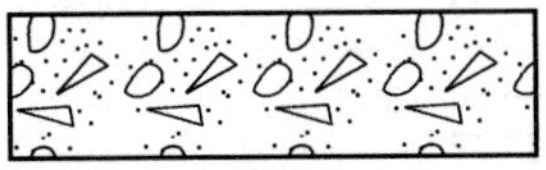	
34	钢筋混凝土	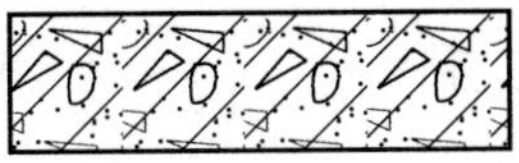	在比例小于或等于 1：100 的图面中不画例，可在底图上涂黑表示；剖面图中如画出钢筋时，可不画图例
35	木材	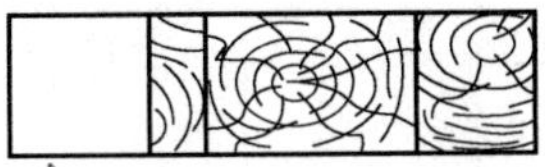	
36	胶合板	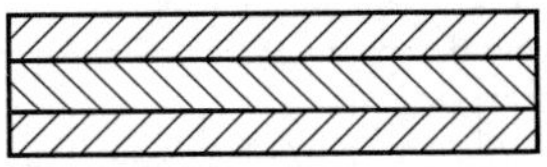	应注明"×层胶合板"；在比例较小的图画中，可不画图例，但须注明材料
37	矿渣、炉渣及焦渣	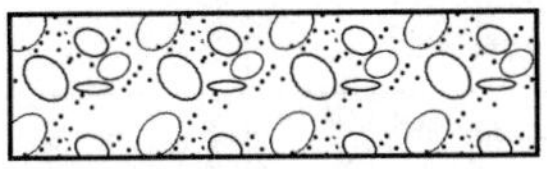	
38	多孔材料或耐火砖	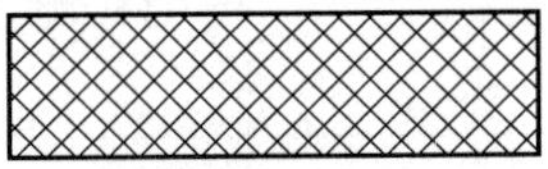	包括泡沫混凝土、软木等材料
39	玻璃	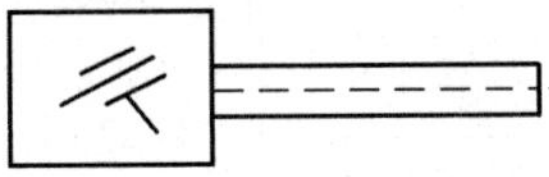	必要时可注明玻璃名称，如磨砂玻璃、夹层玻璃等
40	纤维材料或人造板	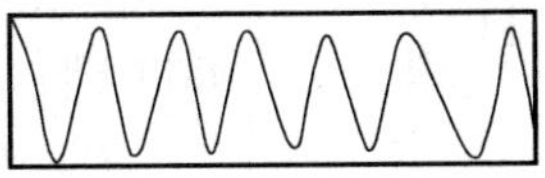	包括麻丝、玻璃棉（毡）、矿棉（毡）、刨花板、木丝板
41	防水材料或防潮层		应注明材料
42	橡皮或塑料	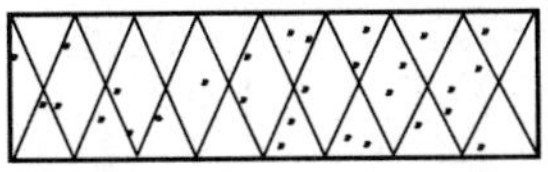	底图背面涂红
43	金属	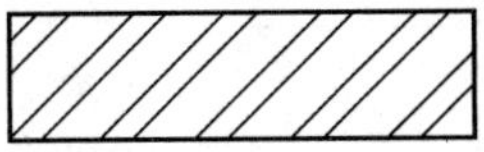	
44	水	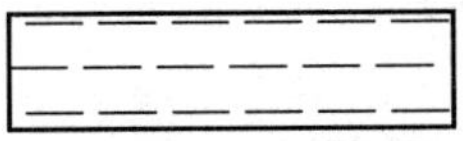	
45	木栏杆	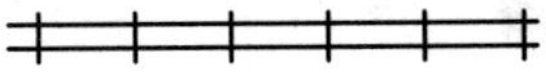	指全部用木材制作的栏杆

（续）

序号	名 称	形 式	特点及适用条件
46	金属栏杆	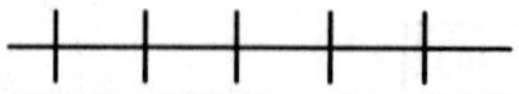	指全部用金属制作的栏杆
47	长坡道	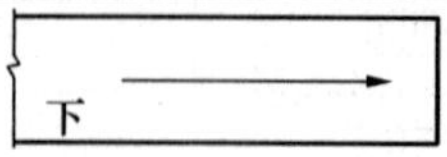 下	在比例较大的图画中，坡道上如有防滑措施时，可按实际形状用细线表示
48	入口坡道	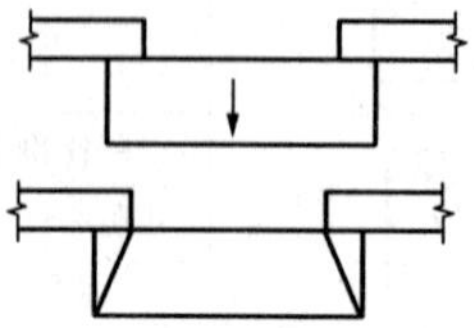	
49	底层楼梯	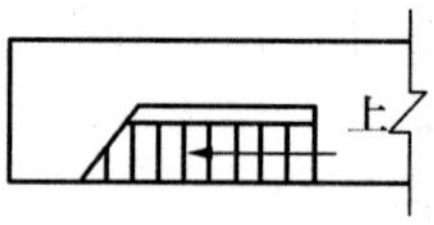 上	
50	中间层楼梯	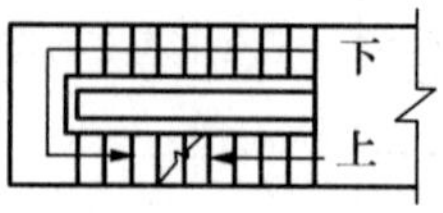 下 上	楼梯的形状及步数应按设计的实际情况绘制
51	顶层楼梯	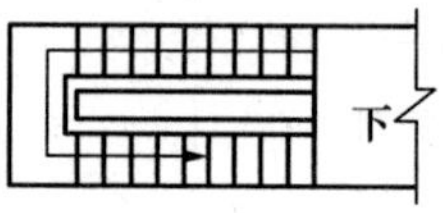 下	楼梯的形状及步数应按设计的实际情况绘制
52	检查孔（进入孔）	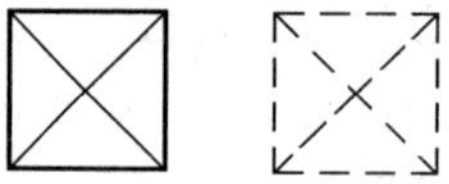	左图表示地面检查孔，右图表示吊顶检查孔
53	厕所间	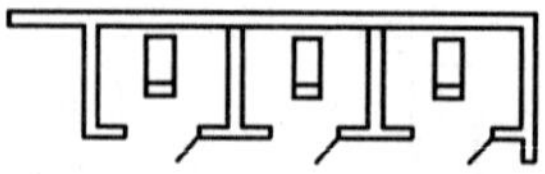	在比例较小的图画中，隔断可用单线表示；卫生用具及门的开关方向，应按实际情况绘制
54	沐浴小间	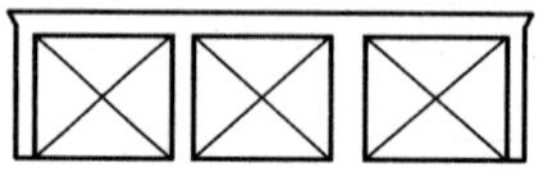	沐浴小间有门时，应按设计情况画出门的位置及开关方向
55	孔洞	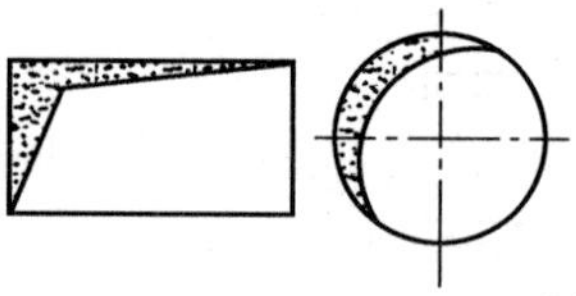	左图表示长方形，右图表示圆形
56	坑槽	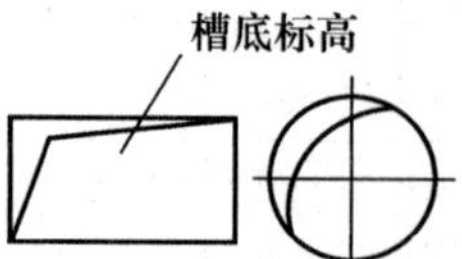 槽底标高	
57	烟道	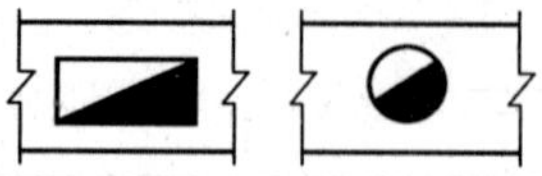	

（续）

序号	名 称	形 式	特点及适用条件
58	通风道	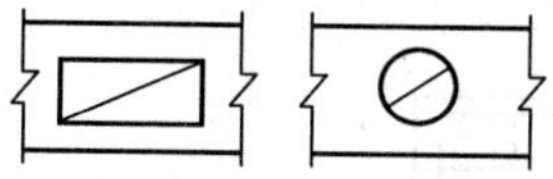	左图表示长方形， 右图表示圆形
59	空门洞	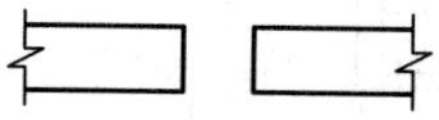	门的名称代号用M表示
60	单扇门	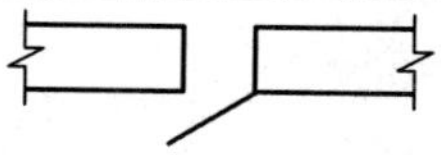	
61	双扇门		
62	对开折门	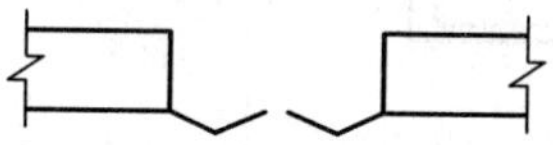	
63	单扇推拉门	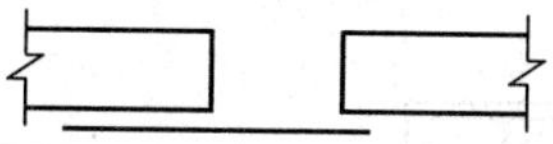	
64	双扇推拉门		
65	单扇双面弹簧门	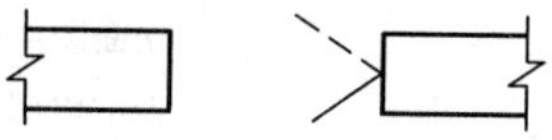	
66	双扇双面弹簧门		
67	单扇内外开双层门	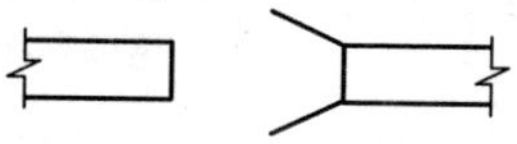	
68	双扇内外开双层门	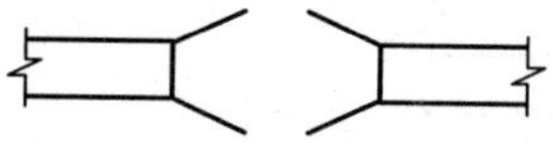	
69	单层固定窗	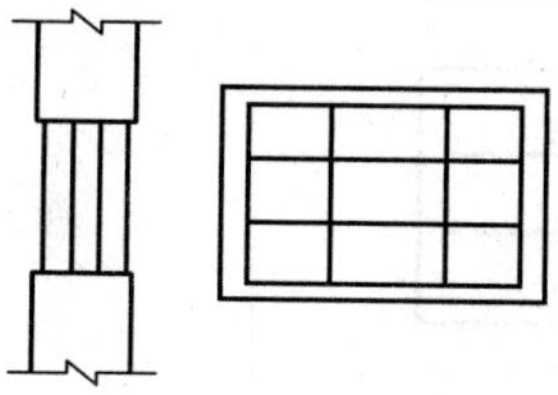	立面图中的斜线，系表示窗扇开关方式，单虚线表示单层内开（双虚线表示双层内开），单实线表示单层外开（双实线表示双层内开）； 平、剖面图中的虚线，仅系说明开关方式，在设计图中可不表示； 窗的名称代号用C表示
70	单层外开上悬窗	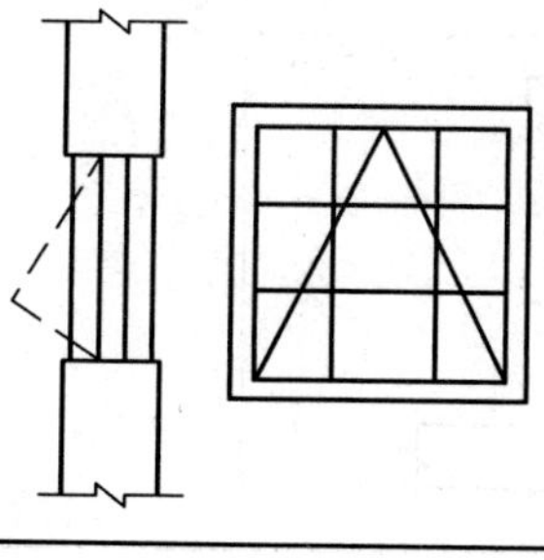	

（续）

序号	名 称	形 式	特点及适用条件
71	单层中悬窗	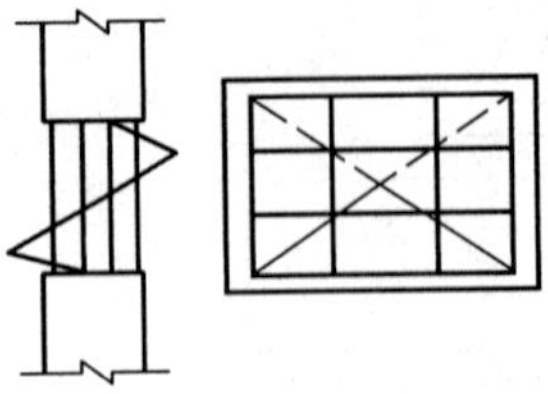	立面图中的斜线，系表示窗扇开关方式，单虚线表示单层内开（双虚线表示双层内开），单实线表示单层外开（双实线表示双层内开）； 平、剖面图中的虚线，仅系说明开关方式，在设计图中可不表示； 窗的名称代号用C表示
72	单层内开下悬窗	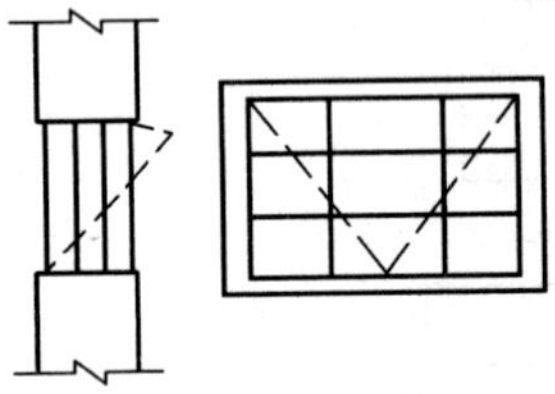	
73	单层外开平开窗	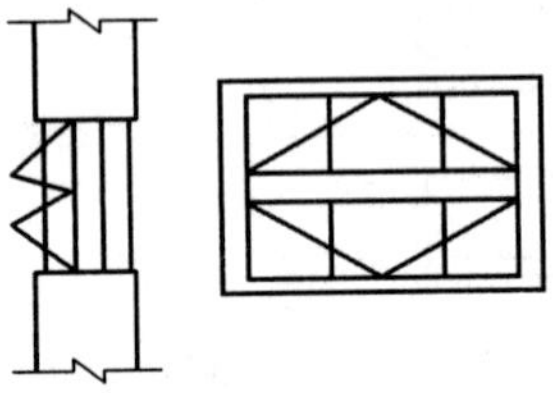	
74	单层垂直旋转窗	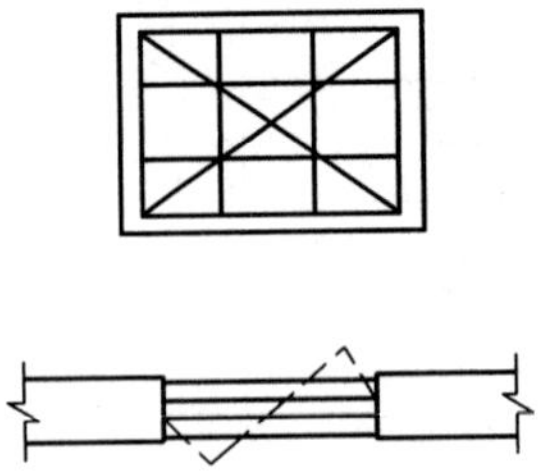	
75	双层固定窗	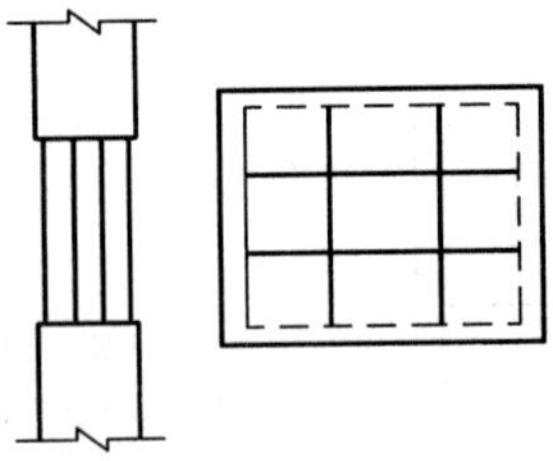	
76	双层内外开平开窗	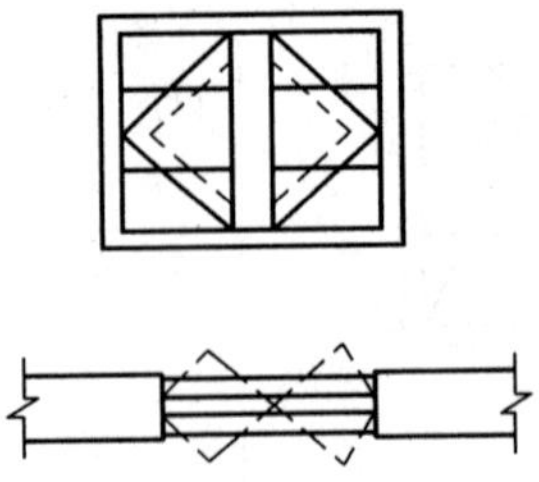	

（续）

序号	名 称	形 式	特点及适用条件
77	高窗		
78	铁路		本图例表示标准轨距铁路或窄轨铁路，在设计图中应注明轨距
79	吊车轨道		
80	封闭式电梯		门和平衡锤的位置按实际的设计情况绘制；电梯应注明类型，例如：载货电梯的载重是以千克（kg）计算，乘客电梯的载客量以人数（人）计算
81	网封式电梯		

2. 食品工厂产品方案与基础数据

表 13-2 年产 1.8 万～2.0 万 t 罐头工厂产品方案（一）

产品名称	年产量（t）	班产量（t）	劳动生产率（人/t）	1月	2月	3月	4月	5月	6月	7月	8月	9月	10月	11月	12月	每班人数（人/班）
午餐肉	5 500	11	14													154
原汁猪肉	3 333	12.5	12													150
红烧扣肉	2 500	10	15													150
红烧排骨	700	7	22													154
青豆	333	20	15													300
什锦蔬菜	1 333	16	12													192
元蹄	217	5月份 6.4 11月份 4.4	30													5月份 192 11月份 132
蘑菇	1 625	15	13													195
蚕豆	3 733	16	6													96
每天产量				63 t/d		62 t/d		48.4	74	66 t/d		77 t/d	57	56.4	62 36	
每天需劳动力（人）				800 人/d		803 人/d		800		800 人/d			803	830	803 800	
全年总产量	19 274 t，其中肉类罐头占 63.56%															

表 13－3　年产 1.8 万～2.0 万 t 罐头工厂产品方案(二)

产品名称	年产量(t)	班产量(t)	劳动生产率(人/t)	1月	2月	3月	4月	5月	6月	7月	8月	9月	10月	11月	12月	每班人数(人/班)
午餐肉	6 199	24	14													336
清蒸猪肉	3 500	20	15													300
红烧扣肉	1 332	20	15													90
红烧排骨	175	3	30													234
青豆	1 949	18	13													180
什锦蔬菜	1 250	15	12													132
咖喱鸡	200	6	22													198
番茄酱	1 511	16.5	12													90
蚕豆	2 874	15	6													
每天产量(t)				59 t/d			62 t/d	62 t/d		60.5　70.5	76.5　74 t/d		62	63	62　59	
每天需劳动力(人)				816人/d			870人/d	816/d		834　816	846　816人/d		870	894	870　816	
全年总产量	18 990 t,其中肉类罐头占 60%															

表 13－4　部分肉、禽、水产品的原料消耗定额及劳动力定额参考表

序号	产品			固形物装入量(kg/t)	原料定额		辅料定额(kg/t)		其他		工艺得率(%)					总得率(%)	劳动率定额(人/t)
	名称	净重(g)	固形物含量(%)		名称	数量(kg/t)	油	粮	名称	数量	加工处理	预煮	油炸	增重(－)脱水(＋)	其他损耗		
1	原汁猪肉	397	65	905	冻猪片	1 215					76				2	74.5	8～12
2	红烧扣肉	397	70	670	冻猪片	1 200	120				82	88	80		2	56	
3	清蒸猪肉	550	70	954	冻猪片	1 280					76				2	74.5	7～10
4	猪肝酱	142		340, 648	猪肝,肥膘	400, 670			玉米粉 丁香面	0.39 0.19	86	100 98			1 1	85 97	28～31
5	午餐肉	397		831	去膘冻猪片	1 170		淀粉 62	玉米粉	0.31	72				2	71	11～15
6	红烧排骨	397	70	744	去膘冻猪片	1 260	120				86		70		2	59	
7	红烧圆蹄	397	70	680	去膘冻猪片	1 190	猪油 50				82	80	90		3	57	

（续）

序号	产品			固形物装入量(kg/t)	原料定额		辅料定额(kg/t)		其他		工艺得率(%)					总得率(%)	劳动率定额(人/t)
	名称	净重(g)	固形物含量(%)		名称	数量(kg/t)	油	粮	名称	数量	加工处理	预煮	油炸	增重(－)脱水(＋)	其他损耗		
8	红烧猪肉	397	70	718	去膘冻猪片	1 336	100				82	80	75		2	54	14～17
9	猪肉香肠	454	55	529	去膘冻猪片	1 150			玉米粕	0.24	63		熏 75		3	46	15～18
10	咖喱兔肉	256	60	664	冻兔(胴体)	1 150	60	24			82.5	76			7	58	
11	茄汁兔肉	256	60	645	冻兔(胴体)	1 100	70	14	丁香粉 12%番茄酱	0.55 190	82.5	76			5	59	
12	牛羊午餐肉	340	322 322	牛肉， 羊肉	475， 475			102	玉米粉	0.83	70 70				3 3	68 68	
13	咸牛肉	340		949	牛肉	1 600		65			70	85			1	59	
14	咸羊肉	340		949	羊肉	1 600		65			70	85			1	59	
15	红烧牛肉	312	60	609	牛肉	1 523	70		琼脂	230	74	58			6	40	13～17
16	咖喱牛肉	227	55	529	牛肉	1 511	70	20			74	52			8	35	
17	白烧鸡	397	53	1 000	半净膛	1 490	鸡油 38				70				4	67	11～15
18	白烧鸭	500	53	1 019	半净膛	1 460	鸭油 40				70				2	69	10～14
19	去骨鸡	140	75	915	半净膛	2 800					45	75			8	33	20～27
20	红烧鸡	397	65	730	半净膛	1 360	50				70	80			4	54	12～16
21	红烧鸭	397	65	655	半净膛	1 380			玉米粉 丁香粉	0.24 0.18	68	75			7	47	10～14
22	咖喱鸡	312	60	525	半净膛	1 017	70		面粉	38	70		70		1	49	16～21
23	烤鸭	250		920	半净膛	2 440	150		玉米粉	6	68	85	68		4	37.7	
24	烤鹅	397	58	844	半净膛	1 835	120	20			70	75	90		2	46	
25	油浸青鱼	425	90	888	青鱼	1 620	163				头 15	内脏 20	不合格 1.6		2.4	63	18～22
26	油浸鲅鱼	256	90	1 074	鲅鱼	1 603	163				头 12	内脏 18	不合格 0.6		2.4	67	
27	油浸鳗鱼	256	90	1 152	鳗鱼	1 580	148				头 12	内脏 11	不合格 0.6		3.4	73	16～20
28	茄汁黄鱼	256	70	664	大黄鱼	2 075		糖 20			头 24	内脏 15		21	8	32	
29	茄汁鲢鱼	256	70	703	花鲢鱼	2 050	100				头 31	内脏 14		17	4	34	
30	凤尾鱼	184		1 000	凤尾鱼	1 920	290				头 17			56～28	3	52	25～30

（续）

序号	产品			固形物装入量(kg/t)	原料定额		辅料定额(kg/t)		其他		工艺得率(%)					总得率(%)	劳动率定额(人/t)
	名称	净重(g)	固形物含量(%)		名称	数量(kg/t)	油	粮	名称	数量	加工处理	预煮	油炸	增重(－)脱水(＋)	其他损耗		
31	油炸蚝	227	80	771	熟蚝肉	2 106	290	糖 22						56	7.4	36.6	
32	清汤蚝	185	60	703	蚝肉	1 520								31	22.7	46.3	
33	清蒸对虾	300	85	997	对虾(秋汛)	3 560					头 35	壳 15	不合格 2	15	7	28	18～33
34	原汁鲍鱼	425		595	盘大鲍	2 587						内脏 33	不合格 22	13	9	23	
35	豉油鱿鱼	312	55	609	鱿鱼(春)	2 436							不合格 22	43	10	25	

表 13－5　糖水水果类罐头主要原辅材料消耗定额参考表

编号	产品			固形物装入量(kg/t)	原料定额		辅料定额	工艺损耗率(%)					利用率(%)	备注
	名称	净重(g)	固形物含量(%)		名称	数量(kg/t)	糖	皮	核	不合格料	增重(－)脱水(＋)	其他损耗		
601	糖水橘子	567	55	670	大红袍	970	138	21	7			3	69	半去囊衣
601	糖水橘子	567	55	670	早橘	900	147	19	4			2.5	74.5	半去囊衣
601	糖水橘子	312	55	641	本地早	1 070	111	24	8			8	60	全去囊衣
601	糖水橘子	312	55	721	温州蜜柑	1 100	93	27				8	65	无核橘 全去囊衣
602	糖水菠萝	567	58	660	沙捞越	2 000	120	65				2	33	
602	糖水菠萝	567	54	660	菲律宾	2 200	115	65				5	30	
605	糖水荔枝	567	45	485	乌叶	900	147	19	17	6		4	54	
605	糖水荔枝	567	45	511	槐枝	1 020	120	47				3	50	
606	糖水龙眼	567	45	510	龙眼	1 000	126	21	19			9	51	
607	糖水枇杷	567	40	441	大红袍	860	180	16	26			7	79	
608	糖水杨梅	567	45	521	荸荠种	660	156			14		7	79	
609	糖水葡萄	425	50	647	玫瑰香	1 000	110		3	30	1	1	65	核率指剪枝
610	糖水樱桃	425	55	518	那翁	700	507	杷 2	11	7		6	74	糖盐渍
611	糖水苹果	425	55	565	国光	796	155	12	13	7	－6	3	71	核率 包括花梗
612	糖水洋梨	425	55	553	巴梨	1 025	145	18	17	7.6		3.4	54	核率 包括花梗

（续）

编号	产品			固形物装入量(kg/t)	原料定额		辅料定额	工艺损耗率(%)					利用率(%)	备注
	名称	净重(g)	固形物含量(%)		名称	数量(kg/t)	糖	皮	核	不合格料	增重(一)脱水(+)	其他损耗		
612	糖水白梨	425	55	665	秋白梨	942	145	17	14	6.6		2.4	60	
612	糖水莱阳梨	425	55	541	莱阳梨	1 200	145	20	19	7.6	5	3.4	45	
612	糖水雪花梨	425	55	541	雪花梨	1 100	145	19	17	7.6	4	3.4	49	
613	糖水桃子	425	60	659	大久保	1 100	130	11	15	6.6	4	3.4	60	硬肉
613	糖水软桃	425	60	659	大久保	1 200	150	5	15	8.6	10	6.4	55	软肉
613	糖水桃子	425	60	659	黄桃	1 200	150	12	16	6	4	7	55	
613	糖水桃子	425	60	659	其他品种	1 345	150	16	18	8	5	4	49	
614	糖水杏子	425	55	623	大红杏	865	145	15	10		1	2	72	
614	糖水杏子	425	55	623	其他品种	1 113	145	20	16	5		3	56	
616	糖水山楂	425	45	494	山楂	1 235	180		25	22		13	40	
617	糖水芒果	567	55	617	红花芒果	1 500	150	14	37			8	41	
621	糖水金橘	567	50	518	柳州金橘	545	180			2		3	95	
624	什锦水果	425	60	612	合计	880	140							
				235	苹果	331		12	13	7	−6	3	71	
				94	橘子	168		27	5	8		4	56	
				118	菠萝	437		65				8	27	
				66	洋梨	122		18	17	7.6		3.4	54	
				66	葡萄	91			3	20	1	4	72	
				33	樱桃	52			14	9	11	3	83	
627	糖水李子	425	60	601	秋李子	985	160	23		12		4	81	
630	干装苹果	1 000		1 000	国光苹果	1 500	50	12	13	6	−2	4	67	
	双色水果	425	60	377	洋梨	700	250	18	17	8	4	3	54	
				294	黄桃	600		12	18	10		7	49	
	糖水苹果	510	52	530	国光苹果	747	170	12	13	7	−6	3	71	500 mL玻璃罐装
636	糖水桃子	510	60	657	黄桃	1 217	178	12	17	8	4	4	54	500 mL玻璃罐装
	糖水梨	510	55	549	香水梨	1 120	118	20	18	9.6		3.4	49	500 mL玻璃罐装
	糖水橘子	525	50	591	早橘	850	140	21	4	1		4	70	500 mL玻璃罐装

表 13-6 果汁、果酱类罐头主要原材料消耗定额参考表

编号	产品			固形物装入量(kg/t)	原料定额		辅料定额(kg/t)			备注
	名称	净重(g)	可溶性固形物含量(%)		名称	数量(kg/t)	糖	其他		
								名称	数量	
697	猕猴桃酱	454	65	1 000	猕猴桃	2 000	600			
701	柑橘酱	700	65	1 000	本地早	1 350	634	琼脂	2.4	
702	菠萝酱	700	65	1 000	菠萝	2 800	650	琼脂	1.3	
703	草莓酱	454	65	1 000	草莓	840	650			
704	苹果酱	454	65	1 000	苹果	680	500	淀粉糖浆	145	
705	桃子酱	454	65	1 000	桃子	980	540	淀粉糖浆	100	
706	杏子酱	454	65	1 000	大红杏	680	500	淀粉糖浆	160	
708	山楂酱	454	65	1 000	山楂	900	550			
715	椰子酱	397	65	1 000	椰子	1 636 个	568			
					蛋粉	56				
					鲜蛋液	80				
716	李子酱	454	65	1 000	李子	930	600			
717	什锦果酱	454	65	1 000	苹果	670	600			
					橘子	50				
741	山楂汁	200	16～17	1 000	山楂	870	134			
747	荔枝汁糖酱	600	63	1 000	荔枝	1 150	630			
748	鲜荔枝汁	200	12～15	1 000	荔枝	1 380	180			
749	葡萄汁	200	15～18	1 000	玫瑰香	1 630	80			
755	鲜柑橘汁	200	11～15	1 000	柑橙	1 750	60			
756	鲜菠萝汁	200	12～16	1 000	菠萝	2 115	20			
757	鲜柚子汁	555	11～15	1 000	酸柚	2 700	85			
769	杏子汁	200	15～20	1 000	杏子	740	185			
773	苹果汁	200	13～18	1 000	苹果	800	130			
773	苹果汁	200		1 000	苹果	420	175			
780	洋梨汁	200	14～18	1 000	洋梨	1 850	80			
780	洋梨汁	200		1 000	洋梨	420	145			
793	猕猴桃汁	400	35	1 000	中华猕猴桃	750	150			
795	番石榴汁	200	12～15	1 000	番石榴	500	145			
	苹果酱	630	60	1 000	国光苹果	1 219	438	淀粉糖浆	143	500 mL 玻璃罐装
	山楂酱	600		1 000	山楂	900	650			500 mL 玻璃罐装

表 13－7　蔬菜类罐头主要原辅料消耗定额参考表

编号	产品			固形物装入量(kg/t)	原料定额		辅料定额(kg/t)				工艺损耗率(%)					利用率(%)
	名称	净重(g)	固形物含量(%)		名称	数量(kg/t)	油	糖	其他		皮	核	不合格料	增重(−)脱水(＋)	其他损耗	
									名称	数量						
801	青豆	397	60	600	带壳青豆	1 500					58			1	1	40
802	青刀豆	567	60	640	白花	710					5			2	3	90
804	花椰菜	908	54	551	花椰菜	1 240					44			9	2	45
805	蘑菇	425	53.5	575	整蘑菇	880								−25 55	4.6	65.4
805	片蘑菇	3 062	63	677	蘑菇	1 035								−25 55	4.6	65.4
807	整番茄	425	55	589	小番茄	607					3					97
					番茄	793						10		34	2	54
					合计	1 400		12								
809	香菜心	198	75	560	腌菜心	1 200		150			20			30	3	47
811	油焖笋	397	75	625	早竹笋	3 290	80	30			75				6.5	18.5
822	蚕豆	397		554	干蚕豆	280	15						10	−110	2	19.8
823	雪菜	200		875	雪菜粗梗	2 500					叶 64				1	35
824	清水荸荠	567	60	608	小桂林	1 600					53			7	2	38
825	清水莲藕	540	55	560	莲藕	1 400					带泥 30			10	20	40
835	茄汁黄豆	425	70	557	干黄豆	268	20							−110	2	20.8
841	甜酸荞头	198	60	681	荞头坯	1 090		170			20				17.5	62.50
847	番茄酱	70	干燥物 28～30	1 028	鲜番茄	7 200					10			72	3.7	14.30
847	番茄酱	198	干燥物 28～30	1 010	鲜番茄	7 100					10			72	3.8	14.20
847	番茄酱	198	干燥物 22～24	1 010	鲜番茄	5 570					10			68	3.8	18.20
851	清水苦瓜	540	65	676	鲜苦瓜	1 250					20			20	6	54
854	鲜草菇	425	60	324	鲜草菇	980					14			20	2	64
856	原汁鲜笋	552	65	661	春笋	2 500					56			10	7.5	26.5

二、肉类加工厂范例

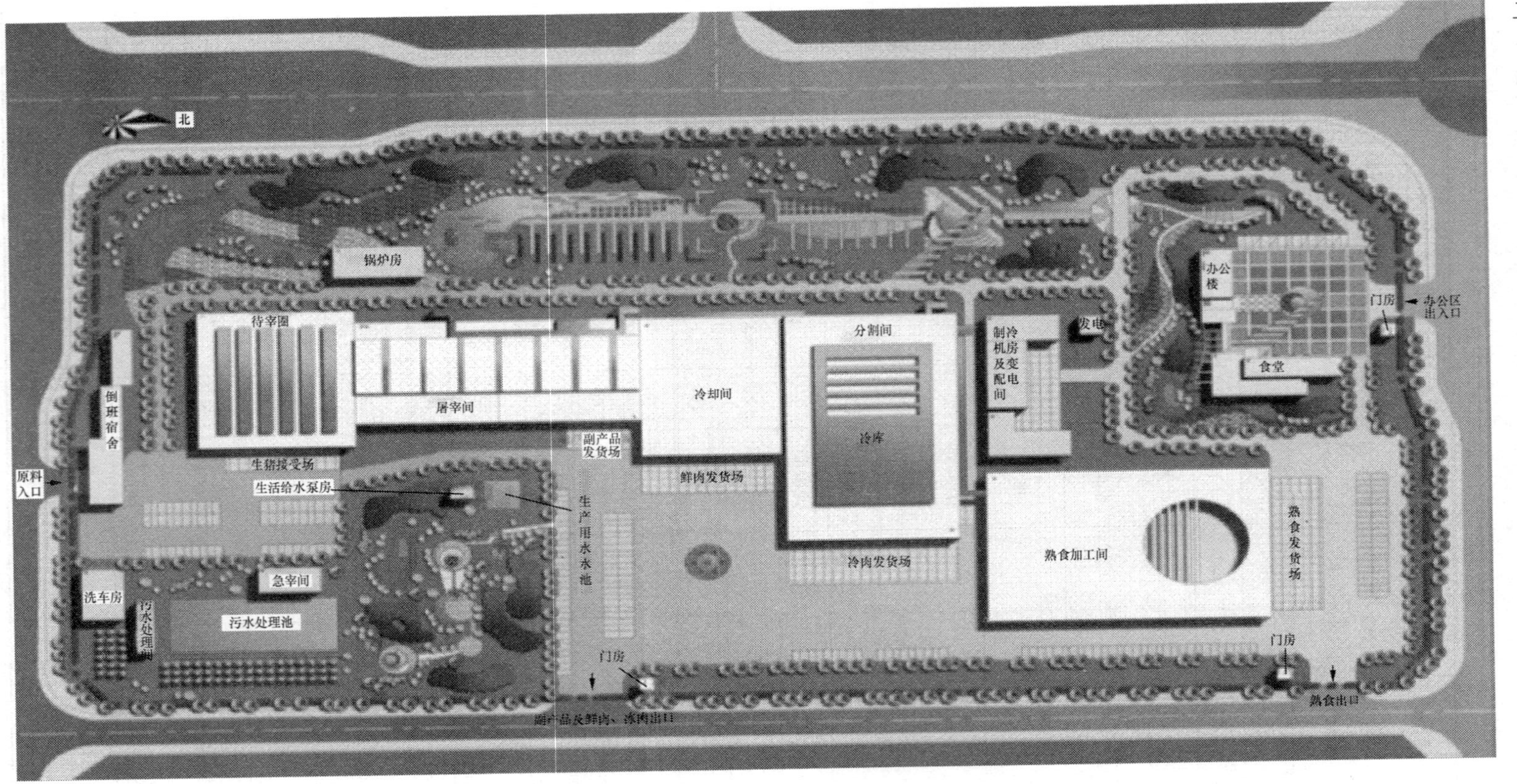

图 13-1 肉类加工厂平面设计范例

主要参考文献

[1] 石扬林，李玉萍．投资项目评估与管理．北京：中国农业科技出版社，2002
[2] 王如福等．食品工厂设计．北京：中国轻工业出版社，2001
[3] 王立国等．可行性研究与项目评估．大连：东北财经大学出版社，2001
[4] 何凯旋．工厂总图设计的多维性及其评价．有色金属设计．1997，24（4）：37～39
[5] 兰俊略主编．工厂总图运输仓库设计手册．北京：冶金工业出版社，1989
[6] 井生瑞主编．总图设计．北京：冶金工业出版社，1989
[7] 吴思方主编．发酵工厂工艺设计概论．北京：中国轻工业出版社，2003
[8] 李元瑞．食品工厂设计原理．西安：陕西科学技术出版社，1994
[9] 无锡轻工业学院，轻工业部上海轻工业设计院合编．食品工厂设计基础．北京：中国轻工业出版社，1990
[10] 虞伟晨．食品中异物的在线检测和控制．食品工业．2002（5）：33～35
[11] 卜文韶等．基于图像识别的肠类食品在线检测．洛阳工业学院学报．2000（4）：81～84
[12] 钱同惠等．食品加工中的金属微粒在线检测系统．武汉食品工业学院学报．1996（4）：41～45
[13] 陈玉生．化工工艺管道安装的组织与管理．山西建筑．2002（1）：106～107
[14] 庞根选等．管道安装工程压力试验探讨．山西建筑．2000（2）：149～151
[15] 吴卫华编著．农产品加工工程设计．北京：中国轻工业出版社，1994
[16] 罐头工业手册编写组．罐头工业手册．第 5 分册．北京：中国轻工业出版社，1986
[17] 高湘．给水工程技术及工程实例．北京：化学工业出版社，2002
[18] 何计国，甄润英主编．食品卫生学．北京：中国农业大学出版社，2003
[19] 陈炳卿主编．营养与食品卫生学．北京：人民卫生出版社，2002
[20] 中国进出口商品检验总公司编著．食品生产企业 HACCP 体系实施指南．北京：中国农业科学技术出版社，2002
[21] 国家出入境检验检疫局．中国出口食品卫生注册管理指南．北京：中国对外经济贸易出版社，2002
[22] 王村夫主编．食品企业卫生管理．北京：中国食品出版社，1988
[23]（日）滨田辅一等著．王志等译．动物性食品卫生学．北京：农业出版社，1988
[24] 李进敏主编．应用营养学与食品卫生管理．北京：中国农业大学出版社，2002
[25] 李小春编．食品工业手册．沈阳：辽宁科学技术出版社，1985
[26] 史贤明主编．食品安全与卫生学．北京：中国农业出版社，2003
[27] 杨洁彬编著．食品安全性．北京：中国轻工业出版社，1999
[28] 陈阳，邓丽明等主编．现代企业管理学．北京：经济日报出版社，2003
[29] 周三多主编．管理学．北京：高等教育出版社，2000
[30] 徐金石，陶田只主编．企业管理与技术经济．北京：机械工业出版社，2001
[31] 葛素洁，杨洁主编．现代企业管理学．北京：经济管理出版社，2001

[32] 王玉民，尚正明编著. 生产组织学. 北京：电子工业出版社，1987
[33] 汪大，徐新华编. 化工环境保护概论. 北京：化学工业出版社，1999
[34] 窦贻俭，李春华. 环境科学原理. 南京：南京大学出版社，1998
[35] 王璋，钟芳等译. 食品科学. 北京：中国轻工业出版社，2001
[36] 无锡轻工大学编. 食品工厂设计基础. 北京：中国轻工业出版社，1998
[37] 德力格尔桑. 食品科学与工程概论. 北京：中国农业出版社，2002
[38] 王建龙，文湘华. 现代环境生物技术. 北京：清华大学出版社，2001
[39] 杨岳平编. 废水处理工程及实例分析. 北京：化学工业出版社，2003
[40] 刘继帮. 安全技术工作手册. 成都：四川科学技术出版社，1989
[41] 苏毅勇. 中国劳动保护法规全书. 成都：四川人民出版社，1993
[42] 陆书玉. 环境影响评价. 北京：高等教育出版社，2001
[43] 史宝忠. 建设项目环境影响评价. 北京：中国环境科学出版社，1999
[44] 周本省. 工业水处理技术. 北京：化学工业出版社，2000
[45] 汝伶俊. 浅析工厂企业绿地建设及其防污效应. 科技情报开发与经济. 2002，12（2）
[46] 奚秀玲. 浅谈安全性评价在现代企业管理中的应用. 航天工业管理. 2000（3）
[47] 宋人楷. 食品企业常见的噪声及其控制方法. 包装与食品机械. 2000，18（3）
[48] 王晓波. 做好安全性评价工作的几个要点. 吉林电力. 2002（2）
[49] 曲日森. 开展安全性评价，提高安全生产管理水平. 现代管理科学. 2002（8）
[50] 陈毅然. 论安全性评价. 人类工效学. 2000，16（4）
[51] 王五英，于守法，张汉亚主编. 投资项目社会评价方法. 北京：经济管理出版社，2002
[52] 王岐山，赵一锦主编. 技术经济学. 成都：四川大学出版社，2000
[53] Mortimore，S. and Wallace，C. HACCP A Practical Approach. London：Chapman & Hall，1994

图书在版编目（CIP）数据

食品工厂设计 / 李洪军主编. —北京：中国农业出版社，2005.4（2024.1 重印）

普通高等教育“十一五”国家级规划教材

ISBN 978-7-109-08998-3

Ⅰ. 食… Ⅱ. 李… Ⅲ. 食品厂-工业设计-高等学校-教材 Ⅳ. TS208

中国版本图书馆 CIP 数据核字（2005）第 038395 号

中国农业出版社出版

（北京市朝阳区农展馆北路 2 号）

（邮政编码 100125）

责任编辑 王芳芳 甘敏敏

中农印务有限公司印刷 新华书店北京发行所发行

2005 年 5 月第 1 版 2024 年 1 月北京第 7 次印刷

开本：850mm×1168mm 1/16 印张：28

字数：668 千字

定价：55.00 元